全国科学技术名词审定委员会

海峡两岸植物学名词

海峡两岸植物学名词工作委员会

国家自然科学基金资助项目

科学出版社

北京

内 容 简 介

本书是由海峡两岸植物学专家会审的海峡两岸植物学名词对照本，是在已审定公布的《植物学名词》的基础上加以增补修订而成。内容包括：总论、系统与进化植物学、植物形态与结构植物学、藻类学、真菌学、地衣学、苔藓植物学、植物生殖与发育生物学、植物细胞生物学、植物遗传学、植物生理学、植物化学、植物生态学、古植物学、孢粉学和植物生物技术等，共收词 8600 余条。

本书供海峡两岸植物学界和相关领域的人士使用。

图书在版编目（CIP）数据

海峡两岸植物学名词/海峡两岸植物学名词工作委员编. —北京：科学出版社, 2020.12

ISBN 978-7-03-066215-6

Ⅰ. ①海…　Ⅱ. ①海…　Ⅲ. ①植物学–名词术语　Ⅳ. ①Q94-62

中国版本图书馆 CIP 数据核字(2020)第 179391 号

责任编辑：高素婷　岳漫宇 / 责任校对：郑金红

责任印制：吴兆东 / 封面设计：刘新新

科学出版社 出版

北京东黄城根北街 16 号

邮政编码: 100717

http://www.sciencep.com

北京虎彩文化传播有限公司 印刷

科学出版社发行　各地新华书店经销

*

2020 年 12 月第　一　版　开本：787×1092 1/16

2020 年 12 月第一次印刷　印张：38 1/2

字数：913 000

定价：398.00 元

(如有印装质量问题，我社负责调换)

海峡两岸植物学名词工作委员会委员名单

大 陆 主 任：洪德元

大陆副主任：孙敬三　顾红雅

大 陆 委 员（以姓名笔画为序）：

尤瑞麟　孔宏智　庄文颖　李承森　吴鹏程　辛益群

汪小全　张蜀秋　陈之端　邵小明　胡玉熹　饶广远

贺超英　索菲娅　高素婷　黄建辉　董　鸣　谢树莲

潘开玉　瞿礼嘉

秘书：高素婷（兼）

台 湾 主 任：彭鏡毅

台湾副主任：陳淑華

台 湾 委 員（以姓名筆畫為序）：

吳聲華　呂福原　林容聖　林讚標　邱文良　金恆鑣

胡哲明　高景輝　陳觀斌　黃淑芳　楊嘉棟

白春礼序

科技名词是科学技术形成、积累、交流和传播的前提和基础，是建构中国特色科技话语体系、掌握国际科技话语权的核心内容，在服务科技强国建设方面发挥着基础性、支撑性的作用。

海峡两岸虽然使用着相同的语言，书写着相同的文字，但在科学技术领域，双方对同一事物或概念的命名却不尽相同。除简繁字形的差异以外，往往表现为命名理据、遣词用字、译入方式等方面的诸多差异。例如，大陆专家所称“激光”“纳米”“信息”“鼠标”“熊猫”“基因组”，台湾专家一般称作“雷射”“奈米”“资讯”“滑鼠”“猫熊”“基因体”。有统计显示，在信息科技等发展比较迅速的学科，海峡两岸科技名词的不一致率一度高达40%。海峡两岸在签署科技或经贸文件时，为避免科技名词的分歧导致误解或经济损失，时常不得不加注对方使用的称谓。海峡两岸专家在学术会议上交流某些专业概念时，时常还需要借助英语。因而，在海峡两岸一直都有着统一汉语科技名词的呼声。

早在 1993 年，《汪辜会谈共同协议》第四条就明确提出了“探讨科技名词统一与产品规格标准化问题”。全国科技名词委积极行动，作为大陆牵头人，将两岸科技名词对照统一工作列为自己责无旁贷的一项历史性任务。1994 年，“促进海峡两岸科技名词交流与统一工作座谈会”在京召开，讨论了海峡两岸科技名词工作的方针、政策、组织、方法及出版等具体事宜。1996 年，又与台湾李国鼎科技发展基金会建立联系，确定了合作模式。自 1996 年天文学“黄山会议”以来，全国科技名词委一直按照“积极推进、增进了解；择优选用、统一为上；求同存异、逐步一致”的方针，积极推动海峡两岸科技名词工作交流，陆续在航海、船舶、海洋、水产、大气、昆虫、测绘、信息科技、药学、天文、经贸、地理信息系统、生态、材料、心理、音乐等 30 多个海峡两岸交流基础好、交流更为迫切的学科，与台湾方面共同组建工作委员会，开展海峡两岸名词工作。截至目前，已出版 25 种科技名词对照本，内容包括大陆名、台湾名和英文名等。以大气科学为代表的部分学科，通过持续推进海峡两岸的专家交流，科技名词一致率有了大幅度提高。在一些基础科学领域，如自 101 号元素开始，直到最新命名的 118 号元素，海峡两岸科学家通过全国科技名词委建立的工作机制，能在第一时间建立沟通，协商定名，最终达成一致意见，海峡两岸一致的声音也对汉字文化圈的国家和地区形成了很好的引领作用。

十年前，海峡两岸经贸文化论坛专家共同提出合作编纂中华语文工具书的建议，全国科技名词委审时度势，积极克服海峡两岸沟通交流中的实际困难，利用双方比较成熟的科技名词数据资源，开展了近百个学科的科技名词快速对照。2019 年，《中华科学技术大词典》顺利问世，分 10 卷收录海峡两岸科技名词约 50 万条，成为两岸各界人士开展交流合作的综合性参考资料。

习近平总书记指出，实现中华民族伟大复兴，是近代以来中国人民最伟大的梦想。这个梦想，凝聚了几代中国人的夙愿，体现了中华民族和中国人民的整体利益，是每一个中华儿女的共同期盼。从这个意义上讲，中华民族伟大复兴的中国梦，能够成为海峡两岸同胞共同奋斗的最大公约数和最大共识，也事关两岸人民的共同福祉。汉语科技名词作为海峡两岸之间的科技文化纽带，不可因地域分隔而任其分化。汉语科技名词的持续交流与统一，始终反映着海峡两岸的大势所趋和人心所向。

无论是出版海峡两岸各学科名词单行本，还是出版《中华科学技术大词典》，全国科技名词委多年来从事海峡两岸科技名词交流的实践都充分说明：海峡两岸共同的历史和文化，形成了中华民族割不断的血脉相连。惟有两岸人民持续共同努力，才能赢得两岸关系和平发展的光明前景。海峡两岸学科名词对照的成果，虽然只是一本又一本工具书，但是凝聚了两岸同胞共同的科技智慧，也保存了两岸同胞共同的民族记忆。

目前，常态化的海峡两岸科技名词对照统一工作将继续开展，持续推动两岸科技交流、促进两岸科技合作，单行本学科名词对照即将出版新的成果，我感到十分欣慰。

特此作序。

白春礼

2020 年秋

路甬祥序

科学技术名词作为科技交流和知识传播的载体，在科技发展和社会进步中起着重要作用。规范和统一科技名词，对于一个国家的科技发展和文化传承是一项重要的基础性工作和长期性任务，是实现科技现代化的一项支撑性系统工程。没有这样一个系统的规范化的基础条件，不仅现代科技的协调发展将遇到困难，而且，在科技广泛渗入人们生活各个方面、各个环节的今天，还将会给教育、传播、交流等方面带来困难。

科技名词浩如烟海，门类繁多，规范和统一科技名词是一项十分繁复和困难的工作，而海峡两岸的科技名词要想取得一致更需两岸同仁作出坚韧不拔的努力。由于历史的原因，海峡两岸分隔逾50 年。这期间正是现代科技大发展时期，两岸对于科技新名词各自按照自己的理解和方式定名，因此，科技名词，尤其是新兴学科的名词，海峡两岸存在着比较严重的不一致。同文同种，却一国两词，一物多名。这里称“软件”，那里叫“软体”；这里称“导弹”，那里叫“飞弹”；这里写“空间”，那里写“太空”；如果这些还可以沟通的话，这里称“等离子体”，那里称“电浆”；这里称“信息”，那里称“资讯”，相互间就不知所云而难以交流了。“一国两词”较之“一国两字”造成的后果更为严峻。“一国两字”无非是两岸有用简体字的，有用繁体字的，但读音是一样的，看不懂，还可以听懂。而“一国两词”、“一物多名”就使对方既看不明白，也听不懂了。台湾清华大学的一位教授前几年曾给时任中国科学院院长周光召院士写过一封信，信中说：“1993年底两岸电子显微学专家在台北举办两岸电子显微学研讨会，会上两岸专家是以台湾国语、大陆普通话和英语三种语言进行的。”这说明两岸在汉语科技名词上存在着差异和障碍，不得不借助英语来判断对方所说的概念。这种状况已经影响两岸科技、经贸、文教方面的交流和发展。

海峡两岸各界对两岸名词不一致所造成的语言障碍有着深刻的认识和感受。具有历史意义的“汪辜会谈”把探讨海峡两岸科技名词的统一列入了共同协议之中，此举顺应两岸民意，尤其反映了科技界的愿望。两岸科技名词要取得统一，首先是需要了解对方。而了解对方的一种好的方式就是编订名词对照本，在编订过程中以及编订后，经过多次的研讨，逐步取得一致。

全国科学技术名词审定委员会（简称全国科技名词委）根据自己的宗旨和任务，始终把海峡两岸科技名词的对照统一工作作为责无旁贷的历史性任务。近些年一直本着积极推进，增进了解；择优选用，统一为上；求同存异，逐步一致的精神来开展这项工作。先后接待和安排了许多台湾同仁来访，也组织了多批专家赴台参加有关学科的名词对照研讨会。工作中，按照先急后缓、先易后难的精神来安排。对于那些与“三通”有关的学科，以及名词混乱现象严重的学科和条件成熟、容易开展的学科先行开展名词对照。

在两岸科技名词对照统一工作中，全国科技名词委采取了“老词老办法，新词新办法”，即对于两岸已各自公布、约定俗成的科技名词以对照为主，逐步取得统一，编订两岸名词对照本即属此例。而对于新产生的名词，则争取及早在协商的基础上共同定名，避免以后再行对照。例如101～109号元素，从9个元素的定名到9个汉字的创造，都是在两岸专家的及时沟通、协商的基础上达成共识和一致，两岸同时分别公布的。这是两岸科技名词统一工作的一个很好的范例。

海峡两岸科技名词对照统一是一项长期的工作，只要我们坚持不懈地开展下去，两岸的科技名词必将能够逐步取得一致。这项工作对两岸的科技、经贸、文教的交流与发展，对中华民族的团结和兴旺，对祖国的和平统一与繁荣富强有着不可替代的价值和意义。这里，我代表全国科技名词委，向所有参与这项工作的专家们致以崇高的敬意和衷心的感谢！

值此两岸科技名词对照本问世之际，写了以上这些，权当作序。

2002年3月6日

前　言

在海峡两岸植物学的学术交流中经常遇到由于名词差异带来的不便，需要进行学术讨论以达成共识，从而促进名词的统一。这对两岸植物学的学术交流、知识传播以及相关文献的编纂和检索都有重要意义。鉴于此，在全国科学技术名词审定委员会（以下简称“全国科技名词委”）和台湾教育研究院的组织和推动下，分别邀请两岸植物学领域的专家成立了“海峡两岸植物学名词工作委员会”。大陆方面由植物学名词审定委员会主任委员洪德元院士为召集人，台湾方面由“中研院”生物多样性研究中心彭镜毅教授为召集人，并商定先以全国科技名词委公布的《植物学名词》（1991）为基础开展海峡两岸植物学名词对照工作。

根据筹备会议决议，台湾专家以全国科技名词委公布的《植物学名词》（1991）为蓝本，并参考台湾出版的有关资料整理出了海峡两岸植物学名词对照初稿，然后大陆专家进行补充修订。2011 年 9 月 1～2 日，由全国科技名词委主办，北京大学生命科学学院协办的第一次“海峡两岸植物学名词对照研讨会”在北京大学生命科学学院召开。与会大陆专家有北京大学顾红雅教授、瞿礼嘉教授、尤瑞麟教授，中国科学院植物研究所孙敬三研究员、胡玉熹研究员、李承森研究员、汪小全研究员，中国科学院微生物研究所庄文颖院士，中国农业大学张蜀秋教授，山西大学谢树莲教授，山东大学辛益群教授，全国科技名词委高素婷编审；台湾专家有“中研院”生物多样性研究中心彭镜毅研究员、陈观斌助理，农业委员会林业试验所金恒镳研究员、台湾博物馆黄淑芳研究员，自然科学博物馆吴声华研究员。在本次会议上，两岸专家共同讨论了《海峡两岸植物学名词》选词原则，并达成共识。随后，两岸专家对《海峡两岸植物学名词》对照初稿进行了逐条讨论，审定了 A 至 D 字头的名词共 930 条，并一致同意对部分有疑问的词条会后再与相关专家探讨，做进一步补充修改。这次会议加强了海峡两岸植物学专家之间的交流，对选词原则及部分名词的取舍达成了共识，为完成《海峡两岸植物学名词》工作奠定了基础。

2012 年 4 月 23～27 日，由台湾教育研究院主办，并得到台湾“中研院”支持的第二次“海峡两岸植物学名词对照研讨会”在台北市教育研究院召开。参加会议的 19 位大陆专家由洪德元院士带队，分别来自全国科技名词委、中国科学院植物研究所、北京大学、中国农业大学、山东大学、山西大学、新疆大学等单位，26 位台湾专家和代表方面分别来自教育研究院、“中研院”生物多样性研究中心、台湾大学、农业委员会林业试验所、台湾博物馆、自然科学博物馆等单位。会上，与会代表首先重温了 2011 年 9 月在北京召开的第一次“海峡两岸植物学名词对照研讨会”上共同商定的选词与定名原则。随后对 2011 年 9 月名词对照稿 A 至 D 字头遗留的 400 余条名词进行了确认，然后对两岸对照中不一致及选词不一致的名词进行了热烈认真地讨论，获得了实质性的进展和成果，并商定了兼顾两岸习惯用法、求同存异、对照并列的原则，确定了后续工作计划。其后，两岸专家分别对己方词条进行完善。2019 年 9 月全国科技名词委公布了第二版《植物学名词》，随后将海峡两岸植物学名词对照稿与第二版《植物学名词》进行核对，并增删修改。

经过两岸专家的共同努力，在《海峡两岸植物学名词》即将付梓之际，我们衷心感谢海峡两岸植物学名词审定专家们的不懈努力，感谢全国科技名词会和台湾教育研究院的组织与大力推动。鉴于当今植物学的迅速发展与众多学科的交叉、交融产生了大量新名词，我们期盼两岸植物学同行与读者在使用过程中提出宝贵的意见和建议，以便我们今后不断地修改、补充，使之更加完善、更趋实用。

海峡两岸植物学名词工作委员会

2020 年 4 月

编排说明

一、本书是海峡两岸植物学名词对照本。

二、本书分正篇和副篇两部分。正篇按汉语拼音顺序编排；副篇按英文的字母顺序编排，英文复合词看作一个词顺排。

三、本书［ ］中的字使用时可以省略。

正篇

四、本书中中国大陆和台湾地区使用的科学技术名词以“大陆名”和“台湾名”分栏列出。

五、本书中大陆名正名和异名分别排序，并在异名处用（=）注明正名。

六、本书收录的汉文名对应英文名为多个时（包括缩写词）用“,”分隔。

副篇

七、英文名对应同一概念的多个不同汉文名时用“,”分隔，推荐使用的名词放在最前面；不同概念的汉文名用“;”分隔。

八、英文名的同义词用（=）注明。

九、英文缩写词排在全称后的（ ）内，英文缩写词相同对应不同英文全称时用“;”分隔。

目　录

白春礼序

路甬祥序

前言

编排说明

正篇······1

副篇······295

正　篇

A

大　陆　名	台　湾　名	英　文　名
吖啶[类]生物碱	吖啶[類]生物鹼	acridine alkaloid
吖啶酮[类]生物碱	吖啶酮[類]生物鹼	acridone alkaloid
阿根廷草原，潘帕斯群落	潘帕斯群落	pampas
阿拉伯糖，果胶糖	樹膠糖	pectinose
阿朴啡[类]生物碱	阿朴啡[類]生物鹼	aporphine alkaloid
阿托品	癲茄鹼	atropine
阿魏酸	阿魏酸，4-羥-3-甲氧基肉桂	ferulic acid
埃默森增益效应，双光增益效应	愛默生促進效應，埃莫森增益效應，雙光增強效應	Emerson enhancement effect
癌基因	致癌基因	oncogene
矮化病	矮化病	dwarfing
矮化植物	矮生植物	dwarf plant
矮雄	矮雄	dwarf male
安加拉植物区系，安加拉植物群	安加拉植物區系，安加拉植物相，安加拉植物群	Angara flora
安加拉植物群(=安加拉植物区系)	安加拉植物區系，安加拉植物相，安加拉植物群	Angara flora
安全含水量	安全含水量	safe water content
1,8-桉树脑，桉油精	1,8-桉樹腦	1,8-cineole
桉油精（=1,8-桉树脑）	1,8-桉樹腦	1,8-cineole
氨苄青霉素	胺苄青黴素，安比西林	ampicillin
氨化作用	氨化作用，銨化作用	ammonification
1-氨基环丙烷-1-羧酸	1-胺基環丙烷-1-羧酸	1-aminocyclopropane-1-carboxylic acid, ACC
1-氨基环丙烷-1-羧酸合酶（=ACC 合酶）	ACC 合[成]酶，ACC 合成酵素，1-胺基環丙烷-1-羧酸合[成]酶	1-aminocyclopropane-1-carboxylate synthase, ACC synthase, ACS
1-氨基环丙烷-1-羧酸氧化酶（=ACC 氧化酶）	ACC 氧化酶，ACC 氧化酵素	1-aminocyclopropane-1-carboxylate oxidase, ACC oxidase
氨基酸	胺基酸，氨基酸	amino acid

大　陆　名	台　湾　名	英　文　名
氨基氧乙酸	胺基氧乙酸	aminooxyacetic acid, AOA
氨基乙氧基乙烯基甘氨酸	胺基乙氧基乙烯基甘氨酸	aminoethoxyvinylglycine, AVG
氨同化[作用]	氨同化作用，銨同化作用	ammonium assimilation
暗反应	暗反應	dark reaction
暗呼吸	暗呼吸	dark respiration
暗期间断，夜间断	夜間斷	night break
暗色孢子	暗色孢子	phaeospore, scotospore
暗形态建成	暗形態發生，暗形態建成	skotomorphogenesis
凹端	凹端	recessed terminus
凹痕	凹痕	indenture
凹形质壁分离	凹形質離	concave plasmolysis
螯合剂	螯合劑	chelating agent, chelator
澳大利亚植物区	澳大利亞植物區系界	Australian kingdom, Australian floral kingdom

B

大　陆　名	台　湾　名	英　文　名
八倍体	八倍體	octoploid
八倍性	八倍性	octoploidy
八分体	八分體	octant
巴豆苷	巴豆苷	crotonoside
巴氏效应（=巴斯德效应）	巴斯德效應，巴氏效應	Pasteur effect
巴斯德效应，巴氏效应	巴斯德效應，巴氏效應	Pasteur effect
巴西草原，坎普群落	巴西乾草原，坎普群落	campo
巴西热带稀树草原，巴西疏林草原	巴西稀樹草原	campo cerrado, cerrado
巴西疏林草原（=巴西热带稀树草原）	巴西稀樹草原	campo cerrado, cerrado
菝契皂苷 A	菝契皂苷 A	smilaxchinoside A
白化体	白化體，白化種	albino
白化[现象]	白化[現象]	albinism
白令陆桥	白令陸橋	Bering land bridge
白色体	白色體，澱粉形成體	leucoplast
白芷内酯，异补骨脂素	白芷內酯，異補骨脂素	isopsoralen
百草枯，甲基紫精	巴拉刈	paraquat
柏木型纹孔	柏木型紋孔	cupressoid pit

大陆名	台湾名	英文名
败育	敗育	abortion
败育动孢子，早产动孢子	敗育動孢子	abortive zoospore
败育雄蕊，不育雄蕊	敗育雄蕊，不稔雄蕊	abortive stamen
斑点酸	斑點酸	stictic acid
斑点印迹法，点渍法	斑點印漬術，點墨法，點漬墨點法	dot blotting
斑点杂交	斑點雜交，點墨雜交，點漬雜交	dot hybridization, dot-blot hybridization
斑块，镶嵌体	斑塊，區塊，嵌塊體	patch
斑块性，镶嵌性	斑塊性，區塊性，嵌塊體性	patchiness
斑块性指数	斑塊性指數	index of patchiness
瘢痕组织	癒傷組織	scar tissue
板根	板[狀]根	buttress, buttress root, brent root
板状分生组织	板狀分生組織	plate meristem
板状厚角组织(=片状厚角组织)	片狀厚角組織，層狀厚角組織	lamellar collenchyma
半包幕（=内菌幕）	半包膜，部分菌膜(=內蓋膜)	partial veil (=inner veil)
半倒生胚珠（=横生胚珠）	横生胚珠	hemitropous ovule, hemianatropous ovule
半覆盖层	半覆蓋層	semitectum
半沟	半溝	demicolpus
半灌木，亚灌木	半灌木，亞灌木	subshrub, suffrutex
半灌木地上芽植物	半灌木地上芽植物	suffruticose chamaephyte
半环孔材	半環孔材	semi-ring-porous wood
半寄生	半寄生	hemiparasitism
半具缘纹孔对	半具緣紋孔對	half-bordered pit-pair
半轮生花	半輪生花	hemicyclic flower
半融合	半融合	semimixis
半上位子房	半上位子房	half-superior ovary
半四分体	半四分體，半四分子	half-tetrad
半萜	半萜[烯]	hemiterpene, half-terpene
半透膜（=选择透性膜）	半透[性]膜（=選透[性]膜）	semi-permeable membrane (=selectively permeable membrane)
半细胞	半細胞	semicell
半下位子房	半下位子房	half-inferior ovary
半纤维素	半纖維素	hemicellulose
半显性（=不完全显性）	半顯性（=不完全顯性）	semi-dominance (=incomplete

大陆名	台湾名	英文名
		dominance)
半知菌类，不完全菌类	不完全菌類	deuteromycetes, imperfect fungi, fungi imperfecti
半种	半種	semispecies
半自然植被	半自然植被，半天然植被，半野生植被	seminatural vegetation
伴孢晶体	伴孢晶體，側孢體	parasporal crystal
伴胞	伴細胞	companion cell
伴刀豆凝集素 A	伴刀豆凝集素 A，[伴]刀豆球蛋白 A	concanavalin A, ConA
伴侣蛋白	伴護蛋白，保護子蛋白	chaperonin
伴人植物	伴人植物	androphile, synarthropic plant
伴生种	伴生種	accompanying species, companion species, companion
瓣（=壳[板]）	瓣（=殼）	valve (=theca)
瓣裂	瓣裂，瓣狀裂開	valvular dehiscence
瓣面（=壳面）	殼面，瓣面	valve
瓣爪	瓣爪	claw
棒形胚	棒形胚	club-shaped embryo
傍管薄壁组织	傍管薄壁組織	paratracheal parenchyma
傍核体	傍核體	archontosome
包被	包被	peridium
包被囊泡（=有被小泡）	被覆囊泡，被膜小泡，被膜泡囊	coated vesicle
包顶组织	包頂組織	involucrellum
包含体	包涵體，包埋體，内涵體	inclusion body
苞鳞	苞鱗	bract scale
苞片	苞片	bract
苞片细胞	苞片細胞	bract cell
苞叶	苞葉	bracteal leaf, subtending leaf
孢粉	孢粉	spore and pollen
孢[粉]壁	孢粉壁，孢子壁	sporoderm
孢粉分析	孢粉分析	sporo-pollen analysis
孢粉素	孢粉素，孢粉質	sporopollenin
孢粉图谱	花粉圖譜，花粉分布圖	pollen diagram
孢粉形态学	孢粉形態學	palynomorphology
孢粉学	孢粉學	palynology

大 陆 名	台 湾 名	英 文 名
孢粉组合	孢粉複合體，孢粉複合物	sporo-pollen complex
孢梗束，束丝	孢梗束，束絲	synnema, coremium
孢间连丝	孢間連絲	connective, disjunctor
孢囊孢子	孢[子]囊孢子	sporangiospore
孢囊柄（=孢囊梗）	孢[子]囊梗，孢[子]囊柄	sporangiophore
孢囊堆	孢子囊堆	sporangiosorus
孢囊梗，孢囊柄	孢[子]囊梗，孢[子]囊柄	sporangiophore
孢囊果	孢囊果	sporangiocarp
孢囊下泡	孢[子]囊下泡，孢子囊柄膨大部	subsporangial swelling, subsporangial vesicle
孢囊枝	孢囊枝	stichidium
孢蒴	孢蒴	theca, capsule
孢丝	孢絲	capillitium
孢丝粉	孢絲粉	mazedium, mazaedium
H 孢体	H 孢體	H body
孢团果	孢堆果	sorocarp
[孢]尾体	孢尾體	rumposome
孢芽（=胞芽）	孢芽，胞芽，無性芽	gemma
孢芽杯（=胞芽杯）	芽孢杯，孢芽杯，無性芽杯	gemma cup
孢原细胞	孢原細胞	archesporial cell, archesporium
孢原质	孢原質，孢子原生質	sporoplasm
孢子	孢子	spore
[孢子]表壁	[孢子]表壁	ectosporium
孢子堆	孢子囊群，孢子囊堆	sorus
孢子发生	孢子發生，孢子形成	sporogenesis
[孢子]附壁	[孢子]附壁	episporium
孢子梗	孢子柄	sporophore
孢子果（=子实体）	孢子果（=子實體）	sporocarp (=fruiting body)
孢子减数分裂	孢子減數分裂	sporic meiosis, sporic reduction
孢子母细胞	孢子母細胞	spore mother cell
孢子囊	孢子囊	sporangium
[孢子]内壁	[孢子]内壁	endosporium
孢子生殖（=无性生殖）	孢子生殖（=無性生殖）	sporogony (=asexual reproduction)
孢子体	孢子體	sporophyte
孢子体不育	孢子體不育	sporophyte sterility

大　陆　名	台　湾　名	英　文　名
孢子体世代（=无性世代）	孢子體世代（=無性世代）	sporophyte generation (=asexual generation)
孢子体无融合生殖	孢子體無融合生殖	sporophytic apomixis
孢子体自交不亲和性	孢子體自交不親和性	sporophytic self-incompatibility, SSI
孢子同型	孢子同型	isospory
[孢子]外壁	[孢子]外壁	exosporium
孢子叶	孢子葉	sporophyll
孢子叶球	孢子葉球，孢子囊穗，球穗花序	strobilus, strobile
孢子叶穗（=孢子叶球）	孢子葉穗（=孢子葉球）	sporophyll spike (=strobilus)
孢子异型	孢子異型性，異形孢子現象	heterospory
孢子植物	孢子植物	spore plant
[孢子]中壁	[孢子]中壁	mesosporium
[孢子]周壁	[孢子]周壁	perisporium, perine
胞壁内突生长	胞壁內突生長	cell wall ingrowth
胞壁伸展性	胞壁延展性	wall extensibility
胞壁压	胞壁壓	wall pressure
胞果	胞果	utricle
胞环型气孔（=环式气孔）	輪列型氣孔，環式氣孔	cyclocytic type stoma
胞间层	[細]胞間層	intercellular layer
胞间道	胞間道，細胞間通道	intercellular canal, intercellular passage
胞间分泌组织	細胞間分泌組織	intercellular secretory tissue
胞间菌丝网（=哈氏网）	哈氏網	Hartig net
胞间连丝	胞間連絲，原生質絲，細胞間絲	plasmodesma
胞间腔	胞間腔，細胞間空腔	intercellular cavity
胞间运输	[細]胞間運輸	intercellular transport
胞口	[細]胞口	cytostome
胞嘧啶	胞嘧啶	cytosine
[胞]内共生	[胞]内共生，內共生現象，內共生[作用]	endosymbiosis, intracellular symbiosis
胞内蓝藻共生	胞內藍藻共生	endocyanosis
胞吐[作用]	胞吐作用	exocytosis
胞吞泡	胞吞囊泡	endocytic vesicle
胞吞途径	胞吞途徑，胞吞路徑，內吞途徑	endocytic pathway
胞吞[作用]	胞吞作用，內吞作用	endocytosis

大陆名	台湾名	英文名
[胞]外连丝	胞外連絲	ectodesma
胞芽，孢芽	孢芽，胞芽，無性芽	gemma
胞芽杯，孢芽杯	芽孢杯，孢芽杯，無性芽杯	gemma cup
胞咽	胞咽	cytopharynx, gullet
胞饮[作用]，吞饮[作用]	胞飲作用	pinocytosis
胞质泵动学说	胞質泵動學說	cytoplasmic pumping theory
胞质分离	胞質分離	cytoplasmic segregation
胞质分裂	胞質分裂，質裂	cytokinesis, plasmodieresis
胞质环流	胞質環流，胞質循流，胞質流動	cyclosis, cytoplasmic streaming
胞质孔环	[細]胞質孔環	cytoplasmic annulus
胞质配合（=质配）	質配，胞質配合，胞質接合	plasmogamy
胞质溶胶	[細]胞質液，細胞溶質，胞液	cytosol
胞质融合（=质配）	質配，胞質配合，胞質接合	plasmogamy
胞质丝	[細]胞質絲	cytoplasmic filament
胞质雄性不育	[細]胞質雄性不育，[細]胞質雄性不孕	cytoplasmic male sterility, CMS
胞质杂种	胞質雜種	cybrid, cytoplasmic hybrid
薄孢子囊	薄壁孢子囊	leptosporangium
薄壁管胞	薄壁管胞	parenchyma tracheid
薄壁区	薄壁區	leptoma, tenuity
薄壁丝组织	薄壁絲組織	textura porrecta
薄壁细胞	薄壁細胞	parenchyma cell
薄壁组织	薄壁組織	parenchyma
薄壁组织鞘	薄壁組織鞘	parenchyma sheath
薄层色谱法	薄層層析法	thin layer chromatography
薄珠心胚珠	薄珠心胚珠	tenuinucellate ovule
保持系	保持系	maintainer line
保护，保育	保育	conservation
保护层	保護層	protective layer
保护鞘	保護鞘	protecting sheath
保护生态学	保育生態學	conservation ecology
保护性气根	保護性氣根	protective aerial root
保护组织	保護組織	protective tissue
保留名[称]	保留名[稱]	conserved name, nomen conservandum
保留指数	保留指數	retention index, RI
保卫细胞	保衛細胞	guard cell

大　陆　名	台　湾　名	英　文　名
保育（=保护）	保育	conservation
报道基因（=报告基因）	報導基因	reporter gene
报告基因，报道基因	報導基因	reporter gene
抱茎叶	抱莖葉	amplexicaul leaf
爆发式进化	爆發性演化，突發性演化	explosive evolution, eruptive evolution
爆发式物种形成（=骤变式物种形成）	驟變式物種形成，爆發式物種形成，驟變式種化	sudden speciation, explosive speciation
杯点	杯點	cyphella
杯体	杯體，杯足	scyphus
杯状孢囊基	杯狀孢囊基	calyculus
杯状聚伞花序	杯狀聚傘花序，大戟花序，壺狀花序	cyathium
北方针叶林（=泰加林）	泰加林，西伯利亞針葉林，北寒針葉林	taiga, boreal coniferous forest
北极第三纪森林	北極第三紀森林	Arcto-Tertiary forest
北极第三纪植物区系	北極第三紀植物區系，北極[地]第三紀植物相，北極[地]第三紀植物群	Arcto-Tertiary flora
北极高山植物区系	北極高山植物區系，北極高山植物相，北極高山植物群	arctic alpine flora, arctalpine flora
北极界	北極界	arctic realm
北极植物	北極植物	arctic plant
北极植物区系	北極植物區系，北極植物相，北極植物群	arctic flora
北美草原，高草草原，普雷里群落	北美草原，大草原	prairie
贝母辛	[浙]貝母辛鹼	peimisine
贝叶斯分析	貝葉斯分析	Bayesian analysis
背瓣	背瓣	dorsal lobe, antical lobe
背翅	背翅	dorsal lamina
背缝线	背縫線	dorsal suture
背腹性	背腹性	dorsiventrality, dorsoventrality
背腹叶（=异面叶）	異面葉，背腹葉	bifacial leaf, dorsiventral leaf
背倚子叶	背倚子葉	incumbent cotyledon
背轴[的]（=远轴[的]）	遠軸[的]，背軸[的]，離軸[的]	abaxial
背轴面（=远轴面）	背軸面，離軸面	abaxial side

大 陆 名	台 湾 名	英 文 名
背着药	背面著生藥	dorsifixed anther
倍半木脂素	倍半木脂體	sesquilignan
倍半萜	倍半萜	sesquiterpene
倍性	倍數性	ploidy
被动地上芽植物	被動地上芽植物	passive chamaephyte
被动扩散（=被动散布）	被動散布，被動播遷	passive dispersal
被动散布，被动扩散	被動散布，被動播遷	passive dispersal
被动脱水关闭	被動脱水關閉	dehydropassive closure
被动吸收	被動吸收	passive absorption
被动吸水	被動吸水	possive water absorption
被动运输，被动转运	被動運輸，被動運移	passive transport
被动转运（=被动运输）	被動運輸，被動運移	passive transport
被果	被果	angiocarp
被膜系统	被膜系統	enveloping membrane system, EMS
被丝托，托杯	花托筒	hypanthium
被替代异名	被替代異名	replaced synonym
被芽（=鳞芽）	被芽（=鱗芽）	protected bud (=scaly bud)
被子植物	被子植物	angiospermae
本地种，乡土种，土著种	本地種，本土種，原生種	native species, indigenous species
本内苏铁类	本内蘇鐵類	bennettitaleans
本体	本體	corpus
苯丙素类化合物，苯丙烷类化合物	苯丙素類化合物，苯丙烷類化合物	phenylpropanoid
苯丙酸	苯丙酸	phenylpropionic acid
苯丙烷类化合物（=苯丙素类化合物）	苯丙素類化合物，苯丙烷類化合物	phenylpropanoid
苯并呋喃类木脂素	苯并呋喃類木脂體	benzofuran lignan
苯基烷基胺类生物碱	苯基烷基胺類生物鹼	phenylalkylamine alkaloid
苯醌	苯醌	benzoquinone
苯乙酸	苯乙酸	phenylacetic acid, PAA
比对	比對，排比，對齊	alignment
比根长	比根長	specific root length
比集运量（=质量运输速率）	比質量轉移量（=質量轉移率）	specific mass transfer, SMT (=mass transfer rate)
比集转运速率（=质量运输速率）	比質量轉移率（=質量轉移率）	specific mass transfer rate, SMTR (=mass transfer rate)

大　陆　名	台　湾　名	英　文　名
比较基因组学	比較基因體學	comparative genomics
比较解剖学	比較解剖學	comparative anatomy
比较植物化学	比較植物化學	comparative phytochemistry
比旋光[度]，旋光率	比旋光[度]，旋光率	specific rotation
比叶面积	比葉面積	specific leaf area, SLA
比叶重	比葉重	specific leaf mass
吡啶	吡啶	pyridine
吡啶[类]生物碱	吡啶[類]生物鹼	pyridine alkaloid
吡咯	吡咯	pyrrole
吡咯里西啶[类]生物碱，吡咯嗪[类]生物碱	吡咯聯啶生物鹼，吡咯啉啶生物鹼	pyrrolizidine alkaloid
吡咯嗪[类]生物碱（=吡咯里西啶[类]生物碱）	吡咯聯啶生物鹼，吡咯啉啶生物鹼	pyrrolizidine alkaloid
吡咯烷[类]生物碱	吡咯啶生物鹼	pyrrolidine alkaloid
吡喃香豆素	吡喃香豆素，哌喃香豆素	pyranocoumarin
必需元素	必需元素，必要元素	essential element
闭果	閉果	indehiscent fruit
闭合型花柱（=实心花柱）	閉合型花柱，閉鎖型花柱（=實心花柱）	closed type style (=solid style)
闭花受精	閉花受精	cleistogamy
闭花受精花	閉花受精花，閉鎖花	cleistogamous flower
闭囊壳	閉囊殼	cleistothecium
闭塞纹孔	閉塞紋孔	aspirated pit
闭蒴	閉蒴	cleistocarp
闭锁脉序	閉鎖脈序	closed venation
庇护所	庇護所，避難所，保護區	refuge, refugium
庇护所策略	庇護所策略	refuge strategy
秘鲁草原，洛马群落	落馬植被	loma
蓖麻毒蛋白，蓖麻毒素	蓖麻毒蛋白，蓖麻毒素	ricin
蓖麻毒素（=蓖麻毒蛋白）	蓖麻毒蛋白，蓖麻毒素	ricin
壁层	壁層	tichus
避病性	避病性	disease escape
避钙植物（=嫌钙植物）	嫌鈣植物，避鈣植物	calcifuge, calciphobe
避旱性	避旱性，逃避乾旱	drought escape
避逆性	避逆性	stress escape
避阳植物（=嫌阳植物）	嫌陽植物	heliophobe
避阴反应	避蔭反應	shade-avoidance response

大　陆　名	台　湾　名	英　文　名
避雨植物（=嫌雨植物）	嫌雨植物	ombrophobe
边材	邊材	sapwood
边花	邊花	ray flower
边脉	邊脈	marginal vein
边萌发孔（=侧萌发孔）	側萌發孔，邊萌發孔	pleurotreme, planaperturate
边域成种（=边域物种形成）	邊域物種形成，邊域種化	peripatric speciation
边域物种形成，边域成种	邊域物種形成，邊域種化	peripatric speciation
边缘薄壁组织（=界限薄壁组织）	界限薄壁組織	boundary parenchyma
边缘分生组织	邊緣分生組織	marginal meristem
边缘菌幕	邊緣菌幕	marginal veil
边缘射线管胞	邊緣髓射線管胞，邊緣芒髓管胞	marginal ray tracheid
边缘胎座	邊緣胎座	marginal placenta
边缘胎座式	邊緣胎座式	marginal plancentation
边缘效应	邊緣效應，邊緣效果	edge effect, border effect
边缘原始细胞	邊緣原始細胞	marginal initial
边缘种	邊緣種	edge species
RNA 编辑	RNA 編輯	RNA editing
编码链	編碼股	coding strand
编码序列	編碼序列	coding sequence
编织中柱	編織中柱	plectostele
鞭毛	鞭毛	flagellum
鞭毛器	鞭毛器	flagellum apparatus
鞭毛丝（=鞭茸）	鞭茸	flimmer, mastigoneme
[鞭毛]轴丝	[鞭毛]軸絲	axoneme, axial filament
鞭茸，鞭毛丝	鞭茸	flimmer, mastigoneme
鞭状枝	鞭狀枝	flagelliform branch
扁化	扁化，帶化	fasciation, planation
扁化枝	扁化枝	platyclade
扁口囊壳	扁口囊殼	lophiothecium
6-苄基腺嘌呤	6-苄基腺嘌呤	6-benzylaminopurine, 6-BA
苄基异喹啉[类]生物碱	苄基異喹啉[類]生物鹼	benzylisoquinoline alkaloid
变胞藻黄素（=虾青素）	蝦青素，葉黃素色素，變胞藻黃素	astaxanthin, astacin
变水植物	變水植物	poikilohydric plant
变态担子，后担子	變態擔子	metabasidium

大　陆　名	台　湾　名	英　文　名
变态冬孢子	中間孢子	mesospore
变态粉芽	變態粉芽	phygoblastema
变态根	變態根	modification of root
变态茎	變態莖	modification of stem
变态叶	無脈葉片	aphlebia
变形绒毡层	變形蟲型絨氈層，變形蟲型營養層	amoeboid tapetum
变型	變型	form
变性	變性	denaturation
变性 DNA	變性 DNA	denatured DNA
变异	變異	variation
变异系数	變異係數	coefficient of variation, coefficient of variability
变异中心	變異中心	variation center
变种	變種	variety
标记基因	標記基因	marker gene
表层组织	表層組織，表皮組織	textura epidermoidea
表达盒（=表达组件）	表達盒，表現盒	expression cassette
表达序列标签	表達序列標籤，表現序列標籤	expressed sequence tag, EST
表达载体	表達[型]載體，表現載體	expression vector
表达组件，表达盒	表達盒，表現盒	expression cassette
表观光合速率	表觀光合速率	apparent photosynthesis rate
表观光合作用（=净光合作用）	表觀光合作用，表面光合作用（=淨光合作用）	apparent photosynthesis (=net photosynthesis)
表观基因组	表觀基因體	epigenome
表观遗传变异	表觀遺傳變異	epigenetic variation
表观遗传调节	表觀遺傳[性]調節	epigenetic regulation
表观遗传修饰	表觀遺傳修飾	epigenetic modification
表观遗传学效应，渐成效应，后生效应	表觀遺傳學效應，漸成效應，後生效應	epigenetic effect
表观自由空间(=相对自由空间)	表觀自由空間，無阻空間（=相對自由空間）	apparent free space, AFS (=relative free space)
表面分生组织	表面分生組織	surface meristem
表面张力	表面張力	surface tension
表膜	表膜，蓋膜	epiphragm
表皮	表皮	epidermis, epiderm
表皮毛	表皮毛	epidermal hair

大 陆 名	台 湾 名	英 文 名
表皮鞘	表皮鞘	epidermal sheath
表皮原	表皮原	dermatogen
表皮蒸腾	表皮蒸散	epidermal transpiration
表渗透空间	表滲透空間	apparent osmotic space
表型	表[現]型	phenotype
表型变异	表[現]型變異	phenotypic variation
表型方差	表[現]型變方	phenotypic variance
表型分类，表征分类	表型分類，表現分類	phenetic classification
表型渐变群	表[現]型定向漸變群	phenocline
表型可塑性	表[現]型可塑性	phenotypic plasticity
表型系统学，表征分类学	表型分類學，表徵系統學	phenetics
[表型]限渠道化（=渠限化）	渠限化	canalization
表型性状	表[現]型性狀	phenotypic character
表型值	表[現]型值	phenotypic value
表型种	表型種	phenetic species, phenon
表征分类（=表型分类）	表型分類，表現分類	phenetic classification
表征分类学（=表型系统学）	表型分類學，表徵系統學	phenetics
表征距离	表徵距離	phenetic distance
表征图	表型圖，表現圖	phenogram
别藻蓝蛋白，异藻蓝蛋白，别藻蓝素	別藻藍蛋白，異藻藍蛋白，異藻藍素	allophycocyanin, APC
别藻蓝素（=别藻蓝蛋白）	別藻藍蛋白，異藻藍蛋白，異藻藍素	allophycocyanin, APC
濒危	瀕危	endangered, EN
濒危植物	瀕危植物	endangered plant
濒危种	瀕危[物]種	endangered species
冰川植物区系	冰河植物區系，冰河植物相，冰河植物群	glacial flora
冰期孑遗植物区系	冰期孑遺植物區系，冰期孑遺植物相，冰期孑遺植物	glacial relic flora
冰雪藻类	冰雪藻類	cryophilic algae
冰雪植物	冰雪植物	cryophyte
ACC 丙二酰基转移酶	ACC 丙二醯基轉移酶	ACC *N*-malonyl transferase
丙级分类学（=γ分类学）	γ分類學	gamma taxonomy
丙糖	丙糖，三碳糖	triose
丙糖磷酸	丙糖磷酸，三碳糖磷酸	triose phosphate
丙糖磷酸脱氢酶	丙糖磷酸去氫酶，三碳糖磷酸脫氫酶，磷酸三碳糖脫	triose phosphate dehydrogenase

大　陆　名	台　湾　名	英　文　名
	氫酶	
丙糖磷酸异构酶	丙糖磷酸異構酶，三碳糖磷酸互變酶	triose phosphate isomerase
丙糖磷酸转运体	三碳糖磷酸[鹽]轉運子，磷酸三碳糖轉位蛋白	triose phosphate translocator, TPT
丙酮酸	丙酮酸	pyruvate, pyruvic acid
丙酮酸激酶	丙酮酸激酶	pyruvate kinase
丙酮酸磷酸双激酶	丙酮酸磷酸雙激酶	pyruvate phosphate dikinase, PPDK
丙酮酸脱氢酶复合物	丙酮酸脫氫酶複合體	pyruvate dehydrogenase complex
丙酮酸转运体	丙酮酸轉運子，丙酮酸轉位蛋白	pyruvate translocator
柄[生]孢子	柄生孢子	stylospore
柄细胞	柄細胞	stalk cell
并合（=蹼化）	蹼化	webbing
并联染色体	並聯染色體	attached chromosome
并列芽	並生芽	apposition bud, collateral bud
并生副芽	並生副芽	collateral accessory bud
并系[类]群，偏系群	並系[類]群	paralogous group, paraphyletic group
病程相关蛋白	致病相關蛋白	pathogenesis-related protein, PR protein
病毒瘤	病毒瘤	virus tumor
病原菌	病原[細]菌	pathogenic bacteria
病原体	病原體	pathogen
波形蛋白	波形蛋白，微絲蛋白	vimentin
玻璃化	玻璃化	vitrification
α-菠甾醇	α-菠菜甾醇，α-菠菜固醇	α-spinasterol
泊松分布	卜瓦松[氏]分布	Poisson distribution
搏动泡	搏動泡，食胞	pusule
薄荷醇	薄荷醇	menthol
薄荷脑	薄荷腦	mentha-camphor
补偿点	補償點	compensation point
补偿突变	補償突變	compensatory mutation
补偿性资源利用	補償性資源利用	complementary resource use
补充组织	補充組織，填充組織	complementary tissue, filling tissue
补骨脂内酯，补骨脂素	補骨脂內酯，補骨脂素	psoralen

大 陆 名	台 湾 名	英 文 名
补骨脂素（=补骨脂内酯）	補骨脂内酯，補骨脂素	psoralen
补骨脂乙素	補骨脂乙素	corylifolinin
捕虫环	捕蟲環	lasso mechanism
捕虫囊	捕蟲囊，瓶胞	ampulla
捕虫叶	捕蟲葉	insect-catching leaf
捕光复合物，聚光[色素蛋白]复合体	光能捕獲複合體，集光複合體	light-harvesting complex, LHC
捕光色素，集光色素	捕光色素，集光色素	light-harvesting pigment
捕光叶绿素蛋白复合物	捕光葉綠素蛋白複合體	light-harvesting chlorophyll-protein complex, LHCP
捕光中心，集光中心	光能捕獲中心	light-harvesting center
捕食	捕食	predation
捕食食物链	捕食食物鏈	predatory food chain
捕食学说	捕食學說	predation theory
捕食者	捕食者	predator
不等分裂	不等分裂，不平均分裂	unequal division
不等交换	不等互換	unequal crossover, unequal exchange
不等式气孔（=不等细胞型气孔）	不等細胞型氣孔，不等式氣孔	anisocytic type stoma
不等细胞型气孔，不等式气孔	不等細胞型氣孔，不等式氣孔	anisocytic type stoma
不等叶	不等葉，擬同型葉，異型葉	anisophyll, anisophyllum
不等叶性	不等葉性，擬同葉性，異型葉性	anisophylly
不定胞芽，块状胞芽	塊狀胞芽	tuber
不定根	不定根	adventitious root
不定胚	不定胚	adventitious embryo
不定胚生殖	不定胚生殖	adventitious embryony
不定群体，胶群体	膠群體	palmella
不定式气孔（=无规则型气孔）	無規則型氣孔，不定式氣孔	anomocytic type stoma
不定芽	不定芽	adventitious bud
不定芽条	不定芽條	propagulum
不定枝	不定枝	adventitious shoot
不动孢子，静孢子	不動孢子，靜孢子，無毛孢子	aplanospore
不动孢子囊	不動孢子囊	aplanosporangium
不动精子	不動精子（紅藻）	spermatium

大 陆 名	台 湾 名	英 文 名
不动配子，静配子	不動配子，静配子	aplanogamete
不对称 PCR(=不对称聚合酶链反应)	不對稱聚合酶連鎖反應，不對稱 PCR	asymmetric PCR
不对称花	不對稱花	asymmetrical flower, nonsymmetrical flower
不对称聚合酶链反应，不对称 PCR	不對稱聚合酶連鎖反應，不對稱 PCR	asymmetric PCR
不分离	不分離	nondisjunction
不规则萌发孔	不規則萌發孔	anomotreme
不规则显性	不規則顯性	irregular dominance
不规则型气孔（=无规则型气孔）	無規則型氣孔，周胞型氣孔	anomocytic type stoma
不合法名称	不合法名稱	illegitimate name
不活动中心（=静止中心）	静止中心	quiescent center, QC
不均一核 RNA（=核内不均一 RNA）	異質核 RNA，異源核 RNA	heterogeneous nuclear RNA, hnRNA
不连续变异	不連續變異	discontinuous variation
不连续分布区（=间断分布区）	間斷分布區	areal disjunction, discontinuous areal
不连续性（=间断性）	不連續性	discontinuity
不联会	不聯會[現象]	asynapsis
不裂干果	不裂乾果	achaenocarp
不亲和性	不親和性	incompatibility
不生氧光合作用	不生氧光合作用	anoxygenic photosynthesis
不透水层	不透水層	impermeable layer
不透水种子	不透水種子	impermeable seed
不透性	不透性	impermeability
不透性膜	不透性膜	impermeable membrane
不脱羧降解	不脱羧降解	non-decarboxylated degradation
不完全雌蕊	不完全雌蕊	imperfect pistil
不完全花	不完全花，單性花	incomplete flower, imperfect flower
不完全阶段（=无性阶段）	不完全階段，不完全期（=無性階段）	imperfect state (=asexual state)
不完全菌类（=半知菌类）	不完全菌類	deuteromycetes, imperfect fungi, fungi imperfecti
不完全双列杂交	不完全雙對偶雜交	incomplete diallel cross
不完全显性	不完全顯性	incomplete dominance
不完全雄蕊	不完全雄蕊	imperfect stamen

大 陆 名	台 湾 名	英 文 名
不完全叶	不完全葉	incomplete leaf, imperfect leaf
不育系（=雄性不育系）	不育系（=雄性不育系）	sterility line (=male sterility line)
不育细胞	不育細胞，不孕細胞	sterile cell
不育小羽片	不孕小羽片，裸小羽片	sterile pinnule
不育性	不育性，不孕性，不稔性	sterility
不育雄蕊（=败育雄蕊）	敗育雄蕊，不稔雄蕊	abortive stamen
不育叶（=营养叶）	不孕葉，裸葉（=營養葉）	sterile frond, sterile lea (=foliage leaf)
不育羽片	不孕羽片，裸羽片	sterile pinna
不孕[性]花	不孕花，不結實花	sterile flower
不整齐花	不整齊花	irregular flower
不整齐花冠	不整齊花冠	irregular corolla
不整齐离瓣花冠	不整齊離瓣花冠	irregular choripetalous corolla
不整齐性	不整齊性	irregularity
布莱克曼反应（=暗反应）	布萊克曼反應（=暗反應）	Blackman reaction (=dark reaction)
部分同源染色体	部分同源染色體，近同源染色體	homeologous chromosome
部分显性（=不完全显性）	部分顯性（=不完全顯性）	partial dominance (=incomplete dominance)

C

大 陆 名	台 湾 名	英 文 名
采后处理	采後處理	post-harvest treatment
采后生理	采後生理	post-harvest physiology
菜籽固醇内酯（=油菜素内酯）	油菜素內酯，菜籽固醇內酯	brassinolide, BL
菜籽类固醇（=油菜素甾醇[类化合物]）	菜籽類固醇	brassinosteroid, BR
残遗中心	殘遺中心	residue center
残遗种（=孑遗种）	孑遺種，古老種，殘存種	relic species, epibiotic species
残余斑块	殘留斑塊，殘留區塊	remnant patch
藏精器，精子囊	雄配子器，精[子]囊，精胞囊	spermatangium
藏卵器，卵囊	卵囊	oogomium
操纵基因	操縱基因，操作子	operator, operator gene
操纵子	操縱組，操縱子	operon
糙面内质网，粗面内质网	粗糙內質網	rough endoplasmic reticulum

大 陆 名	台 湾 名	英 文 名
槽	槽	sulcus
草本层	草本層	herb layer
草本带	草本帶	herb zone
草本茎	草本莖	herbaceous stem
草本群落	草本群落	herbosa, prata
草本沼泽（=草沼）	草沼，草[本沼]澤	marsh
草本植被	草本植被	herbaceous vegetation
草本[植物]	草本	herb
草丛	草叢	tussock
草甸	草甸	meadow
草甸草原	濕草原，草甸-乾草原植被區	meadow steppe
草牧食物链，牧食食物链（=捕食食物链）	刮食食物鏈，啃食食物鏈（=捕食食物鏈）	grazing food chain (=predatory food chain)
草原	草原	steppe
草原气候	草原氣候	grassland climate
草原生态系统	草原生態系[統]	grassland ecosystem
草沼，草本沼泽	草沼，草[本沼]澤	marsh
侧根	側根，支根	lateral root, branch root
侧脉	側脈	lateral vein
侧萌发孔，边萌发孔	側萌發孔，邊萌發孔	pleurotreme, planaperturate
侧面分生组织，周围分生组织	側面分生組織	flank meristem
侧面接合	側面接合	lateral conjugation
侧膜胎座	側膜胎座	parietal placenta
侧膜胎座式	側膜胎座式	parietal placentation
侧泡复合体	側泡複合體	side body complex
侧射枝	側射枝	lateral ray
侧生孢子	側生孢子	aleuriospore
侧生分生组织	側生分生組織	lateral meristem
侧生器官	側生器官	lateral organ
侧蒴	側生蒴果	pleurocarp
侧丝	側絲	paraphysis
侧向基因转移（=水平基因转移）	基因側向轉移（=基因水平轉移）	lateral gene transfer (=horizontal gene transfer)
侧芽（=腋芽）	側芽（=腋芽）	lateral bud (=axillary bud)
侧叶	側葉	lateral leaf
侧翼序列（=旁侧序列）	旁側序列，側翼序列，毗鄰序列	flanking sequence

大 陆 名	台 湾 名	英 文 名
侧枝	側枝	lateral branch
测交	測交，試交	test cross
DNA 测序	DNA 定序	DNA sequencing
层	層	stratum, story
层积处理	層積埋藏法，種子層積沙藏	stratification
层片	層片，同型同境群落，分層群落	synusia
层丝	層絲	hyphidium
层析（=色谱法）	層析法，色譜法	chromatography
层状胎座	全面胎座	laminal placenta
层状胎座式	全面胎座式，薄層胎座式	laminal placentation
叉状脉序，二叉脉序	二叉脈序，二叉狀[葉]脈	dichotomous venation
插入缺失突变，得失位突变	插入缺失突變，得失位突變	insertion-delete mutation, indel mutation
插入生长（=侵入生长）	侵入生長	intrusive growth
插入突变	插入突變	insertion mutation
插入位点	插入位點	insertion site
插入序列	插入序列，嵌入序列	insertion sequence, IS
插入易位	插入易位	insertional translocation
插入诱变	插入誘變	insertional mutagenesis
茶碱	茶鹼	theophylline
茶叶皂苷	茶葉皂苷	tea saponin
茶渍酸	茶漬酸，紅粉苔酸	lecanoric acid
茶渍型	茶漬型	lecanorine type
查耳酮	查耳酮	chalcone
查帕拉尔群落	查帕拉爾群落，達帕拉爾硬葉灌叢，硬葉常綠矮木林	chaparral
差异透性膜	差別透性膜	differentially permeable membrane
mRNA 差异显示，mRNA 差异展示	mRNA 差異性顯示，mRNA 差異性表現	mRNA differential display
mRNA 差异展示（=mRNA 差异显示）	mRNA 差異性顯示，mRNA 差異性表現	mRNA differential display
柴胡皂苷	柴胡皂苷	saikoside, saikosaponin
掺花果	摻花果	anthocarpous fruit, anthocarp
缠绕茎	纏繞莖	twining stem
缠绕运动	纏繞運動	twining movement
缠绕植物	纏繞植物	twining plant, twiner

大 陆 名	台 湾 名	英 文 名
产孢丝，造孢丝	產孢絲，造孢絲	gonimoblast, sporogenous thread, sporogenous filament
产孢体（=产孢组织）	產孢組織	gleba
产孢细胞，产分生孢子细胞	產孢細胞	conidiogenous cell
产孢枝（=梳状孢梗）	梳狀孢梗	sporocladium
产孢组织，产孢体	產孢組織	gleba
产侧丝体	產側絲體	paraphysogone, paraphysogonium
产分生孢子细胞（=产孢细胞）	產孢細胞	conidiogenous cell
产粉花	產粉花，花粉花，雄花	pollen flower
产精体（=性孢子梗）	精子囊柄，精子托	spermatiophore
产囊丝	產囊絲	ascogenous hypha
产囊丝钩	產囊絲鉤	crozier, hook
产囊体	產囊體	ascogone, ascogonium
产囊枝	產囊枝	ascophore
产氧光合作用（=生氧光合作用）	產氧[型]光合作用，生氧光合作用	oxygenic photosynthesis
长春[花]碱	長春[花]鹼	vinblastine
长春[花]新碱	長春[花]新鹼	vincristine
长短日[照]植物	長短日[照]植物	long-short-day plant, LSDP
长角果	長角果	silique
长距离运输	長距離運輸，長距離運移	long-distance transport
长链聚合物	長鏈聚合物	long chain polymer
长命间隔子	長命間隔子	long-lived spacer
长末端重复[序列]	長末端重複序列	long terminal repeat, LTR
长期生态研究	長期生態研究	long-term ecological research, LTER
长日[照]植物	長日[照]植物	long-day plant, LDP
长散在核元件	長散布核元件	long interspersed nuclear element, LINE
长效光抑制，慢性光抑制	慢性光抑制	chronic photoinhibition
长夜植物（=短日[照]植物）	長夜植物（=短日[照]植物）	long-night plant (=short-day plant)
长支吸引	長支吸引	long-branch attraction
长枝	長枝	long shoot, elongated shoot
长轴面	長軸面	apical plane
长轴形细胞	梭形細胞	prosenchymatous cell
长轴组织（=疏丝组织）	梭形組織，紡錘組織	prosenchyma

大 陆 名	台 湾 名	英 文 名
常规灭绝	自然滅絶	normal extinction
常见种	常見種	common species
常量营养物	高量營養物，巨量養分	macronutrient
常绿阔叶林，照叶林	常綠闊葉林	evergreen broad-leaved forest, laurel forest
常绿阔叶林带	常綠闊葉林帶	laurel forest zone
常绿叶	常綠葉	evergreen leaf
常绿针叶林	常綠針葉林	evergreen coniferous forest, evergreen needle-leaved forest
常绿针叶林带	常綠針葉林帶	evergreen coniferous forest zone
常绿植物	常綠植物	evergreen plant
常年开花植物	常時開花植物	everflowering plant
常染色质	常染色質，真染色質	euchromatin
β-常山碱（=常山碱乙）	常山鹼乙	febrifugine, β-dichroine
常山碱乙，β-常山碱	常山鹼乙	febrifugine, β-dichroine
常雨乔木群落（=热带雨林）	熱帶[降]雨林	tropical rain forest
场解吸质谱法	場脫附質譜法	field desorption mass spectrometry, FD-MS
超倍体	超倍體	hyperploid
超雌性	超雌性	super-female
超低温保存，深低温保藏	超低溫保存	cryopreservation
超地带植被（=地带外植被）	地帶外植被	extrazonal vegetation
超顶极，后顶极	超頂極，後頂極	postclimax
超高压萃取（=超高压提取）	超高壓萃取	ultrahigh pressure extraction, UHPE
超高压提取，超高压萃取	超高壓萃取	ultrahigh pressure extraction, UHPE
超基因	超基因	supergene
超基因家族	超基因家族	supergene family
超级杂草	超級雜草	superweed
超界	超界	superkingdom
超临界流体	超臨界流體	supercritical fluid
超临界流体萃取（=超临界流体提取）	超臨界流體萃取	supercritical fluid extraction, SFE
超临界流体色谱法	超臨界流體層析法	supercritical fluid chromatography
超临界流体提取，超临界流体萃取	超臨界流體萃取	supercritical fluid extraction, SFE

大　陆　名	台　湾　名	英　文　名
超亲遗传	超親遺傳	transgressive inheritance
超声[波]萃取（=超声[波]提取）	超聲[波]萃取，超音波萃取	ultrasonic extraction
超声[波]提取，超声[波]萃取	超聲[波]萃取，超音波萃取	ultrasonic extraction
超微结构	超微結構	ultrastructure
超微藻，微微藻	超微藻，微微藻	picoalgae
超显性假说	超顯性假說	overdominance hypothesis
超雄性	超雄性	super-male
超氧化物歧化酶	超氧化物歧化酶，超氧歧化酵素	superoxide dismutase, SOD
超氧自由基	超氧自由基	superoxide radical
巢式 PCR（=巢式聚合酶链反应）	巢式聚合酶連鎖反應，巢式 PCR	nested PCR
巢式聚合酶链反应，巢式 PCR	巢式聚合酶連鎖反應，巢式 PCR	nested PCR
巢式引物	巢式引子	nested primer
潮霉素	潮黴素	hygromycin
潮霉素 B 磷酸转移酶	潮黴素 B 磷酸轉移酶	hygromycin B phosphotransferase
RNA 沉默	RNA 緘默化	RNA silencing
沉默突变（=同义突变）	緘默突變，默化突變（=同義突變）	silent mutation (=synonymous mutation)
沉默子	緘默子	silencer
沉水植物	沉水植物	submerged plant
衬质势，基质势	基質勢	matric potential
成本-效益分析	成本效益分析	cost-benefit analysis, CBA
成层现象	成層現象	stratification
成根素	成根素	rhizocaline
成花刺激物（=成花素）	開花刺激物（=開花[激]素）	floral stimulus (=florigen)
成花感受态	開花感受態	floral competent state
成花决定态	開花決定態	floral determined state
成花启动	開花啟動	floral evocation
成花生物学	花部生物學	floral biology
成花素，开花激素	開花[激]素，開花荷爾蒙	florigen, flowering hormone, anthesin
成花素学说	開花[激]素學說	florigen theory
成花抑制物（=抗成花素）	開花抑制物（=抗開花素）	floral inhibitor (=antiflorigen)
成花诱导，开花诱导	開花誘導，催花	floral induction, flower induction

大陆名	台湾名	英文名
成花诱导物	開花誘導物質，花器誘導物質	flower-inducing substance
成花转变	開花轉變	floral transition
成花自主途径	開花自主途徑	floral autonomous pathway
成膜粒	成膜粒	phragmosome
成膜体	成膜體，隔膜形成體	phragmoplast
成熟分裂（=减数分裂）	成熟分裂（=減數分裂）	maturation division (=meiosis)
成熟胚培养	成熟胚培養	culture of mature embryo
成熟区（=根毛区）	成熟區（=根毛區）	maturation zone, maturation region (=root-hair zone)
成熟群落	成熟群落	mature community
成熟组织	成熟組織	mature tissue
承珠盘	承珠盤	hypostase
程序性细胞死亡，细胞编程性死亡	程序性細胞死亡，計畫性細胞死亡，程式性細胞死亡	programmed cell death, PCD
橙酮	橙酮	aurone
持久土壤种子库，永久土壤种子库	持久土壤種子庫，永久土壤種子庫	permanent soil seed bank, persistent soil seed bank
持久性	持久性	persistence
尺度	尺度	scale
尺度上推	尺度上推	scaling up
尺度推绎，尺度转换	尺度分析	scaling
尺度下推	尺度下推	scaling down
尺度转换（=尺度推绎）	尺度分析	scaling
齿毛	齒毛	cilium
齿片	齒片	dentis, dentium
齿条	齒條	segment
齿羊齿型	齒羊齒型	odontopterid
赤潮	紅潮，赤潮	red tide
赤道	赤道	equator
赤道板（=赤道面）	赤道板，中期板（=赤道面）	equatorial plate (=equatorial face)
赤道沟	赤道溝	equatorial furrow
赤道环	赤道環	cingulum
赤道轮廓（=极面[观]轮廓）	極面觀	amb, ambit
赤道面	赤道面	equatorial face, equatorial plane
赤道面观	赤道面觀	equatorial view

大　陆　名	台　湾　名	英　文　名
赤道轴	赤道軸	equatorial axis
赤霉素	激勃素，吉貝素	gibberellin, GA
赤霉素生物合成	激勃素生物合成	gibberellin biosynthesis
赤霉素途径	激勃素途徑	gibberellin pathway
翅果	翅果，翼果	samara
虫播植物（=虫布植物）	蟲布植物，蟲播植物	entomochore, entomosporae
虫布植物，虫播植物	蟲布植物，蟲播植物	entomochore, entomosporae
虫菌体	蟲菌體	hyphal body
虫媒	蟲媒	entomophily
虫媒传粉，虫媒授粉	蟲媒傳粉，蟲媒授粉	entomophilous pollination, insect pollination
虫媒花	蟲媒花	entomophilous flower
虫媒授粉（=虫媒传粉）	蟲媒傳粉，蟲媒授粉	entomophilous pollination, insect pollination
虫媒植物	蟲媒植物	entomophilous plant, entomophile
重瓣花	重瓣花	double flower, pleiopetalous flower
重瓣品种	重瓣品種	double variety
重被花（=双被花）	兩被花，二層花被花，二輪花	dichlamydeous flower, double perianth flower
重叠群，叠连群	片段重疊群，片段重疊組	contig
重叠微管（=极微管）	重疊微管（=極微管）	overlap microtubule (=polar microtubule)
重叠效应（=叠加效应）	疊加效應	duplicate effect
重定居，回迁	重新拓殖	recolonization
重复	重複，複製	duplication, repeat
重复基因	重複基因	reiterated gene
重复授粉	雙重授粉	double pollination
重复-衰减-互补模型	重複-衰減-互補模型	duplication-degeneration-complementation model, DDC model
重复序列	重複序列	repetitive sequence
重覆瓦状（=双盖覆瓦状）	雙蓋覆瓦狀	quincuncial
重建生态学（=恢复生态学）	復育生態學	restoration ecology
重结晶	重結晶	recrystallization
重名	重名，種屬同名	tautonym
重演律	重演律	recapitulation law
重组	重組	recombination
重组 DNA	重組 DNA	recombinant DNA, rDNA

大　陆　名	台　湾　名	英　文　名
重组 RNA	重組 RNA	recombinant RNA
重组蛋白[质]	重組蛋白[質]	recombinant protein
重组 DNA 技术	重組 DNA 技術	recombinant DNA technique
重组[频]率	重組頻率	recombination frequency
重组值（=重组[频]率）	重組值（=重組頻率）	recombination value (=recombination frequency)
抽薹	抽薹	bolting
抽样，取样	取樣，採樣	sampling
臭氧	臭氧	ozone
出管	出管	exit tube
出土子叶，地上子叶	出土子葉，地上子葉	epigeal cotyledon
初级苷	初級苷	primary glycoside
初级卵原细胞	初生卵原細胞，初級卵原細胞	primary oogonium, primary ovogonium
初级溶酶体	初級溶[酶]體	primary lysosome
初级生产力	初級生產力，基礎生產力	primary productivity
初级生产量	初級生產量，基礎生產量	primary production
初级生产者	初級生產者	primary producer
初[级]缢痕（=主缢痕）	主縊痕	primary constriction
初级主动运输（=初始主动运输）	初級主動運輸	primary active transport
初生胞间连丝	初級胞間連絲	primary plasmodesma
初生壁细胞（=周缘细胞）	初生壁細胞（=周緣細胞）	primary wall cell (=parietal cell)
初生不对称花	原始不對稱花	primordial asymmetrical flower
初生代谢	初級代謝	primary metabolism
初生代谢物	初級代謝物	primary metabolite
初生分生组织	初生分生組織，原生分生組織	primary meristem
初生根（=主根）	初生根，原始根（=主根）	primary root (=axial root)
初生基本组织	初生基本組織，原生基本組織	primary fundamental tissue
初生加厚	初生加厚	primary thickening
初生假根	初生假根	primary rhizoid
初生结构	初生結構	primary structure
初生颈沟细胞	初生溝細胞	primary canal cell
初生颈细胞	初生頸細胞	primary neck cell

大　陆　名	台　湾　名	英　文　名
初生菌丝	初生菌絲	primary hypha
初生菌丝体	初生菌絲體	primary mycelium
初生核	初生核	primary nucleus
初生木栓形成层	原生木栓形成層	primary cork cambium
初生木质部	初生木質部	primary xylem
初生胚柄	初生胚柄	primary suspensor
初生胚乳	初生胚乳，前胚乳	primary endosperm
初生胚乳核	初生胚乳核	primary endosperm nucleus
初生胚乳细胞	初生胚乳細胞	primary endosperm cell
初生胚细胞层	初生胚細胞層	primary embryo cell tier
初生韧皮部	初生韌皮部	primary phloem
初生韧皮纤维	初生韌皮纖維	primary phloem fiber
初生生长	初級生長	primary growth
初生髓射线（=髓射线）	初生髓[射]線，原生芒髓（=髓[射]線）	primary medullary ray (=medullary ray)
初生外菌幕（=原菌幕）	初生外菌幕（=原菌幕）	primary universal veil (=protoblem)
初生维管束	初生維管束，原生維管束	primary vascular bundle
初生维管组织	初生維管組織，原生維管組織	primary vascular tissue
初生纹孔	初生紋孔	primary pit
初生纹孔场	初生紋孔域	primary pit field
初生细胞壁	初生[細]胞壁	primary cell wall
初生叶	初生葉，第一本葉，首葉	primary leaf
初生永久组织	初生永久組織，原生永久組織	primary permanent tissue
初生造孢细胞（=造孢细胞）	初生造孢細胞（=造孢細胞）	primary sporogenous cell (=sporogenous cell)
初生植物体	初級植物體，原生植物體	primary plant body
初生组织	初生組織，原生組織	primary tissue
初始质壁分离	初始質壁分離，開始質離	incipient plasmolysis
初始主动运输，初级主动运输	初級主動運輸	primary active transport
初萎	初始凋萎，開始凋萎	incipient wilting
除草剂	除草劑，殺草劑	herbicide, phytocide
除草霉素（=除莠霉素）	除莠黴素	herbimycin
除光样方（=芟除样方）	刈除樣方，除光樣方，裸地樣方	denuded quadrat
除莠菌素，杀草菌素	除莠菌素，殺草菌素	herbicidin

大 陆 名	台 湾 名	英 文 名
除莠霉素，除草霉素	除莠黴素	herbimycin
储蓄泡	積儲泡	reservoir
触发形态发生(=接触形态建成)	向觸性形態發生	thigmomorphogenesis
川楝素	川楝素	toosendanin
穿孔	穿孔	perforation
穿孔板	穿孔板	perforation plate
穿膜运输（=跨膜运输）	跨膜運輸	transmembrane transport
传播力，散布力	散布力，擴散性	vagility
传播体	傳播體，播散體，散布繁殖體	disseminule, migrule, diaspore
传代培养（=继代培养）	繼代培養	subculture, secondary culture
传递细胞，转移细胞	傳遞細胞，轉運細胞，轉移細胞	transfer cell
传粉，授粉	傳粉[作用]，授粉[作用]	pollination
传粉滴	傳粉滴，授粉液	pollination drop
传粉媒介	傳粉媒介	pollination medium
传粉生态学	傳粉生態學	pollination ecology
传粉者，授粉者	傳粉者，授粉者	pollinator
传粉综合征	傳粉綜合症	pollination syndrome
传水细胞（=导水细胞）	輸水細胞	hydroids
传统分类学（=经典分类学）	古典分類學	classical taxonomy
串联重复	串聯重複，縱排重複[序列]，連續重複	tandem repeat, tandem duplication
串联排列	串聯排列，縱線排列	tandem array
创伤呼吸	創傷呼吸，傷害呼吸	wound respiration
创伤轮	創傷輪	traumatic ring
创伤木栓	創傷木栓	wound cork
创伤树脂道	創傷樹脂道	traumatic resin duct
创伤形成层	創傷形成層	wound cambium
创伤周皮	創傷周皮	wound periderm
窗格状纹孔	窗形紋孔	window-like pit, fenestriform pit
窗孔	窗孔	fenestrate
垂直地带性	垂直地帶性	altitudinal zonality
垂直分布替代种	垂直分布替代種	altitudinal vicariad
垂直结构	垂直結構	vertical structure
垂直生命表（=静态生命表）	垂直生命表（=靜態生命表）	vertical life table (=static life

大陆名	台湾名	英文名
		table)
垂直系统（=轴向系统）	中軸系統	axial system
垂直植被带	垂直植被帶	altitudinal vegetation belt, vertical vegetation belt
垂周壁	垂周壁	anticlinal wall
垂周分裂	垂周分裂	anticlinal division
春孢子（=锈孢子）	銹孢子	aeciospore, aecidiospore, plasmogamospore
春孢子器（=锈孢子器）	銹孢子器	aecium, aecidium
春材（=早材）	春材（=早材）	spring wood (=early wood)
春化期	春化期，春化相	vernalization phase
春化素	春化素	vernalin
春化途径	春化途徑	vernalization pathway
春化[作用]	春化[作用]，低溫處理，春化處理	vernalization, jarovization, yarovization
春生管胞	春[材]管胞，春生假導管	spring tracheid
纯合子	純合子，同型合子，同基因合子	homozygote
纯系	純系	pure line
纯系育种	純系育種	pure line breeding
纯雄植物	純雄植物，純雄體	androecy
纯种	純種	pure breed, purebred
唇瓣	唇瓣	label, labellum
唇形花冠	唇形花冠	labiate corolla
唇形盘缘	唇形盤緣	labium
唇[形]突	唇[形]突	labiate process, rimoportule
雌苞腹叶	雌苞腹葉	bractlet, bracteole
雌苞叶	雌苞葉，雌器苞片	perichaetial bract, perichaetial leaf
雌柄	雌器柄	gynophore
雌核	雌核	female nucleus, thelykaryon
雌核发育（=孤雌生殖）	孤雌生殖，單雌生殖，雌核發育	gynogenesis, female parthenogenesis
雌花	雌[蕊]花	pistillate flower, female flower
雌花两性花同株，雌全同株	雌花兩性花同株，雌全同株	gynomonoecism
雌花两性花异株，雌全异株	雌花兩性花異株，雌全異株	gynodioecism
雌花序	雌[性]花序	pistillate inflorescence, female inflorescence

大 陆 名	台 湾 名	英 文 名
雌配子	雌配子	female gamete
雌配子体	雌配子體	megagametophyte, female gametophyte
雌[器]苞	雌[器]苞，花葉周苞	perichaetium, perigynium
雌[器]托（=雌生殖托）	藏卵器托，藏卵器枝，雌生殖器托	archegoniophore, female receptacle, archegonial receptacle
雌球果	雌球果	female cone
雌球花（=大孢子叶球）	大孢子葉球，大孢子囊穗，雌球花	ovulate strobilus
雌全同株(=雌花两性花同株)	雌花兩性花同株，雌全同株	gynomonoecism
雌全异株(=雌花两性花异株)	雌花兩性花異株，雌全異株	gynodioecism
雌蕊	雌蕊，大蕊	pistil, pistillum
雌蕊柄	雌蕊柄，子房柄	gynophore
雌蕊基，雌蕊托	雌蕊基，子房托，雌器基部	gynobase
雌蕊群	雌蕊群，雌花器	gynoecium, gynaecium, pistils
雌蕊托（=雌蕊基）	雌蕊基，子房托，雌器基部	gynobase
雌蕊先熟[现象]	雌蕊先熟，雌花先熟	protogyny, proterogyny
雌蕊先熟花	雌蕊先熟花	protogynous flower, proterogynous flower
雌生殖托，雌[器]托	藏卵器托，藏卵器枝，雌生殖器托	archegoniophore, female receptacle, archegonial receptacle
雌性不育	雌性不育，雌不孕性	female sterility
雌性生殖单位	雌性生殖單位	female germ unit, FGU
雌雄不育	雌雄不育	male and female sterility
雌雄花同熟	雌雄花同熟	synchronogamy
雌雄蕊柄	雌雄蕊柄	androgynophore, gonophore
雌雄[蕊]同熟	雌雄[蕊]同熟	homogamy, monochogamy, adichogamy
雌雄[蕊]异熟	雌雄[蕊]異熟	dichogamy
雌雄同苞	雌雄同序	androgynous
雌雄同株	雌雄同株	monoecism, monoecy
雌雄同株花	雌雄同株花	monoecious flower
[雌雄]同株同苞	[雌雄]同株同苞，混生同苞	synoecious, synoicous
[雌雄]同株异苞	[雌雄]同株異苞	heteroecious
雌雄同株植物	雌雄同株植物	monoecious plant
雌雄异花	雌雄異花	diclinous flower
雌雄异花性	雌雄異花性	diclinism, dicliny

大　陆　名	台　湾　名	英　文　名
雌雄异株	雌雄異株	dioecism, dioecy
雌雄异株植物	雌雄異株植物	dioecious plant
[雌雄]有序同苞	[雌雄]有序同苞	paroecious, paroicous
雌枝	雌枝	female branch
雌株（=母本植株）	母本植物，雌株	pistillate plant
次级苷	次級苷	secondary glycoside
次级卵原细胞	次生卵原細胞，次級卵原細胞	secondary oogonium, secondary ovogonium
次级溶酶体	次級溶[酶]體	secondary lysosome
次级生产力	次級生產力	secondary productivity
次级生产量	次級生產量	secondary production
次级生产者	次級生產者	secondary producer
次级头细胞	次級頭細胞	second head cell, subhead cell
次级主动运输	次級主動運輸	secondary active transport
次生胞间连丝	次級胞間連絲	secondary plasmodesma
次生代谢	次生代謝，次級代謝	secondary metabolism
次生代谢物	次生代謝物，次級代謝物，二次代謝物	secondary metabolite, secondary product
次生分生组织	次生分生組織	secondary meristem
次生根（=侧根）	次生根（=側根）	secondary root (=lateral root)
次生核	次生核	secondary nucleus
次生加厚	次生加厚	secondary thickening
次生假根	次生假根	secondary rhizoid
次生结构	次生結構	secondary structure
次生菌丝	次生菌絲	secondary hypha
次生菌丝体	次生菌絲體	secondary mycelium
次生裸地	次生裸地	secondary bare land
次生木栓形成层	次生木栓形成層	secondary cork cambium
次生木质部	次生木質部	secondary xylem
次生胚柄	次生胚柄	secondary suspensor
次生韧皮部	次生韌皮部	secondary phloem
次生韧皮纤维	次生韌皮纖維	secondary phloem fiber
次生生长	次生生長，次級生長	secondary growth
次生髓射线（=维管射线）	次生髓[射]線（=維管射線）	secondary medullary ray (=vascular ray)
次生维管束	次生維管束	secondary vascular bundle
次生维管组织	次生維管組織	secondary vascular tissue
次生细胞壁	次生細胞壁	secondary cell wall

大 陆 名	台 湾 名	英 文 名
次生胁迫伤害	次生逆境傷害	secondary stress injury
次生演替	次生演替，次生消長	secondary succession
次生演替系列	次生演替系列，次生消長系列	secondary sere, subsere
次生造孢细胞	次生造孢細胞	secondary sporogenous cell
次生植被	次生植被	secondary vegetation
次生植物体	次生植物體	secondary plant body
次生周缘细胞	次生周緣細胞	secondary parietal cell
次生组织	次生組織	secondary tissue
次要种	次要種	accessory species
次缢痕，副缢痕	次縊痕，副縊痕	secondary constriction
刺	刺	spine
刺果	刺果	lappa
刺激单性结实	刺激性單性結實，刺激性單性結果	stimulative parthenocarpy
刺丝胞（=刺丝囊）	刺絲胞（=刺絲囊）	trichocyst (=nematocyst)
刺丝囊	刺絲囊	nematocyst, cnidocyst
从属种	從屬種，低階種	subordinate species
从头合成	從頭合成，新生合成	*de novo* synthesis
丛卷毛	叢綿毛	floccus
丛毛（=种缨）	種纓，叢毛	coma
丛生禾草	叢生禾草	bunch grass
丛生枝	簇生枝	tufted branch
丛枝吸胞	叢枝吸胞	arbuscle, arbuscule
粗面内质网（=糙面内质网）	粗糙內質網	rough endoplasmic reticulum
粗轴型	粗軸型	pachynae
促进扩散（=易化扩散）	易化擴散，促進[性]擴散	facilitated diffusion
促进作用（=易化作用）	促進作用	facilitation
促融剂	促融[合]劑	fusogen
猝灭	猝滅	quenching
醋酸酐分解	醋酸酐分解	acetolysis
簇生花序（=密伞花序）	密傘花序，簇生花序，聚傘花序	fascicle
簇生毛	簇生毛	tufted hair
簇生芽	簇生芽	fascicular bud, fascicled bud
簇生叶	簇生葉，叢生葉	fascicled leaf
簇生叶序	簇生葉序	fascicled phyllotaxy

大 陆 名	台 湾 名	英 文 名
脆弱性	脆弱性	fragility, vulnerability
萃取（=提取）	萃取，提取	extraction
存活曲线	存活曲線，生存曲線	survivorship curve, survival curve
存在度	存在度	presence
错分单倍体	錯分單倍體	misdivision haploid
错义突变	錯義突變，誤義突變	missense mutation
错译	誤譯，轉譯錯誤，譯錯	mistranslation

D

大 陆 名	台 湾 名	英 文 名
搭车效应	搭便車效應	hitchhiking effect
达尔文适合度	達爾文適合度	Darwinian fitness
达尔文选择（=正选择）	達爾文選擇（=正選擇）	Darwinian selection (=positive selection)
达尔文学说，达尔文主义	達爾文學說，達爾文主義	Darwinism, Darwin's theory
达尔文主义（=达尔文学说）	達爾文學說，達爾文主義	Darwinism, Darwin's theory
达玛烷型	達瑪烷型	dammarane type
达玛烷型三萜	達瑪烷型三萜	Dammarane type triterpene
大孢子	大孢子，雌孢子	megaspore, macrospore, gynospore
大孢子发生	大孢子發生	megasporogenesis
大孢子果	大孢子果	macrosporocarp, megasporocarp, macrosporocarpium
大孢子母细胞	大孢子母細胞	megasporocyte, macrosporocyte, megaspore mother cell
大孢子囊	大孢子囊，雌孢子囊	megasporangium, macrosporangium
大孢子吸器	大孢子吸器	megaspore haustorium
大孢子叶	大孢子葉	megasporophyll, macrosporophyll
大孢子叶球，雌球花	大孢子葉球，大孢子囊穗，雌球花	ovulate strobilus
大尺度	大尺度	megascale
大豆素	大豆素	daidzein
大豆肽	大豆肽	soybean peptide
大分子	大分子，巨分子	macromolecule
大核	大核	meganucleus, macronucleus

大陆名	台湾名	英文名
大环类生物碱	大環類生物鹼	macrocyclic alkaloid
大黄鞣质	大黄鞣質，大黄單寧	rhubarb tannin
大黄素	大黄素	emodin
大戟醇	大戟醇	euphol
大戟烷类三萜	大戟烷類三萜	euphane triterpene
大进化（=宏[观]进化）	巨演化，大進化	macroevolution
大孔吸附树脂	大孔吸附樹脂	macroporous adsorption resin
大孔吸附树脂色谱法	大孔吸附樹脂層析法	macroporous adsorption resin chromatography
大量元素	大量元素，巨量元素	macroelement, major element
大陆边缘	大陸邊緣	continental margin
大陆-岛屿模型	大陸-島嶼模型	continent-island model, mainland-island model
大陆架	大陸架，大陸棚	continental shelf
大陆块	大陸塊	continental block
大陆漂移	大陸漂移	continental drift
大陆漂移说	大陸漂移說	continental drift theory
大陆位移	大陸位移	continental displacement
大陆性气候	大陸性氣候	continental climate
大陆种	大陸種	continental species
大灭绝（=集群灭绝）	大滅絕	mass extinction
大配子（=雌配子）	大配子（=雌配子）	megagamete (=female gamete)
大气孢粉学	大氣孢粉學	aeropalynology
大气干旱	大氣乾旱	atmospheric drought
大生长期	大生長期	grand phase of growth
大石细胞	大石細胞	macrosclereid
大型地衣	大型地衣	macrolichen
大[型]分生孢子	大[型]分生孢子	macroconidium
大型叶	大型葉，巨型葉，大[形]葉	macrophyll, megaphyll
大型疑源类	大型疑源類	magniacritarch
大型藻类	大型藻類	macroalgae
大雄	大雄	macrandry
大游动孢子	大型游孢子，大型動孢子	macrozoospore
大羽羊齿植物区系，大羽羊齿植物群	大羽羊齒植物區系，大羽羊齒植物相，大羽羊齒植物群	Gigantopteris flora
大羽羊齿植物群(=大羽羊齿	大羽羊齒植物區系，大羽羊	Gigantopteris flora

大 陆 名	台 湾 名	英 文 名
植物区系）	齒植物相，大羽羊齒植物群	
代谢	新陳代謝，代謝[作用]	metabolism
代谢控制	代謝控制	metabolic control
代谢库	代謝庫，代謝總匯	metabolic pool
代谢类型	代謝型	metabolic type
代谢调节	代謝調節	metabolic regulation
代谢物	代謝物	metabolite
代谢植物学	代謝植物學	metabolism botany
C 带，着丝粒异染色质带	著絲粒異染色質帶，中節異染色質帶，C 帶	centromeric heterochromatic band, C-band
G 带，吉姆萨带	G 帶，吉姆薩帶	Giemsa band, G-band
I 带，中间带	I 帶，中間帶	intercalary band, I-band
N 带，核仁缢痕带	N 帶，核仁縊痕帶	nucleolar constriction band, N-band
Q 带	Q 帶	Q-band
R 带，反带	R 帶，反帶	reverse band, R-band
T 带，末端带	T 帶	telomeric band , T-band
带羊齿型	帶羊齒型	taeniopterid
带状薄壁组织	帶狀薄壁組織	banded parenchyma
带状分布区	帶狀分布區	belt areal
带状萌发孔（=环状萌发孔）	環狀萌發孔	zonotreme, zonaperture
丹皮酚	牡丹酚	paeonol
丹参酚酸	丹參酚酸	salvianolic acid
丹参醌	丹參醌	tanshinone
单瓣花	單瓣花	simple flower
单孢粉类型	單孢粉類型	stenopalynous type
单孢子	單孢子	monospore
单孢子囊	單孢子囊	monosporangium
单孢子胚囊	單孢子胚囊	monosporic embryo sac
单倍孢子体	[染色體數]單倍孢子體	monoploid sporophyte
单倍二倍性	單倍兩倍性	haplodiploidy
单倍体	單倍體	haploid
单倍体不亲和性	單倍體不親和性	haploid incompatibility
单倍体孤雌生殖	單倍體單性生殖	haploid parthenogenesis
单倍体孤雄生殖	單倍體孤雄生殖	haploid androgenesis
单倍配子体无融合生殖	單倍配子體無融合生殖	haploid gametophyte apomixis

大陆名	台湾名	英文名
单倍体无配[子]生殖	單倍體無配[子]生殖	haploid apogamy
单倍体无融合生殖	單倍體無融合生殖	haploid apomixis
单倍体世代	單倍體世代，單元世代	haploid generation
单倍体植物	單倍植物體，單相世代植物，配子體	haplophyte, haplobiont, haploid plant
单倍型（=单体型）	單倍體型，單[倍]型	haplotype
单倍性	單倍性，單元性	haploidy, monoploidy
单被花	單被花	monochlamydeous flower, simple perianth flower
单层周缘嵌合体	單層周緣嵌合體	monopericlinal chimera
单齿层类	單齒層類	haplolepideae
单穿孔	單穿孔	simple perforation
单穿孔导管	單穿孔導管	porous vessel
单雌蕊	單雌蕊	simple pistil
单雌生殖（=孤雌生殖）	孤雌生殖，單雌生殖，雌核發育	gynogenesis, female parthenogenesis
单分体	單分體，單價染色體	monad
单隔孢子，双胞孢子	單隔孢子，雙胞孢子，二室孢子	didymospore
单沟	單槽，單溝	monocolpate
单沟花粉	單槽花粉，單溝花粉	monocolpate pollen
单管孔	單管孔	solitary pore
单核	單核	monocaryon
单核苷酸多态性	單核苷酸多態性，單核苷酸多型性	single nucleotide polymorphism, SNP
单花被	單花被	simple perianth
单花粉	單花粉	monad
单[花]果	單[花]果	simple fruit, monothalmic fruit
单环氧型木脂素（=四氢呋喃类木脂素）	單環氧型木脂體（=四氫呋喃類木脂體）	monoepoxy lignan (=tetrahydrofuran lignan)
单环中柱	單環中柱	monocyclic stele
单基因性状	單基因性狀	monogenic character
单加氧酶	單[加]氧酶，單加氧酵素	monooxygenase
单交换	單交換	single crossover, single exchange
单晶 X 射线衍射法	單晶 X 射線繞射	single crystal X-ray diffraction, SCXRD
单境起源	單境起源	monotopic origin

大 陆 名	台 湾 名	英 文 名
单孔	單孔	monoporate
单列毛	單列毛	uniseriate hair
单列射线	單列射線	uniseriate ray
单列式皮层	單列式皮層	haplostichous cortex
单裂缝	單裂縫	monolete
单毛	單毛	simple hair
单面对称花	單面對稱花	monosymmetrical flower
单面叶	單面葉	unifacial leaf
单面叶柄	單面葉柄	unifacial petiole
单宁（=鞣质）	鞣質，單寧，丹寧	tannin
单宁细胞（=鞣质细胞）	鞣質細胞，單寧細胞	tannin cell
单歧聚伞花序	單歧聚傘花序	monochasium
单亲遗传	單親遺傳，單親傳遞	monolepsis
单群囊	單生[孢子]囊堆，單生孢子囊群	monangium, monangial sorus
单茸鞭型鞭毛	單茸鞭型鞭毛	stichonematic type flagellum
单筛板	單篩板	simple sieve plate
单身复叶	單身複葉	unifoliate compound leaf
单生杯果	單生杯果	united cup fruit
单生花	單生花	solitary flower
单生离果	單生離果	united free fruit
单室孢子囊	單室孢子囊	unilocular sporangium
单室花药	單室花藥	unilocular anther
单室配子囊	單室配子囊	unilocular gametangium
单糖	單糖	monosaccharide
单体	單[染色]體	monosomic
单体菌丝型孢子果（=单系菌丝型孢子果）	單系菌絲孢子果	monomitic sporocarp
单体型，单倍型	單倍體型，單[倍]型	haplotype
单体雄蕊	單體雄蕊，合生雄蕊	monadelphous stamen, monodelphous stamen
单体中柱	單[體]中柱	monostele, haplostele
单萜	單萜[烯]	monoterpene
单位膜	單位膜	unit membrane
单纹孔	單紋孔	simple pit
单系	單系	monophyly
单系菌丝型孢子果，单体菌丝型孢子果	單系菌絲孢子果	monomitic sporocarp

大 陆 名	台 湾 名	英 文 名
单系[类]群	單系群	monophyletic group
单细胞毛	單細胞毛	unicellular hair
单细胞藻类	單細胞藻類	unicellular algae
单线态	單線態	singlet state
单线态氧	單線態氧	singlet oxygen
单向运输（=单向转运）	單向運輸，單向運移	uniport
单向运输载体（=单向转运体）	單向運輸蛋白	uniporter
单向转运，单向运输	單向運輸，單向運移	uniport
单向转运体，单向运输载体	單向運輸蛋白	uniporter
单心皮雌蕊	單心皮雌蕊	monocarpous pistil, monocarpellary pistil
单心皮子房	單心皮子房	monocarpous ovary, monocarpellary ovary
单型属	單種屬，單模式屬	monotypic genus
单性	單性	unisexuality
单性孢子	單性孢子	parthenospore
单性花	單性花	unisexual flower
单性结实	單性結實，單性結果	parthenocarpy
单性生殖	單性生殖	unisexual reproduction
单雄生殖（=孤雄生殖）	孤雄生殖，單雄生殖，雄核發育	androgenesis, male parthenogenesis
单芽	單芽	single bud
单盐毒害作用	單鹽毒害作用	toxicity of single salt
单叶	單葉	simple leaf
单叶隙节	單葉隙節	unilacunar node
单优种群落	單優種群落	monodominant community
单疣	單疣	single papilla
单元单倍体	單元單倍體，孤雌單元體	monohaploid
单[元]顶极	單極[盛]相，單一[演替]巔峰群落，單極峰群落	monoclimax, single climax
单[元]顶极学说	單一極相說，單極峰理論	monoclimax theory, single climax theory
单元[发生]论（=单元起源说）	單源說，單一系統發生說	monorheithry, monophyletic theory, monogenesis
单元起源说，单元[发生]论	單源說，單一系統發生說	monorheithry, monophyletic theory, monogenesis
单原型	單原型	monarch
单轴分枝	單軸分枝	monopodial branching

大　陆　名	台　湾　名	英　文　名
单轴花序（=无限花序）	單軸花序（=無限花序）	monopodial inflorescence (=indefinite inflorescence)
单主寄生[现象]	單主寄生，單一寄生，同主寄生	autoecism, ametoecism, monoxeny
单主全孢型	單主全孢型	auteu-form
单着丝粒染色体	單著絲粒染色體，單著絲點染色體，單中節染色體	monocentric chromosome
单子房	單子房	simple ovary
单子叶[的]	單子葉[的]	monocotyledonous, monocotylous
单子叶植物	單子葉植物	monocotyledon, monocot, monocotyl
胆甾烷生物碱	膽甾烷生物鹼	cholestane alkaloid
担孢子	擔孢子	basidiospore
担孢子梗	擔子梗，擔子柄	sterigma
担子	擔子	basidium
担子柄	擔子柄	basidiophore
担子地衣	擔子地衣	hymenolichen
担子果	擔子果	basidioma, basidiocarp
担子菌	擔子菌	basidiomycetes
担子菌地衣	擔子菌地衣	basidiolichen
淡水藻类	淡水藻類	freshwater algae
淡水沼泽	淡水沼澤	freshwater marsh
淡水植物	淡水植物	freshwater plant
蛋氨酸（=甲硫氨酸）	甲硫胺酸	methionine, Met
ABCB 蛋白	ABCB 蛋白	ATP-binding cassette subfamily B protein, ABCB protein
G 蛋白	G 蛋白	G protein
P 蛋白（=韧皮蛋白）	韌皮蛋白，P 蛋白	phloem protein, P-protein
PIN 蛋白	PIN 蛋白	pin-formed protein, PIN protein
蛋白核，淀粉核	澱粉核	pyrenoid
蛋白[水解]酶	蛋白[水解]酶，朊[水解]酶，蛋白[質]水解酵素	proteolytic enzyme, protease
蛋白体	蛋白體	protein body
蛋白质	蛋白質	protein
蛋白质表膜	蛋白質表膜	proteinaceous pellicle
蛋白质超家族	蛋白質超家族	protein superfamily
蛋白质工程	蛋白質工程	protein engineering

大陆名	台湾名	英文名
蛋白质合成	蛋白質合成	protein synthesis
蛋白质拟晶体	蛋白質擬晶體，蛋白質似晶體	protein crystalloid
蛋白质微阵列（=蛋白质芯片）	蛋白質微陣列（=蛋白質晶片）	protein microarray (=protein chip)
蛋白质细胞	蛋白細胞，胚乳細胞	albuminous cell
蛋白质芯片	蛋白質晶片	protein chip
蛋白质印迹法	西方印漬術	Western blotting
DNA-蛋白质印迹法	南方-西方印漬術，DNA-蛋白質印漬術	Southwestern blotting
RNA-蛋白质印迹法	北方-西方印漬術，RNA-蛋白質印漬術	Northwestern blotting
蛋白质运输	蛋白質運輸，蛋白質運移	protein trafficking
蛋白质组	蛋白[質]體，蛋白[質]組	proteome
蛋白质组学	蛋白[質]體學	proteomics
氮	氮[素]	nitrogen
氮苷	氮苷	nitrogen glycoside, N-glycoside
氮基防御	氮基防禦	nitrogen-based defense
氮同化	氮同化	nitrogen assimilation
氮循环	氮[素]循環	nitrogen cycle
刀切法	折刀法	jackknife
导管	導管	vessel
导管分子，导管节	導管分子，導管細胞，導管節	vessel element, vessel member
导管节（=导管分子）	導管分子，導管細胞，導管節	vessel element, vessel member
导管状管胞	導管狀管胞	vesselform tracheid
导管状筛管	導管狀篩管	vesselform sieve tube
导水细胞，传水细胞	輸水細胞	hydroids
岛衣冻原	島衣凍原	cetraria tundra
岛衣酸	島衣酸	cetraric acid
岛屿模型	島嶼模型，島式模型	island model
岛屿效应	島嶼效應	island effect
岛屿种（=隔离种）	隔離種，島嶼種，孤立種	isolated species, insular species
岛状间断分布	島狀間斷分布	island disjunction
倒盾状囊壳	倒盾狀囊殼	catathecium, catothecium
倒生胚珠	倒生胚珠	anatropous ovule

大　陆　名	台　湾　名	英　文　名
倒生物量金字塔	倒生物量金字塔	inverted biomass pyramid
倒位	倒位	inversion
得失位突变（=插入缺失突变）	插入缺失突變，得失位突變	insertion-delete mutation, indel mutation
等电点聚焦电泳	等電聚焦電泳	isoelectric focusing electrophoresis
等二叉分枝，等二歧分枝	等二叉分枝，等二歧分枝	equal dichotomy
等二歧分枝（=等二叉分枝）	等二叉分枝，等二歧分枝	equal dichotomy
等合模式	同全模標本	isosyntype
等[花]粉线	等花粉線	isopollen line
等基因系	同基因系	isogenic strain
等级	等級	rank
等级理论	階層理論，層級理論	hierarchy theory
等极	等極	isopolar
等价种（=等值种）	等值種，等位種	equivalent species
等面叶	等面葉	isobilateral leaf, equifacial leaf, isolateral leaf
等名	等名	isonym
等模式	同模式[標本]，副模式[標本]	isotype, homeotype, homotype
等渗溶液	等滲[透壓]溶液，等張溶液	isotonic solution, isoosmotic solution
等渗透压	等滲透壓	isotonic pressure
等渗系数	等滲[透壓]係數	isotonic coefficient
等渗性，等张性	等滲透壓性，等張力性	isotonicity
等位基因	等位基因，對偶基因	allele
等位基因特异性寡核苷酸	等位基因特異性寡核苷酸，特化對偶基因寡核苷酸	allele-specific oligonucleotide, ASO
等位基因特异性杂交	等位基因特異性雜交，特化對偶基因雜交	allele-specific hybridization
等位性	等位[基因]性，對偶性	allelism
等位种（=等值种）	等值種，等位種	equivalent species
等效异位基因	等效異位基因	polymeric gene
等张收缩	等張[力性]收縮	isotonic contraction
等张性（=等渗性）	等滲透壓性，等張力性	isotonicity
等值种，等位种，等价种	等值種，等位種	equivalent species
等轴形细胞	薄壁細胞	parenchymatous cell
低出叶，芽苞叶	低出葉，芽苞葉	cataphyll
低等植物	低等植物	lower plant

大 陆 名	台 湾 名	英 文 名
低辐照度反应，低强度反应	低光流量反應	low fluence response, LFR
低能磷酸键	低能磷酸[酯]鍵	low-energy phosphate bond
低强度反应（=低辐照度反应）	低光流量反應	low fluence response, LFR
低渗溶液	低滲溶液	hypotonic solution
低托杯状花冠（=托盘状花冠）	高碟形花冠，盆形花冠	hypocrateriform corolla
低温保护剂（=冷冻保护剂）	冷凍保護劑，低溫保護劑	cryoprotectant
低温胁迫	低溫逆境	low temperature stress, cold stress
低温驯化，冷适应	冷馴化，冷適應	cold acclimation
低温预冷	低溫預冷	prechilling
低温植物	低溫植物	microthermal plant, microtherm
低氧	低氧，缺氧	hypoxia
抵抗力	抵抗力	resistance
底栖藻类	底棲藻類	benthic algae
底栖植物，水底植物	底棲植物，底生植物，水底植物	benthophyte
底物	受質，基質	substrate
底物水平磷酸化	受質層次磷酸化[作用]，受質層次磷酸化反應	substrate-level phosphorylation
底着药（=基着药）	基著[花]藥，底著[花]藥	basifixed anther, innate anther
地被层	地被層	ground layer
地带内植被	地帶內植被	intrazonal vegetation
地带生物群区，地带生物群系	地帶生物群系	zonobiome
地带生物群系（=地带生物群区）	地帶生物群系	zonobiome
地带外植被，超地带植被	地帶外植被	extrazonal vegetation
地带性植被，显域植被	帶狀植被	zonal vegetation
地方植物志	地方植物誌	local flora
地方种（=特有种）	特有種，本土種，固有種	endemic species
地方种群（=亚种群）	地方族群（=亞族群）	local population (=subpopulation)
地高辛	地高辛，毛地黃素	digoxin
地理变异	地理性變異	geographical variation
地理变种	地理變種	geographical variety
地理多态现象	地理多態現象，地理多型性	geographical polymorphism

大　陆　名	台　湾　名	英　文　名
地理分布	地理分布	geographical distribution
地理分隔（=隔离分化）	隔離分化，隔離演化，地理分隔	vicariance
地理隔离	地理隔離	geographical isolation
地理渐变群	地理漸變群，地形漸變群	topocline
地理生态型	地理生態型	geoecotype
地理替代	地理替代	geographical substitute, geographical replacement
地理信息系统	地理資訊系統	geographical information system, GIS
地理亚种	地理亞種	geographical subspecies
地理宗	地理[種]族，地理小種，地理品系	geographical race
地面芽植物	地面芽植物，半地下植物，半地中植物	hemicryptophyte
地模（=原产地模式）	原產地模式標本，同地區模式標本	topotype
地上芽植物	地上芽植物，地表植物	chamaephyte
地上子叶（=出土子叶）	出土子葉，地上子葉	epigeal cotyledon
地下根	地下根	subterraneous root, underground root
地下茎	地下莖	subterraneous stem, underground stem
地下芽植物	地下芽植物，地中植物	geocryptophyte, geophyte
地下子叶（=留土子叶）	不出土子葉，地下子葉	hypogeal cotyledon
地形-土壤顶极	地形土壤極相	topo-edaphic climax
地衣	地衣	lichen
地衣测量法	地衣測量法	lichenometry
地衣淀粉（=地衣多糖）	地衣多糖，地衣膠	lichenan, lichenin
地衣冻原	地衣凍原	lichen tundra
地衣多糖，地衣淀粉	地衣多糖，地衣膠	lichenan, lichenin
地衣共生	地衣共生	lichenism
地衣共生菌	地衣共生菌，地衣中菌成分	mycobiont
地衣内生真菌	地衣內生真菌	endolichenic fungus
地衣区系	地衣區系，地衣相，地衣群	lichen flora
地衣体反应	地衣體反應	thalline reaction
地衣外生真菌	地衣外生真菌	lichenicolous fungus
地衣型真菌	地衣型真菌	lichenized fungus, lichen-forming fungus
地衣学	地衣學	lichenology

大陆名	台湾名	英文名
地衣原体	地衣原體	hypothallus
地衣藻胞	地衣藻胞	lichen-gonidium
地衣志	地衣誌	lichen flora
地植物学（=植物群落学）	地植物學（=植物群落學）	geobotany (=phytocoenology)
地植物学区划（=植被区划）	地植物學區劃（=植被區劃）	geobotanical regionalization (=vegetation regionalization)
地植物学制图（=植被制图）	地植物學製圖（=植被製圖）	geobotanical mapping (=vegetation mapping)
递进法则，渐进律	漸進法則	progressive rule
递氢体（=氢传递体）	氫傳遞體，氫載體	hydrogen carrier
点断平衡说（=间断平衡说）	斷續平衡說，中斷平衡演化說	punctuated equilibrium theory
点四分法	四分樣區法	point-centered quarter method
点突变	點突變	point mutation
点渍法（=斑点印迹法）	斑點印漬術，點墨法，點漬墨點法	dot blotting
电穿孔	電穿孔，電穿透作用	electroporation
电化学势	電化學勢	electrochemical potential
电化学梯度	電化學梯度	electrochemical gradient
电喷雾电离，电喷雾离子化	電[噴]灑游離	electrospray ionization, ESI
电喷雾电离质谱法	電[噴]灑游離質譜法	electrospray ionization mass spectrometry, ESI-MS
电喷雾离子化（=电喷雾电离）	電[噴]灑游離	electrospray ionization, ESI
电融合	電融合	electrofusion
电印迹法	電印漬術，電印跡法	electroblotting
电转化法（=电穿孔）	電轉化[法]（=電穿孔）	electrotransformation (=electroporation)
电转移	電轉移	electrotransfer
电子	電子	electron
电子捕获，电子俘获	電子捕獲	electron capture
电子捕获解离	電子捕獲解離	electron capture dissociation, ECD
电子传递	電子傳遞	electron transport
电子传递链（=呼吸链）	電子傳遞鏈（=呼吸鏈）	electron transport chain, electron transfer chain (=respiratory chain)
电子[传]递体，电子载体	電子載體	electron carrier
电子俘获（=电子捕获）	電子捕獲	electron capture

大　陆　名	台　湾　名	英　文　名
电子轰击质谱法	電子轟擊質譜法	electron impact mass spectrometry, EI-MS
电子接纳体（=电子受体）	電子[接]受體	electron acceptor
电子受体，电子接纳体	電子[接]受體	electron acceptor
电子跃迁	電子躍遷	electron transition
电子载体（=电子[传]递体）	電子載體	electron carrier
垫藓	墊狀[蘚]苔	cushion moss
垫[状]	墊[狀]	cushion
垫状地上芽植物	墊狀地上芽植物	cushion chamaephyte
垫状植物	[座]墊狀植物，絨毯植物	cushion plant
淀粉	澱粉	starch
淀粉层	澱粉層	starch layer
淀粉合成作用	澱粉合成作用	amylosynthesis
淀粉合酶	澱粉合酶	starch synthase
淀粉核（=蛋白核）	澱粉核	pyrenoid
淀粉粒	澱粉粒	starch grain, starch granule
淀粉磷酸化酶	澱粉磷酸化酶	starch phosphorylase
淀粉酶	澱粉酶，澱粉水解酵素	amylase
淀粉鞘	澱粉鞘	starch sheath
淀粉-糖互变学说，淀粉与糖转化学说	澱粉-糖互變學說	starch-sugar interconversion theory
淀粉体（=造粉体）	澱粉體	amyloplast
淀粉与糖转化学说（=淀粉-糖互变学说）	澱粉-糖互變學說	starch-sugar interconversion theory
淀粉质环	澱粉質環	amyloid ring
淀粉贮存植物	澱粉貯存植物	starch storer
奠基者效应（=建立者效应）	創始者效應，奠基者效應，建立者效應	founder effect
凋落物，枯枝落叶	枯枝落葉，凋落物	litter
凋萎（=萎蔫）	凋萎	wilting
凋萎系数（=萎蔫系数）	凋萎係數	wilting coefficient
雕纹	雕紋，雕飾	sculpture
雕纹分子	雕紋分子	sculptural element, sculpturing element
叠层石	疊層石	stromatolite
叠加效应，重叠效应	疊加效應	duplicate effect
叠连群（=重叠群）	片段重疊群，片段重疊組	contig
叠生木栓	疊生木栓，階層狀木栓	storied cork

大 陆 名	台 湾 名	英 文 名
叠生韧皮部	疊生韌皮部，疊生篩管部	stratified phloem
叠生射线	疊生射線，階層狀木質線	storied ray
叠生形成层	疊生形成層，階層狀形成層	storied cambium, stratified cambium
叠生芽	並立芽，並列芽	storied bud
蝶形花冠	蝶形花冠	papilionaceous corolla, butterfly-like corolla
丁字毛	丁字毛	T-shaped hair, two-armed hair
丁字药	丁字藥	versatile anther
顶胞质	頂胞質	acroplasm
顶侧丝	頂側絲	apical paraphysis
顶端层	頂端層	apical tier
顶端分生组织	頂端分生組織	apical meristem
顶端生长	頂端生長	apical growth, tip growth
顶端细胞	頂端細胞	apical cell
顶端优势	頂端優勢	apical dominance
顶端原始细胞	頂端原始細胞	apical initial
顶端原始细胞区	頂端原始細胞區	apical initial zone
顶极-格局假说	頂極格局假說	climax-pattern hypothesis
顶极[群落]	頂極[群落]，極相，巔峰[群落]	climax
顶极演替	頂極演替	climax succession
顶极种	極相種	climax species
顶交	頂交，自交系品種間交配	top cross, inbred-variety cross
顶生花序	頂生花序	terminal inflorescence
顶生胎座	頂生胎座	apical placenta
顶生胎座式	頂生胎座式	apical placentation
顶生植物	頂生植物	acrogen
顶蒴	頂生蒴	acrocarp
顶芽	頂芽	terminal bud
顶枝	頂枝	telome
顶枝束	頂枝束	telome trusses
顶枝系统	頂枝系統	telome system
顶枝学说	頂枝學說	telome theory
顶枝植物	頂枝植物	telomophyte
顶着药	頂著[花]藥	apicifixed anther
定鞭毛，定鞭体，附着鞭毛	附著鞭毛	haptonema
定鞭体（=定鞭毛）	附著鞭毛	haptonema

大 陆 名	台 湾 名	英 文 名
定点诱变，位点专一诱变	定點誘變	site-directed mutagenesis, site-specific mutagenesis
定居，拓殖	拓殖	colonization
定居种，拓殖种，开拓种	拓殖種	colonizing species
定位克隆	定位克隆，定位選殖	positional cloning
定向测序	定向定序	directed sequencing
定向发育（=渠限发育）	定向發育，限向發展	canalized development
定向进化（=直生论）	直系發生，定向演化，直向演化	orthogenesis
定向性状（=渠限性状）	渠限性狀	canalized character
定向选择	定向天擇，定向選汰，直向選擇	directional selection, orthoselection
定向诱变	定向誘變	directed mutagenesis
定形群体	定形群體	coenobium
定芽	定芽	normal bud
冬孢堆护膜	冬孢堆護膜	corbicula
冬孢子	冬孢子	teliospore, teleutospore
冬孢子堆	冬孢子堆，冬孢子層	telium, teleutosorus
冬担子	冬擔子	teliobasidium
冬眠孢型	冬眠孢型	micro-form
冬夏孢型	冬夏孢型	hemi-form
冬性一年生植物	冬性一年生植物，秋植一年生植物	winter annual
冬性植物	冬性植物，冬播植物	winterness plant
冬芽	冬芽	winter bud
动力蛋白	動力蛋白	dynein
动粒	動粒，著絲點	kinetochore
动粒微管	動粒微管，著絲點微管	kinetochore microtubule
动态光抑制	動態光抑制	dynamic photoinhibition
动态生命表	動態生命表	dynamic life table
动体	動體，[鞭毛]基體	kinetosome
冻害	凍害，凍傷	freezing injury
冻结脱水	凍結脫水	freezing dehydration
冻敏感植物	凍敏感植物	freezing-sensitive plant
冻胁迫	冷凍逆境，凍害	freezing stress
冻原，苔原	凍原，苔原，寒原	tundra
兜状瓣	兜狀瓣	hood
豆固醇（=豆甾醇）	豆甾醇，豆固醇	stigmasterol

大陆名	台湾名	英文名
豆蔻酸	[肉]豆蔻酸，十四烷酸	myristic acid
豆血红蛋白	豆[科]血紅蛋白	leghemoglobin
豆胰岛素	豆胰島素	leginsulin
豆甾醇，豆固醇	豆甾醇，豆固醇	stigmasterol
毒力，致病力	毒力，致病力	virulence
毒鱼藤（=鱼藤酮）	毒魚藤（=魚藤酮）	tubatoxin (=rotenone)
独脚金内酯	獨腳金內酯	strigolactone, SL
独立分配（=自由组合）	自由組合，獨立分配，獨立組合	independent assortment
独立分配定律（=自由组合定律）	自由組合律，獨立分配律，獨立組合律	law of independent assortment
端壁	端壁	end wall
端部联会	端部聯會，不完全聯會，端部配對	acrosyndesis
端粒	端粒	telomere
短长日植物	短長日植物	short-long-day plant, SLDP
短角果	短角果	silicle
短距离运输	短距離運輸	short-distance transport
短轴面	短軸面	transapical plane
短命间隔子	短命間隔子	short-lived spacer
短命植物	短命植物，短齡植物	ephemeral plant
短命种子	短命種子	microbiotic seed
短日[照]植物	短日[照]植物	short-day plant, SDP
短散在核元件	短散布核元件	short interspersed nuclear element, SINE
短石细胞	短石細胞	brachysclereid
短夜植物（=长日[照]植物）	短夜植物（=長日[照]植物）	short-night plant (=long-day plant）
短暂表达（=瞬时表达）	瞬時表達，暫時表現，暫態表達	transient expression
短暂土壤种子库，瞬时土壤种子库	暫時土壤種子庫，暫態土壤種子庫	transient soil seed bank
短枝	短枝	dwarf shoot
段殖体（=藻殖段）	藻殖段，段殖體，連珠體	hormogonium
断节孢子	斷節孢子	merispore
断裂（=断落）	斷落，斷裂	fragmentation
断落，断裂	斷落，斷裂	fragmentation
断续模式	斷續模式	punctuational model

大 陆 名	台 湾 名	英 文 名
锻炼	鍛煉	hardiness, hardening, acclimation
堆叠区（=垛叠区）	堆疊區	appressed region
堆膜，假膜	堆膜，假膜	false membrane
对比度	對比度，襯度	contrast
对称[性]	對稱[性]	symmetry
对极孢子	對極孢子	blasteniospore, bipolar spore
对列纹孔式	對列紋孔式	opposite pitting
对氯[高]汞苯磺酸	對氯汞苯磺酸	*p*-chloromercuribenzene sulfonate, PCMBS
对羟基肉桂酸，对香豆酸	對羥桂皮酸，對香豆酸	*p*-hydroxycinnamic acid
对生	對生	opposite
对生叶	對生葉	opposite leaf
对生叶序	對生葉序	opposite phyllotaxy
对香豆酸（=对羟基肉桂酸）	對羥桂皮酸，對香豆酸	*p*-hydroxycinnamic acid
对向运输（=反向运输）	反向運輸，反向運移	antiport
盾柄细胞	盾柄細胞	manubrium
盾盖	盾蓋	scutellum
盾片	盾片	scutellum
盾细胞	盾細胞	shield cell
盾状毛	盾狀毛	peltate hair
盾状囊壳	盾狀囊殼	thyriothecium
盾状区	盾狀區	aspis
盾状叶	盾狀葉	peltate leaf
多胺	多胺	polyamine
L-多巴	L-多巴	L-dopa
多孢粉类型	多孢粉類型	eurypalynous type
多孢子囊	多孢子囊	polysporangium
多孢子现象	多孢子現象	polyspory
多倍体	多倍體，多元體	polyploid
多倍体复合体	多倍體複合群	polyploid complex
多倍体化	[染色體]多倍體化	polyploidization
多倍体系列	多倍體系列	polyploid series
多倍体诱变剂	多倍體誘變劑，多倍體誘變物質	polyploid agent
多倍体育种	多倍體育種	polyploid breeding
多倍体植物	多倍體植物	polyploid plant
多倍性	多倍性，倍數性	polyploidy

大 陆 名	台 湾 名	英 文 名
多重 PCR（=多重聚合酶链反应）	多重聚合酶連鎖反應，多重PCR	multiplex PCR
多重聚合酶链反应，多重PCR	多重聚合酶連鎖反應，多重PCR	multiplex PCR
多出式	多出式	polymery
多次结实植物	一年多次結果植物	polycarpic plant, pollacanthic plant
多刺疏林	多刺旱生林，熱帶刺林	thorn forest, thorn woodland
多度	豐度，多度	abundance
多度频度比	豐度-頻度比	abundance-frequency ratio
多度-生物量曲线	豐度-生物量曲線	abundance-biomass curve
多度中心	豐度中心	abundance center
多酚	多酚	polyphenol
多隔孢子	多隔孢子，多室孢子	phragmospore
多合花粉	多合花粉	polyad
多核配子	多核配子	coenogamete
多核糖体	多核糖體，聚核糖體	polyribosome, polysome
多核细胞	多核細胞	coenocyte
多环式中柱	多環中柱	polycyclic stele
多基因	多基因	polygene, multigene, multiple gene
多基因家族	多基因家族	multigene family
多基因抗[病]性	多基因抗病性	multigenic resistance, polygenic resistance
多基因性状	多基因性狀	polygenic character
多基因遗传	多基因遺傳	multigenic inheritance, polygenic inheritance
多境起源	多境起源	polytopic origin
多克隆位点	多重選殖位	polycloning site, multiple cloning site, multi-cloning site, MCS
多孔	多孔	polyporate
多孔沟	多孔溝	polycolporate
多列毛	多列毛	multiseriate hair
多列射线	多列射線，多列髓線	multiseriate ray
多列式	多列式	multi-seriatus
多磷酸颗粒[体]	多磷酸顆粒[體]	polyphosphate granule
多年生根	多年生根	perennial root
多年生芽	多年生芽	perennating bud

大　陆　名	台　湾　名	英　文　名
多年生植物	多年生植物	perennial plant, perennial
多胚现象，多胚性	多胚現象，多胚性	polyembryony
多胚性（=多胚现象）	多胚現象，多胚性	polyembryony
多歧分支	多歧分支	polytomy
多歧聚伞花序	多歧聚傘花序	pleiochasium
多室孢子囊	多室孢子囊，複室孢子囊	plurilocular sporangium, multilocular sporangium
多室配子囊	多室配子囊，複室配子囊	plurilocular gametangium
多数合意树（=多数一致树）	多數共同樹	majority-rule consensus tree
多数一致树，多数合意树	多數共同樹	majority-rule consensus tree
多态现象（=多态性）	多態性，多型性，多態現象	polymorphism
多态性，多态现象	多態性，多型性，多態現象	polymorphism
DNA 多态性	DNA 多態性，DNA 多型性	DNA polymorphism
多态性状	多態性狀，多態特徵	multistate character, polymorphic character
多糖	多糖	polysaccharide
多体	多[染色]體	polysomic
多体雄蕊	多體雄蕊	polyadelphous stamen
多体中柱	多中[心]柱，多條中心柱	polystele
多萜	多萜，長萜	polyterpene
多烯醇	多烯醇	polyene alcohol
多烯色素	多烯色素	polyene pigment
多烯烃	多烯烴	polyene hydrocarbon
多烯烃环氧化物	多烯烴環氧化物	polyene hydrocarbon epoxide
多烯酮	多烯酮	polyene ketone
多系（=复系）	多系	polyphyly
多系[类]群（=复系[类]群）	多系群，多源群	polyphyletic group
多细胞毛	多細胞毛	multicellular hair
多细胞藻类	多細胞藻類	multicellular algae
多线期	多線期	polytene stage
多效基因	多效[性]基因	pleiotropic gene
多心皮雌蕊	多心皮雌蕊	polycarpellary pistil
多心皮子房	多心皮子房	polycarpellary ovary
多型现象，复型现象	多型性	pleomorphism, pleomorphy
多序列比对	多序列比對	multiple sequence alignment
多样性	多樣性	diversity
α 多样性	α 多樣性	alpha diversity, α-diversity
β 多样性	β 多樣性	beta diversity, β-diversity

大　陆　名	台　湾　名	英　文　名
γ 多样性	γ 多樣性	gamma diversity, γ-diversity
多样性比	多樣性比	diversity ratio
多样性梯度	多樣性梯度	diversity gradient
多样性稳定性假说	多樣性-穩定性假說	diversity-stability hypothesis
多样性指数	多樣性指數	diversity index, diversity indices
多样性中心	多樣性中心，歧異中心	diversity center, center of diversity
多因子控制学说	多因子控制學說	theory of multifactorial control
多优种群落	多優種群落	polydominant community
多余名称	多餘名稱	superfluous name
多元单倍体	多倍單倍體，多倍單元體	polyhaploid
多[元]顶极	多[元]極相，多元[演替]巔峰群落	polyclimax
多[元]顶极理论（=多[元]顶极学说）	多極相說，多安定相說，多巔峰理論	polyclimax theory
多[元]顶极学说，多[元]顶极理论	多極相說，多安定相說，多巔峰理論	polyclimax theory
多元[发生]论（=多元起源说）	多源說，多元發生說	polyrheithry, polyphyletic theory, polygenesis
多元起源说，多元[发生]论	多源說，多元發生說	polyrheithry, polyphyletic theory, polygenesis
多原型	多原型	polyarch
多汁果	漿果，液果	succulent fruit, sap fruit
多着丝粒染色体	多著絲粒染色體，多著絲點染色體，多中節染色體	polycentric chromosome
多子叶[的]	多子葉[的]	polycotyledonous, polycotylous
多子叶植物	多子葉植物	polycotyledon
垛叠区，堆叠区	堆疊區	appressed region

E

大　陆　名	台　湾　名	英　文　名
莪术醇	莪術醇	curcumol
鹅膏蕈碱	鵝膏蕈鹼	amanitin
鹅颈状	鵝頸狀	cygneous
额外形成层，副形成层	額外形成層，副形成層	extra cambium
萼齿（=萼裂片）	萼裂片	calyx lobe

大　陆　名	台　湾　名	英　文　名
萼裂片，萼齿	萼裂片	calyx lobe
萼片	萼片	sepal
萼筒	萼筒	calyx tube
萼檐	萼簷	limb
蒽醌	蒽醌	anthraquinone
儿茶素	兒茶素	catechin
二倍半萜	二倍半萜	sesterterpene
二倍孢子体	二倍孢子體	diploid sporophyte
二倍化	二倍[體]化	diploidization
二倍体，双倍体	二倍體	diploid
二倍体孢子生殖	不減數孢子生殖，二倍[性]孢子形成	diplospory
二倍体分离	二倍體分離	diploid segregation
二倍体孤雌生殖	二倍體孤雌生殖，二倍體單性生殖	diploid parthenogenesis
二倍体世代	二倍體世代	diploid generation
二倍体无配[子]生殖	二倍體無配[子]生殖	diploid apogamy
二倍体无融合生殖	二倍體無融合生殖	diploid apomixis
二倍体细胞系	二倍體細胞系，二倍體細胞株	diploid cell line
二倍性	二倍性	diploidy
二苄基丁内酯类木脂素	二苄基丁内酯類木脂體	dibenzylbutyrolactone lignan
二苄基丁烷类木脂素	二苄基丁烷類木脂體	dibenzylbutane lignan
二层周缘嵌合体	二層周緣嵌合體	dipericlinal chimera
二叉分支	二叉分支	bifurcation
二叉分枝，二歧分枝	二叉分枝，二歧分枝	dichotomy, dichotomous branching
二叉脉序（=叉状脉序）	二叉脈序，二叉狀[葉]脈	dichotomous venation
二蒽醌，双蒽醌，联蒽醌	雙蒽醌，聯蒽醌	dianthraquinone
二分孢子囊（=双孢子囊）	雙孢子囊	bisporangium
二分体	二分體	dyad, diad
二合花粉	二合花粉	dyad
二环网状中柱	二環網狀中柱	dicyclic dictyostele
二环中柱，二轮中柱	二環中柱	dicyclic stele
二回羽状复叶	二回羽狀複葉	bipinnate leaf
1,1-二甲基哌啶嗡氯化物，甲哌嗡	1,1-二甲基哌啶鎓氯化物	1,1-dimethy-piperidinium chloride
二价体	二價體	bivalent

大陆名	台湾名	英文名
二列对生	二列對生	distichous opposite
二列式	二列式	bifarious
二列式皮层	二列式皮層	diplostichous cortex
二磷酸己糖（=己糖二磷酸）	己糖二磷酸，二磷酸六碳糖	hexose diphosphate
二轮中柱（=二环中柱）	二環中柱	dicyclic stele
二名法（=双名法）	二名法，雙名法	binomial nomenclature
二年生草本[植物]	二年生草本	biennial herb
二年生植物	二年生植物	biennial plant, biennial
二歧分枝（=二叉分枝）	二叉分枝，二歧分枝	dichotomy, dichotomous branching
二歧合轴	二叉合軸	dichotomous sympodium
二歧聚伞花序	二歧聚傘花序，歧傘花序，二出聚傘花序	dichotomous cyme, dichasium
二强雄蕊	二強雄蕊	didynamous stamen
二氢吡喃香豆素	二氫吡喃香豆素	dihydropyranocoumarin
二氢查耳酮，双氢查耳酮	二氫查耳酮，雙氫查耳酮	dihydrochalcone
二氢呋喃香豆素	二氫呋喃香豆素	dihydrofuranocoumarin
二氢红花菜豆酸	二氫紅花菜豆酸	dihydrophaseic acid, DPA
二氢黄酮	二氫黃酮，黃烷酮	flavanone, dihydroflavone
二氢黄酮醇	二氫黃酮醇	flavanonol, dihydroflavonol
二氢异黄酮	二氫異黃酮	isoflavanone, dihydroisoflavone
C_4二羧酸途径	C_4型二羧酸途徑，C_4型植物雙羧酸路徑	C_4 dicarboxylic acid pathway
二羧酸转运体	二羧酸運輸蛋白，二羧酸運移蛋白	dicarboxylate transporter
二态现象（=二态性）	二型性，二態現象	dimorphism
二态性，二态现象，二型现象	二型性，二態現象	dimorphism
二肽	二肽，雙肽	dipeptide
二糖，双糖	二糖，雙糖	disaccharide
二体，双体	二體，雙[染色]體	disome, disomic
二体单倍体	二體單倍體，雙[染色]體單倍體	disomic haploid
二体雄蕊	二體雄蕊	diadelphous stamen
二体遗传	雙[染色]體遺傳	disomic inheritance
二萜，双萜	二萜，雙萜	diterpene
二维核磁共振谱	二維核磁共振波譜	two-dimensional nuclear magnetic resonance spectrum, 2D NMR spectrum

大　陆　名	台　湾　名	英　文　名
二系菌丝[的]	雙系菌絲[的]	dimitic
二系菌丝型孢子果，双体菌丝型孢子果	雙系菌絲孢子果	dimitic sporocarp
二细胞型花粉	二細胞型花粉	2-celled pollen
二相性真菌（=双态[性]真菌）	雙態性真菌，二型性真菌	dimorphic fungus
2,4-二硝基酚	2,4-二硝基酚	2,4-dinitrophenol, DNP
二形花	二形花	dimorphic flower
二型花柱异长	二型花柱異長	dimorphic heterostyly
二型现象（=二态性）	二型性，二態現象	dimorphism
二氧化碳饱和点	二氧化碳飽和點	carbon dioxide saturation point, CO_2 saturation point
二氧化碳补偿点	二氧化碳補償點	carbon dioxide compensation point, CO_2 compensation point
二氧化碳猝发	二氧化碳爆發	carbon dioxide outburst
二氧化碳固定	二氧化碳固定	carbon dioxide fixation
二氧化碳施肥	二氧化碳施肥	carbon dioxide fertilization
二氧化碳同化（=暗反应）	二氧化碳同化（=暗反應）	CO_2 assimilation (=dark reaction)
二元性状	二元性狀	binary character
二原型	二原型	diarch

F

大　陆　名	台　湾　名	英　文　名
发光组织	發光組織	photogenic tissue
发酵	發酵	fermentation
发色团，生色团	發色團	chromophore
发色团辅助光失活	發色團輔助光失活	chromophore-assisted light inactivation, CALI
发生环	發生環	initial ring
发芽	發芽，萌芽	germination
发芽率	發芽率，發芽速度，發芽勢	germination rate
发芽试验	發芽試驗	germination test
发芽温度	發芽溫度	germination temperature
发育	發育	development
发育差时（=异时性）	異時性，異時發生	heterochrony
发育场，发育域	發育場	developmental field
发育重塑	發育重塑	developmental repatterning
发育多态现象	發育多型現象	developmental polymorphism

大 陆 名	台 湾 名	英 文 名
发育轨迹	發育軌跡	developmental trajectory
发育畸形	發育畸形	developmental malformation
发育节律	發育節律	developmental rhythm
发育可塑性	發育可塑性	developmental plasticity
发育模式建成，发育塑造	發育模式建成，發育塑形	developmental patterning
发育偏好	發育偏好	developmental bias
发育期	發育期	developmental phase
发育潜能	發育潛能	developmental potency, developmental potentiality
发育驱动	發育驅動	developmental drive
发育生理学	發育生理學	developmental physiology
发育时控基因	發育時控因子	development timing regulator
发育[速]率	發育[速]率	developmental rate
发育塑造（=发育模式建成）	發育模式建成，發育塑形	developmental patterning
发育条件	發育條件，發育環境	developmental condition
发育途径（=发育网络）	發育途徑（=發育網絡）	developmental pathway (=developmental network)
发育网络	發育網絡	developmental network
发育域（=发育场）	發育場	developmental field
发育植物学	發育植物學	developmental botany
发育制约	發育制約	developmental constraint
发育中心	發育中心	developmental center
发状根（=毛状根）	毛狀根，鬚根	hairy root
番木鳖碱，士的宁	番木鱉鹼	strychnine
番茄红素	番茄紅素	lycopene
番泻苷	番瀉苷	sennoside
翻译	轉譯	translation
翻译控制	轉譯控制	translational control
翻转[作用]	翻轉	inversion
繁殖	繁殖	propagation
繁殖胞（=生殖胞）	藻胞	gonidium
繁殖体，繁殖枝	繁殖體	propagulum
繁殖芽	繁殖芽	brood bud
繁殖枝（=繁殖体）	繁殖體	propagulum
反编码链（=模板链）	反編碼股，反密碼股（=模板股）	anticoding strand (=template strand)
反常整齐花，正常异形花	反常整齊花	peloria
反带（=R 带）	R 帶，反帶	reverse band, R-band

大 陆 名	台 湾 名	英 文 名
反馈	回饋，反饋	feedback
反馈环，反馈回路	回饋環	feedback loop
反馈回路（=反馈环）	回饋環	feedback loop
反馈机制	回饋機制	feedback mechanism
反馈调节	回饋調節	feedback regulation
反馈抑制	回饋抑制，反饋抑制	feedback inhibition
反密码子	反密碼子	anticodon
反面高尔基网	反式高基[氏]體網，高基[氏]體成熟面網	*trans*-Golgi network, TGN
反式作用	反式作用	*trans*-acting
反式作用因子	反式作用因子	*trans*-acting factor
反向 PCR（=反向聚合酶链反应）	反向聚合酶連鎖反應，反向 PCR	inverse polymerase chain reaction, inverse PCR, iPCR
反向重复序列	反向重複序列	inverted repeat sequence
反向聚合酶链反应，反向 PCR	反向聚合酶連鎖反應，反向 PCR	inverse polymerase chain reaction, inverse PCR, iPCR
反向引物	逆向引子	reverse primer
反向运输，对向运输，反向转运	反向運輸，反向運移	antiport
反向转运（=反向运输）	反向運輸，反向運移	antiport
反向转运体	反向運輸蛋白，反向運移蛋白，反向轉運子	antiporter
反硝化作用，脱氮作用	去硝化[作用]，脱氮作用	denitrification
反选择，逆选择	反選擇，反淘汰	counterselection
反义 DNA	反義 DNA，反義去氧核糖核酸	antisense DNA
反义 RNA	反義 RNA，反義核糖核酸	antisense RNA
反义寡核苷酸	反義寡核苷酸，反股寡核苷酸	antisense oligonucleotide
反义链（=模板链）	反義股，反義鏈（=模板股）	antisense strand (=template strand)
反应中心	反應中心	reaction center
反应中心色素	反應中心色素	reaction center pigment
反应中心叶绿素	反應中心葉綠素	reaction center chlorophyll
反转录，逆转录	反轉錄，逆轉錄	reverse transcription
反转录 PCR（=反转录聚合酶链反应）	反轉錄聚合酶連鎖反應，反轉錄 PCR	reverse transcription PCR, RT-PCR
反转录聚合酶链反应，反转录 PCR	反轉錄聚合酶連鎖反應，反轉錄 PCR	reverse transcription PCR, RT-PCR
反转录转座	反轉錄轉位[作用]，逆轉錄轉	retrotransposition

大陆名	台湾名	英文名
	位[作用]	
反转录转座子	反轉録轉位子，逆轉録轉位子	retrotransposon
反足核	反足核	antipodal nucleus
反足胚	反足[細胞]胚	antipodal embryo
反足吸器	反足吸器	antipodal haustorium
反足细胞	反足細胞	antipodal cell
返祖现象	返祖現象	atavism
泛北极间断分布	泛北極間斷分布	holarctic disjunction
泛北极起源	泛北極起源	holarctic origin
泛北极植物区	泛北極植物區系界	holarctic kingdom, holarctic floral kingdom
泛化	一般化	generalization
泛醌	泛醌	ubiquinone
泛南极间断分布	泛南極間斷分布	holantarctic disjunction
泛南极植物区	泛南極植物區系界	holantarctic kingdom, holantarctic floral kingdom
泛热带分布	泛熱帶分布	pantropical distribution
泛热带植物	泛熱帶植物	pantropical plant
泛生论	泛生論	pangenesis
泛素	泛蛋白，泛素，遍在蛋白	ubiquitin
Z 方案（=非循环[式]电子传递）	Z 圖形，Z 圖解，Z 圖式（=非循環[式]電子傳遞）	Z-scheme (=noncyclic electron transport)
方形射线细胞	方形射線細胞	square ray cell
芳基萘类木脂素	芳基萘類木脂體	arylnaphthalene lignan
芳香化合物	芳香化合物	aromatic compound
防卫反应，防御反应	防衛反應	defense reaction
防御反应（=防卫反应）	防衛反應	defense reaction
纺锤极体	紡錘極體	spindle pole body
纺锤射线	紡錘射線	fusiform ray
纺锤丝	紡錘絲	spindle fiber
纺锤体	紡錘體	spindle
纺锤状原始细胞	紡錘狀原始細胞	fusiform initial
放能反应	放能反應	exergonic reaction
放热反应	放熱反應	exothermic reaction
放射型迁移，辐射型迁移	輻射型遷移	radial migration
放射自显影[术]	放射自顯影術，自動放射顯影術	autoradiography, radioautography
放线菌素	放線菌素	actinomycin

大　陆　名	台　湾　名	英　文　名
放线菌素 D	放線菌素 D	actinomycin D
放氧复合体（=放氧复合物）	氧釋放複合體	oxygen-evolving complex, OEC
放氧复合物，放氧复合体	氧釋放複合體	oxygen-evolving complex, OEC
飞行时间质谱仪	飛行時間質譜儀	time-of-flight mass spectrometer, TOF-MS
非必需元素	非必需元素	non-essential element
非编码 RNA	非編碼 RNA	non-coding RNA, ncRNA
非编码链（=模板链）	非編碼股（=模板股）	non-coding strand (=template strand)
非编码序列	非編碼序列	non-coding sequence
非等位基因	非等位基因，非對偶基因	non-allele
非地带性植被，隐域植被	非地帶性植被，隱域植被	azonal vegetation
非地衣型真菌	非地衣型真菌	non-lichenized fungus
非叠生形成层	非疊生形成層	nonstoried cambium
非堆叠区（=非垛叠区）	非堆疊區	nonappressed region
非垛叠区，非堆叠区	非堆疊區	nonappressed region
非共生固氮生物	非共生固氮生物	asymbiotic nitrogen fixer
非共生固氮作用	非共生固氮作用	asymbiotic nitrogen fixation
非光化学猝灭	非光化學猝滅	non-photochemical quenching, NPQ
非光诱导周期	非光誘導週期	nonphotoinductive cycle
非环式电子传递（=非循环[式]电子传递）	非循環[式]電子傳遞，非循環性電子傳遞	noncyclic electron transport
非环式光合磷酸化（=非循环光合磷酸化）	非循環[式]光合磷酸化，非循環性光磷酸化作用	noncyclic photophosphorylation
非回归亲本（=非轮回亲本）	非回歸親本	non-recurrent parent
非加性遗传方差	非加成性遺傳變方	non-additive genetic variance
非姐妹染色单体	非姐妹染色分體，非姊妹染色分體	non-sister chromatid
非克隆植物	非克隆植物	aclonal plant, nonclonal plant
非轮回亲本，非回归亲本	非回歸親本	non-recurrent parent
非轮生花	非輪生花	acyclic flower
非密度制约	非密度依變，非密度依存	density independence
非木本植物花粉	非木本植物花粉	nonarboreal pollen, NAP
非染色质象	非染色質像	achromatic figure
非生物逆境（=非生物胁迫）	非生物[性]逆境，非生物緊迫	abiotic stress
非生物胁迫，非生物逆境	非生物[性]逆境，非生物緊迫	abiotic stress
非生物因子	非生物因子	abiotic factor
非同义突变（=错义突变）	非同義突變（=錯義突變）	nonsynonymous mutation

大 陆 名	台 湾 名	英 文 名
		(=missense mutation)
非同源染色体	非同源染色體	nonhomologous chromosome
非维管植物，无维管束植物	無維管束植物	nonvascular plant
非细胞植物	無細胞構造植物	acellular plant
非腺毛	非腺毛	nonglandular hair
非循环光合磷酸化，非环式光合磷酸化	非循環[式]光合磷酸化，非循環性光磷酸化作用	noncyclic photophosphorylation
非循环[式]电子传递，非环式电子传递	非循環[式]電子傳遞，非循環性電子傳遞	noncyclic electron transport
非盐生植物（=嫌盐植物）	非鹽生植物（=嫌鹽植物）	non-halophyte (=halophobe)
非整倍单倍体	非整倍單倍體	aneuhaploid
非整倍体	非整倍體	aneuploid
非整倍性	非整倍性	aneuploidy
非正式应用	非正式應用	informal usage
非组蛋白	非組蛋白蛋白質	nonhistone protein, NHP
菲醌	菲醌	phenanthraquinone
肥土植物（=富养植物）	富養植物，肥土植物	eutrophic plant, eutrophyte
废弃名[称]	廢棄名[稱]	rejected name, nomen rejiciendum
沸点	沸點	boiling point
费尔德群落	南非稀樹草原，韋爾德草原，疏林草原	veld, veldt
分孢器子囊果	分孢器子囊果	pycnoascocarp
分布格局	分布型，分布樣式	distribution pattern
分布区	分布區	areal, distribution range
分布区叠加分析	分布區疊加分析	overlapping distribution analysis, ODA
分布中心	分布中心	distribution center
分步萃取（=分步提取）	分步萃取	fractional extraction
分步提取，分步萃取	分步萃取	fractional extraction
分层抽样，分层取样	分層取樣	stratified sampling
分层取样（=分层抽样）	分層取樣	stratified sampling
分叉毛（=树状毛）	分叉毛（=樹狀毛）	furcate hair (=dendroid hair)
分隔薄壁组织细胞	分隔薄壁組織細胞，隔膜薄壁組織細胞	septate parenchyma cell
分隔管胞	分隔管胞，隔膜管胞	septate tracheid
分隔木纤维	分隔木纖維，隔膜木纖維	septate wood fiber
分隔髓	分隔髓	diaphragmed pith

大　陆　名	台　湾　名	英　文　名
分隔纤维	分隔纖維，隔膜纖維	septate fiber
分隔纤维管胞	分隔纖維管胞，隔膜纖維管胞	septate fiber tracheid
分果	離果	schizocarp
分果瓣	分果片，裂果片	mericarp, coccus
分化	分化	differentiation
分化期	分化期	differentiation phase
分化式物种形成	分化式物種形成，分化式種化	differentiated speciation
分节毛，节分枝毛	節分枝毛	ganglioneous hair
分解常数	分解常數	decomposition constant
分解代谢	分解代謝，異化代謝	catabolism, katabolism
分解代谢物	分解代謝物，分解產物，降解物	catabolite
分解速率	分解速率	decomposition rate
分解者，还原者	分解者	decomposer
分解[作用]	分解[作用]	decomposition
分类	分類	classification
NPC 分类	NPC 分類	NPC-classification
分类单位，分类单元，分类群	分類群，分類單位，分類單元	taxon
分类单元（=分类单位）	分類群，分類單位，分類單元	taxon
分类阶元	分類階元，分類階層，分類層級	category, taxonomic category
分类群（=分类单位）	分類群，分類單位，分類單元	taxon
分类性状	分類性狀，分類特徵	taxonomic character
分类学	分類學	taxonomy
α 分类学，甲级分类学	α 分類學	alpha taxonomy
β 分类学，乙级分类学	β 分類學	beta taxonomy
γ 分类学，丙级分类学	γ 分類學	gamma taxonomy
分类学修订	分類修訂	taxonomic revision
分类学异名（=异模式异名）	分類學異名（=異模式異名）	taxonomical synonym (=heterotypic synonym)
分类种	分類種	taxonomic species
分离	分離	segregation
分离比[率]	分離比	ratio of segregation, segregation ratio
分离定律	分離律	law of segregation
分裂生殖，裂殖	分裂生殖，裂殖	schizogenesis, fission
分裂选择	分裂[型]天擇，歧化天擇	disruptive selection
分馏	分餾	fractional distillation

大陆名	台湾名	英文名
分泌道	分泌道	secretory canal
分泌结构	分泌結構	secretory structure
分泌毛	分泌毛	secretory hair
分泌囊泡（=分泌小泡）	分泌囊泡	secretory vesicle
分泌腔	分泌腔	secretory cavity
分泌绒毡层	分泌絨氈層，分泌營養層	secretory tapetum
分泌细胞	分泌細胞	secretory cell
分泌细胞团	分泌細胞團	secretory cell nodule
分泌小泡，分泌囊泡	分泌囊泡	secretory vesicle
分泌组织	分泌組織	secretory tissue
分蘖	分蘖	tiller, tillow
分蘖节	分蘖節	tillering node
分蘖力	分蘖力	tillering capacity
分蘖期	分蘖期	tillering stage
分蘖盛期	分蘖盛期	active tillering stage
分配	分配	partitioning
分批培养	批式培養，批次培養[法]	batch culture
分歧指数	分歧指數	divergence index, DI
分散型高尔基体	分散型高爾基體	dictyosome
分生孢子	分生孢子	conidium, conidiospore
分生孢子盾	分生孢子盾	pycnothyrium
分生孢子梗	分生孢子梗，分生孢子柄	conidiophore
分生孢子果，分生孢子体，载孢体	分生孢子果，分生孢子體	conidioma, conidiocarp
分生孢子盘	分生孢子盤，分生孢子堆	acervulus
分生孢子器	分生孢子器，粉孢子器	pycnidium
分生孢子器梗	分生孢子器梗，粉孢子梗	pycnidiophore
分生孢子体（=分生孢子果）	分生孢子果，分生孢子體	conidioma, conidiocarp
分生孢子原	分生孢子原	conidium initial
分生孢子座	分生孢子座，分生孢子褥	sporodochium
分生梗孢子	分生梗孢子	meristem spore
分生组织	分生組織	meristem
分生组织培养	分生組織培養	meristem culture
分生组织区	分生組織區	meristem zone, meristem region
分体产果式生殖，分体造果	分體產果式生殖	eucarpic reproduction
分体造果（=分体产果式生殖）	分體產果式生殖	eucarpic reproduction

大　陆　名	台　湾　名	英　文　名
分体中柱	分裂中柱	meristele
分叶柄	小葉柄	partial petiole
分支，进化枝，支系	演化支，進化支，支序群	clade
分支发生（=趋异进化）	支系發生，分支演化，支序演化（=趨異演化）	cladogenesis (=divergent evolution)
分支进化（=趋异进化）	支系發生，分支演化，支序演化（=趨異演化）	cladogenesis (=divergent evolution)
分支图（=支序图）	支序圖，[進化]分支圖	cladogram
分支系统学（=支序系统学）	支序[分類]學	cladistics, cladistic taxonomy
分枝角度	分枝角度	branching angle
分枝毛	分枝毛	branched hair
分枝强度	分枝強度	branching intensity
分枝式	分枝式	ramification
分枝纹孔	分枝紋孔	ramiform pit
分枝系统	分枝系統	branching system
分枝栅栏薄壁组织	有腕柵狀薄壁組織	arm palisade parenchyma
分枝栅栏细胞	有腕柵狀細胞	arm palisade cell
分株	分株，無性繁殖體	ramet
分株系统	分株系統	ramet system
分株选择性放置	分株選擇性放置	selective placement of ramet
分株种群	分株族群	ramet population
分子	分子	molecule
分子大小排除限	分子大小排除極限	size exclusion limit, SEL
分子定向进化	分子定向演化	directed molecular evolution
分子分类学	分子分類學	molecular taxonomy
分子进化	分子演化，分子進化	molecular evolution
分子进化中性学说（=中性学说）	分子演化中性理論（=中性理論）	neutral theory of molecular evolution (=neutral theory)
分子内呼吸	分子内呼吸	intramolecular respiration
分子适应	分子適應	molecular adaptation
分子系统学	分子系統分類學	molecular systematics
分子蒸馏技术	分子蒸餾技術	molecular distillation technology
分子植物学	分子植物學	molecular botany
分子钟	分子[時]鐘	molecular clock, molecular chronometer
酚氧化酶	酚氧化酶，石炭酸氧化酵素	phenoloxidase
粉孢子	粉孢子，分裂子	oidiospore, oidium

大陆名	台湾名	英文名
粉防己碱	粉防己鹼，漢防己鹼	tetrandrine
粉管受精	粉管受精	siphonogamy
粉芽	粉芽	soredium
粉芽堆	粉芽堆，衣胞堆	soralium
粉质胚乳	粉質胚乳	farinaceous endosperm
丰富度	豐富度	richness
α丰富度	α豐富度	alpha richness
β丰富度	β豐富度	beta richness
γ丰富度	γ豐富度	gamma richness
风播	風播，隨風散布	anemochory
风播植物，风布植物	風布植物	anemochore, anemosporae
风布植物（=风播植物）	風布植物	anemochore, anemosporae
风虫媒	風蟲媒	anemoentomophily
风媒	風媒	anemophily
风媒传粉	風媒傳粉，風媒授粉	anemophilous pollination, wind pollination
风媒花	風媒花	anemophilous flower
风媒植物	風媒植物	anemophilous plant, anemophile, anemophyte
封闭层	封閉層	closing layer
封闭维管束（=有限维管束）	有限維管束，閉鎖維管束	closed vascular bundle, closed bundle
封闭系统	封閉系統	closed system
葑烷衍生物	葑烷衍生物	fenchane derivative
蜂蜜孢粉学	蜂蜜孢粉學	melissopalynology, melittopalynology
缝裂孔口	縫裂孔口	rima
缝裂囊壳	縫裂囊殼	hysterothecium
佛焰苞	佛焰苞	spathe
佛焰花序	佛焰苞花序	spadix
呋喃环木脂素（=四氢呋喃类木脂素）	四氫呋喃類木脂體	tetrahydrofuran lignan
呋喃香豆素	呋喃香豆素	furanocoumarin
敷着生长，外加生长	添附生長，附加生長，外加生長	apposition growth
浮根	浮根	floating root
浮叶植物	浮葉植物	floating-leaved plant
浮游藻类	浮游藻類	planktonic algae, plankalgae
浮游植物	浮游植物	phytoplankton

大 陆 名	台 湾 名	英 文 名
辐射对称	輻射對稱	actinomorphy
辐射对称花（=整齐花）	輻射對稱花（=整齊花）	actinomorphic flower (=regular flower)
辐射脉（=射出脉）	輻射脈	radiate vein
辐射纹孔	放射紋孔，徑向壁紋孔	radial pit
辐射型气孔	輻射型氣孔	actinocytic type stoma
辐射型迁移（=放射型迁移）	輻射型遷移	radial migration
辐照度	輻照度，輻射度	irradiance
辅基	輔[助]基	prosthetic group
辅酶	輔酶，輔酵素	coenzyme
辅酶 A	輔酶 A，輔酵素 A	coenzyme A
辅酶 A 转移酶	輔酶 A 轉移酶	coenzyme A transferase, CoA-transferase
辅酶 Q（=泛醌）	輔酶 Q（=泛醌）	coenzyme Q, CoQ (=ubiquinone)
辅因子	輔[助]因子	cofactor
辅助病毒	輔助病毒	help virus
辅助色素	輔[助]色素	accessory pigment
辅助授粉	輔助授粉，伴助授粉	supplementary pollination, complementary pollination
辅助细胞	助細胞，輔細胞	auxilliary cell
辅助质粒	輔助質體	help plasmid
辅助种	輔助種	auxiliary species
腐胺	腐胺，丁二胺	putrescine, Put
腐生根	腐生根	saprophytic root
腐生食物链	腐生食物鏈	saprophagous food chain
腐生植物	腐生植物	saprophyte, saprophytic plant
腐殖化作用	腐植化作用	humification
腐殖质	腐植質	humus
父本	父本	male parent
负反馈	負回饋，負反饋	negative feedback
负干涉	負干擾	negative interference
负网状纹饰	凹網狀紋飾	areolate
负向地性（=负向重力性）	背地性，負向重力性	negative gravitropism
负向重力性，负向地性	背地性，負向重力性	negative gravitropism
负选择	負選擇	negative selection
附果	副果，假果	accessory fruit
附加单倍体	附加單倍體	addition haploid

大 陆 名	台 湾 名	英 文 名
附加模式，解释模式	附加模式，解釋模式	epitype
附加系	添加系，加成系	addition line
附生孢子	附生孢子	epispore
附生根，附着根	附生根，附著根	epiphytic root, adhering root
附生性	附生性，表生性	epiphytism
附生藻类	附生藻類	epiphytic algae
附生植物	附生植物	epiphyte
附物纹孔	被覆紋孔	vestured pit
附载植物	附載植物	phorophyte
附着胞，附着器	附著胞，附著器	appressorium
附着鞭毛（=定鞭毛）	附著鞭毛	haptonema
附着根（=附生根）	附生根，附著根	epiphytic root, adhering root
附着器（=附着胞）	附著胞，附著器	appressorium
附着枝	附著枝	hyphopodium
复孢子叶球	複孢子葉球，複孢子囊穗，複球花	compound strobilus
复表皮	複表皮	multiple epidermis
复穿孔	複穿孔	multiple perforation
复雌蕊	複雌蕊	compound pistil
复大孢子	複大孢子	auxospore
复等位基因	複等位基因，複對偶基因	multiple allele
复顶枝	複頂枝	polytelome
复多胚[现象]	複多胚[現象]	multiple polyembryony
复份	複份	duplicate
复管孔	複管孔	multiple pore
复果，聚花果	聚花果，多花果，複果	collective fruit, multiple fruit
复合顶枝	複合頂枝	syntelome
复合非整倍体	複合非整倍體	complex aneuploid
复合花	聚合花	compound flower
复[合]花粉粒	複合花粉粒	compound pollen grain
复[合]花序	複[合]花序	compound inflorescence
复合萌发孔	複合萌發孔	complex aperture
复合鞣质	複合鞣質，複合單寧	complex tannin
复合叶序	複合葉序	composed phyllotaxis
复合种群（=集合种群）	關聯族群，複合族群	metapopulation
复合组织	複合組織	complex tissue
复花柱	複花柱	compound style

大 陆 名	台 湾 名	英 文 名
复聚伞花序	複聚傘花序	compound cyme
复囊体，黏菌体	黏菌體，集合子實體	aethalium
复皮层（=复周皮）	複周皮	polyderm
复球果	複球果，複毬果	compound strobilus
复伞房花序	複傘房花序	compound corymb
复伞形花序	複傘形花序	compound umbel
复筛板	複篩板	compound sieve plate
复穗状花序	複穗狀花序	compound spike
复头状花序	複頭狀花序	compound capitulum, compound head
复系，多系	多系	polyphyly
复系[类]群，多系[类]群	多系群，多源群	polyphyletic group
复型现象（=多型现象）	多型性	pleomorphism, pleomorphy
复性	複性	renaturation
复叶	複葉	compound leaf
复印接种，影印[平板]培养	平板複印[接種]，印影平面培養法	replica plating
复原植被	復原植被	restorative vegetation
复原植被图	復原植被圖	restorative vegetation map
复制	複製	replication
复制叉	複製叉	replication fork
复周皮，复皮层	複周皮	polyderm
复子房	複子房	compound ovary
复总状花序（=圆锥花序）	圓錐花序	panicle
复组核（=再组核）	再組核，復組核	restitution nucleus
副孢子	副孢子	paraspore
副孢子囊	副孢子囊	parasporangium
副鞭[毛]体	副鞭[毛]體	paraflagellar body
副淀粉（=裸藻淀粉）	裸藻澱粉，裸藻糖，副澱粉	paramylum, paramylon
副萼	副萼	epicalyx, accessory calyx, calycle
副合沟	副合溝	parasyncolpate
副花冠	副花冠	corona
副模式	副模[式]標本	paratype
副染色体（=B 染色体）	副染色體（=B 染色體）	accessory chromosome (=B chromosome)
副体	副體	stylus
副卫细胞	副衛細胞	subsidiary cell, accessory cell

大　陆　名	台　湾　名	英　文　名
副细胞	小型厚壁細胞	stereid
副形成层（=额外形成层）	額外形成層，副形成層	extra cambium
副芽	副芽	accessory bud
副缢痕（=次缢痕）	次縊痕，副縊痕	secondary constriction
副枝	副枝	ramulus
副转输组织	副轉輸組織	accessory transfusion tissue
富马原岛衣酸	富馬原島衣酸	fumarprotocetraric acid
富养植物，肥土植物	富養植物，肥土植物	eutrophic plant, eutrophyte
富营养化	富營養化，優養化	eutrophication
富营养沼泽（=草沼）	富營養沼澤（=草沼）	eutrophic marsh (=marsh)
腹瓣	腹瓣	ventral lobe, postical lobe
腹缝线	腹縫線	ventral suture
腹沟	腹溝	ventral canal
腹沟核	腹溝核	ventral canal nucleus
腹沟细胞	腹溝細胞	ventral canal cell, venter canal cell
[腹菌]产孢组织基板	[腹菌]產孢組織基板	trabecula
[腹菌]中轴	[腹菌]中軸	columella
腹鳞片	腹鱗片	ventral scale
腹叶	腹葉	underleaf, amphigastrium
覆盖层	覆蓋層，頂蓋層	tectum, tegillum
覆盖植被	覆蓋植被	cover vegetation
覆瓦状	覆瓦狀	imbricate
覆瓦状花被卷叠式	覆瓦狀花被卷疊式	imbricate aestivation
覆瓦状叶序	覆瓦狀葉序	imbricate phyllotaxy

G

大　陆　名	台　湾　名	英　文　名
改良品种	改良品種	improved variety
钙化植物	鈣化植物	calcareous plant
钙调蛋白	鈣調[節]蛋白，攜鈣素	calmodulin, CaM
钙土植物（=喜钙植物）	喜鈣植物，鈣土植物，嗜鈣植物	calciphyte, calcicole
盖度	蓋度	coverage
盖果	蓋果	pyxis, pyxidium
盖壳面	蓋殼面	valval plane
干果	乾果	dry fruit

大　陆　名	台　湾　名	英　文　名
干旱	乾旱	drought
干旱胁迫	乾旱逆境	drought stress
干荒地植物	乾荒地植物	chersophyte
干浆果	乾漿果	dry berry
RNA 干扰	RNA 干擾	RNA interference, RNAi
干扰斑块	擾動嵌塊	disturbance patch
干扰竞争	干擾性競爭	interference competition
干热灭菌	乾熱滅菌[法]	dry heat sterilization, hot air sterilization
干涉	干擾	interference
干燥逆境（=干燥胁迫）	乾燥逆境	desiccation stress
干燥胁迫，干燥逆境	乾燥逆境	desiccation stress
干柱色谱法	乾柱層析法	dry column chromatography
干柱头	乾柱頭	dry stigma
甘草酸	甘草酸	glycyrrhizic acid
甘草甜素（=甘草酸）	甘草酸苷，甘草素（=甘草酸）	glycyrrhizin (=glycyrrhizic acid)
甘露地衣，野粮地衣	甘露地衣，野糧地衣	manna lichen
甘露[糖]醇	甘露醇	mannitol
甘遂烷型三萜	甘遂烷型三萜	tirucallane triterpene
苷元，配糖体，糖苷配基	糖苷配基，苷元	aglycon, aglycone
柑果	柑果	hesperidium
感触性	感觸性	thigmonasty
感伤性	感傷性，傷感性	traumatonasty
感受态细胞	勝任細胞	competent cell
感温性	感溫性	thermonasty
感性	感性，傾性	nasty
感性运动	感性運動，傾性運動	nastic movement
感夜性	向夜性，睡眠性	nyctinasty
感夜运动	睡眠運動	nyctinastic movement
感应性	應激性，感應性	irritability
感震性	感震性	seismonasty
感震运动	感震運動	seismonastic movement
干流（=茎流）	幹流，樹幹徑流	stemflow
干群	幹群	stem group
干细胞	幹細胞	stem cell
冈崎片段	岡崎片段	Okazaki fragment

大陆名	台湾名	英文名
冈瓦纳植物区系，冈瓦纳植物群	岡瓦納植物區系，岡瓦納植物相，岡瓦納植物群	Gondwana flora
冈瓦纳植物群（=冈瓦纳植物区系）	岡瓦納植物區系，岡瓦納植物相，岡瓦納植物群	Gondwana flora
刚毛	剛毛	seta, bristle
纲	綱	class
高草草原（=北美草原）	北美草原，大草原	prairie
高等植物	高等植物	higher plant
高度重复 DNA	高度重複 DNA	highly repetitive DNA, hyperreiterated DNA
高度重复序列	高度重複序列	highly repetitive sequence
高尔基[复合]体	高基[氏]體，高爾基體	Golgi body, Golgi apparatus, Golgi complex
高尔基片层	高基[氏]片層，高基薄層	Golgi lamella
高分辨质谱法	高解析質譜法	high resolution mass spectrometry, HRMS
高辐照度反应，高光照反应	高輻射量反應，高照度反應	high-irradiance reaction, high-irradiance response, HIR
高光照反应（=高辐照度反应）	高輻射量反應，高照度反應	high-irradiance reaction, high-irradiance response, HIR
高寒植物（=高山寒土植物）	寒地植物	psychrophyte
高脚碟状花冠	高腳碟狀花冠	salverform corolla
高能键	高能鍵	energy-rich bond
高能磷酸化合物	高能磷酸化合物	energy-rich phosphate compound, high-energy phosphate compound
高能磷酸键	高能磷酸[酯]鍵	energy-rich phosphate bond, high-energy phosphate bond
高频重组	高頻率重組	high frequency of recombination, Hfr
高频转导	高頻率轉導	high frequency of transduction, Hft
高山草甸	高山草甸，高山草原	alpine mat, alpine meadow
高山带	高山帶，高山區	alpine belt, alpine zone, alpine region
高山垫状植被	高山墊狀植被	alpine cushion-like vegetation
高山冻原	高山凍原	alpine tundra
高山寒土植物，高寒植物	寒地植物	psychrophyte
高山流石滩植被（=高山稀疏植被）	高山流石灘植被	alpine talus vegetation
高山稀疏植被，高山流石滩植被	高山流石灘植被	alpine talus vegetation

大　陆　名	台　湾　名	英　文　名
高山植被	高山植被	alpine vegetation
高山植物	高山植物	alpine plant, acrophyte
高山植物区系	高山植物區系，高山植物相，高山植物群	alpine flora
高山植物群落	高山植物群落	acrophytia
高渗溶液	高滲溶液	hypertonic solution
高速离心	高速離心	high-speed centrifugation
高速逆流色谱法	高速逆流層析法	high-speed countercurrent chromatography, HSCCC
高通量测序	高通量定序	high-throughput sequencing
高通量基因组	高通量基因體	high-throughput genome, HTG
高通量基因组测序	高通量基因體定序	high-throughput genome sequencing
高通量筛选	高通量篩選	high-throughput screening
高位芽植物	高位芽植物	phaenerophyte, phanerophyte
高温胁迫	熱逆境，高溫逆境	heat stress, high temperature stress
高温植物	高溫植物	megatherm
高效毛细管电泳色谱法	高效毛細管電泳層析法	high performance capillary electrophoresis chromatography
高效液相色谱法	高效液相層析法	high performance liquid chromatography, HPLC
高压蒸汽灭菌，加压蒸汽灭菌	高壓蒸氣滅菌[法]	autoclaving
高异黄酮	高異黃酮	homoisoflavone
格局分析	格局分析	pattern analysis
隔孔器	隔孔器	septal pore organelle
隔孔塞	隔孔塞	septal pore plug
隔离	隔離	isolation
隔离分化，地理分隔	隔離分化，隔離演化，地理分隔	vicariance
隔离分化成种（=歧域物种形成）	隔離分化物種形成，隔離分化種化（=歧域物種形成）	vicariance speciation (=dichopatric speciation)
隔离分化物种形成（=歧域物种形成）	隔離分化物種形成，隔離分化種化（=歧域物種形成）	vicariance speciation (=dichopatric speciation)
隔离机制	隔離機制	isolating mechanism
隔离盘	[隔]離盤	separation disc, necridium
隔离种，岛屿种	隔離種，島嶼種，孤立種	isolated species, insular species

大陆名	台湾名	英文名
隔膜	隔膜	dissepiment, septum
隔[膜]孔帽（=桶孔覆垫）	隔[膜]孔帽（=桶孔覆墊）	septal pore cap (=parenthesome)
隔年结实，交替结实	隔年結實，隔年結果	alternate bearing, alternate year bearing
隔丝	隔絲	septum filament
葛根素	葛根素	puerarin
个体	個體	individual
个体发生（=个体发育）	個體發生，個體發育	ontogeny, ontogenesis
个体发育，个体发生	個體發生，個體發育	ontogeny, ontogenesis
个字药	個字藥	divergent anther
根	根	root
根被	根被	velamen
根被皮	根被皮	epiblem, rhizodermis
根出条（=根蘖）	根蘖，根出吸芽	root sprout, root sucker
根出叶	根出葉	root leaf
根刺	根刺	root spine, root thorn
根端（=根尖）	根尖，根端	root tip, root apex
根端分生组织（=根尖分生组织）	根尖分生組織，根端分生組織	root apical meristem, RAM
根分泌（=根溢泌）	根溢泌	root exudation
根冠	根冠，根帽	root cap, calyptra
根冠比	根-冠比，根-莖比	root/shoot ratio
根冠原	根冠原，根帽原	calyptrogen
根际，根圈	根圈，根際	rhizosphere
根迹	根跡	root trace
根尖，根端	根尖，根端	root tip, root apex
根尖分生组织，根端分生组织	根尖分生組織，根端分生組織	root apical meristem, RAM
根茎地下芽植物	根莖地下芽植物	rhizome geophyte
根茎过渡区	根莖過渡區	root-stem transition zone, root-stem transition region
根颈	根頸	root crown, corona
根瘤	根瘤	root nodule, root tubercle
根瘤菌	根瘤菌	rhizobia, nodule bacteria
根瘤素（=结瘤蛋白）	結瘤蛋白，根瘤素	nodulin
根瘤形成	根瘤形成	nodule formation
根毛	根毛	root hair
根毛区	根毛區，根毛帶	root-hair zone, root-hair region

大　陆　名	台　湾　名	英　文　名
根面积指数	根面積指數	root-area index
根蘖，根出条	根蘖，根出吸芽	root sprout, root sucker
根劈裂	根劈裂	root split
根鞘	根鞘，根被	root sheath
根圈（=根际）	根圈，根際	rhizosphere
根生花序	根生花序	radical inflorescence
根室	根室	rhizotron
根丝体	根絲體	rhizoplast
根托	根托，支柱根，根支體	rhizophore
根外营养	根外營養	exoroot nutrition
根系	根系	root system
根序	根序	rhizotaxy, rhizotaxis
根压	根壓	root pressure
根压说	根壓說	root pressure theory
根溢泌，根分泌	根溢泌	root exudation
根源型克隆植物	根源型克隆植物	root-derived clonal plant
根重比	根重比	root mass ratio, RMR
根[状]茎	根[狀]莖，地下莖	rhizome, root stock
根状菌丝体	根狀菌絲體	rhizomycelium
根状体（=菌索）	菌索，根狀菌絲束	rhizomorph, mycelial cord
更新斑块	更新斑塊	regenerated patch
梗基	梗基，基底梗子	metula
梗尖	梗尖，小梗	spicule, spiculum
梗颈	梗頸	collulum
工蕨类	工蕨類	zosterophyllophytes, zosterophytes
弓形带（=弧形带）	環帶，孔環	arcus
功能斑块	功能斑塊	functional patch
功能丢失突变（=功能失去突变）	功能喪失型突變	loss-of-function mutation
功能获得突变	功能獲得突變	gain-of-function mutation
功能基因组学	功能基因體學	functional genomics
功能丧失突变（=功能失去突变）	功能喪失型突變	loss-of-function mutation
功能失去突变，功能丢失突变，功能丧失突变	功能喪失型突變	loss-of-function mutation
功能型	功能型	functional type
拱盾状囊壳	拱盾狀囊殼	pycnothecium

大陆名	台湾名	英文名
共变异，相关变异	共變異，相關變異	covariation
共表达	共同表達	coexpression
共传递	共同傳遞	cotransmission
共存	共存	coexistence
共存分析	共存分析	coexistence approach
共翻译	共轉譯	cotranslation
共翻译运输	共同轉譯運輸，共同轉譯運移	cotranslational transport
共分离	共分離	cosegregation
共建种	共建種	co-edificator
共近裔性状（=共衍征）	共[同]衍徵	synapomorphy, synapomorphic character
共近祖性状（=共祖征）	共[同]祖徵，共祖性狀	symplesiomorphy, symplesiomorphic character
共模（=合模式）	全模標本，等價模式標本	syntype
共生	共生	symbiosis
共生固氮生物	共生固氮生物	symbiotic nitrogen fixer
共生固氮作用	共生固氮作用	symbiotic nitrogen fixation
共生光合生物，光合共生物	共生光合生物	photobiont
共生蓝细菌	共生藍細菌	cyanobiont
共生藻	共生藻	phycobiont
共生植物	共生植物	symbiotic plant
共适应，[相]互适应	共適應，協同適應	coadaptation
共同授粉	共同授粉	combined pollination
共无性型	共無性型	synanamorph
共显性	共顯性，等顯性	codominance
共线性	共線性	colinearity
共衍征，共近裔性状	共[同]衍徵	synapomorphy, synapomorphic character
共优势	共優勢	codominance
共优种	共優種，等優勢種	codominant species
共有序列，一致序列	共通序列，一致序列，共有順序	consensus sequence
共运输，协同运输，协同转运	共運輸，協同運輸，協同運移	cotransport
共运输载体（=共转运体）	協同運輸蛋白，協同運移蛋白	cotransporter
共择	共擇	co-option
共振能量转移	共振能量轉移	resonance energy transfer
共整合载体	共整合載體	cointegrate vector

大　陆　名	台　湾　名	英　文　名
共质体	共質體	symplast
共质体途径	共質體途徑	symplast pathway
共质体运输	共質體運輸，共質體運移	symplastic transport
共质体装载途径	共質體裝載途徑	symplastic loading pathway
共转导	共[同]轉導，共[同]傳導	cotransduction
共转化	共轉化	cotransformation
共转染	共轉染	cotransfection
共转运体，共运输载体，协同转运蛋白	協同運輸蛋白，協同運移蛋白	cotransporter
共祖征，共近祖性状	共[同]祖徵，共祖性狀	symplesiomorphy, symplesiomorphic character
沟	溝	colpus, furrow
沟间区	溝間區	mesocolpium
沟界极区	溝界極區	apocolpium
沟界极区系数	溝界極區係數	apocolpium index
沟膜	溝膜	colpus membrane
钩毛	鉤毛	glochidium
构件	構件	module
构件生长	構件生長	modular growth
构件型	構件型	modular form
构件性	構件性	modularity
构件植物	構件植物體	modular plant
构件种群	構件族群	modular population
孤雌生殖，单雌生殖，雌核发育	孤雌生殖，單雌生殖，雌核發育	gynogenesis, female parthenogenesis
孤雄生殖，单雄生殖，雄核发育	孤雄生殖，單雄生殖，雄核發育	androgenesis, male parthenogenesis
蓇葖果	蓇葖果	follicle
蓇葖群（=聚合蓇葖果）	聚合蓇葖果，蓇葖群	follicetum
古分布区	古分布區	paleoareal
古果实学（=古种子学）	古種子學，古果實學	paleocarpology
古茎叶植物	古生莖葉植物	paleocormophyte
古老植物	古老植物	epibiotic plant
古木材解剖学	古木材解剖學	paleoxylotomy
古热带间断分布	古熱帶間斷分布	paleotropical disjunction
古热带植物区	古熱帶植物區系界	paleotropic kingdom, paleotropic floral kingdom
古生代植物	古生代植物	paleophyte

大 陆 名	台 湾 名	英 文 名
古羊齿型	古羊齒型	archeopterid
古藻类学	古藻類學	paleophycology, palaeophycology, paleoalgology
古植代	古植代	paleophytic era
古植物地理学	古植物地理學	paleophytogeography
古植物区系，古植物群	古植物區系，古植物相，古植物群	paleoflora, palaeoflora
古植物群（=古植物区系）	古植物區系，古植物相，古植物群	paleoflora, palaeoflora
古植物群落分布学	古植物群落分布學	paleophytosynchorology
古植物群落生态学	古植物群落生態學	paleophytosynecology
古植物生态学	古植物生態學	paleophytoecology
古植物学	古植物學	paleobotany, palaeobotany, phytopaleontology
古种子学，古果实学	古種子學，古果實學	paleocarpology
谷氨酸	麩胺酸，穀胺酸	glutamic acid, Glu
谷氨酸合酶	麩胺酸合成酶	glutamate synthase, GOGAT
谷氨酸脱氢酶	麩胺酸脱氫酶，麩胺酸去氫酶	glutamate dehydrogenase
谷氨酸脱羧酶	麩胺酸脱羧酶，麩胺酸去羧酶	glutamate decarboxylase
谷氨酰胺	麩醯胺，穀胺醯胺	glutamine, Gln
谷氨酰胺酶	麩[醯]胺酸酶，穀胺醯胺酶	glutaminase
谷胱甘肽	麩胱甘肽，穀胱甘肽	glutathione
谷胱甘肽过氧化物酶	麩胱甘肽過氧化物酶，麩胱甘肽過氧化酵素	glutathione peroxidase, GPX
谷胱甘肽还原酶	麩胱甘肽還原酶，麩胱甘肽還原酵素	glutathione reductase
骨架菌丝	骨架菌絲	skeletal hypha
骨状石细胞	骨狀石細胞	osteosclereid
固醇（=甾醇）	固醇，硬脂醇	sterol
固氮酶	固氮酶，固氮酵素	nitrogenase
固氮细菌	固氮[細]菌	nitrogen-fixing bacteria
固氮[作用]	固氮[作用]，氮[素]固定作用	nitrogen fixation
固定细胞培养	固定細胞培養	fixed cell culture
固定型种群（=稳定型种群）	穩定族群	stable population, stationary population
固有盘壁（=果壳）	固有盤壁	proper exciple
固有盘缘（=果壳缘部）	固有盤緣	proper margin, excipulum proprium

大　陆　名	台　湾　名	英　文　名
固着根	固著根	anchoring root
固着器	附著器，固著器	holdfast
瓜子金脑苷脂	瓜子金腦苷脂	polygalacerebroside
胍基磷酸	鳥糞素磷酸鹽	guanidophosphate
寡核苷酸定点诱变	寡[聚]核苷酸定向誘變	oligonucleotide-directed mutagenesis
寡核苷酸连接分析	寡[聚]核苷酸連接分析，寡[聚]核苷酸連接測定法	oligonucleotide ligation assay, OLA
寡核苷酸探针	寡[聚]核苷酸探針	oligonucleotide probe
寡基因	寡基因	oligogene
寡基因抗[病]性	寡基因抗病性	oligogenic resistance
寡基因性状	寡基因性狀	oligogenic character
寡聚木脂素	寡聚木脂體	oligomeric lignan
寡聚体	寡聚體，寡聚物，低聚物	oligomer
寡肽	寡肽	oligopeptide
寡糖	寡糖，低聚糖	oligosaccharide
寡糖素	寡糖素	oligosaccharin
关键种	關鍵種，基石種	key species, keystone species
关节	關節	articulation, article
关联系数	關聯係數	association coefficient, AC
关卡（=检查点）	查核點	checkpoint
G_1关卡（=G_1检查点）	G_1查核點	G_1 phase checkpoint
G_2关卡（=G_2检查点）	G_2查核點	G_2 phase checkpoint
观叶植物	觀葉植物	foliage plant
冠层导度	冠層導度	canopy conductance
冠层截留	冠層截留	canopy interception
冠盖度	冠層覆蓋度	canopy cover
冠毛	冠毛	pappus
冠囊体	冠囊體	stephanocyst
冠群	冠群	crown group
冠生雄蕊	著生花冠雄蕊，花瓣上雄蕊	corollifloral stamen
冠细胞	冠細胞	coronular cell
冠瘿	冠瘿	crown gall
冠瘿病	冠瘿病	crown-gall disease
冠瘿碱	冠瘿鹼，冠瘿胺酸	opine
冠瘿瘤	冠瘿瘤	crown-gall nodule, crown-gall tumor
管胞	管胞，假導管	tracheid

大 陆 名	台 湾 名	英 文 名
管胞状筛管	管胞狀篩管，假導管狀篩管	tracheid-form sieve tube
管壁	管壁	dissepiment
管核（=花粉管核）	管核（=花粉管核）	tube nucleus (=pollen tube nucleus)
管间纹孔式	管間紋孔式	intervascular pitting
管壳缝	管殼縫	canal raphe
管孔	管孔	pore
管孔链	管孔鏈	pore chain
管孔团	管孔團	pore cluster
管细胞	管細胞	tube cell
管状分子	管狀分子，管狀細胞，導管細胞	tracheary element
管状花	管狀花	tubular flower
管状花冠，筒状花冠	管狀花冠，筒狀花冠	tubular corolla
管状中柱	管狀中柱	siphonostele
贯穿叶	抱莖葉，貫生葉	perfoliate leaf
贯壳轴（=壳环轴）	殼環軸	pervalvar axis
灌草丛	灌草叢	shrub herbosa, shrub-tussock
灌丛	灌叢	scrub, shrubland
灌木	灌木	shrub, frutex
光饱和点	光飽和點	light saturation point
光饱和[现象]	光飽和	light saturation
光保护[作用]	光保護	photoprotection
光补偿点	光補償點	light compensation point
光催化剂	光催化劑	photocatalyst
光催化[作用]	光催化[作用]	photocatalysis
光反应	光反應	light reaction, photoreaction
光复活[作用]	光恢復，光再活[性]化	photoreactivation, photorecovery
光合产量	光合產量	photosynthetic yield
光合产物	光合產物	photosynthetic product, photosynthate
光合成诱导期	光合成誘導期	induction phase of photosynthesis
光合单位	光合[成]單位	photosynthetic unit
光合电子传递	光合[成]電子傳遞	photosynthetic electron transport
光合电子传递链	光合電子傳遞鏈	photosynthetic electron transport chain

大　陆　名	台　湾　名	英　文　名
光合电子传递速率	光合電子傳遞[速]率	photosynthetic electron transfer rate
光合反应中心	光合作用中心	photosynthetic reaction center
光合共生物（=共生光合生物）	共生光合生物	photobiont
光合呼吸比	光合呼吸比	photosynthesis to respiration ratio
光合环（=卡尔文循环）	光合環（=卡爾文循環）	photosynthetic cycle (=Calvin cycle)
光合链	光合鏈	photosynthetic chain
光合量子产率	光合量子產率	photosynthetic quantum yield
光合磷酸化	光合[成]磷酸化作用，光磷酸化	photophosphorylation, photosynthetic phosphorylation
光合膜	光合膜	photosynthetic membrane
光合色素	光合[成]色素	photosynthetic pigment
光合商	光合商	photosynthetic quotient
光合生成率	光合生成率	photosynthetic production rate
光合水分利用效率	光合水利用效率	photosynthetic water use efficiency
光合速率	光合速率	photosynthetic rate
光合羧化反应	光合成羧化反應	photosynthetic carboxylation
光合碳代谢	光合成碳代謝	photosynthetic carbon metabolism
C_3光合碳还原环，碳-3 光合碳还原环（=卡尔文循环）	C_3型光合成碳還原循環（=卡爾文循環）	C_3 photosynthetic carbon reduction cycle (=Calvin cycle)
光合碳同化　（=暗反应）	光合成碳同化（=暗反應）	photosynthetic carbon assimilation (=dark reaction)
C_4光合碳同化循环，碳-4 光合碳同化循环（=C_4途径）	C_4型光合成碳同化循環（=四碳途徑）	C_4 photosynthetic carbon assimilation cycle (=C_4 pathway)
光合碳氧化循环	光合成碳氧化循環	oxidative photosynthetic carbon cycle
光合午休[现象]	光合午休	midday depression of photosynthesis
光合效率	光合效率，光能利用率	photosynthetic efficiency
光合有效辐射	光合[成]有效照射	photosynthetically active radiation, PAR
光合诱导期（=光合滞后期）	光合誘導期（=光合滯後期）	induction period of photosynthesis (=lag phase of photosynthesis)
光合滞后期	光合滯後期	lag phase of photosynthesis

大 陆 名	台 湾 名	英 文 名
光合组织	光合組織	photosynthetic tissue
光合作用	光合作用	photosynthesis
C_3 光合作用，碳-3 光合作用	三碳光合作用，C_3 型光合作用	C_3 photosynthesis
C_4 光合作用，碳-4 光合作用	四碳光合作用，C_4 型光合作用	C_4 photosynthesis
光合作用-光响应曲线	光合作用-光反應曲線	photosynthesis-light response curve
光合作用原初反应	光合作用原初反應	photosynthetic primary reaction
光呼吸	光呼吸[作用]	photorespiration
光呼吸氮循环	光呼吸氮素循環	photorespirator nitrogen cycle
光化学猝灭	光化學猝滅	photochemical quenching
光化学反应	光化學反應	photochemical reaction
光化学交联	光化學交聯	photochemical crosslinking
光化学诱导	光化學誘導	photochemical induction
光还原	光還原	photoreduction
光活化	光活化	photoactivation
光活化反应	光活化反應	photoactive reaction
光解[作用]	光解，光[分]解作用	photolysis
光面内质网，滑面内质网	平滑内質網	smooth endoplasmic reticulum, SER
光敏感种子（=需光种子）	光敏感種子（=需光種子）	light-sensitive seed (=light seed)
光敏[色]素	[植物]光敏素	phytochrome, Phy
光能利用率	光能利用率	utilization efficiency of light, efficiency for solar energy utilization
光[能]异养生物	光[能]異營生物	photoheterotroph
光[能]自养生物	光[能]自營生物，光營[養]生物	photoautotroph, phototroph
光强度	光強度	light intensity
光受体	光受體，光[感]受器	photoreceptor
光同化作用	光同化作用	photo-assimilation
光系统	光系統	photosystem, PS
光系统 I	光系統 I，光合系統一	Photosystem I, PS I
光系统 II	光系統 II，光合系統二	Photosystem II, PS II
光系统电子传递反应	光系統電子傳遞反應	photosystem electron-transfer reaction
光系统核心复合物	光系統核心複合體	photosystem core complex

大　陆　名	台　湾　名	英　文　名
光信号转导	光訊息傳導	light signalling
光形态发生（=光形态建成）	光形態發生，光形態形成	photomorphogenesis
光形态建成，光形态发生	光形態發生，光形態形成	photomorphogenesis
光氧化	光氧化[作用]	photooxidation
光抑制	光抑制[作用]	photoinhibition
光诱导	光誘導	photoinduction
光诱导周期	光誘導週期	photoinductive cycle
光照阶段	光照階段	photostage, photophase
光质途径	光質途徑	light quality pathway
光周期	光週期	photoperiod
光周期途径	光週期途徑	photoperiod pathway
光周期现象	光週期現象，光週期性	photoperiodism
光周期诱导	光週期誘導	photoperiodic induction
光子	光子	photon
光子辐照度	光子輻射度	photon irradiance
光自动氧化	光自動氧化	photoautoxidation, photautoxidation
广布属（=世界属）	世界屬，廣布屬	cosmopolitan genus
广布种（=世界种）	世界種，廣布種，全球種	cosmopolitan species, cosmopolite species
广带性	廣帶性	euryzone
广幅植物	廣適性植物	euryvalent
广幅种，广适种	廣幅種，廣域種，廣棲種	eurytopic species, generalist species
广谱质粒	廣譜質體	broad-host-range plasmid
广歧药	廣歧藥	divaricate anther
广适性	廣適性	eurytropy
广适种（=广幅种）	廣幅種，廣域種，廣棲種	eurytopic species, generalist species
广温性	廣温性	eurythermal, eurythermic, curythermal
广温植物	廣温植物	eurythermic plant
广义适合度	總適合度，内含適合度	inclusive fitness
广义遗传率	廣義遺傳率	broad heritability, broad-sense heritability, heritability in the broad sense
广域种	廣域種	eurychoric species
归化植物	歸化植物	naturalized plant
归化种	歸化種	naturalized species

大 陆 名	台 湾 名	英 文 名
归属	歸屬	ascription
规则分布（=均匀分布）	規則分布（=均勻分布）	regular distribution (=uniform distribution)
规则萌发孔	規則萌發孔	nomotreme
硅化木	矽化木	silicified wood
硅化植物	矽化植物	silicified plant
硅酸体	矽酸體	silicate body
硅藻	矽藻	diatom
硅藻分析	矽藻分析	diatom analysis
硅藻黄素	矽藻黃素	diatoxanthin
硅藻壳	矽藻殼	frustule
硅藻土	矽藻土	diatomaceous earth, diatomite, celite
硅质囊膜	矽質囊膜	silicalemma
硅质细胞	矽質細胞	silica cell
鬼臼毒素	鬼臼毒素	podophyllotoxin
桂皮酸（=肉桂酸）	肉桂酸，桂皮酸	cinnamic acid
果孢子	果孢子	carpospore
果孢子囊	果孢子囊	carposporangium
果胞	果胞	carpogonium, carpogone
果胞丝	果胞絲	carpogonial filament
果胞系	果胞系	procarp
果胞子体	果胞子體，果孢子體	carposporophyte
果柄	果柄	carpopodium, fruit stalk
果胶	果膠	pectin
果胶酶	果膠酶	pectinase
果胶糖（=阿拉伯糖）	樹膠糖	pectinose
果胶酯酶	果膠酯酶	pectinesterase, PE
果聚糖	果聚糖	fructan
果壳，固有盘壁	固有盤壁	proper exciple
果壳缘部，固有盘缘	固有盤緣	proper margin, excipulum proprium
果鳞（=种鳞）	種鱗	seminiferous scale
果皮	果皮	fruit coat, pericarp
果肉	果肉	pulp, sarcocarp
果实	果實	fruit
果实后熟	果實後熟	fruit after-ripening
果实直感（=后生异粉性）	果實直感	metaxenia

大　陆　名	台　湾　名	英　文　名
果糖	果糖	fructose
果托，体质盘壁	葉狀體囊盤被	thalline exciple, excipulum thallinum
果序	果序	infructescence
过度生长	過度生長	hypermorphosis, over-growth
过渡区	過渡區	transition zone
过滤除菌	過濾除菌，過濾滅菌	filtration sterilization
过氧化氢	過氧化氫	hydrogen peroxide
过氧化氢酶	過氧化氫酶，觸媒，過氧化氫酵素	catalase, CAT
过氧化物酶	過氧化物酶	peroxidase, POD
过氧化物酶体	過氧化物酶體	peroxisome

H

大　陆　名	台　湾　名	英　文　名
哈迪-温伯格定律	哈温定律，哈地-温伯格定律	Hardy-Weinberg law
哈奇-斯莱克途径（=C_4途径）	哈奇-斯萊克途徑（=四碳途徑）	Hatch-Slack pathway (=C_4 pathway)
哈氏网，胞间菌丝网	哈氏網	Hartig net
海带多糖（=昆布多糖）	海帶多糖，昆布多糖	laminarin
海带二糖（=昆布二糖）	海帶二糖，昆布二糖	laminaribiose
海绵薄壁组织（=海绵组织）	海綿狀薄壁組織（=海綿組織）	spongy parenchyma (=spongy tissue)
海绵组织	海綿組織	spongy tissue
海藻糖	海藻糖	trehalose, mycose
海藻糖苷	海藻糖苷	mycoside
含晶细胞，结晶细胞	含晶細胞，結晶細胞	crystal cell, crystalliferous cell
含晶纤维	含晶纖維	crystal fiber
含晶异细胞（=含晶细胞）	含晶異形細胞（=含晶細胞）	crystal idioblast (=crystal cell)
含硫蛋白	含硫蛋白	thionin
含氰苷	含氰苷	cyanogentic glycoside
含水量	含水量	water content
含油层	含油層	tryphine
寒害	寒害	chilling injury
寒温带针叶林（=泰加林）	泰加林，西伯利亞針葉林，北寒針葉林	taiga, boreal coniferous forest
寒武纪植物	寒武紀植物	Cambrian plant

大 陆 名	台 湾 名	英 文 名
旱害	旱害	drought injury
旱生演替	旱生演替，旱生消長	xerarch succession, xeric succession
旱生演替系列	旱生演替系列	xerosere
旱生植物	旱生植物，旱地植物，乾生植物	xerophyte
好望角植物区	好望角植物區系界	Cape kingdom, Cape floral kingdom
耗散结构	耗散結構	dissipative structure
合瓣	合瓣	synpetal, gamopetal
合瓣花	合瓣花	synpetalous flower, synpetal flower, gamopetalous flower
合瓣花冠	合瓣花冠	synpetalous corolla, gamopetalous corolla
合瓣性	合瓣性	synpetaly, gamopetaly
合胞体	合胞體	syncytium
DNA 合成	DNA 合成	DNA synthesis
合成代谢	合成代謝，同化代謝	anabolism
合成后期（=G_2 期）	合成後期（=G_2 期）	postsynthetic phase (=G_2 phase)
合成期（=S 期）	合成期，S 期	synthesis phase, S phase
合成前期（=G_1 期）	合成前期（=G_1 期）	presynthetic phase (=G_1 phase)
合点	合點	chalaza
合点端	合點端	chalazal end
合点腔（=合点室）	合點腔	chalazal chamber
合点室，合点腔	合點腔	chalazal chamber
合点受精	合點受精	chalazogamy
合点吸器	合點吸器	chalazal haustorium
合萼	合萼片，萼片合生	synsepal, gamosepal, gamosepalous calyx
合法名称	合法名稱	legitimate name
合格发表	合法發表，有效發表	valid publication
合格发表的名称	合法發表的名稱	validly published name
合沟	合溝	syncolpate
ACC 合酶，1-氨基环丙烷-1-羧酸合酶	ACC 合[成]酶，ACC 合成酵素，1-氨基環丙烷-1-羧酸合酶	1-aminocyclopropane-1-carboxylate synthase, ACC synthase, ACS
ATP 合酶	ATP 合[成]酶	ATP synthase

大　陆　名	台　湾　名	英　文　名
F_0F_1-ATP 合酶	F_0F_1-ATP 合[成]酶	F_0F_1-ATP synthase
合模式，全模，共模	全模標本，等價模式標本	syntype
合蕊冠	合蕊冠	gynostegium
合蕊柱	合蕊柱	gynostemium
合生雌蕊（=复雌蕊）	聚合雌蕊（=複雌蕊）	syncarpous gynoecium, syncarpous pistil (=compound pistil)
合生纹孔口	合生紋孔口	coalescent pit aperture
合生雄蕊	合生雄蕊	connate stamen, coherent stamen
合生叶	合生葉	connate leaf
合生子房	合生子房	syncarpous ovary
合心皮果	合生[心皮]果，複果，多花果	syncarp
合意树（=一致树）	共同樹	consensus tree, CST
合轴	合軸	sympodium
合轴孢子	合軸孢子	sympodulospore
合轴产孢细胞	合軸產孢細胞	sympodula
合轴分枝	合軸分枝	sympodial branching
合轴花序（=有限花序）	合軸花序（=有限花序）	sympodial inflorescence (=definite inflorescence)
合子	合子，受精卵	zygote
合子减数分裂	合子減數分裂	zygotic meiosis
合子胚	合子胚	zygotic embryo
何帕烷型三萜	葎草烷型三萜	hopane triterpene
核	核	stone
核被膜	核被膜，核[套]膜	nuclear envelope
核表型	核表[現]型	nuclear phenotype
核穿壁	核突出	nuclear extrusion
核磁共振	核磁共振	nuclear magnetic resonance, NMR
核磁共振波谱法	核磁共振波譜法	nuclear magnetic resonance spectroscopy
核定位	核定位	nuclear localization
核定位信号	核定位訊號	nuclear localization signal, NLS
核定位序列	核定位序列	nuclear localization sequence
核分裂	核分裂	karyokinesis, nuclear division
核苷酸	核苷酸	nucleotide
核骨架（=核基质）	核骨架（=核基質）	nuclear skeleton, karyoskeleton (=nuclear

大陆名	台湾名	英文名
		matrix)
核固缩	核固縮，染色質濃縮	karyopyknosis, pyknosis
核果	核果	drupe
核基因	核基因	nuclear gene
核基因组	核基因體	nuclear genome
核基质	核基質	nuclear matrix
核菌地衣	核菌地衣	pyrenolichen
核孔（=核孔复合体）	核孔（=核孔複合體）	nuclear pore (=nuclear pore complex)
核孔复合体	核孔複合體	nuclear pore complex, NPC
核帽	核帽	nuclear cap
核酶	核[糖]酶，核糖核酸酵素，RNA 酵素	ribozyme
核膜（=核被膜）	核膜（=核被膜）	nuclear membrane (=nuclear envelope)
核内不均一 RNA，不均一核 RNA，核内异质 RNA	異質核 RNA，異源核 RNA	heterogeneous nuclear RNA, hnRNA
核内小 RNA	核内小 RNA	small nuclear RNA, snRNA
核内异质 RNA（=核内不均一 RNA）	異質核 RNA，異源核 RNA	heterogeneous nuclear RNA, hnRNA
核内有丝分裂	核内有絲分裂	endomitosis
核欧沃豪斯效应谱	核歐沃豪斯效應譜	nuclear Overhauser effect spectroscopy, NOESY
核配	核融合，核接合	karyogamy
核仁	核仁	nucleolus
核仁蛋白	核仁蛋白，核仁素	nucleolin
核仁内粒	核仁内粒	nucleolinus
核仁丝（=核仁线）	核仁絲	nucleolonema
核仁线，核仁丝	核仁絲	nucleolonema
核仁缢痕带（=N 带）	N 帶，核仁縊痕帶	nucleolar constriction band, N-band
核仁组织区	核仁組成區，核仁組成部	nucleolus-organizing region, NOR
核融合	核融合	nuclear fusion, karyomixis
核酸	核酸	nucleic acid
核酸酶	核酸酶	nuclease
S1 核酸酶	S1 核酸酶	S1 nuclease
核酸内切酶（=内切核酸酶）	核酸内切酶，内生核酸酶	endonuclease
核酸外切酶（=外切核酸酶）	核酸外切酶	exonuclease

大　陆　名	台　湾　名	英　文　名
核糖	核糖	ribose
核糖核酸	核糖核酸	ribonucleic acid, RNA
核糖体	核糖體	ribosome
核糖体 RNA	核糖體核糖核酸，核糖體 RNA	ribosomal RNA, rRNA
核糖体识别位点	核糖體識別位點，核糖體辨識位置	ribosome recognition site
核酮糖	核酮糖	ribulose
核酮糖-1,5-双磷酸	核酮糖-1,5-雙磷酸	ribulose-1,5-bisphosphate, RuBP
核酮糖-1,5-双磷酸羧化酶	核酮糖-1,5-雙磷酸羧化酶	ribulose-1,5-bisphosphate carboxylase, RuBP carboxylase
核酮糖-1,5-双磷酸羧化酶/加氧酶	核酮糖雙磷酸羧化酶/加氧酶	ribulose-1,5-bisphosphate carboxylase/oxygenase, Rubisco
核酮糖-1,5-双磷酸羧化酶/加氧酶活化酶，Rubisco 活化酶	Rubisco 活化酶，Rubisco 活化酵素	Rubisco activase
核外基因（=染色体外基因）	核外基因（=染色體外基因）	extranuclear gene (=extrachromosomal gene)
核外遗传（=[细]胞质遗传）	核外遺傳（=[細]胞質遺傳）	extranuclear inheritance (=cytoplasmic inheritance)
核纤层	核蛋白片層	nuclear lamina
核纤层蛋白	核片層蛋白	lamin
核相交替	核相交替	alternation of nuclear phases
核小体	核小體	nucleosome
核心分布（=集群分布）	集中分布，蔓延分布，叢生分布	contagious distribution, clumped distribution
核心生境	核心生境，核心棲地	core habitat
核型，染色体组型	核型	karyotype, caryotype
核型模式图	染色體模式圖，染色體組型圖	idiogram
核型胚乳	核型胚乳	nuclear type endosperm
核型图	核型圖	karyogram, caryogram
核雄性不育	核雄性不育	nucleus male sterility, NMS
核质	核質	nucleoplasm, karyoplasm
核质比	核質比	nucleo-cytoplasmic ratio, karyoplasmic ratio, nucleoplasmic ratio
核质不亲和性	核質不親和性	nucleo-cytoplasmic incompatibility

大 陆 名	台 湾 名	英 文 名
核质蛋白	核質蛋白	nucleoplasmin
核质互作，核质相互作用	核質相互作用	nucleo-cytoplasmic interaction
核质互作雄性不育	核質相互作用雄性不育	nucleo-cytoplasmic male sterility
核质相互作用（=核质互作）	核質相互作用	nucleo-cytoplasmic interaction
核质杂种细胞	核質雜種細胞	nucleo-cytoplasmic hybrid cell
核质指数	核質指數	nucleoplasmic index
核周池（=核周隙）	核膜（=核膜間隙）	perinuclear cisterna (=perinuclear space)
核周隙	核膜間隙，核膜腔	perinuclear space
褐化	褐變，褐化反應	browning
褐藻	褐藻	brown algae
褐藻多酚	褐藻多酚	phlorotannin
褐藻多糖（=昆布多糖）	海帶多糖，昆布多糖	laminarin
褐藻素，脱镁叶绿素	褐藻素，脫鎂葉綠素	pheophytin
褐藻酸	褐藻[糖]酸，海藻酸	alginic acid
壑（=库）	積儲，匯	sink
黑茶渍素	黑茶漬素	atranorin, atranorine
黑粉菌孢子	黑粉菌孢子	smut spore, ustilospore, ustospore
[黑粉菌]孢子球	[黑粉菌]孢子球	smut ball, spore ball
[黑粉菌]小孢子	[黑粉菌]小孢子	sporidium
黑芥子苷	黑芥子苷	sinigrin
恒定性，稳定性	恆定性，穩定性	constancy
恒水植物	恆水植物	homeohydric plant
恒有度	恆有度	constance
恒有种	恆有種，恆存種，常存種	constant species
横出平行脉	橫向平行脈	horizontal parallel vein
横出平行脉序	橫出平行脈序	transverse parallel venation
横锤担子	橫錘擔子	chiastobasidium
横隔	橫隔	transversal lamella
横脊	橫脊	transversal keel
横列型气孔，直轴式气孔	橫列型氣孔，直軸式氣孔	diacytic type stoma
横裂	橫裂	transverse dehiscence
横切面	橫切面，橫斷面	cross section, transverse section
横生胚珠，半倒生胚珠	橫生胚珠	hemitropous ovule, hemianatropous ovule

大　陆　名	台　湾　名	英　文　名
横条（=径列条）	徑列條	trabeculae
横卧射线细胞	横臥射線細胞	procumbent ray cell
横向分裂	横[分]裂	transverse division
横向重力性	横向重力性	diagravitropism
红海葱苷	海葱葡苷	scilliroside
红花菜豆酸	紅花菜豆酸	phaseic acid, PA
红降[现象]	紅降作用	red drop
红树林	紅樹林	mangrove forest
红外吸收光谱	紅外吸收光譜	infrared absorption spectrum
红形素	紅形素	rhodomorphin
红藻	紅藻	red algae
红藻淀粉	紅藻澱粉	floridean starch
宏[观]进化，大进化	巨演化，大進化	macroevolution
喉凸	喉凸	palate
后成表型	後成表[現]型	epiphenotype
后担子（=变态担子）	變態擔子	metabasidium
后顶极（=超顶极）	超頂極，後頂極	postclimax
后含物	後含物	ergastic substance
后期	後期	anaphase
后生木质部	後生木質部，晚成木質部	metaxylem, deutoxylem
后生韧皮部	後生韌皮部，晚成篩管部，晚成韌皮部	metaphloem
后生效应（=表观遗传学效应）	表觀遺傳學效應，漸成效應，後生效應	epigenetic effect
后生异粉性，果实直感	果實直感	metaxenia
后熟[作用]	後熟[作用]	after-ripening
后随链	延遲股	lagging strand
后效	後效	after-effect
后选模式，选模[标本]	選模標本	lectotype
后验概率	後驗概率	posteriori probability
厚孢子囊	厚壁孢子囊，真孢子囊	eusporangium
厚壁孢子，静息孢子	厚壁孢子	akinete
厚壁丝组织	厚壁絲組織	textura oblita
厚壁细胞	厚壁細胞	sclerenchyma cell
厚壁组织	厚壁組織	sclerenchyma
厚角细胞	厚角細胞	collenchyma cell
厚角组织	厚角組織	collenchyma

大 陆 名	台 湾 名	英 文 名
厚囊蕨类	厚囊蕨類，真囊蕨類	eusporangiate ferns
厚囊型	厚[壁孢子]囊型，真孢子囊型	eusporangiate type
厚朴酚	厚朴酚	magnolol
厚垣孢子	厚壁孢子，厚膜孢子	chlamydospore, chlamydoconidium
厚珠心胚珠	厚珠心胚珠	crassinucellate ovule
呼吸根	呼吸根	respiratory root, breathing root, pneumatophore
呼吸计	呼吸計	respirometer
呼吸链	呼吸鏈	respiratory chain
呼吸酶	呼吸酶，呼吸酵素	respiration enzyme
呼吸强度（=呼吸速率）	呼吸強度（=呼吸[速]率）	respiratory intensity (=respiratory rate)
呼吸商	呼吸商	respiratory quotient, RQ
呼吸室	呼吸室	respiration chamber
呼吸速率	呼吸[速]率	respiratory rate
呼吸系数（=呼吸商）	呼吸係數（=呼吸商）	respiratory coefficient (=respiratory quotient)
呼吸效率	呼吸效率	respiratory ratio, respiration efficiency
呼吸跃变	呼吸躍變，呼吸[高]峰	respiratory climacteric
呼吸[作用]	呼吸[作用]	respiration
呼吸作用氧饱和点	呼吸作用氧飽和點	respiration oxygen saturation point
弧形带，弓形带	環帶，孔環	arcus
弧形脉	弧形脈	arcuate vein
弧形脉序	弧形脈序	arcuate venation
胡萝卜素	胡蘿蔔素	carotene
β-胡萝卜素	β-胡蘿蔔素	β-carotene
壶菌	壺狀菌	chytrid
壶形植物	壺形植物	bottle plant
葫芦烷型三萜	葫蘆烷型三萜	cucurbitane triterpene
槲果	槲果	acorn
槲皮素	槲皮素	quercetin
糊粉	糊粉	aleurone, aleuron
糊粉层	糊粉層	aleurone layer
糊粉粒	糊粉粒	aleurone grain
琥珀	琥珀	amber
琥珀密码子	琥珀[型]密碼子	amber codon

大　陆　名	台　湾　名	英　文　名
互补 DNA	互補 DNA	complementary DNA, cDNA
互补 RNA	互補 RNA	complementary RNA, cRNA
互补测验	互補測驗	complementation test
互补基因	互補基因	complementary gene
互补效应（=互补作用）	互補效應（=互補作用）	complementary effect (=complementation)
互补序列	互補序列	complementary sequence
互补作用	互補作用	complementation
互利共生	互利共生	mutualism, mutualistic symbiosis
互利素，互益素	互利素，互益素，新洛蒙	synomone
互列纹孔式	互列紋孔式	alternate pitting
互生	互生	alternate
互生叶	互生葉	alternate leaf
互生叶序	互生葉序	alternate phyllotaxy, alternate phyllotaxis
互益素（=互利素）	互利素，互益素，新洛蒙	synomone
互用科名	互用科名	alternative family names
互用名[称]	互用名[稱]	alternative names
互作控制	互作控制	interactive control
互作离差	交互偏差	interaction deviation
瓠果	瓠果	pepo, gourd
花	花	flower, blossom
花斑型位置效应	花斑型位置效應	variegated type position effect
花瓣	花瓣	petal
花瓣化	花瓣化	petaloidy
花瓣维管束	花瓣維管束	petal bundle
花被	花被	perianth
花被卷叠式	花被卷疊式	aestivation, prefloration
花被片	花被片	tepal, perianth segment, perianth lobe
花被筒	花被筒	perianth tube
花柄	花梗	flower stalk
花程式	花式	flower formula, floral formula
花簇	花簇，花叢	flower cluster
花萼	花萼	calyx
花发端	花發端	floral initiation
花分生组织	花分生組織	floral meristem

大 陆 名	台 湾 名	英 文 名
花分生组织特征基因	花分生組織特徵基因	floral meristem identity gene
花粉	花粉	pollen, anther dust
花粉败育	花粉退化	pollen abortion
花粉板	花粉板	pollen plate
[花粉]壁蛋白	[花粉]壁蛋白	wall-held protein, pollen-wall protein
花粉不育性（=花粉败育）	花粉不育性，花粉不孕性，花粉不稔（=花粉退化）	pollen sterility (=pollen abortion)
花粉分离	花粉分離	pollen segregation
花粉分析	花粉分析	pollen analysis
花粉复壮	花粉機能恢復	pollen restoration
花粉覆盖物	花粉覆蓋物	pollen coat
花粉管	花粉管	pollen tube
花粉管核	花粉管核	pollen tube nucleus
花粉管竞争	花粉管競爭	pollen tube competition
花粉管通道	花粉管通道	transmitting tract
花粉管通道法	花粉管通道法	pollen tube pathway method
花粉管细胞	花粉管細胞	pollen tube cell
花粉管引导	花粉管引導	pollen tube guidance
花粉激素	花粉激素	pollen hormone
花粉块	花粉塊	pollinium, pollen mass
花粉块柄	花粉塊柄	caudicle
花粉篮	花粉籃	pollen basket
花粉粒	花粉粒	pollen grain
花粉粒有丝分裂	花粉粒有絲分裂	pollen grain mitosis
花粉母细胞	花粉母細胞	pollen mother cell, PMC
花粉囊	花粉囊，藥囊	pollen sac
花粉-胚囊	花粉胚囊	pollen-embryo sac
花粉培养	花粉培養	pollen culture
花粉漂流	花粉漂流	pollen drift
花粉谱	花粉譜	pollen spectrum
花粉鞘	花粉鞘	pollenkitt
花粉亲本	花粉親體，雄親	pollen parent
花粉生长因子	花粉生長因子	pollen growth factor, PGF
花粉四分体	花粉四分體，花粉四分子	pollen tetrad
花粉四面体	花粉四面體	pollen tetrahedron
花粉团	花粉團	pollinarium

大 陆 名	台 湾 名	英 文 名
花粉小块	花粉小塊	massula
花粉有丝分裂 I	花粉有絲分裂 I	pollen mitosis I, PM I
花粉有丝分裂 II	花粉有絲分裂 II	pollen mitosis II, PM II
花梗	花梗	pedicel
花冠	花冠	corolla
花冠柄	花冠柄	anthophore
花冠喉	花冠喉	corolla throat
花冠裂片	花冠裂片	corolla lobe
花冠筒	花冠筒	corolla tube
[花]冠檐	冠簷，花冠緣	limb, corolla limb
花管	花管，花筒	floral tube
花蕾	花蕾	alabastrum
花轮	花輪	floral whorl
花蜜	花蜜	nectar
花内蜜腺	花内蜜腺	intrafloral nectary
花盘	花盤	floral disc
花器官	花器官	floral organ
花器官特征基因	花器官特徵基因	floral organ identity gene
花青素（=花色素）	花色素，花青素	anthocyanidin
花青素苷（=花色素苷）	花色素苷，花青素苷	anthocyanin
花蕊同长	花蕊同長	homogony
花蕊异长	花蕊異長	heterogony
花色素，花青素	花色素，花青素	anthocyanidin
花色素苷，花青素苷	花色素苷，花青素苷	anthocyanin
花[上]蜜腺	花蜜腺	floral nectary
花生态学	花生態學	anthecology
花熟状态（=成花感受态）	花熟狀態（=開花感受態）	ripeness to flower state (=floral competent state)
花束期	花束期	bouquet stage
花丝	花絲	filament
花葶	花葶	scape
花图式	花圖式	flower diagram, floral diagram
花托	花托	receptacle, floral receptacle, thalamus
花外蜜腺	花外蜜腺	extrafloral nectary
花序	花序	inflorescence
花序梗	花序梗，總花梗，總花柄	peduncle

大 陆 名	台 湾 名	英 文 名
花序托（=总花托）	花序托（=總花托）	receptacle of inflorescence (=clinanthium)
花序轴	花序軸，穗軸	rachis
花芽	花芽	flower bud
花芽分化	花芽分化	flower bud differentiation
花药	花藥	anther
花药壁	花藥壁	anther wall
花药培养	花藥培養	anther culture
花椰菜花叶病毒	花椰菜嵌紋病毒，花椰菜鑲嵌病毒	cauliflower mosaic virus, caulimovirus, CaMV
花叶	花葉	floral leaf
花颖	花穎	flowering glume
花原基	花原基	flower primordium
花枝末梢	花枝末梢	flower-spray ending
花轴	花軸	floral axis
花柱	花柱	style
花柱道	花柱溝	stylar canal, style canal
花柱同长	花柱同長，花柱等長	homostyly
花柱异长	花柱異長	heterostyly
花柱异长花	異柱花	heterostyled flower
花柱异长性	花柱異長性	heterostylism
华莱士线	華萊士線	Wallace's line
华夏植物区系，华夏植物群	華夏植物區系，華夏植物相，華夏植物群	Cathaysian flora
华夏植物群（=华夏植物区系）	華夏植物區系，華夏植物相，華夏植物群	Cathaysian flora
滑过生长	滑動生長	gliding growth, sliding growth
滑面内质网（=光面内质网）	平滑內質網	smooth endoplasmic reticulum, SER
化感作用，异种化感，他感作用	[植物]相剋作用，異株剋生，毒他作用	allelopathy
化石	化石	fossil
化石根	化石根	radicite
化石果	化石果	lithocarp
化石茎	化石莖	fossil stem
化石木，木化石	化石木，木化石	fossil wood
化石森林	化石森林	fossil forest
化石叶	化石葉	lithophyll

大 陆 名	台 湾 名	英 文 名
化石真菌	化石真菌	fossil fungus
化石植物	化石植物	fossil plant
化石植物生物学（=古植物学）	化石植物生物學（=古植物學）	fossil plant biology (=paleobotany)
化石植物学	化石植物學	fossil botany
化石种	化石種	fossil species
化学电离质谱法	化學離子化質譜法，化學游離質譜術	chemical ionization mass spectrometry, CI-MS
化学反硝化作用	化學去硝化作用，化學脫氮作用	chemical denitrification, chemodenitrification
化学分类学	化學分類學	chemotaxonomy
化学渗透	化學滲透	chemiosmosis
化学渗透机制（=化学渗透假说）	化學滲透機制（=化學滲透假說）	chemiosmotic mechanism (=chemiosmotic hypothesis)
化学渗透极性扩散假说（=酸生长理论）	化學滲透極性擴散假說（=酸性生長理論）	chemiosmotic polar diffusion hypothesis (=acid growth theory)
化学渗透假说	化學滲透假說	chemiosmotic hypothesis
化学渗透偶联	化學滲透偶聯	chemiosmotic coupling
化学势	化學潛勢	chemical potential
化学位移	化學位移	chemical shift
化学位移相关谱	化學位移相關譜	chemical shift correlation spectroscopy, COSY
化学显色反应法，显色试验	呈色試驗	color test
化学诱变	化學誘變	chemical mutagenesis
化学宗	化學宗	chemical race
坏死	壞死	necrosis
还原性戊糖磷酸循环	還原性五碳糖磷酸循環	reductive pentose phosphate cycle, RPP cycle
还原者（=分解者）	分解者	decomposer
环阿尔廷烷型三萜，环阿屯烷型三萜	環阿烷型三萜	cycloartane triterpene
环阿屯烷型三萜（=环阿尔廷烷型三萜）	環阿烷型三萜	cycloartane triterpene
环层型	環層型	concentrically lamellated pattern
环常绿黄杨碱 D	環常綠黃楊鹼 D	cyclovirobuxin D
环带	環帶	annulus
环带（=壳环[带]）	殼環[帶]，環帶	girdle band, girdle

大　陆　名	台　湾　名	英　文　名
环割，环状剥皮	環割，環狀剝皮，環剝	girdling
环沟	環狀溝	zonocolpate
环管薄壁组织	圍管薄壁組織	vasicentric parenchyma
环管管胞	圍管管胞，圍管假導管，管周假導管	vasicentric tracheid
环痕	環痕	annellide
环痕[分生]孢子	環痕孢子	annelloconidium, annellospore
环痕梗	環痕梗	annellophore
环痕式产孢	環痕式產孢	annellidic conidiogenesis
环糊精	環糊精	cyclodextrin
DNA 环化	DNA 環化	DNA circularization
环极间断分布	環極間斷分布	circumpolar disjunction
环加氧酶，环氧合酶	環氧合酶，環加氧酶	cyclooxygenase, COX
环境	環境	environment
环境承载力	環境承載力，環境負載力	environmental carrying capacity
环境容量	環境容量	environmental capacity
环境筛	環境篩	environmental sieve, environmental filter
环境生理学	環境生理學	environmental physiology
环境适应	環境適應	environmental adaptation
环境胁迫（=逆境）	逆境，環境壓力	environmental stress
环境异质性	環境異質性	environmental heterogeneity
环境异质性假说	環境異質性假說	environmental heterogeneity hypothesis
环境植物学	環境植物學	environmental botany
环境指标	環境指標	environmental indicator
环境资源斑块	環境資源斑塊	environment resource patch
环孔材	環孔材	ring-porous wood
环木脂内酯	環木脂內酯	cyclolignolide
环木脂素，环木脂体	環木脂體	cyclolignan
环木脂体（=环木脂素）	環木脂體	cyclolignan
环生孢子囊	環生孢子囊	perisporangium
环式电子传递（=循环[式]电子传递）	循環[式]電子傳遞，循環性電子傳遞	cyclic electron transport
环式光合磷酸化（=循环光合磷酸化）	循環[式]光合磷酸化，循環性光磷酸化作用	cyclic photophosphorylation
环式气孔，胞环型气孔	輪列型氣孔，環式氣孔	cyclocytic type stoma

大 陆 名	台 湾 名	英 文 名
(=辐射型气孔)	(=輻射型氣孔)	(=actinocytic type stoma)
环髓带，环髓区	環髓帶，環髓區	perimedullary zone, perimedullary region
环髓区（=环髓带）	環髓帶，環髓區	perimedullary zone, perimedullary region
环髓韧皮部	環髓韌皮部	perimedullary phloem
环肽	環肽	cyclic peptide, cyclopeptide
环肽类生物碱	環肽類生物鹼	cyclopeptide alkaloid
环纹导管	環紋導管	ringed vessel
环纹管胞	環紋管胞	ringed tracheid
环纹厚角组织	環紋厚角組織	annular collenchyma
环烯醚萜	環烯醚萜	iridoid
环[小]槽	環偏極溝，環偏極槽	zonasulculus
环氧合酶（=环加氧酶）	環氧合酶，環加氧酶	cyclooxygenase, COX
环氧[化]酶	環氧酶	epoxidase
环氧玉米黄素（=环氧玉米黄质）	環氧玉米黄質	antheraxanthin
环氧玉米黄质，环氧玉米黄素	環氧玉米黄質	antheraxanthin
环孕甾烷[类]生物碱	環孕甾烷類生物鹼	cyclopregnane alkaloid
环状 DNA	環狀 DNA	circular DNA
环状 RNA	環狀 RNA	circular RNA
环状剥皮（=环割）	環割，環狀剥皮，環剥	girdling
环状加厚	環狀增厚	annular thickening
环状孔	環狀孔	zonoporate
环状萌发孔，带状萌发孔	環狀萌發孔	zonotreme, zonaperture
环状树皮	環狀樹皮	ring bark
缓冲区	緩衝區，緩衝帶	buffer zone
缓冲液梯度聚丙烯酰胺凝胶	緩衝液梯度聚丙烯醯胺凝膠	buffer-gradient polyacrylamide gel
缓速进化	緩速演化，演化偏慢	bradytelic evolution, bradytely
荒漠	荒漠，沙漠	desert
荒漠草原	荒漠草原	desert steppe
荒漠地衣	荒漠地衣	desert lichen
荒漠灌丛	荒漠灌叢，沙漠灌叢	desert scrub
荒漠化	沙漠化	desertification
荒漠群落	荒漠群落，荒漠群聚	deserta, eremium, eremus
荒漠植物	荒漠植物，沙漠植物	eremophyte

大　陆　名	台　湾　名	英　文　名
黄化（=暗形态建成）	黄化（=暗形態發生）	etiolation (=skotomorphogenesis)
黄化苗	黄化苗	etiolated seedling
黄化质体	黄化體	etioplast
黄素蛋白	黄素蛋白	flavoprotein
黄铁矿化植物	黄鐵礦化植物	pyritized plant
黄酮	黄酮	flavone
黄酮醇	黄酮醇	flavonol
黄酮类化合物	黄酮類化合物，類黄酮	flavonoid
黄烷	黄烷	flavane
黄烷-3-醇	黄烷-3-醇	flavane-3-ol
黄烷-3,4-二醇	黄烷-3,4-二醇	flavane-3,4-diol
黄藻	黄藻	yellow algae
黄质醛	黄質醛	xanthoxal
灰分	灰分	ash
灰分元素（=矿质元素）	灰分元素（=礦質元素）	ash element (=mineral element)
挥发油	揮發油	volatile oil
恢复力	恢復力，回復力，彈性	resilience
恢复生态学，重建生态学	復育生態學	restoration ecology
恢复系	恢復系	restorer
回补反应，添补反应	添補反應，補給反應	anaplerotic reaction
回交	回交	backcross
回交比率	回交比率	backcross ratio
回交亲本	回交親本	backcross parent
回交授粉	回交授粉	back pollination
回交杂种	回交雜種	backcross hybrid
回流萃取（=回流提取）	回流萃取	reflux extraction
回流提取，回流萃取	回流萃取	reflux extraction
回迁（=重定居）	重新拓殖	recolonization
回文序列	迴文序列，迴折序列，旋轉對稱序列	palindrome, palindromic sequence
回旋转头运动	回旋轉頭運動	circumnutation
毁坏植物（=绞杀植物）	絞殺植物，纏勒植物	strangler
汇（=库）	積儲，匯	sink
汇源关系（=库源关系）	積儲-源關係，匯源關係	sink-source relationship
喙	喙	rostrum, beak
混倍体	混倍體	mixoploid

大 陆 名	台 湾 名	英 文 名
混倍性	混倍性	mixoploidy
DNA 混编	DNA 混編，DNA 重組技術，DNA 洗牌技術	DNA shuffling
混合花粉	混合花粉	pollen mixture
混合花序	混合花序	mixed inflorescence
混合授粉	混合授粉	mixed pollination
混合芽	混合芽	mixed bud
混系品种	混系品種	composite variety
活动芽	活[化]芽	active bud
Rubisco 活化酶（=核酮糖-1,5-双磷酸羧化酶/加氧酶活化酶）	Rubisco 活化酶，Rubisco 活化酵素	Rubisco activase
活力	活力	vigor
活性位点	活性[部]位	active site
活性氧爆发	活性氧爆發	oxidative burst
活性氧[类]	活性氧族	reactive oxygen species, ROS
火烧[演替]极顶	火燒後演替頂極群落	fire climax
获得抗性	抗病獲得，後天抗性	acquired resistance
获得性状	獲得性狀，後天[性]性狀	acquired character, acquired trait
获得性状遗传	獲得性狀遺傳，後天性狀遺傳	inheritance of acquired character
霍格兰溶液	荷阿格蘭培養液	Hoagland’s solution

J

大 陆 名	台 湾 名	英 文 名
机械隔离	機械隔離	mechanical isolation
机械组织	機械組織	mechanical tissue
肌醇六磷酸（=植酸）	肌醇六磷酸，六磷酸肌醇（=植酸）	inositol hexaphosphate (=phytic acid)
肌动蛋白	肌動蛋白，肌纖蛋白	actin
F 肌动蛋白（=丝状肌动蛋白）	纖維狀肌動蛋白，F 肌動蛋白	filamentous actin, F-actin
G 肌动蛋白（=球状肌动蛋白）	球狀肌動蛋白，G 肌動蛋白	globular actin, G-actin
肌动蛋白解聚因子	肌動蛋白解聚因子	actin depolymerizing factor
肌动蛋白丝（=微丝）	肌動蛋白絲，肌動蛋白纖維（=微絲）	actin filament (=microfilament)

大 陆 名	台 湾 名	英 文 名
肌动蛋白丝解聚蛋白	肌動蛋白絲去聚合蛋白	actin filament depolymerizing protein
肌动蛋白细胞骨架	肌動蛋白細胞骨架	actin cytoskeleton
肌球蛋白	肌球蛋白，肌凝蛋白	myosin
鸡冠状突起	雞冠狀突起，皺褶	crista
奇数多倍体	奇倍數多倍體，不定數多倍體	anisopolyploid
奇数羽状复叶	奇數羽狀複葉	odd-pinnately compound leaf
基本分生组织	基本分生組織	ground meristem
基本呼吸	基本呼吸	fundamental respiration
基本系统（=基本组织系统）	基本系統（=基本組織系統）	ground system, fundamental system (=ground tissue system)
基本组织（=薄壁组织）	基本組織（=薄壁組織）	ground tissue, fundamental tissue (=parenchyma)
基本组织系统	基本組織系統	ground tissue system, fundamental tissue system
基部面积	基部面積	basal area
基层	基層	foot layer
基底胎座（=基生胎座）	基生胎座	basal placenta
基-顶轴	基-頂軸	proximodistal axis
基粒	基粒	granum
基粒棒	基粒棒	baculum
基粒类囊体	基粒類囊體	granum thylakoid
基粒片层	基粒片層	granum lamella
基裂蒴果	基裂蒴果	basicidal capsule
基面积样方	斷面積樣方	basal-area quadrat
基名	基名	basionym
基群丛	基群叢	sociation
基生花柱	底生花柱	basilar style
基生胎座，基底胎座	基生胎座	basal placenta
基生胎座式	基生胎座式	basal placentation
基生叶	基生葉	basal leaf
基态	基態	ground state
基体	基體	basal body
基细胞	基[部]細胞	basal cell
基因	基因	gene
R 基因（=抗性基因）	抗性基因，R 基因	resistance gene, R gene
基因靶向，基因打靶	基因靶向[作用]，基因標的	gene targeting

大　陆　名	台　湾　名	英　文　名
基因编辑	基因編輯	gene editing
基因变异	基因變異，點突變，基因突變	genovariation
基因表达	基因表達，基因表現	gene expression
基因表达学说	基因表達學說	gene expression hypothesis
基因捕获，基因俘获	基因捕獲	gene trapping
基因操作	基因操作	gene manipulation, genetic manipulation
基因超家族	基因超家族	gene superfamily
基因沉默	基因緘默化，基因靜默	gene silencing
基因重复	基因重複	gene duplication, gene reiteration
基因重排	基因重排	gene rearrangement
基因重组	基因重組	gene recombination
基因簇	基因簇，基因群	gene cluster
基因打靶（=基因靶向）	基因靶向[作用]，基因標的	gene targeting
基因定点整合	基因定點整合	gene site-specific integration
基因定位	基因定位，基因作圖	gene localization, gene mapping
基因对基因假说	基因對基因假說	gene-for-gene hypothesis
基因多效性	基因多效性	gene pleiotropy, gene pleiotropism
基因多样性	基因多樣性	gene diversity
基因多样性指数	基因多樣性指數	gene diversity index
基因丰余，基因冗余	基因冗餘性，基因表現多型	gene redundancy
基因俘获（=基因捕获）	基因捕獲	gene trapping
基因工程，遗传工程	基因工程，遺傳工程	gene engineering, genetic engineering
基因互作（=基因相互作用）	基因交互作用，基因相互作用	gene interaction
基因混编	基因改組，基因混編	gene shuffling
基因家族	基因家族	gene family
基因甲基化	基因甲基化	gene methylation
基因间 DNA	基因間 DNA	intergenic DNA
基因间重组	基因間重組	intergenic recombination
基因间区	基因間區	intergenic region, IG region
基因间序列	基因間序列	intergenic sequence
基因间抑制，基因间阻抑	基因間抑制，基因間阻抑	intergenic suppression
基因间抑制突变	基因間抑制突變	intergenic suppression mutation

大 陆 名	台 湾 名	英 文 名
基因间阻抑（=基因间抑制）	基因間抑制，基因間阻抑	intergenic suppression
基因剪接	基因剪接	gene splicing
基因渐渗	基因漸滲	gene introgression
基因结构	基因結構	gene structure
基因拷贝	基因拷貝，基因複製	gene copy
基因克隆	基因克隆，基因選殖，基因繁殖	gene cloning
基因库	基因池，基因庫，基因總匯	gene pool
基因流	基因流[動]	gene flow
基因内抑制，基因内阻抑	基因内抑制，基因内阻抑	intragenic suppression
基因内抑制突变	基因内抑制突變	intragenic suppression mutation
基因内阻抑（=基因内抑制）	基因内抑制，基因内阻抑	intragenic suppression
基因漂变	基因漂變，基因漂移	gene drift
基因频率	基因頻率	gene frequency
基因枪	基因槍	gene gun
基因枪法	基因槍法	gene gun method, biolistics
基因敲除，基因剔除	基因剔除，基因移除	gene knockout
基因敲减，基因敲落	基因敲減，基因敲落，基因減量	gene knockdown
基因敲落（=基因敲减）	基因敲減，基因敲落，基因減量	gene knockdown
基因敲入	基因敲入，基因送入，基因植入	gene knockin
基因趋异	基因趨異，基因分歧	gene divergence
基因融合	基因融合	gene fusion
基因冗余（=基因丰余）	基因冗餘性，基因表現多型	gene redundancy
基因失活	基因失活	gene inactivation
基因树	基因樹	gene tree
基因剔除（=基因敲除）	基因剔除，基因移除	gene knockout
基因调节	基因調節	gene regulation
基因突变	基因突變	gene mutation
基因图[谱]	基因圖[譜]	gene map
基因位置效应	基因位置效應	gene position effect
基因文库	基因庫	gene library, gene bank
基因相互作用，基因互作	基因交互作用，基因相互作用	gene interaction
基因型	基因型	genotype
基因型方差（=遗传方差）	基因型變方（=遺傳變方）	genotypic variance (=genetic

大　陆　名	台　湾　名	英　文　名
		variance)
基因型频率	基因型頻率	genotypic frequency
基因型值	基因型值	genotypic value
基因修饰	基因修飾，基因改良	gene modification
基因学说	基因學說	gene theory
基因一致性	基因一致性	gene identity
基因整合，遗传整合	基因整合，遺傳整合	gene integration, genetic integration
基因指纹（=遗传指纹）	遺傳指紋，基因指紋	genetic fingerprint
基因置换	基因置換，基因替代	gene substitution
基因转换	基因轉換	gene conversion
基因转移	基因轉移，基因傳遞	gene transfer
基因组	基因體，基因組	genome
基因组测序	基因體定序	genome sequencing, genomic sequencing
基因组重复	基因體重複	genome duplication
基因组漂变	基因體漂變	genomic drift
基因组文库	基因體庫	genomic library
基因组学	基因體學	genomics
基因组印记	基因體印記，基因體印痕	genomic imprinting
基因座	基因座，基因點	locus
基质	基質	stroma, matrix
基质类囊体，间质类囊体	基質類囊體	stroma thylakoid
基质片层	基質片層	stroma lamella
基质势（=衬质势）	基質勢	matric potential
基株	基株	genet
基株种群	基株族群	genet population
基柱	小柱	columella
基着药，底着药	基著[花]藥，底著[花]藥	basifixed anther, innate anther
畸羊齿型	畸羊齒型	mariopterid
激动素	激動素，細胞裂殖素	kinetin, KT
激发态	激[發]態	excited state
激发子	誘發因子	elicitor
激感性	激感性	excitability
激光微束基因转移[法]	雷射微束基因轉移	gene transfer by laser microbeam
激活-解离系统，Ac-Ds 系统	激體-解離系統，Ac-Ds 系統	activator-dissociation system, Ac-Ds system

大陆名	台湾名	英文名
激酶	激酶	kinase
激酶调节蛋白	激酶調節蛋白	kinase-regulated protein
激素	激素，荷爾蒙，賀爾蒙	hormone
激素受体	激素受體，荷爾蒙受體	hormone receptor
吉姆萨带（=G 带）	G 帶，吉姆薩帶	Giemsa band, G-band
吉欧霉素	吉歐黴素	zeocin
极	極	pole
极单孔	遠極單孔	ulcus
极低辐照度反应，极低强度反应	極低光流量反應	very low fluence response, VLFR
极低强度反应（=极低辐照度反应）	極低光流量反應	very low fluence response, VLFR
极副卫细胞	極副衛細胞	polar subsidiary cell
极核	極核	polar nucleus
极节	極節	polar nodule
极面观	極面觀	polar view
极面[观]轮廓，赤道轮廓	極面觀	amb, ambit
极生孢子	極生孢子，端極孢子	polar spore
极危	極危	critically endangered, CE
极微管	極微管	polar microtubule
极纤维（=极微管）	極纖維（=極微管）	polar fiber (=polar microtubule)
极性	極性	polarity
极性生长	極性生長	polar growth
极性运输	極性運輸，極性運移	polar transport, polar translocation
极易混淆名称	極易混淆名稱	confusingly similar names
极轴	極軸	polar axis
[棘]刺	棘刺，枝刺	thorn
集光色素（=捕光色素）	捕光色素，集光色素	light-harvesting pigment
集光中心（=捕光中心）	光能捕獲中心	light-harvesting center
集合种群，复合种群，异质种群	關聯族群，複合族群	metapopulation
集聚	集聚	assemblage
集流	集流，質流，整體流動	bulk flow, mass flow
集群分布，核心分布	集中分布，蔓延分布，叢生分布	contagious distribution, clumped distribution
集群灭绝，大灭绝	大滅絕	mass extinction

大 陆 名	台 湾 名	英 文 名
瘠土植物（=贫养植物）	貧養植物	oligotrophic plant
几何[级数]增长	幾何級數增長	geometric growth
己糖，六碳糖	己糖，六碳糖	hexose
己糖-6-磷酸脱氢酶	己糖-6-磷酸去氫酶，六碳糖-6-磷酸酯脱氫酶	hexose-6-phosphate dehydrogenase
己糖二磷酸，二磷酸己糖	己糖二磷酸，二磷酸六碳糖	hexose diphosphate
己糖磷酸异构酶	己糖磷酸異構酶，六碳糖磷酸鹽互變酶	hexose phosphate isomerase, oxoisomerase
己糖磷酸支路（=戊糖磷酸途径）	己糖單磷酸支路，六碳糖單磷酸酯分路（=五碳糖磷酸途徑）	hexose monophosphate shunt (=pentose phosphate pathway)
脊	脊	keel
脊下道，脊下痕	脊下道，脊下痕	carinal canal
脊下痕（=脊下道）	脊下道，脊下痕	carinal canal
记名样方	記名樣方	list quadrat
记名样方法	記名樣方法	list quadrat method
季[风]雨林	季[風]雨林	monsoon rain forest, monsoon forest, seasonal rain forest
季节感温周期性	季節感溫週期性	seasonal thermoperiodism
季节隔离	季節隔離	seasonal isolation
季节演替	季節性演替，季節性消長	seasonal succession, aspection
季节周期性	季節週期性	seasonal periodism
季相	季[節]相	seasonal aspect, aspect
迹隙	跡隙	trace gap
继承式物种形成（=连续式物种形成）	連續物種形成，連續種化	successional speciation
继代培养，传代培养	繼代培養	subculture, secondary culture
寄生	寄生[現象]	parasitism
寄生根	寄生根	parasitic root
寄生食物链	寄生食物鏈	parasite food chain
寄生物	寄生[生]物	parasite
寄生藻类	寄生藻類	parasitic algae
寄生植物	寄生植物，植物性寄生物，寄生菌	parasitic plant, phytoparasite
寄主	寄主，宿主	host
寄主-寄生物间关系	寄主-寄生物關係	host-parasite relationship
寄主-寄生物相互作用	寄主-寄生物交互作用，寄主-寄生物相互作用	host-parasite interaction
寄主专一性	寄主專一性，宿主專屬性	host specificity

大 陆 名	台 湾 名	英 文 名
加词	加詞，小名	epithet
加里格群落	加里格灌叢	garrigue
加帽	加帽，罩蓋現象	capping
加权	加權，權重	weighting
加权因子，权重因子	加權因子	weighting factor
加尾	加尾	tailing
加性基因	累加性基因	additive gene
加性效应	累加效應，相加效應	additive effect
加性遗传方差	累加性遺傳變方	additive genetic variance
加性遗传值模型	累加性遺傳值模型	additive genetic value model
加压蒸汽灭菌（=高压蒸汽灭菌）	高壓蒸氣滅菌[法]	autoclaving
加氧酶，氧合酶	加氧酶，加氧酵素，氧合酶	oxygenase
家族	家族	family
荚果	莢果	legume, pod
甲板副沟	甲板副溝	parasulus
DNA 甲基化	DNA 甲基化	DNA methylation
DNA 甲基化酶	DNA 甲基化酶，DNA 甲基轉移酶	DNA methylase
甲基紫精（=百草枯）	巴拉刈	paraquat
甲级分类学（=α 分类学）	α 分類學	alpha taxonomy
甲硫氨酸，蛋氨酸	甲硫胺酸	methionine, Met
甲硫氨酸循环	甲硫胺酸循環	methionine cycle
甲哌嗡（=1,1-二甲基哌啶嗡氯化物）	1,1-二甲基哌啶鎓氯化物	1,1-dimethy-piperidinium chloride
甲羟戊酸，甲瓦龙酸	甲羥戊酸，3-甲基-3,6-二羥基戊酸	mevalonic acid
甲瓦龙酸（=甲羟戊酸）	甲羥戊酸，3-甲基-3,6-二羥基戊酸	mevalonic acid
甲藻	甲藻	dinoflagellate
甲藻黄素	甲藻黃素	pyrrhoxanthin
钾	鉀	potassium
钾离子吸收学说	鉀離子吸收學說	potassium ion uptake theory
钾通道	鉀通道	potassium channel
假孢子	假孢子	pseudospore
假薄壁组织（=拟薄壁组织）	假薄壁組織，擬薄壁組織	pseudoparenchyma
假杯点	假杯點	pseudocyphella
假侧丝（=拟侧丝）	假側絲，擬側絲，偽側絲	pseudoparaphysis

大 陆 名	台 湾 名	英 文 名
假单轴分枝	假單軸分枝	pseudomonopodial branching
假蝶形花冠	假蝶形花冠	peudopapilionaceous corolla
假多倍体	假多倍體	pseudopolyploid
假多胚[现象]（=复多胚[现象]）	假多胚[現象]，假多胚性（=複多胚[現象]）	pseudopolyembryony, false polyembryony (=multiple polyembryony)
假二叉分枝，假二歧分枝	假二叉分枝，假叉狀分枝	false dichotomous branching, false dichotomy
假二歧分枝（=假二叉分枝）	假二叉分枝，假叉狀分枝	false dichotomous branching, false dichotomy
假分枝	假分枝，擬分枝	false branching, false ramification
假隔膜	假隔膜	pseudoseptum
假根	假根	rhizoid, rhizine
假核果	假核果	pseudodrupe
假花学说	假花學說	pseudoanthial theory, pseudoanthium theory
假环式电子传递（=假循环[式]电子传递）	假循環[式]電子傳遞，假迴圈式電子傳遞	pseudocyclic electron transport
假环式光合磷酸化（=假循环光合磷酸化）	假循環[式]光合磷酸化，假循環性光磷酸化作用	pseudocyclic photophosphorylation
假基因，拟基因	偽基因，假基因	pseudogene
假菌根	假菌根	pseudomycorrhiza
假菌丝体	假菌絲體	pseudomycelium
假壳缝	假殼縫	pseudoraphe
假孔	假孔	pseudopore
假肋	假肋	vitta
假连锁	假連鎖	pseudolinkage
假裂芽	假裂芽	pseudoisidium
假鳞茎	假鱗莖	pseudobulb
假鳞毛	假鱗毛	pseudoparaphyllium
假脉	假脈	false vein, false nerve
假面状花冠	假面狀花冠	personate corolla
假膜（=堆膜）	堆膜，假膜	false membrane
假囊层被	假囊層被	pseudoepithecium
假年轮	假年輪，偽年輪	false annual ring
假皮层	假皮層	pseudocortex
假[气]囊	擬囊	pseudosaccus
假融合	假融合，假受精生殖	pseudomixis

大 陆 名	台 湾 名	英 文 名
假受精	假受精	false fertilization, pseudogamy
假水生植物（=两栖植物）	假水生植物，偽水生植物（=兩棲植物）	Pseudohydrophyte (=amphiphyte)
假蒴柄	假蒴柄	pseudoseta, pseudopodium
假蒴萼	假蒴萼	pseudoperianth
假蒴轴	假蒴軸	pseudocolumella
假丝体	假絲狀體	pseudofilament
假弹丝	假彈絲	pseudoelater
假显性，拟显性	假顯性，偽顯性	pseudodominance
假心材，伪心材	假心材，偽心材	false heartwood, false duramen
假循环光合磷酸化，假环式光合磷酸化	假循環[式]光合磷酸化，假循環性光磷酸化作用	pseudocyclic photophosphorylation
假循环[式]电子传递，假环式电子传递	假循環[式]電子傳遞，假迴圈式電子傳遞	pseudocyclic electron transport
假盐生植物（=拒盐植物）	假鹽生植物，偽鹽生植物（=拒鹽植物）	pseudohalophyte (=salt-excluding plant)
假中柱	假中柱	pseudostele
假种皮	假種皮	aril
假珠芽	假珠芽	pseudobulbil
假[子]囊壳	假子囊殼	pseudothecium, pseudoperithecium
假子座	假子座	pseudostroma
嫁接	嫁接	grafting
坚果	堅果	nut
间插序列	間插序列，介入序列，插入序列	intervening sequence, IVS
间期	[分裂]間期	interphase
间位薄壁组织（=带状薄壁组织）	間位薄壁組織（=帶狀薄壁組織）	metatracheal parenchyma (=banded parenchyma)
间小羽片	間小羽片	intercalated pinnule
间质类囊体（=基质类囊体）	基質類囊體	stroma thylakoid
兼性长日植物	兼性長日植物	facultative long-day plant, facultative LDP, quantitative LDP
兼性短日植物	兼性短日植物	facultative short-day plant, facultative SDP, quantitative SDP
兼性互惠共生（=兼性互利共生）	兼性互利共生	facultative mutualism

大　陆　名	台　湾　名	英　文　名
兼性互利共生，兼性互惠共生	兼性互利共生	facultative mutualism
兼性寄生物	半寄生植物	hemiparasite
兼性无融合生殖	兼無性生殖，有條件的無融合生殖，兼不受精生殖	facultative apomixis
煎煮法	煎煮法，水煮法	decoction method, boiling method
检查点，检验点，关卡	查核點	checkpoint
G_1检查点，G_1检验点，G_1关卡	G_1查核點	G_1 phase checkpoint
G_2检查点，G_2检验点，G_2关卡	G_2查核點	G_2 phase checkpoint
检查点基因	查核點基因	checkpoint gene
检验点（=检查点）	查核點	checkpoint
G_1检验点（=G_1检查点）	G_1查核點	G_1 phase checkpoint
G_2检验点（=G_2检查点）	G_2查核點	G_2 phase checkpoint
减数分裂	減數分裂	meiosis, reduction division
减数分裂孢子	減數孢子	meiospore
减数分裂孢子囊	減數分裂孢子囊	meiosporangium
减数分裂再组核	減數分裂再組核	meiotic restitution nucleus
剪除样方	剪除樣方	clip quadrat
剪接	剪接	splicing
RNA 剪接	RNA 剪接	RNA splicing
剪接体	剪接體	spliceosome
简并引物	簡併引子	degenerate primer
简单重复序列	簡單重複序列	simple repeated sequence, SRS
简单重复序列多态性	簡單重複序列多態性，簡單重複序列多型性	simple sequence repeat polymorphism, SSRP
简单多胚[现象]	簡單多胚[現象]	simple polyembryony
简单花序	簡單花序	simple inflorescence
简单喹啉[类]生物碱	簡單喹啉[類]生物鹼	simple quinoline alkaloid
简单扩散	簡單擴散	simple diffusion
简单木脂素	簡單木脂體	simple lignan
简单香豆素	簡單香豆素	simple coumarin
简单序列长度多态性	簡單序列長度多態性，簡單序列長度多型性	simple sequence length polymorphism, SSLP
简单组织	簡單組織	simple tissue
简约法	簡約法	parsimony

大陆名	台湾名	英文名
碱基对	鹼基對	base pair, bp
碱性磷酸[酯]酶	鹼性磷酸[酯]酶	alkaline phosphatase
碱性土[壤]	鹼性土[壤]	alkaline soil
碱沼	鹼沼，礦質泥炭沼澤	fen
间断成种（=间断物种形成）	間斷物種形成，間斷種化	punctuational speciation
间断传播	間斷傳播，遠距散布，遠距傳播	distance dispersal, distance dispersion
间断分布	間斷分布，不連續分布	disjunction, discontinuous distribution
间断分布带	間斷分布帶	discontinuous zone
间断分布区，不连续分布区	間斷分布區	areal disjunction, discontinuous areal
间断进化	斷續演化	punctuated evolution
间断年轮	不連續年輪	discontinuous ring
间断平衡说，点断平衡说	斷續平衡說，中斷平衡演化說	punctuated equilibrium theory
间断物种形成，间断成种	間斷物種形成，間斷種化	punctuational speciation
间断性，不连续性	不連續性	discontinuity
间隔子	間隔子	spacer
间接分裂（=有丝分裂）	間接分裂（=有絲分裂）	indirect division (=mitosis)
间接引用	間接引用	indirect reference
建立者效应，奠基者效应	創始者效應，奠基者效應，建立者效應	founder effect
建群种	建群種	constructive species, edificator
剑麻皂苷元	劍麻皂苷元	sisalagenin
渐变成种（=渐变式物种形成）	漸進式物種形成，漸進式種化	gradual speciation
渐变论	漸變說，漸進論	gradualism
渐变模式	漸變模式	gradualistic model
渐变群	漸變群	cline
渐变生态种，渐进生态种	漸進生態種	gradual ecospecies
渐变式物种形成，渐变成种	漸進式物種形成，漸進式種化	gradual speciation
渐成效应（=表观遗传学效应）	表觀遺傳學效應，漸成效應，後生效應	epigenetic effect
渐进律（=递进法则）	漸進法則	progressive rule
渐进生态种（=渐变生态种）	漸進生態種	gradual ecospecies
渐进式进化	漸進式演化	progressive evolution

大　陆　名	台　湾　名	英　文　名
渐进衰老	漸進衰老	progressive senescence
渐渗	漸滲	introgression
渐渗杂交	漸滲雜交，趨中雜交	introgressive hybridization, introgression hybridization
渐危，易危	漸危，易危	vulnerable, VU
渐危植物	漸危植物，易危植物	vulnerable plant
渐危种	漸危種，易危種	vulnerable species
鉴别性状	鑒別性狀，鑒別特徵	diagnostic character
鉴别种	鑒別種	diagnostic species
鉴定	鑒定	identification
江古田植物区系	江古田植物區系，江古田植物相，江古田植物群	egota flora
浆果	漿果	berry, bacca
浆片	漿片	lodicule
交叉	交叉	chiasma
交叉保护作用	交叉保護作用	cross protection
交叉场	交叉場	cross-field
交叉场纹孔	交叉場紋孔	cross-field pit
交叉场纹孔式	交叉場紋孔式	cross-field pitting
交叉适应	交叉適應	cross adaptation
交错丝组织	交錯絲組織	textura intricata
交互对生	交叉對生，十字對生	decussation
交互对生叶序	交互對生葉序，十字對生葉序	decussate phyllotaxy, decussate phyllotaxis
交换	交換，互換	crossover, crossing-over
交换值	交換值	crossover value
交替电子传递途径	交替電子傳遞途徑	alternative eleteon transport pathway
交替呼吸作用	交替呼吸作用	alternative respiration
交替结实（=隔年结实）	隔年結實，隔年結果	alternate bearing, alternate year bearing
交替途径	交替途徑	alternative pathway
交替氧化酶	交替途徑氧化酶，交替途徑氧化酵素	alternative oxidase, AO
胶群体（=不定群体）	膠群體	palmella
胶质地衣	膠質地衣	gleolichen
胶质鞘	膠質鞘	gelatinous sheath
胶质纤维	膠質纖維	gelatinous fiber
嚼烂状胚乳	嚼爛狀胚乳	ruminate endosperm

大 陆 名	台 湾 名	英 文 名
角胞组织	角胞組織	textura angularis
角叉菜胶（=卡拉胶）	角叉聚糖，紅藻膠	carrageenan
角叉聚糖（=卡拉胶）	角叉聚糖，紅藻膠	carrageenan
角齿	角齒	apical tooth, first tooth, proximal tooth
角蛋白	角蛋白，角素	keratin, ceratin
角化层	角化層	cutinized layer
角化[作用]（=角[质]化）	角化[作用]	cutinization
角萌发孔	角萌發孔	goniotreme, angulaperturate
角细胞	角細胞	alar cell, angular cell
角隅厚角组织	角隅厚角組織	angular collenchyma
角质	角質	cutin
角质层（=角质膜）	角質層	cuticle
角质层分析（=角质膜分析）	角質層分析	cuticle analysis
角质层蒸腾（=角质膜蒸腾）	角質膜蒸騰，角質層蒸散	cuticular transpiration
角[质]化，角化[作用]	角化[作用]	cutinization
角质降解酶	角質分解酶	cutin-degrading enzyme
角质蜡层	角質蠟層	cuticular wax
角质膜，角质层	角質層	cuticle
角质膜分析，角质层分析	角質層分析	cuticle analysis
角质膜形成[作用]	角質膜形成[作用]，角質化	cuticularization
角质膜蒸腾，角质层蒸腾	角質膜蒸騰，角質層蒸散	cuticular transpiration
绞杀植物，毁坏植物	絞殺植物，纏勒植物	strangler
铰合细胞	鉸合細胞	hinge cell
脚胞（=足细胞）	足細胞，基細胞	foot cell
脚踏石模型	[島嶼]墊石模式，[島嶼]踏腳石模式	stepping stone model
酵母单杂交系统	酵母單雜交系統，酵母單雜合蛋白系統	yeast one-hybrid system
酵母附加体质粒	酵母附加型質體	yeast episomal plasmid, YEp
酵母菌	酵母菌	yeast
酵母人工染色体	酵母人工染色體，人造酵母菌染色體	yeast artificial chromosome, YAC
酵母双杂交系统	酵母雙雜交系統，酵母雙雜合蛋白系統	yeast two-hybrid system
阶段发育	階段發育	phasic development
阶元系统	階層[系統]，層系[級]，位階	hierarchy
接触形态建成，触发形态发	向觸性形態發生	thigmomorphogenesis

大陆名	台湾名	英文名
生		
接合孢子	接合孢子	zygospore
接合孢子柄（=配囊柄）	接合孢子柄（=配囊柄）	zygosporophore (=suspensor)
接合[孢]子梗，接合枝	接合菌囊柄	zygophore
接合孢子果	接合孢子果	zygosporocarp
接合孢子囊	接合孢子囊	zygosporangium
接合管	接合管	conjugation tube
接合菌	接合菌	zygomycete
接合配子囊	接合配子囊	zygamgium
接合枝（=接合[孢]子梗）	接合菌囊柄	zygophore
接合[作用]	接合[作用]，接合[生殖]	conjugation, zygosis
接收细胞	接收細胞	receiver cell
接头	聯結子，連接體	linker
接种	接種	inoculation
接着面	接著面	commissure
揭片法，撕片法	撕片法	peel method
孑遗种，残遗种	孑遺種，古老種，殘存種	relic species, epibiotic species
节	節	node, nodum
节[分生]孢子	節孢子	arthrospore, arthroconidium, fragmentation spore
节分枝毛（=分节毛）	節分枝毛	ganglioneous hair
节荚	節莢	loment
节间	節間	internode
节间生长	節間生長	internodal growth
节律	節律	rhythm
节片	節片	articulation
节球藻毒素	節球藻毒素	nodularin
节下痕	節下痕	infranodal canal
节状端壁	節狀端壁	nodular end wall
拮抗物	拮抗物	antagonist
拮抗作用	拮抗作用	antagonism, antagonistic action
结构斑块	結構斑塊，結構區塊，結構嵌塊體	structural patch
结构基因	結構基因	structural gene
结构基因组学	結構基因體學	structural genomics
结构域	結構域	structural domain
结构植物学	結構植物學	structural botany

大 陆 名	台 湾 名	英 文 名
结果习性	結果習性	bearing habit, fruiting habit
结果枝	結果枝	bearing shoot, fruiting shoot
结合薄壁组织(=连接薄壁组织)	接合薄壁組織	conjunctive parenchyma
结合变构模型	結合改變模型	binding change model
结合赤霉素	結合激勃素，配合態激勃素	conjugated gibberellin
结合水（=束缚水）	束縛水，結合水	bound water
结合指数，联结指数	結合指數	association index
结晶细胞（=含晶细胞）	含晶細胞，結晶細胞	crystal cell, crystalliferous cell
结瘤	結瘤	nodulation
结瘤蛋白，结瘤素，根瘤素	結瘤蛋白，根瘤素	nodulin
结瘤基因	結瘤基因	nodulation gene
结瘤素（=结瘤蛋白）	結瘤蛋白，根瘤素	nodulin
结实[年]龄	結果樹齡	bearing age
桔梗皂苷	桔梗皂苷	platycodin
姐妹群	姐妹群，姊妹群	sister group
姐妹染色单体	姐妹染色分體，姊妹染色分體	sister chromatid
姐妹种（=同胞种）	同胞種，姊妹種	sibling species, sister species
解除锻炼	解除鍛煉	dehardening
解链温度	解鏈溫度，熔解溫度	melting temperature
解偶联	解偶聯	uncoupling
解偶联蛋白	解偶聯蛋白	uncoupling protein, UCP
解偶联剂	解偶聯劑	uncoupling agent, uncoupler
解释模式（=附加模式）	附加模式，解釋模式	epitype
芥子酸	芥子酸	sinapic acid
芥子油	芥子油	mustard oil
界	界	kingdom
界限薄壁组织，轮界薄壁组织，边缘薄壁组织	界限薄壁組織	boundary parenchyma
金属活化剂	金屬活化劑	metal activator
金属硫蛋白	金屬硫蛋白	metallothionein, MT
金丝桃素	金絲桃素	hypericin
金藻	金藻	gold algae
金藻淀粉	金藻澱粉	chrysamylum
金藻海带胶（=金藻昆布多糖）	金藻海帶多糖，金藻海帶膠，亮膠	chrysolaminarin
金藻昆布多糖，亮藻多糖，	金藻海帶多糖，金藻海帶膠，	chrysolaminarin

大　陆　名	台　湾　名	英　文　名
金藻海带胶	亮膠	
金藻色素	金藻色素	chrysochrome
金藻叶黄素	金藻葉黄素	chrysoxanthophyll
紧束水（=吸湿水）	吸濕水，吸附水	hygroscopic water
紧张度，膨胀度	膨脹度，硬脹度，緊漲度	turgidity
紧张性运动（=膨压运动）	膨壓運動，緊漲性運動	turgor movement
进化，演化	演化，進化	evolution
进化动力学	演化動力學	evolutionary dynamics
进化对策	演化策略	evolutionary strategy
进化发育生物学	演化發育生物學	evolutionary developmental biology, evo-devo
进化发育遗传学（=进化发育生物学）	演化發育遺傳學（=演化發育生物學）	evolutionary developmental genetics, evodevotics (=evolutionary developmental biology)
进化分类学	演化分類學	evolutionary taxonomy
进化分析（=系统发育分析）	系統發生分析，種系發生分析	phylogenetic analysis
进化距离	演化距離	evolutionary distance
进化论，演化论	演化論，進化論	evolution theory, evolutionism, evolutionary theory
进化胚胎学	演化胚胎學	evolutionary embryology
进化趋异	演化趨異	evolutionary divergence
进化权衡	演化權衡	evolutionary trade off
进化生态学	演化生態學	evolutionary ecology
进化时间	演化時間	evolutionary time
进化时间学说	演化時間學說	evolutionary time theory
进化树（=系统[发育]树）	演化樹（=系統樹）	evolutionary tree (=phylogenetic tree)
进化速度	演化速度	speed of evolution
进化速率	演化速率	rate of evolution, evolutionary rate
进化稳定策略（=稳定进化对策）	穩定演化策略，演化穩定策略	evolutionary stable strategy, ESS
进化稳态	演化穩定	evolutionary homeostasis
进化系统树（=系统[发育]树）	系統樹，親緣[關係]樹，種系發生樹	phylogenetic tree, dendrogram
进化系统学	演化系統分類學	evolutionary systematics
进化选择	演化選擇	evolutionary selection

大陆名	台湾名	英文名
进化压	演化壓力	evolution pressure
进化遗传学	演化遺傳學	evolutionary genetics
进化枝（=分支）	演化支，進化支，支序群	clade
进化植物学，演化植物学	演化植物學	evolutionary botany
进化钟	演化鐘，進化鐘	evolutionary clock
进化种	演化種	evolutionary species
进化种概念	演化種概念	evolutionary species concept
进展演替	進化演替，進展演替，前進演替	progressive succession
近侧中心粒	近軸中心粒，近側中心區	proximal centriole
近端着丝粒染色体	近端著絲點染色體，近端中節染色體	acrocentric chromosome, subtelocentric chromosome
近极	近極	proximal pole
近极薄壁区	近極薄壁區	catalept
近[极]端	近中節末端	proximal end
近极沟[的]	近極溝[的]	catacolpate
近极孔	近極孔	cataporate
近极萌发孔	近極萌發孔	catatreme
近极面	近極面	proximal face
近交	近交，近親繁殖	inbreeding
近交系	近交系，自交系	inbreeding line
近危	近危	near threatened, NT
近-远轴	近-遠軸	adaxial-abaxial axis
近轴[的]，向轴[的]	近軸[的]，向軸[的]	adaxial
近轴分生组织	近軸分生組織	adaxial meristem
近轴面，向轴面	近軸面，向軸面	adaxial side
近轴细胞	近軸細胞	adaxial cell
近祖性状（=祖征）	祖徵	plesiomorphy, plesiomorphic character
浸渍	浸漬	maceration, impregnation
茎	莖	stem
茎刺（=枝刺）	莖刺	stem thorn, stem spine
茎端	莖頂，莖端	stem apex, shoot apex
茎端分生组织	莖頂分生組織	shoot apical meristem
茎根比	莖根比，頂根比	top-root ratio
茎花现象	莖花現象	cauliflory, trunciflory
茎基	莖基	caudex
茎尖培养	莖尖培養	shoot tip culture

大 陆 名	台 湾 名	英 文 名
茎卷须	莖卷鬚	stem tendril
茎流，干流	幹流，樹幹徑流	stemflow
茎劈裂	莖劈裂	stem split
茎生花序	莖生花序	cauline inflorescence
茎生叶	莖生葉	stem leaf
茎丝体，轴丝体	原絲分枝體	caulonema
茎叶期	莖葉期	rachidial phase
茎叶体	莖葉體	leafy gametophyte
茎叶植物	莖葉植物，有莖植物	cormophyte
茎重比	莖重比	stem mass ratio, SMR
经典分类学，传统分类学	古典分類學	classical taxonomy
经度地带性	經度地帶性	longitudinal zonality
经度植被带	經度植被帶	longitudinal vegetation belt
经济植物	經濟植物	economic plant
经济植物学	經濟植物學	economic botany
晶簇	晶簇	druse
晶体	晶體	crystal
晶细胞	晶細胞	lithocyst
腈水合酶	腈水合酶	nitrile hydratase
腈水解酶	腈水解酶	nitrilase
精胺	精胺	spermine, Spm
精孢子（=性孢子）	性孢子，精孢子	spermatium
精核	精核	spermo-nucleus
精脒（=亚精胺）	亞精胺，精三胺	spermidine, Spd
精囊丝	造精絲	antheridial filament
精细胞	精細胞	sperm cell
精原质	精原質	gonoplasm
精子	精子	sperm
精子二型性，精子异型性	精子二型性，精子異型性	sperm heteromorphism
精子梗（=性孢子梗）	精子囊柄，精子托	spermatiophore
精子囊（=藏精器）	雄配子器，精[子]囊，精胞囊	spermatangium
精子器，雄配子囊	藏精器	antheridium
精子器腔	藏精器腔	antheridium chamber
精子器细胞	藏精器細胞	antheridial cell
精子器原始细胞	藏精器原始細胞	antheridial initial
精子异型性（=精子二型性）	精子二型性，精子異型性	sperm heteromorphism
精子座	精子座	spermidium

大陆名	台湾名	英文名
颈沟	頸溝	neck canal
颈沟细胞	頸溝細胞	neck canal cell
颈卵器	藏卵器	archegonium
[颈卵器]腹部	[藏卵器]腹部	venter
[颈卵器]颈部	[藏卵器]頸部	collum
颈卵器室	藏卵器室	archegonial chamber
颈卵器原始细胞	藏卵器原始細胞	archegonial initial
颈卵器植物	藏卵器植物	archegoniatae
颈区	頸區	neck region
颈细胞	頸細胞	neck cell
颈原始细胞	頸原始細胞	neck initial
景观	景觀，地景	landscape
景观动态	景觀動態，地景動態	landscape dynamics
景观多样性	景觀多樣性	landscape diversity
景观格局	景觀格局	landscape pattern
景观功能	景觀功能	landscape function
景观规划	景觀規劃	landscape planning
景观结构	景觀結構，地景結構	landscape structure
景观连接度	景觀連接度，景觀連通度，地景連接度	landscape connectivity
景观连通性	景觀連通性，地景連通性	landscape connectedness
景观生态过程	景觀生態過程	landscape ecological process
景观生态学	景觀生態學，地景生態學	landscape ecology
景观要素	景觀要素	landscape element
景观异质性	景觀異質性	landscape heterogeneity
景观指数	景觀指數	landscape index, landscape metrics
景天酸代谢	景天酸代謝	crassulacean acid metabolism, CAM
景天酸代谢光合作用	景天酸代謝光合作用	crassulacean acid metabolism photosynthesis, CAM photosynthesis
景天酸代谢途径，CAM 途径	景天酸代謝途徑	crassulacean acid metabolism pathway, CAM pathway
景天酸代谢植物，CAM 植物	景天酸代謝植物，CAM 植物	crassulacean acid metabolism plant, CAM plant
径列条，横条	徑列條	trabeculae
径切面	徑切面	radial section
径向壁	徑向壁	radial wall

大 陆 名	台 湾 名	英 文 名
径向分裂（=垂周分裂）	徑向分裂（=垂周分裂）	radial division (=anticlinal division)
径向构造模式	徑向構造模式	radial structure pattern
径向系统，水平系统	徑向系統	radial system
净初级生产量	淨初級生產量	net primary production, NPP
净次级生产量	淨次級生產量	net secondary production
净光合作用	淨光合作用	net photosynthesis
净光合速率（=表观光合速率）	淨光合速率（=表觀光合速率）	net photosynthesis rate (=apparent photosynthesis rate)
净化选择（=负选择）	淨化選擇（=負選擇）	purifying selection (=negative selection)
净生产量	淨生產量	net production
净生产效率	淨生產效率	net production efficiency, efficiency of net production
净生态系统生产力	生態系淨生產力	net ecosystem productivity, NEP
净生物群区生产力，净生物群系生产力	淨生物群系生產力	net biome productivity, NBP
净生物群系生产力（=净生物群区生产力）	淨生物群系生產力	net biome productivity, NBP
净同化率	淨同化率	net assimilation rate, NAR
竞争	競爭	competition
竞争 PCR（=竞争聚合酶链反应）	競爭聚合酶連鎖反應，競爭 PCR	competitive PCR, cPCR
竞争假说	競爭假說	competition hypothesis
竞争聚合酶链反应，竞争 PCR	競爭聚合酶連鎖反應，競爭 PCR	competitive PCR, cPCR
竞争排斥	競爭排斥，競爭互斥	competitive exclusion
竞争排斥原理，竞争排除原理	競爭排斥原理，競爭互斥原理，競爭排斥原則	competition exclusion principle, principle of competitive exclusion
竞争排除原理（=竞争排斥原理）	競爭排斥原理，競爭互斥原理，競爭排斥原則	competition exclusion principle, principle of competitive exclusion
竞争平衡	競爭平衡	competition equilibrium
竞争曲线	競爭曲線	competition curve
竞争压力	競爭壓力	competition pressure
竞争植物	競爭植物	competitive plant
静孢子（=不动孢子）	不動孢子，靜孢子，無毛孢子	aplanospore

大　陆　名	台　湾　名	英　文　名
静配子（=不动配子）	不動配子，静配子	aplanogamete
静态生命表	静態生命表	static life table
静息孢子（=厚壁孢子）	厚壁孢子	akinete
静止中心，不活动中心	静止中心	quiescent center, QC
九倍体	九倍體	enneaploid
九倍性	九倍性	enneaploidy
酒精发酵（=乙醇发酵）	酒精發酵，乙醇發酵	ethanol fermentation, alcoholic fermentation
酒石酸	酒石酸	tartaric acid
就地保护，就地保育	就地保育	*in situ* conservation
就地保育（=就地保护）	就地保育	*in situ* conservation
居间分生组织	間生分生組織，節間分生組織	intercalary meristem
居间生长	間生生長，節間生長，中間生長	intercalary growth
居群（=种群）	族群	population
局部获得抗性	局部性抗病獲得，區域性抗病獲得，後天性局部抗性	local acquired resistance, LAR
局域种群（=亚种群）	地方族群（=亞族群）	local population (=subpopulation)
枸橼酸（=柠檬酸）	檸檬酸，枸櫞酸	citric acid
菊粉（=菊糖）	菊糖，菊粉，土木香糖	inulin
菊糖，菊粉	菊糖，菊粉，土木香糖	inulin
矩胞组织	矩胞組織	textura prismatica
拒绝反应，排斥反应	排斥反應	rejection reaction
拒盐	拒鹽	salt exclusion
拒盐植物	拒鹽植物	salt-excluding plant
具备花（=完全花）	完全花	complete flower, perfect flower
具穿孔覆盖层	具穿孔覆蓋層，具穿孔頂蓋層	perforate tectum
具单轮雄蕊	具單輪雄蕊	haplostemonous stamen
具冠毛种子	具冠毛種子	comospore
具节中柱	具節中柱	cladosiphonic stele
具孔孔（=具内孔的孔）	具内孔的孔，具孔孔	pororate
[具]瘤层	[具]瘤層	warty layer
具内孔的孔，具孔孔	具内孔的孔，具孔孔	pororate
具散萌发孔，周面萌发孔	具散萌發孔，周面萌發孔	pantotreme
具疣[的]	具疣[的]	papillose

大　陆　名	台　湾　名	英　文　名
具缘纹孔	重[緣]紋孔，有緣紋孔	bordered pit
距	距	spur, calcar
距离法	距離法	distance method
聚孢囊（=聚[合]囊）	聚[合]囊	synangium
聚丙烯酰胺凝胶	聚丙烯醯胺凝膠	polyacrylamide gel
聚丙烯酰胺凝胶电泳	聚丙烯醯胺凝膠電泳	polyacrylamide gel electrophoresis, PAGE
聚光[色素蛋白]复合体（=捕光复合物）	光能捕獲複合體，集光複合體	light-harvesting complex, LHC
聚合杯果	聚合杯果	aggregate cup fruit
聚合蓇葖果，蓇葖群	聚合蓇葖果，蓇葖群	follicetum
聚合果	[花序]聚合果	aggregate fruit, coenocarpium, conocarpium
聚合核果	聚合核果	drupecetum, drupetum
聚合坚果	聚合堅果	nutcetum
聚合浆果	聚合漿果	baccacetum
聚合离果	聚合離果	aggregate free fruit
聚合酶	聚合酶	polymerase
DNA 聚合酶	DNA 聚合酶	DNA polymerase
RNA 聚合酶	RNA 聚合酶，核糖核酸聚合酶	RNA polymerase
聚合酶链反应	聚合酶連鎖反應，聚合酶鏈[鎖]反應	polymerase chain reaction, PCR
聚[合]囊，聚孢囊	聚[合]囊	synangium
聚合射线	聚合射線	aggregate ray
聚合瘦果	聚合瘦果	achenecetum
聚合物陷阱模型	聚合物陷阱模型	polymer-trapping model
聚合作用	聚合作用	polymerization
聚花果（=复果）	聚花果，多花果，複果	collective fruit, multiple fruit
聚集指数	聚集指數	index of clumping
聚类分析	聚類分析	cluster analysis
聚伞花序	聚傘花序，複合花序	cyme
聚伞圆锥花序，密伞圆锥花序	圓錐狀聚傘花序，密錐花序，密束花序	thyrse, panicled thyrsoid cyme, cymose panicle
聚伞状分枝式	聚傘分枝式	cymose branching
聚酮化合物	聚酮化合物	polyketide
聚心皮果	聚心皮果，莓狀果實	etaerio, aetaerio, etarium
聚盐植物	聚鹽植物	salt-accumulating plant

大陆名	台湾名	英文名
聚药	聚藥	synandrium
聚药雄蕊	聚藥雄蕊	syngenesious stamen, synantherous stamen
聚翼薄壁组织	聚翼薄壁組織	confluent parenchyma
卷须	卷鬚	tendril
卷须运动	卷鬚運動	tendril movement
卷旋孢子	螺旋孢子	helicospore
卷枝[状]吸胞	卷枝狀吸胞	peloton
绝对长日植物	絕對長日植物	obligate long-day plant, obligate LDP
绝对短日植物	絕對短日植物	obligate short-day plant, obligate SDP
蕨类时代，羊齿时代	蕨類時代，羊齒時代	fern age
蕨类植物，羊齿植物	蕨類植物，羊齒植物	fern, pteridophyte
蕨类植物型	蕨類植物型	fern type
蕨类植物学	蕨類[植物]學	pteridology, filicology
[蕨]叶	蕨葉，棕櫚葉	frond
均等分裂	等分裂，平均分裂	equal division
均匀度	均勻度，均等性	evenness, equitability
均匀度指数	均勻度指數	evenness index
均匀分布	均勻分布	uniform distribution, regular distribution
菌柄	菌柄	stipe
菌盖	菌蓋，菌傘，菌帽	pileus
菌根	菌根	mycorrhiza
菌[根]鞘（=菌套）	菌根鞘（=菌套）	mycoclena (=mantle)
菌根营养	菌根營養	mycotrophy
菌管	菌管	tubule, tube
菌核	菌核	sclerotium
菌核果	菌核果	sclerocarp
菌环	菌環	annulus, ring, hymenial veil
菌绿素（=细菌叶绿素）	細菌葉綠素	bacteriochlorophyll
菌落免疫印迹法	菌落免疫印漬術	colony immunoblotting
菌落印迹法	菌落印漬術	colony blotting
菌落杂交	菌落雜交	colony hybridization
菌膜网（=菌裙）	蕈裙	indusium
菌幕	菌幕	veil, velum
菌脐索（=菌丝索）	菌絲索	funiculus, funicle, funicular cord

大　陆　名	台　湾　名	英　文　名
菌裙，菌膜网	蕈裙	indusium
菌肉	菌肉	context, flesh
菌肉下层	菌肉下層	hypophyllum
菌绳	菌繩	hyphal cord
菌丝	菌絲	hypha
菌丝层	菌絲層	subiculum, subicle
菌丝段	菌絲片段	hyphal fragment
菌丝分生孢子（=柄生孢子）	菌絲分生孢子（=柄生孢子）	myceloconidium (=stylospore)
菌丝结	菌絲結	hyphal knot
菌丝束	菌絲束	hyphal strand
菌丝索，菌纤索，菌脐索	菌絲索	funiculus, funicle, funicular cord
菌丝体	菌絲體	mycelium
菌髓	菌髓	trama
菌索，根状体	菌索，根狀菌絲束	rhizomorph, mycelial cord
菌索基，脐索基	菌索基	hapteron
菌套	菌套	mantle
菌托	菌托	volva
菌纤索（=菌丝索）	菌絲索	funiculus, funicle, funicular cord
菌藻生物	菌藻生物	mycophycobioses
菌褶	菌褶	lamella, gill
菌株	菌株	strain
菌柱（=囊轴）	囊軸	columella

K

大　陆　名	台　湾　名	英　文　名
咖啡碱	咖啡因鹼	caffeine
咖啡酸	咖啡酸	caffeic acid
卡尔文循环	卡爾文循環	Calvin cycle
卡拉胶，角叉聚糖，角叉菜胶	角叉聚糖，紅藻膠	carrageenan
卡那霉素	卡那黴素	kanamycin
卡廷加群落	卡廷加群落	caatinga
开放层	開放層	open tier
开放脉序	開放脈序	open venation

大　陆　名	台　湾　名	英　文　名
开放维管束（=无限维管束）	開放維管束	open vascular bundle, open bundle
开放型花柱（=中空花柱）	開放型花柱（=中空花柱）	open type style (=hollow type style)
开花	開花	anthesis, flowering
开花激素（=成花素）	開花[激]素，開花荷爾蒙	florigen, flowering hormone, anthesin
开花受精	開花受精	chasmogamy
开花途径整合因子	開花途徑整合因子	floral pathway integrator
开花诱导（=成花诱导）	開花誘導，催花	floral induction, flower induction
开裂，裂开	開裂，裂開	dehiscence
开通类	開通類	caytoniales
开拓种（=定居种）	拓殖種	colonizing species
凯氏带	卡氏帶	Casparian strip, Casparian band
凯氏点	卡氏點	Casparian dot
坎普群落（=巴西草原）	巴西乾草原，坎普群落	campo
莰烷衍生物	莰烷衍生物	camphane derivative
抗病性	抗病性	disease resistance
抗病育种	抗病育種	disease resistance breeding
抗成花素	抗開花素	antiflorigen
抗虫性	抗蟲性	insect resistance
抗冻性	抗凍性	freezing resistance
抗寒性	抗寒性	chilling resistance
抗旱性	抗旱性	drought resistance
抗坏血酸	抗壞血酸	ascorbic acid, ascorbate
抗坏血酸氧化酶	抗壞血酸氧化酶，抗壞血酸氧化酵素	ascorbic acid oxidase
抗冷性	抗冷性	cold resistance
抗逆性，胁迫抗性	抗逆性	stress resistance
抗氰呼吸	抗氰呼吸，耐氰酸呼吸作用	cyanide-resistant respiration, CRR
抗热性	抗熱性，耐熱性	heat resistance
抗生物素蛋白，亲和素	抗生物素蛋白，卵白素	avidin
抗生物素蛋白-生物素染色	抗生物素蛋白-生物素染色，卵白素-生物素染色	avidin-biotin staining, ABS
抗生长素	抗[植物]生長素	antiauxin
抗霜性	抗霜性，抗寒性	frost resistance
抗性	抗性	resistance

大　陆　名	台　湾　名	英　文　名
抗性基因，R 基因	抗性基因，R 基因	resistance gene, R gene
抗性品种	[抵]抗性品種	resistant variety
抗盐性	抗鹽性	salt resistance
抗氧化	抗氧化	antioxidation
抗氧化反应元件（=抗氧化响应元件）	抗氧化回應元件	antioxidant response element, ARE
抗氧化酶	抗氧化酶，抗氧化酵素	antioxidative enzyme
抗氧化物	抗氧化物	antioxidant
抗氧化响应元件，抗氧化反应元件	抗氧化回應元件	antioxidant response element, ARE
抗张强度	抗張強度	tensile strength
抗蒸腾剂	抗蒸騰劑	antitranspirant
拷贝数	拷貝數，複製數	copy number
拷贝数目变异	拷貝數變異，複製數變異	copy number variation, CNV
科	科	family
颗粒组分	顆粒組分	granular component
颗石体（=颗石藻）	顆石藻，顆石體	coccolithophore
颗石藻，颗石体	顆石藻，顆石體	coccolithophore
壳[板]	殼	theca
壳孢子	殼孢子	conchospore
壳孢子囊	殼孢子囊	conchosporangium
壳斗	殼斗	cupule
壳缝	縫	raphe
壳环[带]，环带	殼環[帶]，環帶	girdle band, girdle
壳环面观	殼環面觀	girdle view
壳环轴，贯壳轴	殼環軸	pervalvar axis
壳口组织	殼口組織	placodium
壳面，瓣面	殼面，瓣面	valve
壳面观	殼面觀	valve view
壳面长轴，壳面纵轴	殼面長軸，殼面縱軸	apical axis
壳面短轴，壳面横轴	殼面短軸，殼面橫軸	transapical axis
壳面横轴（=壳面短轴）	殼面短軸，殼面橫軸	transapical axis
壳面轴	殼面軸	valvar axis
壳面纵轴（=壳面长轴）	殼面長軸，殼面縱軸	apical axis
壳套	殼套	mantle, valve jacket
壳细胞	殼細胞	hülle cell
壳心（=中心体）	果心	centrum

大 陆 名	台 湾 名	英 文 名
壳质体	殼質體	chitosome
壳状地衣	殼狀地衣	crustose lichen
壳状地衣体	殼狀地衣體	crustose thallus, crustaceous thallus
壳状区	殼狀區	shell zone
可待因	可待因	codeine
可读框	開讀框，開放讀碼區	open reading frame, ORF
可溶性有机氮（=溶解有机氮）	溶解有機氮，可溶性有機氮	dissolved organic nitrogen, DON
可溶性有机碳（=溶解有机碳）	溶解有機碳，可溶性有機碳	dissolved organic carbon, DOC
可适应的生态系统管理，生态系统适应性管理	適應性生態系管理	adaptive ecosystem management, AEM
可用名	可用名	available name
克兰茨结构	克蘭茨構造，花環構造	Kranz structure
克兰茨解剖	克蘭茨解剖，花環解剖	Kranz anatomy
克雷布斯循环（=三羧酸循环）	克[瑞布]氏循環（=三羧酸循環）	Krebs cycle (=tricarboxylic acid cycle)
克隆	克隆，選殖，無性繁殖系	clone
cDNA 克隆	cDNA 克隆，cDNA 選殖	cDNA cloning
克隆变异	無性繁殖變異，無性複製變異	clonal variation
克隆变异体	無性繁殖變異體，無性複製變異體，無性複製變異株	clonal variant
克隆动态	克隆動態，無性繁殖動態	clonal dynamics
克隆多样性	克隆多樣性，株系多樣性	clonal diversity
克隆繁殖	無性繁殖	clonal propagation
克隆分株，无性系小株	克隆分株，無性繁殖小株，無性系小株	clonal ramet
克隆间竞争	克隆間競爭	interclonal competition
克隆内分工	克隆內分工	intraclonal division of labor
克隆内竞争	克隆內競爭	intraclonal competition
克隆内生理整合	克隆內生理整合	intraclonal physiological integration
克隆内调节	克隆內調節	intraclonal regulation
克隆内物质传输	克隆內物質傳輸	intraclonal translocation of matter
克隆内资源共享	克隆內資源共享	intraclonal resource sharing, intraclonal sharing of resources

大　陆　名	台　湾　名	英　文　名
克隆胚	克隆胚，無性繁殖胚	cloned embryo
克隆片段	克隆片段，複製片段	clonal fragment
克隆品种	克隆品種，營養系品種	clonal variety
克隆器官	克隆器官，無性繁殖器官	clonal organ
克隆散布	克隆散布，株系散布	clonal dispersal
克隆生长	克隆生長，株系生長，複製生長	clonal growth
克隆位点	克隆位點，選殖位	cloning site
克隆性状	克隆性狀，無性繁殖性狀	clonal trait
克隆载体	克隆載體，選殖載體	cloning vector
克隆整合	克隆整合	clonal integration
克隆植物	克隆植物，無性繁殖植物	clonal plant
克隆植物生态学	克隆植物生態學	clonal plant ecology
克诺普溶液	諾普培養液，諾蒲[氏]培養液	Knop solution
空化现象（=气穴现象）	空化作用	cavitation
空间格局	空間格局	spatial pattern
空间隔离	空間隔離	spatial isolation
空间异质性	空間異質性	spatial heterogeneity
空间异质性学说	空間異質性學說	spatial heterogeneity theory
空胚珠技术	空胚珠技術	empty ovule technique
[空心]秆	[空心]稈	culm
孔	孔	pore, porus
孔出[分生]孢子	孔出[分生]孢子	tretoconidium, tretic conidium, poroconidium
孔盖	孔蓋	operculum
孔沟[的]	孔溝[的]	colporate
孔环	孔環	annulus
孔间区	孔間區	mesoporium
孔界极区	孔界極區	apoporium
孔口	孔口，小孔	ostiole, ostiolum
孔裂	孔裂	poricidal dehiscence
孔膜	孔膜	pore membrane, porus membrane
孔室	孔室	vestibule, vestibulum
孔纹导管	孔紋導管	pitted vessel
孔缘蒸发	孔緣蒸發	peristomatal evaporation
枯枝落叶（=凋落物）	枯枝落葉，凋落物	litter

大 陆 名	台 湾 名	英 文 名
苦木素	苦木素	quassin
苦参碱	苦參鹼	matrine
苦味素	苦味素	bitter principle
苦杏仁苷	苦杏仁苷，苦杏仁素	amygdalin
库，壑，汇	積儲，匯	sink
库活力	積儲活性	sink activity
库强度	積儲強度	sink strength
库容量	積儲大小	sink size
库源关系，汇源关系	積儲-源關係，匯源關係	sink-source relationship
跨膜蛋白	跨膜蛋白	transmembrane protein, membrane-spanning protein
跨膜电化学势梯度	跨膜電化學勢梯度	transmembrane electrochemical potential gradient
跨膜电势	跨膜電勢	transmembrane potential
跨膜电势梯度	跨膜電勢梯度	transmembrane electrical potential gradient
跨膜途径	跨膜途徑	transmembrane pathway
跨膜运输，穿膜运输	跨膜運輸	transmembrane transport
块根	塊根	root tuber
块茎	塊莖	tuber, stem tuber
块茎地下芽植物	塊莖地下芽植物	tuber geophyte
块根地下芽植物	塊根地下芽植物	root tuber geophyte
块状胞芽（=不定胞芽）	塊狀胞芽	tuber
快速进化	快速演化	tachytelic evolution, tachytely
快速原子轰击质谱法	快速原子轟擊質譜法，快速原子撞擊質譜術	fast atom bombardment mass spectrometry, FAB-MS
快速柱色谱法	快速柱層析法	flash column chromatography, FLC
宽环面观	寬環面觀	broad girdle view
矿化化石	礦化化石	permineralization
矿化作用	礦[物質]化作用	mineralization
矿物质循环	礦物質循環	mineral cycle
矿质营养	礦質營養，無機營養	mineral nutrition
矿质元素	礦質元素	mineral element
盔瓣	盔瓣	galea, cucullus
奎宁	奎寧	quinine
喹啉[类]生物碱	喹啉[類]生物鹼	quinoline alkaloid

大 陆 名	台 湾 名	英 文 名
喹啉联啶生物碱（=喹喏里西啶[类]生物碱）	喹啉聯啶[類]生物鹼，喹呾啶生物鹼	quinolizidine alkaloid
喹喏里西啶[类]生物碱，喹啉联啶生物碱，喹嗪烷[类]生物碱	喹啉聯啶[類]生物鹼，喹呾啶生物鹼	quinolizidine alkaloid
喹嗪烷[类]生物碱（=喹喏里西啶[类]生物碱）	喹啉聯啶[類]生物鹼，喹呾啶生物鹼	quinolizidine alkaloid
喹唑啉[类]生物碱	喹唑啉[類]生物鹼	quinazoline alkaloid
昆布多糖，海带多糖，褐藻多糖	海帶多糖，昆布多糖	laminarin
昆布二糖，海带二糖	海帶二糖，昆布二糖	laminaribiose
醌蛋白	醌蛋白	quinoprotein
醌类化合物	醌類化合物	quinonoid
醌循环	醌循環，醌迴圈	quinone cycle, Q-cycle
扩散（=散布）	散布，擴散，播遷	dispersion, dispersal
扩散[作用]	擴散[作用]	diffusion
扩增	擴增，增殖作用	amplification
DNA 扩增	DNA 擴增，DNA 增殖作用	DNA amplification
DNA 扩增多态性	DNA 擴增多態性，DNA 擴增多型性	DNA amplification polymorphism
扩增片段长度多态性	擴增片段長度多態性，擴增片段長度多型性	amplified fragment length polymorphism, AFLP
扩展蛋白，扩张蛋白	擴大蛋白	expansin
扩张蛋白（=扩展蛋白）	擴大蛋白	expansin
阔叶林	闊葉林	broad-leaved forest, broadleaf forest
阔叶树材（=有孔材）	闊葉樹材（=有孔材）	dicotyledonous wood, broad leaf wood (=porous wood)

L

大 陆 名	台 湾 名	英 文 名
拉马克学说，拉马克主义	拉馬克學說，拉馬克主義	Lamarckism
拉马克主义（=拉马克学说）	拉馬克學說，拉馬克主義	Lamarckism
喇叭丝	喇叭狀菌絲	trumpet hypha
腊肠形孢子	香腸形孢子	allantospore
腊叶标本	臘葉標本	herbarium sheet, exsiccata, herbarium
蜡盘型	蠟盤型	biatorine type
蜡[质]	蠟	wax

大 陆 名	台 湾 名	英 文 名
辣椒玉红素	辣椒紫紅素	capsorubin
莱尼蕨类	萊尼蕨類	rhyniophytes
莱斯利矩阵（=莱斯利模型）	萊斯利矩陣（=萊斯利模型）	Leslie matrix (=Leslie model)
莱斯利模型	萊斯利模型	Leslie model
赖氨酸脱羧酶	離胺酸脱羧酶，離胺酸脱羧酵素	lysine decarboxylase
蓝光反应	藍光反應	blue-light response
蓝光/近紫外光受体（=蓝光受体）	藍光/近紫外光受體（=藍光受體）	blue/ultraviolet A receptor (=blue-light photoreceptor)
蓝光受体	藍光受體	blue-light photoreceptor
蓝色小体	藍色小體	cyanelle
蓝细菌	藍細菌，藍[綠]菌	cyanobacteria
蓝细菌素	藍細菌素	cyanobacterin
蓝隐藻黄素	藍隱藻黃素	monadoxanthin
蓝藻	藍藻	cyanophyte
蓝藻淀粉	藍藻澱粉	myxophycean starch
蓝藻黄素，黏藻黄素	藍藻黃素	myxoxanthin
蓝藻素颗粒（=藻青素颗粒）	藍藻素顆粒	cyanophycin granule
蓝藻叶黄素，黏藻叶黄素	藍藻葉黃素	myxoxanthophyll
蓝质体	藍質體	cyanoplast
廊道	廊道，走廊	corridor
莨菪碱	莨菪鹼，莨菪素	hyoscyamine
莨菪酸	莨菪酸，托品酸	tropic acid
莨菪烷[类]生物碱，托品烷[类]生物碱	莨菪烷[類]生物鹼，托品烷[類]生物鹼	tropine alkaloid
劳亚植物区系	勞亞植物區系，勞亞植物相，勞亞植物群	Laurasia flora
老花传粉	老花傳粉	old flower pollination
老化	老化，衰化	aging
涝害	澇害	flood injury
涝胁迫，淹水胁迫	淹水逆境	flooding stress, water-logging stress
雷公藤甲素	雷公藤甲素	triptolide
雷公藤酮	雷公藤酮	triptergone
蕾期授粉	蕾期授粉	bud pollination
累变发生（=前进进化）	前進演化	anagenesis
肋	肋	costa
肋状分生组织	肋狀分生組織，肋狀分裂組	rib meristem, file meristem

大陆名	台湾名	英文名
	織	
肋状分生组织区	肋狀分生組織區	rib meristem zone
类侧丝	類側絲，偽側絲，擬副絲	paraphysoid, tinophysis
类短命植物	類短命植物	ephemeroid
类共生，准共生	類共生，獨立共存，準共生	parasymbiosis
类固醇（=甾体）	類固醇，甾類	steroid
类固醇生物碱（=甾体[类]生物碱）	類固醇生物鹼，甾類生物鹼	steroid alkaloid
类核（=拟核）	擬核，類核，核狀體	nucleoid, karyoid
类胡萝卜素	類胡蘿蔔素	carotenoid
类晶体（=拟晶体）	擬晶體，類晶體	crystalloid
类菌体	類菌體	bacteroid
类囊体	類囊體，層狀體	thylakoid
类囊体腔	類囊體腔	thylakoid lumen
类韧皮细胞	類韌皮細胞，養分輸送組織	leptoids
类甜蛋白	類甜蛋白	thaumatin-like protein, TLP
类缘丝，类周丝	類緣絲	periphysoid
类周丝（=类缘丝）	類緣絲	periphysoid
类柱头组织	柱頭狀組織	stigmatoid tissue
棱晶[体]	棱柱形晶體	prismatic crystal
冷冻保护剂，低温保护剂	冷凍保護劑，低溫保護劑	cryoprotectant
冷害	冷害	cold injury
冷适应（=低温驯化）	冷馴化，冷適應	cold acclimation
冷调节蛋白（=冷诱导蛋白）	冷調節蛋白（=冷誘導蛋白）	cold-regulated protein (=cold-induced protein)
冷调节基因（=冷诱导基因）	冷調節基因（=冷誘導基因）	cold-regulated gene (=cold-induced gene)
冷胁迫	冷害，寒害	chilling stress
冷应答基因（=冷诱导基因）	冷應答基因，冷反應基因（=冷誘導基因）	cold-responsive gene (=cold-induced gene)
冷诱导蛋白	冷誘導蛋白	cold-induced protein
冷诱导基因	冷誘導基因	cold-induced gene
离瓣	離瓣	choripetal
离瓣花	離瓣花，多瓣花	choripetalous flower, polypetalous flower, dialysepalous flower
离瓣花冠	離瓣花冠	choripetalous corolla, dialypetalous corolla, schizopetalous corolla

大 陆 名	台 湾 名	英 文 名
离层	離層	abscission layer, abscisic layer
离萼	離片萼，多片萼，離生花萼	chorisepal, polysepalous calyx, dialysepalous calyx
离萼花	離生萼片花	aposepalous flower
离管薄壁组织	離管薄壁組織	apotracheal parenchyma
离区	離區	abscission zone, abscisic zone
离生	離生	chorisis
离生雌蕊，离心皮雌蕊	離生雌蕊，離心皮雌蕊	apocarpous pistil, apocarpous gynoecium
离生雄蕊	離生雄蕊	adelphia, distinct stamen
离生中柱	離生中柱	dialystele
离室药	離室藥	distractile anther
离体（=体外）	體外，試管內	*in vitro*
离心花序（=有限花序）	離心花序（=有限花序）	centrifugal inflorescence (=definite inflorescence)
离心皮雌蕊（=离生雌蕊）	離生雌蕊，離心皮雌蕊	apocarpous pistil, apocarpous gynoecium
离心皮果	離[生]心皮果	apocarp
离轴（=背轴）	背軸，離軸	abaxial
离子	離子	ion
离子泵	離子泵	ion pump
离子交换	離子交換	ion exchange
离子交换色谱法	離子交換層析法	ion exchange chromatography, IEC
离子拮抗作用	離子拮抗作用	ion antagonism
离子通道	離子通道	ion channel
离子协同作用	離子協同作用	ion synergism
离子载体	離子載體，離子運載物	ionophore, ion carrier
梨果	梨果，仁果	pome
里腔（=内腔）	內腔	atrium
理想品种	理想品種	ideal variety
历史植物地理学	歷史植物地理學	historical plant geography
利福霉素	利福黴素	rifamycin
利福平	利福平	rifampicin
利己素	利己素，益己素，種間費洛蒙	allomone
利他素，益他素	利他素，益他素，開洛蒙	kairomone
利血平	蛇根鹼，利血平	reserpine

大　陆　名	台　湾　名	英　文　名
粒子轰击法（=基因枪法）	粒子轟擊法，粒子撞擊法（=基因槍法）	particle bombardment (=gene gun method)
连萼瘦果	連萼瘦果	cypsela
连接	連接	ligation
DNA 连接	DNA 連接	DNA ligation
连接薄壁组织，结合薄壁组织	接合薄壁組織	conjunctive parenchyma
连接带	連接帶	conneting band
连接酶	連接酶	ligase
DNA 连接酶	DNA 連接酶	DNA ligase
连接酶链[式]反应	連接酶連鎖反應，接合酶鏈反應	ligase chain reaction, LCR
连接质子测试	連接質子測試	attached proton test, APT
连丝微管（=连丝小管）	連絲小管，聯絡絲微管	desmotubule
连丝小管，连丝微管	連絲小管，聯絡絲微管	desmotubule
连锁	連鎖	linkage
连锁孢子	連珠孢子	hormospore
连锁定律	連鎖定律	law of linkage
连锁分析	連鎖分析	linkage analysis
连锁基因	連鎖基因	linkage gene, linked gene
连锁群	連鎖群	linkage group
连锁图（=染色体图）	連鎖圖[譜]（=染色體圖）	linkage map (=chromosome map)
连锁值	連鎖值	linkage value
连锁作图	連鎖定位	linkage mapping
连通性	環通度	connectedness, circuity
连续变异	連續變異	continuous variation
连续分布区	連續分布區	continuous areal
连续培养	連續培養	continuous culture
连续式物种形成，继承式物种形成	連續物種形成，連續種化	successional speciation
莲座层	蓮座層	rosette tier
莲座胚	蓮座胚，壓縮胚	rosette embryo
莲座细胞	蓮座細胞，叢生細胞，玫瓣細胞	rosette cell
莲座叶	蓮座葉，叢生葉，簇葉	rosette leaf
莲座状砂晶	蓮座狀砂晶	rosette sand crystal
莲座状叶序	蓮座狀葉序	rosette phyllotaxy, rosulate phyllotaxy

大 陆 名	台 湾 名	英 文 名
莲座[状]植物	蓮座狀植物，叢葉植物	rosette plant
联苯环辛烯类木脂素	聯苯環辛烯類木脂體	dibenzocyclooctene lignan
联苯类木脂素	聯苯木脂體	biphenyl lignan
联蒽醌（=二蒽醌）	雙蒽醌，聯蒽醌	dianthraquinone
联合固氮作用	聯合固氮作用，協和固氮作用	associative nitrogen fixation
联会	聯會	synapsis
联会期	聯會期	synapsis stage
联结[现象]（=网结[现象]）	網結[現象]	anastomosis
联结指数（=结合指数）	結合指數	association index
联络菌丝	纏繞菌絲	binding hypha, ligative hypha
联络索	聯絡索	connecting strand
联囊体	蟠曲子囊體，不定形複孢囊	plasmodiocarp
镰形能育丝	鐮形能育絲	falx
镰形能育丝柄	鐮形能育絲柄	falciphore
镰状聚伞花序（=螺状聚伞花序）	鐮狀聚傘花序（=螺[旋]狀聚傘花序）	drepanium (=helicoid cyme)
链霉抗生物素蛋白	鏈黴抗生物素蛋白，鏈黴親和素，鏈黴卵白素	streptavidin
楝烷[类]三萜	楝烷類三萜	meliacane triterpene
两被花（=双被花）	兩被花，二層花被花，二輪花	dichlamydeous flower, double perianth flower
两侧对称，左右对称	兩側對稱，左右對稱	zygomorphy, bisymmetry, bilateral symmetry
两侧对称花，左右对称花	兩側對稱花，左右對稱花	zygomorphic flower, bisymmetry flower, bilateral flower
两侧对称花冠	兩側對稱花冠	zygomorphic corolla
两极光周期植物	兩極光週期植物	amphotoperiodism plant
两极性	雙極性，兩極性	bipolarity
两面气孔叶	兩面氣孔葉	amphistomatic leaf
两面叶（=异面叶）	異面葉，背腹葉	bifacial leaf, dorsiventral leaf
两栖植物	兩棲植物，水陸兩生植物	amphiphyte
两型叶（=异型叶）	異型葉，兩型葉	heteromorphic leaf
两型真菌（=双态[性]真菌）	雙態性真菌，二型性真菌	dimorphic fungus
两性花	兩性花，雌雄兩全花	bisexual flower, hermaphroditic flower, monoclinous flower
两性生殖（=有性生殖）	兩性生殖（=有性生殖）	bisexual reproduction, amphigenesis (=sexual

大 陆 名	台 湾 名	英 文 名
		reproduction)
亮藻多糖（=金藻昆布多糖）	金藻海帶多糖，金藻海帶膠，亮膠	chrysolaminarin
量子	量子	quantum
量子产额（=量子产率）	量子產量，量子產額	quantum yield
量子产率，量子产额	量子產量，量子產額	quantum yield
量子[式]进化	量子式演化	quantum evolution
量子式物种形成（=跳跃式物种形成）	量子式物種形成，量子式種化（=跳躍式物種形成）	quantum speciation (=saltational speciation)
量子效率	量子效率	quantum efficiency
量子需求量	量子需求量	quantum requirement
裂果	裂果	dehiscent fruit
裂环	裂環	diffractive ring
裂开（=开裂）	開裂，裂開	dehiscence
裂片	裂片	lobe
裂溶生间隙	裂溶生間隙	schizolysigenous space
裂生多胚[现象]	裂生多胚[現象]，分裂多胚性	cleavage polyembryony
裂生分泌腔	裂生分泌腔	schizogenous secretory cavity
裂生间隙	裂生間隙	schizogenous space
裂芽，珊瑚芽	裂芽	isidium
裂叶体	裂葉體	phyllidium
裂殖（=分裂生殖）	分裂生殖，裂殖	schizogenesis, fission
裂殖植物	裂殖植物	fission plant, schizophyte
邻接法	鄰[近連]接法	neighbor-joining method
邻体效应	鄰體效應	neighbor effect
邻域成种（=邻域物种形成）	鄰域物種形成，鄰域種化	parapatric speciation
邻域物种形成，邻域成种	鄰域物種形成，鄰域種化	parapatric speciation
林德曼定律	林德曼定律，百分之十定律	Lindeman’s law
林德曼效率	林德曼效率	Lindeman’s efficiency
林分	林分	stand, forest stand
林分结构	林分結構，林分構造	stand structure
[林]冠层	[樹]冠層，林冠[層]	canopy
林奈分类学（=经典分类学）	林奈分類學（=古典分類學）	Linnaean taxonomy (=classical taxonomy)
林奈种（=形态学种）	林奈種（=形態學種）	Linnaean species (=morphological species)
林下层	林下層	understorey
临界暗期（=临界夜长）	臨界暗期（=臨界夜長）	critical dark period (=critical

大 陆 名	台 湾 名	英 文 名
		night length)
临界光期（=临界日长）	臨界光期（=臨界晝長）	critical light period (=critical day length)
临界光周期	臨界光週期	critical photoperiod
临界期	臨界期	critical period
临界日长	臨界晝長，臨界日長	critical day length
临界水分亏缺	臨界水分虧缺	critical water deficit
临界夜长	臨界夜長	critical night length
临界质壁分离	臨界質[壁分]離	critical plasmolysis
临时名称	臨時名稱	provisional name
淋洗作用	淋溶作用	leaching
磷	磷	phosphorus
磷蛋白磷酸酶	磷蛋白質磷酸水解酶	phosphoprotein phosphatase
磷光现象	磷光現象	phosphorescence phenomenon
磷酸果糖激酶	磷酸果糖激酶	phosphofructokinase, PFK
磷酸化[作用]	磷酸化[作用]	phosphorylation
磷酸激酶（=激酶）	磷酸激酶（=激酶）	phosphokinase (=kinase)
磷酸葡聚糖水合二激酶（=磷酸葡聚糖-水双激酶）	葡聚糖磷酸-水雙激酶	phosphoglucan-water dikinase, PWD
磷酸葡聚糖-水双激酶，磷酸葡聚糖水合二激酶	葡聚糖磷酸-水雙激酶	phosphoglucan-water dikinase, PWD
磷酸烯醇丙酮酸	磷酸烯醇丙酮酸	phosphoenolpyruvic acid, phosphoenolpyruvate, PEP
磷酸烯醇丙酮酸羧化酶	磷酸烯醇丙酮酸羧化酶	phosphoenolpyruvate carboxylase, PEPC
磷酸盐同化作用	磷酸鹽同化作用	phosphate assimilation
磷酸[酯]酶	磷酸[酯]酶，磷酸酵素	phosphatase
磷酸转运体	磷酸[鹽]轉運子，磷酸轉位蛋白	phosphate translocator
磷同化	磷同化	phosphorus assimilation
磷/氧比	磷/氧比	P/O ratio
磷脂	磷脂	phospholipid
磷脂酶	磷脂酶，磷脂酵素	phospholipase
鳞盾	鱗盾	apophysis
鳞茎	鱗莖	bulb
鳞茎地下芽植物	鱗莖地下芽植物	bulbous geophyte
鳞毛	鱗毛	paraphyllium
鳞片	鱗片	scale

大　陆　名	台　湾　名	英　文　名
鳞片状地衣体，鳞叶体	鱗片狀地衣體，鱗葉體	squamulose thallus
鳞芽	鱗芽	scaly bud
鳞叶	鱗葉	scale leaf
鳞叶体（=鳞片状地衣体）	鱗片狀地衣體，鱗葉體	squamulose thallus
鳞状毛（=盾状毛）	鱗狀毛（=盾狀毛）	scaly hair (=peltate hair)
鳞状树皮	鱗片狀樹皮	scale bark
膦丝菌素乙酰转移酶	膦絲菌素乙醯轉移酶	phosphinothricin acetyltransferase, PAT
膦丝菌素乙酰转移酶基因	膦絲菌素乙醯轉移酶基因	phosphinothricin acetyltransferase gene
灵芝酸	靈芝酸	ganoderic acid
零点突变体	零點突變體	zero-point mutant
零假说	虛擬假說，虛無假設	null hypothesis
零余子（=珠芽）	珠芽	bulbil
留土子叶，地下子叶	不出土子葉，地下子葉	hypogeal cotyledon
流水植物	流水植物	rheophyte
流通率	流通率	flow rate
硫	硫	sulfur
硫苷	硫苷	thioglycoside, S-glycoside
硫酸盐同化	硫酸鹽同化作用	sulfate assimilation
硫同化	硫同化作用	sulfur assimilation
瘤壁假根	瘤壁假根	trabeculate rhizoid, peg rhizoid
六倍体	六倍體，六元體	hexaploid
六倍性	六倍體性	hexaploidy
六碳糖（=己糖）	己糖，六碳糖	hexose
六细胞型气孔	六細胞型氣孔	hexacytic type stoma
龙胆碱	龍膽鹼，龍膽寧	gentianine
龙胆苦苷	龍膽苦苷	gentiopicroside
龙骨瓣	龍骨瓣	keel
龙脑	龍腦，冰片	borneol
漏斗状花冠	漏斗狀花冠，漏斗形花冠	funnel-shaped corolla, infundibular corolla
芦丁（=芸香苷）	芸香苷，芸香素	rutin, rutoside
芦木类	蘆木類	calamites
鲁棒性（=稳健性）	穩健性，穩固性	robustness
陆桥	陸橋	continental bridge, land bridge
陆桥学说	陸橋學說	continental bridge theory

大 陆 名	台 湾 名	英 文 名
陆生根	陸生根	terrestrial root
陆生藻类	陸生藻類	terrestrial algae
陆生植物	陸生植物	terrestrial plant
鹿[石]蕊松林	鹿石蕊松林	pinetum cladinosum
鹿[石]蕊云杉林	鹿石蕊雲杉林	picetum cladinosum
绿色荧光蛋白	綠色螢光蛋白	green fluorescent protein, GFP
绿色荧光蛋白基因	綠色螢光蛋白基因	green fluorescent protein gene
绿色植物	綠色植物	chlorophyte, green plant
绿色组织（=同化组织）	綠色組織，葉綠組織（=同化組織）	chlorenchyma (=assimilating tissue)
绿丝体	直立原絲體	chloronema
绿藻	綠藻	green algae
氯霉素	氯黴素	chloramphenicol
氯霉素扩增	氯黴素擴增	chloramphenicol amplification
氯霉素乙酰转移酶	氯黴素乙醯轉移酶	chloramphenicol acetyltransferase, CAT
氯霉素乙酰转移酶基因	氯黴素乙醯轉移酶基因	chloramphenicol acetyltransferase gene
卵	卵	egg
卵孢子	卵孢子	oospore
卵核	卵核	egg nucleus
卵膜	卵膜	egg membrane
卵囊（=藏卵器）	卵囊	oogomium
卵器	卵器	egg apparatus
卵球	卵球	oosphere
卵式生殖	卵配生殖，卵配結合	oogamy
卵细胞	卵細胞	egg cell
卵质	卵質	ooplasm, ovoplasm
卵质分离	卵質分離	ooplasmic segregation
卵质体	卵質體	ooplast
伦敦黏土植物区系，伦敦黏土植物群	倫敦黏土層植物區系，倫敦黏土層植物相，倫敦黏土層植物群	London clay flora
伦敦黏土植物群（=伦敦黏土植物区系）	倫敦黏土層植物區系，倫敦黏土層植物相，倫敦黏土層植物群	London clay flora
轮回亲本	輪回親本，回交親本	recurrent parent

大　陆　名	台　湾　名	英　文　名
轮界薄壁组织（=界限薄壁组织）	界限薄壁組織	boundary parenchyma
轮末薄壁组织	外輪薄壁組織	terminal parenchyma
轮生	輪生	verticillation
轮生鞭毛	輪生鞭毛	stephanokont
轮生花	輪生花	cyclic flower, verticillate flower
轮生叶	輪生葉	verticillate leaf, whorled leaf
轮生叶序	輪生葉序	cyclic phyllotaxis, verticillate phyllotaxis, whorled phyllotaxy
轮始薄壁组织	輪始薄壁組織	initial parenchyma
轮藻	輪藻	stonewort
轮状花冠	輪狀花冠	rotate corolla
轮状聚伞花序	輪[狀聚]傘花序	verticillaster
逻辑斯谛增长	邏輯斯諦成長，推理成長	logistic growth
螺纹导管	螺紋導管	spiral vessel
螺纹管胞	螺紋管胞	spiral tracheid
螺纹加厚	螺紋加厚	spiral thickening, helical thickening
螺线管	螺線管	solenoid
螺形二叉分枝，螺形二歧分枝	螺形二歧分枝式	helicoid dichotomous branching
螺形二歧分枝（=螺形二叉分枝）	螺形二歧分枝式	helicoid dichotomous branching
螺旋状萌发孔	螺旋形萌發孔	spiraperture, spirotreme
螺旋[状]叶序（=互生叶序）	螺旋狀葉序（=互生葉序）	spiral phyllotaxy, helical phyllotaxy (=alternate phyllotaxy)
螺甾烷	螺甾烷	spirostane
螺状聚伞花序	螺[旋]狀聚傘花序，卷傘花序	helicoid cyme, bostryx
裸地	裸地，不毛地	bare land
裸花（=无被花）	無花被花，裸花	achlamydeous flower, naked flower
裸名	裸名，無效名	nomen nudum
裸囊果（=裸子实体）	裸囊果	gymnocarp
裸囊壳	裸囊殼	gymnothecium
裸芽	裸芽	naked bud
裸藻	裸藻，綠蟲藻	euglenoids
裸藻淀粉，副淀粉	裸藻澱粉，裸藻糖，副澱粉	paramylum, paramylon

大陆名	台湾名	英文名
裸子实体，裸囊果	裸囊果	gymnocarp
裸子植物	裸子植物	gymnospermae
裸子植物时代（=中植代）	中生植物代，裸子植物時代	mesophytic era
洛马群落（=秘鲁草原）	落馬植被	loma
落皮层	落皮層，外層樹皮	rhytidome
落叶	落葉，脱葉	deciduous leaf
落叶阔叶林	落葉闊葉林，脱落闊葉林	deciduous broad-leaved forest
落叶阔叶林带	落葉闊葉林帶	deciduous broad-leaved forest zone
落叶林	落葉林	deciduous forest
落叶木本群落	落葉木本群落	deciduilignosa
落叶树	落葉樹	deciduous tree
落叶针叶林	落葉針葉林	deciduous coniferous forest
落叶植物	落葉植物	deciduous plant

M

大陆名	台湾名	英文名
麻黄碱	麻黄鹼	ephedrine
麻黄状穿孔，筛状穿孔	麻黄狀穿孔，篩狀穿孔	ephedroid perforation
马齿苋脑苷脂 A	馬齒莧腦苷脂 A	portulacerebroside A
马达蛋白[质]	馬達蛋白，運動蛋白，動力型蛋白質	motor protein
马尔萨斯增长（=指数增长）	馬爾薩斯成長（=指數型[族群]成長）	Malthusian growth (=exponential growth)
马基斯群落	馬基斯植被	maquis, macchia
马蹄形疣	馬蹄形疣	lecotropal papilla
吗啡	嗎啡	morphine
吗啡烷类生物碱	嗎啡烷類生物鹼	morphinane alkaloid
麦根酸	麥根酸	mugineic acid
麦角	麥角	ergot
麦角固醇（=麦角甾醇）	麥角甾醇，麥角固醇，麥角脂醇	ergosterol
麦角类生物碱	麥角類生物鹼	ergot alkaloid
麦角新碱	麥角新鹼，麥角新素	ergometrine
麦角甾醇，麦角固醇	麥角甾醇，麥角固醇，麥角脂醇	ergosterol
麦胚凝集素	麥胚凝集素	wheat germ agglutinin, WGA

大　陆　名	台　湾　名	英　文　名
麦芽糖酶	麥芽糖酶	maltase
脉冲电场凝胶电泳	脈衝電場凝膠電泳	pulse-field gel electrophoresis, PFGE
脉端，脉梢	脈梢	vein end
脉脊	脈脊	vein rib
脉间区	脈間區	vein islet, intercostal area
脉梢（=脉端）	脈梢	vein end
脉序	[葉]脈序，[葉]脈型	venation, nervation
脉羊齿型	脈羊齒型	neuropterid
满溢效应	溢流效應	spill-over effect
慢性光抑制（=长效光抑制）	慢性光抑制	chronic photoinhibition
芒	芒	awn, arista
盲纹孔	盲紋孔	blind pit
毛	毛	hair
毛孢子	毛孢子	trichospore
毛被	毛被	indumentum
毛根诱导质粒，Ri 质粒	毛根誘導質體，Ri 質體	root-inducing plasmid, Ri plasmid
毛果芸香碱	毛果芸香鹼，毛果芸香素	pilocarpine
毛细管水	毛細管水，微管水	capillary water
毛状根，发状根	毛狀根，鬚根	hairy root
毛状石细胞	毛狀石細胞	trichosclereid
毛状体	毛狀體	trichome
锚定 PCR（=锚定聚合酶链反应）	錨定聚合酶連鎖反應，錨式 PCR	anchored PCR
锚定聚合酶链反应，锚定 PCR	錨定聚合酶連鎖反應，錨式 PCR	anchored PCR
锚状毛	錨狀毛	anchor hair
帽	帽	cap, cappa
帽缘	帽緣	cap ridge, crista marginalis
帽状体	帽狀體	calypter, calyptra
眉条	眉條	crassulae
煤核	煤核	coal ball
酶	酶，酵素	enzyme
ATP 酶（=腺苷三磷酸酶）	腺苷三磷酸酶，三磷酸腺苷酶，ATP 酶	adenosine triphosphatase, ATPase
GTP 酶（=鸟苷三磷酸酶）	鳥苷三磷酸酶，GTP 酶	guanosine triphosphatase, GTPase
DNA 酶保护分析	DNA 酶保護分析	DNase protection assay

大　陆　名	台　湾　名	英　文　名
酶促降解	酶促降解	enzyme-catalyzed degradation
酶-底物分子	酶-受質分子，酵素受質結合分子	enzyme-substrate molecule
酶-底物复合物	酶-受質複合物，酵素-受質複合體	enzyme-substrate complex
酶联免疫吸附测定	酶聯免疫吸附測定，酵素連接免疫吸附分析，酵素免疫吸附法	enzyme-linked immunosorbent assay, ELISA
酶原	酶原，酵素原	proenzyme, zymogen
DNA 酶足迹法	DNA 酶足跡法	DNase footprinting
霉菌	黴菌	mold, mould
霉帚（=帚状枝）	帚狀枝	penicillus
门	門	division, phylum
萌发	萌發	germination
萌发孔	萌發孔	aperture, trema
萌发促进物	發芽促進物質	germination promotor
萌发抑制物	發芽抑制物質	germination inhibitor
锰簇	錳簇	Mn cluster
孟德尔定律	孟德爾定律	Mendel's law
咪唑[类]生物碱	咪唑類生物鹼	imidazole alkaloid
觅食行为	覓食行為	foraging behavior
泌盐	泌鹽，排鹽	salt excretion, salt secretion
泌盐植物	泌鹽植物	recretohalophyte, salt-excreting plant
密度	密度	density
密度制约	密度制約	density dependence
密集型	密集型	phalanx
密集生长型	密集生長型	phalanx growth form
密集型克隆植物	密集型克隆植物	phalanx clonal plant
密码子	密碼子	codon
密码子偏爱性（=密码子偏倚）	密碼子偏倚，密碼子偏愛	codon bias, codon preference
密码子偏倚，密码子偏爱性	密碼子偏倚，密碼子偏愛	codon bias, codon preference
密码子适应指数	密碼子適應指數	codon adaptation index, CAI
密伞花序，簇生花序	密傘花序，簇生花序，聚傘花序	fascicle
密伞圆锥花序（=聚伞圆锥花序）	圓錐狀聚傘花序，密錐花序，密束花序	thyrse, panicled thyrsoid cyme, cymose panicle
密丝组织	密絲組織	plectenchyma

大　陆　名	台　湾　名	英　文　名
嘧啶	嘧啶	pyrimidine
蜜腺	蜜腺	nectary, nectar gland
绵马酚	綿馬素	aspidinol
免疫共沉淀	免疫共沉澱	coimmunoprecipitation, CoIP
免疫印迹法（=蛋白质印迹法）	免疫印漬術，免疫墨點法（=西方印漬術）	immunoblotting (=Western blotting)
免疫荧光标记	免疫螢光標記	immunofluorescent labeling
描述	描述	description
描述性名称	描述性名稱	descriptive name
描述植被生态学（=植物群落形态学）	描述植被生態學（=植物群落形態學）	descriptive vegetation ecology (=plant symmorphology)
灭绝	滅絕，絕滅	extinction
灭绝种	滅絕種	extinct species
灭菌	滅菌，殺菌	sterilization
灭藻剂，杀藻剂	滅藻劑，除藻劑	algicide
民族植物学	民族植物學	ethnobotany
皿状体	皿狀體，盤狀體	plakea
敏感突变体	敏感突變體	sensitivity mutant
敏感性	敏感性	susceptibility
敏感植物	敏感植物	sensitive plant
名称	名稱	name
名称[的]日期	名稱[的]日期	date of name
明暗分析	明暗分析	LO-analysis
明暗图案	明暗圖案	LO-pattern
命名	命名	nomenclature
命名法规	命名法規	nomenclature code
命名法异名（=同模式异名）	命名法異名（=同模式異名）	nomenclatural synonym (=homotypic synonym)
命名模式	命名模式	nomenclatural type
模板	模板	template
模板 RNA	模板 RNA，模板核糖核酸	template RNA
模板链	模板股，模版股	template strand
模式标本	模式標本	type specimen
模式建成，模式形成，图式形成	樣式形成	pattern formation
模式生物	模式生物	model organism
模式形成（=模式建成）	樣式形成	pattern formation

大陆名	台湾名	英文名
模式种	模式種	type species
模式种概念	模式種概念	typological species concept
ABC 模型	ABC 模型	ABC model
ABCDE 模型	ABCDE 模型	ABCDE model
膜超极化	膜超極化	membrane hyperpolarization
膜蛋白[质]	膜蛋白	membrane protein
膜电位	膜電位	membrane potential
膜分离	膜分離	membrane separation
膜间腔（=膜间隙）	膜間隙，膜間腔	intermembrane space, intermembrane lumen
膜间隙，膜间腔	膜間隙，膜間腔	intermembrane space, intermembrane lumen
膜皮	膜皮	cutis, pellis, cuticula
膜片	膜片，托片，穎狀苞	chaff
膜片花托	具托片花托，穎狀苞花托	chaffy receptacle
膜片钳技术	膜片箝術，膜片箝制記録法	patch clamp technique
膜去极化	膜去極化，膜除極化	membrane depolarization
膜通透性	膜通透性	membrane permeability
膜运输，膜转运	膜運輸	membrane transport, membrane trafficking
膜转运（=膜运输）	膜運輸	membrane transport, membrane trafficking
磨片法	磨片法	polishing method
蘑菇（=蕈菌）	蕈菌，菇	mushroom
末端带（=T 带）	T 帶	telomeric band , T-band
末端电子受体	末端電子受體，終端電子受體	terminal electron acceptor
cDNA 末端快速扩增法	cDNA 末端快速擴增法，cDNA 端點快速放大法	rapid amplification of cDNA end, RACE
末端缺失	末端缺失	terminal deletion
末端脱氧核苷酸转移酶（=末端转移酶）	末端去氧核苷酸轉移酶（=末端轉移酶）	terminal deoxynucleotidyl transferase, TdT (=terminal transferase)
末端氧化酶	末端氧化酶	terminal oxidase
末端氧化作用	末端氧化作用，終端氧化作用	terminal oxidation
末端转移酶	末端轉移酶	terminal transferase
末期	末期	telophase
末射枝	末射枝	dactyl
没食子[酸]鞣质	没食子鞣質，單寧，丹寧	gallotannin

大　陆　名	台　湾　名	英　文　名
茉莉酸	茉莉酸	jasmonic acid, JA
茉莉酸甲酯	甲基茉莉酸鹽	methyl jasminate, MJ
墨角藻黄素，岩藻黄素，岩藻黄质	墨角藻黃素，岩藻黃素，鹿角藻黃素	fucoxanthin
母本	母本	female parent, mother parent
母体效应	母體效應	maternal effect
母体遗传（=[细]胞质遗传）	母體遺傳（=[細]胞質遺傳）	maternal inheritance (=cytoplasmic inheritance)
木薄壁组织	木質部薄壁組織	wood parenchyma, xylem parenchyma
木本沼泽（=树沼）	林澤，沼澤	swamp
木本植物	木本植物	woody plant, xylophyte
木本植物花粉	木本植物花粉	arboreal pollen, AP
木材	木材	wood
木材解剖学	木材解剖學	wood anatomy, xylotomy
木化石（=化石木）	化石木，木化石	fossil wood
木间木栓	木間木栓	interxylary cork
木间韧皮部	木質部間韌皮部，木質部間篩管部	interxylary phloem
木葡聚糖	木葡聚糖	xyloglucan
木葡聚糖内糖基转移酶	木葡聚糖內糖基轉移酶	xyloglucan endotransglycosylase, XET
木射线	木質[部射]線，木質部芒髓	xylem ray, wood ray
木射线细胞	木質[部射]線細胞，木質部放射髓細胞	xylem ray cell
木生群落	木生群落	epixylophytia
木栓	木栓	cork, phellem
木栓层	木栓層	cork layer
木栓分生组织	木栓分生組織	cork meristem
木栓化	木栓化	corkification
木栓皮层	木栓皮層	cork cortex
木栓烷型三萜	木栓烷型三萜	friedelane triterpene
木栓细胞，栓化细胞	木栓細胞，栓化細胞	cork cell
木栓形成	木栓形成	cork formation
木栓形成层	木栓形成層	cork cambium, phellogen
木栓质	木栓質	suberin
木栓组织	木栓組織	cork tissue
木糖醇	木糖醇	xylitol

大 陆 名	台 湾 名	英 文 名
木纤维（=韧型纤维）	木纖維（=韌型纖維）	wood fiber (=libriform fiber)
木脂内酯	木脂內酯	lignanolide
木脂素，木脂体	木脂體，木脂素，樹脂腦	lignan
木脂体（=木脂素）	木脂體，木脂素，樹脂腦	lignan
木质部	木質部	xylem
木质部导管	木質[部導]管	xylem duct
木质部岛	木質部[小]島，木質部小塊	xylem island
木质部母细胞（=木质部原始细胞）	木質部母細胞（=木質部原始細胞）	xylem mother cell (=xylem initial)
木质部束	木質部束	xylem bundle
木质部纤维	木質部纖維	xylem fiber
木质部原始细胞	木質部原始細胞	xylem initial
木质部汁液	木質[部樹]液	xylem sap
木质根	木質根	woody root
木质化	木質化	lignification
木质茎	木質莖，木本莖	woody stem
木[质]素	木[質]素，木質	lignin
目	目	order
牧场	牧場	pasture
牧食食物链（=捕食食物链）	刮食食物鏈，啃食食物鏈（=捕食食物鏈）	grazing food chain (=predatory food chain)

N

大 陆 名	台 湾 名	英 文 名
耐冻性	耐凍性	freezing tolerance
耐寒性	耐寒性	cold hardiness
耐旱性	耐旱性	drought tolerance
耐火植物	耐火植物	pyrophyte
耐碱植物（=适碱植物）	嗜鹼植物，耐鹼植物	alkaline plant, alkaliplant
耐冷性	耐冷性	cold tolerance
耐逆性	耐逆性	stress tolerance
耐热性	耐熱性	heat tolerance
耐性	耐[受]性	tolerance
耐盐性	耐鹽性	salt tolerance, salinity tolerance
耐阴植物	耐陰植物	shade-enduring plant
耐拥挤植物	耐逆境植物	stress-tolerant plant

大陆名	台湾名	英文名
萘醌	萘[酚]醌	naphthoquinone
萘乙酸	萘乙酸，萘醋酸	naphthalene acetic acid, NAA
南瓜子氨酸	南瓜子氨酸	cucurbitin, cucurbitine
南极界	南極界	antarctic realm
囊层被	囊層被，上子實層	epithecium
囊层基（=子实下层）	囊層基（=下子實層）	hypothecium (=subhymenium)
囊层皮	囊層皮	epithecial cortex
囊盖	囊蓋	operculum
囊果（=果孢子体）	囊果（=果孢子體）	cystocarp (=carposporophyte)
囊间假薄壁组织（=囊间拟薄壁组织）	囊間假薄壁組織	interascal pseudoparenchyma
囊间拟薄壁组织，囊间假薄壁组织	囊間假薄壁組織	interascal pseudoparenchyma
囊间丝（=囊间组织）	囊間組織，囊間絲	hamathecium
囊间组织，囊间丝	囊間組織，囊間絲	hamathecium
囊壳（=鞘壳）	[藻類]外被，鞘殼，囊殼	lorica
囊领	囊領	collar, collarette
囊盘被	囊盤被	excipulum, exciple
囊盘状子囊座	囊盤狀子囊座	discothecium
囊盘总层	囊盤總層	lamina
囊泡（=小泡）	囊泡，小泡	vesicle
囊腔地衣，腔囊地衣	囊腔地衣	ascolocular lichen
囊群盖	孢膜，苞膜，囊群膜	indusium
囊实体（=子囊果）	子囊果	ascoma, ascocarp
囊托	囊托	apophysis
囊轴，菌柱	囊軸	columella
囊状体	囊狀體	cystidium
囊状衣瘿	囊狀衣癭	sacculate cephalodium
脑苷脂	腦苷脂，腦脂苷	cerebroside
内孢囊	内孢囊	inner spore sac
内壁	内壁	intine
内壁蛋白	内壁蛋白	intine-held protein
内壁节孢子（=内生节孢子）	内生節孢子	enteroarthric conidium
内齿层（=内蒴齿）	内蒴齒，内齒層	endostome, endoperistome, endostomium
内雌苞叶	内雌苞葉	inner perichaetial bract
内顶突	内頂突	nassace, tholus, nasse
内毒素	内毒素	endotoxin

大　陆　名	台　湾　名	英　文　名
内分泌结构	内分泌結構	internal secretory structure
内分生孢子	内[生]分生孢子	endoconidium
内稃	内稃	palea
内根鞘	内[生]根鞘	inner root-sheath
内共生假说（=内共生学说）	内共生假說（=内共生學說）	endosymbiotic hypothesis (=endosymbiotic theory)
内共生学说	内共生學說	endosymbiotic theory
内果皮	内果皮	endocarp
内含子	内含子，插入序列	intron
内函韧皮部	内涵韌皮部	included phloem
内函纹孔口	内涵紋孔口	included pit aperture
内函小脉	内涵小脈	included veinlet
内核膜	内核膜	inner nuclear membrane
内花被	内花被	inner perianth
内寄生	内寄生	endoparasitism
内寄生物	内寄生物	endoparasite
内聚力	内聚力	cohesion
内聚力学说（=蒸腾-内聚力-张力学说）	内聚力[學]說（=蒸散凝聚張力說）	cohesion theory (=transpiration-cohesion-tension theory)
内菌幕	内蓋膜	inner veil
内壳面	内殼面	internal valve
内孔	内孔	os, endoporus
内[类]群	内群	ingroup
内模相	内模相	knorria
内膜系统	内膜系統	endomembrane system
内囊盘被（=髓囊盘被）	髓囊盤被，内囊盤被，盤下層	medullary excipulum
内皮层	内皮層	endodermis
内腔，里腔	内腔	atrium
内切核酸酶，核酸内切酶	核酸内切酶，内生核酸酶	endonuclease
内渗	内滲透	endosmosis
内生孢子	内[生]孢子	endospore
内生节孢子，内壁节孢子	内生節孢子	enteroarthric conidium
内生菌根	内生菌根	endomycorrhiza, endotrophic mycorrhiza
内生韧皮部	内生韌皮部，内生篩管部	internal phloem, inner phloem, intraxylary phloem
内生芽殖产孢	内生芽殖產孢	enteroblastic conidiogenesis

大陆名	台湾名	英文名
内生衣瘿	内生衣癭	internal cephalodium, inner cephalodium
内生源	内生源	endogenous origin
内生藻类	内生藻類	endophytic algae
内生真菌	内生真菌	endomycete
内生植物	内生植物，内生菌	endophyte, entophyte
内始式	内始式，内源型	endarch
内始式维管束	内始式維管束，内源型維管束	endarch bundle
内[树]皮	内[樹]皮	inner bark
内蒴齿，内齿层	内蒴齒，内齒層	endostome, endoperistome, endostomium
内填生长	内填生長	intussusception growth
内外生菌根	内外生菌根，外生内菌根	ectendotrophic mycorrhiza, ectendomycorrhiza
内向药	内向花藥	introrse anther
内雄苞叶	内雄苞葉	inner perigonial bract
内因成种（=内因性物种形成）	内因性物種形成，内因性種化	intrinsic speciation
内因性物种形成，内因成种	内因性物種形成，内因性種化	intrinsic speciation
内因演替	内因演替，内因消長	endogenetic succession
内颖	内穎	inner glume
内源呼吸	内源呼吸，基本呼吸	endogenous respiration
内源节律	内源節律，内生律動，内在週律	endogenous rhythm, endogenous timing
内源节律耦合模型	内源節律耦合模型	internal coincidence model
内源周期性	内源週期性，内在週期性	endogenous periodicity
内在表型	内在表[現]型	endophenotype
内在蛋白质（=整合蛋白质）	嵌入蛋白，膜内在蛋白（=整合蛋白質）	intrinsic protein (=integral protein)
内质网	内質網	endoplasmic reticulum, ER
内质网-线粒体接触点	内質網-粒線體接觸點	endoplasmic reticulum-mitochondrial contact site
内质网相关蛋白降解	内質網相關蛋白降解	endoplasmic reticulum-associated degradation, EARD
内质网驻留蛋白	内質網駐留蛋白	endoplasmic reticulum retention protein, ER-retention protein
内种皮	内種皮	endopleura, endotesta,

大陆名	台湾名	英文名
		internal seed coat
内珠被	内珠被	inner integument
内珠孔	内珠孔	endostome
内珠心	内珠心	inner nucellus
能荷	能荷	energy charge
能量	能量	energy
能量传递	能量傳遞	energy transfer
能量代谢	能量代謝	energy metabolism
能量代谢率	能量代謝率	energy metabolic rate, EMR
能量金字塔，能量锥体	能量[金字]塔	energy pyramid, pyramid of energy
能量流[动]，能流	能量流通，能流	energy flow
能量平衡	能量平衡	energy balance
能量转移反应	能量轉移反應	energy transduction reaction
能量锥体（=能量金字塔）	能量[金字]塔	energy pyramid, pyramid of energy
能流（=能量流[动]）	能量流通，能流	energy flow
能育花粉	可孕性花粉	fertile pollen
能育小羽片	生殖小羽片，[可]孕性小羽片	fertile pinnule
能育叶（=孢子叶）	生殖葉，繁殖葉（=孢子葉）	fertile leaf, fertile frond (=sporophyll)
能育羽片	生殖羽片，[可]孕性羽片，産孢子羽片	fertile pinna
尼古丁（=烟碱）	菸鹼，尼古丁	nicotine
拟薄壁组织，假薄壁组织	假薄壁組織，擬薄壁組織	pseudoparenchyma
拟鞭毛，伪鞭毛	擬鞭毛	pseudoflagellum
拟侧丝，假侧丝	假側絲，擬側絲，偽側絲	pseudoparaphysis
拟除虫菊酯	擬除蟲菊酯	pyrethroid
拟等位基因	擬等位基因，擬對偶基因	pseudoallele
拟分生组织	類分生組織	meristemoid
拟沟	似溝	colpoid
拟核，类核	擬核，類核，核狀體	nucleoid, karyoid
拟基因（=假基因）	偽基因，假基因	pseudogene
拟假种皮	擬假種皮，類似假種皮	arillode
拟接合孢子，无性接合孢子	無性接合孢子，非接合孢子	azygospore
拟茎体	擬莖體	caulidium
拟晶体，类晶体	擬晶體，類晶體	crystalloid
拟孔沟[的]	似孔溝[的]	colporoidate

大　陆　名	台　湾　名	英　文　名
拟萌发孔	擬萌發孔	aperturoid, tremoid
拟木栓细胞	擬木栓細胞，似木栓細胞	phelloid cell
拟侵填体	擬填充體	tylosoid
拟苏铁类（=本内苏铁类）	擬蘇鐵類（=本內蘇鐵類）	cycadeoids (=bennettitaleans)
拟显性（=假显性）	假顯性，偽顯性	pseudodominance
拟叶体	擬葉體	phyllidium
逆进化	逆演化	counter-evolution
逆境，胁迫	逆境，環境壓力，緊迫	stress
逆境蛋白，胁迫蛋白	逆境蛋白	stress protein
逆境伤害，胁迫伤害	逆境傷害	stress injury
逆境生理学	逆境生理學，應力生理學	stress physiology
逆没食子鞣质酸，鞣花单宁酸	鞣花鞣質酸，鞣花單寧酸，鞣花丹寧酸	ellagitannic acid
逆没食子[酸]鞣质，鞣花鞣质，鞣花单宁	併没食子[酸]鞣質，鞣花鞣質，鞣花單寧	ellagitannin
逆向转座	逆向轉位	inverse transposition
逆选择（=反选择）	反[向]選擇，反淘汰	counterselection
逆转	逆轉	reversal
逆转录（=反转录）	反轉錄，逆轉錄	reverse transcription
年代种	年代種，時序種	chronological species, chronospecies
年龄金字塔，年龄锥体	年齡[金字]塔	age pyramid
年龄锥体（=年龄金字塔）	年齡[金字]塔	age pyramid
年轮	年輪	annual ring
黏孢囊	黏孢囊	myxosporangium
黏孢团（=黏分生孢子团）	黏分生[孢]子團，黏孢團	pionnotes
黏孢子	黏孢子	myxospore
黏分生孢子团，黏孢团	黏分生[孢]子團，黏孢團	pionnotes
黏菌体（=复囊体）	黏菌體，集合子實體	aethalium
黏粒	黏接質體	cosmid
F 黏粒	F 型黏接質體	fosmid
黏粒文库	黏接質體庫	cosmid library
黏盘（=着粉腺）	著粉腺，黏質盤	retinaculum, viscid disc
黏[性末]端	黏[性末]端	cohesive end, cohesive terminus, sticky end
黏液	黏液	slime
黏液道	黏液道	mucilage canal
黏液毛	黏液毛	colleter

大陆名	台湾名	英文名
黏液腔	黏液腔	mucilage cavity
黏液塞	黏液塞	slime plug
黏液细胞	黏液細胞	mucilage cell
黏藻黄素（=蓝藻黄素）	藍藻黃素	myxoxanthin
黏藻叶黄素（=蓝藻叶黄素）	藍藻葉黃素	myxoxanthophyll
黏着盘（=固着器）	盤狀附著器，盤狀固著器（=附著器）	adhesive disc (=holdfast)
鸟氨酸脱羧酶	鳥胺酸脫羧酶，鳥胺酸脫羧基酵素	ornithine decarboxylase
鸟苷三磷酸，鸟三磷	鳥苷三磷酸，鳥三磷，三磷酸鳥糞素核苷	guanosine triphosphate, GTP
鸟苷三磷酸酶，GTP 酶	鳥苷三磷酸酶，GTP 酶	guanosine triphosphatase, GTPase
鸟媒	鳥媒	ornithophily
鸟媒传粉	鳥媒傳粉，鳥媒授粉	ornithophilous pollination
鸟媒花	鳥媒花	ornithophilous flower
鸟媒植物	鳥媒植物	ornithophilous plant
鸟嘌呤	鳥嘌呤	guanine
鸟枪法测序	霰彈槍定序	shotgun sequencing
鸟三磷（=鸟苷三磷酸）	鳥苷三磷酸，鳥三磷，三磷酸鳥糞素核苷	guanosine triphosphate, GTP
尿囊素	尿囊素	allantoin
尿囊酸	尿囊酸	allantoic acid
镊合状	鑷合狀	valvate
镊合状花被卷叠式	鑷合狀花被卷疊式	valvate aestivation
柠檬酸，枸橼酸	檸檬酸，枸櫞酸	citric acid
柠檬酸循环（=三羧酸循环）	檸檬酸循環（=三羧酸循環）	citric acid cycle (=tricarboxylic acid cycle)
凝集素	凝集素	lectin
凝胶	凝膠	gel
凝胶过滤色谱法	凝膠過濾層析法	gel filtration chromatography, GFC

O

大陆名	台湾名	英文名
欧美植物区系，欧美植物群	歐美植物區系，歐美植物相，歐美植物群	Euramerican flora
欧美植物群（=欧美植物区系）	歐美植物區系，歐美植物相，歐美植物群	Euramerican flora

大　陆　名	台　湾　名	英　文　名
欧亚植物区系，欧亚植物群	歐亞植物區系，歐亞植物相，歐亞植物群	Eurasian flora
欧亚植物群（=欧亚植物区系）	歐亞植物區系，歐亞植物相，歐亞植物群	Eurasian flora
偶见寄主	偶見寄主	accidental host
偶见种，偶遇种	偶見種	casual species, accidental species, incidental species
偶联反应	偶聯反應，耦聯反應，耦合反應	coupled reaction
偶联因子（=ATP 合酶）	偶聯因子（=ATP 合[成]酶）	coupling factor (=ATP synthase)
偶数多倍体	偶數多倍體	even polyploid
偶数羽状复叶	偶數羽狀複葉	even-pinnately compound leaf
偶遇种（=偶见种）	偶見種	casual species, accidental species, incidental species

P

大　陆　名	台　湾　名	英　文　名
帕拉莫群落	帕爾莫高原	paramo
排斥反应（=拒绝反应）	排斥反應	rejection reaction
排水器	排水器，水孔	hydathode
排水细胞	排水細胞	hydathodal cell
排序	排序	ordering
排盐	排鹽	salt elimination
哌啶[类]生物碱	哌啶[類]生物鹼	piperidine alkaloid
蒎烷衍生物	蒎烷衍生物	pinane derivative
潘帕斯群落（=阿根廷草原）	潘帕斯群落	pampas
攀缘	攀緣	climb
攀缘草本	攀緣草本	climbing herb
攀缘根	攀緣根	climbing root
攀缘灌木	攀緣灌木	climbing shrub
攀缘茎	攀緣莖	climbing stem
攀缘毛	攀緣毛	climbing hair
攀缘藤本	攀緣藤本	climbing vine
攀缘纤维	攀緣纖維	climbing fiber
攀缘运动	攀緣運動	climbing movement
攀缘植物	攀緣植物，纏繞植物	climbing plant, climber
盘壁	盤壁，副子囊層	parathecium

大 陆 名	台 湾 名	英 文 名
盘花（=心花）	心花，盤狀花，管狀花	disk flower, disc flower
盘菌地衣	盤菌地衣	discolichen
盘下层（=髓囊盘被）	髓囊盤被，内囊盤被，盤下層	medullary excipulum
盘状花托	盤狀花托	cotyloid receptacle
盘[状子]囊果	盤狀子囊果	discocarp
彷徨变异	徬徨變異，參差變異，波動變異	fluctuating variation
旁侧序列，侧翼序列	旁側序列，側翼序列，毗鄰序列	flanking sequence
旁系同源基因（=种内同源基因）	同種同源基因，種內同源基因	paralogous gene
泡状鳞片	泡狀鱗片	bulliform scale, vesicular scale
泡状细胞	泡狀細胞	bulliform cell
胚	胚	embryo
胚柄	胚柄	suspensor
胚柄层	胚柄層	suspensor tier
胚柄管	胚柄管	suspensor tube
胚柄胚	胚柄胚	suspensor embryo
胚柄吸器	胚柄吸器	suspensor haustorium
胚柄系统	胚柄系統	suspensor system
胚柄细胞	胚柄細胞	suspensor cell
胚柄引导	胚柄引導	funicular guidance
胚层	胚層	embryonic layer, germ layer
胚盾	胚盾	embryonic shield
胚根	胚根	radicle
胚根背倚胚	胚根背倚胚	notorrhizal embryo
胚根鞘	胚根鞘	coleorhiza
胚根原	胚根原	hypophysis
胚根缘倚胚	胚根緣倚胚	pleurorhizal embryo
胚冠	胚帽	embryo cap
胚管	胚管	embryonal tube
胚结	胚結	embryonic knot
胚囊	胚囊	embryo sac
胚囊管	胚囊管	embryo sac tube
胚囊核	胚囊核	embryo sac nucleus
胚囊竞争	胚囊競爭	embryo sac competition

大　陆　名	台　湾　名	英　文　名
胚囊吸器	胚囊吸器	embryo sac haustorium
胚囊细胞	胚囊細胞	embryo sac cell
胚囊状花粉粒（=花粉-胚囊）	胚囊狀花粉粒（=花粉胚囊）	embryo sac-like pollen grain (=pollen-embryo sac)
胚乳	胚乳	endosperm
胚乳核	胚乳核	endosperm nucleus
胚乳母细胞	胚乳母細胞	endosperm mother cell
胚乳胚	胚乳胚	endosperm embryo
胚乳培养	胚乳培養	endosperm culture
胚乳吸器	胚乳吸器	endosperm haustorium
胚乳细胞	胚乳細胞	endosperm cell
胚乳原始细胞	胚乳原始細胞，胚乳始原細胞	endosperm initial cell
胚胎发生	胚胎發生，胚[胎]形成	embryogenesis, embryogeny
胚胎发生晚期丰富蛋白	胚胎發生晚期豐富蛋白	late embryogenesis abundant protein, LEA protein
胚胎发育	胚胎發育	embryonic development
胚胎分化	胚胎分化	embryonic differentiation
胚胎干细胞	胚[胎]幹細胞	embryonic stem cell, ES cell, ESC
胚胎干细胞法	胚胎幹細胞法	embryonic stem cell method
胚胎干细胞介导技术	胚胎幹細胞介導技術	embryonic stem cell-mediated technology
胚胎干细胞库	胚胎幹細胞庫	embryonic stem cell bank
胚胎干细胞嵌合体	胚胎幹細胞嵌合體	embryonic stem cell chimera, ES cell chimera
胚[胎]培养	胚[胎]培養	embryo culture
胚[胎]期	胚[胎]期	embryonic stage
胚胎生殖细胞	胚胎生殖細胞	embryonic germ cell, EG cell
胚胎系统发育	胚胎系統發育，系統胚胎發育，胚發生	phylembryogenesis
胚胎型休眠	胚胎型休眠	embryo-type dormancy
胚[胎]诱导	胚[胎]誘導	embryonic induction
胚胎致死	胚致死	embryonic lethal
胚胎滞育	胚胎滯育	embryonic diapause
胚胎组织	胚[胎]組織，胚性組織	embryonic tissue
胚体	胚體	embryo proper
胚托	胚托，胚柄	embryophore
胚细胞	胚細胞	embryonic cell

大陆名	台湾名	英文名
胚细胞层	胚細胞層	embryo cell tier
胚型	胚型	embryonic type
胚性细胞	胚性細胞	embryogenic cell, embryonal cell
胚性愈伤组织	胚性癒傷組織	embryonic callus
胚性愈伤组织培养	胚性癒傷組織培養	embryogenic callus culture
胚休眠	胚休眠	embryo dormancy
胚芽	胚芽	plumule
胚芽鞘	胚芽鞘	coleoptile
胚芽原	胚芽原	epiphysis
胚延迟分化	胚延遲分化	delayed differentiation of embryo
胚轴	胚軸	embryo axis, embryonal axis
胚珠	胚珠	ovule
胚珠培养	胚珠培養	ovule culture
胚状体	胚狀體，不定胚	embryoid
胚状体培养	胚狀體培養，胚[胎]體培養	embryoid culture
培养基	培养基	culture medium
培养液	培養液	culture solution
配合力	組合力	combining ability
配囊柄	配囊柄	suspensor
配囊交配（=配子囊配合）	配子囊接合，配囊交配	gametangial copulation
配糖体（=苷元）	糖苷配基，苷元	aglycon, aglycone
配置	配置	allocation
配子	配子	gamete
配子不亲和性	配子不親和性	gametic incompatibility
配子发生，配子形成	配子發生，配子形成	gametogenesis, gametogeny
配子减数分裂	配子減數分裂	gametic meiosis
配子母细胞	配[子]母細胞	gametocyte
配子囊	配子囊	gametangium
配子囊配合，配囊交配	配子囊接合，配囊交配	gametangial copulation
配子配合，融合生殖	同配生殖，配子生殖，接合生殖	syngamy
配子染色体数	配子染色體數	gametic chromosome number
配子生殖	配子生殖	gametogony
配子体	配子體	gametophyte
配子体不育	配子體不育	gametophyte sterility
配子体世代（=有性世代）	配子體世代（=有性世代）	gametophyte generation

大 陆 名	台 湾 名	英 文 名
		(=sexual generation)
配子体无融合生殖	配子體無融合生殖	gametophytic apomixis
配子体自交不亲和性	配子體自交不親和性	gametophytic self-incompatibility, GSI
配子托	配子囊柄	gametophore
配子细胞	配子細胞	gametid, gametid cell
配子形成（=配子发生）	配子發生，配子形成	gametogenesis, gametogeny
硼	硼	boron
膨大隔壁	膨大隔壁	dilated septum
膨压	膨壓	turgor pressure, turgor
膨压运动，紧张性运动	膨壓運動，緊漲性運動	turgor movement
膨胀	膨脹，緊漲現象	turgescence, turgid
膨胀度（=紧张度）	膨脹度，硬脹度，緊漲度	turgidity
皮层	皮層	cortex
皮层丝	皮層絲	cortical filament
皮层原	皮層原	periblem
皮刺	皮刺	aculeus
皮孔	皮孔	lenticelle, lenticel
皮孔蒸腾	皮孔蒸散	lenticular transpiration
皮系统（=皮组织系统）	表皮系統（=表皮組織系統）	dermal system (=dermal tissue system)
皮下层	下皮層	hypodermis
皮组织系统	表皮組織系統	dermal tissue system
偏爱密码子	偏愛密碼子	preferred codon
偏害共生	片害共生，片害共棲，單害共生	amensalism
偏利共生	片利共生，片利共棲，偏利共存	commensalism
偏利素，偏益素	腐物激素	apneumone
偏摩尔体积	偏莫爾體積，部分莫爾體積	partial molar volume
偏上性	下垂性	epinasty
偏上性生长	下垂生長	epinasty growth
偏态分离，失真分离	失衡分離，不均等分離	distorted segregation
偏途顶极，歧顶极，人为顶极[群落]	人為頂峰群聚，人為極峰群落，干擾性極峰相	disclimax, plagioclimax
偏途演替	偏途演替	deflected succession
偏系群（=并系[类]群）	並系[類]群	paralogous group, paraphyletic group
偏下性	偏下性	hyponasty

大陆名	台湾名	英文名
偏下性生长	偏下生長	hyponasty growth
偏宜种	選擇種	selective species
偏益素（=偏利素）	腐物激素	apneumone
胼胝体	胼胝體	callus, callosity
胼胝质	胼胝質	callose
胼胝质塞	胼胝質塞	callose plug
片段重复	片段重複	segmental duplication
片状厚角组织，板状厚角组织	片狀厚角組織，層狀厚角組織	lamellar collenchyma
漂浮植物	漂浮植物，浮水植物，浮葉植物	floating plant, fluitante
嘌呤	嘌呤	purine
嘌呤[类]生物碱	嘌呤類生物鹼	purine alkaloid
嘌呤霉素	嘌呤黴素	puromycin
贫养植物，瘠土植物	貧養植物	oligotrophic plant
贫营养沼泽（=藓类沼泽）	貧營養沼澤（=苔泥沼）	oligotrophic mire (=moss bog)
频度	頻度	frequency
频度中心	頻度中心	frequency center
频率依赖选择（=依频选择）	頻率依存[型]天擇	frequency-dependent selection
品系	品系	strain
品种	品種	variety, cultivar
品种纯度	品種純度	purity of variety
品种间杂交	品種間雜交	intervarietal crossing, intervarietal hybridization
品种间杂种	品種間雜種	intervarietal hybrid
品种间自由异花传粉	品種間自由異花傳粉	intervarietal free cross-pollination
品种间自由杂交	品種間自由雜交	intervarietal free crossing
品种内杂交	品種內雜交	intravarietal crossing
品种退化	品種退化	variety degeneration
平端	鈍端	blunt end, flush end
平衡多态现象	平衡多態現象，均衡多型性	balanced polymorphism
平衡溶液	均衡溶液	balanced solution
平衡石	平衡石	statolith
平衡细胞	平衡細胞	statocyte
平衡选择	平衡[型]天擇，平衡選擇	balancing selection
平滑[的]	平滑[的]	smooth

大　陆　名	台　湾　名	英　文　名
平滑假根	平滑假根	smooth rhizoid
平均滞留时间	平均滯留時間	mean residence time, MRT
平列型气孔，平轴式气孔	平列型氣孔，平軸式氣孔	paracytic type stoma
平行进化	平行演化	parallel evolution, parallelism
平行脉	平行脈	parallel vein
平行脉序	平行脈序	parallel venation
平展[的]	平展[的]	creeping
平周壁	平周壁	periclinal wall
平周分裂	平周分裂	periclinal division
平轴式气孔（=平列型气孔）	平列型氣孔，平軸式氣孔	paracytic type stoma
苹果酸	蘋果酸	malic acid
苹果酸代谢学说（=苹果酸生成学说）	蘋果酸代謝學說（=蘋果酸生成學說）	malate metabolism theory (=malate production theory)
苹果酸生成学说	蘋果酸生成學說	malate production theory
凭证标本	憑證標本，存證標本	voucher specimen
瓶梗	瓶梗	phialide
瓶梗[分生]孢子	瓶梗孢子，瓶柄孢子	phialoconidium, phialospore
瓶梗式产孢	瓶梗式產孢	phialidic conidiogenesis
瓶梗托	瓶梗托	phialophore
瓶颈效应	瓶頸效應	bottleneck effect
瓶状叶	瓶狀葉	pitcher
破裂蒴果	破裂蒴果	anomalicidal capsule
破生间隙	破生間隙	rhexigenous space
破碎化指数	破碎化指數	fragmentation index
剖面样条	剖面樣條	bisect, profile chart
匍匐[的]	匍匐[的]	procumbent
匍匐地面芽植物	匍匐地面芽植物	creeping hemicryptophyte
匍匐茎	匍匐莖，平伏莖，走莖	stolon, creeping stem, procumbent stem
匍匐[菌]丝	匍匐菌絲	stolon
匍匐枝，纤匐枝	匍匐枝，匍匐莖，走莖	creeper, runner
匍匐植物	匍匐植物，蔓生植物	creeper, creeping plant, stoloniferous plant
脯氨酸	脯胺酸	proline
葡聚糖	葡聚糖，聚葡萄糖	glucan, glucosan
葡聚糖酶	葡聚糖酶	glucanase, dextranase
葡聚糖水合二激酶（=葡聚	葡聚糖-水雙激酶	glucan-water dikinase

大　陆　名	台　湾　名	英　文　名
糖-水双激酶）		
葡聚糖-水双激酶，葡聚糖水合二激酶	葡聚糖-水雙激酶	glucan-water dikinase
β-葡糖苷酸酶（=β-葡糖醛酸糖苷酶）	β-葡萄糖醛酸酶	β-glucuronidase
β-葡糖醛酸糖苷酶，β-葡糖苷酸酶	β-葡萄糖醛酸酶	β-glucuronidase
D-葡萄糖	D-葡萄糖	D-glucose
普雷里群落（=北美草原）	北美草原，大草原	prairie
普纳群落	普納群落，普納草原	puna
普通伴胞	普通伴細胞	ordinary companion cell
谱系，系谱	譜系	lineage, pedigree
谱系发生学（=系统发生学）	譜系學，親緣關係學	phylogenetics
谱系学，系谱学	譜系學，系譜學，系統學	genealogy
蹼化，并合	蹼化	webbing

Q

大　陆　名	台　湾　名	英　文　名
七倍体	七倍體	heptaploid
七叶内酯	七葉樹素	aesculetin
G_1 期	G_1 期	G_1 phase, first gap phase
G_2 期	G_2 期	G_2 phase, second gap phase
M 期，[有丝]分裂期	[胞核]分裂期，M 期	mitotic phase, M phase
S 期，合成期	合成期，S 期	synthesis phase, S phase
齐墩果酸	齊墩果酸	oleanolic acid
齐墩果烷型三萜	齊墩果烷型三萜	oleanane triterpene
歧顶极（=偏途顶极）	人為頂峰群聚，人為極峰群落，干擾性極峰相	disclimax, plagioclimax
歧化选择（=分裂选择）	分歧[型]天擇（=分裂[型]天擇）	diversifying selection (=disruptive selection)
歧域成种（=歧域物种形成）	歧域物種形成，歧域種化	dichopatric speciation
歧域物种形成，歧域成种	歧域物種形成，歧域種化	dichopatric speciation
脐	臍	umbo
脐索基（=菌索基）	菌索基	hapteron
旗瓣	旗瓣	standard, vexil, banner
旗叶	劍葉，禾草頂葉	boot leaf
启动子	啟動子	promoter

大　陆　名	台　湾　名	英　文　名
35S 启动子	35S 啟動子	35S promoter
启动子捕获	啟動子捕獲	promoter trapping
起始密码子	起始密碼子	initiation codon, start codon
起源中心	起源中心	center of origin, origin center
气候变化	氣候變化，氣候變遷	climatic change
气候带	氣候帶	climate zone, climatic zone
气候顶极	氣候頂極，氣候極盛相	climatic climax
气候顶极植被	氣候頂極植被	climatic climax vegetation
气候生态型	氣候生態型	climatic ecotype
气候图	氣候圖	climatograph, climograph, climatic chart
气候稳定学说	氣候穩定學說	climatic stability theory
气候型	氣候型	climatype
气候性演替	氣候性演替	climatic succession
气候演替系列	氣候演替系列	clisere
气孔	氣孔	stoma
气孔导度	氣孔導度	stomatal conductance
气孔复合体（=气孔器）	氣孔複合體（=氣孔器）	stomatal complex (=stomatal apparatus)
气孔计	氣孔計	porometer
气孔开度	氣孔開口，孔口	stomatal aperture
气孔频度	氣孔頻度	stomatal frequency
气孔器	氣孔器	stomatal apparatus
气孔上生叶	氣孔上生葉	epistomatic leaf
气孔室	氣孔室	stomatic chamber
气孔调节	氣孔調節	stomatal regulation
气孔下腔（=[气]孔下室）	氣孔下室	substomatic chamber
气孔下生叶	氣孔下生葉	hypostomatic leaf
[气]孔下室，气孔下腔	氣孔下室	substomatic chamber
气孔运动	氣孔運動	stomatal movement
气孔蒸腾	氣孔蒸散	stomatal transpiration
气孔阻力	氣孔阻力	stomatal resistance
气囊	氣囊	pneumatocyst, saccus
气囊背基，气囊近极基	氣囊背基，氣囊近極基	dorsal root of sac
气囊腹基，气囊远极基	氣囊腹基，氣囊遠極基	ventral root of sac
气囊近极基（=气囊背基）	氣囊背基，氣囊近極基	dorsal root of sac
气囊远极基（=气囊腹基）	氣囊腹基，氣囊遠極基	ventral root of sac
气生根	氣生根	aerial root

大陆名	台湾名	英文名
气生叶	氣生葉，出水葉	aerial leaf
气生藻类	氣生藻類	aerial algae
气生植物	氣生植物	air plant, aerial plant, aerophyte
气室	氣室	air chamber
气相色谱法	氣相層析法	gas chromatography
气穴现象，空化现象	空化作用	cavitation
器孢子	器孢子，粉孢子	pycnidiospore
器官	器官	organ
器官发生	器官發生	organogenesis, organogeny
器官培养	器官培養	organ culture
器官生理学	器官生理學	organ physiology
器官属	器官屬	organ genus
器官特异性	器官特殊性，器官專屬特性	organ specificity
千碱基	千鹼基	kilobase, kb
千碱基对	千鹼基對	kilobase pair, kbp
迁地保护，异地保护，易地保护	異地保育，域外保育，移地保育	*ex situ* conservation
迁移	遷移	migration, movement
迁移植物	遷移植物	migrant plant, migratory plant
牵出试验	牽出試驗	pull-down experiment
前被子植物	前被子植物	proangiosperm
前鞭毛	前鞭毛	front flagellum
前翅	前翅	front lamina, apical lamina
前导链	先導股，前導股，領先股	leading strand
前导序列	前導序列	leading sequence, leader sequence
前顶极，预顶极，先锋顶极	前[演替]極相，前巔峰群落	preclimax
前果壳	前果殼	preparathecium
前核（=原核）	原核，前核	pronucleus
前花粉	原花粉	prepollen
前进进化，前进演化，累变发生	前進演化	anagenesis
前进演化（=前进进化）	前進演化	anagenesis
前裸子植物	前裸子植物	progymnosperm
前期	前期	prophase
前适应，预适应	前適應，預先適應，先期適應	preadaptation

大　陆　名	台　湾　名	英　文　名
前蒴齿	前蒴齒	properistome
前维管植物	前維管植物	protracheophyte
前乌氏体（=原乌氏体）	原烏氏體，前烏氏體	pro-Ubisch body
前心形胚	前心形胚	preheart-shape embryo
前皂苷配基	前皂苷配基	prosapogenin
前质体，原质体	前質體，前色素體，原質體	proplastid
前中期	前中期	prometaphase
潜伏芽	潛伏芽	latent bud
潜育沼泽	潛育沼澤	gleyization mire
潜在分株	潛在分株	potential ramet
潜在植被	潛在植被	potential vegetation
潜在植被图	潛在植被圖	potential vegetation map
潜在自然植被	潛在自然植被，潛在天然植被	potential natural vegetation
嵌合 DNA	嵌合 DNA	chimeric DNA
腔囊地衣（=囊腔地衣）	囊腔地衣	ascolocular lichen
腔隙厚角组织	腔隙厚角組織	lacunar collenchyma
强心苷	強心苷	cardenolide, cardiac glycoside
强心苷配基	強心苷配基	cardiac aglycone
强枝	強枝	spreading divergent branch
蔷薇果	薔薇果	hip, cynarrhodion
蔷薇形花冠	薔薇形花冠	roseform corolla
羟基磷灰石	羥基磷灰石	hydroxyapatite, HA
羟吲哚类生物碱	羥吲哚類生物鹼	oxindole alkaloid
羟自由基	羥自由基，氫氧自由基	hydroxyl radical
强迫休眠	強制休眠	imposed dormancy
乔丹种	約氏種，變種，小種	Jordan’s species, Jordanon
乔木	喬木	tree, arbor
桥状孔盖	橋狀孔蓋	pontoperculum
鞘壳，囊壳	[藻類]外被，鞘殼，囊殼	lorica
切口平移，切口移位	切口移位，鏈裂移位，切斷轉譯	nick translation
切口移位（=切口平移）	切口移位，鏈裂移位，切斷轉譯	nick translation
切落	脫離	abjunction
切向壁（=弦向壁）	弦向壁，切線面壁	tangential wall
切向分裂（=平周分裂）	弦切分裂，切線面分裂（=平周分裂）	tangential division (=periclinal division)

大陆名	台湾名	英文名
切向切面（=弦切面）	弦切面，切線斷面	tangential section
侵染垫	侵染墊	infection cushion
侵入生长，插入生长	侵入生長	intrusive growth
侵填体	填充體，侵填體，阻塞胞	tylosis, tylose
亲本，亲代	親本，親代	parent
亲代（=亲本）	親本，親代	parent
亲和素（=抗生物素蛋白）	抗生物素蛋白，卵白素	avidin
亲缘间相关	親緣間相關	correlation between relatives
亲缘种（=同胞种）	同胞種，姊妹種	sibling species, sister species
青蒿素	青蒿素	artemisinin
氢传递体，递氢体	氫傳遞體，氫載體	hydrogen carrier
氢化酶	氫化酶，氫化酵素	hydrogenase
氢键	氫鍵	hydrogen bond
倾立[的]	傾立[的]	erecto-patent
倾向受精	偏向受精，選擇受精	preferential fertilization
清晨水势	清晨水勢，淩晨水勢	predawn water potential
氰化物钝感呼吸	氰化物鈍感呼吸	cyanide-insensitive respiration
氰化物敏感呼吸	氰化物敏感呼吸	cyanide-sensitive respiration
琼脂糖凝胶电泳	瓊脂糖凝膠電泳	agarose gel electrophoresis
秋水仙碱，秋水仙素	秋水仙素，秋水仙鹼	colchicine
秋水仙碱效应	秋水仙素效應，C 效應	colchicine effect, C-effect
秋水仙素（=秋水仙碱）	秋水仙素，秋水仙鹼	colchicine
球胞组织，圆胞组织	球胞組織，圓胞組織	textura globulosa
球果	球果，毬果	strobilus, cone
球茎	球莖	corm
球形胚	球形胚	globular embryo
球形期	球形期	globular stage
球状肌动蛋白，G 肌动蛋白	球狀肌動蛋白，G 肌動蛋白	globular actin, G-actin
区	區	region
区别种，识别种	識別種，區別種，分化種	differential species
区域多样性（=γ 多样性）	區域多樣性（=γ 多樣性）	regional diversity (=gamma diversity)
区域专一性	區域特殊性，區域專一性	regional specificity
驱动蛋白	驅動蛋白，傳動素，致動蛋白	kinesin
趋暗性	趨暗性	skototaxis
趋地性	趨地性	geotaxis

大陆名	台湾名	英文名
趋富特化	趨富特化	specialization for abundance, specialization for abundant resources
趋光性	趨光性	phototaxis, phototaxy
趋贫特化	趨貧特化	specialization for scarcity, specialization for scarce resources
趋气性（=趋氧性）	趨氧性	aerotaxis
趋伤性	趨傷性	traumatotaxis
趋渗性	趨滲性，趨稠性	osmotaxis
趋同	趨同	convergence
趋同进化	趨同演化	convergent evolution
趋同群落	趨同群落	convergent community
趋同适应	趨同適應	convergent adaptation
趋同特征	趨同性狀，趨同特性	convergent character
趋性	趨性	taxis
趋氧性，趋气性	趨氧性	aerotaxis
趋异	趨異	divergence
趋异进化	趨異演化	divergent evolution
趋异适应	趨異適應，支系[内]適應	cladogenic adaptation, divergent adaptation
趋重性	趨重性	gravitaxis
渠限发育，定向发育	定向發育，限向發展	canalized development
渠限化，[表型]限渠道化	渠限化	canalization
渠限性状，定向性状	渠限性狀	canalized character
曲生胚珠	曲生胚珠	amphitropous ovule
曲折菌丝，性孢子受精丝	曲折菌絲，性孢子受精絲	flexuous hypha
取食点，摄食位点	取食部位，取食地點	feeding site
取样（=抽样）	取樣，採樣	sampling
去春化[作用]（=脱春化[作用]）	去春化，逆春化作用	devernalization
去分化，脱分化	去分化，逆分化，反分化	dedifferentiation
去黄化，脱黄化	去黄化，逆黄化，去白化	de-etiolation
去激活	去活化[作用]	deactivation
去磷酸化	去磷酸化[作用]，脱磷酸作用	dephosphorylation
权重因子（=加权因子）	加權因子	weighting factor
全孢型	全孢型	eu-form
全壁节孢子（=外生节孢子）	外生節孢子	holoarthric conidium
全蛋白质	全蛋白質	holoprotein

大陆名	台湾名	英文名
全反式新黄质	全反式新黄質，全反式新黄素	all-*trans*-neoxanthin
全反式紫黄质（=紫黄质）	全反式堇菜黄質（=堇菜黄質）	all-*trans*-violaxanthin (=violaxanthin)
全寄生物	[完]全寄生物	holoparasite
全裂片	全裂片	segment
全酶	全酶，完整酵素	holoenzyme
全面胎座	全面胎座	superficial placenta
全面胎座式	全面胎座式	superficial placentation
全模（=合模式）	全模標本，等價模式標本	syntype
全能干细胞	全能幹細胞	totipotent stem cell, TSC
全能性	全能性	totipotency
全能性细胞	全能性細胞	totipotent cell
全球变化	全球變遷	global change
全球变暖	全球暖化，全球增温	global warming
全球定位系统	全球定位系統	global positioning system, GPS
全型	全型	holomorph
全着药，贴着药	全著藥，貼生花藥	adnate anther
拳卷胚珠	拳卷胚珠，卷曲胚珠	circinotropous ovule
缺绿症	缺綠症，黄化	chlorosis
缺硼症	缺硼症	boron deficiency
缺失	缺失	deletion
缺失纯合子	缺失同型合子	deletion homozygote
缺失突变	缺失突變	deletion mutation
缺失杂合子	缺失異型合子	deletion heterozygote
缺水逆境	缺水逆境	water deficit stress
缺素病	缺素病	nutritional deficiency disease
缺素区	缺素區	nutritional deficiency zone
缺素症	缺素症	nutritional deficiency symptom
缺体	缺對，零染色體生物	nullisomic
缺体单倍体	缺對單倍體	nullisomic haploid
缺夏孢型	缺夏孢型	opsis-form
缺性孢种	缺性孢種	cata-species
缺锈孢型	缺銹孢型	brachy-form
缺氧	缺氧	anoxia
确限度	獨占度，[棲地]忠誠度，群落	fidelity, exclusiveness

大陆名	台湾名	英文名
	確限度	
确限种	獨占種，專見種	exclusive species
群丛	群叢	association
群丛属	群屬，群團	alliance
群丛相	群相，亞植物群落區	faciation, facies
群丛组	群叢組	association group
群集度	群集度，社群度	sociability
群落	群落，群集	community
群落成分	群落組分，群集成分	community component
群落动态	群落動態	community dynamics
群落动态学	群落動態學	syndynamics
群落分类	群落分類	community classification
群落分类单位	群落分類單位	syntaxon
群落分类学	群落分類學	syntaxonomy
群落复合体	群落複合體	community complex
群落功能	群落功能，群集功能	community function
群落交错区（=生态过渡带）	群落交會區，生態交會區，生態過渡區	ecotone, oecotone
群落结构	群落結構，群集結構	community structure
群落排序	群落排序	community ordination
群落平衡	群落平衡，群集平衡	community equilibrium
群落生境	群落生境	biotope
群落生理学	群落生理學	synphysiology
群落生态学	群落生態學，群集生態學	community ecology
群落系统分类学	群落系統分類學	synsystematics
群落镶嵌	群落鑲嵌，嵌鑲型群集	community mosaic
群落演替	群落演替，群集消長	community succession
群落最小面积	群落最小面積	minimum community area
群生[的]	群生[的]	gregarious
群系	群系	formation
群系纲	群系綱	formation class
群系型	群系型	formation type
群系组	群系組	formation group

R

大 陆 名	台 湾 名	英 文 名
染色单体	染色分體	chromatid
染色单体断裂	染色分體斷裂，染色分體裂斷	chromatid break, chromatid breakage
染色单体分离	染色分體分離	chromatid segregation
染色单体畸变	染色分體畸變，染色分體異常	chromatid aberration
染色单体桥	染色分體橋	chromatid bridge
染色体	染色體	chromosome
A 染色体	A 染色體	A chromosome
B 染色体	B 染色體	B chromosome
染色体臂	染色體臂	chromosome arm
染色体步查（=染色体步移）	染色體步移，染色體步查	chromosome walking
染色体步移，染色体步查	染色體步移，染色體步查	chromosome walking
染色体重复	染色體重複	chromosome duplication, chromosome repeat
染色体重排	染色體重排	chromosome rearrangement, chromosomal rearrangement
染色体脆性	染色體脆性	chromosome fragility
染色体带	染色體帶	chromosomal band
[染色体]带型	[染色體]帶型	banding pattern
染色体定位	染色體定位	chromosome orientation
染色体丢失（=染色体消减）	染色體丟失，染色體去除，染色體減少	chromosome elimination, chromosome loss, chromosome diminution
染色体断裂	染色體斷裂，染色體裂斷	chromosomal breakage, chromosome break, chromosome fragmentation
染色体多态性	染色體多態性，染色體多型性	chromosomal polymorphism
染色体二分体	雙價染色體，染色體二分體	chromosome dyad, chromosome diad
染色体分带（=染色体显带技术）	染色體顯帶技術，染色體顯帶法，染色體條紋染色法	chromosome banding
染色体干涉（=干涉）	染色體干擾（=干擾）	chromosomal interference (=interference)
染色体工程	染色體工程	chromosome engineering
染色体互换	染色體互換	chromosome interchange
染色体基数	染色體基數	chromosome basic number

大 陆 名	台 湾 名	英 文 名
染色体畸变	染色體畸變，染色體異常	chromosome aberration, chromosomal aberration
染色体加倍	染色體加倍	chromosome doubling
染色体交叉	染色體交叉	chromosome chiasma, chromosomal chiasma
染色体结构变异	染色體結構變異，染色體構造變化	chromosomal structural change
染色体联合	染色體聯合，染色體聯組	chromosome association
染色体联会	染色體聯會	chromosome synapsis
染色体裂隙	染色體間隙	chromosome gap
染色体排列	染色體排列	chromosome arrangement
染色体配对	染色體配對	chromosome pairing
染色体融合	染色體融合	chromosome fusion
染色体数	染色體數[目]	chromosome number
染色体丝	染色體絲	chromosome thread
染色体跳查，染色体跳移	染色體跳躍	chromosome jumping
染色体跳移（=染色体跳查）	染色體跳躍	chromosome jumping
染色体突变	染色體突變	chromosomal mutation
染色体图	染色體圖	chromosome map
染色体外 DNA	染色體外 DNA	extrachromosomal DNA
染色体外基因	染色體外基因	extrachromosomal gene
染色体外遗传（=[细]胞质遗传）	染色體外遺傳（=[細]胞質遺傳）	extrachromosomal inheritance (=cytoplasmic inheritance)
染色体微管（=动粒微管）	染色體微管（=著絲點微管）	chromosomal microtubule (=kinetochore microtubule)
染色体位移	染色體位移	chromosomal shift
染色体文库	染色體文庫	chromosome library
染色体显带，染色体分带	染色體顯帶技術，染色體顯帶法，染色體條紋染色法	chromosome banding
染色体显微切割术	染色體顯微切割術，染色體顯微解剖	chromosome microdissection
染色体消减，染色体丢失	染色體丟失，染色體去除，染色體減少	chromosome elimination, chromosome loss, chromosome diminution
染色体型	染色體型	chromosomal pattern
染色体学	染色體學	chromosomology, chromosomics
染色体原位抑制杂交	染色體原位抑制雜交	chromosomal *in situ* suppression hybridization, CISS hybridization

大 陆 名	台 湾 名	英 文 名
染色体原位杂交	染色體原位雜交	chromosomal *in situ* hybridization
染色体着陆	染色體著陸	chromosome landing
染色体组	染色體組	genome, chromosome set
染色体组型（=核型）	核型	karyotype, caryotype
染色体作图	染色體作圖	chromosome mapping
染色质	染色質	chromatin
染色质凝聚，染色质凝缩	染色質凝聚，染色質凝集，染色質濃縮	chromatin condensation, chromatin agglutination
染色质凝缩（=染色质凝聚）	染色質凝聚，染色質凝集，染色質濃縮	chromatin condensation, chromatin agglutination
染色质桥	染色質橋	chromatin bridge
染色质纤维	染色質纖維	chromatin fiber
染色质象	染色質像	chromatic figure
染色质消减	染色質縮減	chromatin diminution
染色质组装因子	染色質組裝因子	chromatin assembly factor
扰动	擾動	perturbation
热带干燥阔叶林（=季[风]雨林）	熱帶乾燥闊葉林（=季[風]雨林）	tropical dry broadleaf forest (=monsoon rain forest)
[热带]高山矮曲林	矮林，高山矮曲林	elfin forest
[热带]稀树草原，萨瓦纳	稀樹草原，疏林草原	savanna
热带雨林，常雨乔木群落	熱帶[降]雨林	tropical rain forest
热带植物	熱帶植物	tropical plant
热害	熱害	heat injury
热激蛋白，热休克蛋白	熱休克蛋白	heat shock protein, HSP
热激反应（=热激应答）	熱休克回應	heat shock response, HSR
热激应答，热激反应	熱休克回應	heat shock response, HSR
热激应答元件	熱休克回應元[件]，熱休克反應元件	heat shock response element, HSE
热启动	熱起動	hot start
热休克蛋白（=热激蛋白）	熱休克蛋白	heat shock protein, HSP
热致死温度	熱致死溫度	heat killing temperature
人播植物（=人布植物）	人布植物	androchore, anthropochore
人布植物，人播植物	人布植物	androchore, anthropochore
人工催熟	人工催熟	artificial ripening
人工气候室	人工氣候室	phytotron, climatron
P1 人工染色体	P1 人工染色體	P1 artificial chromosome, PAC

大　陆　名	台　湾　名	英　文　名
人工授粉	人工授粉	artificial pollination, hand pollination
人工选择	人[工選]擇	artificial selection
人工营养繁殖	人工營養繁殖	artificial vegetative propagation
人工植被	人工植被	artificial vegetation
人工种子	人工種子	artificial seed
人参二醇	人參二醇	panoxadiol
人参三醇	人參三醇	panoxatriol
人参皂苷	人參皂苷	ginsenoside
人参皂苷配基	人參皂苷配基	ginsengenin
人为顶极[群落]（=偏途顶极）	人為頂峰群聚，人為極峰群落，干擾性極峰相	disclimax, plagioclimax
人为分布	人為散布	anthropochory
人为分类	人為分類	artificial classification
人为植被	人為植被	anthropogenic vegetation
人文植物学	人文植物學	humanistic botany
认可名称	認可名稱	sanctioned name
韧皮薄壁组织	韌皮[部]薄壁組織	phloem parenchyma, bast parenchyma
韧皮部	韌皮部	phloem, bast
韧皮部薄壁细胞	韌皮部薄壁細胞	phloem parenchyma cell, phloem parenchymatous cell
韧皮部岛	韌皮部島	phloem island
韧皮部母细胞（=韧皮部原始细胞）	韌皮部母細胞（=韌皮部原始細胞）	phloem mother cell (=phloem initial)
韧皮部卸出	韌皮部卸載	phloem unloading
韧皮部原始细胞	韌皮部原始細胞	phloem initial
韧皮部装载	韌皮部裝載	phloem loading
韧皮蛋白，P 蛋白	韌皮蛋白，P 蛋白	phloem protein, P-protein
韧皮管胞	韌皮[部]管胞，韌皮寄生管胞	phloeotracheide
韧皮射线	韌皮[部]射線，韌皮髓線	phloem ray
韧皮纤维	韌皮[部]纖維	phloem fiber, bast fiber
韧型纤维	韌型纖維	libriform fiber
日感温周期性	日感溫週期性	daily thermoperiodism
日演替	日演替，日消長	daily succession
日[照]中性植物	日[照]中性植物，中性日照植物	day-neutral plant, DNP

大 陆 名	台 湾 名	英 文 名
日周期性	日週期性	daily periodism
茸鞭型鞭毛	茸鞭型鞭毛	tinsel type flagellum, pleuronematic type flagellum
绒毛，柔毛，毡毛	絨毛	villus, floss
绒毡层	絨氈層，營養層	tapetum
绒毡层膜	絨氈層膜，營養層膜	tapetal membrane
绒毡层原质团	絨氈層原質團，營養層原質團，營養層多核質體	tapetal plasmodium
溶剂萃取（=溶剂提取）	溶劑萃取	solvent extraction
溶剂提取，溶剂萃取	溶劑萃取	solvent extraction
溶解有机氮，可溶性有机氮	溶解有機氮，可溶性有機氮	dissolved organic nitrogen, DON
溶解有机碳，可溶性有机碳	溶解有機碳，可溶性有機碳	dissolved organic carbon, DOC
溶酶体	溶酶體，溶[小]體	lysosome
溶生分泌腔	破生分泌腔	lysigenous secretory cavity
溶生分泌组织	破生分泌組織	lysigenous secretory tissue
溶生间隙	破生間隙	lysigenous space
溶液培养，水培	水耕培養，水耕栽培	solution culture, hydroponics
溶质	溶質	solute
溶质势	溶質勢	solute potential
熔点	熔點	melting point
融合蛋白	融合蛋白	fusion protein
融合基因	融合基因	fusion gene
融合生殖（=配子配合）	同配生殖，配子生殖，接合生殖	syngamy
冗余种	冗餘種	redundant species
柔毛（=绒毛）	絨毛	villus, floss
柔荑花序	柔荑花序	ament, catkin
鞣花单宁（=逆没食子[酸]鞣质）	併没食子[酸]鞣質，鞣花鞣質，鞣花單寧	ellagitannin
鞣花单宁酸（=逆没食子鞣质酸）	鞣花鞣質酸，鞣花單寧酸，鞣花丹寧酸	ellagitannic acid
鞣花鞣质（=逆没食子[酸]鞣质）	併没食子[酸]鞣質，鞣花鞣質，鞣花單寧	ellagitannin
鞣酸	鞣酸，單寧酸，丹寧酸	tannic acid
鞣质，单宁	鞣質，單寧，丹寧	tannin
鞣质细胞，单宁细胞	鞣質細胞，單寧細胞	tannin cell

大 陆 名	台 湾 名	英 文 名
肉桂酸，桂皮酸	肉桂酸，桂皮酸	cinnamic acid
肉茎植物	肉莖植物	stem succulent, chylocaula
肉穗花序	肉穗花序	spadix
肉叶植物	肉葉植物	chylophylla
肉质根	肉質根，多肉根	succulent root, fleshy root
肉[质]果	肉[質]果	fleshy fruit, sarcocarp
肉质茎	肉質莖，多肉莖	succulent stem, fleshy stem
肉质鳞被	肉質鱗被	epimatium
肉质叶	肉質葉，多肉葉	succulent leaf, fleshy leaf
肉质直根	肉質直根	fleshy taproot
肉质植物	肉質植物，多肉植物	succulent plant, succulent
乳酸发酵	乳酸發酵	lactic acid fermentation
乳头状突起（=乳突）	乳突，乳頭突起	mamilla, mammilla, papilla
乳突，乳头状突起	乳突，乳頭突起	mamilla, mammilla, papilla
乳突毛	乳突毛	papilla hair
乳汁管	乳汁管	laticiferous tube, latex duct
乳汁器	乳汁器	laticifer
乳汁细胞（=无节乳汁器）	乳汁細胞（=無節乳汁器）	laticiferous cell, latex cell (=non-articulate laticifer)
入侵种	入侵種	invasive species, invading species
软材（=无孔材）	軟材（=無孔材）	softwood (=nonporous wood)
软骨藻酸	軟骨藻酸	domoic acid
弱枝	弱枝	pendent branch

S

大 陆 名	台 湾 名	英 文 名
萨瓦纳（=[热带]稀树草原）	稀樹草原，疏林草原	savanna
塞缘	塞緣	margo
三倍体	三倍體	triploid
三倍性	三倍性	triploidy
三叉沟（=三歧槽）	三叉溝	trichotomocolpate, trichotomosulcate
三重反应	三重反應	triple response
三出复叶	三出複葉	ternately compound leaf
三出脉	三出脈	ternate vein
三出脉序	三出脈序	ternate venation

大　陆　名	台　湾　名	英　文　名
2,3,5-三碘苯甲酸	2,3,5-三碘苯甲酸	2,3,5-triiodobenzoic acid, TIBA
三分体	三分體	triad
三沟	三溝	tricolpate
三合花粉	三合花粉	triad
三核并合	三核併合，三核融合	triple fusion
三环中柱	三環中柱	tricyclic stele
三回羽状复叶	三回羽狀複葉	tripinnate leaf
三尖杉酯碱	粗榧鹼	harringtonine
三孔	三孔	triporate
三孔沟	三孔溝	tricolporate
三列式	三列式	triseriate, tristichus
三列式皮层	三列式皮層	triplostichous cortex
三裂缝	三裂縫	trilete
三歧槽，三叉沟	三叉溝	trichotomocolpate, trichotomosulcate
三歧聚伞花序	三歧聚傘花序	trichasium
三生菌丝	三生菌絲	tertiary hypha
三生菌丝体	三生菌絲體	tertiary mycelium
三式花柱式	三式花柱式	heterotristyly
三羧酸循环	三羧酸循環	tricarboxylic acid cycle
三苔色酸	三苔色酸	gyrophoric acid
三体	三體	trisomic
三体菌丝型孢子果（=三系菌丝型孢子果）	三系菌絲孢子果	trimitic sporocarp
三体雄蕊	三體雄蕊	triadelphous stamen
三萜	三萜	triterpene
三萜类化合物	三萜類化合物	triterpenoid
三萜皂苷	三萜皂苷	triterpenoid saponin
三萜皂苷配基	三萜皂苷配基	triterpene sapogenin
三系菌丝[的]	三系菌絲[的]	trimitic
三系菌丝型孢子果，三体菌丝型孢子果	三系菌絲孢子果	trimitic sporocarp
三细胞型花粉	三細胞型花粉	3-celled pollen
三线态	三線態	triplet state
三原型	三原型	triarch
三枝蕨类	三枝蕨類	trimerophytophytes, trimerophytes

大陆名	台湾名	英文名
伞房花序	傘房花序	corymb
伞房状聚伞花序	傘房狀聚傘花序	corymbose cyme
伞幅，伞形花序枝	傘幅，傘形花序枝	ray
[伞菌]菌褶原	菌褶原	trabecula
伞形花序	傘形花序	umbel
伞形花序枝（=伞幅）	傘幅，傘形花序枝	ray
伞形状圆锥花序	傘錐花序	corymbothyrsus
散布，扩散	散布，擴散，播遷	dispersal, dispersion
散布力（=传播力）	散布力，擴散性	vagility
散布中心	散布中心，分散中心	center of dispersal, dispersal center
散沟，周面沟	散溝	pantocolpate, pericolpate
散孔，周面孔	散孔	pantoporate, periporate
散孔材	散孔材	diffuse-porous wood
散孔沟，周面孔沟	散孔溝	pericolporate, pantocolporate
散生中柱	散生中柱	atactostele
散穗花序	散穗花序，發穗花序	panicled spike
散在重复	散在重複	dispersed duplication
色氨酸依赖途径	色胺酸依賴途徑	tryptophan-dependent pathway
色胺途径	色胺途徑	tryptamine pathway
色谱法，层析	層析法，色譜法	chromatography
色素	色素	pigment
色素层	色素層	pigment layer
色素带	色素帶	pigment zone, pigment band
色[素]蛋白	色素蛋白	chromoprotein
色素颗粒	色素粒	pigment granule
色素体（=载色体）	載色體，色素體	chromatophore, pigment body
色素细胞	色素細胞	pigment cell
色素质（=周质）	色素質（=周質）	chromoplasm (=periplasm)
色素组织	色素組織	pigment tissue
色原酮	色[原]酮	chromone
色原烷	色原烷	chromane
色质体（=有色体）	色質體，有色體，雜色體	chromoplast, chromoplastid
森林	森林，喬木林	forest, sylva
杀草菌素（=除莠菌素）	除莠菌素，殺草菌素	herbicidin
杀稻瘟素	殺稻瘟菌素，胞黴素	blasticidin
杀藻剂（=灭藻剂）	滅藻劑，除藻劑	algicide

大 陆 名	台 湾 名	英 文 名
沙漏假说	滴漏假說	hourglass hypothesis
沙丘演替	沙丘演替	dune succession
沙丘植物	沙丘植物	dune plant
沙生演替系列	沙地演替系列，海濱演替系列	psammosere
沙生植被	沙地植被	psammophytic vegetation
沙生植物	沙生植物，砂生植物	psammophyte
砂基培养，砂培	砂基培養，砂培	sand culture
砂晶	砂晶	sand crystal
砂培（=砂基培养）	砂基培養，砂培	sand culture
筛板	篩板	sieve plate
筛胞	篩胞	sieve cell
筛管	篩管	sieve tube
筛[管]分子	篩[管]分子，篩管細胞	sieve element, sieve tube element
筛[管]分子-伴胞复合体	篩[管]分子-伴細胞複合體	sieve element-companion cell complex, SE-CC
筛[管]分子后运输	篩[管]分子後運輸	post-sieve element transport
筛孔	篩孔	sieve pore
筛丝	篩絲	coscinoid
筛域	篩域	sieve area
筛状穿孔（=麻黄状穿孔）	麻黄狀穿孔，篩狀穿孔	ephedroid perforation
α-山道年	α-山道年	α-santonin
山地生物群区，山地生物群系	山地生物區系	orobiome
山地生物群系（=山地生物群区）	山地生物區系	orobiome
山地苔藓林	山地苔蘚林	montane mossy forest
山莨菪碱	山莨菪鹼	anisodamine
D-山梨醇	D-山梨醇	D-sorbitol
山旺植物区系，山旺植物群	山旺植物區系，山旺植物相，山旺植物群	Shanwang flora
山旺植物群（=山旺植物区系）	山旺植物區系，山旺植物相，山旺植物群	Shanwang flora
呫酮	呫酮，黄嘌呤酮，氧蒽酮	xanthone
芟除样方，除光样方	刈除樣方，除光樣方，裸地樣方	denuded quadrat
杉木型纹孔	杉木型紋孔	taxodioid pit
珊瑚芽（=裂芽）	裂芽	isidium

大　陆　名	台　湾　名	英　文　名
扇状聚伞花序	扇狀聚傘花序	fan, rhipidium
伤流	傷流	bleeding
伤流压	傷流壓，溢泌壓	bleeding pressure
伤流液	傷流液	bleeding sap
商陆抗病毒蛋白	商陸抗病毒蛋白	pokeweed antiviral protein, PAP
上担子	上擔子	epibasidium
上壳	上殼	epitheca
上壳环	上殼環	epicingulum
上壳面	上殼面	epivalve
上胚轴	上胚軸，子葉上軸	epicotyl
上皮	上皮	epithelium
上皮层	上皮層	external cortical layer, outer cortical layer
上位[的]	上位[的]	epigynous
上位萼	上位萼，上生萼	epigynous calyx
上位花	上位花，子房下位花	epigynous flower
上位基因	上位基因	epistatic gene
上位离差	上位偏差	epistatic deviation
上位式	上位式	epigyny
上位显性	上位顯性	epistatic dominance
上位效应	上位效應，上位性	epistatic effect, epistasis
上位着生雄蕊	上位雄蕊	epigynous stamen
上位子房	上位子房	superior ovary
上下[两侧]对称	上下[兩側]對稱	transverse zygomorphy
上行控制	上行控制，由下而上控制	bottom-up control, down-up control
上行效应（=上行控制）	上行效應（=上行控制）	bottom-up effect (=bottom-up control)
舌羊齿类	舌羊齒類	glossopteris
舌羊齿型	舌羊齒型	glossopterid
舌羊齿植物区系，舌羊齿植物群	舌羊齒植物區系，舌羊齒植物相，舌羊齒植物群	Glossopteris flora
舌羊齿植物群（=舌羊齿植物区系）	舌羊齒植物區系，舌羊齒植物相，舌羊齒植物群	Glossopteris flora
舌状花	舌狀花	ligulate flower
舌状花冠	舌狀花冠	ligulate corolla
蛇菊苷（=甜菊苷）	甜菊苷	stevioside
射出脉，辐射脉	輻射脈	radiate vein

大 陆 名	台 湾 名	英 文 名
射线	射線	ray
射线薄壁组织	射線薄壁組織，射髓薄壁組織，木質線薄壁組織	ray parenchyma
射线管胞	射線管胞，木質線管胞，放射狀管胞	ray tracheid
射线筛管	射線篩管，放射狀篩管，木質線篩管	ray sieve tube
射线系统（=径向系统）	射線系統，木質線系統（=徑向系統）	ray system (=radial system)
射线原始细胞	射線原始細胞，射髓原始細胞，木質線原始細胞	ray initial, ray initial cell
射线组织	射線組織，木質線組織	ray tissue
射枝	放射枝	ray
摄食位点（=取食点）	取食部位，取食地點	feeding site
伸长期	延伸期	elongating stage
伸长区	延長區	elongation zone, elongation region
伸长生长	延伸生長	elongation growth
伸缩泡（=收缩泡）	伸縮泡，伸縮胞，收縮泡	contractile vacuole
伸展蛋白	伸展蛋白	extensin
伸展组织	伸展組織	expansion tissue
伸张木（=应拉木）	抗張材，伸張材	tension wood
深低温保藏（=超低温保存）	超低温保存	cryopreservation
深休眠（=生理休眠）	生理休眠	physiological dormancy
神创论（=特创论）	特創論	creationism, theory of special creation
神经酰胺	神經醯胺，腦醯胺	ceramide
渗漏	滲漏	leakage
渗漏突变	滲漏突變	leaky mutation
渗漉（=渗滤）	滲濾，浸透，滲漉	percolation
渗滤，渗漉	滲濾，浸透，滲漉	percolation
渗调蛋白	滲透蛋白	osmotin
渗透计	滲透計	osmometer
渗透浓度	滲透濃度	osmotic concentration
渗透势（=溶质势）	滲透勢（=溶質勢）	osmotic potential (=solute potential)
渗透调节	滲透調節	osmoregulation, osmotic adjustment
渗透调节基因	滲透調節基因	osmotic regulation gene

大　陆　名	台　湾　名	英　文　名
渗透胁迫	滲透逆境	osmotic stress
渗透压	滲透壓	osmotic pressure
渗透[作用]	滲透[作用]	osmosis
葚果	椹果	sorosis
升华	昇華	sublimation
生柄原	生柄原	steliogen
生产力	生產力	productivity
生产力学说	生產力理論	productivity theory
生产量	生產量	production
生产效率（=生长效率）	生產效率（=生長效率）	production efficiency (=growth efficiency)
生产者	生產者	producer
生醇发酵（=乙醇发酵）	酒精發酵，乙醇發酵	ethanol fermentation, alcoholic fermentation
生存力	生存力	viability
生地群落（=生物地理群落）	生物地理群落，生地群落	biogeocoenosis, biogeocoenose, geobiocoenosis
生地群落复合体（=生物地理群落复合体）	生物地理群落複合體，生地群落複合體	biogeocoenosis complex
生电泵（=致电离子泵）	生電泵，產電位幫浦，產電位泵	electrogenic pump, electrogenic ion pump
[生]活力	生活力	vitality, vital force
生活史	生活史	life history
生活史策略（=生活史对策）	生活史對策，生活史策略	life history strategy
生活史对策，生活史策略	生活史對策，生活史策略	life history strategy
生活史特征（=生活史性状）	生活史性狀	life history trait
生活史性状，生活史特征	生活史性狀	life history trait
生活型	生活型，生命形式	life form, vegetative form
生活型谱	生活型譜	life form spectrum
生活周期（=生活史）	生活週期（=生活史）	life cycle (=life history)
生境	生境，棲[息]地，棲所	habitat
生境斑块	生境嵌塊，棲地嵌塊，棲地區塊	habitat patch
生境多样性	生境多樣性，棲地多樣性	habitat diversity
生境隔离	生境隔離，棲地隔離	habitat isolation
生境间多样性（=β 多样性）	生境間多樣性，棲所間多樣性（=β 多樣性）	between-habitat diversity (=beta diversity)
生境内多样性（=α 多样性）	生境內多樣性，棲所內多樣	within-habitat diversity

大 陆 名	台 湾 名	英 文 名
	性（=α 多樣性）	(=alpha diversity)
生境片段化（=生境破碎化）	生境碎裂[化]，棲地碎裂[化]	habitat fragmentation
生境破碎化，生境片段化	生境碎裂[化]，棲地碎裂[化]	habitat fragmentation
生境生态位	生境生態[區]位，棲地生態[區]位，生態地位	habitat niche
生境饰变	生境飾變，棲地飾變	habital modification
生境适宜度	生境適宜度，棲地適宜度	habitat suitability
生境适宜度指数	生境適宜度指數，棲地適宜性指數	habitat suitability index, HIS
生境梯度	生境梯度，棲地梯度	habitat gradient
生境选择	生境選擇，棲地選擇，棲所選擇	habitat selection
生理干旱	生理乾旱	physiological drought
生理碱性	生理鹼性	physiological alkalinity
生理碱性盐	生理鹼性鹽	physiologically alkaline salt
生理平衡溶液	生理均衡溶液	physiological balanced solution
生理酸性	生理酸性	physiological acidity
生理酸性盐	生理酸性鹽	physiologically acid salt
生理物种形成	生理物種形成，生理物種分化，生理種化	physiological speciation
生理小种	生理小種	physiological strain
生理休眠，深休眠	生理休眠	physiological dormancy
生理学个体	生理學個體	physiological individual
生理盐溶液	生理鹽溶液	normal salt solution
生理障碍	生理障礙	physiological barrier
生理整合	生理整合	physiological integration
生理中性盐	生理中性鹽	physiologically neutral salt
生理种	生理種	physiological species
生毛体（=基体）	生毛體（=基體）	blepharoplast (=basal body)
生毛细胞	生毛細胞，毛原細胞	trichoblast
生命表	生命表	life table
生命带	生命帶，生物[分布]帶	life zone
生热呼吸（=抗氰呼吸）	生熱呼吸（=抗氰呼吸）	thermogenic respiration (=cyanide-resistant respiration)
生色团（=发色团）	發色團	chromophore
生态报复（=生态冲击）	生態報復（=生態衝擊）	ecological boomerang (=ecological impact)

大　陆　名	台　湾　名	英　文　名
生态变异	生態變異	ecological variation
生态表型	生態表[現]型,生態變型反應	ecophenotype
生态表型变异	生態表型變異	ecophenotypic variation
生态成种（=生态性物种形成）	生態物種形成，生態種化	ecological speciation
生态冲击	生態衝擊，生態反衝	ecological impact, ecological backlash
生态岛	生態島	ecological island
生态等价，生态等值	生態等值，生態等位	ecological equivalence
生态等值（=生态等价）	生態等值，生態等位	ecological equivalence
生态顶极	生態極[峰]相	ecological climax
生态对策	生態對策，生態策略	ecological strategy, bionomic strategy
生态幅	生態幅[度]	ecological amplitude
生态隔离	生態隔離	ecological isolation
生态过渡带，群落交错区	群落交會區，生態交會區，生態過渡區	ecotone, oecotone
生态价，生态值	生態價，生態值	ecological valence, ecological value
生态金字塔，生态锥体	生態金字塔，生態[層]塔	ecological pyramid
生态类型	生態類型	ecological type
生态平衡	生態平衡	ecological balance, ecological equilibrium, eubiosis
生态圈	生態圈	ecosphere
生态入侵	生態入侵	ecological invasion
生态时间	生態時間	ecological time
生态时间学说	生態時間學說	ecological time theory
生态梯度	生態梯度	ecological gradient
生态替代种	生態同宗對應種	ecological vicariad
生态调节	生態調節	ecoregulation
生态位	生態[區]位，棲位，區位	niche
生态位重叠	生態位重疊，棲位重疊，區位重疊	niche overlap
生态位分离	生態位分離	niche separation
生态位宽度	生態位寬度，棲位寬度，區位寬度	niche width, niche breadth
生态稳定性	生態穩定性	ecological stability
生态系统	生態系[統]	ecosystem, ecological system
生态系统承载力	生態系承載力	ecosystem carrying capacity

大陆名	台湾名	英文名
生态系统多样性	生態系多樣性	ecosystem diversity
生态系统发育	生態系演變，生態系發展	ecosystem development
生态系统方法，生态系统途径	生態系方法，生態系途徑	ecosystem approach
生态系统服务	生態系服務	ecosystem service
生态系统功能	生態系功能	ecosystem function
生态系统管理	生態系管理	ecosystem management
生态系统净交换	生態系净交換	net ecosystem exchange, NEE
生态系统生态学	生態系生態學	ecosystem ecology
生态系统适应性管理（=可适应的生态系统管理）	適應性生態系管理	adaptive ecosystem management, AEM
生态系统途径（=生态系统方法）	生態系方法，生態系途徑	ecosystem approach
生态系统稳定性	生態系穩定性	ecosystem stability
生态系统效率	生態系效率	ecosystem efficiency
生态效率	生態效率	ecological efficiency
生态型	生態型	ecotype
生态型分化	生態型分化	ecotypic differentiation
生态性物种形成，生态成种	生態物種形成，生態種化	ecological speciation
生态性状	生態性狀	ecological character
生态学种	生態種	ecological species, ecospecies
生态学种概念	生態種概念	ecological species concept
生态演替（=外因演替）	生態演替，生態消長（=外因演替）	ecological succession, ecogenic succession (=exogenetic succession)
生态异质性	生態異質性	ecological heterogeneity
生态因子	生態因子	ecological factor
生态障碍	生態障碍，生態障礙，生態界限	ecological barrier
生态值（=生态价）	生態價，生態值	ecological valence, ecological value
生态植物地理学（=植物生态地理学）	植物生態地理學，生態植物地理學	ecological phytogeography, ecological plant geography, plant ecological geography
生态锥体（=生态金字塔）	生態金字塔，生態[層]塔	ecological pyramid
生态宗	生態品種，生態小種，生態族	ecological race
生物安全	生物安全	biosafety
生物测定	生物檢定法	bioassay

大　陆　名	台　湾　名	英　文　名
生物传感器	生物傳感器，生物感應器，生物感測器	biosensor
生物地理群落，生地群落	生物地理群落，生地群落	biogeocoenosis, biogeocoenose, geobiocoenosis
生物地理群落复合体，生地群落复合体	生物地理群落複合體，生地群落複合體	biogeocoenosis complex
生物地理学	生物地理學	biogeography
生物地球化学循环	生物地質化學循環，生物地質化學迴圈，生地化循環	biogeochemical cycle
生物多样性	生物多樣性	biodiversity
生物多样性保护	生物多樣性保護	biodiversity protection
生物多样性公约	生物多樣性公約	Convention on Biological Diversity, CBD
生物多样性监测	生物多樣性監測	biodiversity monitoring
生物多样性评估	生物多樣性評估	biodiversity assessment
生物多样性热点	生物多樣性熱點	biodiversity hotspot
生物发生律（=重演律）	生物發生律（=重演律）	biogenetic law (=recapitulation law)
生物发生说（=生源说）	生源說，生物形成說	biogenesis
生物反应器	生物反應器	bioreactor
生物防治	生防防治	biological control, biocontrol
生物固持作用	生物固持作用，生物固定作用	biological immobilization
生物固氮作用	生物固氮作用	biological nitrogen fixation
生物合成	生物合成	biosynthesis
生物技术	生物技術	biotechnology
生物碱	生物鹼	alkaloid
生物节律	生物節律	biological rhythm, biorhythm
生物进化	生物演化，生物進化，有機演化	organic evolution
生物量	生物量，生質量	biomass
生物量金字塔，生物量锥体	生物量[金字]塔	pyramid of biomass
生物量锥体（=生物量金字塔）	生物量[金字]塔	pyramid of biomass
生物逆境（=生物胁迫）	生物性逆境	biotic stress
生物气候	生物氣候	bioclimate
生物气候带	生物氣候帶	bioclimatic zone
生物气候定律	生物氣候律	bioclimatic law

大 陆 名	台 湾 名	英 文 名
生物气候图	生物氣候圖	bioclimatograph
生物圈	生物圈	biosphere
生物群落	生物群落	biocenosis, biocommunity
生物群区，生物群系	生物群系，生物群區	biome
生物群系（=生物群区）	生物群系，生物群區	biome
生物生态型	生物生態型	biotic ecotype
生物素	生物素	biotin
生物系统学（=物种生物学）	生物系統[分類]學	biosystematics
生物胁迫，生物逆境	生物性逆境	biotic stress
生物型	生物型	biotype
生物学种	生物種	biological species
生物学种概念	生物種概念	biological species concept
生物演替	生物演替，生物消長	biological succession
生物氧化	生物氧化[作用]	biological oxidation
生物因子	生物因子	biotic factor
生物制药	生物製藥	biopharming
生物钟	生物[時]鐘	biological clock
生物自由基	生物自由基	biological radical
生物自由基伤害学说	生物自由基傷害學說	biological radical injury theory
生氧光合作用，产氧光合作用	產氧[型]光合作用，生氧光合作用	oxygenic photosynthesis
生育力	生育力	fecundity
生源说，生物发生说	生源說，生物形成說	biogenesis
生长	生長	growth
生长层（=生长轮）	生長層（=生長輪）	growth layer (=growth ring)
生长促进物质	生長促進物質	growth promoter
生长大周期	生長大週期	grand period of growth
生长点	生長點	growing point
生长轨迹[曲线]	生長軌跡	growth trajectory
生长呼吸	生長呼吸	growth respiration
生长节律	生長節律	growth rhythm
生长轮	生長輪，年輪	growth ring
生长期	生長期，成長期	growth period, vegetation period, growing stage
生长曲线	生長曲線，成長曲線	growth curve
生长素	生長素	auxin
生长素反应因子（=生长素	生長素回應因子，生長素反	auxin response factor, ARF

大陆名	台湾名	英文名
响应因子）	應因子	
生长素反应元件（=生长素响应元件）	生長素回應元件，生長素反應元件	auxin response element, AuxRE
生长素极性运输	生長素極性運輸，生長素極性運移	polar auxin transport, PAT
生长素结合蛋白 1	生長素結合蛋白 1	auxin-binding protein 1, ABP1
生长素流出载体（=生长素外向转运载体）	生長素流出載體	auxin efflux carrier
生长素流入载体（=生长素内向转运载体）	生長素流入載體	auxin influx carrier
生长素内向转运载体，生长素输入载体，生长素流入载体	生長素流入載體	auxin influx carrier
生长素受体	生長素受體	auxin receptor
生长素输出载体（=生长素外向转运载体）	生長素流出載體	auxin efflux carrier
生长素输入载体（=生长素内向转运载体）	生長素流入載體	auxin influx carrier
生长素外向转运载体，生长素输出载体，生长素流出载体	生長素流出載體	auxin efflux carrier
生长素响应因子，生长素反应因子	生長素回應因子，生長素反應因子	auxin response factor, ARF
生长素响应元件，生长素反应元件	生長素回應元件，生長素反應元件	auxin response element, AuxRE
生长[速]率	生長率，成長率	growth rate
生长速率曲线	生長速率曲線	growth velocity profile
生长调节剂	生長調節劑	growth regulator
生长温度三基点	生長溫度三基點	three cardinal point of growth temperature
生长温周期现象	生長溫週期現象	thermoperiodicity of growth
生长物质	生長物質	growth substance
生长相关性	生長相關性	growth correlation
生长效率	生長效率	growth efficiency
生长协调最适温度	生長協調最適溫度	growth coordinate temperature
生长型	生長型	growth form
生长延缓剂	生長抑制物質，生長阻礙劑	growth retardant
生长运动	生長運動	growth movement

大　陆　名	台　湾　名	英　文　名
生长周期性	生長週期性	growth periodicity
生长锥	生長錐，生長頂點	growth cone, growing tip
生殖	生殖	reproduction
生殖苞	生殖苞	inflorescence
生殖胞，藻胞，繁殖胞	藻胞	gonidium
生殖分配	生殖分配	reproduction allocation, RA
生殖隔离	生殖隔離	reproductive isolation
生殖核	生殖核，胚核	generative nucleus, germ nucleus, reproductive nucleus
生殖菌丝	生殖菌絲	generative hypha, reproductive hypha
生殖窠（=生殖窝）	生殖巢	conceptacle
生殖器官	生殖器官	reproductive organ
生殖托	生殖托	receptacle
生殖窝，生殖窠	生殖巢	conceptacle
生殖细胞	生殖細胞	generative cell, germ cell
生殖叶	生殖葉	gonophyll
生殖疣	生殖瘤，生殖器官初期隆起	nemathecium
生殖周期	生殖週期	reproduction cycle
剩余分生组织	殘餘分生組織	residual meristem
尸胺	屍胺，1,5-戊二胺	cadaverine, Cad
失真分离（=偏态分离）	失衡分離，不均等分離	distorted segregation
湿地	濕地	wetland
湿害	濕害	wet injury
湿生植物	濕生植物	hygrophyte
湿柱头	濕柱頭	wet stigma
十一倍体	十一倍體	hendecaploid
十一倍性	十一倍體性	hendecaploidy
十字纹孔	十字紋孔	crossed pit
十字形二叉分枝，十字形二歧分枝	十字形二叉分枝，十字形二歧分枝	cruciate dichotomy
十字形二歧分枝（=十字形二叉分枝）	十字形二叉分枝，十字形二歧分枝	cruciate dichotomy
十字形花冠	十字形花冠	cruciferous corolla
石耳多糖（=石耳素）	石耳葡聚糖	pustulan
石耳素，石耳多糖	石耳葡聚糖	pustulan
石斛碱	石斛鹼	dendrobine

大陆名	台湾名	英文名
石化木	石化木	petrified wood
石面植物	石面植物	epilithophyte
石内[生]地衣	石内[生]地衣	endolithic lichen
石内植物（=石隙植物）	石隙植物，岩隙植物，石内植物	chasmophyte, crevice plant, endolithophyte
石蕊冻原	石蕊凍原	cladonia tundra
石生群落	石生群落	petrophytia
石生植物（=岩生植物）	石生植物，岩生植物，石隙植物	lithophyte, chomophyte, rock plant
石细胞，硬化细胞	石細胞，厚壁細胞	sclereid, stone cell
石隙植物，岩隙植物，石内植物	石隙植物，岩隙植物，石内植物	chasmophyte, crevice plant, endolithophyte
时间隔离	時間隔離	temporal isolation
时间异质性	時間異質性	temporal heterogeneity
识别蛋白	識別蛋白	recognition protein
识别反应	識別反應	recognition reaction
识别序列	識別序列	recognition sequence
识别种（=区别种）	識別種，區別種，分化種	differential species
实际分株	實際分株	actual ramet
实际蒸散	實際蒸散	actual evaportranspiration, AET
实际植被	實際植被	actual vegetation
实时 PCR（=实时聚合酶链反应）	即時聚合酶連鎖反應，即時PCR	real-time polymerase chain reaction, real-time PCR, RT-PCR
实时聚合酶链反应，实时PCR	即時聚合酶連鎖反應，即時PCR	real-time polymerase chain reaction, real-time PCR, RT-PCR
实心花柱	實心花柱	solid type style, solid style
实验地植物学（=实验植物群落学）	實驗地植物學(=實驗植物群落學)	experimental geobotany (=experimental plant ecology)
实验分类学	實驗分類學	experimental taxonomy
实验生理学	實驗生理學	experimental physiology
实验植物群落学	實驗植物群落學	experimental plant ecology
食虫植物，食肉植物	食蟲植物，捕蟲植物	insectivorous plant, carnivorous plant
食肉植物（=食虫植物）	食蟲植物，捕蟲植物	insectivorous plant, carnivorous plant
食物链	食物鏈	food chain

大陆名	台湾名	英文名
食物网	食物網	food web
使君子氨酸	使君子酸	quisqualic acid
士的宁（=番木鳖碱）	番木鱉鹼	strychnine
世代	世代	generation
世代交替	世代交替	alternation of generations
世界分布	世界分布	cosmopolitan distribution
世界属，广布属	世界屬，廣布屬	cosmopolitan genus
世界性植物	全球性植物	cosmopolitan plant
世界植物区系分区	世界植物區系分區	world floristic division
世界种，广布种	世界種，廣布種，全球種	cosmopolitan species, cosmopolite species
试管嫁接	試管嫁接	test-tube grafting
试管苗	試管苗	test-tube plantlet
试管培养	試管培養	test-tube culture
试管授粉	試管授粉	test-tube pollination
适合度	適合度，適應度	fitness
适合度相关性状	適合度相關性狀	fitness-related trait
适碱植物，耐碱植物	嗜鹼植物，耐鹼植物	alkaline plant, alkaliplant
适酸植物（=喜酸植物）	喜酸植物，嗜酸植物，適酸植物	acid plant, acidophyte
适阳植物（=喜阳植物）	喜陽[光]植物，好日性植物，陽光植物	heliophilous plant, heliophile
适宜种	適宜種	preferential species
适蚁植物（=喜蚁植物）	喜蟻植物，親蟻植物，蟻生植物	myrmecophyte
适应	適應，順應	adaptation, accustomization
适应辐射	適應輻射	adaptive radiation
适应趋同	適應趨同	adaptive convergence
适应型	適應型	adaptation type, adaptation pattern, epharmone
适应[性]进化	適應[性]演化	adaptive evolution
适应性扩散	適應性擴散	adaptive dispersion
适应性细胞保护作用	適應性細胞保護作用	adaptive cytoprotection
适雨植物（=喜雨植物）	喜雨植物，好雨植物，適雨植物	ombrophilous plant, ombrophyte, rain-loving plant
嗜锇小球	親鋨小球	osmiophilic globule
嗜硅植物	嗜矽酸植物	silicicolous plant
嗜碱性植被	嗜鹼[性]植被，適鹼植被	basophilous vegetation

大　陆　名	台　湾　名	英　文　名
嗜酸性植被	嗜酸[性]植被，適酸植被	acidophilous vegetation
噬菌体	噬菌體	phage, bacteriophage
噬菌体显示，噬菌体展示	噬菌體顯示，噬菌體呈現	phage display
噬菌体杂交	噬菌體交配，噬菌體再組合	phage cross
噬菌体展示（=噬菌体显示）	噬菌體顯示，噬菌體呈現	phage display
噬藻体	噬藻體	phycophage
螫毛（=蜇毛）	刺毛，螫毛	stinging hair
收缩根	收縮根	contractile root
收缩泡，伸缩泡	伸縮泡，伸縮胞，收縮泡	contractile vacuole
收益-成本分析（=成本-效益分析）	效益成本分析（=成本效益分析）	benefit-cost analysis (=cost-benefit analysis)
受精	受精	fertilization
受精管	受精管	fertilization tube
受精卵	受精卵，合子	fertilized egg, oosperm
受精丝	受精絲	receptive hypha, trichogyne, fertilization filament
受精体	受精體	receptive body
受精突	受精突	receptive papilla, manocyst
受威胁植物	受脅植物，瀕危植物	threatened plant
受威胁种，受胁[物]种	受脅[物]種	threatened species
受胁[物]种（=受威胁种）	受脅[物]種	threatened species
授粉（=传粉）	傳粉[作用]，授粉[作用]	pollination
授粉者（=传粉者）	傳粉者，授粉者	pollinator
瘦果	瘦果	achene
梳状孢梗，产孢枝	梳狀孢梗	sporocladium
梳状菌丝	梳狀菌絲	pectinate mycelium, pectinate hypha
疏林	疏林	woodland
疏密度	疏密度	degree of closing
疏丝组织，长轴组织	梭形組織，紡錘組織	prosenchyma
疏隙管状中柱	疏隙雙韌管狀中柱，雙韌中柱	solenostele
输导组织	輸導組織	conducting tissue
属	屬	genus
属间杂交	屬間雜交	intergeneric hybridization, bigeneric cross
属间杂种	屬間雜種	intergeneric hybrid
属种描述	屬種描述	descriptio generico-specifica

大　陆　名	台　湾　名	英　文　名
薯蓣皂苷元，薯蓣皂苷配基	薯蕷皂苷配基	diosgenin
薯蓣皂苷配基（=薯蓣皂苷元）	薯蕷皂苷配基	diosgenin
束缚能	束縛能，結合能	bound energy
束缚生长素	束縛生長素，結合生長素	bound auxin
束缚水，结合水	束縛水，結合水	bound water
束间结合组织	束間連接組織	interfascicular conjugative tissue
束间木质部	束間木質部	interfascicular xylem
束间区	束間區	interfascicular region
束间韧皮部	束間韌皮部，束間篩管部	interfascicular phloem
束间射线	束間髓線	interfascicular ray
束间形成层	束間形成層	interfascicular cambium
束丝（=孢梗束）	孢梗束，束絲	synnema, coremium
束中木质部	束内木質部	fascicular xylem
束中形成层	束内形成層	fascicular cambium
树长	樹長	tree length
[树]干	樹幹	trunk
树冠	樹冠	tree crown
树冠比	樹冠比	crown ratio
树冠厚度	樹冠厚度	crown depth
树冠火	樹冠火	crown fire
树冠投影图	樹冠投影圖	crown projection diagram
树胶道	樹膠道	gum canal, gum duct
树皮	樹皮	bark
树皮内生地衣	樹皮内生地衣	endophloeodal lichen
树皮苔藓	樹皮苔蘚	corticolous bryophyte
树沼，木本沼泽	林澤，沼澤	swamp
树脂	树脂	resin
树脂道	樹脂道	resin canal
树脂腔	樹脂腔	resin cavity
树脂细胞	樹脂細胞	resin cell
树状脉序	樹狀脈序	dendroid venation
树状毛	樹狀毛	dendroid hair
数量金字塔，数量锥体	數量[金字]塔	number pyramid, pyramid of number
数量性状	數量性狀，定量性狀，數量特徵	quantitative character, quantitative trait

大 陆 名	台 湾 名	英 文 名
数量性状基因座，数量性状位点	數量性狀基因座，數量性狀位點	quantitative trait locus, QTL
数量性状位点（=数量性状基因座）	數量性狀基因座，數量性狀位點	quantitative trait locus, QTL
数量遗传	數量遺傳，定量遺傳	quantitative inheritance
数量锥体（=数量金字塔）	數量[金字]塔	number pyramid, pyramid of number
数值分类学	數值分類學	numerical taxonomy
衰老	衰老，老化	senescence
衰老上调基因	衰老上調基因	senescence up-regulated gene, SUG
衰老下调基因	衰老下調基因	senescence down-regulated gene, SDG
衰老相关基因	衰老相關基因	senescence-associated gene, SAG
衰退型种群（=下降型种群）	衰退型族群（=下降型族群）	declining population (=diminishing population)
衰退指数	衰退指數	decay index
栓化细胞（=木栓细胞）	木栓細胞，栓化細胞	cork cell
栓化[作用]	木栓化	suberization, suberification
栓内层	栓皮層，綠皮層	phelloderm
双孢子囊，二分孢子囊	雙孢子囊	bisporangium
双孢子胚囊	雙孢子胚囊	bisporic embryo sac
双胞孢子（=单隔孢子）	單隔孢子，雙胞孢子，二室孢子	didymospore
双倍体（=二倍体）	二倍體	diploid
双倍体细胞形成	雙倍[性]體細胞形成	disomaty
双被花，两被花，重被花	兩被花，二層花被花，二輪花	dichlamydeous flower, double perianth flower
双苄基异喹啉[类]生物碱	雙苄基異喹啉[類]生物鹼	bisbenzylisoquinoline alkaloid
双齿层类	雙齒層類	diplolepideae
双翅果	雙翅果	double samara
双虫媒花	二種蟲媒花	dientomophilous flower
双重日长植物	雙日長植物	dual daylength plant, DDP
双带状萌发孔（=双环状萌发孔）	雙帶狀萌發孔	dizonotreme
双单倍体	雙單倍體，二染色體組單倍體	dihaploid, amphihaploid
双单体	雙單體	dimonosomic, double monosomic

大　陆　名	台　湾　名	英　文　名
双蒽醌（=二蒽醌）	雙蒽醌，聯蒽醌	dianthraquinone
双二倍体（=异源四倍体）	雙二倍體，複二倍體，複二元體（=異源四倍體）	amphidiploid (=allotetraploid)
双二倍性	雙二倍性，複二倍性	amphidiploidy
双盖覆瓦状，重覆瓦状	雙蓋覆瓦狀	quincuncial
双固氮酶	雙固氮酶，雙固氮酵素	dinitrogenase
双固氮酶还原酶	雙固氮酶還原酶	dinitrogenase reductase
双光增益效应（=埃默森增益效应）	愛默生促進效應，埃莫森增益效應，雙光增強效應	Emerson enhancement effect
双光周期植物	雙光週期植物	ambiphotoperiodic plant
双核并裂	雙核並裂，雙核分裂	conjugate nuclear division
双核体	雙核體	dikaryon
双核细胞	雙核細胞	dikaryocyte
双环氧型木脂素，双环氧型木脂体	雙環氧型木脂體	bisepoxylignan
双环氧型木脂体（=双环氧型木脂素）	雙環氧型木脂體	bisepoxylignan
双环状萌发孔，双带状萌发孔	雙帶狀萌發孔	dizonotreme
双黄酮	雙黃酮	biflavone
双加氧酶	二[加]氧酶，雙加氧酵素	dioxygenase
双减数分裂	雙減數分裂	double reduction
双交换	雙交換，[染色體]雙點互換	double crossing over, double exchange
双交换四分体	雙交換四分染色體	double crossing over tetrad
双聚伞花序	雙聚傘花序	dicyme
双孔沟	雙孔溝	dicolporate
双列射线	雙列髓[輻射]線	biseriate ray
双列杂交	全互交	diallel cross
双面对称花	雙面對稱花	disymmetrical flower
双名	二名法學名	binary name
双名法，二名法	二名法，雙名法	binomial nomenclature
双名组合	二名組合	binary combination
双木脂素，双木脂体	雙木脂體	dilignan
双木脂体（=双木脂素）	雙木脂體	dilignan
双内孔	雙內孔	diorate
双年轮	雙年輪	double annual ring
双氢查耳酮（=二氢查耳酮）	二氫查耳酮，雙氫查耳酮	dihydrochalcone

大　陆　名	台　湾　名	英　文　名
双氢玉米素	二羥玉米素	dihydrozeatin, DHZ
双韧管状中柱	雙韌[皮]管狀中柱	amphiphloic siphonostele
双韧维管束	雙韌[皮]維管束，複並立維管束，雙並生維管束	bicollateral vascular bundle, bicollateral bundle
双茸鞭型鞭毛	雙茸鞭型鞭毛	pantonematic type flagellum
双三体	雙三體	ditrisomic
双受精	雙[重]受精	double fertilization
双瘦果	雙瘦果，雙懸果	achenodium
双四倍体	雙四倍體	double tetraploid
双四氢呋喃类木脂素	雙四氫呋喃類木脂體	furofuran lignan
双态[性]真菌，两型真菌，二相性真菌	雙態性真菌，二型性真菌	dimorphic fungus
双糖（=二糖）	雙糖，二糖	disaccharide
双体（=二体）	二體	disome, disomic
双体菌丝型孢子果（=二系菌丝型孢子果）	雙系菌絲孢子果	dimitic sporocarp
双萜（=二萜）	二萜，雙萜	diterpene
双细胞毛	雙細胞毛	bicellular hair
双线期	雙絲期	diplotene, diplonema
双向凝胶电泳	二維凝膠電泳	two-dimensional gel electrophoresis
双向运输	雙向運輸	bidirectional translocation
双悬果	雙懸果	cremocarp
双义 RNA	雙義 RNA	ambisense RNA
双义基因组	雙義基因體	ambisense genome
双吲哚类生物碱	雙吲哚類生物鹼	bisindole alkaloid
双游现象	兩游現象，二次游泳性	diplanetism
双元载体系统	雙元載體系統	binary vector system
双缘型	雙緣型	zeorine type
双杂交	雙雜交	double cross
双杂交种	雙雜交雜種，雙交種	double cross hybrid
双子叶[的]	雙子葉[的]	dicotyledonous, dicotylous
双子叶式	雙子葉式	dicotyledony
双子叶植物	雙子葉植物	dicotyledon, dicots, dicotyls
霜冻	霜凍	frost
霜害	霜害	frost injury
水播植物（=水布植物）	水媒散播植物	hydrochore, hydrosporae
水布植物，水播植物	水媒散播植物	hydrochore, hydrosporae

大 陆 名	台 湾 名	英 文 名
水导率	水導率	hydraulic conductivity
水底植物（=底栖植物）	底棲植物，底生植物，水底植物	benthophyte
水飞蓟素	水飛薊素	silybin
水分饱和亏缺	水分飽和虧缺，飽和水分差	water saturation deficit, WSD
水[分]代谢	水分代謝	water metabolism
水分短缺	水分短缺	water shortage
水分亏缺	水分虧缺，水分缺乏，缺水	water deficit
水分利用效率	水分利用效率	water use efficiency, WUE
水分胁迫（=干旱胁迫）	水分逆境，缺水逆境，水緊迫（=乾旱逆境）	water stress (=drought stress)
水分胁迫蛋白	水分逆境蛋白	water stress protein
水分运输速率	水分運輸速率	water transport rate
水光解反应	水光解反應	water-splitting reaction
水合作用	水合作用	hydration
水华	水華	bloom, water bloom
水解鞣质	水解鞣質，水解單寧	hydrolysable tannin, hydrolyzable tannin
水解作用	水解[作用]	hydrolysis
水孔	水孔	water pore
水孔蛋白，水通道蛋白	水孔蛋白，水通道蛋白	aquaporin, AQP
水力提升	水力提升	hydraulic lift
水媒	水媒	hydrophily
水媒传粉	水媒傳粉，水媒授粉	hydrophilous pollination, water pollination
水媒植物	水媒植物	hydrophilous plant
水囊	水囊	water sac
水培（=溶液培养）	水耕培養，水耕栽培	solution culture, hydroponics
水平基因转移	基因水平轉移，水平基因傳遞	horizontal gene transfer
水平结构	水平結構	horizontal structure
水平系统（=径向系统）	徑向系統	radial system
水生根	水生根	water root, aquatic root
水生群落	水生群落	hydrophytia
水生演替	水生演替，水生消長	hydroarch succession, hydrach succession
水生演替系列	水生演替系列，水生消長系列	hydrosere, hydroarch sere
水生藻类	水生藻類	aquatic algae, hydrobiontic

大　陆　名	台　湾　名	英　文　名
		algae
水生植物	水生植物	aquatic plant, hydrophyte
水势	水勢	water potential
水势梯度	水勢梯度	water potential gradient
水通道	水通道	water channel
水通道蛋白（=水孔蛋白）	水通道蛋白，水孔蛋白	aquaporin, AQP
水下芽植物	水下芽植物，地下半地中植物	hydrocryptophyte
水信号	水訊號	hydraulic signal
水杨苷	水楊苷	salicin
水杨酸	水楊酸，鄰羥基苯甲酸	salicylic acid, SA
水氧化（=水光解反应）	水氧化（=水光解反應）	oxidation of water (=water-splitting reaction)
水氧化钟	水氧化鐘	water oxidizing clock
水蒸气蒸馏	水蒸氣蒸餾	steam distillation
顺反子	順反子	cistron
顺面高尔基网	順式高基[氏]體網，高基[氏]體順面網	*cis*-Golgi network, CGN
9-顺式环氧类胡萝卜素双加氧酶，9-顺式环氧类胡萝卜素双氧合酶	9-順式環氧類胡蘿蔔素二加氧酶	nine-*cis*-epoxycarotenoid dioxygenase, NCED
9-顺式环氧类胡萝卜素双氧合酶（=9-顺式环氧类胡萝卜素双加氧酶）	9-順式環氧類胡蘿蔔素二加氧酶	nine-*cis*-epoxycarotenoid dioxygenase, NCED
顺式显性	順式顯性	*cis*-dominance
9-顺式新黄质	9-順式新黃質，9-順式新黃素	9-*cis*-neoxanthin
顺式作用	順式作用	*cis*-acting
顺式作用基因	順式作用基因	*cis*-acting gene
顺式作用元件	順式作用元件	*cis*-acting element
瞬时表达，短暂表达	瞬時表達，暫時表現，暫態表達	transient expression
瞬时成种（=瞬时物种形成）	瞬時物種形成，瞬時種化	instantaneous speciation
瞬时土壤种子库（=短暂土壤种子库）	暫時土壤種子庫，暫態土壤種子庫	transient soil seed bank
瞬时物种形成，瞬时成种	瞬時物種形成，瞬時種化	instantaneous speciation
蒴苞（=[苔]苞膜）	蒴苞	involucre
蒴柄	蒴柄	seta
蒴齿	蒴齒[片]	peristome, peristomal tooth
蒴齿层	蒴齒層	peristomium

大陆名	台湾名	英文名
蒴萼	蒴萼	perianth
蒴盖	蒴蓋	operculum, lid
蒴果	蒴果	capsule
蒴壶	蒴壺	urn
蒴颈	蒴頸	collum
蒴帽	蒴帽	calypter, calyptra
蒴囊	蒴囊，懸垂藏卵器囊	marsupium
[蒴]内层	[蒴]内層	endothecium
蒴台，蒴托	蒴台，蒴托	apophysis, hypophysis
蒴托（=蒴台）	蒴台，蒴托	apophysis, hypophysis
[蒴]外层	[蒴]外層	exothecium
[蒴]周层（=[蒴]外层）	[蒴]周層（=[蒴]外層）	amphithecium (=exothecium)
蒴轴	蒴軸	columella
丝膜	絲膜	cortina
丝膜状菌幕	絲膜狀菌幕	pellicular veil
丝炭化[作用]	絲炭化[作用]	fusainization
丝状孢梗	絲狀孢梗	anaphysis
丝状地衣体	絲狀地衣體	filamentous thallus
丝状肌动蛋白，F 肌动蛋白	纖維狀肌動蛋白，F 肌動蛋白	filamentous actin, F-actin
丝状器	絲狀器	filiform apparatus
丝状体	絲體	filament
撕片法（=揭片法）	撕片法	peel method
四孢子胚囊	四孢子胚囊	tetrasporic embryo sac
四倍体	四倍體	tetraploid
四倍性	四倍性	tetraploidy
四分孢子	四分孢子	tetraspore
四分孢子囊	四分孢子囊	tetrasporangium
四分孢子体	四分孢子體	tetrasporophyte
四分果孢子囊	四分果孢子囊	carpotetrasporangium
四分体	四分體，四分子	tetrad
四分体核	四分體核	tetrad nucleus
四分体痕	四分體痕，四分子痕	tetrad scar, tetrad mark, laesura
四合花粉	四合花粉	tetrad
四极性	四極性	tetrapolarity
四聚体模型	四聚體模型	quartet model

大　陆　名	台　湾　名	英　文　名
四强雄蕊	四強雄蕊	tetradynamous stamen
四氢吡喃苄基腺嘌呤	四氫吡喃苄基腺嘌呤	tetrahydropyranyl benzyladenine
四氢呋喃类木脂素，呋喃环木脂素	四氫呋喃類木脂體	tetrahydrofuran lignan
四氢异喹啉[类]生物碱	四氫異喹啉[類]生物鹼	tetrahydroisoquinoline alkaloid
四体雄蕊	四體雄蕊	tetradelphous stamen
四萜	四萜	tetraterpene
四细胞型气孔	四細胞型氣孔	tetracytic type stoma
四原型	四原型	tetrarch
似亲孢子	似親孢子，同形孢子	autospore
似亲群体	似親群體	autocolony
饲蚁丝	飼蟻絲	bromatium
松萝酸	松蘿酸，地衣酸	usnic acid
松木型纹孔	松木型紋孔	pinoid pit
耸出（=越顶）	越頂，聳出	overtopping
苏云金杆菌	蘇力菌	*Bacillus thuringiensis*
宿被瘦果	有被瘦果	diclesium
宿存萼	宿存萼	persistent sepal
宿存鞘	宿存鞘	persistent sheath
宿存助细胞	宿存助細胞	persistent synergid
宿萼蒴果	宿萼蒴果，下生果	diplotegium
塑性胁变	塑性應變	plastic strain
溯祖	溯祖	coalescence
溯祖理论	溯祖理論	coalescence theory
溯祖时间	溯祖時間	coalescence time
酸生长理论	酸性生長理論	acid growth theory
酸土植物	喜酸植物，適酸植物，酸[性]土植物	oxylophyte, oxyphile
酸性磷酸[酯]酶	酸性磷酸[酯]酶	acid phosphatase
酸性泥炭沼泽（=酸沼）	酸沼，矮叢沼，雨養深泥沼	bog
酸性水解酶	酸水解酶，酸水解酵素	acid hydrolase
酸性土[壤]	酸性土[壤]	acid soil
酸性指示植物	酸性地指標植物	acidophilous indicator plant
酸雨	酸雨	acid rain
酸沼，酸性泥炭沼泽	酸沼，矮叢沼，雨養深泥沼	bog
蒜氨酸	蒜胺酸	alliin

大　陆　名	台　湾　名	英　文　名
随机抽样，随机取样	隨機取樣，逢機取樣	random sampling
随机分布	隨機分布	random distribution
随机扩增多态性 DNA	隨機擴增多態性 DNA	randomly amplified polymorphic DNA, RAPD
随机配对法	隨機成對法，逢機毗鄰法	random pairs method
随机漂变（=遗传漂变）	隨機漂變，逢機性漂變（=遺傳漂變）	random drift (=genetic drift)
随机取样（=随机抽样）	隨機取樣，逢機取樣	random sampling
随机引物	隨機引子，隨意引子	random primer, arbitrary primer
随机引物标记	隨機引子標記	random primer labeling
随机诱变	隨機誘變	random mutagenesis
随体 DNA（=卫星 DNA）	衛星 DNA，隨體 DNA，從屬 DNA	satellite DNA
随遇种	隨遇種，廣適種，未分化種	indifferent species
髓	髓	pith, medulla
髓斑	髓斑	pith fleck
髓板	髓板	tramal plate
髓部	髓部	medulla
髓层	髓層	medulla
髓层反应	髓層反應	medullary reaction
髓分生组织区（=肋状分生组织区）	髓分生組織區（=肋狀分生組織區）	pith meristem zone (=rib meristem zone)
髓模	髓模	pith cast
髓囊盘被，盘下层，内囊盘被	髓囊盤被，內囊盤被，盤下層	medullary excipulum
髓鞘（=环髓带）	髓鞘（=環髓帶）	medullary sheath (=perimedullary zone)
髓韧皮束	髓韌皮束	medullary phloem bundle
髓射线	髓[射]線，髓芒，木質線	medullary ray, pith ray
髓丝	髓絲	medulla filament
髓原生中心柱	有髓原生中柱	medullated protostele
碎屑	碎屑，腐屑	detritus
碎屑食物链（=腐生食物链）	碎屑食物鏈（=腐生食物鏈）	detritus food chain (=saprophagous food chain)
碎屑营养系统	碎屑營養系統	detritus-based trophic system
穗状花序	穗狀花序	spike
DNA 损伤	DNA 損傷	DNA damage

大　陆　名	台　湾　名	英　文　名
DNA 损伤剂	DNA 損傷劑	DNA damage agent
DNA 损伤检查点，DNA 损伤检验点	DNA 損傷查核點	DNA damage checkpoint
DNA 损伤检验点（=DNA 损伤检查点）	DNA 損傷查核點	DNA damage checkpoint
DNA 损伤应答	DNA 損傷應答	DNA damage response
羧化反应，羧基化	羧化[作用]	carboxylation
羧基化（=羧化反应）	羧化[作用]	carboxylation
羧基体	羧基體	carboxysome
缩合鞣质	縮合鞣質，縮合單寧	condensed tannin
索氏抽提（=索氏提取）	索氏萃取	Soxhlet extraction
索氏萃取（=索氏提取）	索氏萃取	Soxhlet extraction
索氏提取，索氏萃取，索氏抽提	索氏萃取	Soxhlet extraction
索状管胞	束狀管胞，隔膜管胞，索狀假導管	strand tracheid
锁状联合	鎖狀聯合	clamp connection

T

大　陆　名	台　湾　名	英　文　名
他感素（=[异种]化感物质）	相剋物質，種間[化學]交感物質，相生相剋化感物	allelochemicals, allelochemics
他感作用（=化感作用）	[植物]相剋作用，異株剋生，毒他作用	allelopathy
他疏	他疏	alien thinning
胎萌	胎萌	vivipary
胎萌突变体	胎萌突變體	vivipary mutant
胎座	胎座	placenta
胎座框	胎座框	replum
胎座式	胎座式	placentation
[苔]苞膜，蒴苞	蒴苞	involucre
[苔类]蔽后式	蔽後式	succubous
[苔类]蔽前式	蔽前式	incubous
苔类[植物]	蘚類[植物]	liverwort
苔藓群落学	苔蘚群落學，蘚苔群落學	bryocoenology
苔藓植物	苔蘚植物，苔蘚類，蘚苔植物	bryophyte
苔藓植物学	苔蘚植物學	bryology

大　陆　名	台　湾　名	英　文　名
苔原（=冻原）	凍原，苔原，寒原	tundra
肽	肽，胜	peptide
肽聚糖	肽聚糖	peptidoglycan
肽类生物碱	肽類生物鹼	peptide alkaloid
泰加林，北方针叶林，寒温带针叶林	泰加林，西伯利亞針葉林，北寒針葉林	taiga, boreal coniferous forest
坛状花冠	壺形花冠，壺狀花冠，罈狀花冠	urceolate corolla
弹丝	彈絲	elater
弹丝托	彈絲托	elaterophore
弹性	彈性	elasticity
弹性胁变	彈性應變	elastic strain
探针	探針	probe
DNA 探针	DNA 探針	DNA probe
RNA 探针	RNA 探針	RNA probe
碳氮比	碳氮比	carbon/nitrogen ratio, C/N ratio
碳氮比学说	碳氮比學說	C/N ratio theory
碳封存（=碳固存）	碳封存	carbon sequestration
碳苷	碳苷	carbon glycoside, C-glycoside
碳固存，碳封存	碳封存	carbon sequestration
碳固定	碳固定，固碳作用	carbon fixation
碳-3 光合碳还原环（=C_3 光合碳还原环）	C_3 型光合成碳還原循環	C_3 photosynthetic carbon reduction cycle
碳-4 光合碳同化循环（=C_4 光合碳同化循环）	C_4 型光合成碳同化循環	C_4 photosynthetic carbon assimilation cycle
碳-3 光合作用（=C_3 光合作用）	三碳光合作用，C_3 型光合作用	C_3 photosynthesis
碳-4 光合作用（=C_4 光合作用）	四碳光合作用，C_4 型光合作用	C_4 photosynthesis
碳化植物	碳化植物	carbonated plant
碳汇	碳匯	carbon sink
碳基防御	碳基防禦	carbon-based defense
碳库	碳庫	carbon pool, carbon stock
碳水化合物（=糖类）	碳水化合物，醣類	carbohydrate
碳水化合物途径（=糖类途径）	碳水化合物途徑	carbohydrate pathway
碳同化	碳同化	carbon assimilation
碳-3 途径（=C_3 途径）	三碳途徑，C_3 途徑	C_3 pathway

大　陆　名	台　湾　名	英　文　名
碳-4 途径（=C_4 途径）	四碳途徑，C_4 途徑	C_4 pathway
碳循环	碳循環	carbon cycle
碳-3 循环（=C_3 循环）	三碳循環，C_3 循環	C_3 cycle
碳-4 循环（=C_4 循环）	四碳循環，C_4 循環	C_4 cycle
碳源	碳源	carbon source
碳-3 植物（=C_3 植物）	三碳植物，C_3[型]植物	C_3 plant
碳-4 植物（=C_4 植物）	四碳植物，C_4[型]植物	C_4 plant
P 糖蛋白	P 糖蛋白	P-glycoprotein
[糖]苷	[糖]苷，配糖體	glycoside
糖苷键	糖苷鍵	glycosidic bond
糖苷配基（=苷元）	糖苷配基，苷元	aglycon, aglycone
糖酵解	糖解[作用]，糖酵解，糖分解	glycolysis
糖酵解途径	糖解途徑	glycolytic pathway
糖类，碳水化合物	碳水化合物，醣類	carbohydrate
糖类途径，碳水化合物途径	碳水化合物途徑	carbohydrate pathway
糖异生	糖異生作用，糖新生[作用]，葡萄糖生成作用	gluconeogenesis, glucogenesis, GNG
糖原	糖原，肝糖	glycogen
糖脂	糖脂	glycolipid
逃逸植物，逸出植物	[逸出後]野生化植物	escaped plant
逃逸种，逸出种	[逸出後]野化種	escaped species
特创论，神创论	特創論	creationism, theory of special creation
特化，专化	特化，專化	specialization
特立中央胎座	特立中央胎座	free-central placenta
特立中央胎座式	特立中央胎座式，分離中央胎座式	free-central placentation
特殊配合力	特殊配合力	specific combining ability
特异反应假说	特異反應假說	idiosyncratic response hypothesis
特异性，专一性	特異性，專一性	specificity
特有现象	特有性	endemism
特有种，地方种	特有種，本土種，固有種	endemic species
特有种气候分析	特有種氣候分析	climate analysis of endemic species
特征集要	特徵簡述，簡明記載	diagnosis
特征种	特徵種，標識種	characteristic species
特征种组合	特徵種組合	characteristic species combination

大 陆 名	台 湾 名	英 文 名
特征状态（=性状状态）	性狀狀態，特徵狀態	character state
藤本植物	藤本植物	vine, liana
梯纹导管	階梯紋導管	scalariform vessel
梯纹加厚	階梯紋加厚	scalariform thickening
梯形接合	梯形接合	scalariform conjugation
梯状穿孔	階梯狀穿孔	scalariform perforation
梯状-对列纹孔式	階梯狀對生紋孔式	scalariform-opposite pitting
梯状纹孔式	階梯狀紋孔式	scalariform pitting
提取，萃取	萃取，提取	extraction
体裂产孢	體裂產孢	thallic conidiogenesis
体裂分生孢子	葉狀體分生孢子	thalloconidium
体内，在体	體內	*in vivo*
体内共生	體內共生	endotrophic symbiosis
体配（=体细胞配合）	體細胞配合，體細胞接合	somatogamy
体生孢子，无梗孢子	菌體孢子，菌絲孢子	thallospore
体外，离体	體外，試管內	*in vitro*
体外诱变	體外誘變	*in vitro* mutagenesis
体细胞	體細胞	somatic cell, body cell
体细胞克隆变异，体细胞无性系变异	體細胞選殖變異，體細胞株變異	somaclonal variation
体细胞胚	體細胞胚	somatic embryo
体细胞胚胎发生	體細胞胚胎發生	somatic embryogenesis
体细胞配合，体配	體細胞配合，體細胞接合	somatogamy
体细胞突变	體細胞突變	somatic mutation
体细胞无性系变异（=体细胞克隆变异）	體細胞選殖變異，體細胞株變異	somaclonal variation
体细胞杂交	體細胞雜交	somatic hybridization
体质盘壁（=果托）	葉狀體囊盤被	thalline exciple, excipulum thallinum
体轴	軸	axis
替代单倍体	替代單倍體，取代單倍體	substitution haploid
替代分布（=替代现象）	替代現象，分替	vicariance
替代名[称]	替代名[稱]	replacement name, avowed substitute
替代现象，替代分布	替代現象，分替	vicariance
替代种	替代種	vicarious species, substitute species
天冬酰胺	天[門]冬醯胺	asparagine

大　陆　名	台　湾　名	英　文　名
天花粉蛋白	天花粉蛋白	trichosanthin, TCS
天然产物	天然產物	natural product
天然单性结实，自然单性结实	天然單性結實，天然單性結果	natural parthenocarpy
天然植被（=自然植被）	自然植被，天然植被	natural vegetation
天线复合物	天線複合體	antenna complex
天线色素（=捕光色素）	天線色素（=捕光色素）	antenna pigment (=light-harvesting pigment)
天线移动假说	天線移動假說	antenna migration hypothesis
添补反应（=回补反应）	添補反應，補給反應	anaplerotic reaction
田间持水量	田間持水量	field capacity, field moisture capacity
甜菜碱	甜菜鹼	betaine
甜菊苷，蛇菊苷	甜菊苷	stevioside
甜土植物（=嫌盐植物）	甜土植物，非嗜鹽植物（=嫌鹽植物）	glycophyte (=halophobe)
条件突变	條件突變	conditional mutation
条件突变体	條件突變體	conditional mutant
条件致死突变	條件致死突變	conditional lethal mutation
调节基因	調節基因	regulatory gene
跳跃式进化（=量子[式]进化）	跳躍式演化（=量子式演化）	saltational evolution (=quantum evolution)
跳跃式物种形成（=骤变式物种形成）	跳躍式物種形成，跳躍式種化（=驟變式物種形成）	saltational speciation (=sudden speciation)
贴生	貼生	adnation
贴着药（=全着药）	全著藥，貼生花藥	adnate anther
萜	萜[烯]	terpene
萜类化合物	萜類化合物，類萜	terpenoid
萜类生物碱	萜類生物鹼	terpenoid alkaloid
铁蛋白	鐵蛋白	ferritin
铁氧化还原蛋白，铁氧还蛋白	鐵氧化還原蛋白，鐵蛋白素	ferredoxin
铁氧还蛋白（=铁氧化还原蛋白）	鐵氧化還原蛋白，鐵蛋白素	ferredoxin
铁载体	載鐵體	siderophore
停留时间（=滞留时间）	滯留時間，停留時間	residence time
停滞期	遲滯期	lag phase
挺水植物	挺水植物，水中挺立植物，出水植物	emerged plant

大 陆 名	台 湾 名	英 文 名
通道蛋白	通道蛋白	channel protein
通道细胞	通路細胞	passage cell
通量	通量	flux
通气道，通气痕	通氣道，通氣痕	parichnos
通气根（=呼吸根）	通氣根（=呼吸根）	aerating root (=respiratory root)
通气痕（=通气道）	通氣道，通氣痕	parichnos
通气孔	通氣孔	ventilating pit
通气组织	通氣組織	ventilating tissue, aerenchyma, aerating tissue
通水组织	通水組織	epithem
[通]透性	[通]透性，透過性	permeability
通用引物	通用引子	universal primer
同胞种，姐妹种，亲缘种	同胞種，姊妹種	sibling species, sister species
同倍体	同倍體	homoploid
同被花（=单被花）	等被花（=單被花）	homochlamydeous flower (=monochlamydeous flower)
同步培养	同步培養	synchronous culture
同层地衣	同層地衣	homoeomerous lichen
同担子（=无隔担子）	無隔擔子，同擔子	holobasidium, homobasidium
同地物种形成（=同域物种形成）	同域物種形成，同域種化，同域成種作用	sympatric speciation
同工酶	同功酶，同功酵素	isoenzyme
同功	同功[性]	analogy
同功器官	同功器官	analogous organ
同化[产]物	同化[產]物	assimilate, assimilation product
同化淀粉	同化澱粉	assimilation starch
同化/呼吸量比	同化/呼吸量比	assimilation/respiration ratio
同化力	同化力	assimilatory power
同化商	同化商	assimilatory quotient
同化丝	同化絲	filament
同化物输出	同化物輸出	assimilate export
同化物输入	同化物輸入	assimilate import
同化系数	同化係數	assimilatory coefficient
同化细胞	同化細胞	assimilatory cell
同化效率	同化效率	assimilation efficiency, AE
同化组织	同化組織	assimilating tissue, assimilatory tissue
同化[作用]	同化[作用]	assimilation

大　陆　名	台　湾　名	英　文　名
同聚物	同聚物	hemopolymer
同菌异藻体	同菌異藻體	photosymbiodeme
同模式异名	同模式異名	homotypic synonym
同配生殖	同配生殖，同形配子接合，同形交配	homogamy, isogamy
同生群	同生群	consortium, consortive group
同属种	同屬種	congeneric species
同塑性	同塑性	homoplasy
同位素	同位素	isotope
同位素标记	同位素標記	isotope labeling, isotopic labeling
同位素技术	同位素技術	isotope technique
[同物]异名	[同物]異名	synonym, anoname
同线性	同線性	synteny
同向重复[序列]	同向重複[序列]	direct repeat
同向运输，同向转运	同向運輸，同向運移	symport
同向运输载体（=同向转运体）	同向運輸蛋白，同向運移蛋白，同向轉運子	symporter
同向转运（=同向运输）	同向運輸，同向運移	symport
同向转运体，同向运输载体	同向運輸蛋白，同向運移蛋白，同向轉運子	symporter
同心体	同心體	concentric body
同心维管束	同心維管束	concentric vascular bundle, concentric bundle
同形孢子	同形孢子，同型孢子	homospore, isospore
同形孢子囊	同形孢子囊，同型孢子囊	homosporangium
同形配子	同形配子	isogamete, homogamete
同形染色体	同形染色體	homomorphic chromosome
同形世代交替	同形世代交替，等形世代交替	isomorphic alternation of generations
同形有性生殖	同形配子有性生殖	isogamous sexual reproduction
同型[细胞]射线	同型[細胞]射線，同型木質線	homocellular ray
同型叶，一型叶	同型葉，一型葉	homomorphic leaf
同型自交不亲和性	同型自交不親和性	homomorphic self-incompatibility
同义突变	同義突變	synonymous mutation
同域成种（=同域物种形成）	同域物種形成，同域種化，同域成種作用	sympatric speciation

大 陆 名	台 湾 名	英 文 名
同域分布	同域分布	sympatry
同域物种形成，同地物种形成，同域成种	同域物種形成，同域種化，同域成種作用	sympatric speciation
同源多倍单倍体（=同源多元单倍体）	同源多元單倍體，同源多倍單倍體	autopolyhaploid
同源多倍体	同源多倍體	autopolyploid
同源多倍性	同源多倍性	autopolyploidy
同源多元单倍体，同源多倍单倍体	同源多元單倍體，同源多倍單倍體	autopolyhaploid
同源二倍化	同源二倍化	autodiploidization
同源二倍体，自体二倍体	同源二倍體	autodiploid
同源二价[染色]体	同質二價染色體	autobivalent
同源基因	同源基因，相同基因	homologous gene, isogene
同源联会	同源聯會	autosyndesis
同源器官	同源器官	homologous organ
同源染色体	同源染色體	homologous chromosome
同源[染色体]配对	同源配對	autosyndetic pairing
同源四倍体	同源四倍體	autotetraploid
同源四倍性	同源四倍性	autotetraploidy
同源物	同源物	homolog, homologue
同源性	同源性	homology
同源性状	同源性狀	homologous character
同源异倍体	同源異倍體，同源非整倍數體	autoheteroploid
同源异倍性	同源異倍性	autoheteroploidy
同源异形基因	同源[異形]基因	homeotic gene
同源[异形]框	同源框，同源區	homeobox, Hox
同源异形突变	同源異形突變	homeotic mutation
同源异形突变体	同源異形突變體	homeotic mutant
同源异源多倍体	同源異源多倍體	autoallopolyploid
同源异源体	同源異源體，同源異質倍數體	autoalloploid
同质体	同型色素體	homoplastid
同质种	同質種	homogeneon
同宗配合	同宗配合，同宗接合[現象]	homothallism
桶孔覆垫	桶孔覆墊	parenthesome
桶孔隔膜	桶孔隔膜	dolipore septum
筒孢藻毒素	筒孢藻毒素	cylindrospermosin

大 陆 名	台 湾 名	英 文 名
筒箭毒碱	筒箭毒鹼	tubocurarine
筒状花冠（=管状花冠）	管狀花冠，筒狀花冠	tubular corolla
头细胞	頭細胞	head cell, capitulum cell
头状花序	頭狀花序	capitulum, head
头状聚伞花序	聚傘狀花序	cymose inflorescence
投影盖度	投影蓋度	projective coverage
透明细胞	透明細胞	leucocyst
透性膜	透性膜，可透膜	permeable membrane
透性系数	透性係數，透過係數	permeability coefficient
凸形质壁分离	凸形質離	convex plasmolysis
突变	突變	mutation
突变论，突变[学]说	突變說	mutation theory, mutationism
突变率	突變率	mutation rate
突变体	突變體，突變型，突變株	mutant
突变[学]说（=突变论）	突變說	mutation theory, mutationism
突变育种，诱变育种	突變育種	mutation breeding
突出末端	突出末端	protruding terminus, protruding end
突出雄蕊	突出雄蕊	exserted stamen
突起	突起	enation
突起学说	突出說	enation theory
图尔盖植物区系	圖爾蓋植物區系，圖爾蓋植物相，圖爾蓋植物群	Turgayan flora
图记样方（=图解样方）	圖解樣方，圖示樣方	chart quadrat
图解样方，图记样方	圖解樣方，圖示樣方	chart quadrat
图距	圖距	map distance
图距单位	圖距單位	map unit
图式形成（=模式建成）	樣式形成	pattern formation
徒长	徒長	succulent growth
徒长枝	徒長枝	succulent sprout, succulent shoot, water shoot
C_3途径，碳-3 途径	三碳途徑，C_3途徑	C_3 pathway
C_4途径，碳-4 途径	四碳途徑，C_4途徑	C_4 pathway
CAM 途径（=景天酸代谢途径）	景天酸代謝途徑	crassulacean acid metabolism pathway, CAM pathway
EMP 途径	EMP 途徑	Embden-Meyerhof-Parnas pathway
土壤	土壤	soil

大 陆 名	台 湾 名	英 文 名
土壤发生演替	土壤發生演替，成土演替	edaphogenic succession
土壤分析	土壤分析	soil analysis
土壤干旱	土壤乾旱	soil drought
土壤含水量	土壤含水量	soil water content
土壤农杆菌	根瘤土壤桿菌	*Agrobacterium tumerfaciens*
土壤生态型	土壤生態型	edaphic ecotype
土壤生物群区，土壤生物群系	土壤生物群系	pedobiome
土壤生物群系（=土壤生物群区）	土壤生物群系	pedobiome
土壤水分	土壤水分	soil moisture
土壤水分参数	土壤水分參數	soil water parameter
土[壤]水势	土[壤]水勢	soil water potential
土壤萎蔫系数	土壤凋萎係數	soil wilting coefficient
土壤因子	土壤因子，土壤因素，土壤要素	edaphic factor
土壤有效含水量	土壤有效水含量	available soil moisture, soil available moisture content
土壤-植物-大气连续体	土壤-植物-大氣連續體	soil-plant-atmosphere continuum, SPAC
土壤种子库	土壤種子庫	soil seed bank
土生群落	土生群落	geophytia
土著种（=本地种）	本地種，本土種，原生種	native species, indigenous species
吐水	泌溢[現象]，泌液作用	guttation
团伞花序	團傘花序	glomerule
退化	退化	degeneration
退化病	退化病	degeneration
退化雌蕊	退化雌蕊	pistillode
退化器官	退化器官	reduced organ
退化性状	退化性狀，退化特徵	degenerative character, regressive character
退化雄蕊	退化雄蕊，不孕雄蕊，無藥雄蕊	staminode, staminodium
退化演替	退化演替，退行性演替，退行性消長	regressive succession, retrogressive succession
退化种	退化種	regression species
退化助细胞	退化助細胞	degenerated synergid
退行中柱	退行中柱	hysterostele

大　陆　名	台　湾　名	英　文　名
吞噬[作用]	吞噬作用	phagocytosis
吞饮[作用]（=胞饮[作用]）	胞飲作用，吞飲	pinocytosis
托杯（=被丝托）	花托筒	hypanthium
托盘状花冠，低托杯状花冠	高碟形花冠，盆形花冠	hypocrateriform corolla
托品烷[类]生物碱（=莨菪烷[类]生物碱）	莨菪烷[類]生物鹼，托品烷[類]生物鹼	tropine alkaloid
托烷类生物碱	托烷類生物鹼	tropane alkaloid
托叶	托葉	stipule, peraphyllum
托叶鞘	托葉鞘	stipular sheath, ocrea, ochrea
脱春化[作用]，去春化[作用]	去春化，逆春化作用	devernalization
脱氮作用（=反硝化作用）	去硝化[作用]，脱氮作用	denitrification
脱分化（=去分化）	去分化，逆分化，反分化	dedifferentiation
脱辅蛋白质（=脱辅基蛋白）	脱輔基蛋白質，缺輔基蛋白	apoprotein, Ap
脱辅基蛋白，脱辅蛋白质	脱輔基蛋白質，缺輔基蛋白	apoprotein, Ap
脱辅[基]酶	脱輔基酶，缺輔基酶，無作用基酵素	apoenzyme
脱黄化（=去黄化）	去黄化，逆黄化，去白化	de-etiolation
脱落	脱落，脱離	abscission
脱落衰老	脱落衰老	deciduous senescence
脱落酸	脱落酸，離層酸	abscisic acid, ABA
脱落[酸]醛	脱落酸醛	abscisic aldehyde, ABA-aldehyde
脱落[酸]醛氧化酶	脱落酸醛氧化酶	abscisic aldehyde oxidase, ABA-aldehyde oxidase, AAO
脱落酸响应元件	脱落酸回應元件	abscisic acid response element, ABA-response element, ABRE
脱镁叶绿素（=褐藻素）	褐藻素，脱鎂葉緑素	pheophytin
脱木质化[作用]	去木質化[作用]，脱木質作用，去木質作用	delignification
脱羧降解	脱羧降解	decarboxylated degradation
脱羧酶	脱羧酶，去羧酶	decarboxylase
脱羧作用	脱羧[基]作用，去羧[基作用]	decarboxylation
脱氧核糖核酸	去氧核糖核酸	deoxyribonucleic acid, DNA
脱叶	脱葉	defoliation
脱叶剂	脱葉劑	defoliant, defoliating agent
脱乙酰作用	去乙醯[作用]	deacetylation
脱支酶	脱支酶	debranching enzyme

大陆名	台湾名	英文名
陀螺状胞	陀螺狀細胞	turbinate cell
拓扑结构	拓撲結構	topological structure
拓殖（=定居）	拓殖	colonization
拓殖种（=定居种）	拓殖種	colonizing species

W

大陆名	台湾名	英文名
瓦尔堡呼吸计，瓦氏呼吸计	瓦布爾格呼吸計，瓦博呼吸計	Warburg respirometer
瓦尔堡效应	瓦布爾格效應，Warburg 效應	Warburg effect
瓦氏呼吸计（=瓦尔堡呼吸计）	瓦布爾格呼吸計，瓦博呼吸計	Warburg respirometer
外孢囊	外孢囊	outer spore sac
外壁	外壁	exine
外壁蛋白	外壁蛋白	exine-held protein
外壁内表层	外壁內表層	ektonexine, ectonexine
外壁内层	外壁內層	inxine, endexine, nexine
外壁内底层	外壁內底層	endonexine
外壁内中层	外壁內中層	mesonexine
外壁外层	外壁外層	sexine, ektexine, ectexine
外壁外内层	外壁外內層	endosexine
外表型	外在表[現]型，外來表[現]型，[經]適應後表現型	exophenotype
外齿层（=外蒴齿）	外蒴齒，外齒層	exostome, exoperistome, exostomium
外雌苞叶	外雌苞葉	outer perichaetial bract
外分泌结构	外分泌結構	external secretory structure
外稃	外稃	lemma
外根鞘	外根鞘	external root sheath, outer root sheath
外共生	外共生	ectosymbiosis
外果皮	外果皮	exocarp, epicarp
外核膜	外核膜	outer nuclear membrane
外花被	外花被	outer perianth
外寄生	外寄生	ectoparasitism, external parasitism
外寄生物	外寄生物	ectoparasite

大　陆　名	台　湾　名	英　文　名
外加生长（=敷着生长）	添附生長，附加生長，外加生長	apposition growth
外菌幕，周包膜	外菌幕	universal veil, teleblem, general veil
外来侵入种（=外来入侵种）	外來入侵種	alien invasive species, invasive alien species
外来入侵种，外来侵入种	外來入侵種	alien invasive species, invasive alien species
外来植物	外來植物	alien plant
外来种	外來種	alien species, exotic species
外[类]群	外群	outgroup
外轮对瓣式	外輪對瓣式	obdiplostemony
外轮对瓣雄蕊	交叉二輪雄蕊	obdiplostemonous stamen
外轮对萼雄蕊	外輪對萼雄蕊	diplostemonous stamen
外貌	外貌	physiognomy
外囊盘被	外囊盤被	ectal excipulum
外胚乳	外胚乳	perisperm
外胚叶	殘留子葉，退化子葉	epiblast
外皮层	外皮層	exodermis
外切核酸酶，核酸外切酶	核酸外切酶	exonuclease
外韧管状中柱	外韌皮管狀中柱	ectophloic siphonostele
外韧皮部	外韌皮部	epiphloem
外韧维管束	外韌維管束，並立維管束，並生維管束	collateral vascular bundle, collateral bundle
外韧型	外韌皮型	ectophloic type
外绒毡层膜	外絨氈層膜	extra-tapetal membrane
外生孢子	外生孢子	ectospore, exospore, exogenous spore
外生节孢子，全壁节孢子	外生節孢子	holoarthric conidium
外生菌根	外生菌根	ectomycorrhiza, ectotrophic mycorrhiza
外生韧皮部	外生韌皮部，外生篩管部	external phloem, outer phloem
外生芽孢子	外生芽孢子	holoblastic conidium
外生芽殖产孢	外生芽殖產孢	holoblastic conidiogenesis
外生衣瘿	外生衣癭	external cephalodium
外生源	外生源	exogenous origin
外生真菌	外生真菌	ectomycete
外生植物	外生植物	ectophyte
外始式	外始式	exarch

大　陆　名	台　湾　名	英　文　名
外蒴齿，外齿层	外蒴齒，外齒層	exostome, exoperistome, exostomium
外显子	外顯子	exon
外显子捕获	外顯子補獲	exon trapping
外向药	外向藥	extrorse anther
外雄苞叶	外雄苞葉	outer perigonial bract
外因性物种形成	外因性物種形成，外因性種化	extrinsic speciation
外因演替	外因演替，外因消長	exogenetic succession
外颖	外穎	outer glume, inferior glume
外源 DNA	外源 DNA	exogenous DNA
外源基因	外源基因，外生基因	exogenous gene
外源节律	外源節律	exogenous rhythm, exogenous timing
外源节律耦合模型	外源節律耦合模型	external coincidence model
外在蛋白质（=周边蛋白质）	外在蛋白（=膜周邊蛋白）	extrinsic protein (=peripheral protein)
外展纹孔口	外展紋孔口	extented pit aperture
外植块	組織塊	explant
外植体	培植體	explant
外种皮	外種皮	exopleura, exotesta, external seed coat
外珠被	外珠被	outer integument
外珠孔	外珠孔	exostome
弯胚带	彎胚帶	ankyloblastic germ band
弯生胚珠	彎生胚珠	campylotropous ovule
豌豆根测验法	豌豆根測驗法	pea-root test
豌豆凝集素	豌豆凝集素	pea-lectin, p-Lec
完全花，具备花	完全花	complete flower, perfect flower
完全阶段（=有性阶段）	完全階段（=有性階段）	perfect state (=sexual state)
完全显性	完全顯性	complete dominance
完全叶	完全葉	complete leaf
完全真菌	完全真菌	perfect fungus
晚材	晚材	late wood
晚出同名	晚出同名	later homonym
网胞	網胞	brochus
网脊	網脊	murus
网结[现象]，联结[现象]	網結[現象]	anastomosis

大　陆　名	台　湾　名	英　文　名
网纹导管	網紋導管	reticulate vessel, reticulate trachea
网纹加厚	網紋加厚	reticulate thickening, net-like thickening
网隙（=网眼）	網眼	insula, areole, lumen
网眼，网隙	網眼	insula, areole, lumen
网羊齿型	網羊齒型	linopterid
网衣型	網衣型	lecideine type
网状孢子囊（=砖格孢子囊）	磚格孢子囊，網狀孢子囊	dictyosporangium
网状穿孔	網狀穿孔	reticulate perforation
网状管胞	網紋管胞	reticulate tracheid, reticulated tracheid
网状进化	網狀演化	reticulate evolution
网状脉	網狀[葉]脈	reticular vein, netted vein
网状脉序	網狀[葉]脈序	reticulate venation, netted venation
网状纹饰	網狀紋飾	reticulate
网状物种形成	網狀物種形成，網狀種化	reticulate speciation
网状中柱	網狀中柱	dictyostele, dissected siphonostele
网状组织	網狀組織	reticular tissue
微胞饮[作用]	微胞飲作用，微胞飲現象	micropinocytosis
微波辅助萃取（=微波辅助提取）	微波輔助萃取	microwave-assisted extraction, MAE
微波辅助提取，微波辅助萃取	微波輔助萃取	microwave-assisted extraction, MAE
DNA 微不均一性	DNA 微不均一性	DNA microheterogeneity
微[观]进化，小进化	微演化	microevolution
微管	微管	microtubule
微管蛋白	微管蛋白	tubulin
微管组织中心	微管組織中心	microtubule organizing center, MTOC
微量元素	微量元素，次要元素，痕量元素	microelement, minor element, trace element
微囊藻毒素	微囊藻毒素	microcystin
微气候	微氣候	microclimate
微生物	微生物	microorganism
微生物分解	微生物分解	microorganism decomposition
微[生物]食物环	微[生物]食物環	microbial food loop
微[生物]食物网	微[生物]食物網	microbial food web

大　陆　名	台　湾　名	英　文　名
微丝	微絲	microfilament
微体	微[粒]體	microbody
微微藻（=超微藻）	超微藻，微微藻	picoalgae
微卫星 DNA	微衛星 DNA，微從屬 DNA	microsatellite DNA
微卫星标记	微衛星標記	microsatellite marker
微卫星 DNA 多态性	微衛星 DNA 多態性，微衛星 DNA 多型性	microsatellite DNA polymorphism
微纤丝，微原纤维	微纖絲	microfibril
微效基因	微效基因	minor gene
微型地衣（=壳状地衣）	微型地衣（=殼狀地衣）	microlichen (=crustose lichen)
微型生态系统（=微宇宙）	微生態系[統]（=微宇宙）	microecosystem (=microcosm)
微宇宙，小宇宙	微宇宙，微型生態池，實驗生態系統	microcosm
微原纤维（=微纤丝）	微纖絲	microfibril
DNA 微阵列（=DNA 芯片）	DNA 微陣列（=DNA 晶片）	DNA microarray (=DNA chip)
围轴管	圍軸管	peripheral siphon
维持呼吸	維持呼吸	maintain respiration
维管管胞	維管管胞，維管假導管	vascular tracheid
维管解剖学	維管解剖學	vascular anatomy
维管射线	維管射線	vascular ray
维管束	維管束	vascular bundle, bundle
维管束痕	維管束痕	vascular bundle scar, bundle scar
维管束帽	維管束帽	bundle cap
维管束鞘	維管束鞘	vascular bundle sheath, bundle sheath
维管束鞘延伸区	維管束鞘延伸區	bundle sheath extension
维管束系统	維管束系[統]	vascular bundle system
维管形成层	維管束形成層	vascular cambium
维管植物	維管[束]植物	vascular plant, tracheophyte
维管植物形态学	維管植物形態學	morphology of vascular plant
维管植物学	維管植物學	vascular botany
维管柱（=中柱）	維管[束中]柱（=中柱）	vascular cylinder (=stele)
维管组织	維管[束]組織	vascular tissue
维管组织系统	維管組織系統	vascular tissue system
伪鞭毛（=拟鞭毛）	擬鞭毛	pseudoflagellum
伪空胞	假空胞，假液胞	gas vacuole
伪麻黄碱	假麻黄鹼，擬麻黄鹼	pseudoephedrine

大　陆　名	台　湾　名	英　文　名
伪心材（=假心材）	假心材，偽心材	false heartwood, false duramen
伪枝藻素	偽枝藻素	scytonemin
尾鞭型鞭毛	尾鞭型鞭毛，端茸型鞭毛	whiplash type flagellum, acronematic type flagellum
纬度地带性	緯度地帶性	latitudinal zonality
纬度植被带	緯度植被帶	latitudinal vegetation belt
委内瑞拉草原，亚诺群落	利亞諾植被	llano
萎蔫，凋萎	凋萎	wilting
萎蔫病	凋萎病	wilt disease
萎蔫点	凋萎點	wilting point
萎蔫剂	凋萎劑	wilting agent
萎蔫系数，凋萎系数	凋萎係數	wilting coefficient
卫星 DNA，随体 DNA	衛星 DNA，隨體 DNA，從屬 DNA	satellite DNA
位点专一诱变（=定点诱变）	定點誘變	site-directed mutagenesis, site-specific mutagenesis
位置	位置	status
位置效应	位置效應	position effect
温带草原	溫帶草原	temperate steppe
[温带]高山矮曲林	[溫帶]高山矮曲林	krummholz
温度系数	溫度係數	temperature coefficient
温泉藻类	溫泉藻類	hot spring algae
温室气体	溫室氣體	greenhouse gas, GHG
温室效应	溫室效應	greenhouse effect
温周期现象，温周期性	[感]溫週期性	thermoperiodism
温周期性（=温周期现象）	[感]溫週期性	thermoperiodism
纹孔	紋孔	pit
纹孔场	紋孔域，導孔區	pit field
纹孔道	紋孔道	pit canal
纹孔对	紋孔對	pit-pair
纹孔口	紋孔口	pit aperture
纹孔膜	紋孔膜	pit membrane
纹孔内口	紋孔內口	inner aperture
纹孔腔	紋孔腔	pit cavity
纹孔塞	紋孔塞	pit plug, torus
纹孔塞帽	紋孔塞帽	pit plug cap
纹孔式	紋孔式	pitting

大陆名	台湾名	英文名
纹孔室	紋孔室	pit chamber
纹孔外口	紋孔外口	outer aperture
纹孔缘	紋孔緣	pit border
纹饰	紋飾	ornamentation
稳定进化对策，进化稳定策略	穩定演化策略，演化穩定策略	evolutionary stable strategy, ESS
稳定型位置效应	穩定型位置效應	stable-type position effect
稳定型种群，固定型种群	穩定族群	stable population, stationary population
稳定性（=恒定性）	恆定性，穩定性	constancy
稳定选择	穩定[型]天擇，穩定化選擇	stabilizing selection
稳健性，鲁棒性	穩健性，穩固性	robustness
稳态	[體內]恆定，穩態	homeostasis
蜗媒	蝸牛媒介	malacophily
蜗媒花	蝸牛媒介花	malacophilous flower
蜗媒植物	蝸牛媒植物	malacophilous plant
沃鲁宁菌丝	伏魯寧菌絲	Woronin hypha
沃鲁宁体	伏魯寧體	Woronin body
乌氏体	烏氏體	Ubisch body
乌苏酸，熊果酸	熊果酸	ursolic acid
乌苏烷型三萜	烏蘇烷型三萜	ursane triterpene
乌头碱	烏頭鹼	aconitine
乌头酸	烏頭酸	aconitic acid
无瓣花	無花瓣花	apetalous flower
无孢子胚囊	無孢子胚囊	aposporous embryo sac
无孢子生殖	無孢子生殖，無孢形成	apospory
无被花，裸花	無花被花，裸花	achlamydeous flower, naked flower
无柄叶	無柄葉	sessile leaf
无穿孔覆盖层	無穿孔覆蓋層，無穿孔頂蓋層	imperforate tectum
无定形皮层	不定形皮層	amorphous cortex
无覆盖层	無覆蓋層	intectate
无隔孢子	無隔孢子	amerospore
无隔担子，同担子	無隔擔子，同擔子	holobasidium, homobasidium
无隔菌丝	無隔菌絲	aseptate hypha
无根树	無根樹	unrooted tree
无梗孢子（=体生孢子）	菌體孢子，菌絲孢子	thallospore

大　陆　名	台　湾　名	英　文　名
无规则型气孔，不规则型气孔，不定式气孔	無規則型氣孔，周胞型氣孔	anomocytic type stoma
无环带孢子囊	無環帶孢子囊	exannulate sporangium
无畸变极化转移增强	無畸變極化轉移增強	distortionless enhancement by polarization transfer, DEPT
无节乳汁器	無節乳汁器	non-articulate laticifer
无茎植物	無莖植物	stemless plant, acaulescent plant
无菌溶液	無菌溶液	sterile solution
无孔材	無孔材	nonporous wood
无裂缝	無裂縫	alete
无萌发孔	無萌發孔	atreme , non-aperturate, inaperturate
无眠冬孢型	無眠冬孢型	lepto-form
无胚乳种子	無胚乳種子	exalbuminous seed, nonendospermic seed
无胚植物（=低等植物）	無胚植物（=低等植物）	noembryophyte (=lower plant)
无配子两性花	無配子兩性花	agamohermaphrodite
无配子生殖	無配[子]生殖	apogamy, apogamety
无配子种子生殖，无融合结籽	無配結籽	agamospermy
无融合	無融合	amixis
无融合结籽（=无配子种子生殖）	無配結籽	agamospermy
无融合生殖	無融合生殖，不受精生殖	apomixis
无融合生殖种，无性[生殖]种	無性種，無配[生殖]種，不受精[生殖]種	agamospecies, agameon
无色孢子	無色孢子	hyalospore
无生源说（=自然发生说）	無生源說，自然發生說，自生論	abiogenesis, spontaneous generation
无丝分裂	無絲分裂	amitosis
无土栽培	無土栽培	soilless culture
无维管束植物（=非维管植物）	無維管束植物	nonvascular plant
无维韧皮部	無維韌皮部	leptome
无细胞抽提物	無細胞萃取物	cell-free extract
无限花序	無限花序，不定花序	indefinite inflorescence, indeterminate inflorescence
无限伞房花序	無限傘房花序	indefinite corymb
无限生长	無限生長	indeterminate growth

大陆名	台湾名	英文名
无限生长型克隆植物	無限生長型克隆植物	growth-indeterminate clonal plant
无限维管束，开放维管束	開放維管束	open vascular bundle, open bundle
无向地性	無向地性	ageotropism
无向重力性	無向重力性	agravitropism
无效水	無效水	unavailable water
无效突变	無效突變	null mutation
无效雄器	無效雄器	trophogone, trophogonium
无性孢子	無性孢子	asexual spore, vegetative spore
无性繁殖（=营养繁殖）	營養繁殖，無性繁殖	vegetative propagation, vegetative multiplication, vegetative reproduction
[无性]繁殖体	[無性]繁殖體	brood body
无性后代	無性後代	vegetative progeny
无性花	無性花，無[雌雄]蕊花	asexual flower
无性阶段	無性階段	asexual state
无性接合孢子（=拟接合孢子）	無性接合孢子，非接合孢子	azygospore
无性全型	無性全型	ana-holomorph
无性生殖	無性生殖	asexual reproduction
无性[生殖]种（=无融合生殖种）	無性種，無配[生殖]種，不受精[生殖]種	agamospecies, agameon
无性世代	無性世代	asexual generation
无性系小株（=克隆分株）	克隆分株，無性繁殖小株，無性系小株	clonal ramet
无性系种群	無性繁殖族群	clonal population
无性型	無性型	anamorph
无性杂交	無性雜交，營養體雜交	asexual hybridization, vegetative hybridization
无芽孢杆菌	無孢子桿菌	non-spore-bearing bacillus
无氧呼吸	無氧呼吸	anaerobic respiration
无氧呼吸消失点	無氧呼吸消失點	anaerobic respiration extinction point
无氧生活	無氧生活	anaerobiosis
无样地法	無樣區法	plotless method
无样地取样	無樣區取樣	plotless sampling
无叶片[的]	無葉片[的]	elaminate
无义突变	無[意]義突變	nonsense mutation
无着丝粒染色体	無著絲點染色體，無中節染	acentric chromosome,

大陆名	台湾名	英文名
	色體	akinetic chromosome
无子叶植物	無子葉植物	acotyledon
五倍体	五倍體，五元體	pentaploid
五倍性	五倍性	pentaploidy
五体雄蕊	五體雄蕊	pentadelphous stamen
五味子素	五味子素	schizandrin
五柱木类	五柱木類	pentoxylon
戊聚糖	戊聚糖	pentosan
戊糖	戊糖，五碳糖	pentose
戊糖核酸	五碳糖核酸	pentose nucleic acid
戊糖磷酸途径	五碳糖磷酸途徑，磷酸五碳糖途徑	pentose phosphate pathway, PPP
戊糖磷酸循环	五碳糖磷酸循環	pentose phosphate cycle
物候谱	物候譜	phenospectrum
物候现象	物候現象	phenological phenomenon
物理图[谱]	物理圖[譜]	physical map
物理障碍	物理障礙，天然限制	physical barrier
物流	物流	matter flow, material flow
物质循环	物質循環	matter cycle, material cycle
[物]种	[物]種	species
物种饱和度	物種飽和度	species saturation
物种多样性	物種多樣性	diversity of species, species diversity
物种多样性指数	物種多樣性指數，[物]種歧異度指數	species diversity index, index of species diversity
物种丰富度	物種豐[富]度	species richness
物种丰富度指数	物種豐富度指數	species richness index
物种均匀度	物種[均]勻度	species evenness
物种均匀度指数	物種均勻度指數	species evenness index
物种流	物種流	species flow
物种灭绝	物種滅絕	species extinction
物种起源	物種起源	origin of species
物种起源说	物種起源說	theory of origin species
物种群	物種群	species aggregate
物种生物学，生物系统学	生物系統[分類]學	biosystematics
物种形成	物種形成，種化，成種作用	speciation

X

大 陆 名	台 湾 名	英 文 名
吸附	吸附	adsorption
吸根（=寄生根）	吸根（=寄生根）	haustorial root, sucker (=parasitic root)
吸光测定法	吸光測定法	absorptiometry
吸能反应	吸能反應	endergonic reaction
吸器	吸器	haustorium
吸热反应	吸熱反應	endothermic reaction
吸湿水，紧束水	吸濕水，吸附水	hygroscopic water
吸收	吸收	absorption
吸收根	吸收根	absorbing root
吸收光谱	吸收光譜	absorption spectrum
吸收毛	吸收毛，吸水毛	absorbing hair, absorptive hair
吸收细胞	吸收細胞	absorptive cell
吸收组织	吸收組織	absorptive tissue
吸水力	吸水力	suction force, suction tension
吸涨力	吸漲力	imbibition force
吸涨作用	吸漲作用，吸脹作用，膨潤現象	imbibition
希尔反应	希爾反應	Hill reaction
希尔氧化剂	希爾氧化劑	Hill oxidant
硒	硒	selenium
稀释染液	稀釋染液	diluted staining solution
稀疏薄壁组织	稀疏薄壁組織	scanty parenchyma
稀盐植物	稀鹽植物	salt-diluting plant
稀有植物，珍稀植物	稀有植物	rare plant, unusual plant
稀有种	稀有種，罕見種	rare species, strange species
喜钙植物，钙土植物	喜鈣植物，鈣土植物，嗜鈣植物	calciphyte, calcicole
喜光[性]种子（=需光种子）	需光種子，好光[性]種子	light seed, light-favored seed
喜酸植物，适酸植物	喜酸植物，嗜酸植物，適酸植物	acid plant, acidophyte
喜硝植物	喜硝植物，硝酸植物	nitrate plant
喜阳植物，适阳植物	喜陽[光]植物，好日性植物，陽光植物	heliophilous plant, heliophile
喜蚁植物，适蚁植物	喜蟻植物，親蟻植物，蟻生植物	myrmecophyte

大 陆 名	台 湾 名	英 文 名
喜雨植物，适雨植物	喜雨植物，好雨植物，適雨植物	ombrophilous plant, ombrophyte, rain-loving plant
系	系	series
系列同源性	系列同源性	serial homology
系谱（=谱系）	譜系	lineage, pedigree
系谱学（=谱系学）	譜系學，系譜學，系統學	genealogy
Ac-Ds 系统（=激活-解离系统）	激體-解離系統，Ac-Ds 系統	activator-dissociation system, Ac-Ds system
系统抽样，系统取样	系統取樣	systematic sampling
系统发生（=系统发育）	系統發生，種系發生，親緣關係	phylogenesis, phylogeny
系统发生学，种系发生学，谱系发生学	譜系學，親緣關係學	phylogenetics
系统发育，种系发生，系统发生	系統發生，種系發生，親緣關係	phylogenesis, phylogeny
系统发育分类，种系发生分类	系統[發育]分類，種系發生分類	phylogenetic classification
系统发育分析，种系发生分析，进化分析	系統發生分析，種系發生分析	phylogenetic analysis
系统[发育]树，种系发生树，进化系统树	系統樹，親緣關係樹，種系發生樹	phylogenetic tree, dendrogram
系统发育种概念	親緣種概念，種系發生種概念	phylogenetic species concept
系统分类	系統分類	phyletic classification
系统[分类]学	系統分類學	systematics
系统获得抗性	系統性抗病獲得，後天性系統抗性	systemic acquired resistance, SAR
系统取样（=系统抽样）	系統取樣	systematic sampling
系统素	系統素	systemin, SYS
系统性反应	系統性反應	systemic response
系统与进化植物学	系統與演化植物學	systematic and evolutionary botany
系统植物学（=植物系统学）	系統植物學，植物系統學（=植物系統分類學）	systematic botany, phylogenetic botany (=plant systematics)
细胞	細胞	cell
细胞板	細胞板	cell plate
细胞壁	細胞壁	cell wall
细胞壁硬化	細胞壁硬化	cell wall stiffening

大陆名	台湾名	英文名
细胞编程性死亡（=程序性细胞死亡）	程序性細胞死亡，計畫性細胞死亡，程式性細胞死亡	programmed cell death, PCD
细胞病理学	細胞病理學	cellular pathology
细胞凋亡	細胞凋亡	apoptosis
细胞发生	細胞發生	cytogenesis
细胞分化	細胞分化	cell differentiation
细胞分类学	細胞分類學	cytotaxonomy
细胞分裂	細胞分裂	cell division
细胞分裂素	細胞分裂素	cytokinin, CK, CTK
细胞分裂素氧化酶	細胞分裂素氧化酶，細胞分裂素氧化酵素	cytokinin oxidase
细胞分裂抑制剂	細胞分裂抑制劑	cell division inhibitor
细胞分裂周期基因	細胞分裂週期基因	cell division cycle gene
细胞骨架	細胞骨架	cytoskeleton
[细胞]核	[細胞]核	nucleus
细胞基质（=胞质溶胶）	細胞基質（=[細]胞質液）	cytomatrix, cytoplasmic matrix (=cytosol)
[细]胞间黏附分子	細胞間黏著分子，細胞間附著分子	intercellular adhesion molecule, ICAM
[细]胞间桥	[細]胞間橋	intercellular bridge
[细]胞间通信	[細]胞間通訊	intercellular cross-talk, intercellular communication
[细]胞间隙	[細]胞間隙	intercellular space
[细]胞间质	[細]胞間質	intercellular substance
细胞浆（=细胞液）	細胞液	cell sap, cytolymph
细胞解体	細胞解體	cytoclasis
细胞紧张度	細胞膨脹度	cell turgidity
细胞决定	細胞決定	cell determination
细胞膜	細胞膜	cell membrane
细胞培养	細胞培養	cell culture
细胞器	[細]胞器	organelle
细胞器基因组	胞器基因體	organelle genome
细胞全能性	細胞全能性	cell totipotency
细胞融合	細胞融合	cell fusion, cytomixis
细胞色素	細胞色素	cytochrome
细胞色素 b_6/f 复合物	細胞色素 b_6/f 複合體	cytochrome b_6/f complex
细胞色素 b_5 还原酶	細胞色素 b_5 還原酶	cytochrome b_5 reductase

大　陆　名	台　湾　名	英　文　名
细胞色素 P450 还原酶	細胞色素 P450 還原酶	cytochrome P450 reductase
细胞色素 P450 基因	細胞色素 P450 基因	cytochrome P450 gene
细胞色素氧化酶	細胞色素氧化酶	cytochrome oxidase
细胞生理学	細胞生理學	cell physiology, cytophysiology
细胞生长	細胞生長	cell growth
细胞生长因子	細胞生長因子	cell growth factor
细胞世代时间	細胞世代間隔	cell generation time
细胞死亡	細胞死亡	cell death
细胞途径	細胞途徑	cell pathway
细胞系	細胞系，細胞株	cell line
细胞型	細胞型	cytotype
细胞型胚乳	細胞型胚乳	cellular type endosperm, cellular endosperm
细胞悬[浮]液	細胞懸浮液	cell suspension
细胞液，细胞浆	細胞液	cell sap, cytolymph
[细]胞质	[細]胞質	cytoplasm
[细]胞质基因（=染色体外基因）	[細]胞質基因（=染色體外基因）	plasmagene, cytogene (=extrachromosomal gene)
[细]胞质桥（=胞间连丝）	[細]胞質橋（=胞間連絲）	cytoplasmic bridge (=plasmodesma)
[细]胞质遗传	[細]胞質遺傳	cytoplasmic inheritance
细胞周期	細胞週期，細胞循環	cell cycle
[细胞]周期蛋白	週期蛋白	cyclin
细胞周期检查点	細胞週期查核點	cell cycle checkpoint
细胞周期依赖性元件	細胞週期依賴性元件	cell cycle-dependent element, CDE
细胞组织分区学说	細胞組織分區學說	cytohistological zonation theory
细菌人工染色体	細菌人工染色體，人造細菌染色體	bacterial artificial chromosome, BAC
细菌叶绿素，菌绿素	細菌葉綠素	bacteriochlorophyll
细脉，小脉	小脈	veinlet
虾红素（=虾青素）	蝦青素，葉黃素色素，變胞藻黃素	astaxanthin, astacin
虾青素，虾红素，变胞藻黄素	蝦青素，葉黃素色素，變胞藻黃素	astaxanthin, astacin
狭义遗传率	狹義遺傳率	narrow heritability, heritability in the narrow sense

大陆名	台湾名	英文名
下担子	下擔子	hypobasidium
下降式进化	下降式演化	descending evolution
下降型种群	下降型族群	diminishing population
下壳	下殼	hypotheca
下壳环	下殼環	hypocingulum
下壳面	下殼面	hypovalve
下胚轴	下胚軸，子葉下軸	hypocotyl
下胚轴-根轴	下胚軸-根軸	hypocotyl-root axis
下皮层	下皮層	internal cortical layer
下位花	下位花	hypogynous flower
下位花冠	子房下生花冠	hypogynous corolla
下位基因	下位基因	hypostatic gene
下位式	下位式，子房上位	hypogyny
下位着生雄蕊	下位着生雄蕊	hypogynous stamen
下位子房	下位子房	inferior ovary
下陷气孔（=隐型气孔）	陷落氣孔	cryptopore
下行控制	下行[式]控制	top-down control
下行效应	下行效應，向下效應	top-down effect
下延叶	下延葉，翼狀葉	decurrent leaf
下游	下游	downstream
夏孢子	夏孢子	urediniospore, urediospore, uredospore
夏孢子堆	夏孢子堆	uredinium, uredosorus
夏材（=晚材）	夏材（=晚材）	summer wood, autumn wood (=late wood)
夏季一年生植物	夏季一年生植物，夏播一年生植物	aestival annual, summer annual
夏绿灌木群落	夏綠灌木叢林，夏綠灌叢	aestatifruticeta, estatifruticeta
夏绿林（=落叶阔叶林）	夏綠[樹]林（=落葉闊葉林）	summer green forest (=deciduous broad-leaved forest)
夏绿木本群落（=落叶阔叶林）	夏生木本群落（=落葉闊葉林）	aestilignosa (=deciduous broad-leaved forest)
夏绿乔木群落	夏綠喬木林	aestatisilvae, estatisilvae
夏绿硬叶林	夏綠硬葉林	aestidurilignosa, estidurilignosa
先出叶	先出葉，前出葉	prophyll
先担子（=原担子）	原擔子，前擔子	probasidium, protobasidium
先锋顶极（=前顶极）	前[演替]極相，前巔峰群落	preclimax

大　陆　名	台　湾　名	英　文　名
先锋群落	先鋒群落，先驅群落	pioneer community, initial community, prodophytium
先锋植物	先鋒植物，先驅植物，前驅植物	pioneer plant
先锋种	先鋒種，先驅種	pioneer, pioneer species
先菌丝，原菌丝	先菌絲，前菌絲	promycelium
先前期抑制因子	先前期抑制因子	preprophase inhibitor
先验概率	先驗概率	priori probability
纤匐枝（=匍匐枝）	匍匐枝，匍匐莖，走莖	creeper, runner
纤毛	纖毛	cilium
纤丝（=原纤维）	纖絲	fibril
纤维	纖維	fiber
纤维层（=药室内壁）	纖維層（=藥室內壁）	fibrous layer (=endothecium)
纤维根（=须根）	鬚根	fibrous root
纤维管胞	纖維管胞，纖維[狀]假導管	fiber tracheid, fibrous tracheid
纤维鞘	纖維鞘	fibrous sheath
纤维石细胞	纖維石細胞	fiber sclereid
纤维素	纖維素	cellulose
纤维素酶	纖維素酶	cellulase
纤维中心	纖維中心	fibrillar center, FC
纤维组织	纖維組織	fibrous tissue
鲜重	鮮重	fresh weight
弦切面，切向切面	弦切面，切線斷面	tangential section
弦向壁，切向壁	弦向壁，切線面壁	tangential wall
弦向分裂，切向分裂（=平周分裂）	弦切分裂，切線面分裂（=平周分裂）	tangential division (=periclinal division)
衔接物	銜接子，連接物	adaptor
嫌钙植物，避钙植物	嫌鈣植物，避鈣植物	calcifuge, calciphobe
嫌光[性]种子（=需暗种子）	需暗種子，嫌光[性]種子，光抑制發芽種子	dark seed, dark-favored seed, light-inhibited seed
嫌碱植物	嫌鹼植物，厭鹼植物，避鹼植物	basifuge
嫌酸植物	嫌酸植物，厭酸植物，避酸植物	oxyphobe
嫌盐植物	嫌鹽植物	halophobe
嫌阳植物，避阳植物	嫌陽植物	heliophobe
嫌雨植物，避雨植物	嫌雨植物	ombrophobe
C 显带（=着丝粒显带）	C 顯帶，中節顯帶	centromeric banding, C-banding

大 陆 名	台 湾 名	英 文 名
显花植物（=种子植物）	顯花植物（=種子植物）	anthophyte, phanerogam (=seed plant)
显色试验（=化学显色反应法）	呈色試驗	color test
显微操作	顯微操作	micromanipulation
显微结构	顯微結構	microscopic structure
[显]微注射	顯微注射	microinjection
显型气孔	顯型氣孔	phaneropore
显性	顯性	dominance
显性等位基因	顯性等位基因，顯性對偶基因	dominant allele
显性上位	顯性上位[現象]	dominant epistasis, dominance epistasis
显性效应	顯性效應，顯性效果	dominant effect, dominance effect
显性致死基因	顯性致死基因	dominant lethal gene
显域植被（=地带性植被）	帶狀植被	zonal vegetation
显著度	顯著度	prominence
藓类沼泽	苔泥沼	moss bog, sphagnum bog
藓类[植物]	苔類，苔蘚	moss
现存量	[生物]現存量	standing crop, standing yield, standing stock
现存最近对应种（=现存最近相似种）	現存最近相似種，最近似現代對應種	nearest living equivalent species, NLE species
现存最近亲缘类群，最近现存亲缘类群，最近似现代种	現存最近親緣類群，最近似現代種	nearest living relatives, NLRs
现存最近相似种，现存最近对应种	現存最近相似種，最近似現代對應種	nearest living equivalent species, NLE species
现代达尔文主义（=综合进化论）	現代達爾文學說，現代達爾文主義（=綜合演化論）	modern Darwinism (=synthetic theory of evolution)
现实植被图（=现状植被图）	現存植被圖，現實植被圖	real vegetation map
现状植被图，现实植被图	現存植被圖，現實植被圖	real vegetation map
限制性[酶切]片段	限制性片段	restriction fragment
限制性[酶切]片段长度多态性	限制性片段長度多態性，限制性片段長度多型性	restriction fragment length polymorphism, RFLP
限制[性酶切]位点	限制位[點]	restriction site
限制性内切核酸酶	限制性[核酸]內切酶	restriction endonuclease
限制性内切核酸酶位点	限制性[核酸]內切酶位點	restriction endonuclease site

大陆名	台湾名	英文名
限制因子	限制因子	limiting factor
限制因子律	限制因子律	law of limiting factor
线虫瘤	線蟲瘤	nematode tumor
线粒体	粒線體	mitochondrion, chondriosome
线粒体 DNA	粒線體 DNA	mitochondrial DNA, mtDNA
线粒体 RNA	粒線體 RNA	mitochondrial RNA, mtRNA
线粒体分裂	粒線體分裂	mitochondriokinesis
线粒体基因	粒線體基因	mitochondrial gene
线粒体基因组	粒線體基因體	mitochondrial genome
线粒体基质	粒線體基質	mitochondrial matrix
线粒体嵴	粒線體嵴	mitochondrial cristae
线粒体 RNA 加工酶	粒線體 RNA 加工酶	mitochondrial RNA processing enzyme
线粒体膜	粒線體膜	mitochondrial membrane
线粒体膜通透性	粒線體膜通透性	mitochondrial membrane permeability, MMP
线粒体[膜]通透性转换孔	粒線體通透性轉換孔	mitochondrial permeability transition pore, MPTP
线粒体内膜	粒線體内膜	mitochondrial inner membrane
线粒体鞘	粒線體鞘	mitochondrial sheath
线粒体热激蛋白	粒線體熱休克蛋白	mitochondrial heat shock protein, mtHsp, mtHSP
线粒体损伤	粒線體損傷	mitochondrial damage
线粒体外膜	粒線體外膜	mitochondrial outer membrane
线粒体遗传	粒線體遺傳	mitochondrial inheritance
线盘型	狹盤型，條盤型	lirellar type
线系进化（=种系进化）	線系演化，系統演化	phyletic evolution
线形孢子	線形孢子	scolecospore
线性四分子（=直列四分体）	單列四分體，線形四分子	linear tetrad
线状分布区（=带状分布区）	線狀分布區（=帶狀分布區）	linear areal (=belt areal)
线状子囊盘	狹長子囊盤，條狀子囊盤	lirella
腺二磷（=腺苷二磷酸）	腺苷二磷酸，雙磷酸腺苷，腺二磷	adenosine diphosphate, ADP
腺苷二磷酸，腺二磷	腺苷二磷酸，雙磷酸腺苷，腺二磷	adenosine diphosphate, ADP
S-腺苷甲硫氨酸合成酶	*S*-腺苷甲硫胺酸合成酶	*S*-adenosylmethionine synthetase
腺苷三磷酸，腺三磷	腺苷三磷酸，三磷酸腺苷，腺三磷	adenosine triphosphate, ATP, triphosadenine

大 陆 名	台 湾 名	英 文 名
腺苷三磷酸酶，ATP 酶	腺苷三磷酸酶，三磷酸腺苷酶，ATP 酶	adenosine triphosphatase, ATPase
腺苷一磷酸，腺一磷	腺苷單磷酸，單磷酸腺苷，腺一磷	adenosine monophosphate, AMP
腺鳞	腺鱗	glandular scale
腺毛	腺毛	glandular hair
腺三磷（=腺苷三磷酸）	腺苷三磷酸，三磷酸腺苷，腺三磷	adenosine triphosphate, ATP, triphosadenine
腺[体]	腺體	gland
腺一磷（=腺苷一磷酸）	腺苷單磷酸，單磷酸腺苷，腺一磷	adenosine monophosphate, AMP
腺质绒毡层（=分泌绒毡层）	腺質絨氈層，腺質營養層（=分泌絨氈層）	glandular tapetum (=secretory tapetum)
乡土种（=本地种）	本地種，本土種，原生種	native species, indigenous species
相对积累速率	相對積累速率	relative accumulation rate
相对紧张度，相对挺胀度	相對膨脹度，水分飽和度	relative turgidity
相对生长速率	相對生長率	relative growth rate, RGR
相对湿度	相對濕度	relative humidity
相对挺胀度（=相对紧张度）	相對膨脹度，水分飽和度	relative turgidity
相对自由空间	相對自由空間	relative free space, RFS
相关	相關	correlation
相关变异（=共变异）	共變異，相關變異	covariation
相关分析	相關分析	correlation analysis
相关系数	相關係數	correlation coefficient
相关性状	相關性狀	correlated character
相关选择反应	相關選擇反應	correlated selection response
相互回交	相互回交	reciprocal backcross
[相]互适应（=共适应）	共適應，協同適應	coadaptation
相互易位	相互易位	reciprocal translocation
相间分离	交替分離	alternate segregation
相克素	相剋素	antimone
相邻分离	鄰接分離	adjacent segregation
相邻格子样方法	相鄰格子樣方法	contiguous grid quadrat method
相邻种群大小	相鄰族群大小	neighborhood size
相似系数	相似係數	coefficient of similarity
相似性指数	相似性指數，相似度指數	similarity index, index of similarity

大　陆　名	台　湾　名	英　文　名
香豆素	香豆素	coumarin
香农-维纳多样性指数	夏儂-威納多樣性指數	Shannon-Wiener's diversity index
镶边粉芽堆	鑲邊粉芽堆	marginal soralia
镶嵌分布	鑲嵌分布	mosaic distribution
镶嵌进化	鑲嵌演化	mosaic evolution
镶嵌胚乳	嵌合型胚乳	mosaic endosperm
镶嵌体（=斑块）	斑塊，區塊，嵌塊體	patch
镶嵌显性	鑲嵌顯性	mosaic dominance
镶嵌性（=斑块性）	斑塊性，區塊性，嵌塊體性	patchiness
镶嵌植被	鑲嵌植被	mosaic vegetation
响应	回應	response
响应性状	回應性狀	response trait
向暗性	向暗性	skototropism
向触性	向觸性	thigmotropism
向地性（=向重力性）	向地性	gravitropism, geotropism
向顶发育	向頂發育	acropetal development
向顶极性运输	向頂極性運輸，向頂端極性運移	acropetal polar transport
向顶运输	向頂運輸，向頂端運移	acropetal translocation
向光素	向光素	phototropin
向光性	向光性	phototropism
向化性	向化性	chemotropism
向基极性运输	向基極性運輸，向基極性運移	basipetal polar translocation
向基运输	向基運輸，向基部運移	basipetal translocation
向气性（=向氧性）	向氧性，趨氣性	aerotropism
向日性	向日性	heliotropism
向伤性	向傷性	traumatotropism
向水性	向水性，趨水性	hydrotropism
向心花序（=无限花序）	向心花序（=無限花序）	centripetal inflorescence (=indefinite inflorescence)
向性	向性	tropism
向性生长运动	向性生長運動	tropic growth movement
向性抑制剂	向性抑制劑	phytotropin
向性运动	向性運動	tropic movement
向氧性，向气性	向氧性，趨氣性	aerotropism
向重力性，向地性	向地性	gravitropism, geotropism

大 陆 名	台 湾 名	英 文 名
向重力性定点角	向重力性定點角	gravitropic set-point angle, GSA
向轴[的]（=近轴[的]）	近軸[的]，向軸[的]	adaxial
向轴面（=近轴面）	近軸面，向軸面	adaxial side
消费链	消費鏈	consumer chain
消费效率	消費效率	consumption efficiency, CE
消费者	消費者，消耗者	consumer
消费者-资源相互作用	消費者-資源相互作用	consumer-resource interaction
消耗量	消耗量	consumption
硝化[作用]	硝化[作用]	nitrification, nitration
硝酸-亚硝酸转运体	硝酸-亞硝酸轉運體	nitrate-nitrite porter, NNP
硝酸[盐]还原酶	硝酸[鹽]還原酶，硝酸[鹽]還原酵素	nitrate reductase
硝酸盐还原作用	硝酸鹽還原作用	nitrate reduction
硝酸盐同化作用	硝酸鹽同化作用	nitrate assimilation
小包	小包，小皮子	peridiole, peridiolum
[小包]薄膜	包膜	tunica
小包袋	小包袋	purse
小苞片	小苞片	bractlet, bracteole
小孢子	小孢子	microspore
小孢子发生	小孢子發生，小孢子形成	microsporogenesis
小孢子母细胞	小孢子母細胞	microspore mother cell, microsporocyte
小孢子囊	小孢子囊	microsporangium
小孢子叶	小孢子葉	microsporophyll
小孢子叶球，雄球花	小孢子葉球，小孢子囊穗，雄球花	staminate strobilus, microstrobilus
小柄	小梗，小柄	pedicel
小檗碱	小檗鹼	berberine
小槽	小槽	sulculus
小尺度	小尺度	microscale
小分类学	微分類學	microtaxonomy
小分生孢子	小分生孢子	conidiole
小佛焰苞	小佛焰苞	spathilla
小根（=根丝体）	小根（=根絲體）	rootlet (=rhizoplast)
小梗	小梗	sterigma
小冠	小冠	coronule
小灌木	小灌木	undershrub, fruticulus

大　陆　名	台　湾　名	英　文　名
小核果	小核果	drupelet
小花	小花	floweret, floret, ray floret
小环境（=小生境）	微環境（=小生境）	microenvironment (=microhabitat)
小坚果	小堅果	nutlet, pyrene
小进化（=微[观]进化）	微演化	microevolution
小聚伞花序	小聚傘花序	cymule, cymelet
小孔定律（=小孔扩散律）	小孔擴散律	law of small opening diffusion
小孔扩散律，小孔定律	小孔擴散律	law of small opening diffusion
小块茎	小塊莖	tubercle
小鳞茎	小鱗莖	bulblet
小鳞片	小鱗片	ramentum, squamule
小脉（=细脉）	小脈	veinlet
小脉眼	小脈眼	vein eyelet
小囊突	小囊突	diverticulum, diverticule
小囊状体	小囊狀體	cystidiole
小泡，囊泡	囊泡，小泡	vesicle
小配子（=雄配子）	小配子（=雄配子）	microgamete (=male gamete)
小配子发生	小配子發生，小配子形成	microgametogenesis
小配子母细胞	小配子母細胞	microgametocyte
小配子体（=雄配子体）	雄配子體，小配子體	microgametophyte, male gametophyte
小球果	小球果，小毬果	conelet
小球茎	小球莖，子球	cormlet, daughter corm, cormel
小群落	小群落	microcoenosis, microcommunity
小伞形花序	小傘形花序	umbellule
小生境	小生境，微棲地	microhabitat
小穗	小穗	spikelet
小穗花	小穗花	achnanthium
小穗轴	小穗軸	rachilla, rhachilla
小托叶	小托葉	stipel, stipulule
小细长裂片	小裂片	lacinule
小型孢子囊	小型孢子囊	sporangiolum, sporangiole
小[型]分生孢子	小型分生孢子	microconidium
小型叶	小型葉	microphyll
小叶	小葉	leaflet

大 陆 名	台 湾 名	英 文 名
小叶柄	小葉柄	petiolule
小叶脉	小葉脈	minor vein
小宇宙（=微宇宙）	微宇宙，微型生態池，實驗生態系統	microcosm
小羽片	小羽片	pinnule
小枝	小枝	branchlet, ramellus
小植物	小植物	plantlet
小种	小種	microspecies
小总苞	小總苞	involucel
小总状花序	小總狀花序	racemule
效应性状	效應性狀	effect trait
楔羊齿型	楔羊齒型	sphenopterid
楔叶类	楔葉類	sphenophytes
蝎尾状聚伞花序	蠍尾狀聚傘花序	cincinnus, scorpioid cyme
协同进化	協同演化，共[同]演化	coevolution
协同运输（=共运输）	共運輸，協同運輸，協同運移	cotransport
协同转运（=共运输）	共運輸，協同運輸，協同運移	cotransport
协同转运蛋白（=共转运体）	協同運輸蛋白，協同運移蛋白	cotransporter
协助扩散（=易化扩散）	易化擴散，促進[性]擴散	facilitated diffusion
胁变	應變	strain
胁变可逆性	應變可逆性	strain reversibility
胁变修复	應變修復	strain repair
胁迫（=逆境）	逆境，環境壓力，緊迫	stress
胁迫蛋白（=逆境蛋白）	逆境蛋白	stress protein
胁迫抗性（=抗逆性）	抗逆性	stress resistance
胁迫伤害（=逆境伤害）	逆境傷害	stress injury
斜列线	斜列線	parastichy
斜向[两侧]对称	斜向[兩側]對稱	oblique zygomorphy
斜向性叶序	斜生葉序	plagiotropous phyllotaxis
斜展[的]	斜展[的]	oblique-patent
心材	心材	heartwood
心花，盘花	心花，盤狀花，管狀花	disk flower, disc flower
心皮	心皮	carpel
心皮柄	心皮柄	carpophore
心皮鳞片	心皮鱗片	carpellary scale

大　陆　名	台　湾　名	英　文　名
心皮原基	心皮原基	carpellary perimordium
心始式	心始式	centrarch
心形胚	心形胚	heart-shape embryo, heart embryo
心形期	心形期	heart-shape stage
DNA 芯片	DNA 晶片	DNA chip
芯鞘	芯鞘	core sheath
辛可胺类生物碱	辛可胺類生物鹼	cinchonamine alkaloid
辛普森多样性指数	辛普森多樣性指數	Simpson's diversity index
锌	鋅	zinc
新达尔文学说（=综合进化论）	新達爾文學說，新達爾文主義（=綜合演化論）	neo-Darwinism (=synthetic theory of evolution)
新[订学]名	新名[稱]	new name, nomen novum
新分类单位	新分類群	new taxon
新系统学	新系統分類學	new systematics
新功能化	新功能化	neofunctionalization
新黄素（=新黄质）	新黃質，新黃素	neoxanthin
新黄酮类化合物	新黃酮類化合物	neoflavonoid
新黄质，新黄素	新黃質，新黃素	neoxanthin
新甲藻黄素	新甲藻黃素	neodinoxanthin
新科	新科	new family
新苦木素	新苦木素，新苦木苷	neoquassin
新霉素	新黴素	neomycin
新霉素抗性基因	新黴素抗性基因	neomycin resistance gene
新霉素磷酸转移酶	新黴素磷酸轉移酶	neomycin phosphotransferase, NPT
新霉素磷酸转移酶 II 基因	新黴素磷酸轉移酶 II 基因	neomycin phosphotransferase II gene, *npt*II
新模式	新模[式]標本	neotype
新墨角藻黄素	新墨角藻黃素	neofucoxanthin
新木脂素，新木脂体	新木脂體	neolignan
新木脂体（=新木脂素）	新木脂體	neolignan
新热带植物区	新熱帶植物區系界	neotropic kingdom, neotropical floral kingdom
新属	新屬	new genus, genus novum
新特有种	新特有種	neoendemic species
新细胞质	新細胞質	neocytoplasm
新形态学	新形態學	neomorphology
新性生殖（=原性生殖）	新性生殖（=原性生殖）	neosexuality (=protosexuality)

大陆名	台湾名	英文名
新亚种	新亞種	new subspecies
新枝	新枝	new shoot
新枝条	新枝條，新梢	current shoot
新植代	新植代	cenophytic era
新种	新種	new species, neospecies
新组合	新組合	new combination, combinatio nova
信号肽（=信号序列）	訊息肽，訊號肽（=訊息序列）	signal peptide (=signal sequence)
信号序列	訊息序列，訊號序列	signal sequence
信号转导	訊息傳導，訊息傳遞	signal transduction
信使 RNA	信使 RNA，訊息 RNA，傳訊 RNA	messenger RNA, mRNA
信息传递	訊息傳遞	information transfer
星斑盘	座狀子囊盤	ardella
星散薄壁组织	星散薄壁組織	diffuse parenchyma
星形孢子，星状孢子	星狀孢子	staurospore
星状孢子（=星形孢子）	星狀孢子	staurospore
星状毛	星狀毛	stellate hair
星状石细胞	星狀石細胞，星狀厚壁細胞	astrosclereid
星状细胞	星狀細胞	stellate cell
星状疣	星狀疣	stellate papilla
星状中柱	星狀中柱，輻射狀中柱	actinostele
形成层	形成層	cambium
形成层带	形成層帶	cambial zone
形成层原始细胞	形成層原始細胞	cambial initial
形成层状过渡区	形成層狀過渡區	cambium-like transition zone
形成组织	形成組織	formative tissue
S 形曲线	S 形曲線	sigmoid curve
T 形四分体	T 形四分體，T 形四分子	T-shaped tetrad
形态发生（=形态建成）	形態發生，形態演化，形態建成	morphogenesis
形态分类群	形態分類群	morphotaxon
形态隔离	形態隔離	morphological isolation
形态-功能关系	形態-功能關係	form-function relationship
形态建成，形态发生	形態發生，形態演化，形態建成	morphogenesis
形态属	形態屬	form genus, morphogenus

大　陆　名	台　湾　名	英　文　名
形态学	形態學	morphology
形态学个体	形態學個體	physical individual
形态[学]种	形態種	morphological species, morphospecies, form species
形态[学]种概念	形態種概念	morphological species concept
性孢子，精孢子	性孢子，精孢子	spermatium
性孢子梗，精子梗，产精体	精子囊柄，精子托	spermatiophore
性孢子器	性孢子器，精子器	spermagonium, spermagone
性孢子受精丝（=曲折菌丝）	曲折菌絲，性孢子受精絲	flexuous hypha
性反转，性逆转，性转换	性反轉，性逆轉，性別轉換	sex reversal
性激素	性激素	sex hormone
性逆转（=性反转）	性反轉，性逆轉，性別轉換	sex reversal
性细胞	性細胞	sexual cell
性选择	性[别]選擇，性擇	sexual selection
性原细胞	性原細胞	gonocyte, gonium
性指数	性指數	sex index
性周期（=生殖周期）	性週期（=生殖週期）	sexual cycle (=reproduction cycle)
性转换（=性反转）	性反轉，性逆轉，性別轉換	sex reversal
性状	性狀，特性，特徵	character, trait
性状趋同	性狀趨同	character convergence
性状趋异	性狀趨異，性狀分歧	character divergence
性状释放	性狀釋放	character release
性状替代（=性状替换）	性狀替換，性狀置換，形質置换	character displacement
性状替换，性状替代	性狀替換，性狀置換，形質置换	character displacement
性状状态，特征状态	性狀狀態，特徵狀態	character state
胸高断面积	胸高斷面積	cross-sectional area at breast height, basal area of breast height
[雄苞]基生同株	[雄苞]基生同株	rhizautoecious
[雄苞]芽生同株	[雄苞]芽生同株	gonioautoecious
雄苞叶	雄苞葉，雄花葉	perigonial bract, perigonial leaf
[雄苞]枝生同株	雄枝生異枝	cladautoicous
雄孢子	雄孢子，小孢子	androspore
雄孢子囊	雄孢子囊，小孢子囊	androsporangium
雄孢子叶	雄孢子葉，小孢子葉	androsporophyll

大陆名	台湾名	英文名
雄分生孢子	雄分生孢子	androconidium
雄核（=精核）	雄核（=精核）	arrhenokaryon, male nucleus (=spermo-nucleus)
雄核发育（=孤雄生殖）	孤雄生殖，單雄生殖，雄核發育	androgenesis, male parthenogenesis
雄花	雄花	male flower, staminate flower
雄花两性花同株，雄全同株	雄花兩性花同株，雄全同株	andromonoecism
雄花两性花异株，雄全异株	雄花兩性花異株，雄全異株	androdioecism
雄配子	雄配子	male gamete
雄配子囊（=精子器）	藏精器	antheridium
雄配子体，小配子体	雄配子體，小配子體	microgametophyte, male gametophyte
雄器	雄器，精胞	antheridium
雄器柄	雄器柄	androphore
雄[器]托（=雄生殖托）	藏精器枝，精子器柄，雄器托	antheridiophore, male receptacle, antheridial receptacle
雄球果	雄球果	male cone
雄球花（=小孢子叶球）	小孢子葉球，小孢子囊穗，雄球花	staminate strobilus, microstrobilus
雄全同株（=雄花两性花同株）	雄花兩性花同株，雄全同株	andromonoecism
雄全异株（=雄花两性花异株）	雄花兩性花異株，雄全異株	androdioecism
雄蕊	雄蕊	stamen
雄蕊柄	雄蕊柄	androphore
雄蕊毛	雄蕊毛	stamen hair
雄蕊群	雄蕊群	androecium
雄蕊束	雄蕊束	phalanx
雄蕊维管束	雄蕊維管束	stamen bundle
雄蕊先熟[现象]	雄蕊先熟，雄花先熟	protandry, proterandry
雄蕊异长	雄蕊異長現象	heteranthery
雄生殖托，雄[器]托	藏精器枝，精子器柄，雄器托	antheridiophore, male receptacle, antheridial receptacle
雄细胞	雄細胞	male cell, androcyte
雄性不育	雄性不育，雄不孕性，雄性不稔	male sterility
雄性不育系	雄性不育系，雄性不孕系	male sterility line
雄性生殖单位	雄性生殖單位	male germ unit, MGU

大　陆　名	台　湾　名	英　文　名
雄性主体理论（=主雄性理论）	主雄性理論	mostly male theory
雄枝	雄枝	male branch
雄质	雄質	arrhenoplasm
熊果酸（=乌苏酸）	熊果酸	ursolic acid
休眠	休眠	dormancy
休眠孢囊梗	休眠孢囊梗	cystophore
休眠孢子	休眠孢子	resting spore, hypnospore
休眠孢子堆	休眠孢子堆	cystosorus
休眠孢子囊	休眠孢子囊	resting sporangium, hypnosporangium
休眠期	休眠期	dormancy stage
休眠芽	休眠芽，潛伏芽，休止芽	dormant bud, statoblast
休眠种子	休眠種子	dormant seed
DNA 修饰	DNA 修飾	DNA modification
DNA 修饰酶	DNA 修飾酶	DNA modifying enzyme
锈孢型	銹孢型	endo-form
锈孢子，春孢子	銹孢子	aeciospore, aecidiospore, plasmogamospore
锈孢子器，春孢子器	銹孢子器	aecium, aecidium
[锈菌]性孢子	性孢子，粉孢子	pycniospore
[锈菌]性孢子器	性孢子器	pycnium
须根，纤维根	鬚根	fibrous root
须根系	鬚根系	fibrous root system
须羊齿型	鬚羊齒型	rhodea type
需暗种子，嫌光[性]种子	需暗種子，嫌光[性]種子，光抑制發芽種子	dark seed, dark-favored seed, light-inhibited seed
需光量	需光量	light requirement
需光种子，喜光[性]种子	需光種子，好光[性]種子	light seed, light-favored seed
需水量（=蒸腾系数）	需水量（=蒸散係數）	water requirement (=transpiration coefficient)
需水临界期	需水臨界期	critical period of water requirement
需氧呼吸（=有氧呼吸）	有氧呼吸，好氧呼吸	aerobic respiration
序列标记位点（=序列标签位点）	序列標誌位點，序列標記位點	sequence-tagged site, STS
序列标签位点，序列标记位点	序列標誌位點，序列標記位點	sequence-tagged site, STS
DNA 序列多态性	DNA 序列多態性，DNA 序	DNA sequence polymorphism

大陆名	台湾名	英文名
	列多型性	
悬垂胎座（=顶生胎座）	懸垂胎座（=頂生胎座）	suspended placenta (=apical placenta)
悬垂胎座式（=顶生胎座式）	懸垂胎座式（=頂生胎座式）	suspended placentation (=apical placentation)
悬滴培养	懸滴培養	hanging drop culture
悬浮培养	懸浮培養	suspension culture
旋光度	旋光度	rotation, optical rotation
旋光光谱（=旋光色散）	旋光色散，旋光分散	optical rotatory dispersion, ORD
旋光率（=比旋光[度]）	比旋光[度]，旋光率	specific rotation
旋光色散，旋光光谱	旋光色散，旋光分散	optical rotatory dispersion, ORD
旋转状	旋轉狀	contorted
旋转状花被卷叠式	旋轉狀花被卷疊式	contorted aestivation
选模[标本]（=后选模式）	選模標本	lectotype
选择	選擇	selection
选择极限	選擇極限，選擇限制	selection limit
选择[通]透性	選[擇通]透性	selective permeability
选择透性膜	選透[性]膜，選擇通透性膜	selective permeable membrane, permselective membrane
选择吸收	選擇性吸收[作用]	selective absorption
选择系数	選擇係數，擇汰係數	selection coefficient
选择性培养基	選擇性培養基	selective medium
选择压[力]	選擇壓力，擇汰壓力	selection pressure
选择主义	選擇主義	selectionism
雪花莲凝集素	雪花草凝集素	*Galanthus nivalis* agglutinin, GNA
C_3 循环，碳-3 循环	三碳循環，C_3 循環	C_3 cycle
C_4 循环，碳-4 循环	四碳循環，C_4 循環	C_4 cycle
循环光合磷酸化，环式光合磷酸化	循環[式]光合磷酸化，循環性光磷酸化作用	cyclic photophosphorylation
循环[式]电子传递，环式电子传递	循環[式]電子傳遞，循環性電子傳遞	cyclic electron transport
驯化	馴化	acclimatization, acclimation, domestication
驯鹿[石]蕊，[驯]鹿苔	馴鹿苔	reindeer moss
[驯]鹿苔（=驯鹿[石]蕊）	馴鹿苔	reindeer moss
蕈菌，蘑菇	蕈菌，菇	mushroom

Y

大 陆 名	台 湾 名	英 文 名
压力流动假说	壓流說	pressure-flow hypothesis
压力势	壓力勢	pressure potential
压流	壓[力]流	pressure flow
压缩木（=应压木）	應壓木，壓縮材，偏心材	compression wood
压型化石	壓型化石	compression
压应力	壓應力	compressive stress
压榨	壓榨	pressing
芽	芽	bud
芽苞叶（=低出叶）	低出葉，芽苞葉	cataphyll
芽孢	芽孢	gemma
芽孢子囊	芽孢子囊	germ sporangium
芽变	芽[突]變	bud mutation, bud sport
芽插	芽插	bud cutting, eye cutting
芽痕	芽痕	bud scar
芽鳞	芽鱗	bud scale
芽鳞痕	芽鱗痕	bud scale scar
芽生孢子	芽生孢子	blastospore
芽休眠	芽休眠	bud dormancy
芽眼	芽眼	bud eye
芽原基	芽原基	bud primordium
芽殖	出芽生殖，芽生	budding
芽殖产孢	芽殖產孢	blastic conidiogenesis
亚倍体	亞倍體，缺倍數體，低倍體	hypoploid
亚倍性	亞倍性，缺倍數體性	hypoploidy
亚变种	亞變種	subvariety
亚茶渍型	亞茶漬型	sublecanorine type
亚顶极	亞頂極，亞極相，亞極峰	subclimax
亚二倍体	亞二倍體	hypodiploid
亚纲	亞綱	subclass
亚功能化	亞功能化	subfunctionalization
亚灌木（=半灌木）	半灌木，亞灌木	subshrub, suffrutex
亚界	亞界	subkingdom
亚精胺，精脒	亞精胺，精三胺	spermidine, Spd
亚科	亞科	subfamily
亚麻子	亞麻仁，亞麻子	linseed

大 陆 名	台 湾 名	英 文 名
亚麻子油	亞麻子油	linseed oil, flax seed oil
亚门	亞門	subdivision, subphylum
亚目	亞目	suborder
亚诺群落（=委内瑞拉草原）	利亞諾植被	llano
亚区	亞區	subregion
亚群丛	亞群叢	subassociation
亚热带	亞熱帶	subtropical zone
亚热带常绿阔叶林	亞熱帶常綠闊葉林	subtropical evergreen forest
亚热带雨林	亞熱帶雨林	subtropical rain forest
亚属	亞屬	subgenus
亚系	亞系	subseries
亚显微结构（=超微结构）	亞顯微結構，超顯微鏡構造（=超微結構）	submicroscopic structure (=ultrastructure)
亚硝酸氨化作用	亞硝酸[鹽]氨化作用	nitrite ammonification
亚硝酸[盐]还原酶	亞硝酸[鹽]還原酶，亞硝酸[鹽]還原酵素	nitrite reductase, NiR
亚硝酸盐还原作用	亞硝酸鹽還原作用	nitrite reduction
亚种	亞種	subspecies
亚种群	亞族群，次群族	subpopulation
亚族	亞族	subtribe
亚组	亞組	subsection
烟草花叶病毒	煙草鑲嵌病毒，煙草嵌紋病毒	tobacco mosaic virus, TMV
烟碱，尼古丁	菸鹼，尼古丁	nicotine
淹水胁迫（=涝胁迫）	淹水逆境	flooding stress, water-logging stress
延生叶	延生葉	enation leaf
严格合意树（=严格一致树）	嚴格共同樹	strict consensus tree
严格一致树，严格合意树	嚴格共同樹	strict consensus tree
岩生植物，石生植物	石生植物，岩生植物，石隙植物	lithophyte, chomophyte, rock plant
岩隙植物（=石隙植物）	石隙植物，岩隙植物，石内植物	chasmophyte, crevice plant, endolithophyte
岩屑堆演替	岩屑堆演替，岩屑堆層序	talus succession
岩藻黄素（=墨角藻黄素）	墨角藻黃素，岩藻黃素，鹿角藻黃素	fucoxanthin
岩藻黄质（=墨角藻黄素）	墨角藻黃素，岩藻黃素，鹿角藻黃素	fucoxanthin
盐害	鹽害	salt injury

大　陆　名	台　湾　名	英　文　名
盐呼吸	鹽呼吸	salt respiration
盐碱沼泽	鹽鹼沼澤	saline-alkaline marsh
盐生藻类	鹽生藻類	saline algae
盐生植被	鹽生植被	halophytic vegetation
盐生植物	鹽生植物，耐鹽植物	halophyte, halophilous plant
盐腺	鹽腺	salt gland
盐胁迫	鹽分逆境，鹽緊迫，鹽逆壓	salt stress, salinity stress
衍生模式	衍生模式	ex-type
衍生同源性	衍生同源性	derived homology
衍生细胞	衍生細胞	derivative
衍生性状	衍生性狀	derived character
衍征	衍徵，裔徵，近裔共性	apomorphy, apomorphic character
眼点	眼點	stigma, eye spot
演化（=进化）	演化，進化	evolution
演化论（=进化论）	演化論，進化論	evolution theory, evolutionism, evolutionary theory
演化植物学（=进化植物学）	演化植物學	evolutionary botany
演化中心	演化中心	evolution center
演替	演替，消長	succession
演替格局	演替模式	successional pattern
演替阶段	演替階段	stage of succession
演替群丛	演替群叢，演替植物群落	associes
演替系列	演替系列，消長系列	sere
演替种	演替種	successive species
燕麦单位	燕麥單位	*Avena* unit
燕麦胚芽鞘弯曲试验法（=燕麦试法）	燕麥子葉鞘彎曲測驗（=燕麥試法）	*Avena* curvature test (=*Avena* test)
燕麦试法，燕麦试验	燕麥試法，燕麥測驗	*Avena* test
燕麦试验（=燕麦试法）	燕麥試法，燕麥測驗	*Avena* test
羊齿时代（=蕨类时代）	蕨類時代，羊齒時代	fern age
羊齿植物（=蕨类植物）	蕨類植物，羊齒植物	fern, pteridophyte
羊毛固醇型（=羊毛甾醇型）	羊毛甾醇型，羊毛固醇型	lanosterol type
羊毛甾醇型，羊毛固醇型	羊毛甾醇型，羊毛固醇型	lanosterol type
羊毛脂烷型三萜	羊毛脂烷型三萜	lanostane triterpene
阳地植物（=阳生植物）	陽生植物，陽地植物	heliophyte, sun plant
阳离子同化作用	陽離子同化作用	cation assimilation
阳离子置换	陽離子置換	cation exchange

大 陆 名	台 湾 名	英 文 名
阳生叶	[向]陽葉	sun leaf
阳生植物，阳地植物	陽生植物，陽地植物	heliophyte, sun plant
杨氏循环	楊氏循環	Yang cycle
养分	養分	nutrient
养分回收	養分回收	nutrient resorption
养分回收效率	養分回收效率	nutrient resorption efficiency
养分利用效率	養分利用效率	nutrient use efficiency, NUE
养分临界期	養分臨界期	critical period of nutrition
养分流	養分流，營養流	nutrient flow
养分缺乏	養分缺乏，營養缺乏	nutrient deficiency
养分同化作用	養分同化作用	nutrient assimilation
养分循环	養分循環	nutrient cycle
氧苷	氧苷	oxygen glycoside, O-glycoside
氧合酶（=加氧酶）	加氧酶，加氧酵素，氧合酶	oxygenase
氧化还原反应	氧化還原反應	oxidation-reduction reaction
氧化还原酶	還原氧化酶，氧化還原酵素	oxidation-reduction enzyme, redoxase
氧化磷酸化	氧化磷酸化	oxidative phosphorylation
氧化酶	氧化酶	oxidizing enzyme, oxidase, oxidation ferment
ACC 氧化酶，1-氨基环丙烷-1-羧酸氧化酶	ACC 氧化酶，ACC 氧化酵素	1-aminocyclopropane-1-carboxylate oxidase, ACC oxidase
氧化小体	氧化小體	oxysome
氧化胁迫	氧化逆境，氧化應激，氧脅迫	oxidative stress
氧化作用	氧化[作用]	oxydation, oxidation
氧同化作用	氧同化作用	oxygen assimilation
氧新木脂素	氧新木脂體	oxyneolignan
样带法	樣帶法，樣條法	belt transect method
样地	樣區	plot
样点	樣點	sampling point
样点截取法，样针调查法	樣點截取法	point-intercept method
样方	樣方，樣區	quadrat, sample plot
样方法	樣方法	quadrat method
样线法	樣線法	line transect method
样线截取法	截線[取樣]法，直線截取法	line intercept method
样圆	樣圈	circle sample

大　陆　名	台　湾　名	英　文　名
样针调查法（=样点截取法）	樣點截取法	point intercept method
药隔	藥隔	connective
药囊（=药窝）	藥窩，花藥床	clinandrium
药室	藥室	anther cell
药室内壁	藥室內壁	endothecium
药窝，药囊	藥窩，花藥床	clinandrium
药用植物学	藥用植物學	pharmaceutical botany
野百合碱	野百合鹼	monocrotaline
野化	野[生]化	feralization
野粮地衣（=甘露地衣）	甘露地衣，野糧地衣	manna lichen
野生变种	野生變種	wild variety
野生灭绝（=野外灭绝）	野外滅絕	extinction in the wild, EW
野生型	野生型	wild type
野生种	野生種	wild species
野外灭绝，野生灭绝	野外滅絕	extinction in the wild, EW
野外生理学	野外生理學	field physiology
叶	葉	leaf
叶柄	葉柄	petiole
叶柄下芽	葉柄下芽	infrapetiolar bud, subpetiolar bud
叶刺	葉刺	leaf thorn
叶端，叶尖	葉端	leaf apex
叶耳	葉耳	auricle
叶附生群落	葉[表]附生植物群落	epiphyllitia
叶附生植物	葉附生植物，葉上著生植物	epiphyll, epiphyllophyte
叶痕	葉痕	leaf scar
叶黄素	葉黃素	lutein, xanthophyll
叶黄素循环	葉黃素循環	xanthophyll cycle
叶基	葉基	leaf base
叶级	葉級	leaf-size class
叶迹	葉跡	folial trace, leaf trace
叶迹隙	葉跡隙	leaf trace gap
叶尖（=叶端）	葉端	leaf apex
叶结构分析	葉結構分析	leaf architectural analysis
叶经济谱	葉經濟譜	leaf economics spectrum
叶卷须	葉卷鬚	leaf tendril
叶龄指数	葉齡指數	foliar age index

大　陆　名	台　湾　名	英　文　名
叶瘤	葉瘤	leaf nodule
叶绿素	葉綠素	chlorophyll
叶绿体	葉綠體	chloroplast, chloroplastid
叶绿体 DNA	葉綠體 DNA	chloroplast DNA, ctDNA
叶绿体 RNA	葉綠體 RNA	chloroplast RNA, ctRNA
叶绿体被膜	葉綠體被膜	chloroplast envelope
叶绿体蛋白质	葉綠體蛋白質	chloroplastic protein
叶绿体基粒	葉綠[體基]粒，葉綠餅	chloroplast granum
叶绿体基因组	葉綠體基因體	chloroplast genome
叶绿体基质，叶绿体间质	葉綠體基質	chloroplast stroma
叶绿体间质（=叶绿体基质）	葉綠體基質	chloroplast stroma
叶绿体生物反应器	葉綠體生物反應器	chloroplast bioreactor
叶绿体遗传转化	葉綠體遺傳轉化	chloroplast genetic transformation
叶绿体转化	葉綠體轉化	chloroplast transformation
叶脉	葉脈	vein, nerve
叶面高度	[枝]葉層高度	foliage height
叶面积比	葉面積比	leaf area ratio, LAR
叶面积密度	葉面積密度	leaf area density, foliage density
叶面积指数	葉面積指數	leaf area index, LAI
叶面施肥	葉面施肥，葉面噴施	foliage dressing, foliar fertilization, foliar application
叶面吸收	葉面吸收	foliar absorption
叶面营养（=根外营养）	葉面營養（=根外營養）	foliar nutrition (=exoroot nutrition)
叶盘转化法	葉盤轉化法	leaf disc transformation
叶培养	葉培養	leaf culture
叶偏上性	葉下垂生長	leaf epinasty
叶片	葉片	lamina, blade
叶片光合能力	葉片光合成能力	leaf photosynthetic capacity
叶片衰老	葉片老化	leaf senescence
叶片脱落	葉片脫落	leaf abscission
叶鞘	葉鞘	leaf sheath
叶青素	葉青素，青色素	cyanophyll
叶圈	葉圈	phyllosphere
叶肉	葉肉	mesophyll
叶肉组织	葉肉組織	mesophyll tissue

大　陆　名	台　湾　名	英　文　名
叶舌	葉舌	ligule
叶隙	葉隙	folial gap, leaf gap
叶镶嵌	葉鑲嵌	leaf mosaic
叶相	葉相	leaf physiognomy
叶相分析	葉相分析	leaf physiognomy analysis
叶形	葉形	leaf shape, phylliform
叶性分株	葉性分株	leaf ramet
叶性器官	葉性器官	phyllome
叶序	葉序	phyllotaxy, phyllotaxis, leaf arrangement
叶芽	葉芽	leaf bud, foliar bud
叶腋	葉腋	leaf axil
叶腋内托叶	葉內側托葉	intrafoliaceous stipule
叶原基	葉原基	leaf primordium
叶原座	葉原座	leaf buttress
叶缘	葉緣	leaf margin
叶诊断	葉診斷	foliar diagnosis
叶枕	葉枕	pad, pedestal, pulvinus
叶枝（=营养枝）	葉條，葉枝	foliage branch, foliage shoot
叶重比	葉重比	leaf mass ratio, LMR, leaf weight ratio
叶轴	葉軸	rachis
叶胄	葉胄	leaf armor
叶状柄	假葉，葉狀柄	phyllode
叶状地衣	葉狀地衣	foliose lichen
叶状地衣体	葉狀地衣體	foliose thallus, foliaceous thallus
叶状体，原植体	葉狀體，原植體	thallus
叶状体一年生植物	葉狀體一年生植物	thallotherophyte
叶状体植物，原植体植物，藻菌植物	葉狀體植物，原葉體植物，菌藻植物	thallophyte
叶状枝	葉狀枝，假葉枝	cladode, phylloclade, cladophyll
叶座	葉座	leaf cushion, sterigma
页码引证	頁碼引證	page reference
夜间断（=暗期间断）	夜間斷	night break
液流	液流	sap flow
液泡	液泡，液胞	vacuole
液泡膜，液泡形成体	液泡膜，液胞膜	vacuole membrane, vacuolar membrane, tonoplast

大陆名	台湾名	英文名
液泡膜内在蛋白	液泡膜嵌入蛋白，液胞膜嵌入蛋白	tonoplast intrinsic protein, TIP
液泡形成体（=液泡膜）	液泡膜，液胞膜	vacuole membrane, vacuolar membrane, tonoplast
液相色谱法	液相層析法	liquid chromatography, LC
液压	液壓	sap pressure
腋生分生组织	腋生分生組織	axillary meristem
腋生花序	腋生花序	axillary inflorescence
腋生托叶	腋生托葉	axillary stipule
腋外生花序	腋外生花序	extra-axillary inflorescence
腋外芽	腋外芽	extra-axillary bud
腋芽	腋芽	axillary bud
腋芽原基	腋芽原基	axillary bud primordium
一般配合力	一般配合力	general combining ability
一倍体（=单元单倍体）	單倍體，單元體，單套[個]體（=單元單倍體）	monoploid (=monohaploid)
一次结实性	一生一次結實性	monocarpy
一次结实植物，一稔植物	結實一次植物，單熟性植物	monocarpic plant
一回羽状复叶	一回羽狀複葉	monopinnate leaf
一年生草本[植物]	一年生草本	annual herb
一年生根	一年生根	annual root
一年生植物	一年生植物	annual plant, annual, therophyte
一稔植物（=一次结实植物）	結實一次植物，單熟性植物	monocarpic plant
一型叶（=同型叶）	同型葉，一型葉	homomorphic leaf
一氧化氮	一氧化氮，氧化亞氮	nitric oxide
一致树，合意树	共同樹	consensus tree, CST
一致性指数	一致性指數	consistency index, CI
一致序列（=共有序列）	共通序列，一致序列，共有順序	consensus sequence
衣瘿	衣癭	cephalodium
依频选择，频率依赖选择	頻率依存[型]天擇	frequency-dependent selection
移码突变	框移突變	frameshift mutation
遗传	遺傳	heredity, inheritance
遗传背景	遺傳背景	genetic background
遗传变异	遺傳變異	genetic variation
遗传标记，遗传标志	遺傳標記，遺傳標誌，遺傳標識物	genetic marker

大　陆　名	台　湾　名	英　文　名
遗传标志（=遗传标记）	遺傳標記，遺傳標誌，遺傳標識物	genetic marker
遗传多态性	遺傳多態性，遺傳多型性，基因多型性	genetic polymorphism
遗传多样性	遺傳多樣性，基因多樣性	genetic diversity
遗传多样性指数	遺傳多樣性指數	genetic diversity index
遗传方差	遺傳變方	genetic variance
遗传隔离	遺傳隔離	genetic isolation
遗传工程（=基因工程）	基因工程，遺傳工程	gene engineering, genetic engineering
遗传工具包	遺傳工具包	genetic toolkit
遗传互补（=遗传拯救）	遺傳互補（=遺傳拯救）	genetic complementation (=genetic rescue)
遗传寄生	遺傳寄生	genetic colonization
遗传距离系数	遺傳距離係數	coefficient of genetic distance
遗传决定系数（=广义遗传率）	遺傳決定係數（=廣義遺傳率）	coefficient of genetic determination (=broad heritability)
遗传力（=遗传率）	遺傳率，遺傳力	heritability
遗传率，遗传力	遺傳率，遺傳力	heritability
遗传霉素	遺傳黴素	geneticin
遗传密码	遺傳密碼	genetic code
遗传灭绝	遺傳滅絕	genetic extinction
遗传漂变	遺傳漂變，基因漂變	genetic drift
遗传平衡定律（=哈迪-温伯格定律）	遺傳平衡定律（=哈温定律）	law of genetic equilibrium (=Hardy-Weinberg law)
遗传评估	遺傳評估	genetic evaluation
遗传筛选	遺傳篩選	genetic screening
遗传适合度	遺傳適合度	genetic fitness
遗传图[谱]	遺傳圖譜，基因圖譜	genetic map
遗传相似系数	遺傳相似係數	coefficient of genetic similarity
遗传信息	遺傳信息	genetic information
遗传修饰生物体	基改生物，基因改造生物，遺傳修飾生物	genetically modified organism, GMO
遗传学个体	遺傳學個體	genetic individual
遗传学种概念	遺傳種概念	genetic species concept
遗传拯救	遺傳拯救	genetic rescue
遗传整合（=基因整合）	基因整合，遺傳整合	gene integration, genetic integration

大 陆 名	台 湾 名	英 文 名
遗传值（=基因型值）	遺傳值（=基因型值）	genetic value (=genotypic value)
遗传指纹，基因指纹	遺傳指紋，基因指紋	genetic fingerprint
疑源类	疑源類	acritarch
乙醇发酵，酒精发酵，生醇发酵	酒精發酵，乙醇發酵	ethanol fermentation, alcoholic fermentation
乙醇酸	乙醇酸	glycollic acid, glycolate
乙醇酸氧化酶	乙醇酸氧化酶，乙醇酸氧化酵素	glycolate oxidase
乙醇酸氧化途径	乙醇酸氧化途徑	glycollic acid oxidation pathway
乙级分类学（=β 分类学）	β 分類學	beta taxonomy
乙醛酸	乙醛酸	glyoxalic acid
乙醛酸循环	乙醛酸循環	glyoxylate cycle, glyoxylic acid cycle
乙醛酸循环体	乙醛酸循環體	glyoxysome
乙醛酸支路	乙醛酸支路	glyoxylate shunt
乙酸发酵	乙酸發酵	acetic acid fermentation
乙烯	乙烯	ethylene
乙烯拮抗剂	乙烯拮抗劑	ethylene antagonist
乙烯类似物	乙烯類似物	ethylene analogue
乙烯利	益收，乙烯釋放劑	ethrel, ethephon
乙烯生物合成抑制剂	乙烯生物合成抑制劑	ethylene biosynthesis inhibitor
乙烯形成酶	乙烯形成酶，乙烯形成酵素	ethylene-forming enzyme, EFE
蚁布植物	蟻媒播遷植物	myrmecochore
蚁媒	蟻媒	myrmecophily
异孢植物	異[形]孢子體	heterosporophyte
异倍体（=非整倍体）	異倍體（=非整倍體）	heteroploid (=aneuploid)
异倍性	異倍性	heteroploidy
异被花（=双被花）	異被花（=兩被花）	heterochlamydeous flower (=dichlamydeous flower)
异臂染色体	不等臂染色體	heterobrachial chromosome
异丙基硫代-β-D-半乳糖苷	異丙基硫代-β-D-半乳糖苷	isopropylthio-β-D-galactoside, IPTG
异补骨脂素（=白芷内酯）	白芷內酯，異補骨脂素	isopsoralen
异层地衣	異層地衣	heteromerous lichen
异常次生加厚	異常次生加厚	anomalous secondary thicking
异常结构	異常構造	anomalous structure
异担子（=有隔担子）	異擔子（=有隔擔子）	heterobasidium (=phragmobasidium)

大　陆　名	台　湾　名	英　文　名
异地保护（=迁地保护）	異地保育，域外保育，移地保育	*ex situ* conservation
异地衣多糖	異地衣多糖	isolichenan, isolichenin
异发演替（=外因演替）	異發演替，他發性演替，他發性遞變（=外因演替）	allogenic succession (=exogenetic succession)
异粉性，种子直感，直感现象	花粉直感	xenia
异核体	異核體	heterokaryon, heterocaryon
异核现象	異核現象	heterocaryosis
异花传粉，异花授粉	異花傳粉，異花授粉	cross-pollination
异花传粉植物	異花傳粉植物	cross-pollinated plant
异花受精	異花受精	allogamy, cross-fertilization
异花授粉（=异花传粉）	異花傳粉，異花授粉	cross-pollination
异化[作用]	異化[作用]	dissimilation
异黄酮	異黄酮	isoflavone
异极	異極	heteropolar
异交	異交	outcrossing
异莰烷衍生物	異莰烷衍生物	isocamphane derivative
异喹啉	異喹啉	isoquinoline
异喹啉[类]生物碱	異喹啉[類]生物鹼	isoquinoline alkaloid
异面叶，背腹叶，两面叶	異面葉，背腹葉	bifacial leaf, dorsiventral leaf
异面叶柄	異面葉柄	bifacial petiole
异模式异名	異模式異名	heterotypic synonym
异配生殖	異配生殖，異配結合，異[型]配子接合	anisogamy, heterogamy
异染色体	異染色體	allosome, heterochromosome
异染色质	異染色質	heterochromatin
异染色质化	異染色質化	heterochromatization
异染色质区	異染色質區，異染色質帶	heterochromatic region, heterochromatic zone
异三聚体 G 蛋白	異三聚體 G 蛋白，異三元體 G 蛋白	heterotrimeric G-protein
异时发生（=异时性）	異時性，異時發生	heterochrony
异时性，异时发生，发育差时	異時性，異時發生	heterochrony
异时亚种	異時亞種	allochronic subspecies
异时种	異時種	allochronic species
异丝性	異絲性	heterotrichy
异速生长	異速生長	allometry

大陆名	台湾名	英文名
异速生长关系	異速生長關係	allometric relationship
异位性	異位性	heterotopy
异戊二烯	異戊二烯	isoprene
异戊二烯法则	異戊二烯法則	isoprene rule
异戊烯基腺嘌呤	異戊烯基腺嘌呤	isopentenyl adenine
[异物]同名	[異物]同名	homonym
异细胞	異形細胞	idioblast
异形孢子	異形孢子	heterospore, anisospore
异形孢子囊	異[形]孢子囊	heterosporangium
异形胞	異形胞	heterocyst
异形二价体	異形二價[染色]體	heteromorphic bivalent
异形花	異形花	heteromorphous flower, heteromorphic flower
异形配子	異形配子	anisogamete, heterogamete
异形染色体	異形染色體	heteromorphic chromosome
异形世代交替	異形世代交替	heteromorphic alternation of generations
异形叶性	異形葉性	heterophylly
异形组织	非同質組織	heterogeneous tissue
异型[细胞]射线	異型[細胞]射線，異型木質線	heterocellular ray
异型叶，两型叶	異型葉，兩型葉	heteromorphic leaf
异型自交不亲和性	異型自交不親和性	heteromorphic self-incompatibility
异养	異營，異養，有機營養	heterotrophy
异养生物	異營生物，異養生物，寄生生物	heterotroph, heterotrophic organism
异养植物	異營植物，寄生植物，異生植物	heterotrophic plant, heterophyte
异域成种（=异域物种形成）	異域物種形成，異域種化，異域成種作用	allopatric speciation
异域分布	異域分布，異域性	allopatry
异域物种形成，异域成种	異域物種形成，異域種化，異域成種作用	allopatric speciation
异域种	異域種	allopatric species
异源倍体	異源倍數體	alloploid
异源倍性	異源倍性	alloploidy
异源单倍体	異源單倍體	allohaploid
异源多倍单倍体（=异源多元单倍体）	異源多元單倍體，異源多倍單倍體	allopolyhaploid

大　陆　名	台　湾　名	英　文　名
异源多倍体	異源多倍體	allopolyploid
异源多倍性	異源多倍性	allopolyploidy
异源多元单倍体，异源多倍单倍体	異源多元單倍體，異源多倍單倍體	allopolyhaploid
异源二倍单体	異源二倍單體	allodiplomonosome
异源二倍体	異源二倍體，異質二倍體	allodiploid
异源翻译系统	異源轉譯系統	heterologous translational system
异源基因	異源基因	heterologous gene
异源基因表达系统	異源基因表達系統	heterologous gene expression system
异源联会	異源聯會	allosyndesis
异源六倍体	異源六倍體	allohexaploid
异源双链	異源雙股	heteroduplex
异源四倍体	異源四倍體	allotetraploid
异源性	異源性	heterology
异源异倍体	異源異倍體	alloheteroploid
异源异倍性	異源異倍性	alloheteroploidy
异甾体类生物碱	異甾體類生物鹼	isosteroidal alkaloid
异藻蓝蛋白（=别藻蓝蛋白）	別藻藍蛋白，異藻藍蛋白，異藻藍素	allophycocyanin, APC
异质体	異型色素體	heteroplastid
异质性	異質性，不均一性	heterogeneity, heterogenicity
异质性指数	異質性指數	heterogeneity index
异质种群（=集合种群）	關聯族群，複合族群	metapopulation
异种化感（=化感作用）	[植物]相剋作用，異株剋生，毒他作用	allelopathy
[异种]化感物质，他感素	相剋物質，種間[化學]交感物質，相生相剋化感物	allelochemicals, allelochemics
异株受精	異株受精，異株異花受粉，異花傳粉	xenogamy
异宗配合	異體交配	heterothallism
抑制基因	抑制基因	suppressor gene, inhibitor, inhibiting gene
抑制[基因]突变	基因抑制突變，壓制性突變	suppressor mutation
抑制效应	抑制效應	inhibiting effect
抑制子	抑制子	suppressor
易地保护（=迁地保护）	異地保育，域外保育，移地保育	*ex situ* conservation

大 陆 名	台 湾 名	英 文 名
易化扩散，促进扩散，协助扩散	易化擴散，促進[性]擴散	facilitated diffusion
易化作用，促进作用	促進作用	facilitation
易危（=渐危）	漸危，易危	vulnerable, VU
易位	易位	translocation
益母草碱	益母草鹼	leonurine
益他素（=利他素）	利他素，益他素，開洛蒙	kairomone
逸出植物（=逃逸植物）	[逸出後]野生化植物	escaped plant
逸出种（=逃逸种）	[逸出後]野化種	escaped species
逸生植物	野化植物	feral plant
溢泌	溢泌	exudation
溢泌物	溢泌物	exudate
缢断[作用]	縊斷形成，縊縮	abstriction
缢痕	縊痕	constriction
缢缩沟	縊縮溝	constricticolpate
翼瓣	翼瓣	wing, ala
翼手媒	翼手媒	cheiropterophily, chiropterophily
翼状薄壁组织	翼狀薄壁組織	aliform parenchyma
阴地植物（=阴生植物）	陰生植物，陰地植物	skiophyte, shade plant
阴离子呼吸（=盐呼吸）	陰離子呼吸（=鹽呼吸）	anion respiration (=salt respiration)
阴离子交换	陰離子交換	anion exchange
阴离子通道	陰離子通道	anion channel
阴生叶	陰生葉	shade leaf
阴生植物，阴地植物	陰生植物，陰地植物	skiophyte, shade plant
银杏内酯 A	銀杏內酯 A	ginkgolide A
银杏素	銀杏素，銀杏黄酮	ginkgetin
引导组织	引導組織	transmitting tissue
引发酶	引發酶，導引酶	primase
引入斑块	引入斑塊	introduced patch
引入品种	引入品種	introduced variety
引入种	引入種，引進種	introduced species
引物	引子，引物	primer
引种植物	引進植物	introduced plant
吲哚丙酮酸途径	吲哚丙酮酸途徑	indole pyruvate pathway
吲哚丁酸	吲哚丁酸	indole butyric acid, IBA
吲哚基烷基胺类生物碱	吲哚基烷基胺類生物鹼	indolylalkylamine alkaloid

大陆名	台湾名	英文名
吲哚类生物碱	吲哚類生物鹼	indole alkaloid
吲哚乙腈途径	吲哚乙腈途徑	indole acetonitrile pathway, IAN pathway
吲哚乙醛肟途径	吲哚乙醛肟途徑	indole-3-acetaldoxime pathway, IAOx pathway
吲哚乙酸	吲哚乙酸	indole-3-acetic acid, IAA
吲哚乙酰胺途径	吲哚乙醯胺途徑	indole-3-acetamide pathway
吲哚乙酰肌醇	吲哚乙醯肌醇	indole acetyl inositol
吲哚乙酰葡萄糖	吲哚乙醯葡萄糖	indole acetyl glucose
吲哚乙酰天冬氨酸	吲哚乙醯天冬胺酸	indole acetyl aspartic acid
隐存种（=同胞种）	隱蔽種，隱秘種，隱藏種（=同胞種）	cryptic species (=sibling species)
隐花色素	隱[花]色素	cryptochrome
隐花植物（=孢子植物）	隱花植物（=孢子植物）	cryptogamous plant, cryptogamia (=spore plant)
隐花植物群落	隱花植物群落	cryptogamic community
隐头果	隱花果	syconium
隐头花序	隱頭花序	hypanthium, hypanthodium, syconium
隐型气孔，下陷气孔	陷落氣孔	cryptopore
隐性	隱性	recessiveness, recessive
隐性等位基因型	隱性等位基因型，隱性對偶基因型	recessive allelic form
隐性基因	隱性基因	recessive gene
隐性上位	隱性上位	recessive epistasis
隐性突变	隱性突變	recessive mutation
隐性性状	隱性性狀	recessive character, recessive trait
隐性致死	隱性致死	recessive lethal
隐性致死基因	隱性致死基因	recessive lethal gene
隐性状态	隱性狀態	recessive state
隐芽植物	隱芽植物	cryptophyte
隐域植被（=非地带性植被）	非地帶性植被，隱域植被	azonal vegetation
隐藻	隱藻	crypomonas
隐[藻]黄素	隱黃素，隱黃質，玉米黃素	cryptoxanthin
印痕化石	壓痕化石	impression
印迹法	印漬術，印跡法，墨點法	blotting, blot
DNA 印迹法	南方印漬術，DNA 印漬術，瑟慎墨點法	Southern blotting

大 陆 名	台 湾 名	英 文 名
RNA 印迹法	北方印漬術，RNA 印跡法，北方墨點法	Northern blotting
罂粟碱	罌粟鹼	papaverine
荧光猝灭	螢光猝滅	fluorescence quenching
荧光量子产率	螢光量子産率	fluorescence quantum yield
荧光现象	螢光現象	fluorecence phenomenon
荧光诱导	螢光誘導	fluorescence induction, fluorescence transient
荧光原位杂交	螢光原位雜交，原位螢光雜合[法]	fluorescence *in situ* hybridization, FISH
萤光素酶	螢光素酶，螢光酵素	luciferase
萤光素酶基因	螢光素酶基因	luciferase gene, *luc*
营养孢子叶	營養孢子葉	trophosporophyll
营养胞	營養胞	nutriocyte
营养繁殖，无性繁殖	營養繁殖，無性繁殖	vegetative propagation, vegetative multiplication, vegetative reproduction
营养分流假说（=营养[物质]转移假说）	營養分流假說	nutrient diversion hypothesis
营养根	營養根	nutritive root
营养共生	營養共生	nutritive symbiosis
营养核	營養核	vegetative nucleus
营养级	營養階層，食物階層，食性層次	trophic level
营养菌丝	營養菌絲	vegetative hypha
营养链（=食物链）	營養鏈（=食物鏈）	trophic chain (=food chain)
营养膜技术	營養膜技術	nutrient film technique, NFT
营养囊	營養囊	trophocyst
营养器官	營養器官	vegetative organ
营养缺陷型	營養缺陷型	auxotroph
营养生长	營養生長	vegetative growth
营养网（=食物网）	營養網（=食物網）	trophic web (=food web)
营养[物质]转移假说，营养分流假说	營養分流假說	nutrient diversion hypothesis
营养细胞	營養細胞	vegetative cell
营养叶	營養葉	foliage leaf, trophyll, trophophyll
营养液	營養液，培養液	nutrient solution
营养羽片	營養羽片	foliage pinna

大陆名	台湾名	英文名
营养枝，叶枝	葉條，葉枝	foliage branch, foliage shoot
营养贮藏蛋白质（=营养贮存蛋白质）	營養性貯存蛋白	vegetative storage protein, VSP
营养贮存蛋白质，营养贮藏蛋白质	營養性貯存蛋白	vegetative storage protein, VSP
营养转运	營養轉移	trophic transfer
营养组织	營養組織	nutritive tissue, vegetative tissue
颖果	穎果	caryopsis
颖片	穎，稃	glume
影印[平板]培养（=复印接种）	平板複印[接種]，印影平面培養法	replica plating
应拉木，伸张木	抗張材，伸張材	tension wood
应力木	反應木	reaction wood
应压木，压缩木	應壓木，壓縮材，偏心材	compression wood
硬材（=有孔材）	硬材（=有孔材）	hardwood (=porous wood)
硬草草本群落（=硬叶草本群落）	硬葉草原，禾草原	duriherbosa, duriprata
硬化细胞（=石细胞）	石細胞，厚壁細胞	sclereid, stone cell
硬化纤维	硬化纖維	sclerotic fiber
硬化组织	硬化組織	sclerotic tissue
硬木质果	硬木質果	xylocarp, xylodium
硬叶草本群落，硬草草本群落	硬葉草原，禾草原	duriherbosa, duriprata
硬叶灌木林	硬葉灌木林，硬葉灌[木]叢	durifruticeta
硬叶林，硬叶木本群落	硬葉林	sclerophyllous forest, durisilvae, durilignosa
硬叶木本群落（=硬叶林）	硬葉林	sclerophyllous forest, durisilvae, durilignosa
永久凋萎点（=永久萎蔫点）	永久[性]凋萎點	permanent wilting point
永久土壤种子库（=持久土壤种子库）	持久土壤種子庫，永久土壤種子庫	permanent soil seed bank, persistent soil seed bank
永久萎蔫	永久凋萎，不恢復凋萎	permanent wilting, irreversible wilting
永久萎蔫点，永久凋萎点	永久[性]凋萎點	permanent wilting point
永久萎蔫系数	永久凋蔫係數	permanent wilting coefficient
永久样方	永久[性]樣方	permanent quadrat
永久组织（=成熟组织）	永久組織（=成熟組織）	permanent tissue (=mature tissue)
优势度	優勢度	dominance

大　陆　名	台　湾　名	英　文　名
优势度指数	優勢度指數	dominance index
优势种	優勢種	dominant species
优先律，优先权	優先權	priority
优先权（=优先律）	優先權	priority
油	油	oil
油菜素（=油菜素内酯）	油菜素，芸苔素（=油菜素内酯）	brassin (=brassinolide)
油菜素内酯，菜籽固醇内酯，芸苔素内酯	油菜素內酯，菜籽固醇內酯	brassinolide, BL
油菜素甾醇[类化合物]，菜籽类固醇	菜籽類固醇	brassinosteroid, BR
油道	油道，油溝	vitta
油体	油粒體	oil body
油质体（=造油体）	造油體，儲油體	elaioplast, oleosome
疣	疣	verruca
游动孢子	[游]動孢子，泳動孢子	zoospore, swarm spore, planospore
游动孢子囊	[游]動孢子囊，游走孢子囊	zoosporangium
游动精子	游動精子	antherozoid, spermatozoid, zoosperm
游击生长型	遊擊生長型	guerilla growth form
游击型	遊擊型	guerilla
游击型克隆植物	遊擊型克隆植物	guerilla clonal plant
游离核	游離核	free nucleus
游离核时期	游離核時期	free nuclear stage
游离水（=自由水）	游離水，自由水	free water
游离细胞形成	游離細胞形成	free cell formation
游离[型]赤霉素（=自由赤霉素）	游離激勃素	free gibberellin
游离[型]生长素（=自由生长素）	游離生長素	free auxin
有被花	有被花	chlamydeous flower
有被小泡，包被囊泡	被覆囊泡，被膜小泡，被膜泡囊	coated vesicle
有隔担子	有隔擔子	phragmobasidium
有隔菌丝	有隔菌絲	septate hypha
有根树	有根樹	rooted tree
有花植物（=被子植物）	開花植物，真花植物（=被子植物）	flowering plant (=angiospermae)

大　陆　名	台　湾　名	英　文　名
有机胺类生物碱	有機胺類生物鹼	organic amine alkaloid
有机氮	有機氮	organic nitrogen
有机酸	有機酸	organic acid
有节梗	有節梗	athrosterigma
有节乳汁器	有節乳汁器	articulate laticifer
有孔材	有孔材	porous wood
有胚乳种子	有胚乳種子	albuminous seed, endospermic seed
有胚植物（=高等植物）	有胚植物（=高等植物）	embryophyte (=higher plant)
有色体，色质体	色質體，有色體，雜色體	chromoplast, chromoplastid
有丝分裂	有絲分裂	mitosis
有丝分裂孢子	有絲分裂孢子	mitospore
有丝分裂孢子囊	有絲分裂孢子囊	mitosporangium
有丝分裂不分离	有絲分裂不分離	mitotic nondisjunction
有丝分裂重组（=有丝分裂交换）	有絲分裂重組（=有絲分裂互換）	mitotic recombination (=mitotic crossover)
有丝分裂促进因子	有絲分裂促進因子	mitosis promoting factor, MPF
有丝分裂纺锤体	有絲分裂紡錘體	mitotic spindle
有丝分裂后配子配合	有絲分裂後配子配合	postmitotic syngamy
有丝分裂后型	有絲分裂後型	postmitotic type
有丝分裂交换	有絲分裂互換	mitotic crossover
[有丝]分裂期（=M 期）	[胞核]分裂期，M 期	mitotic phase, M phase
有丝分裂器	有絲分裂器	mitotic apparatus
有丝分裂前配子配合	有絲分裂前配子配合	premitotic syngamy
有丝分裂前型	有絲分裂前型	premitotic type
[有丝]分裂象	有絲分裂像	mitotic figure
有丝分裂因子	有絲分裂因子	mitotic factor
有丝分裂再组核	有絲分裂再組核	mitotic restitusion nucleus
有丝分裂指数	有絲分裂指數，無性分裂指數	mitotic index, MI
有丝分裂中间型	有絲分裂中間型	mitotic intermediate type
有丝分裂周期	有絲分裂週期	mitotic cycle
有限花序	有限花序	definite inflorescence
有限生长	有限生長	determinate growth
有限生长型克隆植物	有限生長型克隆植物	growth-determinate clonal plant
有限维管束，封闭维管束	有限維管束，閉鎖維管束	closed vascular bundle, closed bundle
有效发表	有效發表	effective publication

大 陆 名	台 湾 名	英 文 名
有效水	有效水	available water
有效养分	有效養分	available nutrient
有性孢子	有性孢子	sexual spore
有性阶段	有性階段	sexual state, sexual phase
有性生殖	有性生殖	sexual reproduction
有性世代	有性世代	sexual generation
有性型	有性型	teleomorph
有氧呼吸，需氧呼吸	有氧呼吸，好氧呼吸	aerobic respiration
有义 RNA（=正义 RNA）	有義 RNA	sense RNA
有义链	有義股	sense strand
有益元素	有益元素	beneficial element
幼担子	幼擔子	basidiole, basidiolum
幼苗	幼苗	seedling
幼苗库	幼苗庫	seedling bank
幼年期	幼年期	juvenile phase
幼年性	幼年性	juvenility
幼胚培养	幼胚培養	culture of larva embryo
幼叶卷叠式	幼葉卷疊式	vernation, foliation
柚皮素	柚皮苷，柚苷配基	naringenin, naringetol
诱变剂	誘變劑	mutagenic agent, mutagen
诱变育种（=突变育种）	突變育種	mutation breeding
诱导单性结实（=刺激单性结实）	誘導單性結實，誘導單性結果（=刺激性單性結實）	induced parthenocarpy (=stimulative parthenocarpy)
诱导抗病性	誘導抗病性	induced disease resistance
诱导酶	誘導酶，誘導酵素，可誘導型酵素	induced enzyme, inducible enzyme
诱导期	誘導期	induction period, induction phase
诱导型表达	誘導型表達	inducible expression
诱导型启动子	誘導型啟動子	inducible promoter
诱导转化	誘導轉化，誘導性狀轉變	induced transformation
诱发变异	誘發變異	induced variation
诱[发突]变	誘[發突]變	mutagenesis, induced mutation
诱杀性植物	誘殺性植物	trap plant
鱼雷形胚	魚雷形胚	torpedo-shape embryo, torpedo embryo
鱼雷形期	魚雷形期	torpedo-shape stage, torpedo stage

大 陆 名	台 湾 名	英 文 名
鱼藤酮	魚藤酮	rotenone
鱼藤酮类化合物	魚藤酮類化合物	rotenoid
鱼腥藻毒素	魚腥藻毒素	anatoxin
羽片	羽片，小葉片，羽瓣	pinna
羽扇豆烷型三萜	羽扇豆烷型三萜	lupine triterpene
羽轴	羽軸	pinna rachis
羽状复叶	羽狀複葉	pinnate leaf, pinnately compound leaf
羽状脉	羽狀脈	pinnate vein
羽状脉序	羽狀脈序	pinnate venation
羽状三出复叶	羽狀三出複葉	ternate-pinnate leaf
雨林	雨林	rain forest
玉米赤霉烯酮	玉米赤黴烯酮	zearalenone
玉米黄素（=玉米黄质）	玉米黃素，玉米黃質	zeaxanthin
玉米黄质，玉米黄素	玉米黃素，玉米黃質	zeaxanthin
玉米黄质环氧[化]酶	玉米黃素環氧酶	zeathanxin epoxidase, ZEP
玉米素	玉米素	zeatin
玉米素核苷	玉米素核苷	zeatin riboside
玉米肽	玉米肽	corn peptide
郁闭度	鬱閉度，葉層密度，林冠密度	crown density, canopy density, shade density
郁闭植被	鬱閉植被	closed vegetation
育亨宾类生物碱	育亨賓類生物鹼	yohimbine alkaloid
育性恢复基因	修復性基因	restoring gene
育种	育種	breeding
育种值	育種值	breeding value, BV
育种值模型	育種值模型	breeding value model
预顶极（=前顶极）	前[演替]極相，前巔峰群落	preclimax
预适应（=前适应）	前適應，預先適應，先期適應	preadaptation
域	域	domain
御旱性	避旱性，逃避乾旱	drought avoidance
御逆性	避逆性	stress avoidance
御热性	避熱性	heat avoidance
御盐性	避鹽性	salt avoidance
愈伤激素	癒傷激素，創傷激素	wound hormone, traumatin
愈伤组织	癒傷組織	callus
愈伤组织培养	癒傷組織培養	callus culture

大 陆 名	台 湾 名	英 文 名
元件	元件	element
ARS 元件（=自主复制序列元件）	自主複製序列元件，ARS 元件	autonomously replicating sequence element, ARS element
元素	元素	element
元素循环	元素循環	element cycle
原白，原始资料	原始資料	protologue
原孢子	原生孢子	protospore
原孢子堆	前孢子囊群	prosorus
原孢子梗	原孢子梗	protosporophore
原孢子囊	前孢子囊	prosporangium
原表皮层	原表皮層，原始表皮	protoderm
原产地模式，地模	原產地模式標本，同地區模式標本	topotype
原初电子供体	初級電子供[應]體，初級電子供給者	primary electron donor
原初电子受体	初級電子[接]受體，初級電子接收者	primary electron acceptor
原初反应	初級反應	primary reaction
原担子，先担子	原擔子，前擔子	probasidium, protobasidium
原岛衣酸	原島衣酸	protocetraric acid
原分生组织	原分生組織	promeristem
原果胶	原果膠	protopectin
原果胶酶	原果膠酶	protopectinase
原核，前核	原核，前核	pronucleus
原核生物	原核生物	prokaryote, procaryote
原核细胞	原核細胞	prokaryotic cell, prokaryocyte
原核藻类	原核藻類	prokaryotic algae
原花青素（=原花色素）	原花色素，原花青素	proanthocyanidin
原花色素，原花青素	原花色素，原花青素	proanthocyanidin
原基	原基	primordium, anlage
原基粒棒	原基粒棒	probaculum
原基体（=原球茎）	蘭菌共生體	protocorm
原接合孢子囊	原接合孢子囊	prozygosporangium
原菌幕	原菌幕	protoblem, primordial veil
原菌丝（=先菌丝）	先菌絲，前菌絲	promycelium
原囊壳	前子囊殼	prothecium
原胚	原胚，前胚	proembryo

大陆名	台湾名	英文名
原胚柄	原胚柄，前懸柄	prosuspensor
原胚柄层（=胚柄层）	原胚柄層（=胚柄層）	prosuspensor tier (=suspensor tier)
原胚柄细胞	原胚柄細胞	prosuspensor cell
原胚管	原胚管	proembryonal tube
原胚期	原胚期	proembryo stage
原胚乳细胞	原胚乳細胞	proendospermous cell
原胚细胞	原胚細胞	proembryonal cell
原配子囊	原配子囊	progametangium
原球茎，原基体	蘭菌共生體	protocorm
原人参二醇	原人參二醇	protopanoxadiol
原生裸地	原生裸地	primary bare land
原生木质部	原生木質部，先成木質部	protoxylem
原生木质部极	原生木質部極	protoxylem pole
原生木质部腔隙	原生木質部腔，先成木質部腔	protoxylem lacuna
原生韧皮部	原生韌皮部，先成篩管部，先皮韌皮部	protophloem
原生演替	原生演替，初級演替，初級消長	primary succession
原生演替系列	原生演替系列	primary sere, prisere
原生植被，原始植被	原生植被	virginal vegetation
原生质	原生質	protoplasm
原生质连丝（=胞间连丝）	原生質連絡（=胞間連絲）	protoplasmic connection (=plasmodesma)
原生质流动	原生質流動	protoplasmic streaming
原生质膜	原生質膜	protoplasmic membrane
原生质桥	原生質橋	protoplasmic bridge
原生质丝	原生質絲	protoplasmic fiber
原生质体	原生質體	protoplast
原生质体培养	原生質體培養	protoplast culture
原生质体融合	原生質體融合	protoplast fusion
原生质网	原生質網	protoplasmic reticulum
原生质运动	原生質運動	protoplasmic movement
原生中柱	原生中柱	protostele
原生种	原生種	initial species
原始材料	原始材料	original material
原始顶枝	原始頂枝	archetelome

大 陆 名	台 湾 名	英 文 名
原始分布区	原始分布區	initial areal, initial region
原始拼写	原始拼寫	original spelling
原始细胞	原始細胞，始原細胞	initial, initial cell
原始性状	原始性狀	primitive character
原始植被（=原生植被）	原生植被	virginal vegetation
原始种	原始種	original species
原始资料（=原白）	原始資料	protologue
原噬菌体	原噬菌體	prophage
原噬菌体干扰	原噬菌體干擾	prophage interference
原噬菌体诱导	原噬菌體誘導	prophage induction
原丝体	原絲體	protonema
[原丝体]宿存	[原絲體]宿存	persistent
原套	原套，莖端外部生長層	tunica
原套原体学说	原套原體說，外套内體說，層體說	tunica-corpus theory
原体	原體	corpus
原外壁	原外壁	primexine
原位 PCR（=原位聚合酶链反应）	原位聚合酶連鎖反應，原位PCR	*in situ* PCR
原位合成	原位合成	*in situ* synthesis
原位聚合酶链反应，原位PCR	原位聚合酶連鎖反應，原位PCR	*in situ* PCR
原位杂交	原位雜交	*in situ* hybridization
原乌氏体，前乌氏体	原烏氏體，前烏氏體	pro-Ubisch body
原小檗碱类生物碱	原小檗鹼類生物鹼	protoberberine alkaloid
原小梗	原小梗	protosterigma
原形成层	原始形成層，前形成層	procambium
原性生殖	原性生殖	protosexuality
原叶体	原葉體	prothallus
原叶细胞	原葉細胞	prothallial cell
原植体（=叶状体）	葉狀體，原植體	thallus
原植体植物（=叶状体植物）	葉狀體植物，原葉體植物，菌藻植物	thallophyte
原质体（=前质体）	前質體，前色素體，原質體	proplastid
原质团	原質團，原生質體，變形體	plasmodium
[原质]肿胞	[原質]腫胞	plasmatoogosis
原子囊果	原子囊果	procarp
圆胞组织（=球胞组织）	球胞組織，圓胞組織	textura globulosa

大　陆　名	台　湾　名	英　文　名
圆顶细胞	圓頂細胞	dome cell, loop cell
圆二色光谱术	圓二色光譜術	circular dichroic spectroscopy
圆二色谱	圓二色譜	circular dichroism spectrum
圆二色性	圓[偏振]二色性	circular dichroism, CD
圆球体	圓球體，油粒體	spherosome
圆锥花序，复总状花序	圓錐花序	panicle
缘毛	緣毛	tricholoma
缘毛环	緣毛環	tenacle
缘丝，周丝	緣絲，毛狀小體	periphysis
缘倚子叶	緣倚子葉，依伏子葉，前曲子葉	accumbent cotyledon
源	源	source
源斑块	源斑塊，源區塊	source patch
源库单位	源-積儲單位	source-sink unit
源种群	源族群	source population
源株	源株，母無性繁殖系	ortet
远极	遠極	distal pole
远极薄壁区	遠極薄壁區	analept
远极沟[的]	遠極溝[的]	anacolpate
远极孔	遠極孔	anaporate
远极萌发孔	遠極萌發孔	anatreme
远极面	遠極面	distal face
远缘杂交	遠[緣雜]交	distant hybridization, wide cross
远缘杂种	遠緣雜種	distant hybrid, wide hybrid
远轴[的]，背轴[的]	遠軸[的]，背軸[的]，離軸[的]	abaxial
远轴面，背轴面	遠軸面，背軸面，離軸面	abaxial side
越顶，耸出	越頂，聳出	overtopping
越冬一年生植物	越冬性一年生植物	hibernal annual plant
云杉型纹孔	雲杉型紋孔	piceoid pit
芸苔素内酯（=油菜素内酯）	油菜素內酯，菜籽固醇內酯	brassinolide, BL
芸香苷，芦丁	芸香苷	rutin, rutoside
孕穗期	孕穗期	booting stage
孕性花	可孕性花	fertile flower
孕甾烷[类]生物碱	孕甾烷[類]生物鹼	pregnane alkaloid
运动细胞（=泡状细胞）	運動細胞（=泡狀細胞）	motor cell (=bulliform cell)
运输	運輸，運移	transport, translocation

大 陆 名	台 湾 名	英 文 名
运输小泡，转运囊泡	運輸囊泡	transport vesicle
运输抑制剂响应蛋白 1，转运抑制响应蛋白 1	[生長素]運輸抑制劑回應蛋白 1	transport inhibitor response protein 1, TIR1
运算分类单元	運算分類單元	operational taxonomic unit, OUT

Z

大 陆 名	台 湾 名	英 文 名
杂草	雜草	weed
杂草植物	雜草植物，荒廢地植物	ruderal plant
杂合现象	雜合現象，異型接合	heterozygosis
杂合性	雜合性，異型接合性	heterozygosity
杂合子	雜合子，異[基因]型合子，雜接合體	heterozygote
杂合子筛查	雜合子篩選，雜合體篩選	heterozygote screening
杂合子优势	雜合子優勢，異型合子優勢	heterozygote advantage, heterozygote superiority
杂交	雜交	cross, hybridization
杂交不结实性	雜交不結實性	cross unfruitfulness
杂交不育性	雜交不育性，雜交不孕性	cross-infertility, cross-sterility
杂交瘤	雜交瘤	hybrid tumor, hybridoma
杂交品种	雜交品種，雜種品種	hybrid variety
杂交亲和性	雜交親和性	cross-compatibility
杂交弱势	雜交減勢，雜種減勢	pauperization
杂交属	雜交屬	nothogenus
杂交探针	雜交探針	hybridization probe
杂交型	雜交型	nothomorph
杂交性	雜交性，雜種性	crossability, hybridity
杂交严格性（=杂交严谨性）	雜交嚴格性	hybridization stringency
杂交严谨性，杂交严格性	雜交嚴格性	hybridization stringency
杂交育种	雜交育種	cross breeding
杂交种	雜交種	hybrid species, nothospecies
杂木脂素	雜木脂體	hybrid lignan
杂性	雜性	polygamy
杂性花	雜性花	polygamous flower
杂种	雜種	hybrid
杂种不育性	雜種不育性	hybrid sterility

大 陆 名	台 湾 名	英 文 名
杂种劣势	雜種劣勢，雜交劣勢	hybrid weakness
杂种群	雜種群	hybrid swarm
杂种实生苗	雜種實生苗	hybrid seeding
杂种优势	雜種優勢，雜交優勢	heterosis, hybrid vigor
杂种种子	雜種種子	hybrid seed
灾变	災變，劇變	catastrophe
灾变论	災變理論，災變說，劇變理論	catastrophe theory, catastrophism
灾变物种形成	災變物種形成，災變種化，災變物種分化	catastrophic speciation
甾醇，固醇	固醇，硬脂醇	sterol
甾类生物碱（=甾体[类]生物碱）	類固醇生物鹼，甾類生物鹼	steroid alkaloid
甾体，类固醇，甾族化合物	類固醇，甾類	steroid
甾体[类]生物碱，甾类生物碱，类固醇生物碱	類固醇生物鹼，甾類生物鹼	steroid alkaloid
甾体皂苷	類固醇皂苷，甾類皂素，類固醇皂素	steroid saponin
甾族化合物（=甾体）	類固醇，甾類	steroid
栽培	栽培	cultivate
栽培类型	栽培類型	cultivated form
栽培性状	栽培性狀	cultivated character
再春化作用	再春化作用	revernalization
再分化	再分化	redifferentiation
再合成作用	再合成作用	resynthesis
再生	再生	regeneration
再适应	再適應	exaptation
再引入	再引進	reintroduction
再组核，复组核	再組核，復組核	restitution nucleus
在体（=体内）	體內	*in vivo*
载孢体（=分生孢子果）	分生孢子果，分生孢子體	conidioma, conidiocarp
载粉器	載粉器	translater
载色体，色素体	載色體，色素體	chromatophore, pigment body
载体	載體	carrier, vector
T 载体	T 載體	T-vector
载体蛋白	載體蛋白	carrier protein
暂时凋萎（=暂时萎蔫）	暫時凋萎	temporary wilting
暂时萎蔫，暂时凋萎	暫時凋萎	temporary wilting

大 陆 名	台 湾 名	英 文 名
早材	早材	early wood
早产动孢子（=败育动孢子）	敗育動孢子	abortive zoospore
早前期带	早前期帶	preprophase band
早熟品种	早熟品種	early variety
藻胞（=生殖胞）	藻胞	gonidium
藻胞层	藻[胞]層，綠胞層	algal layer, stratum gonimon
藻被生态系统	藻被生態系[統]	algal mat ecosystem
藻病毒	藻病毒	phycovirus
藻胆蛋白	藻膽[色素]蛋白	phycobiliprotein, phycobilin protein, biliprotein
藻胆[蛋白]体	藻膽[蛋白]體	phycobilisome
藻胆素	藻膽素	phycobilin
藻毒素	藻毒素	phycotoxin
藻堆	藻堆	alga glomerules
藻红[胆]素	藻紅素	phycoerythrobilin
藻红蛋白	藻紅蛋白	phycoerythrin, PE
藻红蓝蛋白	藻紅藍蛋白	phycoerythrocyanin, PEC
藻华	藻華	algae bloom, algal bloom
藻黄素	藻黃素	phycoxanthin
藻灰岩	藻[類石]灰岩	algal limestone
藻胶	[褐]藻膠	algin, phycocolloid
藻菌植物（=叶状体植物）	葉狀體植物，原葉體植物，菌藻植物	thallophyte
藻蓝[胆]素	藻藍素	phycocyanobilin
藻蓝蛋白，藻青蛋白	藻藍蛋白，藻藍素，藻青素	phycocyanin, PC
藻类	藻類	algae
藻类学	藻類學	phycology, algology
藻类植物	藻類植物	phycophyte
藻煤	藻煤	sapromyxite
藻膜体	藻膜體	phycoplast
藻尿胆素	藻尿膽素	phycourobilin, PUB
藻青蛋白（=藻蓝蛋白）	藻藍蛋白，藻藍素，藻青素	phycocyanin, PC
藻青素	藍藻素，藻青素	cyanophycin
藻青素颗粒，蓝藻素颗粒	藍藻素顆粒	cyanophycin granule
藻色素	藍色素	phycochrome
藻丝体	藻絲體	trichome
藻状菌	藻菌類	phycomycetes

大　陆　名	台　湾　名	英　文　名
藻殖孢	藻殖孢	hormocyst
藻殖段，段殖体	藻殖段，段殖體，連珠體	hormogonium
藻紫胆素	藻紫膽素	phycoviolobilin, PVB
皂苷	皂苷，皂素	saponin
皂苷配基	皂苷配基，皂苷元，皂苷素	sapogenin
造孢剩质	造孢餘質	epiplasm
造孢丝（=产孢丝）	產孢絲，造孢絲	gonimoblast, sporogenous thread, sporogenous filament
造孢细胞	造孢細胞，孢原細胞	sporogenous cell
造孢组织	造孢組織，孢原組織	sporogenous tissue
[造]蛋白体	[造]蛋白體	proteoplast, proteinoplast
造粉粒	澱粉粒	amyloplastid
造粉体，淀粉体	澱粉體	amyloplast
造油体，油质体	造油體，儲油體	elaioplast, oleosome
增甘膦	增甘膦	glyphosine, polaris
增强子	增強子，強化子	enhancer, enhancer element
增强子捕获	增強子捕獲，強化子捕獲	enhancer trapping
增长型种群	擴張族群	expanding population
栅栏薄壁组织	柵狀薄壁組織	palisade parenchyma
栅栏薄壁组织细胞	柵狀薄壁組織細胞	palisade parenchymatous cell
栅栏叶肉	柵狀葉肉	palisade mesophyll
栅栏组织	柵狀組織	palisade tissue
窄幅种	狹幅種	stenotopic species
窄环面观	窄環面觀	narrow girdle view
窄谱质粒	窄譜質體	narrow-host-range plasmid
窄温植物	狹温性植物	stenothermic plant
窄域种	狹域種	stenochoric species
毡毛（=绒毛）	絨毛	villus, floss
张力	張力	tension
樟脑	樟腦	camphor
掌状复叶	掌狀複葉	palmately compound leaf
掌状脉	掌狀葉脈	palmate nerve
掌状脉序	掌狀脈序	palmate venation
掌状三出复叶	掌狀三出複葉	ternate-palmate leaf, digitately ternate leaf
沼生目型胚乳	澤瀉目型胚乳	helobial type endosperm, helobial endosperm
沼生植物	沼生植物，澤生植物	helophyte

大 陆 名	台 湾 名	英 文 名
沼泽	沼澤，[深]泥沼	mire
沼泽地	沼澤地	everglade
照叶林（=常绿阔叶林）	常綠闊葉林	evergreen broad-leaved forest, laurel forest
蜇毛，螯毛	刺毛，螫毛	stinging hair
折中分类学（=综合分类学）	折中分類學（=綜合分類學）	eclectic taxonomy (=synthetic taxonomy)
浙贝甲素	[浙]貝母鹼	peimine
蔗糖	蔗糖	sucrose
蔗糖合酶	蔗糖合[成]酶，蔗糖合成酵素	sucrose synthase
蔗糖降解	蔗糖分解	sucrose degradation
蔗糖磷酸合酶	蔗糖磷酸合[成]酶	sucrose-phosphate synthase, SPSase
蔗糖磷酸磷酸[酯]酶	蔗糖磷酸磷酸[酯]酶	sucrose-phosphate phosphatase, SPPase
蔗糖酶（=转化酶）	蔗糖酶（=轉化酶）	sucrase (=invertase)
蔗糖-质子同向转运体	蔗糖-質子同向運輸蛋白，蔗糖-質子同向轉運子	sucrose-proton symporter
蔗糖贮存植物	蔗糖貯存植物	sucrose storer
针晶体	針晶體	raphide, acicular crystal
针晶细胞	針晶細胞	raphidian cell
针晶异细胞	針晶異細胞	raphidian idioblast, raphide idioblast
针修法	針修法	degagement
针叶	針葉	needle, needle leaf
针叶灌木群落	針葉灌叢	conifruticeta, aciculifruticeta
针叶林	針葉[樹]林	needle-leaved forest, coniferous forest
针叶林带	針葉樹林帶	conisilvae belt
针叶木本群落	針葉植被，針葉樹林	aciculignosa, aciculilignosa
针叶乔木群落	針葉喬木林，針葉高木林	conisilvae, aciculisilvae
针叶树材（=无孔材）	針葉樹材（=無孔材）	needle wood , coniferous wood (=nonporous wood)
珍稀植物（=稀有植物）	稀有植物	rare plant, unusual plant
真草原	真草原	true steppe
真地下芽植物	真正下芽植物	eugeophyte
真多胚[现象]（=简单多胚[现象]）	真多胚[現象]（=簡單多胚[現象]）	true polyembryony (=simple polyembryony)
真果	真果	true fruit
真核	真核	eukaryon, eukarya

大陆名	台湾名	英文名
真核生物	真核生物	eukaryote
真核细胞	真核細胞	eukaryotic cell
真核藻类	真核藻類	eukaryotic algae
真花学说	真花說	euanthial theory, euanthium theory
真菌	真菌	fungus
真菌学	真菌學	mycology
真空转移	真空轉移	vacuum transfer
真双子叶植物	真雙子葉植物	eudicotyledons
真盐生植物（=泌盐植物）	真鹽生植物（=泌鹽植物）	euhalophyte (=recretohalophyte)
真[正]共生	真正共生，互依共存	eusymbiosis
真正光合速率	真正光合速率	true photosynthesis rate
真正光合作用	真正光合作用	true photosynthesis
真中柱	真中柱	eustele
真子囊果	真子囊果	euthecium
蒸发蒸腾（=蒸散）	蒸發蒸散[作用]	evapotranspiration
蒸散，蒸发蒸腾	蒸發蒸散[作用]	evapotranspiration
蒸腾	蒸散[作用]	transpiration
蒸腾比[率]	蒸散比	transpiration ratio
蒸腾计	蒸散計	potetometer, potometer
蒸腾孔	蒸散孔	transpiration pore
蒸腾拉力	蒸散拉力	transpiration pulling force, transpiration pull
蒸腾拉力说	蒸散拉力說	transpiration pull theory
蒸腾流	蒸散流	transpiration stream, transpiration current
蒸腾-内聚力-张力学说	蒸散凝聚張力說	transpiration-cohesion-tension theory
蒸腾强度（=蒸腾速率）	蒸散強度（=蒸散率）	transpiration intensity (=transpiration rate)
蒸腾速率	蒸散率	transpiration rate
蒸腾系数	蒸散係數	transpiration coefficient
蒸腾效率	蒸散效率	transpiration efficiency
整[倍]单倍体	整單倍體	euhaploid
整倍体	整倍體	euploid
整倍性	整倍性	euploidy
整合表达	整合表達	integrant expression
整合蛋白质	膜主體蛋白	integral protein, integral membrane protein

大 陆 名	台 湾 名	英 文 名
整合酶	整合酶	integrase
整合载体	整合載體	integrating vector
整码突变	整碼突變	in-frame mutation
整齐花	整齊花	regular flower
整体产果式生殖	整體產果式生殖	holocarpic reproduction
整体浸解法	整體浸解法	bulk-sieving method
整体衰老	整體老化	overall senescence
整形素	整形素	morphactin
正常异形花（=反常整齐花）	反常整齊花	peloria
正反馈	正回饋	positive feedback
正干涉	正干擾	positive interference
正模（=主模式）	正模式標本	holotype
正确名称	正確名稱	correct name
正统分类学（=经典分类学）	正統分類學（=古典分類學）	orthodox taxonomy (=classical taxonomy)
正向引物	正向引子	forward primer
正向重力性	向地性	positive gravitropism
正选择	正選擇	positive selection
正义 RNA，有义 RNA	有義 RNA	sense RNA
症状	症狀	symptom
支撑菌丝	支撐菌絲	stilt hypha
支持突	支持突	strutted process, fultoportule
支持细胞	支持細胞	supporting cell
支持组织（=机械组织）	支持組織（=機械組織）	supporting tissue (=mechanical tissue)
支链淀粉	支鏈澱粉	amylopectin
支系（=分支）	演化支，進化支，支序群	clade
支序分类学（=支序系统学）	支序[分類]學	cladistics, cladistic taxonomy
支序图，分支图	支序圖，[進化]分支圖	cladogram
支序系统学，分支系统学，支序分类学	支序[分類]學	cladistics, cladistic taxonomy
支序种	支序種	cladistic species
支柱根	支持根，支柱根	prop root
支柱气根	支持氣根	propaerial root
枝刺，茎刺	莖刺	stem thorn, stem spine
枝分生孢子	枝分生孢子	ramoconidium
枝迹	枝跡	branch trace
枝[条]	枝[條]	branch

大 陆 名	台 湾 名	英 文 名
枝隙	枝隙	branch gap
枝性分株	枝性分株	shoot ramet
枝芽（=叶芽）	枝芽（=葉芽）	branch bud (=leaf bud)
枝源型克隆植物	枝源型克隆植物	shoot-derived clonal plant
枝状地衣	枝狀地衣，莖狀地衣，灌木狀地衣	fruticose lichen
枝状地衣体	枝狀地衣體	fruticose thallus
脂单层（=脂质单分子层）	脂單層，脂質單分子層	lipid monolayer
脂肪	脂肪	fat
脂肪酸	脂肪酸	fatty acid
脂肪酸合酶	脂肪酸合酶	fatty acid synthase
脂肪酸生物合成	脂肪酸生物合成	fatty acid biosynthesis
脂肪酸氧化	脂肪酸氧化	fatty acid oxidation
脂肪氧化	脂肪氧化	fat oxidation
脂肪组织	脂肪組織	fat tissue
脂双层（=脂质双分子层）	脂雙層，脂質雙分子層	lipid bilayer
脂质	脂質，脂類	lipid
脂质单分子层，脂单层	脂單層，脂質單分子層	lipid monolayer
脂质双分子层，脂双层	脂雙層，脂質雙分子層	lipid bilayer
脂质体	脂質體，油粒體	lipid body
脂族胺类生物碱	脂族胺類生物鹼	aliphatic amine alkaloid
直出平行脉	直出平行脈	vertical parallel vein
直感现象（=异粉性）	花粉直感	xenia
直根（=主根）	主根，直根，軸根	taproot, axial root, main root
直根系（=主根系）	主根系，直根系，軸根系	taproot system, axial root system
直接成种	直接成種	directed speciation
直接分裂（=无丝分裂）	直接分裂（=無絲分裂）	direct division (=amitosis)
直接胁迫伤害	直接逆境傷害	direct stress injury
直立[的]	直立[的]	erect
直立茎	直立莖	erect stem
直立射线细胞	直立射線細胞，直立木質線細胞，直立射髓細胞	upright ray cell
直链淀粉	直鏈澱粉	amylose
直列四分体，线性四分子	單列四分體，線形四分子	linear tetrad
直列线	直列線	orthostichy
直生论，定向进化	直系發生，定向演化，直向演化	orthogenesis

大　陆　名	台　湾　名	英　文　名
直生胚珠	直生胚珠	orthotropous ovule, atropous ovule
直系同源基因（=种间同源基因）	異種同源基因	orthologous gene
直线迁移	直線遷徙	linear migration
直轴式气孔（=横列型气孔）	横列型氣孔，直軸式氣孔	diacytic type stoma
C 值	C 值	C value
C 值悖理，C 值矛盾	C 值反常	C value paradox
C 值矛盾（=C 值悖理）	C 值反常	C value paradox
植保素，植物保卫素	植[物]防禦素	phytoalexin
植被	植被，植物群落	vegetation
植被垂直[地]带	垂直植被帶	vertical vegetation zone
植被带	植被帶	vegetation belt, vegetation zone
植被地带性	植被地帶性	vegetation zonality
植被地理学	植被地理學	vegetation geography
植被分类	植被分類	vegetation classification
植被格局	植被格局	vegetation pattern
植被连续体	植被連續體	vegetation continuum
植被区	植被區	vegetation region
植被区划	植被區劃	vegetation regionalization
植被区划图	植被區劃圖	vegetation regionalization map
植被圈	植被圈	circle of vegetation
植被生态学	植被生態學，群落生態學	vegetation ecology
植被水平[地]带	水平植被帶	horizontal vegetation zone
植被图，植物群落分布图	植被圖	vegetation map
植被镶嵌	植被鑲嵌	vegetation mosaic
植被型	植被型	vegetation type, vegetation form
植被亚型	植被亞型	vegetation subtype
植被制图	植被製圖	vegetation mapping
植冠种子库	植冠種子庫	canopy seed bank
植酸	植酸	phytic acid
植物	植物	plant
C_3 植物，碳-3 植物	三碳植物，C_3[型]植物	C_3 plant
C_4 植物，碳-4 植物	四碳植物，C_4[型]植物	C_4 plant
CAM 植物（=景天酸代谢植物）	景天酸代謝植物，CAM 植物	crassulacean acid metabolism plant, CAM plant
植物螯合素	植物螯合素	phytochelatin
植物保卫素（=植保素）	植物防禦素	phytoalexin

大　陆　名	台　湾　名	英　文　名
植物比较解剖学	植物比較解剖學	plant comparative anatomy
植物比较胚胎学	植物比較胚胎學	comparative plant embryology
植物病毒学	植物病毒學	plant virology
植物病害	植物病害	plant disease
植物病理解剖学	植物病理解剖學	plant pathological anatomy
植物病理学	植物病理學	plant pathology, phytopathology
植物病原体	植物病原體，植物病原菌	phytopathogen
植物病原学	植物病原學	plant aetiology
植物代谢生理学	植物代謝生理學	plant metabolic physiology
植物地理学	植物地理學	plant geography, phytogeography
植物毒理学	植物毒理學	plant toxicology
植物多肽激素	植物多肽激素	plant polypeptide hormone
植物发育	植物發育	plant development
植物发育解剖学	植物發育解剖學	plant developmental anatomy
植物发育生理学	植物發育生理學	plant developmental physiology
植物发育生物学	植物發育生物學	plant developmental biology
植物发育遗传学	植物發育遺傳學	plant phenogenetics
植物繁殖单位	植物繁殖單位	phytomer
植物防御素	植物防禦素	plant defensin
植物分布学	植物分布學	phytochorology, plant chorology
植物分化	植物分化	plant differentiation
植物分类学	植物分類學	plant taxonomy
植物分子分类学	植物分子分類學	plant molecular taxonomy
植物个体生态学	植物個體生態學	plant autoecology
植物个体生物学	植物個體生物學	plant autobiology
植物功能型	植物功能型	plant functional type
植物功能性状	植物功能性狀	plant functional trait
植物固醇（=植物甾醇）	植物固醇，植物脂醇類	phytosterol
植物宏观形态学	植物宏觀形態學	plant macromorphology
植物化感物质	植物相剋物質	plant allelochemicals
植物化学	植物化學	phytochemistry
植物化学分类学	植物化學分類學	plant chemotaxonomy
植物化学生态学	植物化學生態學	phytochemical ecology
植物化学系统学	植物化學系統分類學	plant chemosystematics

大陆名	台湾名	英文名
植物基因工程	植物基因工程	plant genetic engineering
植物基因组学	植物基因體學	plant genomics
植物畸形学	植物畸形學	plant teratology
植物激素	植物激素，植物荷爾蒙	plant hormone, phytohormone
植物激素生物测定	植物激素生物檢定法	bioassay for plant hormone
植物解剖学	植物解剖學	plant anatomy, phytotomy
植物进化生物学	植物演化生物學	plant evolutionary biology
植物历史学	植物歷史學	plant history
植物量	植物量	phytomass
植物流行病学	植物流行病學	epiphytology
植物硫酸肽	植物硫酸肽	phytosulfokine, PSK
植物逆境生理学	植物逆境生理學	plant stress physiology
植物胚胎系统发育学	植物胚胎系統發育學	plant phylembryogenesis
植物胚胎学	植物胚胎學	plant embryology
植物皮膜	植物皮膜	phytolemma
植物气候学	植物氣候學	plant climatology
植物器官学	植物器官學	plant organography
植物区系，植物群	植物區系，植物相，植物群	flora
植物区系成分	植物區系成分，植物區系要素	floristic element, floral element
植物区系地理学	植物區系地理學	floristic geography
植物区系发生	植物區系發生	florogenesis
植物区系亲缘	植物區系親緣	floral relation
植物区系区划	植物區系區劃	floristic division
植物区系学	植物區系學，植相學	floristics, florology
植物区系组成	植物區系組成，植物相組成	floral composition, floristic composition
植物圈	植物圈	phytosphere
植物群（=植物区系）	植物區系，植物相，植物群	flora
植物群落	植物群落	phytocoenosis, plant community
植物群落地理学	植物群落地理學	plant syngeography
植物群落动态学，植物群落发生学	植物群落動態學，植物群落發生學	plant syndynamics
植物群落发生学（=植物群落动态学）	植物群落動態學，植物群落發生學	plant syndynamics
植物群落分布图（=植被图）	植被圖	vegetation map
植物群落分布学（=植物群	植物群落分布學（=植物群	plant synchorology (=plant syngeography)

大陆名	台湾名	英文名
落地理学）	落地理學）	
植物群落分类（=植被分类）	植物群落分類（=植被分類）	plant community classification (=vegetation classification)
植物群落分类学	植物群落分類學	plant syntaxonomy
植物群落生态学	植物群落生態學	plant synecology, plant community ecology
植物群落形态学	植物群落形態學	plant symmorphology
植物群落学	植物群落學	phytocoenology, phytocoenostics
植物染色体学	植物染色體學	plant chromosomology
植物社会学（=植物群落学）	植物社會學（=植物群落學）	plant sociology, phytosociology (=phytocoenology)
植物生活型	植物生活型	plant life form
植物生理解剖学	植物生理解剖學	plant physiological anatomy
植物生理生态学	植物生理生態學	plant physioecology, plant physiological ecology, physiological plant ecology
植物生理学	植物生理學	plant physiology, phytophysiology
植物生态地理学，生态植物地理学	植物生態地理學，生態植物地理學	ecological phytogeography, ecological plant geography, plant ecological geography
植物生态解剖学	植物生態解剖學	plant ecological anatomy
植物生态形态学	植物生態形態學	plant ecological morphology
植物生态学	植物生態學	plant ecology, phytoecology
植物生物学	植物生物學	plant biology
植物生长	植物生長	plant growth
植物生长调节剂	植物生長調節劑	plant growth regulator
植物生长物质	植物生長物質	plant growth substance
植物生长延缓剂	植物生長延緩劑	plant growth retardant
植物生长抑制剂	植物生長抑制劑	plant growth inhibitor
植物生殖生态学	植物生殖生態學	plant reproductive ecology
植物生殖生物学	植物生殖生物學	plant reproductive biology
植物实验分类学	植物實驗分類學	plant experimental taxonomy
植物实验胚胎学	植物實驗胚胎學	experimental plant embryology
植物实验形态学	植物實驗形態學	plant experimental morphology
植物数量生态学	植物數量生態學	plant quantitive ecology
植物数值分类学	植物數值分類學	plant numerical taxonomy
植物体	植物體	plant body
植物体细胞遗传学	植物體細胞遺傳學	plant somatic cell genetics

大 陆 名	台 湾 名	英 文 名
植物铁蛋白	植物鐵蛋白，鐵貯存蛋白質	phytoferritin
植物铁载体	植物鐵載體	phytosiderophore
植物蜕皮类固醇（=植物蜕皮甾体）	植物蜕皮類固醇	phytoecdysteroid
植物蜕皮甾体，植物蜕皮类固醇	植物蜕皮類固醇	phytoecdysteroid
植物微观形态学	植物微觀形態學	plant micromorphology
植物污染生态学	植物污染生態學	plant pollution ecology
植物系统学	植物系統分類學	phylogenetic botany, plant systematics
植物细胞动力学	植物細胞動力學	plant cytodynamics
植物细胞分类学	植物細胞分類學	plant cytotaxonomy
植物细胞工程	植物細胞工程	plant cell engineering
植物细胞生理学	植物細胞生理學	plant cell physiology
植物细胞生物反应器	植物細胞生物反應器	plant cell bioreactor
植物细胞生物学	植物細胞生物學	plant cell biology
植物细胞形态学	植物細胞形態學	plant cell morphology
植物细胞学	植物細胞學	plant cytology
植物细胞遗传学	植物細胞遺傳學	plant cytogenetics
植物小分子系统学	植物小分子系統分類學	plant micromolecular systematics
植物行为	植物行為	plant behavior
植物形态解剖学	植物形態解剖學	plant morphoanatomy
植物形态学	植物形態學	plant morphology
植物性演替（=内因演替）	植物性演替，植物遞變（=内因演替）	plant succession, phytogenic succession (=endogenetic succession)
植物修复	植物修復，植物復育	phytoremediation
植物学	植物學	botany
植物血清分类学	植物血清分類學	plant serotaxonomy
植物遗传生态学	植物遺傳生態學	plant genecology
植物遗传学	植物遺傳學	plant genetics
植物营养最大效率期	植物營養最大效率期	maximum efficiency period of plant nutrition
植物育种学	植物育種學	plant thremmatology
植物园	植物園	botanical garden, botanic garden
植物运动	植物運動	plant movement
植物甾醇，植物固醇	植物固醇，植物脂醇類	phytosterol

大 陆 名	台 湾 名	英 文 名
植物志	植物誌	flora
植物种间化感作用	植物種間相剋作用	interspecific phytoallelopathy
植物种内化感作用	植物種内相剋作用	intraspecific phytoallelopathy
植物种群生态学	植物族群生態學	plant population ecology
植物资源学（=资源植物学）	植物資源學（=資源植物學）	plant resources, science of plant resources (=resource botany)
植物组织分析	植物組織分析	plant tissue analysis
植物组织培养	植物組織培養	plant tissue culture
植物组织学	植物組織學	plant histology
纸色谱法	[濾]紙層析法	paper chromatography
指示植物	指標植物	indicator plant
指示种	指標種	indicator species
指数增长	指數型[族群]成長，指數[型]增長	exponential growth
DNA 指纹	DNA 指紋	DNA fingerprint
DNA 指纹分析	DNA 指紋分析，DNA 指紋鑒定術	DNA fingerprinting
质壁分离	質壁分離，質離[現象]	plasmolysis
质壁分离度	質離度	plasmolysis degree
质壁分离复原	質壁分離復原，反質離	deplasmolysis
质壁分离时间	質離時間	plasmolysis-time
质壁分离透过性	質離透過性	plasmolysis-permeability
质粒	質體	plasmid
Ri 质粒（=毛根诱导质粒）	毛根誘導質體，Ri 質體	root-inducing plasmid, Ri plasmid
Ti 质粒（=致瘤质粒）	腫瘤誘生[型]質體，Ti 質體	tumor-inducing plasmid, Ti plasmid
2μm 质粒	2μm 質體	2μm plasmid
质量性状	質量性狀，質性特徵，定性特徵	qualitative character, qualitative trait
质量运输速率	質量轉移率，質量傳遞率，質傳速率	mass transfer rate
质膜（=细胞膜）	質膜（=細胞膜）	plasma membrane, plasmalemma (=cell membrane)
质膜内在蛋白	質膜嵌入蛋白，細胞膜嵌入蛋白	plasma membrane intrinsic protein, PIP
质膜体	質膜體	plasmalemmasome
质配，胞质配合，胞质融合	質配，胞質配合，胞質接合	plasmogamy

大 陆 名	台 湾 名	英 文 名
质谱法	質譜法	mass spectrometry, MS
质体	質體，色素體	plastid
质体 DNA	質體 DNA	plastid DNA
质体基因	質體基因，色素體基因	plastogene
质体基因型	質體基因型，色素體型，質體遺傳型	plastidotype
质体醌	質體醌，色素體醌	plastoquinone, PQ
质体蓝素	質體藍素，色素體藍素	plastocyanin, PC
质体突变	質體突變	plastid mutation
质体小球（=嗜锇小球）	質球體（=親鋨小球）	plastoglobulus (=osmiophilic globule)
质体遗传	質體遺傳	plastid inheritance
质外体	質外體，離質體，非原生質體	apoplast
质外体途径	質外體途徑	apoplast pathway
质外体运输	質外體運輸，質外體運移	apoplastic transport, apoplastic translocation
质外体装载途径	質外體裝載途徑	apoplastic loading pathway
质子	質子	proton
质子泵	質子泵，質子幫浦，氫離子幫浦	proton pump
质子动力势	質子動力勢	proton motive force, PMF
栉片	[薄]片	lamella
栉羊齿型	櫛羊齒型	pecopterid
致病毒素	致病毒素	pathotoxin
致病力（=毒力）	毒力，致病力	virulence
致病性	致病性，病原性	pathogenicity
致病植物	致病植物	pathophyte
致电离子泵，生电泵	生電泵，產電位幫浦，產電位泵	electrogenic pump, electrogenic ion pump
致瘤质粒，肿瘤诱导质粒，Ti 质粒	腫瘤誘生[型]質體，Ti 質體	tumor-inducing plasmid, Ti plasmid
致密纤维组分	密度纖維組分	dense fibrillar component, DFC
致死基因	致死基因	lethal gene
致同进化	協同演化，共[同]演化	concerted evolution
掷出	擲出	abjection
蛭石	蛭石	vermiculite
滞后[现象]	滯後[現象]	hysteresis
滞留时间，停留时间	滯留時間，停留時間	residence time

大　陆　名	台　湾　名	英　文　名
置根	置根	rooting
中-边轴	中-邊軸	centrolateral axis
中部受精	中點受精	mesogamy
中层	[藥壁]中層	middle layer
中尺度	中尺度	mesoscale
中齿	中齒	middle tooth, second tooth
中带部	中帶部	fascia
中缝	中縫	median line
中干	中幹	mesome
中果皮	中果皮	mesocarp
中脊	中脊	dorsal fissure
中间代谢	中間代謝	intermediary metabolism
中间带（=I 带）	I 帶，中間帶	intercalary band, I-band
中间缺失	中間缺失	interstitial deletion
中间日长植物（=中日性植物）	定日長植物，中間性植物	intermediate daylength plant, IDP
中间丝（=中间纤维）	中間型纖維，中間絲	intermediate filament
中间细胞	中間細胞	intermediary cell
中间纤维，中间丝	中間型纖維，中間絲	intermediate filament
中空花柱	中空花柱	hollow type style, hollow style
中孔厚隔	中孔厚隔	isthmus
中肋	中肋	costa, midrib
中脉	中脈	midrib
中胚轴	中胚軸	mesocotyl
中皮相	中皮相	aspidiaria
中期	中期	metaphase
中期染色体	中期染色體	metaphase chromosome
中期停顿	中期停滯，中期受阻	metaphase arrest
中日性植物，中间日长植物	定日長植物，中間性植物	intermediate daylength plant, IDP
中塞	中塞	median plug
中生演替系列	中生演替系列	mesosere, mesarch sere
中生植物	中生植物	mesophyte
中始式	中始式，中源型	mesarch
中丝	中絲	metaphysis
中速进化	中速演化，中速進化	horotelic evolution, horotely
中温植物	中溫植物	mesotherm

大陆名	台湾名	英文名
中心核	中心核	centronucleus
中心粒	中心粒	centriole
中心区（=中央母细胞区）	中心區（=中央母細胞區）	central zone (=central mother cell zone)
中心体，壳心	果心	centrum
中心质，中央质	中心質	centroplasm
中性孢子（=单孢子）	中性孢子（=單孢子）	neutral spore (=monospore)
中性共生	中性共生，無利害共棲，獨立共存	neutralism
中性花（=无性花）	中性花（=無性花）	neutral flower (=asexual flower)
中性进化	中性演化	neutral evolution
中性漂变（=遗传漂变）	中性漂變（=遺傳漂變）	neutral drift (=genetic drift)
中性突变（=同义突变）	中性突變（=同義突變）	neutral mutation (=synonymous mutation)
中性突变随机漂变假说（=中性学说）	中性突變隨機漂變假說（=中性理論）	neutral mutation-random drift hypothesis (=neutral theory)
中性选择	中性選擇	neutral selection
中性学说	中性理論	neutral theory
中央节	中央節	central nodule
中央颗粒	中心粒	central granule
中央母细胞	中央母細胞	central mother cell
中央母细胞区	中央母細胞區	central mother cell zone
中央鞘	中央鞘	central sheath
中央射枝	中央射枝	central ray
中央栓（=中央颗粒）	中央栓（=中心粒）	central plug (=central granule)
中央细胞	中央細胞	central cell
中央质（=中心质）	中心質	centroplasm
中营养沼泽（=树沼）	中營養沼澤（=林澤）	mesotrophic fen (=swamp)
中源型气孔	中源型氣孔	mesogenous stoma
中植代，裸子植物时代	中生植物代，裸子植物時代	mesophytic era
中种皮	中種皮	mesosperm
中周型气孔	中周型氣孔	mesoperigenous stoma
中轴	中軸	central strand
中轴管	中軸管	central siphon
中轴胎座	中軸胎座	axile placenta
中轴胎座式	中軸胎座式	axile placentation
中轴型	中軸型	mesinae
中柱	中柱，中軸	stele, central cylinder

大　陆　名	台　湾　名	英　文　名
中柱鞘	中柱鞘，周鞘	pericycle
中柱鞘纤维（=初生韧皮纤维）	中柱鞘纖維，周鞘纖維（=初生韌皮纖維）	pericyclic fiber (=primary phloem fiber)
中柱学说	中柱學說	stelar theory
中柱原	中柱原，原中心柱	plerome
终点突变	終點突變	end-point mutation
终止密码子	終止密碼子	termination codon, stop codon
终止子	終止子	terminator
钟乳体	鐘乳體	cystolith
肿瘤诱导质粒（=致瘤质粒）	腫瘤誘生[型]質體，Ti 質體	tumor-inducing plasmid, Ti plasmid
种翅	種翅	seed wing
种阜	種阜	caruncle, strophiole
种复合体	物種集團，複合種	species complex
种脊	種脊	raphe
种加词	種加詞，種小名	specific epithet, species epithet
种间不亲和性	種間不親和性	interspecific incompatibility
种间关联	種間關聯	species association
种间关系	種間關係	interspecific relationship
种间交互作用	種間交互作用	interspecific interaction
种间竞争	種間競爭，異種間互害共存	interspecific competition, interspecies competition
种间适应	種間適應	interspecies adaptation
种间同源基因，直系同源基因	異種同源基因	orthologous gene
种间选择	種間選擇	interspecies selection
种间杂交	種間雜交	interspecific hybridization
种鳞，果鳞	種鱗	seminiferous scale
种-面积曲线	物種-面積曲線	species-area curve
种内不亲和性	種內不親和性	intraspecific incompatibility
种内关系	種內關係	intraspecific relationship
种内竞争	種內競爭	intraspecific competition
种内同源基因，旁系同源基因	同種同源基因，種內同源基因	paralogous gene
种内杂交	種內雜交	intraspecific crossing
种皮	種皮	seed coat, spermoderm, testa
[种]脐	種臍	hilum
种群，居群	族群	population

大 陆 名	台 湾 名	英 文 名
种群爆发	族群爆發，族群暴增	population explosion, population eruption
种群波动	族群波動，族群變動	population fluctuation
种群大小	族群大小	population size
种群动态	族群動態	population dynamics
种群分析	族群分析	population analysis
种群复壮	族群復壯	population rejuvenation
种群间相互作用	族群交互作用	population interaction
种群结构	族群結構	population structure
种群密度	族群密度	population density
种群灭绝	族群滅絕	population extinction
种群年龄结构	族群年齡結構	population age structure
种群年龄组成（=种群年龄结构）	族群年齡組成（=族群年齡結構）	population age composition (=population age structure)
种群平衡	族群平衡	population equilibrium, population balance
种群强度	族群強度	population intensity
种群曲线	族群曲線	population curve
种群生存力分析	族群生存力分析	population viability analysis, PVA
种群生态学	族群生態學	population ecology
种群生物学	族群生物學	population biology
种群衰退	族群衰退，族群減退	population depression
种群调节	族群調節	population regulation
种群统计	族群計數	population count
种群系统	族群系統	population system
种群形成	族群形成	population formation
种群压力	族群壓力	population pressure
种群增长	族群成長，族群增長	population growth
种群增长率	族群成長率	population growth rate
种群增长曲线	族群成長曲線	population growth curve
种群指数	族群指數	population index
种群专一性	種群特性	group specificity
种系发生（=系统发育）	系統發生，種系發生，親緣關係	phylogenesis, phylogeny
种系发生分类（=系统发育分类）	系統[發育]分類，種系發生分類	phylogenetic classification
种系发生分析（=系统发育分析）	系統發生分析，種系發生分析	phylogenetic analysis

大　陆　名	台　湾　名	英　文　名
种系发生树（=系统[发育]树）	系統樹，親緣關係樹，種系發生樹	phylogenetic tree, dendrogram
种系发生学（=系统发生学）	譜系學，親緣關係學	phylogenetics
种系渐变论	親緣漸變說，親緣漸進論	phyletic gradualism
种系进化，线系进化	線系演化，系統演化	phyletic evolution
种缨，丛毛	種纓，叢毛	coma
种质	種質，種原	germplasm, idioplasm
种子	種子	seed
种子传播（=种子散布）	種子散布，種子播遷	seed dispersal
种子根	種子根	seminal root
种子活力	種子活力	seed vigor, seed viability
种子蕨类	種子蕨類	seed ferns, pteridosperms
种子库	種子庫	seed bank, seed pool
种子扩散（=种子散布）	種子散布，種子播遷	seed dispersal
种子老化（=种子衰老）	種子老化	seed aging
种子劣变	種子劣變	seed deterioration
种子流（=种子雨）	種子流（=種子雨）	seed flow (=seed rain)
种子萌发	種子發芽	seed germination
种子散布，种子扩散，种子传播	種子散布，種子播遷	seed dispersal
种子寿命	種子壽命	seed longevity
种子衰老，种子老化	種子老化	seed aging
种子休眠	種子休眠	seed dormancy
种子雨	種子雨	seed rain
种子直感（=异粉性）	花粉直感	xenia
种子植物	種子植物	seed plant, spermatophyte
种子植物学	種子植物學	speed botany
重金属毒害作用	重金屬毒害作用	heavy metal toxicity
重金属结合蛋白	重金屬結合蛋白	heavy metal binding protein
重金属胁迫	重金屬逆境	heavy metal stress
重力势	重力勢	gravity potential
重力水	重力水	gravitational water
重要值	重要值	importance value
周包膜（=外菌幕）	外菌幕	universal veil, teleblem, general veil
周壁孔	周壁孔	umbilicus
周边蛋白质	膜周邊蛋白	peripheral protein, peripheral membrane protein

大　陆　名	台　湾　名	英　文　名
周边分生组织	周邊分生組織	perimeristem
周边组织	周邊組織	perienchyma
周面沟（=散沟）	散溝	pantocolpate, pericolpate
周面孔（=散孔）	散孔	pantoparate, periporate
周面孔沟（=散孔沟）	散孔溝	pericolporate, pantocolporate
周面萌发孔（=具散萌发孔）	具散萌發孔，周面萌發孔	pantotreme
周木维管束	周木維管束	amphivasal vascular bundle, amphivasal bundle
周皮	周皮，栓皮	periderm
周皮相	周皮相	bergeria
周期顶极群落	循環極相	cyclic climax
周韧维管束	周韌維管束	amphicribral vascular bundle, amphicribral bundle
周丝（=缘丝）	緣絲，毛狀小體	periphysis
周围分生组织（=侧面分生组织）	側面分生組織	flank meristem
周围分生组织区	周圍分生組織區	peripherial meristem zone
周围区，周缘区（=周围分生组织区）	周圍區，周緣區（=周圍分生組織區）	peripheral zone (=peripherial meristem zone)
周维管纤维	周維管纖維，環管纖維	perivascular fiber
周位花	子房周位花	perigynous flower
周位花冠	周位花冠	perigynous corolla
周位式	子房周位	perigyny
周位着生雄蕊	周位著生雄蕊	perigynous stamen
周缘层（=周缘细胞层）	周緣層（=周緣細胞層）	parietal layer (=parietal cell layer)
周缘嵌合体	周緣嵌合體，周邊嵌合體，平周嵌合體	periclinal chimera
周缘区（=周围区）	周圍區，周緣區	peripheral zone
周缘细胞	周緣細胞，側膜細胞	parietal cell
周缘细胞层	周緣細胞層	parietal cell layer
周缘质团	周緣質團，周原質團	periplasmodium
周缘质团绒毡层（=变形绒毡层）	周緣質團絨氈層，周原質團營養層（=變形蟲型絨氈層）	periplasmodial tapetum (=amoeboid tapetum)
周源型气孔	周源型氣孔	perigenous stoma
周质	周質	periplasm
周质体	周質體	periplast
周质微管	周質微管	cortical microtubule
周转	周轉，回轉	turnover

大　陆　名	台　湾　名	英　文　名
周转率	周轉率	turnover rate
周转期，周转时间	周轉時間，回轉時	turnover time
周转时间（=周转期）	周轉時間，回轉時	turnover time
洲际间断分布	洲際間斷分布	intercontinental disjunction
轴丝鞘	軸絲鞘	filament sheath
轴丝体（=茎丝体）	原絲分枝體	caulonema
轴向薄壁组织	軸向薄壁組織	axial parenchyma
轴向发育模式	軸向發育模式	axial developmental pattern
轴向管胞	軸向管胞，軸向假導管	axial tracheid
轴向系统，垂直系统，纵向系统	中軸系統	axial system
昼长	晝長	day length
昼长处理	晝長處理	day length treatment
昼夜节律	晝夜節律，近日節律，日週性律動	circadian rhythm, day-night rhythm, diurnal rhythm
皱[波]状纹饰	皺紋狀紋飾	rugulate
骤变式物种形成，爆发式物种形成	驟變式物種形成，爆發式物種形成，驟變式種化	sudden speciation, explosive speciation
骤变说	驟變說	saltationism
帚状枝，霉帚	帚狀枝	penicillus
珠被	珠被	integument
珠被胚	珠被胚	integumentary embryo
珠被绒毡层	珠被絨氈層，珠被營養層	integument tapetum
珠柄	珠柄	funiculus, funicule
珠光壁	珠光壁	nacreous wall, nacre wall
珠脊	珠脊	raphe
珠孔	珠孔	micropyle
珠孔端	珠孔端	micropylar end
珠孔塞	珠孔塞	obturator
珠孔室	珠孔室，珠子腔	micropylar chamber
珠孔受精	珠孔受精	porogamy
珠孔吸器	珠孔吸器	micropylar haustorium
珠孔引导	珠孔引導	mircopylar guidance
珠鳞	珠鱗，雌花鱗，種鱗	ovuliferous scale
珠托	珠托	collar
珠心	珠心	nucellus
珠心冠（=珠心冠原）	珠心帽（=珠心冠原）	nucellar cap (=epistase)

大　陆　名	台　湾　名	英　文　名
珠心冠原	珠心冠原	epistase
珠心喙	珠心喙	nucellar beak
珠心苗	珠心苗	nucellar seedling
珠心胚	珠心胚	nucellar embryo
珠心细胞	珠心細胞	nucellar cell
珠芽，零余子	珠芽	bulbil
潴泡	扁囊	cistern
主动地上芽植物	主動地上芽植物	active chamaephyte
主动抗[病]性	主動抗病性	active resistance
主动扩散（=主动散布）	主動散布	active dispersal
主动免疫[性]	主動免疫[性]	active immunity
主动散布，主动扩散	主動散布	active dispersal
主动脱水关闭	主動脱水關閉	dehydroactive closure
主动吸收	主動吸收	active absorption, active uptake
主动吸水	主動吸水	active water absorption
主动运输，主动转运	主動運輸，主動運移	active transport
主动转运（=主动运输）	主動運輸，主動運移	active transport
主根，直根	主根，直根，軸根	taproot, axial root, main root
主根系，直根系	主根系，直根系，軸根系	taproot system, axial root system
主脉	主脈	principal vein, primary vein, nervure
主模式，正模	正模式標本	holotype
主射枝	主射枝	main ray
主效基因	主[效]基因	major gene
主效基因抗[病]性	主[效]基因抗病性	major gene resistance
主雄性理论，雄性主体理论	主雄性理論	mostly male theory
主要内在蛋白质	主要嵌入蛋白	major intrinsic protein, MIP
主缢痕，初[级]缢痕	主縊痕	primary constriction
主轴	主軸	caudex
助细胞	助細胞	synergid cell, synergid
助细胞胚	助細胞胚	synergid embryo
助细胞吸器	助細胞吸器	synergid haustorium
贮藏淀粉	貯藏澱粉	storage starch
贮藏根	貯藏根	storage root, reserve root
贮藏管胞	貯藏管胞，貯藏假導管	storage tracheid
贮藏器官	貯藏器官	reserve organ
贮藏组织	貯藏組織	storage tissue, reserve tissue

大　陆　名	台　湾　名	英　文　名
贮存淀粉粒	貯藏澱粉粒	storage starch grain
贮粉室	花粉室，花粉腔，貯粉室	pollen chamber
贮菌器	[甲蟲]貯菌器	mycangium, fungus pit
贮水泡	貯水泡，儲水[囊]泡	water vesicle
贮水组织	貯水組織	water-storing tissue, water-storage tissue, aqueous tissue
柱孢子囊	柱孢子囊，分節孢子囊	merosporangium
柱层析（=柱色谱法）	管柱層析法	column chromatography
柱囊孢子	柱囊孢子	merospore
柱色谱法，柱层析	管柱層析法	column chromatography
柱头	柱頭	stigma
柱头毛	柱頭毛	stigma hair
柱头面	柱頭面	stigmatic surface
柱头乳突	柱頭乳突	stigmatic papilla
柱头细胞	柱頭細胞	stigmatic cell
柱头组织	柱頭組織	stigmatic tissue
柱状晶[体]	柱狀晶[體]	styloid
柱状细胞	柱狀細胞	columnar cell, pillar cell
柱状组织	柱狀組織	columella
蛀道真菌	蛀道真菌	ambrosia fungus
专化（=特化）	特化，專化	specialization
专性无融合生殖	專性無融合生殖	obligate apomixis
专一性（=特异性）	特異性，專一性	specificity
砖格孢子	磚格孢子，網狀孢子，多室孢子	dictyospore
砖格孢子囊，网状孢子囊	磚格孢子囊，網狀孢子囊	dictyosporangium
转导	轉導	transduction
转化	轉化，轉形[作用]	transformation
转化率	轉化率，轉形效率	transformation efficiency
转化酶	轉化酶，轉化[酵]素	invertase, invertin
转化体	轉化體，轉形株，轉化株	transformant
转基因	轉[殖]基因	transgene
转基因沉默	轉基因緘默化	transgene silencing
转基因-非转基因作物共存	轉基因-非轉基因作物共存	coexistence of transgenic and non-transgenic crop
转基因技术	轉基因技術，基因轉殖	transgenic technology
转基因育种	轉基因育種	transgenic breeding
转基因植物	轉基因植物，基因轉殖植物	transgenic plant

大陆名	台湾名	英文名
转磷酸化，转磷酸作用	轉磷酸化[作用]，磷酸轉移作用，轉磷酸作用	transphosphorylation
转磷酸作用（=转磷酸化）	轉磷酸化[作用]，磷酸轉移作用，轉磷酸作用	transphosphorylation
转录	轉録	transcription
转录后基因沉默	轉録後基因緘默化	post-transcriptional gene silencing, PTGS
转录基因沉默	轉録基因緘默化	transcriptional gene silencing, TGS
转录激活	轉録活化	transcriptional activation
转录起始位点	轉録起始位點	transcription initiation site
转录调节	轉録調節	transcription regulation
转录因子	轉録因子	transcription factor
转染	轉染	transfection
RNA 转染	RNA 轉染	RNA transfection
转输管胞	轉輸管胞，轉輸假導管	transfusion tracheid
转输组织	轉輸組織	transfusion tissue
转移 DNA	轉移 DNA，轉送 DNA，轉運 DNA	transfer DNA, T-DNA
转移 RNA	轉移 RNA，轉送 RNA，轉運 RNA	transfer RNA, tRNA
转移细胞（=传递细胞）	傳遞細胞，轉運細胞，轉移細胞	transfer cell
转运蛋白（=转运体）	運輸蛋白，運移蛋白	transporter
转运囊泡（=运输小泡）	運輸囊泡	transport vesicle
转运体，转运蛋白	運輸蛋白，運移蛋白	transporter
转运抑制响应蛋白 1（=运输抑制剂响应蛋白 1）	[生長素]運輸抑制劑回應蛋白 1	transport inhibitor response protein 1, TIR1
转主寄生[现象]	轉主寄生[現象]，轉株寄生，二寄主寄生	heteroecism, heteroxeny, metoecism
转主全孢型	轉主全孢型	hetereu-form
转座	轉位	transposition
转座酶	轉位酶	transposase
转座子	轉位子	transposon, Tn
转座子标记法（=转座子标签法）	轉位子標記法	transposon tagging
转座子标签法，转座子标记法	轉位子標記法	transposon tagging
壮观霉素	觀黴素，奇黴素	spectinomycin

大 陆 名	台 湾 名	英 文 名
准共生（=类共生）	類共生，獨立共存，準共生	parasymbiosis
准性共生生物，准性共生体	類共生生物，准性共生體	parasymbiont
准性共生体（=准性共生生物）	類共生生物，准性共生體	parasymbiont
准性生殖	類有性生殖，準有性生殖	parasexuality, parasexual reproduction
准性生殖循环，准性世代	類有性生殖循環，擬[似有]性循環	parasexual cycle
准性世代（=准性生殖循环）	類有性生殖循環，擬[似有]性循環	parasexual cycle
着粉盘（=着粉腺）	著粉腺，黏質盤	retinaculum, viscid disc
着粉腺，黏盘，着粉盘	著粉腺，黏質盤	retinaculum, viscid disc
着生花冠雄蕊	花冠上雄蕊	epipetalous stamen
着丝粒	著絲粒，著絲點，中節	centromere
着丝粒 DNA	著絲粒 DNA，中節 DNA	centromeric DNA
着丝粒干涉	著絲粒干擾，中節干擾	centromere interference
着丝粒交换	著絲粒交換，中節交換	centromeric exchange, CME
着丝粒显带，C 显带	C 顯帶，中節顯帶	centromeric banding, C-banding
着丝粒序列	著絲粒序列，中節序列	centromeric sequence, CEN sequence
着丝粒异染色质	著絲粒異染色質，中節異染色質	centromeric heterochromatin
着丝粒异染色质带（=C 带）	著絲粒異染色質帶，中節異染色質帶，C 帶	centromeric heterochromatic band, C-band
资源斑块性	資源斑塊性	resource patchiness
资源交互斑块性	資源交互斑塊性	reciprocal patchiness of resources
资源配置	資源配置	resource allocation
资源吸收器官	資源吸收器官	resource-acquiring organ
资源限制	資源限制	resource limitation
资源植物学	資源植物學	resource botany
子层托	子實層托，孢托	receptacle, receptaculum
子代	子代，雜交後代	filial generation
子二代	第二子代	second filial generation, F_2 generation
子房	子房	ovary
子房壁	子房壁	ovary wall
子房培养	子房培養	ovary culture
子房室	子房室	locule, cell

大 陆 名	台 湾 名	英 文 名
子囊	子囊	ascus
子囊孢子	子囊孢子	ascospore
子囊孢子内胞	子囊孢子内胞	endoascospore
子囊孢子形成	子囊孢子形成	ascosporulation
子囊层	子囊層	thecium
子囊分生孢子	子囊分生孢子	ascoconidium
子囊分生孢子梗	子囊分生孢子梗	ascoconidiophore
子囊冠	子囊冠	ascus crown
子囊果，囊实体	子囊果	ascoma, ascocarp
子囊果原	産囊體	archicarp
子囊菌	子囊菌	ascomycetes
子囊菌地衣	子囊菌地衣	ascolichen
子囊壳	子囊殼	perithecium
子囊母细胞	子囊母細胞	ascus mother cell
子囊内壁	子囊內壁	endoascus, endotunica
子囊盘	子囊盤	apothecium
子囊腔	子囊腔	locule, loculus
子囊塞	子囊塞	ascus plug
子囊外壁	子囊外壁	ectoascus, ectotunica
子囊质	子囊質	ascoplasm
子囊座	子囊座	ascostroma
子黏变[形]体	子黏變[形]體	meront
子实层	子實層	hymenium
子实层基	子實層基	hymenopode, hymenopodium
子实层体	子實層體，子實層柄	hymenophore
子实层藻	子實層藻	hymenial algae
子实体	子實體	fruiting body, fructification
子实下层	下子實層	subhymenium, subhymenial layer
子叶	子葉	cotyledon
子叶出土萌发	子葉出土萌發，地上型萌發	epigeal germination
子叶回折胚	子葉回折胚	diplecolobal embryo
子叶迹	子葉跡	cotyledon trace
子叶留土萌发	子葉留土萌發，地下型萌發	hypogeal germination
子叶螺卷胚	子葉螺卷胚，子葉螺旋胚	spirolobal embryo
子叶折叠胚	子葉折疊胚	orthoplocal embryo
子一代	第一子代	first filial generation, F_1 generation

大　陆　名	台　湾　名	英　文　名
子座	子座	stroma
紫草素	紫草素	shikonin
紫黄质	堇菜黄質	violaxanthin
紫黄质脱环氧[化]酶	堇菜黄質去環氧酶	violaxanthin de-epoxidase, VDE
紫罗兰酮	紫羅[蘭]酮	ionone
紫杉醇	紫杉醇	taxol
紫外辐射	紫外[線]輻射	ultraviolet radiation
紫外光 B 受体，紫外线 B 受体	紫外線 B 受體	ultraviolet B receptor, UV-B receptor
紫外吸收光谱	紫外吸收光譜	ultraviolet absorption spectrum
紫外线	紫外線	ultraviolet ray, UVR
紫外线 B 受体（=紫外光 B 受体）	紫外線 B 受體	ultraviolet B receptor, UVB receptor
紫外照射交联	紫外照射交聯，紫外光照射交叉聯結反應	ultraviolet irradiation crosslinking
自播植物，自布植物	自播植物，自動散布種	volunteer plant, autochore
自布植物（=自播植物）	自播植物，自動散布種	volunteer plant, autochore
自动名	自動名	autonym
自动模式指定	自動模式指定	automatic typification
自动自花传粉，自动自花授粉	自動自花傳粉，自動自花授粉	automatic self-pollination
自动自花授粉（=自动自花传粉）	自動自花傳粉，自動自花授粉	automatic self-pollination
自毒作用（=植物种内化感作用）	自[體中]毒作用（=植物種內相剋作用）	autointoxication (=intraspecific phytoallelopathy)
自发单性结实（=天然单性结实）	自發單性結實，自發單性結果（=天然單性結實）	autonomous parthenocarpy (=natural parthenocarpy)
自发突变	天然突變，自發[性]突變，自然突變	spontaneous mutation
自发演替（=内因演替）	自發性演替，自發性消長（=內因演替）	autogenic succession (=endogenetic succession)
自花不稔性	自花不稔性	self-sterility
自花传粉，自花授粉	自花傳粉，自花授粉	self-pollination
自花受精	自花受精	autogamy, self-fertilization
自花受精植物	自花受精植物，自體受精植物	autogamous plant
自花授粉（=自花传粉）	自花傳粉，自花授粉	self-pollination
自交	自交，自花授粉	selfing, inbreeding

大 陆 名	台 湾 名	英 文 名
自交不亲和性	自交不親和性	self-incompatibility
自交不育性	自交不育性，自交不稔性	self-sterility, self-infertility
自交亲和性	自交親和性	self-compatibility
自交系	自交系	selfing line
自然保护，自然保育	自然保育	conservation of nature, nature conservation
自然保护区	自然保護區，自然保留區，天然庇護區	nature reserve, nature preserve, nature sanctuary
自然保育（=自然保护）	自然保育	conservation of nature, nature conservation
自然传粉	天然授粉	natural pollination
自然单性结实（=天然单性结实）	天然單性結實，天然單性結果	natural parthenocarpy
自然发生说，无生源说	無生源說，自然發生說，自生論	abiogenesis, spontaneous generation
自然分类	自然分類	natural classification
自然选择	天擇，自然淘汰	natural selection
自然选择代价	天擇代價	cost of natural selection
自然演替	天然演替，天然消長	natural succession
自然植被，天然植被	自然植被，天然植被	natural vegetation
自生固氮作用（=非共生固氮作用）	游離氮固定（=非共生固氮作用）	free-living nitrogen fixation (=asymbiotic nitrogen fixation)
自疏	自[然稀]疏，天然疏伐	self-thinning, natural thinning
–3/2 自疏法则	–3/2 自疏法則	–3/2 self-thinning rule
自体二倍体（=同源二倍体）	同源二倍體	autodiploid
自[体]融合	自融合	automixis
自[体吞]噬	自體吞噬，自噬[作用]	autophagy
自衍征	自衍徵，獨[有裔]徵	autapomorphy, autapomorphic character
自养	自營，獨立營養	autotrophy
自养生物	自營生物	autotroph, autotrophic organism
自养植物	自營植物	autotrophic plant, autophyte, holophyte
自由赤霉素，游离[型]赤霉素	游離激勃素	free gibberellin
自由传粉，自由授粉	自由傳粉，天然傳粉	free pollination, open pollination
自由授粉（=自由传粉）	自由傳粉，天然傳粉	free pollination, open pollination

大陆名	台湾名	英文名
自由基	自由基，游離基	free radical
自由基清除剂	自由基清除劑	radical scavenger
自由空间	自由空間，無阻空間	free space
自由能	自由能	free energy
自由生长素，游离[型]生长素	游離生長素	free auxin
自由水，游离水	游離水，自由水	free water
自由异花传粉	自由異花傳粉	free cross pollination
自由组合，独立分配	自由組合，獨立分配，獨立分離	independent assortment
自由组合定律，独立分配定律	自由組合律，獨立分配律，獨立組合律	law of independent assortment
自展法	自舉法	bootstrap, bootstrapping
自主复制序列	自主複製序列	autonomous replicating sequence, ARS
自主复制序列元件，ARS 元件	自主複製序列元件，ARS 元件	autonomously replicating sequence element, ARS element
自主因子，自主元件	自主轉位元件，自主元	autonomous element
自主元件（=自主因子）	自主轉位元件，自主元	autonomous element
宗	族	race
综合分类学	綜合分類學	synthetic taxonomy
综合进化论	綜合演化論	synthetic theory of evolution
总苞	總苞	involucre
总初级生产量，总第一性生产量	總初級生產量，總基礎生產量	gross primary production, GPP
总次级生产量，总第二性生产量	總次級生產量	gross secondary production
总氮	總氮	total nitrogen, TN
总第二性生产量（=总次级生产量）	總次級生產量	gross secondary production
总第一性生产量（=总初级生产量）	總初級生產量，總基礎生產量	gross primary production, GPP
总光合速率（=真正光合速率）	總光合速率（=真正光合速率）	gross photosynthesis rate (=true photosynthesis rate)
总光合作用（=真正光合作用）	總光合作用（=真正光合作用）	gross photosynthesis (=true photosynthesis)
总花托	總花托	clinanthium
总磷	總磷	total phosphorus, TP
总生产量	總生產量	gross production

大 陆 名	台 湾 名	英 文 名
总相关谱	總相關譜	total correlation spectroscopy, TOCSY
总需氧量	總需氧量	total oxygen demand, TOD
总[叶]柄	總[葉]柄	common petiole
总有机碳	總有機碳[含量]	total organic carbon, TOC
总有机物	總有機物	total organic matter, TOM
总状花序	總狀花序	raceme
纵锤担子	縱錘擔子，並列擔子	stichobasidium
纵裂	[果實]縱裂	longitudinal dehiscence
纵切面	縱切面	longitudinal section
纵向系统（=轴向系统）	中軸系統	axial system
DNA 足迹法	DNA 足跡法	DNA footprinting
RNA 足迹法	RNA 足跡法	RNA footprinting
足细胞，脚胞	足細胞，基細胞	foot cell
族	族	tribe
阻遏物	阻遏物，抑制物，抑制蛋白	repressor
阻抑 PCR（=阻抑聚合酶链反应）	抑制聚合酶連鎖反應，抑制 PCR，阻抑 PCR	suppression PCR
阻抑聚合酶链反应，阻抑 PCR	抑制聚合酶連鎖反應，抑制 PCR，阻抑 PCR	suppression PCR
阻抑消减杂交	抑制差減雜交，阻抑删減雜交	suppressive subtraction hybridization, SSH
组	組	section
组氨酸	組胺酸	histidine, His
组氨酸标签	組胺酸標籤	histidine tag
组成型表达	組成型表達，非誘導式表達	constitutive expression
组成型启动子，组成性启动子	組成型啟動子	constitutive promoter
组成性启动子（=组成型启动子）	組成型啟動子	constitutive promoter
组蛋白	組[織]蛋白	histone
组蛋白甲基化	組[織]蛋白甲基化	histone methylation
组蛋白修饰	組[織]蛋白修飾	histone modification
组合	組合	combination
组件	組件，盒	cassette
组织	組織	tissue
组织呼吸	組織呼吸	tissue respiration
组织培养	組織培養	tissue culture
组织特异型启动子，组织特	組織專一性啟動子	tissue-specific promoter

大 陆 名	台 湾 名	英 文 名
异性启动子		
组织特异性启动子（=组织特异型启动子）	組織專一性啟動子	tissue-specific promoter
组织系统	組織系統	tissue system
组织原	組織原	histogen
组织原学说	組織原學說	histogen theory
祖先同源性	祖先同源性	ancestral homology
祖衍镶嵌[现象]，祖衍征共存	祖裔鑲嵌[現象]	heterobathmy
祖衍征共存（=祖衍镶嵌[现象]）	祖裔鑲嵌[現象]	heterobathmy
祖征，近祖性状	祖徵	plesiomorphy, plesiomorphic character
最大简约法	最大簡約法	maximum parsimony
最大简约树	最大簡約樹	maximum parsimony tree
最大似然法	最大概似法，最大近似法	maximum likelihood method
最近个体法	最近個體法	closest individual method
最近邻体法（=最近[毗]邻法）	最近[毗]鄰法	nearest neighbor method
最近[毗]邻法，最近邻体法	最近[毗]鄰法	nearest neighbor method
最近似现代种（=现存最近亲缘类群）	現存最近親緣類群，最近似現代種	nearest living relatives, NLRs
最近现存亲缘类群（=现存最近亲缘类群）	現存最近親緣類群，最近似現代種	nearest living relatives, NLRs
最适温度	最適溫度	optimum temperature
最小进化法	最小演化法	minimum evolution method
最小可存活种群(=最小可生存种群)	最小[可]存活族群	minimum viable population, MVP
最小可生存种群，最小可存活种群	最小[可]存活族群	minimum viable population, MVP
最小样方面积	最小樣方面積，最小樣區面積	minimum quadrat area
最小样方数	最少樣方數，最少樣區數	minimum quadrat number
最终加词	最後加詞，最後小名	final epithet
左右对称（=两侧对称）	兩側對稱，左右對稱	zygomorphy, bisymmetry, bilateral symmetry
左右对称花（=两侧对称花）	兩側對稱花，左右對稱花	zygomorphic flower, bisymmetry flower, bilateral flower
作物生态型	作物生態型	agroecotype
作用光谱	作用光譜	action spectrum
座囊腔	座囊腔	dothithecium
座延羊齿型	座延羊齒型	alethopterid

副　篇

A

英 文 名	大 陆 名	台 湾 名
AAO (=abscisic aldehyde oxidase)	脱落[酸]醛氧化酶	脱落酸醛氧化酶
ABA (=abscisic acid)	脱落酸	脱落酸，離層酸
ABA-aldehyde (=abscisic aldehyde)	脱落[酸]醛	脱落酸醛
ABA-aldehyde oxidase (=abscisic aldehyde oxidase)	脱落[酸]醛氧化酶	脱落酸醛氧化酶
ABA-response element (=abscisic acid response element)	脱落酸响应元件	脱落酸回應元件
abaxial	远轴[的]，背轴]的]	遠軸[的]，背軸[的]，離軸[的]
abaxial side	远轴面，背轴面	遠軸面，背軸面，離軸面
ABCB protein (=ATP-binding cassette subfamily B protein)	ABCB 蛋白	ABCB 蛋白
ABCDE model	ABCDE 模型	ABCDE 模型
ABC model	ABC 模型	ABC 模型
abiogenesis	自然发生说，无生源说	無生源說，自然發生說，自生論
abiotic factor	非生物因子	非生物因子
abiotic stress	非生物胁迫，非生物逆境	非生物[性]逆境，非生物緊迫
abjection	掷出	擲出
abjunction	切落	脱離
abortion	败育	敗育
abortive stamen	败育雄蕊，不育雄蕊	敗育雄蕊，不稔雄蕊
abortive zoospore	败育动孢子，早产动孢子	敗育動孢子
ABP1 (=auxin-binding protein 1)	生长素结合蛋白 1	生長素結合蛋白 1
ABRE (=abscisic acid response element)	脱落酸响应元件	脱落酸回應元件
ABS (=avidin-biotin staining)	抗生物素蛋白-生物素染色	抗生物素蛋白-生物素染色，卵白素-生物素染色
abscisic acid (ABA)	脱落酸	脱落酸，離層酸

英 文 名	大 陆 名	台 湾 名
abscisic acid response element (ABA-response element, ABRE)	脱落酸响应元件	脱落酸回應元件
abscisic aldehyde (ABA-aldehyde)	脱落[酸]醛	脱落酸醛
abscisic aldehyde oxidase (ABA-aldehyde oxidase, AAO)	脱落[酸]醛氧化酶	脱落酸醛氧化酶
abscisic layer (=abscission layer)	离层	離層
abscisic zone (=abscission zone)	离区	離區
abscission	脱落	脱落，脱離
abscission layer	离层	離層
abscission zone	离区	離區
absorbing hair	吸收毛	吸收毛，吸水毛
absorbing root	吸收根	吸收根
absorptiometry	吸光测定法	吸光測定法
absorption	吸收	吸收
absorption spectrum	吸收光谱	吸收光譜
absorptive cell	吸收细胞	吸收細胞
absorptive hair (=absorbing hair)	吸收毛	吸收毛，吸水毛
absorptive tissue	吸收组织	吸收組織
abstriction	缢断[作用]	縊斷形成，縊縮
abundance	多度	豐度，多度
abundance-biomass curve	多度-生物量曲线	豐度-生物量曲線
abundance center	多度中心	豐度中心
abundance-frequency ratio	多度频度比	豐度-頻度比
AC (=association coefficient)	关联系数	關聯係數
acaulescent plant (=stemless plant)	无茎植物	無莖植物
ACC (=1-aminocyclopropane-1-carboxylic acid)	1-氨基环丙烷-1-羧酸	1-胺基環丙烷-1-羧酸
accessory bud	副芽	副芽
accessory calyx (=epicalyx)	副萼	副萼
accessory cell (=subsidiary cell)	副卫细胞	副衛細胞
accessory chromosome (=B chromosome)	副染色体（=B 染色体）	副染色體（=B 染色體）
accessory fruit	附果	副果，假果
accessory pigment	辅助色素	輔[助]色素

英 文 名	大 陆 名	台 湾 名
accessory species	次要种	次要種
accessory transfusion tissue	副转输组织	副轉輸組織
accidental host	偶见寄主	偶見寄主
accidental species (=casual species)	偶见种，偶遇种	偶見種
acclimation (=acclimatization; hardiness)	锻炼；驯化	鍛煉；馴化
acclimatization	驯化	馴化
ACC *N*-malonyl transferase	ACC 丙二酰基转移酶	ACC 丙二醯基轉移酶
accompanying species	伴生种	伴生種
ACC oxidase (=1-aminocyclopropane-1-carboxylate oxidase)	ACC 氧化酶，1-氨基环丙烷-1-羧酸氧化酶	ACC 氧化酶，ACC 氧化酵素
ACC synthase (=1-aminocyclopropane-1-carboxylate synthase)	ACC 合酶，1-氨基环丙烷-1-羧酸合酶	ACC 合[成]酶，ACC 合成酵素，1-胺基環丙烷-1-羧酸合[成]酶
accumbent cotyledon	缘倚子叶	緣倚子葉，依伏子葉，前曲子葉
accustomization (=adaptation)	适应	適應，順應
Ac-Ds system (=activator-dissociation system)	激活-解离系统，Ac-Ds 系统	激體-解離系統，Ac-Ds 系統
acellular plant	非细胞植物	無細胞構造植物
acentric chromosome	无着丝粒染色体	無著絲點染色體，無中節染色體
acervulus	分生孢子盘	分生孢子盤，分生孢子堆
acetic acid fermentation	乙酸发酵	乙酸發酵
acetolysis	醋酸酐分解	醋酸酐分解
achaenocarp	不裂干果	不裂乾果
achene	瘦果	瘦果
achenecetum	聚合瘦果	聚合瘦果
achenodium	双瘦果	雙瘦果，雙懸果
achlamydeous flower	无被花，裸花	無花被花，裸花
achnanthium	小穗花	小穗花
achromatic figure	非染色质象	非染色質像
A chromosome	A 染色体	A 染色體
acicular crystal (=raphide)	针晶体	針晶體
aciculifruticeta (=conifruticeta)	针叶灌木群落	針葉灌叢
aciculignosa	针叶木本群落	針葉植被，針葉樹林
aciculilignosa (=aciculignosa)	针叶木本群落	針葉植被，針葉樹林

英 文 名	大 陆 名	台 湾 名
aciculisilvae (=conisilvae)	针叶乔木群落	針葉喬木林，針葉高木林
acid growth theory	酸生长理论	酸性生長理論
acid hydrolase	酸性水解酶	酸水解酶，酸水解酵素
acidophilous indicator plant	酸性指示植物	酸性地指標植物
acidophilous vegetation	嗜酸性植被	嗜酸[性]植被，適酸植被
acidophyte (=acid plant)	喜酸植物，适酸植物	喜酸植物，嗜酸植物，適酸植物
acid phosphatase	酸性磷酸[酯]酶	酸性磷酸[酯]酶
acid plant	喜酸植物，适酸植物	喜酸植物，嗜酸植物，適酸植物
acid rain	酸雨	酸雨
acid soil	酸性土[壤]	酸性土[壤]
aclonal plant	非克隆植物	非克隆植物
aconitic acid	乌头酸	烏頭酸
aconitine	乌头碱	烏頭鹼
acorn	槲果	槲果
acotyledon	无子叶植物	無子葉植物
acquired character	获得性状	獲得性狀，後天[性]性狀
acquired resistance	获得抗性	抗病獲得，後天抗性
acquired trait (=acquired character)	获得性状	獲得性狀，後天[性]性狀
acridine alkaloid	吖啶[类]生物碱	吖啶[類]生物鹼
acridone alkaloid	吖啶酮[类]生物碱	吖啶酮[類]生物鹼
acritarch	疑源类	疑源類
acrocarp	顶蒴	頂生蒴
acrocentric chromosome	近端着丝粒染色体	近端著絲點染色體，近端中節染色體
acrogen	顶生植物	頂生植物
acronematic type flagellum (=whiplash type flagellum)	尾鞭型鞭毛	尾鞭型鞭毛，端茸型鞭毛
acropetal development	向顶发育	向頂發育
acropetal polar transport	向顶极性运输	向頂極性運輸，向頂端極性運移
acropetal translocation	向顶运输	向頂運輸，向頂端運移
acrophyte (=alpine plant)	高山植物	高山植物
acrophytia	高山植物群落	高山植物群落
acroplasm	顶胞质	頂胞質
acrosyndesis	端部联会	端部聯會，不完全聯會，端部配對

英 文 名	大 陆 名	台 湾 名
ACS (=1-aminocyclopropane-1-carboxylate synthase)	ACC 合酶，1-氨基环丙烷-1-羧酸合酶	ACC 合[成]酶，ACC 合成酵素，1-胺基環丙烷-1-羧酸合[成]酶
actin	肌动蛋白	肌動蛋白，肌纖蛋白
actin cytoskeleton	肌动蛋白细胞骨架	肌動蛋白細胞骨架
actin depolymerizing factor	肌动蛋白解聚因子	肌動蛋白解聚因子
actin filament (=microfilament)	肌动蛋白丝（=微丝）	肌動蛋白絲，肌動蛋白纖維（=微絲）
actin filament depolymerizing protein	肌动蛋白丝解聚蛋白	肌動蛋白絲去聚合蛋白
cis-acting	顺式作用	順式作用
trans-acting	反式作用	反式作用
cis-acting element	顺式作用元件	順式作用元件
trans-acting factor	反式作用因子	反式作用因子
cis-acting gene	顺式作用基因	順式作用基因
actinocytic type stoma	辐射型气孔	輻射型氣孔
actinomorphic flower (=regular flower)	辐射对称花（=整齐花）	輻射對稱花（=整齊花）
actinomorphy	辐射对称	輻射對稱
actinomycin	放线菌素	放線菌素
actinomycin D	放线菌素 D	放線菌素 D
actinostele	星状中柱	星狀中柱，輻射狀中柱
action spectrum	作用光谱	作用光譜
activator-dissociation system (Ac-Ds system)	激活-解离系统，Ac-Ds 系统	激體-解離系統，Ac-Ds 系統
active absorption	主动吸收	主動吸收
active bud	活动芽	活[化]芽
active chamaephyte	主动地上芽植物	主動地上芽植物
active dispersal	主动散布，主动扩散	主動散布
active immunity	主动免疫[性]	主動免疫[性]
active resistance	主动抗[病]性	主動抗病性
active site	活性位点	活性[部]位
active tillering stage	分蘖盛期	分蘖盛期
active transport	主动运输，主动转运	主動運輸，主動運移
active uptake (=active absorption)	主动吸收	主動吸收
active water absorption	主动吸水	主動吸水
actual evaportranspiration (AET)	实际蒸散	實際蒸散

英 文 名	大 陆 名	台 湾 名
actual ramet	实际分株	實際分株
actual vegetation	实际植被	實際植被
aculeus	皮刺	皮刺
acyclic flower	非轮生花	非輪生花
adaptation	适应	適應，順應
adaptation pattern (=adaptation type)	适应型	適應型
adaptation type	适应型	適應型
adaptive convergence	适应趋同	適應趨同
adaptive cytoprotection	适应性细胞保护作用	適應性細胞保護作用
adaptive dispersion	适应性扩散	適應性擴散
adaptive ecosystem management (AEM)	可适应的生态系统管理，生态系统适应性管理	適應性生態系管理
adaptive evolution	适应[性]进化	適應[性]演化
adaptive radiation	适应辐射	適應輻射
adaptor	衔接物	銜接子，連接物
adaxial	近轴[的]，向轴[的]	近軸[的]，向軸[的]
adaxial-abaxial axis	近-远轴	近-遠軸
adaxial cell	近轴细胞	近軸細胞
adaxial meristem	近轴分生组织	近軸分生組織
adaxial side	近轴面，向轴面	近軸面，向軸面
addition haploid	附加单倍体	附加單倍體
addition line	附加系	添加系，加成系
additive effect	加性效应	累加效應，相加效應
additive gene	加性基因	累加性基因
additive genetic value model	加性遗传值模型	累加性遺傳值模型
additive genetic variance	加性遗传方差	累加性遺傳變方
adelphia	离生雄蕊	離生雄蕊
adenosine diphosphate (ADP)	腺苷二磷酸，腺二磷	腺苷二磷酸，雙磷酸腺苷，腺二磷
adenosine monophosphate (AMP)	腺苷一磷酸，腺一磷	腺苷單磷酸，單磷酸腺苷，腺一磷
adenosine triphosphatase (ATPase)	腺苷三磷酸酶，ATP 酶	腺苷三磷酸酶，三磷酸腺苷酶，ATP 酶
adenosine triphosphate (ATP)	腺苷三磷酸，腺三磷	腺苷三磷酸，三磷酸腺苷，腺三磷
S-adenosylmethionine synthetase	*S*-腺苷甲硫氨酸合成酶	*S*-腺苷甲硫胺酸合成酶
adhering root (=epiphytic root)	附生根，附着根	附生根，附著根

英文名	大陆名	台湾名
adhesive disc (=holdfast)	黏着盘（=固着器）	盤狀附著器，盤狀固著器（=附著器）
adichogamy (=homogamy)	雌雄[蕊]同熟	雌雄[蕊]同熟
adjacent segregation	相邻分离	鄰接分離
adnate anther	全着药，贴着药	全著藥，貼生花藥
adnation	贴生	貼生
ADP (=adenosine diphosphate)	腺苷二磷酸，腺二磷	腺苷二磷酸，雙磷酸腺苷，腺二磷
adsorption	吸附	吸附
adventitious bud	不定芽	不定芽
adventitious embryo	不定胚	不定胚
adventitious embryony	不定胚生殖	不定胚生殖
adventitious root	不定根	不定根
adventitious shoot	不定枝	不定枝
AE (=assimilation efficiency)	同化效率	同化效率
aecidiospore (=aeciospore)	锈孢子，春孢子	銹孢子
aecidium (=aecium)	锈孢子器，春孢子器	銹孢子器
aeciospore	锈孢子，春孢子	銹孢子
aecium	锈孢子器，春孢子器	銹孢子器
AEM (=adaptive ecosystem management)	可适应的生态系统管理，生态系统适应性管理	適應性生態系管理
aerating root (=respiratory root)	通气根（=呼吸根）	通氣根（=呼吸根）
aerating tissue (=ventilating tissue)	通气组织	通氣組織
aerenchyma (=ventilating tissue)	通气组织	通氣組織
aerial algae	气生藻类	氣生藻類
aerial leaf	气生叶	氣生葉，出水葉
aerial plant (=air plant)	气生植物	氣生植物
aerial root	气生根	氣生根
aerobic respiration	有氧呼吸，需氧呼吸	有氧呼吸，好氧呼吸
aeropalynology	大气孢粉学	大氣孢粉學
aerophyte (=air plant)	气生植物	氣生植物
aerotaxis	趋氧性，趋气性	趨氧性
aerotropism	向氧性，向气性	向氧性，趨氣性
aesculetin	七叶内酯	七葉樹素
aestatifruticeta	夏绿灌木群落	夏綠灌木叢林，夏綠灌叢
aestatisilvae	夏绿乔木群落	夏綠喬木林

英 文 名	大 陆 名	台 湾 名
aestidurilignosa	夏绿硬叶林	夏綠硬葉林
aestilignosa (=deciduous broad-leaved forest)	夏绿木本群落（=落叶阔叶林）	夏生木本群落（=落葉闊葉林）
aestival annual	夏季一年生植物	夏季一年生植物，夏播一年生植物
aestivation	花被卷叠式	花被卷疊式
AET (=actual evaportranspiration)	实际蒸散	實際蒸散
aetaerio (=etaerio)	聚心皮果	聚心皮果，莓狀果實
aethalium	复囊体，黏菌体	黏菌體，集合子實體
AFLP (=amplified fragment length polymorphism)	扩增片段长度多态性	擴增片段長度多態性，擴增片段長度多型性
AFS (=apparent free space)	表观自由空间	表觀自由空間，無阻空間
after-effect	后效	後效
after-ripening	后熟[作用]	後熟[作用]
agameon (=agamospecies)	无融合生殖种，无性[生殖]种	無性種，無配[生殖]種，不受精[生殖]種
agamohermaphrodite	无配子两性花	無配子兩性花
agamospecies	无融合生殖种，无性[生殖]种	無性種，無配[生殖]種，不受精[生殖]種
agamospermy	无配子种子生殖，无融合结籽	無配結籽
agarose gel electrophoresis	琼脂糖凝胶电泳	瓊脂糖凝膠電泳
ageotropism	无向地性	無向地性
age pyramid	年龄金字塔，年龄锥体	年齡[金字]塔
aggregate cup fruit	聚合杯果	聚合杯果
aggregate free fruit	聚合离果	聚合離果
aggregate fruit	聚合果	[花序]聚合果
aggregate ray	聚合射线	聚合射線
aging	老化	老化，衰化
aglycon	苷元，配糖体，糖苷配基	糖苷配基，苷元
aglycone (=aglycon)	苷元，配糖体，糖苷配基	糖苷配基，苷元
agravitropism	无向重力性	無向重力性
Agrobacterium tumerfaciens	土壤农杆菌	根瘤土壤桿菌
agroecotype	作物生态型	作物生態型
air chamber	气室	氣室
air plant	气生植物	氣生植物
akinete	厚壁孢子，静息孢子	厚壁孢子

英文名	大陆名	台湾名
akinetic chromosome (=acentric chromosome)	无着丝粒染色体	無著絲點染色體，無中節染色體
ala (=wing)	翼瓣	翼瓣
alabastrum	花蕾	花蕾
alar cell	角细胞	角細胞
albinism	白化[现象]	白化[現象]
albino	白化体	白化體，白化種
albuminous cell	蛋白质细胞	蛋白細胞，胚乳細胞
albuminous seed	有胚乳种子	有胚乳種子
alcoholic fermentation (=ethanol fermentation)	乙醇发酵，酒精发酵，生醇发酵	酒精發酵，乙醇發酵
alete	无裂缝	無裂縫
alethopterid	座延羊齿型	座延羊齒型
aleuriospore	侧生孢子	側生孢子
aleuron (=aleurone)	糊粉	糊粉
aleurone	糊粉	糊粉
aleurone grain	糊粉粒	糊粉粒
aleurone layer	糊粉层	糊粉層
algae	藻类	藻類
algae bloom	藻华	藻華
alga glomerules	藻堆	藻堆
algal bloom (=algae bloom)	藻华	藻華
algal layer	藻胞层	藻[胞]層，綠胞層
algal limestone	藻灰岩	藻[類石]灰岩
algal mat ecosystem	藻被生态系统	藻被生態系[統]
algicide	灭藻剂，杀藻剂	滅藻劑，除藻劑
algin	藻胶	[褐]藻膠
alginic acid	褐藻酸	褐藻[糖]酸，海藻酸
algology (=phycology)	藻类学	藻類學
alien invasive species	外来入侵种，外来侵入种	外來入侵種
alien plant	外来植物	外來植物
alien species	外来种	外來種
alien thinning	他疏	他疏
aliform parenchyma	翼状薄壁组织	翼狀薄壁組織
alignment	比对	比對，排比，對齊
aliphatic amine alkaloid	脂族胺类生物碱	脂族胺類生物鹼
alkaline phosphatase	碱性磷酸[酯]酶	鹼性磷酸[酯]酶

英 文 名	大 陆 名	台 湾 名
alkaline plant	适碱植物，耐碱植物	嗜鹼植物，耐鹼植物
alkaline soil	碱性土[壤]	鹼性土[壤]
alkaliplant (=alkaline plant)	适碱植物，耐碱植物	嗜鹼植物，耐鹼植物
alkaloid	生物碱	生物鹼
allantoic acid	尿囊酸	尿囊酸
allantoin	尿囊素	尿囊素
allantospore	腊肠形孢子	香腸形孢子
allele	等位基因	等位基因，對偶基因
allele-specific hybridization	等位基因特异性杂交	等位基因特異性雜交，特化對偶基因雜交
allele-specific oligonucleotide (ASO)	等位基因特异性寡核苷酸	等位基因特異性寡核苷酸，特化對偶基因寡核苷酸
allelism	等位性	等位[基因]性，對偶性
allelochemicals	[异种]化感物质，他感素	相剋物質，種間[化學]交感物質，相生相剋化感物
allelochemics (=allelochemicals)	[异种]化感物质，他感素	相剋物質，種間[化學]交感物質，相生相剋化感物
allelopathy	化感作用，异种化感，他感作用	[植物]相剋作用，異株剋生，毒他作用
alliance	群丛属	群屬，群團
alliin	蒜氨酸	蒜胺酸
all-*trans*-neoxanthin	全反式新黄质	全反式新黃質，全反式新黃素
allocation	配置	配置
allochronic species	异时种	異時種
allochronic subspecies	异时亚种	異時亞種
allodiploid	异源二倍体	異源二倍體，異質二倍體
allodiplomonosome	异源二倍单体	異源二倍單體
allogamy	异花受精	異花受精
allogenic succession (=exogenetic succession)	异发演替（=外因演替）	異發演替，他發性演替，他發性遞變（=外因演替）
allohaploid	异源单倍体	異源單倍體
alloheteroploid	异源异倍体	異源異倍體
alloheteroploidy	异源异倍性	異源異倍性
allohexaploid	异源六倍体	異源六倍體
allometric relationship	异速生长关系	異速生長關係
allometry	异速生长	異速生長
allomone	利己素	利己素，益己素，種間費洛蒙
allopatric speciation	异域物种形成，异域成种	異域物種形成，異域種化，

英 文 名	大 陆 名	台 湾 名
		異域成種作用
allopatric species	异域种	異域種
allopatry	异域分布	異域分布，異域性
allophycocyanin (APC)	别藻蓝蛋白，异藻蓝蛋白，别藻蓝素	別藻藍蛋白，異藻藍蛋白，異藻藍素
alloploid	异源倍体	異源倍數體
alloploidy	异源倍性	異源倍性
allopolyhaploid	异源多元单倍体，异源多倍单倍体	異源多元單倍體，異源多倍單倍體
allopolyploid	异源多倍体	異源多倍體
allopolyploidy	异源多倍性	異源多倍性
allosome	异染色体	異染色體
allosyndesis	异源联会	異源聯會
allotetraploid	异源四倍体	異源四倍體
all-*trans*-violaxanthin (=violaxanthin)	全反式紫黄质（=紫黄质）	全反式堇菜黃質（=堇菜黃質）
alpha diversity	α 多样性	α 多樣性
alpha richness	α 丰富度	α 豐富度
alpha taxonomy	α 分类学，甲级分类学	α 分類學
alpine belt	高山带	高山帶，高山區
alpine cushion-like vegetation	高山垫状植被	高山墊狀植被
alpine flora	高山植物区系	高山植物區系，高山植物相，高山植物群
alpine mat	高山草甸	高山草甸，高山草原
alpine meadow (=alpine mat)	高山草甸	高山草甸，高山草原
alpine plant	高山植物	高山植物
alpine region (=alpine belt)	高山带	高山帶，高山區
alpine talus vegetation	高山稀疏植被，高山流石滩植被	高山流石灘植被
alpine tundra	高山冻原	高山凍原
alpine vegetation	高山植被	高山植被
alpine zone (=alpine belt)	高山带	高山帶，高山區
alternate	互生	互生
alternate bearing	隔年结实，交替结实	隔年結實，隔年結果
alternate leaf	互生叶	互生葉
alternate phyllotaxis (=alternate phyllotaxy)	互生叶序	互生葉序
alternate phyllotaxy	互生叶序	互生葉序

英 文 名	大 陆 名	台 湾 名
alternate pitting	互列纹孔式	互列紋孔式
alternate segregation	相间分离	交替分離
alternate year bearing (=alternate bearing)	隔年结实，交替结实	隔年結實，隔年結果
alternation of generations	世代交替	世代交替
alternation of nuclear phases	核相交替	核相交替
alternative eleteon transport pathway	交替电子传递途径	交替電子傳遞途徑
alternative family names	互用科名	互用科名
alternative names	互用名称	互用名稱
alternative oxidase (AO)	交替氧化酶	交替途徑氧化酶，交替途徑氧化酵素
alternative pathway	交替途径	交替途徑
alternative respiration	交替呼吸作用	交替呼吸作用
altitudinal vegetation belt	垂直植被带	垂直植被帶
altitudinal vicariad	垂直分布替代种	垂直分布替代種
altitudinal zonality	垂直地带性	垂直地帶性
amanitin	鹅膏蕈碱	鵝膏蕈鹼
amb	极面[观]轮廓，赤道轮廓	極面觀
amber	琥珀	琥珀
amber codon	琥珀密码子	琥珀[型]密碼子
ambiphotoperiodic plant	双光周期植物	雙光週期植物
ambisense genome	双义基因组	雙義基因體
ambisense RNA	双义 RNA	雙義 RNA
ambit (=amb)	极面[观]轮廓，赤道轮廓	極面觀
ambrosia fungus	蛀道真菌	蛀道真菌
amensalism	偏害共生	片害共生，片害共棲，單害共生
ament	柔荑花序	柔荑花序
amerospore	无隔孢子	無隔孢子
ametoecism (=autoecism)	单主寄生[现象]	單主寄生，單一寄生，同主寄生
amino acid	氨基酸	胺基酸，氨基酸
1-aminocyclopropane-1-carboxylate oxidase (ACC oxidase)	ACC 氧化酶，1-氨基环丙烷-1-羧酸氧化酶	ACC 氧化酶，ACC 氧化酵素
1-aminocyclopropane-1-carboxylate synthase (ACC synthase, ACS)	ACC 合酶，1-氨基环丙烷-1-羧酸合酶	ACC 合[成]酶，ACC 合成酵素，1-胺基環丙烷-1-羧酸合[成]酶

英 文 名	大 陆 名	台 湾 名
1-aminocyclopropane-1-carboxylic acid (ACC)	1-氨基环丙烷-1-羧酸	1-胺基環丙烷-1-羧酸
aminoethoxyvinylglycine (AVG)	氨基乙氧基乙烯基甘氨酸	胺基乙氧基乙烯基甘氨酸
aminooxyacetic acid (AOA)	氨基氧乙酸	胺基氧乙酸
amitosis	无丝分裂	無絲分裂
amixis	无融合	無融合
ammonification	氨化作用	氨化作用，銨化作用
ammonium assimilation	氨同化[作用]	氨同化作用，銨同化作用
amoeboid tapetum	变形绒毡层	變形蟲型絨氈層，變形蟲型營養層
amorphous cortex	无定形皮层	不定形皮層
AMP (=adenosine monophosphate)	腺苷一磷酸，腺一磷	腺苷單磷酸，單磷酸腺苷，腺一磷
amphicribral bundle (=amphicribral vascular bundle)	周韧维管束	周韌維管束
amphicribral vascular bundle	周韧维管束	周韌維管束
amphidiploid (=allotetraploid)	双二倍体（=异源四倍体）	雙二倍體，複二倍體，複二元體（=異源四倍體）
amphidiploidy	双二倍性	雙二倍性，複二倍性
amphigastrium (=underleaf)	腹叶	腹葉
amphigenesis (=sexual reproduction)	两性生殖（=有性生殖）	兩性生殖（=有性生殖）
amphihaploid (=dihaploid)	双单倍体	雙單倍體，二染色體組單倍體
amphiphloic siphonostele	双韧管状中柱	雙韌[皮]管狀中柱
amphiphyte	两栖植物	兩棲植物，水陸兩生植物
amphistomatic leaf	两面气孔叶	兩面氣孔葉
amphithecium (=exothecium)	[蒴]周层（=[蒴]外层）	[蒴]周層（=[蒴]外層）
amphitropous ovule	曲生胚珠	曲生胚珠
amphivasal bundle (=amphivasal vascular bundle)	周木维管束	周木維管束
amphivasal vascular bundle	周木维管束	周木維管束
amphotoperiodism plant	两极光周期植物	兩極光週期植物
ampicillin	氨苄青霉素	胺苄青黴素，安比西林
amplexicaul leaf	抱茎叶	抱莖葉
amplification	扩增	擴增，增殖作用
amplified fragment length polymorphism (AFLP)	扩增片段长度多态性	擴增片段長度多態性，擴增片段長度多型性

英 文 名	大 陆 名	台 湾 名
ampulla	捕虫囊	捕蟲囊，瓶胞
amygdalin	苦杏仁苷	苦杏仁苷，苦杏仁素
amylase	淀粉酶	澱粉酶，澱粉水解酵素
amyloid ring	淀粉质环	澱粉質環
amylopectin	支链淀粉	支鏈澱粉
amyloplast	造粉体，淀粉体	澱粉體
amyloplastid	造粉粒	澱粉粒
amylose	直链淀粉	直鏈澱粉
amylosynthesis	淀粉合成作用	澱粉合成作用
anabolism	合成代谢	合成代謝，同化代謝
anacolpate	远极沟[的]	遠極溝[的]
anaerobic respiration	无氧呼吸	無氧呼吸
anaerobic respiration extinction point	无氧呼吸消失点	無氧呼吸消失點
anaerobiosis	无氧生活	無氧生活
anagenesis	前进进化，前进演化，累变发生	前進演化
ana-holomorph	无性全型	無性全型
analept	远极薄壁区	遠極薄壁區
analogous organ	同功器官	同功器官
analogy	同功	同功[性]
anamorph	无性型	無性型
anaphase	后期	後期
anaphysis	丝状孢梗	絲狀孢梗
anaplerotic reaction	回补反应，添补反应	添補反應，補給反應
anaporate	远极孔	遠極孔
anastomosis	网结[现象]，联结[现象]	網結[現象]
anatoxin	鱼腥藻毒素	魚腥藻毒素
anatreme	远极萌发孔	遠極萌發孔
anatropous ovule	倒生胚珠	倒生胚珠
ancestral homology	祖先同源性	祖先同源性
anchored PCR	锚定聚合酶链反应，锚定PCR	錨定聚合酶連鎖反應，錨式PCR
anchor hair	锚状毛	錨狀毛
anchoring root	固着根	固著根
androchore	人布植物，人播植物	人布植物
androconidium	雄分生孢子	雄分生孢子
androcyte (=male cell)	雄细胞	雄細胞

英 文 名	大 陆 名	台 湾 名
androdioecism	雄花两性花异株，雄全异株	雄花兩性花異株，雄全異株
androecium	雄蕊群	雄蕊群
androecy	纯雄植物	純雄植物，純雄體
androgenesis	孤雄生殖，单雄生殖，雄核发育	孤雄生殖，單雄生殖，雄核發育
androgynophore	雌雄蕊柄	雌雄蕊柄
androgynous	雌雄同苞	雌雄同序
andromonoecism	雄花两性花同株，雄全同株	雄花兩性花同株，雄全同株
androphile	伴人植物	伴人植物
androphore	雄器柄；雄蕊柄	雄器柄；雄蕊柄
androsporangium	雄孢子囊	雄孢子囊，小孢子囊
androspore	雄孢子	雄孢子，小孢子
androsporophyll	雄孢子叶	雄孢子葉，小孢子葉
anemochore	风播植物，风布植物	風布植物
anemochory	风播	風播，隨風散布
anemoentomophily	风虫媒	風蟲媒
anemophile (=anemophilous plant)	风媒植物	風媒植物
anemophilous flower	风媒花	風媒花
anemophilous plant	风媒植物	風媒植物
anemophilous pollination	风媒传粉	風媒傳粉，風媒授粉
anemophily	风媒	風媒
anemophyte (=anemophilous plant)	风媒植物	風媒植物
anemosporae (=anemochore)	风播植物，风布植物	風布植物
aneuhaploid	非整倍单倍体	非整倍單倍體
aneuploid	非整倍体	非整倍體
aneuploidy	非整倍性	非整倍性
Angara flora	安加拉植物区系，安加拉植物群	安加拉植物區系，安加拉植物相，安加拉植物群
angiocarp	被果	被果
angiospermae	被子植物	被子植物
angulaperturate (=goniotreme)	角萌发孔	角萌發孔
angular cell (=alar cell)	角细胞	角細胞
angular collenchyma	角隅厚角组织	角隅厚角組織
anion channel	阴离子通道	陰離子通道
anion exchange	阴离子交换	陰離子交換
anion respiration (=salt	阴离子呼吸（=盐呼吸）	陰離子呼吸（=鹽呼吸）

英　文　名	大　陆　名	台　湾　名
respiration)		
anisocytic type stoma	不等细胞型气孔，不等式气孔	不等細胞型氣孔，不等式氣孔
anisodamine	山莨菪碱	山莨菪鹼
anisogamete	异形配子	異形配子
anisogamy	异配生殖	異配生殖，異配結合，異[型]配子接合
anisophyll	不等叶	不等葉，擬同型葉，異型葉
anisophyllum (=anisophyll)	不等叶	不等葉，擬同型葉，異型葉
anisophylly	不等叶性	不等葉性，擬同葉性，異型葉性
anisopolyploid	奇数多倍体	奇倍數多倍體，不定數多倍體
anisospore (=heterospore)	异形孢子	異形孢子
ankyloblastic germ band	弯胚带	彎胚帶
anlage (=primordium)	原基	原基
annellide	环痕	環痕
annellidic conidiogenesis	环痕式产孢	環痕式産孢
annelloconidium	环痕[分生]孢子	環痕孢子
annellophore	环痕梗	環痕梗
annellospore (=annelloconidium)	环痕[分生]孢子	環痕孢子
annual (=annual plant)	一年生植物	一年生植物
annual herb	一年生草本[植物]	一年生草本
annual plant	一年生植物	一年生植物
annual ring	年轮	年輪
annual root	一年生根	一年生根
annular collenchyma	环纹厚角组织	環紋厚角組織
annular thickening	环状加厚	環狀增厚
annulus	环带；菌环；孔环	環帶；菌環；孔環
anomalicidal capsule	破裂蒴果	破裂蒴果
anomalous secondary thicking	异常次生加厚	異常次生加厚
anomalous structure	异常结构	異常構造
anomocytic type stoma	无规则型气孔，不规则型气孔，不定式气孔	無規則型氣孔，周胞型氣孔
anomotreme	不规则萌发孔	不規則萌發孔
anoname (=synonym)	[同物]异名	[同物]異名
anoxia	缺氧	缺氧
anoxygenic photosynthesis	不生氧光合作用	不生氧光合作用
antagonism	拮抗作用	拮抗作用

英文名	大陆名	台湾名
antagonist	拮抗物	拮抗物
antagonistic action (=antagonism)	拮抗作用	拮抗作用
antarctic realm	南极界	南極界
antenna complex	天线复合物	天線複合體
antenna migration hypothesis	天线移动假说	天線移動假說
antenna pigment (=light-harvesting pigment)	天线色素（=捕光色素）	天線色素（=捕光色素）
anthecology	花生态学	花生態學
anther	花药	花藥
antheraxanthin	环氧玉米黄质，环氧玉米黄素	環氧玉米黃質
anther cell	药室	藥室
anther culture	花药培养	花藥培養
anther dust (=pollen)	花粉	花粉
antheridial cell	精子器细胞	藏精器細胞
antheridial filament	精囊丝	造精絲
antheridial initial	精子器原始细胞	藏精器原始細胞
antheridial receptacle (=antheridiophore)	雄生殖托，雄[器]托	藏精器枝，精子器柄，雄器托
antheridiophore	雄生殖托，雄[器]托	藏精器枝，精子器柄，雄器托
antheridium	精子器，雄配子囊；雄器	藏精器；雄器，精胞
antheridium chamber	精子器腔	藏精器腔
antherozoid	游动精子	游動精子
anther wall	花药壁	花藥壁
anthesin (=florigen)	成花素，开花激素	開花[激]素，開花荷爾蒙
anthesis	开花	開花
anthocarp (=anthocarpous fruit)	掺花果	摻花果
anthocarpous fruit	掺花果	摻花果
anthocyanidin	花色素，花青素	花色素，花青素
anthocyanin	花色素苷，花青素苷	花色素苷，花青素苷
anthophore	花冠柄	花冠柄
anthophyte (=seed plant)	显花植物（=种子植物）	顯花植物（=種子植物）
anthraquinone	蒽醌	蒽醌
anthropochore (=androchore)	人布植物，人播植物	人布植物
anthropochory	人为分布	人為散布
anthropogenic vegetation	人为植被	人為植被
antiauxin	抗生长素	抗[植物]生長素

英　文　名	大　陆　名	台　湾　名
antical lobe (=dorsal lobe)	背瓣	背瓣
anticlinal division	垂周分裂	垂周分裂
anticlinal wall	垂周壁	垂周壁
anticoding strand (=template strand)	反编码链（=模板链）	反編碼股，反密碼股（=模板股）
anticodon	反密码子	反密碼子
antiflorigen	抗成花素	抗開花素
antimone	相克素	相剋素
antioxidant	抗氧化物	抗氧化物
antioxidant response element (ARE)	抗氧化响应元件，抗氧化反应元件	抗氧化回應元件
antioxidation	抗氧化	抗氧化
antioxidative enzyme	抗氧化酶	抗氧化酶，抗氧化酵素
antipodal cell	反足细胞	反足細胞
antipodal embryo	反足胚	反足[細胞]胚
antipodal haustorium	反足吸器	反足吸器
antipodal nucleus	反足核	反足核
antiport	反向运输，对向运输，反向转运	反向運輸，反向運移
antiporter	反向转运体	反向運輸蛋白，反向運移蛋白，反向轉運子
antisense DNA	反义 DNA	反義 DNA，反義去氧核糖核酸
antisense oligonucleotide	反义寡核苷酸	反義寡核苷酸，反股寡核苷酸
antisense RNA	反义 RNA	反義 RNA，反義核糖核酸
antisense strand (=template strand)	反义链（=模板链）	反義股，反義鏈（=模板股）
antitranspirant	抗蒸腾剂	抗蒸騰劑
AO (=alternative oxidase)	交替氧化酶	交替途徑氧化酶，交替途徑氧化酵素
AOA (=aminooxyacetic acid)	氨基氧乙酸	胺基氧乙酸
AP (=arboreal pollen)	木本植物花粉	木本植物花粉
Ap (=apoprotein)	脱辅基蛋白，脱辅蛋白质	脫輔基蛋白質，缺輔基蛋白
APC (=allophycocyanin)	别藻蓝蛋白，异藻蓝蛋白，别藻蓝素	別藻藍蛋白，異藻藍蛋白，異藻藍素
aperture	萌发孔	萌發孔
aperturoid	拟萌发孔	擬萌發孔
apetalous flower	无瓣花	無花瓣花

英 文 名	大 陆 名	台 湾 名
aphlebia	变态叶	無脈葉片
apical axis	壳面长轴，壳面纵轴	殼面長軸，殼面縱軸
apical cell	顶端细胞	頂端細胞
apical dominance	顶端优势	頂端優勢
apical growth	顶端生长	頂端生長
apical initial	顶端原始细胞	頂端原始細胞
apical initial zone	顶端原始细胞区	頂端原始細胞區
apical lamina (=front lamina)	前翅	前翅
apical meristem	顶端分生组织	頂端分生組織
apical paraphysis	顶侧丝	頂側絲
apical placenta	顶生胎座	頂生胎座
apical placentation	顶生胎座式	頂生胎座式
apical plane	长轴面	長軸面
apical tier	顶端层	頂端層
apical tooth	角齿	角齒
apicifixed anther	顶着药	頂著[花]藥
aplanogamete	不动配子，静配子	不動配子，静配子
aplanosporangium	不动孢子囊	不動孢子囊
aplanospore	不动孢子，静孢子	不動孢子，静孢子，無毛孢子
apneumone	偏利素，偏益素	腐物激素
apocarp	离心皮果	離[生]心皮果
apocarpous gynoecium (=apocarpous pistil)	离生雌蕊，离心皮雌蕊	離生雌蕊，離心皮雌蕊
apocarpous pistil	离生雌蕊，离心皮雌蕊	離生雌蕊，離心皮雌蕊
apocolpium	沟界极区	溝界極區
apocolpium index	沟界极区系数	溝界極區係數
apoenzyme	脱辅[基]酶	脫輔基酶，缺輔基酶，無作用基酵素
apogamety (=apogamy)	无配子生殖	無配[子]生殖
apogamy	无配子生殖	無配[子]生殖
apomixis	无融合生殖	無融合生殖，不受精生殖
apomorphic character (=apomorphy)	衍征	衍徵，裔徵，近裔共性
apomorphy	衍征	衍徵，裔徵，近裔共性
apophysis	鳞盾；囊托；蒴台，蒴托	鱗盾；囊托；蒴台，蒴托
apoplast	质外体	質外體，離質體，非原生質體
apoplastic loading pathway	质外体装载途径	質外體裝載途徑

英　文　名	大　陆　名	台　湾　名
apoplastic translocation (=apoplastic transport)	质外体运输	質外體運輸，質外體運移
apoplastic transport	质外体运输	質外體運輸，質外體運移
apoplast pathway	质外体途径	質外體途徑
apoporium	孔界极区	孔界極區
apoprotein (Ap)	脱辅基蛋白，脱辅蛋白质	脫輔基蛋白質，缺輔基蛋白
apoptosis	细胞凋亡	細胞凋亡
aporphine alkaloid	阿朴啡[类]生物碱	阿朴啡[類]生物鹼
aposepalous flower	离萼花	離生萼片花
aposporous embryo sac	无孢子胚囊	無孢子胚囊
apospory	无孢子生殖	無孢子生殖，無孢形成
apothecium	子囊盘	子囊盤
apotracheal parenchyma	离管薄壁组织	離管薄壁組織
apparent free space (AFS, =relative free space)	表观自由空间（=相对自由空间）	表觀自由空間，無阻空間（=相對自由空間）
apparent osmotic space	表渗透空间	表滲透空間
apparent photosynthesis (=net photosynthesis)	表观光合作用（=净光合作用）	表觀光合作用，表面光合作用（=淨光合作用）
apparent photosynthesis rate	表观光合速率	表觀光合速率
apposition bud	并列芽	並生芽
apposition growth	敷着生长，外加生长	添附生長，附加生長，外加生長
appressed region	垛叠区，堆叠区	堆疊區
appressorium	附着胞，附着器	附著胞，附著器
APT (=attached proton test)	连接质子测试	連接質子測試
AQP (=aquaporin)	水孔蛋白，水通道蛋白	水孔蛋白，水通道蛋白
aquaporin (AQP)	水孔蛋白，水通道蛋白	水孔蛋白，水通道蛋白
aquatic algae	水生藻类	水生藻類
aquatic plant	水生植物	水生植物
aquatic root (=water root)	水生根	水生根
aqueous tissue (=water-storing tissue)	贮水组织	貯水組織
arbitrary primer (=random primer)	随机引物	隨機引子，隨意引子
arbor (=tree)	乔木	喬木
arboreal pollen (AP)	木本植物花粉	木本植物花粉
arbuscle	丛枝吸胞	叢枝吸胞
arbuscule (=arbuscle)	丛枝吸胞	叢枝吸胞
archegonial chamber	颈卵器室	藏卵器室

英文名	大陆名	台湾名
archegonial initial	颈卵器原始细胞	藏卵器原始細胞
archegonial receptacle (=archegoniophore)	雌生殖托，雌[器]托	藏卵器托，藏卵器枝，雌生殖器托
archegoniatae	颈卵器植物	藏卵器植物
archegoniophore	雌生殖托，雌[器]托	藏卵器托，藏卵器枝，雌生殖器托
archegonium	颈卵器	藏卵器
archeopterid	古羊齿型	古羊齒型
archesporial cell	孢原细胞	孢原細胞
archesporium (=archesporial cell)	孢原细胞	孢原細胞
archetelome	原始顶枝	原始頂枝
archicarp	子囊果原	產囊體
archontosome	傍核体	傍核體
arctalpine flora (=arctic alpine flora)	北极高山植物区系	北極高山植物區系，北極高山植物相，北極高山植物群
arctic alpine flora	北极高山植物区系	北極高山植物區系，北極高山植物相，北極高山植物群
arctic flora	北极植物区系	北極植物區系，北極植物相，北極植物群
arctic plant	北极植物	北極植物
arctic realm	北极界	北極界
Arcto-Tertiary flora	北极第三纪植物区系	北極第三紀植物區系，北極[地]第三紀植物相，北極[地]第三紀植物群
Arcto-Tertiary forest	北极第三纪森林	北極第三紀森林
arcuate vein	弧形脉	弧形脈
arcuate venation	弧形脉序	弧形脈序
arcus	弧形带，弓形带	環帶，孔環
ardella	星斑盘	座狀子囊盤
ARE (=antioxidant response element)	抗氧化响应元件，抗氧化反应元件	抗氧化回應元件
areal	分布区	分布區
areal disjunction	间断分布区，不连续分布区	間斷分布區
areolate	负网状纹饰	凹網狀紋飾
areole (=insula)	网眼，网隙	網眼
ARF (=auxin response factor)	生长素响应因子，生长素反应因子	生長素回應因子，生長素反應因子
aril	假种皮	假種皮

英　文　名	大　陆　名	台　湾　名
arillode	拟假种皮	擬假種皮，類似假種皮
arista (=awn)	芒	芒
arm palisade cell	分枝栅栏细胞	有腕柵狀細胞
arm palisade parenchyma	分枝栅栏薄壁组织	有腕柵狀薄壁組織
aromatic compound	芳香化合物	芳香化合物
arrhenokaryon (=spermo-nucleus)	雄核（=精核）	雄核（=精核）
arrhenoplasm	雄质	雄質
ARS (=autonomous replicating sequence)	自主复制序列	自主複製序列
ARS element (=autonomously replicating sequence element)	自主复制序列元件，ARS 元件	自主複製序列元件，ARS 元件
artemisinin	青蒿素	青蒿素
arthroconidium (=arthrospore)	节[分生]孢子	節孢子
arthrospore	节[分生]孢子	節孢子
article (=articulation)	关节	關節
articulate laticifer	有节乳汁器	有節乳汁器
articulation	关节；节片	關節；節片
artificial classification	人为分类	人為分類
artificial pollination	人工授粉	人工授粉
artificial ripening	人工催熟	人工催熟
artificial seed	人工种子	人工種子
artificial selection	人工选择	人[工選]擇
artificial vegetation	人工植被	人工植被
artificial vegetative propagation	人工营养繁殖	人工營養繁殖
arylnaphthalene lignan	芳基萘类木脂素	芳基萘類木脂體
ascocarp (=ascoma)	子囊果，囊实体	子囊果
ascoconidiophore	子囊分生孢子梗	子囊分生孢子梗
ascoconidium	子囊分生孢子	子囊分生孢子
ascogenous hypha	产囊丝	產囊絲
ascogone	产囊体	產囊體
ascogonium (=ascogone)	产囊体	產囊體
ascolichen	子囊菌地衣	子囊菌地衣
ascolocular lichen	囊腔地衣，腔囊地衣	囊腔地衣
ascoma	子囊果，囊实体	子囊果
ascomycetes	子囊菌	子囊菌
ascophore	产囊枝	產囊枝

英 文 名	大 陆 名	台 湾 名
ascoplasm	子囊质	子囊質
ascorbate (=ascorbic acid)	抗坏血酸	抗壞血酸
ascorbic acid	抗坏血酸	抗壞血酸
ascorbic acid oxidase	抗坏血酸氧化酶	抗壞血酸氧化酶，抗壞血酸氧化酵素
ascospore	子囊孢子	子囊孢子
ascosporulation	子囊孢子形成	子囊孢子形成
ascostroma	子囊座	子囊座
ascription	归属	歸屬
ascus	子囊	子囊
ascus crown	子囊冠	子囊冠
ascus mother cell	子囊母细胞	子囊母細胞
ascus plug	子囊塞	子囊塞
aseptate hypha	无隔菌丝	無隔菌絲
asexual flower	无性花	無性花，無[雌雄]蕊花
asexual generation	无性世代	無性世代
asexual hybridization	无性杂交	無性雜交，營養體雜交
asexual reproduction	无性生殖	無性生殖
asexual spore	无性孢子	無性孢子
asexual state	无性阶段	無性階段
ash	灰分	灰分
ash element (=mineral element)	灰分元素（=矿质元素）	灰分元素（=礦質元素）
ASO (=allele-specific oligonucleotide)	等位基因特异性寡核苷酸	等位基因特異性寡核苷酸，特化對偶基因寡核苷酸
asparagine	天冬酰胺	天[門]冬醯胺
aspect (=seasonal aspect)	季相	季[節]相
aspection (=seasonal succession)	季节演替	季節性演替，季節性消長
aspidiaria	中皮相	中皮相
aspidinol	绵马酚	綿馬素
aspirated pit	闭塞纹孔	閉塞紋孔
aspis	盾状区	盾狀區
assemblage	集聚	集聚
assimilate	同化[产]物	同化[產]物
assimilate export	同化物输出	同化物輸出
assimilate import	同化物输入	同化物輸入
assimilating tissue	同化组织	同化組織
assimilation	同化[作用]	同化[作用]

英 文 名	大 陆 名	台 湾 名
assimilation efficiency (AE)	同化效率	同化效率
assimilation product (=assimilate)	同化[产]物	同化[產]物
assimilation/respiration ratio	同化/呼吸量比	同化/呼吸量比
assimilation starch	同化淀粉	同化澱粉
assimilatory cell	同化细胞	同化細胞
assimilatory coefficient	同化系数	同化係數
assimilatory power	同化力	同化力
assimilatory quotient	同化商	同化商
assimilatory tissue (=assimilating tissue)	同化组织	同化組織
association	群丛	群叢
association coefficient (AC)	关联系数	關聯係數
association group	群丛组	群叢組
association index	结合指数，联结指数	結合指數
associative nitrogen fixation	联合固氮作用	聯合固氮作用，協和固氮作用
associes	演替群丛	演替群叢，演替植物群落
astacin (=astaxanthin)	虾青素，虾红素，变胞藻黄素	蝦青素，葉黃素色素，變胞藻黃素
astaxanthin	虾青素，虾红素，变胞藻黄素	蝦青素，葉黃素色素，變胞藻黃素
astrosclereid	星状石细胞	星狀石細胞，星狀厚壁細胞
asymbiotic nitrogen fixation	非共生固氮作用	非共生固氮作用
asymbiotic nitrogen fixer	非共生固氮生物	非共生固氮生物
asymmetrical flower	不对称花	不對稱花
asymmetric PCR	不对称聚合酶链反应，不对称 PCR	不對稱聚合酶連鎖反應，不對稱 PCR
asynapsis	不联会	不聯會[現象]
atactostele	散生中柱	散生中柱
atavism	返祖现象	返祖現象
athrosterigma	有节梗	有節梗
atmospheric drought	大气干旱	大氣乾旱
ATP (=adenosine triphosphate)	腺苷三磷酸，腺三磷	腺苷三磷酸，三磷酸腺苷，腺三磷
ATPase (=adenosine triphosphatase)	腺苷三磷酸酶，ATP 酶	腺苷三磷酸酶，三磷酸腺苷酶，ATP 酶
ATP-binding cassette subfamily B protein (ABCB protein)	ABCB 蛋白	ABCB 蛋白

英 文 名	大 陆 名	台 湾 名
ATP synthase	ATP 合酶	ATP 合[成]酶
atranorin	黑茶渍素	黑茶漬素
atranorine (=atranorin)	黑茶渍素	黑茶漬素
atreme	无萌发孔	無萌發孔
atrium	内腔，里腔	内腔
atropine	阿托品	顛茄鹼
atropous ovule (=orthotropous ovule)	直生胚珠	直生胚珠
attached chromosome	并联染色体	並聯染色體
attached proton test (APT)	连接质子测试	連接質子測試
auricle	叶耳	葉耳
aurone	橙酮	橙酮
Australian floral kingdom (=Australian kingdom)	澳大利亚植物区	澳大利亞植物區系界
Australian kingdom	澳大利亚植物区	澳大利亞植物區系界
autapomorphic character (=autapomorphy)	自衍征	自衍徵，獨[有裔]徵
autapomorphy	自衍征	自衍徵，獨[有裔]徵
auteu-form	单主全孢型	單主全孢型
autoalloploid	同源异源体	同源異源體，同源異質倍數體
autoallopolyploid	同源异源多倍体	同源異源多倍體
autobivalent	同源二价[染色]体	同質二價染色體
autochore (=volunteer plant)	自播植物，自布植物	自播植物，自動散布種
autoclaving	高压蒸汽灭菌，加压蒸汽灭菌	高壓蒸氣滅菌[法]
autocolony	似亲群体	似親群體
autodiploid	同源二倍体，自体二倍体	同源二倍體
autodiploidization	同源二倍化	同源二倍化
autoecism	单主寄生[现象]	單主寄生，單一寄生，同主寄生
autogamous plant	自花受精植物	自花受精植物，自體受精植物
autogamy	自花受精	自花受精
autogenic succession (=endogenetic succession)	自发演替（=内因演替）	自發性演替，自發性消長（=内因演替）
autoheteroploid	同源异倍体	同源異倍體，同源非整倍數體
autoheteroploidy	同源异倍性	同源異倍性
autointoxication (=intraspecific phytoallelopathy)	自毒作用（=植物种内化感作用）	自[體中]毒作用（=植物種内相剋作用）

英 文 名	大 陆 名	台 湾 名
automatic self-pollination	自动自花传粉，自动自花授粉	自動自花傳粉，自動自花授粉
automatic typification	自动模式指定	自動模式指定
automixis	自[体]融合	自融合
autonomous element	自主因子，自主元件	自主轉位元件，自主元
autonomously replicating sequence element (ARS element)	自主复制序列元件，ARS 元件	自主複製序列元件，ARS 元件
autonomous parthenocarpy (=natural parthenocarpy)	自发单性结实（=天然单性结实）	自發單性結實，自發單性結果（=天然單性結實）
autonomous replicating sequence (ARS)	自主复制序列	自主複製序列
autonym	自动名	自動名
autophagy	自[体吞]噬	自體吞噬，自噬[作用]
autophyte (=autotrophic plant)	自养植物	自營植物
autopolyhaploid	同源多元单倍体，同源多倍单倍体	同源多元單倍體，同源多倍單倍體
autopolyploid	同源多倍体	同源多倍體
autopolyploidy	同源多倍性	同源多倍性
autoradiography	放射自显影[术]	放射自顯影術，自動放射顯影術
autospore	似亲孢子	似親孢子，同形孢子
autosyndesis	同源联会	同源聯會
autosyndetic pairing	同源[染色体]配对	同源配對
autotetraploid	同源四倍体	同源四倍體
autotetraploidy	同源四倍性	同源四倍性
autotroph	自养生物	自營生物
autotrophic organism (=autotroph)	自养生物	自營生物
autotrophic plant	自养植物	自營植物
autotrophy	自养	自營，獨立營養
autumn wood (=late wood)	夏材（=晚材）	夏材（=晚材）
auxiliary species	辅助种	輔助種
auxilliary cell	辅助细胞	助細胞，輔細胞
auxin	生长素	生長素
auxin-binding protein 1 (ABP1)	生长素结合蛋白 1	生長素結合蛋白 1
auxin efflux carrier	生长素外向转运载体，生长素输出载体，生长素流出载体	生長素流出載體

英 文 名	大 陆 名	台 湾 名
auxin influx carrier	生长素内向转运载体，生长素输入载体，生长素流入载体	生長素流入載體
auxin receptor	生长素受体	生長素受體
auxin response element (AuxRE)	生长素响应元件，生长素反应元件	生長素回應元件，生長素反應元件
auxin response factor (ARF)	生长素响应因子，生长素反应因子	生長素回應因子，生長素反應因子
auxospore	复大孢子	複大孢子
auxotroph	营养缺陷型	營養缺陷型
AuxRE (=auxin response element)	生长素响应元件，生长素反应元件	生長素回應元件，生長素反應元件
available name	可用名[称]	可用名[稱]
available nutrient	有效养分	有效養分
available soil moisture	土壤有效含水量	土壤有效水含量
available water	有效水	有效水
Avena curvature test (=*Avena* test)	燕麦胚芽鞘弯曲试验法（=燕麦试法）	燕麥子葉鞘彎曲測驗（=燕麥試法）
Avena test	燕麦试法，燕麦试验	燕麥試法，燕麥測驗
Avena unit	燕麦单位	燕麥單位
AVG (=aminoethoxyvinylglycine)	氨基乙氧基乙烯基甘氨酸	胺基乙氧基乙烯基甘氨酸
avidin	抗生物素蛋白，亲和素	抗生物素蛋白，卵白素
avidin-biotin staining (ABS)	抗生物素蛋白-生物素染色	抗生物素蛋白-生物素染色，卵白素-生物素染色
avowed substitute (=replacement name)	替代名[称]	替代名[稱]
awn	芒	芒
axial developmental pattern	轴向发育模式	軸向發育模式
axial filament (=axoneme)	[鞭毛]轴丝	[鞭毛]軸絲
axial parenchyma	轴向薄壁组织	軸向薄壁組織
axial root (=taproot)	主根，直根	主根，直根，軸根
axial root system (=taproot system)	主根系，直根系	主根系，直根系，軸根系
axial system	轴向系统，垂直系统，纵向系统	中軸系統
axial tracheid	轴向管胞	軸向管胞，軸向假導管
axile placenta	中轴胎座	中軸胎座
axile placentation	中轴胎座式	中軸胎座式
axillary bud	腋芽	腋芽

英　文　名	大　陆　名	台　湾　名
axillary bud primordium	腋芽原基	腋芽原基
axillary inflorescence	腋生花序	腋生花序
axillary meristem	腋生分生组织	腋生分生組織
axillary stipule	腋生托叶	腋生托葉
axis	体轴	軸
axoneme	[鞭毛]轴丝	[鞭毛]軸絲
azonal vegetation	非地带性植被，隐域植被	非地帶性植被，隱域植被
azygospore	拟接合孢子，无性接合孢子	無性接合孢子，非接合孢子

B

英　文　名	大　陆　名	台　湾　名
6-BA (=6-benzylaminopurine)	6-苄基腺嘌呤	6-苄基腺嘌呤
BAC (=bacterial artificial chromosome)	细菌人工染色体	細菌人工染色體，人造細菌染色體
bacca (=berry)	浆果	漿果
baccacetum	聚合浆果	聚合漿果
Bacillus thuringiensis	苏云金杆菌	蘇力菌
backcross	回交	回交
backcross hybrid	回交杂种	回交雜種
backcross parent	回交亲本	回交親本
backcross ratio	回交比率	回交比率
back pollination	回交授粉	回交授粉
bacterial artificial chromosome (BAC)	细菌人工染色体	細菌人工染色體，人造細菌染色體
bacteriochlorophyll	细菌叶绿素，菌绿素	細菌葉綠素
bacteriophage (=phage)	噬菌体	噬菌體
bacteroid	类菌体	類菌體
baculum	基粒棒	基粒棒
balanced polymorphism	平衡多态现象	平衡多態現象，均衡多型性
balanced solution	平衡溶液	均衡溶液
balancing selection	平衡选择	平衡[型]天擇，平衡選擇
banded parenchyma	带状薄壁组织	帶狀薄壁組織
banding pattern	[染色体]带型	[染色體]帶型
banner (=standard)	旗瓣	旗瓣
bare land	裸地	裸地，不毛地
bark	树皮	樹皮
basal area	基部面积	基部面積

英文名	大陆名	台湾名
basal area of breast height (=cross-sectional area at breast height)	胸高断面积	胸高斷面積
basal-area quadrat	基面积样方	斷面積樣方
basal body	基体	基體
basal cell	基细胞	基[部]細胞
basal leaf	基生叶	基生葉
basal placenta	基生胎座，基底胎座	基生胎座
basal placentation	基生胎座式	基生胎座式
base pair (bp)	碱基对	鹼基對
basicidal capsule	基裂蒴果	基裂蒴果
basidiocarp (=basidioma)	担子果	擔子果
basidiole	幼担子	幼擔子
basidiolichen	担子菌地衣	擔子菌地衣
basidiolum (=basidiole)	幼担子	幼擔子
basidioma	担子果	擔子果
basidiomycetes	担子菌	擔子菌
basidiophore	担子柄	擔子柄
basidiospore	担孢子	擔孢子
basidium	担子	擔子
basifixed anther	基着药，底着药	基著[花]藥，底著[花]藥
basifuge	嫌碱植物	嫌鹼植物，厭鹼植物，避鹼植物
basilar style	基生花柱	底生花柱
basionym	基名	基名
basipetal polar translocation	向基极性运输	向基極性運輸，向基極性運移
basipetal translocation	向基运输	向基運輸，向基部運移
basophilous vegetation	嗜碱性植被	嗜鹼[性]植被，適鹼植被
bast (=phloem)	韧皮部	韌皮部
bast fiber (=phloem fiber)	韧皮纤维	韌皮[部]纖維
bast parenchyma (=phloem parenchyma)	韧皮薄壁组织	韌皮[部]薄壁組織
batch culture	分批培养	批式培養，批次培養[法]
Bayesian analysis	贝叶斯分析	貝葉斯分析
B chromosome	B 染色体	B 染色體
beak (=rostrum)	喙	喙
bearing age	结实[年]龄	結果樹齡
bearing habit	结果习性	結果習性

英　文　名	大　陆　名	台　湾　名
bearing shoot	结果枝	結果枝
belt areal	带状分布区	帶狀分布區
belt transect method	样带法	樣帶法，樣條法
beneficial element	有益元素	有益元素
benefit-cost analysis (=cost-benefit analysis)	收益-成本分析（=成本-效益分析）	效益成本分析（=成本效益分析）
bennettitaleans	本内苏铁类	本內蘇鐵類
benthic algae	底栖藻类	底棲藻類
benthophyte	底栖植物，水底植物	底棲植物，底生植物，水底植物
benzofuran lignan	苯并呋喃类木脂素	苯并呋喃類木脂體
benzoquinone	苯醌	苯醌
6-benzylaminopurine (6-BA)	6-苄基腺嘌呤	6-苄基腺嘌呤
benzylisoquinoline alkaloid	苄基异喹啉[类]生物碱	苄基異喹啉[類]生物鹼
berberine	小檗碱	小檗鹼
bergeria	周皮相	周皮相
Bering land bridge	白令陆桥	白令陸橋
berry	浆果	漿果
beta diversity	β 多样性	β 多樣性
betaine	甜菜碱	甜菜鹼
beta richness	β 丰富度	β 豐富度
beta taxonomy	β 分类学，乙级分类学	β 分類學
between-habitat diversity (=beta diversity)	生境间多样性（=β 多样性）	生境間多樣性，棲所間多樣性（=β 多樣性）
biatorine type	蜡盘型	蠟盤型
bicellular hair	双细胞毛	雙細胞毛
bicollateral bundle (=bicollateral vascular bundle)	双韧维管束	雙韌[皮]維管束，複並立維管束，雙並生維管束
bicollateral vascular bundle	双韧维管束	雙韌[皮]維管束，複並立維管束，雙並生維管束
bidirectional translocation	双向运输	雙向運輸
biennial (=biennial plant)	二年生植物	二年生植物
biennial herb	二年生草本[植物]	二年生草本
biennial plant	二年生植物	二年生植物
bifacial leaf	异面叶，背腹叶，两面叶	異面葉，背腹葉
bifacial petiole	异面叶柄	異面葉柄
bifarious	二列式	二列式

英文名	大陆名	台湾名
biflavone	双黄酮	雙黃酮
bifurcation	二叉分支	二叉分支
bigeneric cross (=intergeneric hybridization)	属间杂交	屬間雜交
bilateral flower (=zygomorphic flower)	两侧对称花，左右对称花	兩側對稱花，左右對稱花
bilateral symmetry (=zygomorphy)	两侧对称，左右对称	兩側對稱，左右對稱
biliprotein (=phycobiliprotein)	藻胆蛋白	藻膽[色素]蛋白
binary character	二元性状	二元性狀
binary combination	双名组合	二名組合
binary name	双名	二名法學名
binary vector system	双元载体系统	雙元載體系統
binding change model	结合变构模型	結合改變模型
binding hypha	联络菌丝	纏繞菌絲
binomial nomenclature	双名法，二名法	二名法，雙名法
bioassay	生物测定	生物檢定法
bioassay for plant hormone	植物激素生物测定	植物激素生物檢定法
biocenosis	生物群落	生物群落
bioclimate	生物气候	生物氣候
bioclimatic law	生物气候定律	生物氣候律
bioclimatic zone	生物气候带	生物氣候帶
bioclimatograph	生物气候图	生物氣候圖
biocommunity (=biocenosis)	生物群落	生物群落
biocontrol (=biological control)	生物防治	生防防治
biodiversity	生物多样性	生物多樣性
biodiversity assessment	生物多样性评估	生物多樣性評估
biodiversity hotspot	生物多样性热点	生物多樣性熱點
biodiversity monitoring	生物多样性监测	生物多樣性監測
biodiversity protection	生物多样性保护	生物多樣性保護
biogenesis	生源说，生物发生说	生源說，生物形成說
biogenetic law (=recapitulation law)	生物发生律（=重演律）	生物發生律（=重演律）
biogeochemical cycle	生物地球化学循环	生物地質化學循環，生物地質化學迴圈，生地化循環
biogeocoenose (=biogeocoenosis)	生物地理群落，生地群落	生物地理群落，生地群落
biogeocoenosis	生物地理群落，生地群落	生物地理群落，生地群落

英 文 名	大 陆 名	台 湾 名
biogeocoenosis complex	生物地理群落复合体，生地群落复合体	生物地理群落複合體，生地群落複合體
biogeography	生物地理学	生物地理學
biolistics (=gene gun method)	基因枪法	基因槍法
biological immobilization	生物固持作用	生物固持作用，生物固定作用
biological clock	生物钟	生物[時]鐘
biological control	生物防治	生防防治
biological nitrogen fixation	生物固氮作用	生物固氮作用
biological oxidation	生物氧化	生物氧化[作用]
biological radical	生物自由基	生物自由基
biological radical injury theory	生物自由基伤害学说	生物自由基傷害學說
biological rhythm	生物节律	生物節律
biological species	生物学种	生物種
biological species concept	生物学种概念	生物種概念
biological succession	生物演替	生物演替，生物消長
biomass	生物量	生物量，生質量
biome	生物群区，生物群系	生物群系，生物群區
bionomic strategy (=ecological strategy)	生态对策	生態對策，生態策略
biopharming	生物制药	生物製藥
bioreactor	生物反应器	生物反應器
biorhythm (=biological rhythm)	生物节律	生物節律
biosafety	生物安全	生物安全
biosensor	生物传感器	生物傳感器，生物感應器，生物感測器
biosphere	生物圈	生物圈
biosynthesis	生物合成	生物合成
biosystematics	物种生物学，生物系统学	生物系統[分類]學
biotechnology	生物技术	生物技術
biotic ecotype	生物生态型	生物生態型
biotic factor	生物因子	生物因子
biotic stress	生物胁迫，生物逆境	生物性逆境
biotin	生物素	生物素
biotope	群落生境	群落生境
biotype	生物型	生物型
biphenyl lignan	联苯类木脂素	聯苯木脂體

英 文 名	大 陆 名	台 湾 名
bipinnate leaf	二回羽状复叶	二回羽狀複葉
bipolarity	两极性	雙極性，兩極性
bipolar spore (=blasteniospore)	对极孢子	對極孢子
bisbenzylisoquinoline alkaloid	双苄基异喹啉[类]生物碱	雙苄基異喹啉[類]生物鹼
bisect	剖面样条	剖面樣條
bisepoxylignan	双环氧型木脂素，双环氧型木脂体	雙環氧型木脂體
biseriate ray	双列射线	雙列髓[輻射]線
bisexual flower	两性花	兩性花，雌雄兩全花
bisexual reproduction (=sexual reproduction)	两性生殖（=有性生殖）	兩性生殖（=有性生殖）
bisindole alkaloid	双吲哚类生物碱	雙吲哚類生物鹼
bisporangium	双孢子囊，二分孢子囊	雙孢子囊
bisporic embryo sac	双孢子胚囊	雙孢子胚囊
bisymmetry (=zygomorphy)	两侧对称，左右对称	兩側對稱，左右對稱
bisymmetry flower (=zygomorphic flower)	两侧对称花，左右对称花	兩側對稱花，左右對稱花
bitter principle	苦味素	苦味素
bivalent	二价体	二價體
BL (=brassinolide)	油菜素内酯，菜籽固醇内酯，芸苔素内酯	油菜素內酯，菜籽固醇內酯
Blackman reaction (=dark reaction)	布莱克曼反应（=暗反应）	布萊克曼反應（=暗反應）
blade (=lamina)	叶片	葉片
blasteniospore	对极孢子	對極孢子
blastic conidiogenesis	芽殖产孢	芽殖產孢
blasticidin	杀稻瘟素	殺稻瘟菌素，胞黴素
blastospore	芽生孢子	芽生孢子
bleeding	伤流	傷流
bleeding pressure	伤流压	傷流壓，溢泌壓
bleeding sap	伤流液	傷流液
blepharoplast (=basal body)	生毛体（=基体）	生毛體（=基體）
blind pit	盲纹孔	盲紋孔
bloom	水华	水華
blossom (=flower)	花	花
blot (=blotting)	印迹法	印漬術，印跡法，墨點法
blotting	印迹法	印漬術，印跡法，墨點法

英 文 名	大 陆 名	台 湾 名
blue-light photoreceptor	蓝光受体	藍光受體
blue-light response	蓝光反应	藍光反應
blue/ultraviolet A receptor (=blue-light photoreceptor)	蓝光/近紫外光受体（=蓝光受体）	藍光/近紫外光受體（=藍光受體）
blunt end	平端	鈍端
body cell (=somatic cell)	体细胞	體細胞
bog	酸沼，酸性泥炭沼泽	酸沼，矮叢沼，雨養深泥沼
boiling method (=decoction method)	煎煮法	煎煮法，水煮法
boiling point	沸点	沸點
bolting	抽薹	抽薹
booting stage	孕穗期	孕穗期
boot leaf	旗叶	劍葉，禾草頂葉
bootstrap	自展法	自舉法
bootstrapping (=bootstrap)	自展法	自舉法
bordered pit	具缘纹孔	重[緣]紋孔，有緣紋孔
border effect (=edge effect)	边缘效应	邊緣效應，邊緣效果
boreal coniferous forest (=taiga)	泰加林，北方针叶林，寒温带针叶林	泰加林，西伯利亞針葉林，北寒針葉林
borneol	龙脑	龍腦，冰片
boron	硼	硼
boron deficiency	缺硼症	缺硼症
bostryx (=helicoid cyme)	螺状聚伞花序	螺[旋]狀聚傘花序，卷傘花序
botanical garden	植物园	植物園
botanic garden (=botanical garden)	植物园	植物園
botany	植物学	植物學
bottleneck effect	瓶颈效应	瓶頸效應
bottle plant	壶形植物	壺形植物
bottom-up control	上行控制	上行控制，由下而上控制
bottom-up effect (=bottom-up control)	上行效应（=上行控制）	上行效應（=上行控制）
boundary parenchyma	界限薄壁组织，轮界薄壁组织，边缘薄壁组织	界限薄壁組織
bound auxin	束缚生长素	束縛生長素，結合生長素
bound energy	束缚能	束縛能，結合能
bound water	束缚水，结合水	束縛水，結合水
bouquet stage	花束期	花束期
bp (=base pair)	碱基对	鹼基對

英文名	大陆名	台湾名
BR (=brassinosteroid)	油菜素甾醇[类化合物]，菜籽类固醇	菜籽類固醇
brachy-form	缺锈孢型	缺銹孢型
brachysclereid	短石细胞	短石細胞
bract	苞片	苞片
bract cell	苞片细胞	苞片細胞
bracteal leaf	苞叶	苞葉
bracteole (=bractlet)	雌苞腹叶；小苞片	雌苞腹葉；小苞片
bractlet	雌苞腹叶；小苞片	雌苞腹葉；小苞片
bract scale	苞鳞	苞鱗
bradytelic evolution	缓速进化	緩速演化，演化偏慢
bradytely (=bradytelic evolution)	缓速进化	緩速演化，演化偏慢
branch	枝[条]	枝[條]
branch bud (=leaf bud)	枝芽（=叶芽）	枝芽（=葉芽）
branched hair	分枝毛	分枝毛
branch gap	枝隙	枝隙
branching angle	分枝角度	分枝角度
branching intensity	分枝强度	分枝強度
branching system	分枝系统	分枝系統
branchlet	小枝	小枝
branch root (=lateral root)	侧根	側根，支根
branch trace	枝迹	枝跡
brassin (=brassinolide)	油菜素（=油菜素内酯）	油菜素，芸苔素（=油菜素內酯）
brassinolide (BL)	油菜素内酯，菜籽固醇内酯，芸苔素内酯	油菜素內酯，菜籽固醇內酯
brassinosteroid (BR)	油菜素甾醇[类化合物]，菜籽类固醇	菜籽類固醇
breathing root (=respiratory root)	呼吸根	呼吸根
breeding	育种	育種
breeding value (BV)	育种值	育種值
breeding value model	育种值模型	育種值模型
brent root (=buttress)	板根	板[狀]根
bristle (=seta)	刚毛	剛毛
broad girdle view	宽环面观	寬環面觀
broad heritability	广义遗传率	廣義遺傳率

英 文 名	大 陆 名	台 湾 名
broad-host-range plasmid	广谱质粒	廣譜質體
broadleaf forest (=broad-leaved forest)	阔叶林	闊葉林
broad leaf wood (=porous wood)	阔叶树材（=有孔材）	闊葉樹材（=有孔材）
broad-leaved forest	阔叶林	闊葉林
broad-sense heritability (=broad heritability)	广义遗传率	廣義遺傳率
brochus	网胞	網胞
bromatium	饲蚁丝	飼蟻絲
brood body	[无性]繁殖体	[無性]繁殖體
brood bud	繁殖芽	繁殖芽
brown algae	褐藻	褐藻
browning	褐化	褐變，褐化反應
bryocoenology	苔藓群落学	苔蘚群落學，蘚苔群落學
bryology	苔藓植物学	苔蘚植物學
bryophyte	苔藓植物	苔蘚植物，苔蘚類，蘚苔植物
bud	芽	芽
bud cutting	芽插	芽插
budding	芽殖	出芽生殖，芽生
bud dormancy	芽休眠	芽休眠
bud eye	芽眼	芽眼
bud mutation	芽变	芽[突]變
bud pollination	蕾期授粉	蕾期授粉
bud primordium	芽原基	芽原基
bud scale	芽鳞	芽鱗
bud scale scar	芽鳞痕	芽鱗痕
bud scar	芽痕	芽痕
bud sport (=bud mutation)	芽变	芽[突]變
buffer-gradient polyacrylamide gel	缓冲液梯度聚丙烯酰胺凝胶	緩衝液梯度聚丙烯醯胺凝膠
buffer zone	缓冲区	緩衝區，緩衝帶
bulb	鳞茎	鱗莖
bulbil	珠芽，零余子	珠芽
bulblet	小鳞茎	小鱗莖
bulbous geophyte	鳞茎地下芽植物	鱗莖地下芽植物
bulk flow	集流	集流，質流，整體流動
bulk-sieving method	整体浸解法	整體浸解法

英 文 名	大 陆 名	台 湾 名
bulliform cell	泡状细胞	泡狀細胞
bulliform scale	泡状鳞片	泡狀鱗片
bunch grass	丛生禾草	叢生禾草
bundle (=vascular bundle)	维管束	維管束
bundle cap	维管束帽	維管束帽
bundle scar (=vascular bundle scar)	维管束痕	維管束痕
bundle sheath (=vascular bundle sheath)	维管束鞘	維管束鞘
bundle sheath extension	维管束鞘延伸区	維管束鞘延伸區
butterfly-like corolla (=papilionaceous corolla)	蝶形花冠	蝶形花冠
buttress	板根	板[狀]根
buttress root (=buttress)	板根	板[狀]根
BV (=breeding value)	育种值	育種值

C

英 文 名	大 陆 名	台 湾 名
caatinga	卡廷加群落	卡廷加群落
Cad (=cadaverine)	尸胺	屍胺，1,5-戊二胺
cadaverine (Cad)	尸胺	屍胺，1,5-戊二胺
caffeic acid	咖啡酸	咖啡酸
caffeine	咖啡碱	咖啡因鹼
CAI (=codon adaptation index)	密码子适应指数	密碼子適應指數
calamites	芦木类	蘆木類
calcar (=spur)	距	距
calcareous plant	钙化植物	鈣化植物
calcicole (=calciphyte)	喜钙植物，钙土植物	喜鈣植物，鈣土植物，嗜鈣植物
calcifuge	嫌钙植物，避钙植物	嫌鈣植物，避鈣植物
calciphobe (=calcifuge)	嫌钙植物，避钙植物	嫌鈣植物，避鈣植物
calciphyte	喜钙植物，钙土植物	喜鈣植物，鈣土植物，嗜鈣植物
CALI (=chromophore-assisted light inactivation)	发色团辅助光失活	發色團輔助光失活
callose	胼胝质	胼胝質
callose plug	胼胝质塞	胼胝質塞

英　文　名	大　陆　名	台　湾　名
callosity (=callus)	胼胝体	胼胝體
callus	胼胝体；愈伤组织	胼胝體；癒傷組織
callus culture	愈伤组织培养	癒傷組織培養
calmodulin (CaM)	钙调蛋白	鈣調[節]蛋白，攜鈣素
Calvin cycle	卡尔文循环	卡爾文循環
calycle (=epicalyx)	副萼	副萼
calyculus	杯状孢囊基	杯狀孢囊基
calypter	帽状体；蒴帽	帽狀體；蒴帽
calyptra (=calypter; root cap)	帽状体；蒴帽；根冠	帽狀體；蒴帽；根冠，根帽
calyptrogen	根冠原	根冠原，根帽原
calyx	花萼	花萼
calyx lobe	萼裂片，萼齿	萼裂片
calyx tube	萼筒	萼筒
CAM (=crassulacean acid metabolism)	景天酸代谢	景天酸代謝
CaM (=calmodulin)	钙调蛋白	鈣調[節]蛋白，攜鈣素
cambial initial	形成层原始细胞	形成層原始細胞
cambial zone	形成层带	形成層帶
cambium	形成层	形成層
cambium-like transition zone	形成层状过渡区	形成層狀過渡區
Cambrian plant	寒武纪植物	寒武紀植物
CAM pathway (=crassulacean acid metabolism pathway)	景天酸代谢途径，CAM 途径	景天酸代謝途徑
camphane derivative	莰烷衍生物	莰烷衍生物
camphor	樟脑	樟腦
CAM photosynthesis (=crassulacean acid metabolism photosynthesis)	景天酸代谢光合作用	景天酸代謝光合作用
CAM plant (=crassulacean acid metabolism plant)	景天酸代谢植物，CAM 植物	景天酸代謝植物，CAM 植物
campo	巴西草原，坎普群落	巴西乾草原，坎普群落
campo cerrado	巴西热带稀树草原，巴西疏林草原	巴西稀樹草原
campylotropous ovule	弯生胚珠	彎生胚珠
CaMV (=cauliflower mosaic virus)	花椰菜花叶病毒	花椰菜嵌紋病毒，花椰菜鑲嵌病毒
canalization	渠限化，[表型]限渠道化	渠限化
canalized character	渠限性状，定向性状	渠限性狀
canalized development	渠限发育，定向发育	定向發育，限向發展

英文名	大陆名	台湾名
canal raphe	管壳缝	管殼縫
canopy	[林]冠层	[樹]冠層，林冠[層]
canopy conductance	冠层导度	冠層導度
canopy cover	冠盖度	冠層覆蓋度
canopy density (=crown density)	郁闭度	鬱閉度，葉層密度，林冠密度
canopy interception	冠层截留	冠層截留
canopy seed bank	植冠种子库	植冠種子庫
cap	帽	帽
Cape floral kingdom (=Cape kingdom)	好望角植物区	好望角植物區系界
Cape kingdom	好望角植物区	好望角植物區系界
capillary water	毛细管水	毛細管水，微管水
capillitium	孢丝	孢絲
capitulum	头状花序	頭狀花序
capitulum cell (=head cell)	头细胞	頭細胞
cappa (=cap)	帽	帽
capping	加帽	加帽，罩蓋現象
cap ridge	帽缘	帽緣
capsorubin	辣椒玉红素	辣椒紫紅素
capsule	孢蒴；蒴果	孢蒴；蒴果
carbohydrate	糖类，碳水化合物	碳水化合物，醣類
carbohydrate pathway	糖类途径，碳水化合物途径	碳水化合物途徑
carbon assimilation	碳同化	碳同化
carbonated plant	碳化植物	碳化植物
carbon-based defense	碳基防御	碳基防禦
carbon cycle	碳循环	碳循環
carbon dioxide compensation point	二氧化碳补偿点	二氧化碳補償點
carbon dioxide fertilization	二氧化碳施肥	二氧化碳施肥
carbon dioxide fixation	二氧化碳固定	二氧化碳固定
carbon dioxide outburst	二氧化碳猝发	二氧化碳爆發
carbon dioxide saturation point	二氧化碳饱和点	二氧化碳飽和點
carbon fixation	碳固定	碳固定，固碳作用
carbon glycoside (C-glycoside)	碳苷	碳苷
carbon/nitrogen ratio (C/N ratio)	碳氮比	碳氮比
carbon pool	碳库	碳庫

英　文　名	大　陆　名	台　湾　名
carbon sequestration	碳固存，碳封存	碳封存
carbon sink	碳汇	碳匯
carbon source	碳源	碳源
carbon stock (=carbon pool)	碳库	碳庫
carboxylation	羧化反应，羧基化	羧化[作用]
carboxysome	羧基体	羧基體
cardenolide	强心苷	強心苷
cardiac aglycone	强心苷配基	產心苷配基
cardiac glycoside (=cardenolide)	强心苷	強心苷
carinal canal	脊下道，脊下痕	脊下道，脊下痕
carnivorous plant (=insectivorous plant)	食虫植物，食肉植物	食蟲植物，捕蟲植物
carotene	胡萝卜素	胡蘿蔔素
β-carotene	β-胡萝卜素	β-胡蘿蔔素
carotenoid	类胡萝卜素	類胡蘿蔔素
carpel	心皮	心皮
carpellary perimordium	心皮原基	心皮原基
carpellary scale	心皮鳞片	心皮鱗片
carpogone (=carpogonium)	果胞	果胞
carpogonial filament	果胞丝	果胞絲
carpogonium	果胞	果胞
carpophore	心皮柄	心皮柄
carpopodium	果柄	果柄
carposporangium	果孢子囊	果孢子囊
carpospore	果孢子	果孢子
carposporophyte	果胞子体	果胞子體，果孢子體
carpotetrasporangium	四分果孢子囊	四分果孢子囊
carrageenan	卡拉胶，角叉聚糖，角叉菜胶	角叉聚糖，紅藻膠
carrier	载体	載體
carrier protein	载体蛋白	載體蛋白
caruncle	种阜	種阜
caryogram (=karyogram)	核型图	核型圖
caryopsis	颖果	穎果
caryotype (=karyotype)	核型，染色体组型	核型
Casparian band (=Casparian strip)	凯氏带	卡氏帶
Casparian dot	凯氏点	卡氏點
Casparian strip	凯氏带	卡氏帶

英 文 名	大 陆 名	台 湾 名
cassette	组件	組件，盒
casual species	偶见种，偶遇种	偶見種
CAT (=catalase; chloramphenicol acetyltransferase)	过氧化氢酶；氯霉素乙酰转移酶	過氧化氫酶，觸媒，過氧化氫酵素；氯黴素乙醯轉移酶
catabolism	分解代谢	分解代謝，異化代謝
catabolite	分解代谢物	分解代謝物，分解產物，降解物
catacolpate	近极沟[的]	近極溝[的]
catalase (CAT)	过氧化氢酶	過氧化氫酶，觸媒，過氧化氫酵素
catalept	近极薄壁区	近極薄壁區
cataphyll	低出叶，芽苞叶	低出葉，芽苞葉
cataporate	近极孔	近極孔
cata-species	缺性孢种	缺性孢種
catastrophe	灾变	災變，劇變
catastrophe theory	灾变论	災變理論，災變說，劇變理論
catastrophic speciation	灾变物种形成	災變物種形成，災變種化，災變物種分化
catastrophism (=catastrophe theory)	灾变论	災變理論，災變說，劇變理論
catathecium	倒盾状囊壳	倒盾狀囊殼
catatreme	近极萌发孔	近極萌發孔
catechin	儿茶素	兒茶素
category	分类阶元	分類階元，分類階層，分類層級
Cathaysian flora	华夏植物区系，华夏植物群	華夏植物區系，華夏植物相，華夏植物群
cation assimilation	阳离子同化作用	陽離子同化作用
cation exchange	阳离子置换	陽離子置換
catkin (=ament)	柔荑花序	柔荑花序
catothecium (=catathecium)	倒盾状囊壳	倒盾狀囊殼
caudex	茎基；主軸	莖基；主軸
caudicle	花粉块柄	花粉塊柄
caulidium	拟茎体	擬莖體
cauliflory	茎花现象	莖花現象
cauliflower mosaic virus (CaMV)	花椰菜花叶病毒	花椰菜嵌紋病毒，花椰菜鑲嵌病毒

英　文　名	大　陆　名	台　湾　名
caulimovirus (=cauliflower mosaic virus)	花椰菜花叶病毒	花椰菜嵌紋病毒，花椰菜鑲嵌病毒
cauline inflorescence	茎生花序	莖生花序
caulonema	茎丝体，轴丝体	原絲分枝體
cavitation	气穴现象，空化现象	空化作用
caytoniales	开通类	開通類
CBA (=cost-benefit analysis)	成本-效益分析	成本效益分析
C-band (=centromeric heterochromatic band)	C 带，着丝粒异染色质带	著絲粒異染色質帶，中節異染色質帶，C 帶
C-banding (=centromeric banding)	着丝粒显带，C 显带	C 顯帶，中節顯帶
CBD (=Convention on Biological Diversity)	生物多样性公约	生物多樣性公約
C_3 cycle	C_3 循环，碳-3 循环	三碳循環，C_3 循環
C_4 cycle	C_4 循环，碳-4 循环	四碳循環，C_4 循環
CD (=circular dichroism)	圆二色性	圓[偏振]二色性
CDE (=cell cycle-dependent element)	细胞周期依赖性元件	細胞週期依賴性元件
C_4 dicarboxylic acid pathway	C_4 二羧酸途径	C_4 型二羧酸途徑，C_4 型植物雙羧酸路徑
CDNA (=complementary DNA)	互补 DNA	互補 DNA
cDNA cloning	cDNA 克隆	cDNA 克隆，cDNA 選殖
CE (=consumption efficiency; critically endangered)	极危；消费效率	極危；消費效率
C-effect (=colchicine effect)	秋水仙碱效应	秋水仙素效應，C 效應
celite (=diatomaceous earth)	硅藻土	矽藻土
cell	细胞；子房室	細胞；子房室
cell culture	细胞培养	細胞培養
cell cycle	细胞周期	細胞週期，細胞循環
cell cycle checkpoint	细胞周期检查点	細胞週期查核點
cell cycle-dependent element (CDE)	细胞周期依赖性元件	細胞週期依賴性元件
cell death	细胞死亡	細胞死亡
cell determination	细胞决定	細胞決定
cell differentiation	细胞分化	細胞分化
cell division	细胞分裂	細胞分裂
cell division cycle gene	细胞分裂周期基因	細胞分裂週期基因
cell division inhibitor	细胞分裂抑制剂	細胞分裂抑制劑

英 文 名	大 陆 名	台 湾 名
2-celled pollen	二细胞型花粉	二細胞型花粉
3-celled pollen	三细胞型花粉	三細胞型花粉
cell-free extract	无细胞抽提物	無細胞萃取物
cell fusion	细胞融合	細胞融合
cell generation time	细胞世代时间	細胞世代間隔
cell growth	细胞生长	細胞生長
cell growth factor	细胞生长因子	細胞生長因子
cell heredity	细胞遗传	細胞遺傳
cell line	细胞系	細胞系，細胞株
cell membrane	细胞膜	細胞膜
cell pathway	细胞途径	細胞途徑
cell physiology	细胞生理学	細胞生理學
cell plate	细胞板	細胞板
cell sap	细胞液，细胞浆	細胞液
cell suspension	细胞悬[浮]液	細胞懸浮液
cell totipotency	细胞全能性	細胞全能性
cell turgidity	细胞紧张度	細胞膨脹度
cellular endosperm (=cellular type endosperm)	细胞型胚乳	細胞型胚乳
cellular pathology	细胞病理学	細胞病理學
cellular type endosperm	细胞型胚乳	細胞型胚乳
cellulase	纤维素酶	纖維素酶
cellulose	纤维素	纖維素
cell wall	细胞壁	細胞壁
cell wall ingrowth	胞壁内突生长	胞壁內突生長
cell wall stiffening	细胞壁硬化	細胞壁硬化
cenophytic era	新植代	新植代
CEN sequence (=centromeric sequence)	着丝粒序列	著絲粒序列，中節序列
center of dispersal	散布中心	散布中心，分散中心
center of diversity (=diversity center)	多样性中心	多樣性中心，歧異中心
center of origin	起源中心	起源中心
central cell	中央细胞	中央細胞
central cylinder (=stele)	中柱	中柱，中軸
central granule	中央颗粒	中心粒
central mother cell	中央母细胞	中央母細胞
central mother cell zone	中央母细胞区	中央母細胞區

英 文 名	大 陆 名	台 湾 名
central nodule	中央节	中央節
central plug (=central granule)	中央栓（=中央颗粒）	中央栓（=中心粒）
central ray	中央射枝	中央射枝
central sheath	中央鞘	中央鞘
central siphon	中轴管	中軸管
central strand	中轴	中軸
central zone (=central mother cell zone)	中心区（=中央母细胞区）	中心區（=中央母細胞區）
centrarch	心始式	心始式
centrifugal inflorescence (=definite inflorescence)	离心花序（=有限花序）	離心花序（=有限花序）
centriole	中心粒	中心粒
centripetal inflorescence (=indefinite inflorescence)	向心花序（=无限花序）	向心花序（=無限花序）
centrolateral axis	中-边轴	中-邊軸
centromere	着丝粒	著絲粒，著絲點，中節
centromere interference	着丝粒干涉	著絲粒干擾，中節干擾
centromeric banding (C-banding)	着丝粒显带，C 显带	C 顯帶，中節顯帶
centromeric DNA	着丝粒 DNA	著絲粒 DNA，中節 DNA
centromeric exchange (CME)	着丝粒交换	著絲粒交換，中節交換
centromeric heterochromatic band (C-band)	C 带，着丝粒异染色质带	著絲粒異染色質帶，中節異染色質帶，C 帶
centromeric heterochromatin	着丝粒异染色质	著絲粒異染色質，中節異染色質
centromeric sequence (CEN sequence)	着丝粒序列	著絲粒序列，中節序列
centronucleus	中心核	中心核
centroplasm	中心质，中央质	中心質
centrum	中心体，壳心	果心
cephalodium	衣瘿	衣癭
ceramide	神经酰胺	神經醯胺，腦醯胺
ceratin (=keratin)	角蛋白	角蛋白，角素
cerebroside	脑苷脂	腦苷脂，腦脂苷
cerrado (=campo cerrado)	巴西热带稀树草原，巴西疏林草原	巴西稀樹草原
cetraria tundra	岛衣冻原	島衣凍原
cetraric acid	岛衣酸	島衣酸
C-glycoside (=carbon glycoside)	碳苷	碳苷

英文名	大陆名	台湾名
CGN (=*cis*-Golgi network)	顺面高尔基网	順式高基[氏]體網，高基[氏]體順面網
chaff	膜片	膜片，托片，穎狀苞
chaffy receptacle	膜片花托	具托片花托，穎狀苞花托
chalaza	合点	合點
chalazal chamber	合点室，合点腔	合點腔
chalazal end	合点端	合點端
chalazal haustorium	合点吸器	合點吸器
chalazogamy	合点受精	合點受精
chalcone	查耳酮	查耳酮
chamaephyte	地上芽植物	地上芽植物，地表植物
channel protein	通道蛋白	通道蛋白
chaparral	查帕拉尔群落	查帕拉爾群落，達帕拉爾硬葉灌叢，硬葉常綠矮木林
chaperonin	伴侣蛋白	伴護蛋白，保護子蛋白
character	性状	性狀，特性，特徵
character convergence	性状趋同	性狀趨同
character displacement	性状替换，性状替代	性狀替換，性狀置換，形質置换
character divergence	性状趋异	性狀趨異，性狀分歧
characteristic species	特征种	特徵種，標識種
characteristic species combination	特征种组合	特徵種組合
character release	性状释放	性狀釋放
character state	性状状态，特征状态	性狀狀態，特徵狀態
chart quadrat	图解样方，图记样方	圖解樣方，圖示樣方
chasmogamy	开花受精	開花受精
chasmophyte	石隙植物，岩隙植物，石内植物	石隙植物，岩隙植物，石内植物
checkpoint	检查点，检验点，关卡	查核點
checkpoint gene	检查点基因	查核點基因
cheiropterophily	翼手媒	翼手媒
chelating agent	螯合剂	螯合劑
chelator (=chelating agent)	螯合剂	螯合劑
chemical denitrification	化学反硝化作用	化學去硝化作用，化學脱氮作用
chemical ionization mass spectrometry (CI-MS)	化学电离质谱法	化學離子化質譜法，化學游離質譜術

英　文　名	大　陆　名	台　湾　名
chemical mutagenesis	化学诱变	化學誘變
chemical potential	化学势	化學潛勢
chemical race	化学宗	化學宗
chemical shift	化学位移	化學位移
chemical shift correlation spectroscopy (COSY)	化学位移相关谱	化學位移相關譜
chemiosmosis	化学渗透	化學滲透
chemiosmotic coupling	化学渗透偶联	化學滲透偶聯
chemiosmotic hypothesis	化学渗透假说	化學滲透假說
chemiosmotic mechanism (=chemiosmotic hypothesis)	化学渗透机制（=化学渗透假说）	化學滲透機制（=化學滲透假說）
chemiosmotic polar diffusion hypothesis (=acid growth theory)	化学渗透极性扩散假说（=酸生长理论）	化學滲透極性擴散假說（=酸性生長理論）
chemodenitrification (=chemical denitrification)	化学反硝化作用	化學去硝化作用，化學脫氮作用
chemotaxonomy	化学分类学	化學分類學
chemotropism	向化性	向化性
chersophyte	干荒地植物	乾荒地植物
chiasma	交叉	交叉
chiastobasidium	横锤担子	橫錘擔子
chilling injury	寒害	寒害
chilling resistance	抗寒性	抗寒性
chilling stress	冷胁迫	冷害，寒害
chimeric DNA	嵌合 DNA	嵌合 DNA
chiropterophily (=cheiropterophily)	翼手媒	翼手媒
chitosome	壳质体	殼質體
chlamydeous flower	有被花	有被花
chlamydoconidium (=chlamydospore)	厚垣孢子	厚壁孢子，厚膜孢子
chlamydospore	厚垣孢子	厚壁孢子，厚膜孢子
chloramphenicol	氯霉素	氯黴素
chloramphenicol acetyltransferase (CAT)	氯霉素乙酰转移酶	氯黴素乙醯轉移酶
chloramphenicol acetyltransferase gene	氯霉素乙酰转移酶基因	氯黴素乙醯轉移酶基因
chloramphenicol amplification	氯霉素扩增	氯黴素擴增
chlorenchyma (=assimilating tissue)	绿色组织（=同化组织）	綠色組織，葉綠組織（=同化

英 文 名	大 陆 名	台 湾 名
		組織）
p-chloromercuribenzene sulfonate (PCMBS)	对氯[高]汞苯磺酸	對氯汞苯磺酸
chloronema	绿丝体	直立原絲體
chlorophyll	叶绿素	葉綠素
chlorophyte	绿色植物	綠色植物
chloroplast	叶绿体	葉綠體
chloroplast bioreactor	叶绿体生物反应器	葉綠體生物反應器
chloroplast DNA (ctDNA)	叶绿体 DNA	葉綠體 DNA
chloroplast envelope	叶绿体被膜	葉綠體被膜
chloroplast genetic transformation	叶绿体遗传转化	葉綠體遺傳轉化
chloroplast genome	叶绿体基因组	葉綠體基因體
chloroplast granum	叶绿体基粒	葉綠[體基]粒，葉綠餅
chloroplastic protein	叶绿体蛋白质	葉綠體蛋白質
chloroplastid (=chloroplast)	叶绿体	葉綠體
chloroplast RNA (ctRNA)	叶绿体 RNA	葉綠體 RNA
chloroplast stroma	叶绿体基质，叶绿体间质	葉綠體基質
chloroplast transformation	叶绿体转化	葉綠體轉化
chlorosis	缺绿症	缺綠症，黃化
cholestane alkaloid	胆甾烷生物碱	膽甾烷生物鹼
chomophyte (=lithophyte)	岩生植物，石生植物	石生植物，岩生植物，石隙植物
chondriosome (=mitochondrion)	线粒体	粒線體
choripetal	离瓣	離瓣
choripetalous corolla	离瓣花冠	離瓣花冠
choripetalous flower	离瓣花	離瓣花，多瓣花
chorisepal	离萼	離片萼，多片萼，離生花萼
chorisis	离生	離生
chromane	色原烷	色原烷
chromatic figure	染色质象	染色質像
chromatid	染色单体	染色分體
chromatid aberration	染色单体畸变	染色分體畸變，染色分體異常
chromatid break	染色单体断裂	染色分體斷裂，染色分體裂斷
chromatid breakage (=chromatid break)	染色单体断裂	染色分體斷裂，染色分體裂斷
chromatid bridge	染色单体桥	染色分體橋
chromatid segregation	染色单体分离	染色分體分離

英 文 名	大 陆 名	台 湾 名
chromatin	染色质	染色質
chromatin agglutination (=chromatin condensation)	染色质凝聚，染色质凝缩	染色質凝聚，染色質凝集，染色質濃縮
chromatin assembly factor	染色质组装因子	染色質組裝因子
chromatin bridge	染色质桥	染色質橋
chromatin condensation	染色质凝聚，染色质凝缩	染色質凝聚，染色質凝集，染色質濃縮
chromatin diminution	染色质消减	染色質縮減
chromatin fiber	染色质纤维	染色質纖維
chromatography	色谱法，层析	層析法，色譜法
chromatophore	载色体，色素体	載色體，色素體
chromone	色原酮	色[原]酮
chromophore	发色团，生色团	發色團
chromophore-assisted light inactivation (CALI)	发色团辅助光失活	發色團輔助光失活
chromoplasm (=periplasm)	色素质（=周质）	色素質（=周質）
chromoplast	有色体，色质体	色質體，有色體，雜色體
chromoplastid (=chromoplast)	有色体，色质体	色質體，有色體，雜色體
chromoprotein	色[素]蛋白	色素蛋白
chromosomal aberration (=chromosome aberration)	染色体畸变	染色體畸變，染色體異常
chromosomal band	染色体带	染色體帶
chromosomal breakage	染色体断裂	染色體斷裂，染色體裂斷
chromosomal chiasma (=chromosome chiasma)	染色体交叉	染色體交叉
chromosomal *in situ* hybridization	染色体原位杂交	染色體原位雜交
chromosomal *in situ* suppression hybridization (CISS hybridization)	染色体原位抑制杂交	染色體原位抑制雜交
chromosomal interference (=interference)	染色体干涉（=干涉）	染色體干擾（=干擾）
chromosomal microtubule (=kinetochore microtubule)	染色体微管（=动粒微管）	染色體微管（=著絲點微管）
chromosomal mutation	染色体突变	染色體突變
chromosomal pattern	染色体型	染色體型
chromosomal polymorphism	染色体多态性	染色體多態性，染色體多型性
chromosomal rearrangement (=chromosome rearrangement)	染色体重排	染色體重排
chromosomal shift	染色体位移	染色體位移

英 文 名	大 陆 名	台 湾 名
chromosomal structural change	染色体结构变异	染色體結構變異，染色體構造變化
chromosome	染色体	染色體
chromosome aberration	染色体畸变	染色體畸變，染色體異常
chromosome arm	染色体臂	染色體臂
chromosome arrangement	染色体排列	染色體排列
chromosome association	染色体联合	染色體聯合，染色體聯組
chromosome banding	染色体显带，染色体分带	染色體顯帶技術，染色體顯帶法，染色體條紋染色法
chromosome basic number	染色体基数	染色體基數
chromosome break (=chromosomal breakage)	染色体断裂	染色體斷裂，染色體裂斷
chromosome chiasma	染色体交叉	染色體交叉
chromosome diad (=chromosome dyad)	染色体二分体	雙價染色體，染色體二分體
chromosome diminution (=chromosome elimination)	染色体消减，染色体丢失	染色體丟失，染色體去除，染色體減少
chromosome doubling	染色体加倍	染色體加倍
chromosome duplication	染色体重复	染色體重複
chromosome dyad	染色体二分体	雙價染色體，染色體二分體
chromosome elimination	染色体消减，染色体丢失	染色體丟失，染色體去除，染色體減少
chromosome engineering	染色体工程	染色體工程
chromosome fragility	染色体脆性	染色體脆性
chromosome fragmentation (=chromosomal breakage)	染色体断裂	染色體斷裂，染色體裂斷
chromosome fusion	染色体融合	染色體融合
chromosome gap	染色体裂隙	染色體間隙
chromosome interchange	染色体互换	染色體互換
chromosome jumping	染色体跳查，染色体跳移	染色體跳躍
chromosome landing	染色体着陆	染色體著陸
chromosome library	染色体文库	染色體文庫
chromosome loss (=chromosome elimination)	染色体消减，染色体丢失	染色體丟失，染色體去除，染色體減少
chromosome map	染色体图	染色體圖
chromosome mapping	染色体作图	染色體作圖
chromosome microdissection	染色体显微切割术	染色體顯微切割術，染色體顯微解剖
chromosome number	染色体数	染色體數[目]

英　文　名	大　陆　名	台　湾　名
chromosome orientation	染色体定位	染色體定位
chromosome pairing	染色体配对	染色體配對
chromosome rearrangement	染色体重排	染色體重排
chromosome repeat (=chromosome duplication)	染色体重复	染色體重複
chromosome set (=genome)	染色体组	染色體組
chromosome synapsis	染色体联会	染色體聯會
chromosome thread	染色体丝	染色體絲
chromosome walking	染色体步移，染色体步查	染色體步移，染色體步查
chromosomics (=chromosomology)	染色体学	染色體學
chromosomology	染色体学	染色體學
chronic photoinhibition	长效光抑制，慢性光抑制	慢性光抑制
chronological species	年代种	年代種，時序種
chronospecies (=chronological species)	年代种	年代種，時序種
chrysamylum	金藻淀粉	金藻澱粉
chrysochrome	金藻色素	金藻色素
chrysolaminarin	金藻昆布多糖，亮藻多糖，金藻海带胶	金藻海帶多糖，金藻海帶膠，亮膠
chrysoxanthophyll	金藻叶黄素	金藻葉黃素
chylocaula (=stem succulent)	肉茎植物	肉莖植物
chylophylla	肉叶植物	肉葉植物
chytrid	壶菌	壺狀菌
CI (=consistency index)	一致性指数	一致性指數
cilium	齿毛；纤毛	齒毛；纖毛
CI-MS (=chemical ionization mass spectrometry)	化学电离质谱法	化學離子化質譜法，化學游離質譜術
cinchonamine alkaloid	辛可胺类生物碱	辛可胺類生物鹼
cincinnus	蝎尾状聚伞花序	蠍尾狀聚傘花序
1,8-cineole	1,8-桉树脑，桉油精	1,8-桉樹腦
cingulum	赤道环	赤道環
cinnamic acid	肉桂酸，桂皮酸	肉桂酸，桂皮酸
circadian rhythm	昼夜节律	晝夜節律，近日節律，日週性律動
circinotropous ovule	拳卷胚珠	拳卷胚珠，卷曲胚珠
circle of vegetation	植被圈	植被圈
circle sample	样圆	樣圈
circuit (=connectedness)	连通性	環通度

英 文 名	大 陆 名	台 湾 名
circular dichroic spectroscopy	圆二色光谱术	圓二色光譜術
circular dichroism (CD)	圆二色性	圓[偏振]二色性
circular dichroism spectrum	圆二色谱	圓二色譜
circular DNA	环状 DNA	環狀 DNA
circular RNA	环状 RNA	環狀 RNA
circumnutation	回旋转头运动	回旋轉頭運動
circumpolar disjunction	环极间断分布	環極間斷分布
CISS hybridization (=chromosomal *in situ* suppression hybridization)	染色体原位抑制杂交	染色體原位抑制雜交
cistern	潴泡	扁囊
cistron	顺反子	順反子
citric acid	柠檬酸，枸橼酸	檸檬酸，枸櫞酸
citric acid cycle (=tricarboxylic acid cycle)	柠檬酸循环（=三羧酸循环）	檸檬酸循環（=三羧酸循環）
CK (=cytokinin)	细胞分裂素	細胞分裂素
cladautoicous	[雄苞]枝生同株	雄枝生異枝
clade	分支，进化枝，支系	演化支，進化支，支序群
cladistics	支序系统学，分支系统学，支序分类学	支序[分類]學
cladistic species	支序种	支序種
cladistic taxonomy (=cladistics)	支序系统学，分支系统学，支序分类学	支序[分類]學
cladode	叶状枝	葉狀枝，假葉枝
cladogenesis (=divergent evolution)	分支发生，分支进化（=趋异进化）	支系發生，分支演化，支序演化（=趨異演化）
cladogenic adaptation	趋异适应	趨異適應，支系[内]適應
cladogram	支序图，分支图	支序圖，[進化]分支圖
cladonia tundra	石蕊冻原	石蕊凍原
cladophyll (=cladode)	叶状枝	葉狀枝，假葉枝
cladosiphonic stele	具节中柱	具節中柱
clamp connection	锁状联合	鎖狀聯合
class	纲	綱
classical taxonomy	经典分类学，传统分类学	古典分類學
classification	分类	分類
claw	瓣爪	瓣爪
cleavage polyembryony	裂生多胚[现象]	裂生多胚[現象]，分裂多胚性
cleistocarp	闭蒴	閉蒴

英　文　名	大　陆　名	台　湾　名
cleistogamous flower	闭花受精花	閉花受精花，閉鎖花
cleistogamy	闭花受精	閉花受精
cleistothecium	闭囊壳	閉囊殼
climate analysis of endemic species	特有种气候分析	特有種氣候分析
climate zone	气候带	氣候帶
climatic ecotype	气候生态型	氣候生態型
climatic change	气候变化	氣候變化，氣候變遷
climatic chart (=climatograph)	气候图	氣候圖
climatic climax	气候顶极	氣候頂極，氣候極盛相
climatic climax vegetation	气候顶极植被	氣候頂極植被
climatic stability theory	气候稳定学说	氣候穩定學說
climatic succession	气候性演替	氣候性演替
climatic zone (=climate zone)	气候带	氣候帶
climatograph	气候图	氣候圖
climatron (=phytotron)	人工气候室	人工氣候室
climatype	气候型	氣候型
climax	顶极[群落]	頂極[群落]，極相，巔峰[群落]
climax-pattern hypothesis	顶极-格局假说	頂極格局假說
climax species	顶极种	極相種
climax succession	顶极演替	頂極演替
climb	攀缘	攀緣
climber (=climbing plant)	攀缘植物	攀緣植物，纏繞植物
climbing fiber	攀缘纤维	攀緣纖維
climbing hair	攀缘毛	攀緣毛
climbing herb	攀缘草本	攀緣草本
climbing movement	攀缘运动	攀緣運動
climbing plant	攀缘植物	攀緣植物，纏繞植物
climbing root	攀缘根	攀緣根
climbing shrub	攀缘灌木	攀緣灌木
climbing stem	攀缘茎	攀緣莖
climbing vine	攀缘藤本	攀緣藤本
climograph (=climatograph)	气候图	氣候圖
clinandrium	药窝，药囊	藥窩，花藥床
clinanthium	总花托	總花托
cline	渐变群	漸變群
clip quadrat	剪除样方	剪除樣方

英 文 名	大 陆 名	台 湾 名
clisere	气候演替系列	氣候演替系列
clonal dispersal	克隆散布	克隆散布，株系散布
clonal diversity	克隆多样性	克隆多樣性，株系多樣性
clonal dynamics	克隆动态	克隆動態，無性繁殖動態
clonal fragment	克隆片段	克隆片段，複製片段
clonal growth	克隆生长	克隆生長，株系生長，複製生長
clonal integration	克隆整合	克隆整合
clonal organ	克隆器官	克隆器官，無性繁殖器官
clonal plant	克隆植物	克隆植物，無性繁殖植物
clonal plant ecology	克隆植物生态学	克隆植物生態學
clonal population	无性系种群	無性繁殖族群
clonal propagation	克隆繁殖	無性繁殖
clonal ramet	克隆分株，无性系小株	克隆分株，無性繁殖小株，無性系小株
clonal trait	克隆性状	克隆性狀，無性繁殖性狀
clonal variant	克隆变异体	無性繁殖變異體，無性複製變異體，無性複製變異株
clonal variation	克隆变异	無性繁殖變異，無性複製變異
clonal variety	克隆品种	克隆品種，營養系品種
clone	克隆	克隆，選殖，無性繁殖系
cloned embryo	克隆胚	克隆胚，無性繁殖胚
cloning site	克隆位点	克隆位點，選殖位
cloning vector	克隆载体	克隆載體，選殖載體
closed bundle (=closed vascular bundle)	有限维管束，封闭维管束	有限維管束，閉鎖維管束
closed system	封闭系统	封閉系統
closed type style (=solid style)	闭合型花柱（=实心花柱）	閉合型花柱，閉鎖型花柱（=實心花柱）
closed vascular bundle	有限维管束，封闭维管束	有限維管束，閉鎖維管束
closed vegetation	郁闭植被	鬱閉植被
closed venation	闭锁脉序	閉鎖脈序
closest individual method	最近个体法	最近個體法
closing layer	封闭层	封閉層
club-shaped embryo	棒形胚	棒形胚
clumped distribution (=contagious distribution)	集群分布，核心分布	集中分布，蔓延分布，叢生分布
cluster analysis	聚类分析	聚類分析

英　文　名	大　陆　名	台　湾　名
CME (=centromeric exchange)	着丝粒交换	著絲粒交換，中節交換
CMS (=cytoplasmic male sterility)	胞质雄性不育	[細]胞質雄性不育，[細]胞質雄性不孕
cnidocyst (=nematocyst)	刺丝囊	刺絲囊
C/N ratio (=carbon/nitrogen ratio)	碳氮比	碳氮比
C/N ratio theory	碳氮比学说	碳氮比學說
CNV (=copy number variation)	拷贝数目变异	拷貝數變異，複製數變異
coadaptation	共适应，[相]互适应	共適應，協同適應
coal ball	煤核	煤核
coalescence	溯祖	溯祖
coalescence theory	溯祖理论	溯祖理論
coalescence time	溯祖时间	溯祖時間
coalescent pit aperture	合生纹孔口	合生紋孔口
CO_2 assimilation (=dark reaction)	二氧化碳同化（=暗反应）	二氧化碳同化（=暗反應）
coated vesicle	有被小泡，包被囊泡	被覆囊泡，被膜小泡，被膜泡囊
CoA-transferase (=coenzyme A transferase)	辅酶 A 转移酶	輔酶 A 轉移酶
coccolithophore	颗石藻，颗石体	顆石藻，顆石體
coccus (=mericarp)	分果瓣	分果片，裂果片
CO_2 compensation point (=carbon dioxide compensation point)	二氧化碳补偿点	二氧化碳補償點
codeine	可待因	可待因
coding sequence	编码序列	編碼序列
coding strand	编码链	編碼股
codominance	共显性；共优势	共顯性，等顯性；共優勢
codominant species	共优种	共優種，等優勢種
codon	密码子	密碼子
codon adaptation index (CAI)	密码子适应指数	密碼子適應指數
codon bias	密码子偏倚，密码子偏爱性	密碼子偏倚，密碼子偏愛
codon preference (=codon bias)	密码子偏倚，密码子偏爱性	密碼子偏倚，密碼子偏愛
co-edificator	共建种	共建種
coefficient of genetic determination (=broad heritability)	遗传决定系数（=广义遗传率）	遺傳決定係數（=廣義遺傳率）

英文名	大陆名	台湾名
coefficient of genetic distance	遗传距离系数	遺傳距離係數
coefficient of genetic similarity	遗传相似系数	遺傳相似係數
coefficient of similarity	相似系数	相似係數
coefficient of variability (=coefficient of variation)	变异系数	變異係數
coefficient of variation	变异系数	變異係數
coenobium	定形群体	定形群體
coenocarpium (=aggregate fruit)	聚合果	[花序]聚合果
coenocyte	多核细胞	多核細胞
coenogamete	多核配子	多核配子
coenzyme	辅酶	輔酶，輔酵素
coenzyme A	辅酶 A	輔酶 A，輔酵素 A
coenzyme A transferase (CoA-transferase)	辅酶 A 转移酶	輔酶 A 轉移酶
coenzyme Q (CoQ, =ubiquinone)	辅酶 Q（=泛醌）	輔酶 Q（=泛醌）
coevolution	协同进化	協同演化，共[同]演化
coexistence	共存	共存
coexistence approach	共存分析	共存分析
coexistence of transgenic and non-transgenic crop	转基因-非转基因作物共存	轉基因-非轉基因作物共存
coexpression	共表达	共同表達
cofactor	辅因子	輔[助]因子
coherent stamen (=connate stamen)	合生雄蕊	合生雄蕊
cohesion	内聚力	内聚力
cohesion theory (=transpiration-cohesion-tension theory)	内聚力学说（=蒸腾-内聚力-张力学说）	内聚力[學]說（=蒸散凝聚張力說）
cohesive end	黏[性末]端	黏[性末]端
cohesive terminus (=cohesive end)	黏[性末]端	黏[性末]端
coimmunoprecipitation (CoIP)	免疫共沉淀	免疫共沉澱
cointegrate vector	共整合载体	共整合載體
CoIP (=coimmunoprecipitation)	免疫共沉淀	免疫共沉澱
colchicine	秋水仙碱，秋水仙素	秋水仙素，秋水仙鹼
colchicine effect (C-effect)	秋水仙碱效应	秋水仙素效應，C 效應
cold acclimation	低温驯化，冷适应	冷馴化，冷適應

英 文 名	大 陆 名	台 湾 名
cold hardiness	耐寒性	耐寒性
cold-induced gene	冷诱导基因	冷誘導基因
cold-induced protein	冷诱导蛋白	冷誘導蛋白
cold injury	冷害	冷害
cold-regulated gene (=cold-induced gene)	冷调节基因（=冷诱导基因）	冷調節基因（=冷誘導基因）
cold-regulated protein (=cold-induced protein)	冷调节蛋白（=冷诱导蛋白）	冷調節蛋白（=冷誘導蛋白）
cold resistance	抗冷性	抗冷性
cold-responsive gene (=cold-induced gene)	冷应答基因（=冷诱导基因）	冷應答基因，冷反應基因（=冷誘導基因）
cold stress (=low temperature stress)	低温胁迫	低溫逆境
cold tolerance	耐冷性	耐冷性
coleoptile	胚芽鞘	胚芽鞘
coleorhiza	胚根鞘	胚根鞘
colinearity	共线性	共線性
collar	囊领；珠托	囊領；珠托
collarette (=collar)	囊领	囊領
collateral accessory bud	并生副芽	並生副芽
collateral bud (=apposition bud)	并列芽	並生芽
collateral bundle (=collateral vascular bundle)	外韧维管束	外韌維管束，並立維管束，並生維管束
collateral vascular bundle	外韧维管束	外韌維管束，並立維管束，並生維管束
collective fruit	复果，聚花果	聚花果，多花果，複果
collenchyma	厚角组织	厚角組織
collenchyma cell	厚角细胞	厚角細胞
colleter	黏液毛	黏液毛
collulum	梗颈	梗頸
collum	[颈卵器]颈部；蒴颈	[藏卵器]頸部；蒴頸
colonization	定居，拓殖	拓殖
colonizing species	定居种，拓殖种，开拓种	拓殖種
colony blotting	菌落印迹法	菌落印漬術
colony hybridization	菌落杂交	菌落雜交
colony immunoblotting	菌落免疫印迹法	菌落免疫印漬術
color test	化学显色反应法，显色试验	呈色試驗
colpoid	拟沟	似溝

英 文 名	大 陆 名	台 湾 名
colporate	孔沟[的]	孔溝[的]
colporoidate	拟孔沟[的]	似孔溝[的]
colpus	沟	溝
colpus membrane	沟膜	溝膜
columella	[腹菌]中轴；基柱；囊轴，菌柱；蒴轴；柱状组织	[腹菌]中軸；小柱；囊軸；蒴軸；柱狀組織
columnar cell	柱状细胞	柱狀細胞
column chromatography	柱色谱法，柱层析	管柱層析法
coma	种缨，丛毛	種纓，叢毛
combination	组合	組合
combined pollination	共同授粉	共同授粉
combining ability	配合力	組合力
commensalism	偏利共生	片利共生，片利共棲，偏利共存
commissure	接着面	接著面
common petiole	总[叶]柄	總[葉]柄
common species	常见种	常見種
community	群落	群落，群集
community classification	群落分类	群落分類
community complex	群落复合体	群落複合體
community component	群落成分	群落組分，群集成分
community dynamics	群落动态	群落動態
community ecology	群落生态学	群落生態學，群集生態學
community equilibrium	群落平衡	群落平衡，群集平衡
community function	群落功能	群落功能，群集功能
community mosaic	群落镶嵌	群落鑲嵌，嵌鑲型群集
community ordination	群落排序	群落排序
community structure	群落结构	群落結構，群集結構
community succession	群落演替	群落演替，群集消長
comospore	具冠毛种子	具冠毛種子
companion (=accompanying species)	伴生种	伴生種
companion cell	伴胞	伴細胞
companion species (=accompanying species)	伴生种	伴生種
comparative anatomy	比较解剖学	比較解剖學
comparative genomics	比较基因组学	比較基因體學
comparative phytochemistry	比较植物化学	比較植物化學

英　文　名	大　陆　名	台　湾　名
comparative plant embryology	植物比较胚胎学	植物比較胚胎學
compensation point	补偿点	補償點
compensatory mutation	补偿突变	補償突變
competent cell	感受态细胞	勝任細胞
competition	竞争	競争
competition curve	竞争曲线	競争曲線
competition equilibrium	竞争平衡	競争平衡
competition exclusion principle	竞争排斥原理，竞争排除原理	競争排斥原理，競争互斥原理，競争排斥原則
competition hypothesis	竞争假说	競争假說
competition pressure	竞争压力	競争壓力
competitive exclusion	竞争排斥	競争排斥，競争互斥
competitive PCR (cPCR)	竞争聚合酶链反应，竞争PCR	競争聚合酶連鎖反應，競争PCR
competitive plant	竞争植物	競争植物
complementary DNA (cDNA)	互补 DNA	互補 DNA
complementary effect (=complementation)	互补效应（=互补作用）	互補效應（=互補作用）
complementary gene	互补基因	互補基因
complementary pollination (=supplementary pollination)	辅助授粉	輔助授粉，伴助授粉
complementary resource use	补偿性资源利用	補償性資源利用
complementary RNA (cRNA)	互补 RNA	互補 RNA
complementary sequence	互补序列	互補序列
complementary tissue	补充组织	補充組織，填充組織
complementation	互补作用	互補作用
complementation test	互补测验	互補測驗
complete dominance	完全显性	完全顯性
complete flower	完全花，具备花	完全花
complete leaf	完全叶	完全葉
complex aneuploid	复合非整倍体	複合非整倍體
complex aperture	复合萌发孔	複合萌發孔
complex tannin	复合鞣质	複合鞣質，複合單寧
complex tissue	复合组织	複合組織
composed phyllotaxis	复合叶序	複合葉序
composite variety	混系品种	混系品種
compound capitulum	复头状花序	複頭狀花序

英 文 名	大 陆 名	台 湾 名
compound corymb	复伞房花序	複傘房花序
compound cyme	复聚伞花序	複聚傘花序
compound flower	复合花	聚合花
compound head (=compound capitulum)	复头状花序	複頭狀花序
compound inflorescence	复[合]花序	複[合]花序
compound leaf	复叶	複葉
compound ovary	复子房	複子房
compound pistil	复雌蕊	複雌蕊
compound pollen grain	复[合]花粉粒	複合花粉粒
compound sieve plate	复筛板	複篩板
compound spike	复穗状花序	複穗狀花序
compound strobilus	复孢子叶球；复球果	複孢子葉球，複孢子囊穗，複球花；複球果，複毬果
compound style	复花柱	複花柱
compound umbel	复伞形花序	複傘形花序
compression	压型化石	壓型化石
compression wood	应压木，压缩木	應壓木，壓縮材，偏心材
compressive stress	压应力	壓應力
ConA (=concanavalin A)	伴刀豆凝集素 A	伴刀豆凝集素 A，[伴]刀豆球蛋白 A
concanavalin A (ConA)	伴刀豆凝集素 A	伴刀豆凝集素 A，[伴]刀豆球蛋白 A
concave plasmolysis	凹形质壁分离	凹形質離
concentrically lamellated pattern	环层型	環層型
concentric body	同心体	同心體
concentric bundle (=concentric vascular bundle)	同心维管束	同心維管束
concentric vascular bundle	同心维管束	同心維管束
conceptacle	生殖窝，生殖窠	生殖巢
concerted evolution	致同进化	協同演化，共[同]演化
conchosporangium	壳孢子囊	殼孢子囊
conchospore	壳孢子	殼孢子
condensed tannin	缩合鞣质	縮合鞣質，縮合單寧
conditional lethal mutation	条件致死突变	條件致死突變
conditional mutant	条件突变体	條件突變體
conditional mutation	条件突变	條件突變

英　文　名	大　陆　名	台　湾　名
conducting tissue	输导组织	輸導組織
cone	球果	球果，毬果
conelet	小球果	小球果，小毬果
confluent parenchyma	聚翼薄壁组织	聚翼薄壁組織
confusingly similar names	极易混淆名称	極易混淆名稱
congeneric species	同属种	同屬種
conidiocarp (=conidioma)	分生孢子果，分生孢子体，载孢体	分生孢子果，分生孢子體
conidiogenous cell	产孢细胞，产分生孢子细胞	產孢細胞
conidiole	小分生孢子	小分生孢子
conidioma	分生孢子果，分生孢子体，载孢体	分生孢子果，分生孢子體
conidiophore	分生孢子梗	分生孢子梗，分生孢子柄
conidiospore (=conidium)	分生孢子	分生孢子
conidium	分生孢子	分生孢子
conidium initial	分生孢子原	分生孢子原
coniferous forest (=needle-leaved forest)	针叶林	針葉[樹]林
coniferous wood (=nonporous wood)	针叶树材（=无孔材）	針葉樹材（=無孔材）
conifruticeta	针叶灌木群落	針葉灌叢
conisilvae	针叶乔木群落	針葉喬木林，針葉高木林
conisilvae belt	针叶林带	針葉樹林帶
conjugated gibberellin	结合赤霉素	結合激勃素，配合態激勃素
conjugate nuclear division	双核并裂	雙核並裂，雙核分裂
conjugation	接合[作用]	接合[作用]，接合[生殖]
conjugation tube	接合管	接合管
conjunctive parenchyma	连接薄壁组织，结合薄壁组织	接合薄壁組織
connate leaf	合生叶	合生葉
connate stamen	合生雄蕊	合生雄蕊
connectedness	连通性	環通度
connecting strand	联络索	聯絡索
connective	孢间连丝；药隔	孢間連絲；藥隔
conneting band	连接带	連接帶
conocarpium (=aggregate fruit)	聚合果	[花序]聚合果
consensus sequence	共有序列，一致序列	共通序列，一致序列，共有順序
consensus tree (CST)	一致树，合意树	共同樹

英 文 名	大 陆 名	台 湾 名
conservation	保护，保育	保育
conservation ecology	保护生态学	保育生態學
conservation of nature	自然保护，自然保育	自然保育
conserved name	保留名[称]	保留名[稱]
consistency index (CI)	一致性指数	一致性指數
consortium	同生群	同生群
consortive group (=consortium)	同生群	同生群
constance	恒有度	恆有度
constancy	恒定性，稳定性	恆定性，穩定性
constant species	恒有种	恆有種，恆存種，常存種
constitutive expression	组成型表达	組成型表達，非誘導式表達
constitutive promoter	组成型启动子，组成性启动子	組成型啟動子
constricticolpate	缢缩沟	縊縮溝
constriction	缢痕	縊痕
constructive species	建群种	建群種
consumer	消费者	消費者，消耗者
consumer chain	消费链	消費鏈
consumer-resource interaction	消费者-资源相互作用	消費者-資源相互作用
consumption	消耗量	消耗量
consumption efficiency (CE)	消费效率	消費效率
contagious distribution	集群分布，核心分布	集中分布，蔓延分布，叢生分布
context	菌肉	菌肉
contig	重叠群，叠连群	片段重疊群，片段重疊組
contiguous grid quadrat method	相邻格子样方法	相鄰格子樣方法
continental block	大陆块	大陸塊
continental bridge	陆桥	陸橋
continental bridge theory	陆桥学说	陸橋學說
continental climate	大陆性气候	大陸性氣候
continental displacement	大陆位移	大陸位移
continental drift	大陆漂移	大陸漂移
continental drift theory	大陆漂移说	大陸漂移說
continental margin	大陆边缘	大陸邊緣
continental shelf	大陆架	大陸架，大陸棚
continental species	大陆种	大陸種
continent-island model	大陆-岛屿模型	大陸-島嶼模型

英　文　名	大　陆　名	台　湾　名
continuous areal	连续分布区	連續分布區
continuous culture	连续培养	連續培養
continuous variation	连续变异	連續變異
contorted	旋转状	旋轉狀
contorted aestivation	旋转状花被卷叠式	旋轉狀花被卷疊式
contractile root	收缩根	收縮根
contractile vacuole	收缩泡，伸缩泡	伸縮泡，伸縮胞，收縮泡
contrast	对比度	對比度，襯度
Convention on Biological Diversity (CBD)	生物多样性公约	生物多樣性公約
convergence	趋同	趨同
convergent adaptation	趋同适应	趨同適應
convergent character	趋同特征	趨同性狀，趨同特性
convergent community	趋同群落	趨同群落
convergent evolution	趋同进化	趨同演化
convex plasmolysis	凸形质壁分离	凸形質離
co-option	共择	共擇
copy number	拷贝数	拷貝數，複製數
copy number variation (CNV)	拷贝数目变异	拷貝數變異，複製數變異
CoQ (=coenzyme Q)	辅酶 Q	輔酶 Q
corbicula	冬孢堆护膜	冬孢堆護膜
core habitat	核心生境	核心生境，核心棲地
coremium (=synnema)	孢梗束，束丝	孢梗束，束絲
core sheath	芯鞘	芯鞘
cork	木栓	木栓
cork cambium	木栓形成层	木栓形成層
cork cell	木栓细胞，栓化细胞	木栓細胞，栓化細胞
cork cortex	木栓皮层	木栓皮層
cork formation	木栓形成	木栓形成
corkification	木栓化	木栓化
cork layer	木栓层	木栓層
cork meristem	木栓分生组织	木栓分生組織
cork tissue	木栓组织	木栓組織
corm	球茎	球莖
cormel (=cormlet)	小球茎	小球莖，子球
cormlet	小球茎	小球莖，子球
cormophyte	茎叶植物	莖葉植物，有莖植物

英 文 名	大 陆 名	台 湾 名
corn peptide	玉米肽	玉米肽
corolla	花冠	花冠
corolla limb (=limb)	[花]冠檐	冠簷，花冠緣
corolla lobe	花冠裂片	花冠裂片
corolla throat	花冠喉	花冠喉
corolla tube	花冠筒	花冠筒
corollifloral stamen	冠生雄蕊	著生花冠雄蕊，花瓣上雄蕊
corona	副花冠；根颈	副花冠；根頸
coronular cell	冠细胞	冠細胞
coronule	小冠	小冠
corpus	本体；原体	本體；原體
correct name	正确名称	正確名稱
correlated character	相关性状	相關性狀
correlated selection response	相关选择反应	相關選擇反應
correlation	相关	相關
correlation analysis	相关分析	相關分析
correlation between relatives	亲缘间相关	親緣間相關
correlation coefficient	相关系数	相關係數
corridor	廊道	廊道，走廊
cortex	皮层	皮層
cortical filament	皮层丝	皮層絲
cortical microtubule	周质微管	周質微管
corticolous bryophyte	树皮苔藓	樹皮苔蘚
cortina	丝膜	絲膜
corylifolinin	补骨脂乙素	補骨脂乙素
corymb	伞房花序	傘房花序
corymbose cyme	伞房状聚伞花序	傘房狀聚傘花序
corymbothyrsus	伞形状圆锥花序	傘錐花序
CO_2 saturation point (=carbon dioxide saturation point)	二氧化碳饱和点	二氧化碳飽和點
coscinoid	筛丝	篩絲
cosegregation	共分离	共分離
cosmid	黏粒	黏接質體
cosmid library	黏粒文库	黏接質體庫
cosmopolitan distribution	世界分布	世界分布
cosmopolitan genus	世界属，广布属	世界屬，廣布屬
cosmopolitan plant	世界性植物	全球性植物

英　文　名	大　陆　名	台　湾　名
cosmopolitan species	世界种，广布种	世界種，廣布種，全球種
cosmopolite species (=cosmopolitan species)	世界种，广布种	世界種，廣布種，全球種
costa	肋；中肋	肋；中肋
cost-benefit analysis (CBA)	成本-效益分析	成本效益分析
cost of natural selection	自然选择代价	天擇代價
COSY (=chemical shift correlation spectroscopy)	化学位移相关谱	化學位移相關譜
cotransduction	共转导	共[同]轉導，共[同]傳導
cotransfection	共转染	共轉染
cotransformation	共转化	共轉化
cotranslation	共翻译	共轉譯
cotranslational transport	共翻译运输	共同轉譯運輸，共同轉譯運移
cotransmission	共传递	共同傳遞
cotransport	共运输，协同运输，协同转运	共運輸，協同運輸，協同運移
cotransporter	共转运体，共运输载体，协同转运蛋白	協同運輸蛋白，協同運移蛋白
cotyledon	子叶	子葉
cotyledon trace	子叶迹	子葉跡
cotyloid receptacle	盘状花托	盤狀花托
coumarin	香豆素	香豆素
counter-evolution	逆进化	逆演化
counterselection	反选择，逆选择	反選擇，反淘汰
coupled reaction	偶联反应	偶聯反應，耦聯反應，耦合反應
coupling factor (=ATP synthase)	偶联因子（=ATP 合酶）	偶聯因子（=ATP 合[成]酶）
covariation	共变异，相关变异	共變異，相關變異
coverage	盖度	蓋度
cover vegetation	覆盖植被	覆蓋植被
COX (=cyclooxygenase)	环加氧酶，环氧合酶	環氧合酶，環加氧酶
C_3 pathway	C_3 途径，碳-3 途径	三碳途徑，C_3 途徑
C_4 pathway	C_4 途径，碳-4 途径	四碳途徑，C_4 途徑
cPCR (=competitive PCR)	竞争聚合酶链反应，竞争 PCR	競爭聚合酶連鎖反應，競爭 PCR
C_3 photosynthesis	C_3 光合作用，碳-3 光合作用	三碳光合作用，C_3 型光合作用
C_4 photosynthesis	C_4 光合作用，碳-4 光合作用	四碳光合作用，C_4 型光合作用

英 文 名	大 陆 名	台 湾 名
C_4 photosynthetic carbon assimilation cycle (= C_4 pathway)	C_4光合碳同化循环，碳-4 光合碳同化循环（= C_4途径）	C_4型光合成碳同化循環（=四碳途徑）
C_3 photosynthetic carbon reduction cycle (=Calvin cycle)	C_3光合碳还原环，碳-3 光合碳还原环（=卡尔文循环）	C_3型光合成碳還原循環（=卡爾文循環）
C_3 plant	C_3植物，碳-3 植物	三碳植物，C_3[型]植物
C_4 plant	C_4植物，碳-4 植物	四碳植物，C_4[型]植物
crassinucellate ovule	厚珠心胚珠	厚珠心胚珠
crassulacean acid metabolism (CAM)	景天酸代谢	景天酸代謝
crassulacean acid metabolism pathway (CAM pathway)	景天酸代谢途径，CAM 途径	景天酸代謝途徑
crassulacean acid metabolism photosynthesis (CAM photosynthesis)	景天酸代谢光合作用	景天酸代謝光合作用
crassulacean acid metabolism plant (CAM plant)	景天酸代谢植物，CAM 植物	景天酸代謝植物，CAM 植物
crassulae	眉条	眉條
creationism	特创论，神创论	特創論
creeper	匍匐枝，纤匐枝；匍匐植物	匍匐枝，匍匐莖，走莖；匍匐植物，蔓生植物
creeping	平展[的]	平展[的]
creeping hemicryptophyte	匍匐地面芽植物	匍匐地面芽植物
creeping plant (=creeper)	匍匐植物	匍匐植物，蔓生植物
creeping stem (=stolon)	匍匐茎	匍匐莖，平伏莖，走莖
cremocarp	双悬果	雙懸果
crevice plant (=chasmophyte)	石隙植物，岩隙植物，石内植物	石隙植物，岩隙植物，石內植物
crista	鸡冠状突起	雞冠狀突起，皺褶
crista marginalis (=cap ridge)	帽缘	帽緣
critical dark period (=critical night length)	临界暗期（=临界夜长）	臨界暗期（=臨界夜長）
critical day length	临界日长	臨界晝長，臨界日長
critical light period (=critical day length)	临界光期（=临界日长）	臨界光期（=臨界晝長）
critically endangered (CE)	极危	極危
critical night length	临界夜长	臨界夜長
critical period	临界期	臨界期
critical period of nutrition	养分临界期	養分臨界期
critical period of water	需水临界期	需水臨界期

英　文　名	大　陆　名	台　湾　名
requirement		
critical photoperiod	临界光周期	臨界光週期
critical plasmolysis	临界质壁分离	臨界質[壁分]離
critical water deficit	临界水分亏缺	臨界水分虧缺
cRNA (=complementary RNA)	互补 RNA	互補 RNA
cross	杂交	雜交
crossability	杂交性	雜交性，雜種性
cross adaptation	交叉适应	交叉適應
cross breeding	杂交育种	雜交育種
cross-compatibility	杂交亲和性	雜交親和性
crossed pit	十字纹孔	十字紋孔
cross-fertilization (=allogamy)	异花受精	異花受精
cross-field	交叉场	交叉場
cross-field pit	交叉场纹孔	交叉場紋孔
cross-field pitting	交叉场纹孔式	交叉場紋孔式
cross-infertility	杂交不育性	雜交不育性，雜交不孕性
crossing-over (=crossover)	交换	交換，互換
crossover	交换	交換，互換
crossover value	交换值	交換值
cross-pollinated plant	异花传粉植物	異花傳粉植物
cross-pollination	异花传粉，异花授粉	異花傳粉，異花授粉
cross protection	交叉保护作用	交叉保護作用
cross section	横切面	橫切面，橫斷面
cross-sectional area at breast height	胸高断面积	胸高斷面積
cross-sterility (=cross-infertility)	杂交不育性	雜交不育性，雜交不孕性
cross unfruitfulness	杂交不结实性	雜交不結實性
crotonoside	巴豆苷	巴豆苷
crown density	郁闭度	鬱閉度，葉層密度，林冠密度
crown depth	树冠厚度	樹冠厚度
crown fire	树冠火	樹冠火
crown gall	冠瘿	冠癭
crown-gall disease	冠瘿病	冠癭病
crown-gall nodule	冠瘿瘤	冠癭瘤
crown-gall tumor (=crown-gall nodule)	冠瘿瘤	冠癭瘤

英 文 名	大 陆 名	台 湾 名
crown group	冠群	冠群
crown projection diagram	树冠投影图	樹冠投影圖
crown ratio	树冠比	樹冠比
crozier	产囊丝钩	產囊絲鉤
CRR (=cyanide-resistant respiration)	抗氰呼吸	抗氰呼吸，耐氰酸呼吸作用
cruciate dichotomy	十字形二叉分枝，十字形二歧分枝	十字形二叉分枝，十字形二歧分枝
cruciferous corolla	十字形花冠	十字形花冠
crustaceous thallus (=crustose thallus)	壳状地衣体	殼狀地衣體
crustose lichen	壳状地衣	殼狀地衣
crustose thallus	壳状地衣体	殼狀地衣體
cryophilic algae	冰雪藻类	冰雪藻類
cryophyte	冰雪植物	冰雪植物
cryopreservation	超低温保存，深低温保藏	超低溫保存
cryoprotectant	冷冻保护剂，低温保护剂	冷凍保護劑，低溫保護劑
crypomonas	隐藻	隱藻
cryptic species (=sibling species)	隐存种（=同胞种）	隱蔽種，隱秘種，隱藏種（=同胞種）
cryptochrome	隐花色素	隱[花]色素
cryptogamia (=spore plant)	隐花植物（=孢子植物）	隱花植物（=孢子植物）
cryptogamic community	隐花植物群落	隱花植物群落
cryptogamous plant (=spore plant)	隐花植物（=孢子植物）	隱花植物（=孢子植物）
cryptophyte	隐芽植物	隱芽植物
cryptopore	隐型气孔，下陷气孔	陷落氣孔
cryptoxanthin	隐[藻]黄素	隱黃素，隱黃質，玉米黃素
crystal	晶体	晶體
crystal cell	含晶细胞，结晶细胞	含晶細胞，結晶細胞
crystal fiber	含晶纤维	含晶纖維
crystal idioblast (=crystal cell)	含晶异细胞（=含晶细胞）	含晶異形細胞（=含晶細胞）
crystalliferous cell (=crystal cell)	含晶细胞，结晶细胞	含晶細胞，結晶細胞
crystalloid	拟晶体，类晶体	擬晶體，類晶體
CST (=consensus tree)	一致树，合意树	共同樹
ctDNA (=chloroplast DNA)	叶绿体 DNA	葉綠體 DNA
CTK (=cytokinin)	细胞分裂素	細胞分裂素
ctRNA (=chloroplast RNA)	叶绿体 RNA	葉綠體 RNA

英 文 名	大 陆 名	台 湾 名
cucullus (=galea)	盔瓣	盔瓣
cucurbitane triterpene	葫芦烷型三萜	葫蘆烷型三萜
cucurbitin	南瓜子氨酸	南瓜子氨酸
cucurbitine (=cucurbitin)	南瓜子氨酸	南瓜子氨酸
culm	[空心]秆	[空心]稈
cultivar (=variety)	品种	品種
cultivate	栽培	栽培
cultivated character	栽培性状	栽培性狀
cultivated form	栽培类型	栽培類型
culture medium	培养基	培养基
culture of larva embryo	幼胚培养	幼胚培養
culture of mature embryo	成熟胚培养	成熟胚培養
culture solution	培养液	培養液
cupressoid pit	柏木型纹孔	柏木型紋孔
cupule	壳斗	殼斗
curcumol	莪术醇	莪術醇
current shoot	新枝条	新枝條，新梢
curythermal (=eurythermal)	广温性	廣温性
cushion	垫[状]	墊[狀]
cushion chamaephyte	垫状地上芽植物	墊狀地上芽植物
cushion moss	垫藓	墊狀[蘚]苔
cushion plant	垫状植物	[座]墊狀植物，絨毯植物
cuticle	角质膜，角质层	角質層
cuticle analysis	角质膜分析，角质层分析	角質層分析
cuticula (=cutis)	膜皮	膜皮
cuticularization	角质膜形成[作用]	角質膜形成[作用]，角質化
cuticular transpiration	角质膜蒸腾，角质层蒸腾	角質膜蒸騰，角質層蒸散
cuticular wax	角质蜡层	角質蠟層
cutin	角质	角質
cutin-degrading enzyme	角质降解酶	角質分解酶
cutinization	角[质]化，角化[作用]	角化[作用]
cutinized layer	角化层	角化層
cutis	膜皮	膜皮
C value	C 值	C 值
C value paradox	C 值悖理，C 值矛盾	C 值反常
cyanelle	蓝色小体	藍色小體
cyanide-insensitive	氰化物钝感呼吸	氰化物鈍感呼吸

英文名	大陆名	台湾名
respiration		
cyanide-resistant respiration (CRR)	抗氰呼吸	抗氰呼吸，耐氰酸呼吸作用
cyanide-sensitive respiration	氰化物敏感呼吸	氰化物敏感呼吸
cyanobacteria	蓝细菌	藍細菌，藍[綠]菌
cyanobacterin	蓝细菌素	藍細菌素
cyanobiont	共生蓝细菌	共生藍細菌
cyanogentic glycoside	含氰苷	含氰苷
cyanophycin	藻青素	藍藻素，藻青素
cyanophycin granule	藻青素颗粒，蓝藻素颗粒	藍藻素顆粒
cyanophyll	叶青素	葉青素，青色素
cyanophyte	蓝藻	藍藻
cyanoplast	蓝质体	藍質體
cyathium	杯状聚伞花序	杯狀聚傘花序，大戟花序，壺狀花序
cybrid	胞质杂种	胞質雜種
cycadeoids (=bennettitaleans)	拟苏铁类（=本内苏铁类）	擬蘇鐵類（=本內蘇鐵類）
cyclic climax	周期顶极群落	循環極相
cyclic electron transport	循环[式]电子传递，环式电子传递	循環[式]電子傳遞，循環性電子傳遞
cyclic flower	轮生花	輪生花
cyclic peptide	环肽	環肽
cyclic photophosphorylation	循环光合磷酸化，环式光合磷酸化	循環[式]光合磷酸化，循環性光磷酸化作用
cyclic phyllotaxis	轮生叶序	輪生葉序
cyclin	[细胞]周期蛋白	週期蛋白
cycloartane triterpene	环阿尔廷烷型三萜，环阿屯烷型三萜	環阿烷型三萜
cyclocytic type stoma (=actinocytic type stoma)	环式气孔，胞环型气孔（=辐射型气孔）	輪列型氣孔，環式氣孔（=輻射型氣孔）
cyclodextrin	环糊精	環糊精
cyclolignan	环木脂素，环木脂体	環木脂體
cyclolignolide	环木脂内酯	環木脂內酯
cyclooxygenase (COX)	环加氧酶，环氧合酶	環氧合酶，環加氧酶
cyclopeptide (=cyclic peptide)	环肽	環肽
cyclopeptide alkaloid	环肽类生物碱	環肽類生物鹼
cyclopregnane alkaloid	环孕甾烷[类]生物碱	環孕甾烷類生物鹼
cyclosis	胞质环流	胞質環流，胞質循流，胞質

英 文 名	大 陆 名	台 湾 名
		流動
cyclovirobuxin D	环常绿黄杨碱 D	環常綠黃楊鹼 D
cygneous	鹅颈状	鵝頸狀
cylindrospermosin	筒孢藻毒素	筒孢藻毒素
cyme	聚伞花序	聚傘花序，複合花序
cymelet (=cymule)	小聚伞花序	小聚傘花序
cymose branching	聚伞状分枝式	聚傘分枝式
cymose inflorescence	头状聚伞花序	聚傘狀花序
cymose panicle (=thyrse)	聚伞圆锥花序，密伞圆锥花序	圓錐狀聚傘花序，密錐花序，密束花序
cymule	小聚伞花序	小聚傘花序
cynarrhodion (=hip)	蔷薇果	薔薇果
cyphella	杯点	杯點
cypsela	连萼瘦果	連萼瘦果
cystidiole	小囊状体	小囊狀體
cystidium	囊状体	囊狀體
cystocarp (=carposporophyte)	囊果（=果孢子体）	囊果（=果孢子體）
cystolith	钟乳体	鐘乳體
cystophore	休眠孢囊梗	休眠孢囊梗
cystosorus	休眠孢子堆	休眠孢子堆
cytochrome	细胞色素	細胞色素
cytochrome b_6/f complex	细胞色素 b_6/f 复合物	細胞色素 b_6/f 複合體
cytochrome b_5 reductase	细胞色素 b_5 还原酶	細胞色素 b_5 還原酶
cytochrome oxidase	细胞色素氧化酶	細胞色素氧化酶
cytochrome P450 gene	细胞色素 P450 基因	細胞色素 P450 基因
cytochrome P450 reductase	细胞色素 P450 还原酶	細胞色素 P450 還原酶
cytoclasis	细胞解体	細胞解體
cytogene (=extrachromosomal gene)	[细]胞质基因（=染色体外基因）	[細]胞質基因（=染色體外基因）
cytogenesis	细胞发生	細胞發生
cytohistological zonation theory	细胞组织分区学说	細胞組織分區學說
cytokinesis	胞质分裂	胞質分裂，質裂
cytokinin (CK, CTK)	细胞分裂素	細胞分裂素
cytokinin oxidase	细胞分裂素氧化酶	細胞分裂素氧化酶，細胞分裂素氧化酵素
cytolymph (=cell sap)	细胞液，细胞浆	細胞液
cytomatrix (=cytosol)	细胞基质（=胞质溶胶）	細胞基質（=[細]胞質液）

英 文 名	大 陆 名	台 湾 名
cytomixis (=cell fusion)	细胞融合	細胞融合
cytopharynx	胞咽	胞咽
cytophysiology (=cell physiology)	细胞生理学	細胞生理學
cytoplasm	[细]胞质	[細]胞質
cytoplasmic annulus	胞质孔环	[細]胞質孔環
cytoplasmic bridge (=plasmodesma)	[细]胞质桥（=胞间连丝）	[細]胞質橋（=胞間連絲）
cytoplasmic filament	胞质丝	[細]胞質絲
cytoplasmic hybrid (=cybrid)	胞质杂种	胞質雜種
cytoplasmic inheritance	[细]胞质遗传	[細]胞質遺傳
cytoplasmic male sterility (CMS)	胞质雄性不育	[細]胞質雄性不育，[細]胞質雄性不孕
cytoplasmic matrix (=cytosol)	细胞基质（=胞质溶胶）	細胞基質（=[細]胞質液）
cytoplasmic pumping theory	胞质泵动学说	胞質泵動學說
cytoplasmic segregation	胞质分离	胞質分離
cytoplasmic streaming (=cyclosis)	胞质环流	胞質環流，胞質循流，胞質流動
cytosine	胞嘧啶	胞嘧啶
cytoskeleton	细胞骨架	細胞骨架
cytosol	胞质溶胶	[細]胞質液，細胞溶質，胞液
cytostome	胞口	[細]胞口
cytotaxonomy	细胞分类学	細胞分類學
cytotype	细胞型	細胞型

D

英 文 名	大 陆 名	台 湾 名
dactyl	末射枝	末射枝
daidzein	大豆素	大豆素
daily periodism	日周期性	日週期性
daily succession	日演替	日演替，日消長
daily thermoperiodism	日感温周期性	日感溫週期性
dammarane type	达玛烷型	達瑪烷型
dammarane type triterpene	达玛烷型三萜	達瑪烷型三萜
dark-favored seed (=dark seed)	需暗种子，嫌光[性]种子	需暗種子，嫌光[性]種子，光抑制發芽種子
dark reaction	暗反应	暗反應
dark respiration	暗呼吸	暗呼吸

英　文　名	大　陆　名	台　湾　名
dark seed	需暗种子，嫌光[性]种子	需暗種子，嫌光[性]種子，光抑制發芽種子
Darwinian fitness	达尔文适合度	達爾文適合度
Darwinian selection (=positive selection)	达尔文选择（=正选择）	達爾文選擇（=正選擇）
Darwinism	达尔文学说，达尔文主义	達爾文學說，達爾文主義
Darwin's theory (=Darwinism)	达尔文学说，达尔文主义	達爾文學說，達爾文主義
date of name	名称[的]日期	名稱[的]日期
daughter corm (=cormlet)	小球茎	小球莖，子球
day length	昼长	晝長
day length treatment	昼长处理	晝長處理
day-neutral plant (DNP)	日[照]中性植物	日[照]中性植物，中性日照植物
day-night rhythm (=circadian rhythm)	昼夜节律	晝夜節律，近日節律，日週性律動
DDC model (=duplication-degeneration-complementation model)	重复-衰减-互补模型	重複-衰減-互補模型
DDP (=dual daylength plant)	双重日长植物	雙日長植物
deacetylation	脱乙酰作用	去乙醯[作用]
deactivation	去激活	去活化[作用]
debranching enzyme	脱支酶	脱支酶
decarboxylase	脱羧酶	脱羧酶，去羧酶
decarboxylated degradation	脱羧降解	脱羧降解
decarboxylation	脱羧作用	脱羧[基]作用，去羧[基作用]
decay index	衰退指数	衰退指數
deciduilignosa	落叶木本群落	落葉木本群落
deciduous broad-leaved forest	落叶阔叶林	落葉闊葉林，脱落闊葉林
deciduous broad-leaved forest zone	落叶阔叶林带	落葉闊葉林帶
deciduous coniferous forest	落叶针叶林	落葉針葉林
deciduous forest	落叶林	落葉林
deciduous leaf	落叶	落葉，脱葉
deciduous plant	落叶植物	落葉植物
deciduous senescence	脱落衰老	脱落衰老
deciduous tree	落叶树	落葉樹
declining population (=diminishing population)	衰退型种群（=下降型种群）	衰退型族群（=下降型族群）
decoction method	煎煮法	煎煮法，水煮法

英 文 名	大 陆 名	台 湾 名
decomposer	分解者，还原者	分解者
decomposition	分解[作用]	分解[作用]
decomposition constant	分解常数	分解常數
decomposition rate	分解速率	分解速率
decurrent leaf	下延叶	下延葉，翼狀葉
decussate phyllotaxis (=decussate phyllotaxy)	交互对生叶序	交互對生葉序，十字對生葉序
decussate phyllotaxy	交互对生叶序	交互對生葉序，十字對生葉序
decussation	交互对生	交叉對生，十字對生
dedifferentiation	去分化，脱分化	去分化，逆分化，反分化
de-etiolation	去黄化，脱黄化	去黃化，逆黃化，去白化
defense reaction	防卫反应，防御反应	防衛反應
definite inflorescence	有限花序	有限花序
deflected succession	偏途演替	偏途演替
defoliant	脱叶剂	脱葉劑
defoliating agent (=defoliant)	脱叶剂	脱葉劑
defoliation	脱叶	脱葉
degagement	针修法	針修法
degenerated synergid	退化助细胞	退化助細胞
degenerate primer	简并引物	簡併引子
degeneration	退化	退化
degeneration	退化病	退化病
degenerative character	退化性状	退化性狀，退化特徵
degree of closing	疏密度	疏密度
dehardening	解除锻炼	解除鍛煉
dehiscence	开裂，裂开	開裂，裂開
dehiscent fruit	裂果	裂果
dehydroactive closure	主动脱水关闭	主動脱水關閉
dehydropassive closure	被动脱水关闭	被動脱水關閉
delayed differentiation of embryo	胚延迟分化	胚延遲分化
deletion	缺失	缺失
deletion heterozygote	缺失杂合子	缺失異型合子
deletion homozygote	缺失纯合子	缺失同型合子
deletion mutation	缺失突变	缺失突變
delignification	脱木质化[作用]	去木質化[作用]，脱木質作用，去木質作用

英 文 名	大 陆 名	台 湾 名
demicolpus	半沟	半溝
denaturation	变性	變性
denatured DNA	变性 DNA	變性 DNA
dendrobine	石斛碱	石斛鹼
dendrogram (=phylogenetic tree)	系统[发育]树，种系发生树，进化系统树	系統樹，親緣關係樹，種系發生樹
dendroid hair	树状毛	樹狀毛
dendroid venation	树状脉序	樹狀脈序
denitrification	反硝化作用，脱氮作用	去硝化[作用]，脫氮作用
de novo synthesis	从头合成	從頭合成，新生合成
dense fibrillar component (DFC)	致密纤维组分	密度纖維組分
density	密度	密度
density dependence	密度制约	密度制約
density independence	非密度制约	非密度依變，非密度依存
dentis	齿片	齒片
dentium (=dentis)	齿片	齒片
denuded quadrat	芟除样方，除光样方	刈除樣方，除光樣方，裸地樣方
deoxyribonucleic acid (DNA)	脱氧核糖核酸	去氧核糖核酸
dephosphorylation	去磷酸化	去磷酸化[作用]，脫磷酸作用
deplasmolysis	质壁分离复原	質壁分離復原，反質離
DEPT (=distortionless enhancement by polarization transfer)	无畸变极化转移增强	無畸變極化轉移增強
derivative	衍生细胞	衍生細胞
derived character	衍生性状	衍生性狀
derived homology	衍生同源性	衍生同源性
dermal system (=dermal tissue system)	皮系统（=皮组织系统）	表皮系統（=表皮組織系統）
dermal tissue system	皮组织系统	表皮組織系統
dermatogen	表皮原	表皮原
descending evolution	下降式进化	下降式演化
descriptio generico-specifica	属种描述	屬種描述
description	描述	描述
descriptive name	描述性名称	描述性名稱
descriptive vegetation ecology (=plant symmorphology)	描述植被生态学（=植物群落形态学）	描述植被生態學（=植物群落形態學）

英 文 名	大 陆 名	台 湾 名
desert	荒漠	荒漠，沙漠
deserta	荒漠群落	荒漠群落，荒漠群聚
desertification	荒漠化	沙漠化
desert lichen	荒漠地衣	荒漠地衣
desert scrub	荒漠灌丛	荒漠灌叢，沙漠灌叢
desert steppe	荒漠草原	荒漠草原
desiccation stress	干燥胁迫，干燥逆境	乾燥逆境
desmotubule	连丝小管，连丝微管	連絲小管，聯絡絲微管
determinate growth	有限生长	有限生長
detritus	碎屑	碎屑，腐屑
detritus-based trophic system	碎屑营养系统	碎屑營養系統
detritus food chain (=saprophagous food chain)	碎屑食物链（=腐生食物链）	碎屑食物鏈（=腐生食物鏈）
deuteromycetes	半知菌类，不完全菌类	不完全菌類
deutoxylem (=metaxylem)	后生木质部	後生木質部，晚成木質部
development	发育	發育
developmental bias	发育偏好	發育偏好
developmental botany	发育植物学	發育植物學
developmental center	发育中心	發育中心
developmental condition	发育条件	發育條件，發育環境
developmental constraint	发育制约	發育制約
developmental drive	发育驱动	發育驅動
developmental field	发育场，发育域	發育場
developmental malformation	发育畸形	發育畸形
developmental network	发育网络	發育網絡
developmental pathway (=developmental network)	发育途径（=发育网络）	發育途徑（=發育網絡）
developmental patterning	发育模式建成，发育塑造	發育模式建成，發育塑形
developmental phase	发育期	發育期
developmental physiology	发育生理学	發育生理學
developmental plasticity	发育可塑性	發育可塑性
developmental polymorphism	发育多态现象	發育多型現象
developmental potency	发育潜能	發育潛能
developmental potentiality (=developmental potency)	发育潜能	發育潛能
developmental rate	发育[速]率	發育[速]率
developmental repatterning	发育重塑	發育重塑
developmental rhythm	发育节律	發育節律

英　文　名	大　陆　名	台　湾　名
developmental trajectory	发育轨迹	發育軌跡
development timing regulator	发育时控基因	發育時控因子
devernalization	脱春化[作用]，去春化[作用]	去春化，逆春化作用
dextranase (=glucanase)	葡聚糖酶	葡聚糖酶
DFC (=dense fibrillar component)	致密纤维组分	密度纖維組分
DHZ (=dihydrozeatin)	双氢玉米素	二羥玉米素
DI (=divergence index)	分歧指数	分歧指數
diacytic type stoma	横列型气孔，直轴式气孔	横列型氣孔，直軸式氣孔
diad (=dyad)	二分体	二分體
diadelphous stamen	二体雄蕊	二體雄蕊
diagnosis	特征集要	特徵簡述，簡明記載
diagnostic character	鉴别性状	鑒別性狀，鑒別特徵
diagnostic species	鉴别种	鑒別種
diagravitropism	横向重力性	横向重力性
diallel cross	双列杂交	全互交
dialypetalous corolla (=choripetalous corolla)	离瓣花冠	離瓣花冠
dialypetalous flower (=choripetalous flower)	离瓣花	離瓣花，多瓣花
dialysepalous calyx (=chorisepal)	离萼	離片萼，多片萼，離生花萼
dialystele	离生中柱	離生中柱
dianthraquinone	二蒽醌，双蒽醌，联蒽醌	雙蒽醌，聯蒽醌
diaphragmed pith	分隔髓	分隔髓
diarch	二原型	二原型
diaspore (=disseminule)	传播体	傳播體，播散體，散布繁殖體
diatom	硅藻	矽藻
diatomaceous earth	硅藻土	矽藻土
diatom analysis	硅藻分析	矽藻分析
diatomite (=diatomaceous earth)	硅藻土	矽藻土
diatoxanthin	硅藻黄素	矽藻黃素
dibenzocyclooctene lignan	联苯环辛烯类木脂素	聯苯環辛烯類木脂體
dibenzylbutane lignan	二苄基丁烷类木脂素	二苄基丁烷類木脂體
dibenzylbutyrolactone lignan	二苄基丁内酯类木脂素	二苄基丁內酯類木脂體
dicarboxylate transporter	二羧酸转运体	二羧酸運輸蛋白，二羧酸運移蛋白
dichasium (=dichotomous	二歧聚伞花序	二歧聚傘花序，歧傘花序，

英文名	大陆名	台湾名
cyme)		二出聚傘花序
dichlamydeous flower	双被花，两被花，重被花	兩被花，二層花被花，二輪花
dichogamy	雌雄[蕊]异熟	雌雄[蕊]異熟
dichopatric speciation	歧域物种形成，歧域成种	歧域物種形成，歧域種化
dichotomous branching (=dichotomy)	二叉分枝，二歧分枝	二叉分枝，二歧分枝
dichotomous cyme	二歧聚伞花序	二歧聚傘花序，歧傘花序，二出聚傘花序
dichotomous sympodium	二歧合轴	二叉合軸
dichotomous venation	叉状脉序，二叉脉序	二叉脈序，二叉狀[葉]脈
dichotomy	二叉分枝，二歧分枝	二叉分枝，二歧分枝
β-dichroine (=febrifugine)	常山碱乙，β-常山碱	常山鹼乙
diclesium	宿被瘦果	有被瘦果
diclinism	雌雄异花性	雌雄異花性
diclinous flower	雌雄异花	雌雄異花
dicliny (=diclinism)	雌雄异花性	雌雄異花性
dicolporate	双孔沟	雙孔溝
dicots (=dicotyledon)	双子叶植物	雙子葉植物
dicotyledon	双子叶植物	雙子葉植物
dicotyledonous, dicotylous	双子叶[的]	雙子葉[的]
dicotyledonous wood (=porous wood)	阔叶树材（=有孔材）	闊葉樹材（=有孔材）
dicotyledony	双子叶式	雙子葉式
dicotylous (=dicotyledonous)	双子叶[的]	雙子葉[的]
dicotyls (=dicotyledon)	双子叶植物	雙子葉植物
dictyosome	分散型高尔基体	分散型高爾基體
dictyosporangium	砖格孢子囊，网状孢子囊	磚格孢子囊，網狀孢子囊
dictyospore	砖格孢子	磚格孢子，網狀孢子，多室孢子
dictyostele	网状中柱	網狀中柱
dicyclic dictyostele	二环网状中柱	二環網狀中柱
dicyclic stele	二环中柱，二轮中柱	二環中柱
dicyme	双聚伞花序	雙聚傘花序
didymospore	单隔孢子，双胞孢子	單隔孢子，雙胞孢子，二室孢子
didynamous stamen	二强雄蕊	二強雄蕊
dientomophilous flower	双虫媒花	二種蟲媒花
differentially permeable membrane	差异透性膜	差别透性膜

英 文 名	大 陆 名	台 湾 名
differential species	区别种，识别种	識別種，區別種，分化種
differentiated speciation	分化式物种形成	分化式物種形成，分化式種化
differentiation	分化	分化
differentiation phase	分化期	分化期
diffractive ring	裂环	裂環
diffuse parenchyma	星散薄壁组织	星散薄壁組織
diffuse-porous wood	散孔材	散孔材
diffusion	扩散[作用]	擴散[作用]
digitately ternate leaf (=ternate-palmate leaf)	掌状三出复叶	掌狀三出複葉
digoxin	地高辛	地高辛，毛地黄素
dihaploid	双单倍体	雙單倍體，二染色體組單倍體
dihydrochalcone	二氢查耳酮，双氢查耳酮	二氫查耳酮，雙氫查耳酮
dihydroflavone (=flavanone)	二氢黄酮	二氫黃酮，黃烷酮
dihydroflavonol (=flavanonol)	二氢黄酮醇	二氫黃酮醇
dihydrofuranocoumarin	二氢呋喃香豆素	二氫呋喃香豆素
dihydroisoflavone (=isoflavanone)	二氢异黄酮	二氫異黃酮
dihydrophaseic acid (DPA)	二氢红花菜豆酸	二氫紅花菜豆酸
dihydropyranocoumarin	二氢吡喃香豆素	二氫吡喃香豆素
dihydrozeatin (DHZ)	双氢玉米素	二羥玉米素
dikaryocyte	双核细胞	雙核細胞
dikaryon	双核体	雙核體
dilated septum	膨大隔壁	膨大隔壁
dilignan	双木脂素，双木脂体	雙木脂體
diluted staining solution	稀释染液	稀釋染液
1,1-dimethy-piperidinium chloride	1,1-二甲基哌啶嗡氯化物，甲哌嗡	1,1-二甲基哌啶鎓氯化物
diminishing population	下降型种群	下降型族群
dimitic	二系菌丝[的]	雙系菌絲[的]
dimitic sporocarp	二系菌丝型孢子果，双体菌丝型孢子果	雙系菌絲孢子果
dimonosomic	双单体	雙單體
dimorphic flower	二形花	二形花
dimorphic fungus	双态[性]真菌，两型真菌，二相性真菌	雙態性真菌，二型性真菌
dimorphic heterostyly	二型花柱异长	二型花柱異長

英 文 名	大 陆 名	台 湾 名
dimorphism	二态性，二态现象，二型现象	二型性，二態現象
dinitrogenase	双固氮酶	雙固氮酶，雙固氮酵素
dinitrogenase reductase	双固氮酶还原酶	雙固氮酶還原酶
2,4-dinitrophenol (DNP)	2,4-二硝基酚	2,4-二硝基酚
dinoflagellate	甲藻	甲藻
dioecious plant	雌雄异株植物	雌雄異株植物
dioecism	雌雄异株	雌雄異株
dioecy (=dioecism)	雌雄异株	雌雄異株
diorate	双内孔	雙內孔
diosgenin	薯蓣皂苷元，薯蓣皂苷配基	薯蕷皂苷配基
dioxygenase	双加氧酶	二[加]氧酶，雙加氧酵素
dipeptide	二肽	二肽，雙肽
dipericlinal chimera	二层周缘嵌合体	二層周緣嵌合體
diplanetism	双游现象	兩游現象，二次游泳性
diplecolobal embryo	子叶回折胚	子葉回折胚
diploid	二倍体，双倍体	二倍體
diploid apogamy	二倍体无配[子]生殖	二倍體無配[子]生殖
diploid apomixis	二倍体无融合生殖	二倍體無融合生殖
diploid cell line	二倍体细胞系	二倍體細胞系，二倍體細胞株
diploid generation	二倍体世代	二倍體世代
diploidization	二倍化	二倍[體]化
diploid parthenogenesis	二倍体孤雌生殖	二倍體孤雌生殖，二倍體單性生殖
diploid segregation	二倍体分离	二倍體分離
diploid sporophyte	二倍孢子体	二倍孢子體
diploidy	二倍性	二倍性
diplolepideae	双齿层类	雙齒層類
diplonema (=diplotene)	双线期	雙絲期
diplospory	二倍体孢子生殖	不減數孢子生殖，二倍[性]孢子形成
diplostemonous stamen	外轮对萼雄蕊	外輪對萼雄蕊
diplostichous cortex	二列式皮层	二列式皮層
diplotegium	宿萼蒴果	宿萼蒴果，下生果
diplotene	双线期	雙絲期
direct division (=amitosis)	直接分裂（=无丝分裂）	直接分裂（=無絲分裂）
directed molecular evolution	分子定向进化	分子定向演化

英　文　名	大　陆　名	台　湾　名
directed mutagenesis	定向诱变	定向誘變
directed sequencing	定向测序	定向定序
directed speciation	直接成种	直接成種
directional selection	定向选择	定向天擇，定向選汰，直向選擇
direct repeat	同向重复[序列]	同向重複[序列]
direct stress injury	直接胁迫伤害	直接逆境傷害
disaccharide	二糖，双糖	二糖，雙糖
disc flower (=disk flower)	心花，盘花	心花，盤狀花，管狀花
disclimax	偏途顶极，歧顶极，人为顶极[群落]	人為頂峰群聚，人為極峰群落，干擾性極峰相
discocarp	盘[状子]囊果	盤狀子囊果
discolichen	盘菌地衣	盤菌地衣
discontinuity	间断性，不连续性	不連續性
discontinuous areal (=areal disjunction)	间断分布区，不连续分布区	間斷分布區
discontinuous distribution (=disjunction)	间断分布	間斷分布，不連續分布
discontinuous ring	间断年轮	不連續年輪
discontinuous variation	不连续变异	不連續變異
discontinuous zone	间断分布带	間斷分布帶
discothecium	囊盘状子囊座	囊盤狀子囊座
disease escape	避病性	避病性
disease resistance	抗病性	抗病性
disease resistance breeding	抗病育种	抗病育種
disjunction	间断分布	間斷分布，不連續分布
disjunctor (=connective)	孢间连丝	孢間連絲
disk flower	心花，盘花	心花，盤狀花，管狀花
disomaty	双倍体细胞形成	雙倍[性]體細胞形成
disome	二体，双体	二體，雙[染色]體
disomic (=disome)	二体，双体	二體，雙[染色]體
disomic haploid	二体单倍体	二體單倍體，雙[染色]體單倍體
disomic inheritance	二体遗传	雙[染色]體遺傳
dispersal	散布，扩散	散布，擴散，播遷
dispersal center (=center of dispersal)	散布中心	散布中心，分散中心
dispersed duplication	散在重复	散在重複
dispersion (=dispersal)	散布，扩散	散布，擴散，播遷

英文名	大陆名	台湾名
disruptive selection	分裂选择	分裂[型]天擇，歧化天擇
dissected siphonostele (=dictyostele)	网状中柱	網狀中柱
disseminule	传播体	傳播體，播散體，散布繁殖體
dissepiment	隔膜；管壁	隔膜；管壁
dissimilation	异化[作用]	異化[作用]
dissipative structure	耗散结构	耗散結構
dissolved organic carbon (DOC)	溶解有机碳，可溶性有机碳	溶解有機碳，可溶性有機碳
dissolved organic nitrogen (DON)	溶解有机氮，可溶性有机氮	溶解有機氮，可溶性有機氮
distal face	远极面	遠極面
distal pole	远极	遠極
distance dispersal	间断传播	間斷傳播，遠距散布，遠距傳播
distance dispersion (=distance dispersal)	间断传播	間斷傳播，遠距散布，遠距傳播
distance method	距离法	距離法
distant hybrid	远缘杂种	遠緣雜種
distant hybridization	远缘杂交	遠[緣雜]交
distichous opposite	二列对生	二列對生
distinct stamen (=adelphia)	离生雄蕊	離生雄蕊
distorted segregation	偏态分离，失真分离	失衡分離，不均等分離
distortionless enhancement by polarization transfer (DEPT)	无畸变极化转移增强	無畸變極化轉移增強
distractile anther	离室药	離室藥
distribution center	分布中心	分布中心
distribution pattern	分布格局	分布型，分布樣式
distribution range (=areal)	分布区	分布區
disturbance patch	干扰斑块	擾動嵌塊
disymmetrical flower	双面对称花	雙面對稱花
diterpene	二萜，双萜	二萜，雙萜
ditrisomic	双三体	雙三體
diurnal rhythm (=circadian rhythm)	昼夜节律	晝夜節律，近日節律，日週性律動
divaricate anther	广歧药	廣歧藥
divergence	趋异	趨異
divergence index (DI)	分歧指数	分歧指數

英　文　名	大　陆　名	台　湾　名
divergent adaptation (=cladogenic adaptation)	趋异适应	趨異適應，支系[內]適應
divergent anther	个字药	個字藥
divergent evolution	趋异进化	趨異演化
diversifying selection (=disruptive selection)	歧化选择（=分裂选择）	分歧[型]天擇（=分裂[型]天擇）
diversity	多样性	多樣性
α-diversity (=alpha diversity)	α 多样性	α 多樣性
β-diversity (=beta diversity)	β 多样性	β 多樣性
γ-diversity (=gamma diversity)	γ 多样性	γ 多樣性
diversity center	多样性中心	多樣性中心，歧異中心
diversity gradient	多样性梯度	多樣性梯度
diversity index	多样性指数	多樣性指數
diversity indices (=diversity index)	多样性指数	多樣性指數
diversity of species	物种多样性	物種多樣性
diversity ratio	多样性比	多樣性比
diversity-stability hypothesis	多样性稳定性假说	多樣性-穩定性假說
diverticule (=diverticulum)	小囊突	小囊突
diverticulum	小囊突	小囊突
division	门	門
dizonotreme	双环状萌发孔，双带状萌发孔	雙帶狀萌發孔
DNA (=deoxyribonucleic acid)	脱氧核糖核酸	去氧核糖核酸
DNA amplification	DNA 扩增	DNA 擴增，DNA 增殖作用
DNA amplification polymorphism	DNA 扩增多态性	DNA 擴增多態性，DNA 擴增多型性
DNA chip	DNA 芯片	DNA 晶片
DNA circularization	DNA 环化	DNA 環化
DNA damage	DNA 损伤	DNA 損傷
DNA damage agent	DNA 损伤剂	DNA 損傷劑
DNA damage checkpoint	DNA 损伤检查点，DNA 损伤检验点	DNA 損傷查核點
DNA damage response	DNA 损伤应答	DNA 損傷應答
DNA fingerprint	DNA 指纹	DNA 指紋
DNA fingerprinting	DNA 指纹分析	DNA 指紋分析，DNA 指紋鑒定術
DNA footprinting	DNA 足迹法	DNA 足跡法
DNA ligase	DNA 连接酶	DNA 連接酶

英 文 名	大 陆 名	台 湾 名
DNA ligation	DNA 连接	DNA 連接
DNA methylase	DNA 甲基化酶	DNA 甲基化酶，DNA 甲基轉移酶
DNA methylation	DNA 甲基化	DNA 甲基化
DNA microarray (=DNA chip)	DNA 微阵列（=DNA 芯片）	DNA 微陣列（=DNA 晶片）
DNA microheterogeneity	DNA 微不均一性	DNA 微不均一性
DNA modification	DNA 修饰	DNA 修飾
DNA modifying enzyme	DNA 修饰酶	DNA 修飾酶
DNA polymerase	DNA 聚合酶	DNA 聚合酶
DNA polymorphism	DNA 多态性	DNA 多態性，DNA 多型性
DNA probe	DNA 探针	DNA 探針
DNase footprinting	DNA 酶足迹法	DNA 酶足跡法
DNase protection assay	DNA 酶保护分析	DNA 酶保護分析
DNA sequence polymorphism	DNA 序列多态性	DNA 序列多態性，DNA 序列多型性
DNA sequencing	DNA 测序	DNA 定序
DNA shuffling	DNA 混编	DNA 混編，DNA 重組技術，DNA 洗牌技術
DNA synthesis	DNA 合成	DNA 合成
2D NMR spectrum (=two-dimensional nuclear magnetic resonance spectrum)	二维核磁共振谱	二維核磁共振波譜
DNP (=2,4-dinitrophenol; day-neutral plant)	2,4-二硝基酚；日[照]中性植物	2,4-二硝基酚；日[照]中性植物，中性日照植物
DOC (=dissolved organic carbon)	溶解有机碳，可溶性有机碳	溶解有機碳，可溶性有機碳
dolipore septum	桶孔隔膜	桶孔隔膜
domain	域	域
dome cell	圆顶细胞	圓頂細胞
domestication (=acclimatization)	驯化	馴化
dominance	显性；优势度	顯性；優勢度
cis-dominance	顺式显性	順式顯性
dominance effect (=dominant effect)	显性效应	顯性效應，顯性效果
dominance epistasis (=dominant epistasis)	显性上位	顯性上位[現象]
dominance index	优势度指数	優勢度指數
dominant allele	显性等位基因	顯性等位基因，顯性對偶基因

英 文 名	大 陆 名	台 湾 名
dominant effect	显性效应	顯性效應，顯性效果
dominant epistasis	显性上位	顯性上位[現象]
dominant lethal gene	显性致死基因	顯性致死基因
dominant species	优势种	優勢種
domoic acid	软骨藻酸	軟骨藻酸
DON (=dissolved organic nitrogen)	溶解有机氮，可溶性有机氮	溶解有機氮，可溶性有機氮
L-dopa	L-多巴	L-多巴
dormancy	休眠	休眠
dormancy stage	休眠期	休眠期
dormant bud	休眠芽	休眠芽，潛伏芽，休止芽
dormant seed	休眠种子	休眠種子
dorsal fissure	中脊	中脊
dorsal lamina	背翅	背翅
dorsal lobe	背瓣	背瓣
dorsal root of sac	气囊背基，气囊近极基	氣囊背基，氣囊近極基
dorsal suture	背缝线	背縫線
dorsifixed anther	背着药	背面著生藥
dorsiventrality	背腹性	背腹性
dorsiventral leaf (=bifacial leaf)	异面叶，背腹叶，两面叶	異面葉，背腹葉
dorsoventrality (=dorsiventrality)	背腹性	背腹性
dot-blot hybridization (=dot hybridization)	斑点杂交	斑點雜交，點墨雜交，點漬雜交
dot blotting	斑点印迹法，点渍法	斑點印漬術，點墨法，點漬墨點法
dothithecium	座囊腔	座囊腔
dot hybridization	斑点杂交	斑點雜交，點墨雜交，點漬雜交
double annual ring	双年轮	雙年輪
double cross	双杂交	雙雜交
double cross hybrid	双杂交种	雙雜交雜種，雙交種
double crossing over	双交换	雙交換，[染色體]雙點互換
double crossing over tetrad	双交换四分体	雙交換四分染色體
double exchange (=double crossing over)	双交换	雙交換，[染色體]雙點互換
double fertilization	双受精	雙[重]受精
double flower	重瓣花	重瓣花
double monosomic	双单体	雙單體

英 文 名	大 陆 名	台 湾 名
(=dimonosomic)		
double perianth flower (=dichlamydeous flower)	双被花，两被花，重被花	兩被花，二層花被花，二輪花
double pollination	重复授粉	雙重授粉
double reduction	双减数分裂	雙減數分裂
double samara	双翅果	雙翅果
double tetraploid	双四倍体	雙四倍體
double variety	重瓣品种	重瓣品種
downstream	下游	下游
down-up control (=bottom-up control)	上行控制	上行控制，由下而上控制
DPA (=dihydrophaseic acid)	二氢红花菜豆酸	二氫紅花菜豆酸
drepanium (=helicoid cyme)	镰状聚伞花序（=螺状聚伞花序）	鐮狀聚傘花序（=螺[旋]狀聚傘花序）
drought	干旱	乾旱
drought avoidance	御旱性	避旱性，逃避乾旱
drought escape	避旱性	避旱性，逃避乾旱
drought injury	旱害	旱害
drought resistance	抗旱性	抗旱性
drought stress	干旱胁迫	乾旱逆境
drought tolerance	耐旱性	耐旱性
drupe	核果	核果
drupecetum	聚合核果	聚合核果
drupelet	小核果	小核果
drupetum (=drupecetum)	聚合核果	聚合核果
druse	晶簇	晶簇
dry berry	干浆果	乾漿果
dry column chromatography	干柱色谱法	乾柱層析法
dry fruit	干果	乾果
dry heat sterilization	干热灭菌	乾熱滅菌[法]
dry stigma	干柱头	乾柱頭
dual daylength plant (DDP)	双重日长植物	雙日長植物
dune plant	沙丘植物	沙丘植物
dune succession	沙丘演替	沙丘演替
duplicate	复份	複份
duplicate effect	叠加效应，重叠效应	疊加效應
duplication	重复	重複，複製
duplication-degeneration-	重复-衰减-互补模型	重複-衰減-互補模型

英 文 名	大 陆 名	台 湾 名
complementation model (DDC model)		
durifruticeta	硬叶灌木林	硬葉灌木林，硬葉灌[木]叢
duriherbosa	硬叶草本群落，硬草草本群落	硬葉草原，禾草原
durilignosa (=sclerophyllous forest)	硬叶林，硬叶木本群落	硬葉林
duriprata (=duriherbosa)	硬叶草本群落，硬草草本群落	硬葉草原，禾草原
durisilvae (=sclerophyllous forest)	硬叶林，硬叶木本群落	硬葉林
dwarfing	矮化病	矮化病
dwarf male	矮雄	矮雄
dwarf plant	矮化植物	矮生植物
dwarf shoot	短枝	短枝
dyad	二分体；二合花粉	二分體；二合花粉
dynamic life table	动态生命表	動態生命表
dynamic photoinhibition	动态光抑制	動態光抑制
dynein	动力蛋白	動力蛋白

E

英 文 名	大 陆 名	台 湾 名
EARD (=endoplasmic reticulum-associated degradation)	内质网相关蛋白降解	內質網相關蛋白降解
early variety	早熟品种	早熟品種
early wood	早材	早材
ECD (=electron capture dissociation)	电子捕获解离	電子捕獲解離
eclectic taxonomy (=synthetic taxonomy)	折中分类学（=综合分类学）	折中分類學（=綜合分類學）
ecogenic succession (=exogenetic succession)	生态演替（=外因演替）	生態演替，生態消長（=外因演替）
ecological amplitude	生态幅	生態幅[度]
ecological backlash (=ecological impact)	生态冲击	生態衝擊，生態反衝
ecological balance	生态平衡	生態平衡
ecological barrier	生态障碍	生態障碍，生態障礙，生態界限
ecological boomerang	生态报复（=生态冲击）	生態報復（=生態衝擊）

英文名	大陆名	台湾名
(=ecological impact)		
ecological character	生态性状	生態性狀
ecological climax	生态顶极	生態極[峰]相
ecological efficiency	生态效率	生態效率
ecological equilibrium (=ecological balance)	生态平衡	生態平衡
ecological equivalence	生态等价，生态等值	生態等值，生態等位
ecological factor	生态因子	生態因子
ecological gradient	生态梯度	生態梯度
ecological heterogeneity	生态异质性	生態異質性
ecological impact	生态冲击	生態衝擊，生態反衝
ecological invasion	生态入侵	生態入侵
ecological island	生态岛	生態島
ecological isolation	生态隔离	生態隔離
ecological phytogeography	植物生态地理学，生态植物地理学	植物生態地理學，生態植物地理學
ecological plant geography (=ecological phytogeography)	植物生态地理学，生态植物地理学	植物生態地理學，生態植物地理學
ecological pyramid	生态金字塔，生态锥体	生態金字塔，生態[層]塔
ecological race	生态宗	生態品種，生態小種，生態族
ecological speciation	生态性物种形成，生态成种	生態物種形成，生態種化
ecological species	生态学种	生態種
ecological species concept	生态学种概念	生態種概念
ecological stability	生态稳定性	生態穩定性
ecological strategy	生态对策	生態對策，生態策略
ecological succession (=exogenetic succession)	生态演替（=外因演替）	生態演替，生態消長（=外因演替）
ecological system (=ecosystem)	生态系统	生態系[統]
ecological time	生态时间	生態時間
ecological time theory	生态时间学说	生態時間學說
ecological type	生态类型	生態類型
ecological valence	生态价，生态值	生態價，生態值
ecological value (=ecological valence)	生态价，生态值	生態價，生態值
ecological variation	生态变异	生態變異
ecological vicariad	生态替代种	生態同宗對應種
economic botany	经济植物学	經濟植物學

英　文　名	大　陆　名	台　湾　名
economic plant	经济植物	經濟植物
ecophenotype	生态表型	生態表[現]型，生態變型反應
ecophenotypic variation	生态表型变异	生態表型變異
ecoregulation	生态调节	生態調節
ecospecies (=ecological species)	生态学种	生態種
ecosphere	生态圈	生態圈
ecosystem	生态系统	生態系[統]
ecosystem approach	生态系统方法，生态系统途径	生態系方法，生態系途徑
ecosystem carrying capacity	生态系统承载力	生態系承載力
ecosystem development	生态系统发育	生態系演變，生態系發展
ecosystem diversity	生态系统多样性	生態系多樣性
ecosystem ecology	生态系统生态学	生態系生態學
ecosystem efficiency	生态系统效率	生態系效率
ecosystem function	生态系统功能	生態系功能
ecosystem management	生态系统管理	生態系管理
ecosystem service	生态系统服务	生態系服務
ecosystem stability	生态系统稳定性	生態系穩定性
ecotone	生态过渡带，群落交错区	群落交會區，生態交會區，生態過渡區
ecotype	生态型	生態型
ecotypic differentiation	生态型分化	生態型分化
ectal excipulum	外囊盘被	外囊盤被
ectendomycorrhiza (=ectendotrophic mycorrhiza)	内外生菌根	內外生菌根，外生內菌根
ectendotrophic mycorrhiza	内外生菌根	內外生菌根，外生內菌根
ectexine (=sexine)	外壁外层	外壁外層
ectoascus	子囊外壁	子囊外壁
ectodesma	[胞]外连丝	胞外連絲
ectomycete	外生真菌	外生真菌
ectomycorrhiza	外生菌根	外生菌根
ectonexine (=ektonexine)	外壁内表层	外壁內表層
ectoparasite	外寄生物	外寄生物
ectoparasitism	外寄生	外寄生
ectophloic siphonostele	外韧管状中柱	外韌皮管狀中柱
ectophloic type	外韧型	外韌皮型
ectophyte	外生植物	外生植物
ectospore	外生孢子	外生孢子

英 文 名	大 陆 名	台 湾 名
ectosporium	[孢子]表壁	[孢子]表壁
ectosymbiosis	外共生	外共生
ectotrophic mycorrhiza (=ectomycorrhiza)	外生菌根	外生菌根
ectotunica (=ectoascus)	子囊外壁	子囊外壁
edaphic ecotype	土壤生态型	土壤生態型
edaphic factor	土壤因子	土壤因子，土壤因素，土壤要素
edaphogenic succession	土壤发生演替	土壤發生演替，成土演替
edge effect	边缘效应	邊緣效應，邊緣效果
edge species	边缘种	邊緣種
edificatory (=constructive species)	建群种	建群種
EFE (=ethylene-forming enzyme)	乙烯形成酶	乙烯形成酶，乙烯形成酵素
effective publication	有效发表	有效發表
effect trait	效应性状	效應性狀
efficiency for solar energy utilization (=utilization efficiency of light)	光能利用率	光能利用率
efficiency of net production (=net production efficiency)	净生产效率	淨生產效率
EG cell (=embryonic germ cell)	胚胎生殖细胞	胚胎生殖細胞
egg	卵	卵
egg apparatus	卵器	卵器
egg cell	卵细胞	卵細胞
egg membrane	卵膜	卵膜
egg nucleus	卵核	卵核
egota flora	江古田植物区系	江古田植物區系，江古田植物相，江古田植物群
EI-MS (=electron impact mass spectrometry)	电子轰击质谱法	電子轟擊質譜法
ektexine (=sexine)	外壁外层	外壁外層
ektonexine	外壁内表层	外壁內表層
elaioplast	造油体，油质体	造油體，儲油體
elaminate	无叶片[的]	無葉片[的]
elasticity	弹性	彈性
elastic strain	弹性胁变	彈性應變
elater	弹丝	彈絲
elaterophore	弹丝托	彈絲托

英 文 名	大 陆 名	台 湾 名
electroblotting	电印迹法	電印漬術，電印跡法
electrochemical gradient	电化学梯度	電化學梯度
electrochemical potential	电化学势	電化學勢
electrofusion	电融合	電融合
electrogenic ion pump (=electrogenic pump)	致电离子泵，生电泵	生電泵，產電位幫浦，產電位泵
electrogenic pump	致电离子泵，生电泵	生電泵，產電位幫浦，產電位泵
electron	电子	電子
electron acceptor	电子受体，电子接纳体	電子[接]受體
electron capture	电子捕获，电子俘获	電子捕獲
electron capture dissociation (ECD)	电子捕获解离	電子捕獲解離
electron carrier	电子[传]递体，电子载体	電子載體
electron impact mass spectrometry (EI-MS)	电子轰击质谱法	電子轟擊質譜法
electron transfer chain (=respiratory chain)	电子传递链（=呼吸链）	電子傳遞鏈（=呼吸鏈）
electron transition	电子跃迁	電子躍遷
electron transport	电子传递	電子傳遞
electron transport chain (=respiratory chain)	电子传递链（=呼吸链）	電子傳遞鏈（=呼吸鏈）
electroporation	电穿孔	電穿孔，電穿透作用
electrospray ionization (ESI)	电喷雾电离，电喷雾离子化	電[噴]灑游離
electrospray ionization mass spectrometry (ESI-MS)	电喷雾电离质谱法	電[噴]灑游離質譜法
electrotransfer	电转移	電轉移
electrotransformation (=electroporation)	电转化法（=电穿孔）	電轉化[法]（=電穿孔）
element	元件；元素	元件；元素
element cycle	元素循环	元素循環
elfin forest	[热带]高山矮曲林	矮林，高山矮曲林
elicitor	激发子	誘發因子
ELISA (=enzyme-linked immunosorbent assay)	酶联免疫吸附测定	酶聯免疫吸附測定，酵素連接免疫吸附分析，酵素免疫吸附法
ellagitannic acid	逆没食子鞣质酸，鞣花单宁酸	鞣花鞣質酸，鞣花單寧酸，鞣花丹寧酸
ellagitannin	逆没食子[酸]鞣质，鞣花鞣质，鞣花单宁	併没食子[酸]鞣質，鞣花鞣質，鞣花單寧

英文名	大陆名	台湾名
elongated shoot (=long shoot)	长枝	長枝
elongating stage	伸长期	延伸期
elongation growth	伸长生长	延伸生長
elongation region (=elongation zone)	伸长区	延長區
elongation zone	伸长区	延長區
Embden-Meyerhof-Parnas pathway	EMP 途径	EMP 途徑
embryo	胚	胚
embryo sac-like pollen grain (=pollen-embryo sac)	胚囊状花粉粒（=花粉-胚囊）	胚囊狀花粉粒（=花粉胚囊）
embryo axis	胚轴	胚軸
embryo cap	胚冠	胚帽
embryo cell tier	胚细胞层	胚細胞層
embryo culture	胚[胎]培养	胚[胎]培養
embryo dormancy	胚休眠	胚休眠
embryogenesis	胚胎发生	胚胎發生，胚[胎]形成
embryogenic callus culture	胚性愈伤组织培养	胚性癒傷組織培養
embryogenic cell	胚性细胞	胚性細胞
embryogeny (=embryogenesis)	胚胎发生	胚胎發生，胚[胎]形成
embryoid	胚状体	胚狀體，不定胚
embryoid culture	胚状体培养	胚狀體培養，胚[胎]體培養
embryonal axis (=embryo axis)	胚轴	胚軸
embryonal cell (=embryogenic cell)	胚性细胞	胚性細胞
embryonal tube	胚管	胚管
embryonic callus	胚性愈伤组织	胚性癒傷組織
embryonic cell	胚细胞	胚細胞
embryonic development	胚胎发育	胚胎發育
embryonic diapause	胚胎滞育	胚胎滯育
embryonic differentiation	胚胎分化	胚胎分化
embryonic germ cell (EG cell)	胚胎生殖细胞	胚胎生殖細胞
embryonic induction	胚[胎]诱导	胚[胎]誘導
embryonic knot	胚结	胚結
embryonic layer	胚层	胚層
embryonic lethal	胚胎致死	胚致死
embryonic shield	胚盾	胚盾
embryonic stage	胚[胎]期	胚[胎]期

英 文 名	大 陆 名	台 湾 名
embryonic stem cell (ES cell, ESC)	胚胎干细胞	胚[胎]幹細胞
embryonic stem cell bank	胚胎干细胞库	胚胎幹細胞庫
embryonic stem cell chimera (ES cell chimera)	胚胎干细胞嵌合体	胚胎幹細胞嵌合體
embryonic stem cell-mediated technology	胚胎干细胞介导技术	胚胎幹細胞介導技術
embryonic stem cell method	胚胎干细胞法	胚胎幹細胞法
embryonic tissue	胚胎组织	胚[胎]組織，胚性組織
embryonic type	胚型	胚型
embryophore	胚托	胚托，胚柄
embryophyte (=higher plant)	有胚植物（=高等植物）	有胚植物（=高等植物）
embryo proper	胚体	胚體
embryo sac	胚囊	胚囊
embryo sac cell	胚囊细胞	胚囊細胞
embryo sac competition	胚囊竞争	胚囊競争
embryo sac haustorium	胚囊吸器	胚囊吸器
embryo sac nucleus	胚囊核	胚囊核
embryo sac tube	胚囊管	胚囊管
embryo-type dormancy	胚胎型休眠	胚胎型休眠
emerged plant	挺水植物	挺水植物，水中挺立植物，出水植物
Emerson enhancement effect	埃默森增益效应，双光增益效应	愛默生促進效應，埃莫森增益效應，雙光增強效應
emodin	大黄素	大黄素
empty ovule technique	空胚珠技术	空胚珠技術
EMR (=energy metabolic rate)	能量代谢率	能量代謝率
EMS (=enveloping membrane system)	被膜系统	被膜系統
EN (=endangered)	濒危	瀕危
enation	突起	突起
enation leaf	延生叶	延生葉
enation theory	突起学说	突出說
endangered (EN)	濒危	瀕危
endangered plant	濒危植物	瀕危植物
endangered species	濒危种	瀕危[物]種
endarch	内始式	内始式，内源型
endarch bundle	内始式维管束	内始式維管束，内源型維管束
endemic species	特有种，地方种	特有種，本土種，固有種

英 文 名	大 陆 名	台 湾 名
endemism	特有现象	特有性
endergonic reaction	吸能反应	吸能反應
endexine (=inxine)	外壁内层	外壁內層
endoascospore	子囊孢子内胞	子囊孢子內胞
endoascus	子囊内壁	子囊內壁
endocarp	内果皮	內果皮
endoconidium	内分生孢子	內[生]分生孢子
endocyanosis	胞内蓝藻共生	胞內藍藻共生
endocytic pathway	胞吞途径	胞吞途徑，胞吞路徑，內吞途徑
endocytic vesicle	胞吞泡	胞吞囊泡
endocytosis	胞吞[作用]	胞吞作用，內吞作用
endodermis	内皮层	內皮層
endo-form	锈孢型	銹孢型
endogenetic succession	内因演替	內因演替，內因消長
endogenous origin	内生源	內生源
endogenous periodicity	内源周期性	內源週期性，內在週期性
endogenous respiration	内源呼吸	內源呼吸，基本呼吸
endogenous rhythm	内源节律	內源節律，內生律動，內在週律
endogenous timing (=endogenous rhythm)	内源节律	內源節律，內生律動，內在週律
endolichenic fungus	地衣内生真菌	地衣內生真菌
endolithic lichen	石内[生]地衣	石內[生]地衣
endolithophyte (=chasmophyte)	石隙植物，岩隙植物，石内植物	石隙植物，岩隙植物，石內植物
endomembrane system	内膜系统	內膜系統
endomitosis	核内有丝分裂	核內有絲分裂
endomycete	内生真菌	內生真菌
endomycorrhiza	内生菌根	內生菌根
endonexine	外壁内底层	外壁內底層
endonuclease	内切核酸酶，核酸内切酶	核酸內切酶，內生核酸酶
endoparasite	内寄生物	內寄生物
endoparasitism	内寄生	內寄生
endoperistome (=endostome)	内蒴齿，内齿层	內蒴齒，內齒層
endophenotype	内在表型	內在表[現]型
endophloeodal lichen	树皮内生地衣	樹皮內生地衣
endophyte	内生植物	內生植物，內生菌

英　文　名	大　陆　名	台　湾　名
endophytic algae	内生藻类	内生藻類
endoplasmic reticulum (ER)	内质网	內質網
endoplasmic reticulum-associated degradation (EARD)	内质网相关蛋白降解	內質網相關蛋白降解
endoplasmic reticulum-mitochondrial contact site	内质网-线粒体接触点	內質網-粒線體接觸點
endoplasmic reticulum retention protein (ER-retention protein)	内质网驻留蛋白	內質網駐留蛋白
endopleura	内种皮	內種皮
endoporus (=os)	内孔	內孔
endosexine	外壁外内层	外壁外內層
endosmosis	内渗	內滲透
endosperm	胚乳	胚乳
endosperm cell	胚乳细胞	胚乳細胞
endosperm culture	胚乳培养	胚乳培養
endosperm embryo	胚乳胚	胚乳胚
endosperm haustorium	胚乳吸器	胚乳吸器
endospermic seed (=albuminous seed)	有胚乳种子	有胚乳種子
endosperm initial cell	胚乳原始细胞	胚乳原始細胞，胚乳始原細胞
endosperm mother cell	胚乳母细胞	胚乳母細胞
endosperm nucleus	胚乳核	胚乳核
endospore	内生孢子	內[生]孢子
endosporium	[孢子]内壁	[孢子]內壁
endostome	内蒴齿，内齿层；内珠孔	內蒴齒，內齒層；內珠孔
endostomium (=endostome)	内蒴齿，内齿层	內蒴齒，內齒層
endosymbiosis	[胞]内共生	[胞]內共生，內共生現象，內共生[作用]
endosymbiotic hypothesis (=endosymbiotic theory)	内共生假说（=内共生学说）	內共生假說（=內共生學說）
endosymbiotic theory	内共生学说	內共生學說
endotesta (=endopleura)	内种皮	內種皮
endothecium	[蒴]内层；药室内壁	[蒴]內層；藥室內壁
endothermic reaction	吸热反应	吸熱反應
endotoxin	内毒素	內毒素
endotrophic mycorrhiza (=endomycorrhiza)	内生菌根	內生菌根
endotrophic symbiosis	体内共生	體內共生
endotunica (=endoascus)	子囊内壁	子囊內壁

英文名	大陆名	台湾名
end-point mutation	终点突变	終點突變
end wall	端壁	端壁
energy	能量	能量
energy balance	能量平衡	能量平衡
energy charge	能荷	能荷
energy flow	能量流[动]，能流	能量流通，能流
energy metabolic rate (EMR)	能量代谢率	能量代謝率
energy metabolism	能量代谢	能量代謝
energy pyramid	能量金字塔，能量锥体	能量[金字]塔
energy-rich bond	高能键	高能鍵
energy-rich phosphate bond	高能磷酸键	高能磷酸[酯]鍵
energy-rich phosphate compound	高能磷酸化合物	高能磷酸化合物
energy transduction reaction	能量转移反应	能量轉移反應
energy transfer	能量传递	能量傳遞
enhancer	增强子	增強子，強化子
enhancer element (=enhancer)	增强子	增強子，強化子
enhancer trapping	增强子捕获	增強子捕獲，強化子捕獲
enneaploid	九倍体	九倍體
enneaploidy	九倍性	九倍性
enteroarthric conidium	内生节孢子，内壁节孢子	内生節孢子
enteroblastic conidiogenesis	内生芽殖产孢	内生芽殖產孢
entomochore	虫布植物，虫播植物	蟲布植物，蟲播植物
entomophile (=entomophilous plant)	虫媒植物	蟲媒植物
entomophilous flower	虫媒花	蟲媒花
entomophilous plant	虫媒植物	蟲媒植物
entomophilous pollination	虫媒传粉，虫媒授粉	蟲媒傳粉，蟲媒授粉
entomophily	虫媒	蟲媒
entomosporae (=entomochore)	虫布植物，虫播植物	蟲布植物，蟲播植物
entophyte (=endophyte)	内生植物	内生植物，内生菌
enveloping membrane system (EMS)	被膜系统	被膜系統
environment	环境	環境
environment resource patch	环境资源斑块	環境資源斑塊
environmental adaptation	环境适应	環境適應
environmental botany	环境植物学	環境植物學
environmental capacity	环境容量	環境容量
environmental carrying capacity	环境承载力	環境承載力，環境負載力

英 文 名	大 陆 名	台 湾 名
environmental filter (=environmental sieve)	环境筛	環境篩
environmental heterogeneity	环境异质性	環境異質性
environmental heterogeneity hypothesis	环境异质性假说	環境異質性假說
environmental indicator	环境指标	環境指標
environmental physiology	环境生理学	環境生理學
environmental sieve	环境筛	環境篩
enzyme	酶	酶，酵素
enzyme-catalyzed degradation	酶促降解	酶促降解
enzyme-linked immunosorbent assay (ELISA)	酶联免疫吸附测定	酶聯免疫吸附測定，酵素連接免疫吸附分析，酵素免疫吸附法
enzyme-substrate complex	酶-底物复合物	酶-受質複合物,酵素-受質複合體
enzyme-substrate molecule	酶-底物分子	酶-受質分子，酵素受質結合分子
epharmone (=adaptation type)	适应型	適應型
ephedrine	麻黄碱	麻黄鹼
ephedroid perforation	麻黄状穿孔，筛状穿孔	麻黄狀穿孔，篩狀穿孔
ephemeral plant	短命植物	短命植物，短齡植物
ephemeroid	类短命植物	類短命植物
epibasidium	上担子	上擔子
epibiotic plant	古老植物	古老植物
epibiotic species (=relic species)	孑遗种，残遗种	孑遺種，古老種，殘存種
epiblast	外胚叶	殘留子葉，退化子葉
epiblem	根被皮	根被皮
epicalyx	副萼	副萼
epicarp (=exocarp)	外果皮	外果皮
epicingulum	上壳环	上殼環
epicotyl	上胚轴	上胚軸，子葉上軸
epiderm (=epidermis)	表皮	表皮
epidermal hair	表皮毛	表皮毛
epidermal sheath	表皮鞘	表皮鞘
epidermal transpiration	表皮蒸腾	表皮蒸散
epidermis	表皮	表皮
epigeal cotyledon	出土子叶，地上子叶	出土子葉，地上子葉
epigeal germination	子叶出土萌发	子葉出土萌發，地上型萌發

英 文 名	大 陆 名	台 湾 名
epigenetic effect	表观遗传学效应，渐成效应，后生效应	表觀遺傳學效應，漸成效應，後生效應
epigenetic modification	表观遗传修饰	表觀遺傳修飾
epigenetic regulation	表观遗传调节	表觀遺傳[性]調節
epigenetic variation	表观遗传变异	表觀遺傳變異
epigenome	表观基因组	表觀基因體
epigynous	上位[的]	上位[的]
epigynous calyx	上位萼	上位萼，上生萼
epigynous flower	上位花	上位花，子房下位花
epigynous stamen	上位着生雄蕊	上位雄蕊
epigyny	上位式	上位式
epilithophyte	石面植物	石面植物
epimatium	肉质鳞被	肉質鱗被
epinasty	偏上性	下垂性
epinasty growth	偏上性生长	下垂生長
epipetalous stamen	着生花冠雄蕊	花冠上雄蕊
epiphenotype	后成表型	後成表[現]型
epiphloem	外韧皮部	外韌皮部
epiphragm	表膜	表膜，蓋膜
epiphyll	叶附生植物	葉附生植物，葉上著生植物
epiphyllitia	叶附生群落	葉[表]附生植物群落
epiphyllophyte (=epiphyll)	叶附生植物	葉附生植物，葉上著生植物
epiphysis	胚芽原	胚芽原
epiphyte	附生植物	附生植物
epiphytic algae	附生藻类	附生藻類
epiphytic root	附生根，附着根	附生根，附著根
epiphytism	附生性	附生性，表生性
epiphytology	植物流行病学	植物流行病學
epiplasm	造孢剩质	造孢餘質
epispore	附生孢子	附生孢子
episporium	[孢子]附壁	[孢子]附壁
epistase	珠心冠原	珠心冠原
epistasis (=epistatic effect)	上位效应	上位效應，上位性
epistatic deviation	上位离差	上位偏差
epistatic dominance	上位显性	上位顯性
epistatic effect	上位效应	上位效應，上位性
epistatic gene	上位基因	上位基因

英 文 名	大 陆 名	台 湾 名
epistomatic leaf	气孔上生叶	氣孔上生葉
epitheca	上壳	上殼
epithecial cortex	囊层皮	囊層皮
epithecium	囊层被	囊層被，上子實層
epithelium	上皮	上皮
epithem	通水组织	通水組織
epithet	加词	加詞，小名
epitype	附加模式，解释模式	附加模式，解釋模式
epivalve	上壳面	上殼面
epixylophytia	木生群落	木生群落
epoxidase	环氧[化]酶	環氧酶
equal dichotomy	等二叉分枝，等二歧分枝	等二叉分枝，等二歧分枝
equal division	均等分裂	等分裂，平均分裂
equator	赤道	赤道
equatorial axis	赤道轴	赤道軸
equatorial face	赤道面	赤道面
equatorial furrow	赤道沟	赤道溝
equatorial plane (=equatorial face)	赤道面	赤道面
equatorial plate (=equatorial face)	赤道板（=赤道面）	赤道板，中期板（=赤道面）
equatorial view	赤道面观	赤道面觀
equifacial leaf (=isobilateral leaf)	等面叶	等面葉
equitability (=evenness)	均匀度	均勻度，均等性
equivalent species	等值种，等位种，等价种	等值種，等位種
ER (=endoplasmic reticulum)	内质网	内質網
erect	直立[的]	直立[的]
erecto-patent	倾立[的]	傾立[的]
erect stem	直立茎	直立莖
eremium (=deserta)	荒漠群落	荒漠群落，荒漠群聚
eremophyte	荒漠植物	荒漠植物，沙漠植物
eremus (=deserta)	荒漠群落	荒漠群落，荒漠群聚
ergastic substance	后含物	後含物
ergometrine	麦角新碱	麥角新鹼，麥角新素
ergosterol	麦角甾醇，麦角固醇	麥角甾醇，麥角固醇，麥角脂醇
ergot	麦角	麥角
ergot alkaloid	麦角类生物碱	麥角類生物鹼

英文名	大陆名	台湾名
ER-retention protein (=endoplasmic reticulum retention protein)	内质网驻留蛋白	內質網駐留蛋白
eruptive evolution (=explosive evolution)	爆发式进化	爆發性演化，突發性演化
ESC (=embryonic stem cell)	胚胎干细胞	胚[胎]幹細胞
escaped plant	逃逸植物，逸出植物	[逸出後]野生化植物
escaped species	逃逸种，逸出种	[逸出後]野化種
ES cell (=embryonic stem cell)	胚胎干细胞	胚[胎]幹細胞
ES cell chimera (=embryonic stem cell chimera)	胚胎干细胞嵌合体	胚胎幹細胞嵌合體
ESI (=electrospray ionization)	电喷雾电离，电喷雾离子化	電[噴]灑游離
ESI-MS (=electrospray ionization mass spectrometry)	电喷雾电离质谱法	電[噴]灑游離質譜法
ESS (=evolutionary stable strategy)	稳定进化对策，进化稳定策略	穩定演化策略，演化穩定策略
essential element	必需元素	必需元素，必要元素
EST (=expressed sequence tag)	表达序列标签	表達序列標籤，表現序列標籤
estatifruticeta (=aestatifruticeta)	夏绿灌木群落	夏綠灌木叢林，夏綠灌叢
estatisilvae (=aestatisilvae)	夏绿乔木群落	夏綠喬木林
estidurilignosa (=aestidurilignosa)	夏绿硬叶林	夏綠硬葉林
etaerio	聚心皮果	聚心皮果，莓狀果實
etarium (=etaerio)	聚心皮果	聚心皮果，莓狀果實
ethanol fermentation	乙醇发酵，酒精发酵，生醇发酵	酒精發酵，乙醇發酵
ethephon (=ethrel)	乙烯利	益收，乙烯釋放劑
ethnobotany	民族植物学	民族植物學
ethrel	乙烯利	益收，乙烯釋放劑
ethylene	乙烯	乙烯
ethylene analogue	乙烯类似物	乙烯類似物
ethylene antagonist	乙烯拮抗剂	乙烯拮抗劑
ethylene biosynthesis inhibitor	乙烯生物合成抑制剂	乙烯生物合成抑制劑
ethylene-forming enzyme (EFE)	乙烯形成酶	乙烯形成酶，乙烯形成酵素
etiolated seedling	黄化苗	黃化苗
etiolation (=skotomorphogenesis)	黄化（=暗形态建成）	黃化（=暗形態發生）
etioplast	黄化质体	黃化體
euanthial theory	真花学说	真花說
euanthium theory (=euanthial theory)	真花学说	真花說

英　文　名	大　陆　名	台　湾　名
eubiosis (=ecological balance)	生态平衡	生態平衡
eucarpic reproduction	分体产果式生殖，分体造果	分體産果式生殖
euchromatin	常染色质	常染色質，真染色質
eudicotyledons	真双子叶植物	真雙子葉植物
eu-form	全孢型	全孢型
eugeophyte	真地下芽植物	真正下芽植物
euglenoids	裸藻	裸藻，綠蟲藻
euhalophyte (=recretohalophyte)	真盐生植物（=泌盐植物）	真鹽生植物（=泌鹽植物）
euhaploid	整[倍]单倍体	整單倍體
eukarya (=eukaryon)	真核	真核
eukaryon	真核	真核
eukaryote	真核生物	真核生物
eukaryotic algae	真核藻类	真核藻類
eukaryotic cell	真核细胞	真核細胞
euphane triterpene	大戟烷类三萜	大戟烷類三萜
euphol	大戟醇	大戟醇
euploid	整倍体	整倍體
euploidy	整倍性	整倍性
Euramerican flora	欧美植物区系，欧美植物群	歐美植物區系，歐美植物相，歐美植物群
Eurasian flora	欧亚植物区系，欧亚植物群	歐亞植物區系，歐亞植物相，歐亞植物群
eurychoric species	广域种	廣域種
eurypalynous type	多孢粉类型	多孢粉類型
eurythermal	广温性	廣温性
eurythermic (=eurythermal)	广温性	廣温性
eurythermic plant	广温植物	廣温植物
eurytopic species	广幅种，广适种	廣幅種，廣域種，廣棲種
eurytropy	广适性	廣適性
euryvalent	广幅植物	廣適性植物
euryzone	广带性	廣帶性
eusporangiate ferns	厚囊蕨类	厚囊蕨類，真囊蕨類
eusporangiate type	厚囊型	厚[壁孢子]囊型，真孢子囊型
eusporangium	厚孢子囊	厚壁孢子囊，真孢子囊
eustele	真中柱	真中柱
eusymbiosis	真[正]共生	真正共生，互依共存
euthecium	真子囊果	真子囊果

英文名	大陆名	台湾名
eutrophication	富营养化	富營養化，優養化
eutrophic marsh (=marsh)	富营养沼泽（=草沼）	富營養沼澤（=草沼）
eutrophic plant	富养植物，肥土植物	富養植物，肥土植物
eutrophyte (=eutrophic plant)	富养植物，肥土植物	富養植物，肥土植物
evapotranspiration	蒸散，蒸发蒸腾	蒸發蒸散[作用]
evenness	均匀度	均勻度，均等性
evenness index	均匀度指数	均勻度指數
even-pinnately compound leaf	偶数羽状复叶	偶數羽狀複葉
even polyploid	偶数多倍体	偶數多倍體
everflowering plant	常年开花植物	常時開花植物
everglade	沼泽地	沼澤地
evergreen broad-leaved forest	常绿阔叶林，照叶林	常綠闊葉林
evergreen coniferous forest	常绿针叶林	常綠針葉林
evergreen coniferous forest zone	常绿针叶林带	常綠針葉林帶
evergreen leaf	常绿叶	常綠葉
evergreen needle-leaved forest (=evergreen coniferous forest)	常绿针叶林	常綠針葉林
evergreen plant	常绿植物	常綠植物
evo-devo (=evolutionary developmental biology)	进化发育生物学	演化發育生物學
evodevotics (=evolutionary developmental biology)	进化发育遗传学（=进化发育生物学）	演化發育遺傳學（=演化發育生物學）
evolution	进化，演化	演化，進化
evolutionary botany	进化植物学，演化植物学	演化植物學
evolutionary clock	进化钟	演化鐘，進化鐘
evolutionary developmental biology	进化发育生物学	演化發育生物學
evolutionary developmental genetics (=evolutionary developmental biology)	进化发育遗传学（=进化发育生物学）	演化發育遺傳學（=演化發育生物學）
evolutionary distance	进化距离	演化距離
evolutionary divergence	进化趋异	演化趨異
evolutionary dynamics	进化动力学	演化動力學
evolutionary ecology	进化生态学	演化生態學
evolutionary embryology	进化胚胎学	演化胚胎學
evolutionary genetics	进化遗传学	演化遺傳學
evolutionary homeostasis	进化稳态	演化穩定
evolutionary rate (=rate of evolution)	进化速率	演化速率

英　文　名	大　陆　名	台　湾　名
evolutionary selection	进化选择	演化選擇
evolutionary species	进化种	演化種
evolutionary species concept	进化种概念	演化種概念
evolutionary stable strategy (ESS)	稳定进化对策，进化稳定策略	穩定演化策略，演化穩定策略
evolutionary strategy	进化对策	演化策略
evolutionary systematics	进化系统学	演化系統分類學
evolutionary taxonomy	进化分类学	演化分類學
evolutionary theory (=evolution theory)	进化论，演化论	演化論，進化論
evolutionary time	进化时间	演化時間
evolutionary time theory	进化时间学说	演化時間學說
evolutionary trade off	进化权衡	演化權衡
evolutionary tree (=phylogenetic tree)	进化树（=系统[发育]树）	演化樹（=系統樹）
evolution center	演化中心	演化中心
evolutionism (=evolution theory)	进化论，演化论	演化論，進化論
evolution pressure	进化压	演化壓力
evolution theory	进化论，演化论	演化論，進化論
EW (=extinction in the wild)	野外灭绝，野生灭绝	野外滅絕
exalbuminous seed	无胚乳种子	無胚乳種子
exannulate sporangium	无环带孢子囊	無環帶孢子囊
exaptation	再适应	再適應
exarch	外始式	外始式
exciple (=excipulum)	囊盘被	囊盤被
excipulum	囊盘被	囊盤被
excipulum proprium (=proper margin)	果壳缘部，固有盘缘	固有盤緣
excipulum thallinum (=thalline exciple)	果托，体质盘壁	葉狀體囊盤被
excitability	激感性	激感性
excited state	激发态	激[發]態
exclusiveness (=fidelity)	确限度	獨占度，[棲地]忠誠度，群落確限度
exclusive species	确限种	獨占種，專見種
exergonic reaction	放能反应	放能反應
exine	外壁	外壁
exine-held protein	外壁蛋白	外壁蛋白

英文名	大陆名	台湾名
exit tube	出管	出管
exocarp	外果皮	外果皮
exocytosis	胞吐[作用]	胞吐作用
exodermis	外皮层	外皮層
exogenetic succession	外因演替	外因演替，外因消長
exogenous DNA	外源 DNA	外源 DNA
exogenous gene	外源基因	外源基因，外生基因
exogenous origin	外生源	外生源
exogenous rhythm	外源节律	外源節律
exogenous spore (=ectospore)	外生孢子	外生孢子
exogenous timing (=exogenous rhythm)	外源节律	外源節律
exon	外显子	外顯子
exon trapping	外显子捕获	外顯子補獲
exonuclease	外切核酸酶，核酸外切酶	核酸外切酶
exoperistome (=exostome)	外蒴齿，外齿层	外蒴齒，外齒層
exophenotype	外表型	外在表[現]型，外來表[現]型，[經]適應後表現型
exopleura	外种皮	外種皮
exoroot nutrition	根外营养	根外營養
exospore (=ectospore)	外生孢子	外生孢子
exosporium	[孢子]外壁	[孢子]外壁
exostome	外蒴齿，外齿层；外珠孔	外蒴齒，外齒層；外珠孔
exostomium (=exostome)	外蒴齿，外齿层	外蒴齒，外齒層
exotesta (=exopleura)	外种皮	外種皮
exothecium	[蒴]外层	[蒴]外層
exothermic reaction	放热反应	放熱反應
exotic species (=alien species)	外来种	外來種
expanding population	增长型种群	擴張族群
expansin	扩展蛋白，扩张蛋白	擴大蛋白
expansion tissue	伸展组织	伸展組織
experimental geobotany (=experimental plant ecology)	实验地植物学（=实验植物群落学）	實驗地植物學（=實驗植物群落學）
experimental physiology	实验生理学	實驗生理學
experimental plant ecology	实验植物群落学	實驗植物群落學
experimental plant embryology	植物实验胚胎学	植物實驗胚胎學
experimental taxonomy	实验分类学	實驗分類學
explant	外植块；外植体	組織塊；培植體

英　文　名	大　陆　名	台　湾　名
explosive evolution	爆发式进化	爆發性演化，突發性演化
explosive speciation (=sudden speciation)	骤变式物种形成，爆发式物种形成	驟變式物種形成，爆發式物種形成，驟變式種化
exponential growth	指数增长	指數型[族群]成長，指數[型]增長
expressed sequence tag (EST)	表达序列标签	表達序列標籤，表現序列標籤
expression cassette	表达组件，表达盒	表達盒，表現盒
expression vector	表达载体	表達[型]載體，表現載體
exserted stamen	突出雄蕊	突出雄蕊
exsiccata (=herbarium sheet)	腊叶标本	臘葉標本
ex situ conservation	迁地保护，异地保护，易地保护	異地保育，域外保育，移地保育
extensin	伸展蛋白	伸展蛋白
extented pit aperture	外展纹孔口	外展紋孔口
external cephalodium	外生衣瘿	外生衣癭
external coincidence model	外源节律耦合模型	外源節律耦合模型
external cortical layer	上皮层	上皮層
external parasitism (=ectoparasitism)	外寄生	外寄生
external phloem	外生韧皮部	外生韌皮部，外生篩管部
external root sheath	外根鞘	外根鞘
external secretory structure	外分泌结构	外分泌結構
external seed coat (=exopleura)	外种皮	外種皮
extinction	灭绝	滅絕，絶滅
extinction in the wild (EW)	野外灭绝，野生灭绝	野外滅絕
extinct species	灭绝种	滅絶種
extra-axillary bud	腋外芽	腋外芽
extra-axillary inflorescence	腋外生花序	腋外生花序
extra cambium	额外形成层，副形成层	額外形成層，副形成層
extrachromosomal DNA	染色体外 DNA	染色體外 DNA
extrachromosomal gene	染色体外基因	染色體外基因
extrachromosomal inheritance (=cytoplasmic inheritance)	染色体外遗传（=[细]胞质遗传）	染色體外遺傳（=[細]胞質遺傳）
extraction	提取，萃取	萃取，提取
extrafloral nectary	花外蜜腺	花外蜜腺
extranuclear gene (=extrachromosomal gene)	核外基因（=染色体外基因）	核外基因（=染色體外基因）
extranuclear inheritance (=cytoplasmic inheritance)	核外遗传（=[细]胞质遗	核外遺傳（=[細]胞質遺傳）

英 文 名	大 陆 名	台 湾 名
	传）	
extra-tapetal membrane	外绒毡层膜	外絨氈層膜
extrazonal vegetation	地带外植被，超地带植被	地帶外植被
extrinsic protein (=peripheral protein)	外在蛋白质（=周边蛋白质）	外在蛋白（=膜周邊蛋白）
extrinsic speciation	外因性物种形成	外因性物種形成，外因性種化
extrorse anther	外向药	外向藥
ex-type	衍生模式	衍生模式
exudate	溢泌物	溢泌物
exudation	溢泌	溢泌
eye cutting (=bud cutting)	芽插	芽插
eye spot (=stigma)	眼点	眼點

F

英 文 名	大 陆 名	台 湾 名
FAB-MS (=fast atom bombardment mass spectrometry)	快速原子轰击质谱法	快速原子轟擊質譜法，快速原子撞擊質譜術
faciation	群丛相	群相，亞植物群落區
facies (=faciation)	群丛相	群相，亞植物群落區
facilitated diffusion	易化扩散，促进扩散，协助扩散	易化擴散，促進[性]擴散
facilitation	易化作用，促进作用	促進作用
F-actin (=filamentous actin)	丝状肌动蛋白，F 肌动蛋白	纖維狀肌動蛋白，F 肌動蛋白
facultative apomixis	兼性无融合生殖	兼無性生殖，有條件的無融合生殖，兼不受精生殖
facultative LDP (=facultative long-day plant)	兼性长日植物	兼性長日植物
facultative long-day plant (facultative LDP)	兼性长日植物	兼性長日植物
facultative mutualism	兼性互利共生，兼性互惠共生	兼性互利共生
facultative SDP (=facultative short-day plant)	兼性短日植物	兼性短日植物
facultative short-day plant (facultative SDP)	兼性短日植物	兼性短日植物
falciphore	镰形能育丝柄	鐮形能育絲柄
false annual ring	假年轮	假年輪，偽年輪

英文名	大陆名	台湾名
false branching	假分枝	假分枝，擬分枝
false dichotomous branching	假二叉分枝，假二歧分枝	假二叉分枝，假叉狀分枝
false dichotomy (=false dichotomous branching)	假二叉分枝，假二歧分枝	假二叉分枝，假叉狀分枝
false duramen (=false heartwood)	假心材，伪心材	假心材，偽心材
false fertilization	假受精	假受精
false heartwood	假心材，伪心材	假心材，偽心材
false membrane	堆膜，假膜	堆膜，假膜
false nerve (=false vein)	假脉	假脈
false polyembryony (=multiple polyembryony)	假多胚[现象]（=复多胚[现象]）	假多胚[現象]，假多胚性（=複多胚[現象]）
false ramification (=false branching)	假分枝	假分枝，擬分枝
false vein	假脉	假脈
falx	镰形能育丝	鐮形能育絲
family	家族；科	家族；科
fan	扇状聚伞花序	扇狀聚傘花序
farinaceous endosperm	粉质胚乳	粉質胚乳
fascia	中带部	中帶部
fasciation	扁化	扁化，帶化
fascicle	密伞花序，簇生花序	密傘花序，簇生花序，聚傘花序
fascicled bud (=fascicular bud)	簇生芽	簇生芽
fascicled leaf	簇生叶	簇生葉，叢生葉
fascicled phyllotaxy	簇生叶序	簇生葉序
fascicular bud	簇生芽	簇生芽
fascicular cambium	束中形成层	束內形成層
fascicular xylem	束中木质部	束內木質部
fast atom bombardment mass spectrometry (FAB-MS)	快速原子轰击质谱法	快速原子轟擊質譜法，快速原子撞擊質譜術
fat	脂肪	脂肪
fat oxidation	脂肪氧化	脂肪氧化
fat tissue	脂肪组织	脂肪組織
fatty acid	脂肪酸	脂肪酸
fatty acid biosynthesis	脂肪酸生物合成	脂肪酸生物合成
fatty acid oxidation	脂肪酸氧化	脂肪酸氧化
fatty acid synthase	脂肪酸合酶	脂肪酸合酶
FC (=fibrillar center)	纤维中心	纖維中心

英 文 名	大 陆 名	台 湾 名
FD-MS (=field desorption mass spectrometry)	场解吸质谱法	場脫附質譜法
febrifugine	常山碱乙，β-常山碱	常山鹼乙
fecundity	生育力	生育力
feedback	反馈	回饋，反饋
feedback inhibition	反馈抑制	回饋抑制，反饋抑制
feedback loop	反馈环，反馈回路	回饋環
feedback mechanism	反馈机制	回饋機制
feedback regulation	反馈调节	回饋調節
feeding site	取食点，摄食位点	取食部位，取食地點
female branch	雌枝	雌枝
female cone	雌球果	雌球果
female flower (=pistillate flower)	雌花	雌[蕊]花
female gamete	雌配子	雌配子
female gametophyte (=megagametophyte)	雌配子体	雌配子體
female germ unit (FGU)	雌性生殖单位	雌性生殖單位
female inflorescence (=pistillate inflorescence)	雌花序	雌[性]花序
female nucleus	雌核	雌核
female parent	母本	母本
female parthenogenesis (=gynogenesis)	孤雌生殖，单雌生殖，雌核发育	孤雌生殖，單雌生殖，雌核發育
female receptacle (=archegoniophore)	雌生殖托，雌[器]托	藏卵器托，藏卵器枝，雌生殖器托
female sterility	雌性不育	雌性不育，雌不孕性
fen	碱沼	鹼沼，礦質泥炭沼澤
fenchane derivative	葑烷衍生物	葑烷衍生物
fenestrate	窗孔	窗孔
fenestriform pit (=window-like pit)	窗格状纹孔	窗形紋孔
feralization	野化	野[生]化
feral plant	逸生植物	野化植物
fermentation	发酵	發酵
fern	蕨类植物，羊齿植物	蕨類植物，羊齒植物
fern age	蕨类时代，羊齿时代	蕨類時代，羊齒時代
fern type	蕨类植物型	蕨類植物型
ferredoxin	铁氧化还原蛋白，铁氧还	鐵氧化還原蛋白，鐵蛋白素

英 文 名	大 陆 名	台 湾 名
	蛋白	
ferritin	铁蛋白	鐵蛋白
fertile flower	孕性花	可孕性花
fertile frond (=sporophyll)	能育叶（=孢子叶）	生殖葉，繁殖葉（=孢子葉）
fertile leaf (=sporophyll)	能育叶（=孢子叶）	生殖葉，繁殖葉（=孢子葉）
fertile pinna	能育羽片	生殖羽片，[可]孕性羽片，產孢子羽片
fertile pinnule	能育小羽片	生殖小羽片，[可]孕性小羽片
fertile pollen	能育花粉	可孕性花粉
fertilization	受精	受精
fertilization filament (=receptive hypha)	受精丝	受精絲
fertilization tube	受精管	受精管
fertilized egg	受精卵	受精卵，合子
ferulic acid	阿魏酸	阿魏酸，4-羥-3-甲氧基肉桂酸
F_0F_1-ATP synthase	F_0F_1-ATP 合酶	F_0F_1-ATP 合[成]酶
F_1 generation (=first filial generation)	子一代	第一子代
F_2 generation (=second filial generation)	子二代	第二子代
FGU (=female germ unit)	雌性生殖单位	雌性生殖單位
fiber	纤维	纖維
fiber sclereid	纤维石细胞	纖維石細胞
fiber tracheid	纤维管胞	纖維管胞，纖維[狀]假導管
fibrillar center (FC)	纤维中心	纖維中心
fibrous layer (=endothecium)	纤维层（=药室内壁）	纖維層（=藥室內壁）
fibrous root	须根，纤维根	鬚根
fibrous root system	须根系	鬚根系
fibrous sheath	纤维鞘	纖維鞘
fibrous tissue	纤维组织	纖維組織
fibrous tracheid (=fiber tracheid)	纤维管胞	纖維管胞，纖維[狀]假導管
fidelity	确限度	獨占度，[棲地]忠誠度，群落確限度
field capacity	田间持水量	田間持水量
field desorption mass spectrometry (FD-MS)	场解吸质谱法	場脫附質譜法
field moisture capacity (=field capacity)	田间持水量	田間持水量
field physiology	野外生理学	野外生理學

英 文 名	大 陆 名	台 湾 名
filament	花丝；丝状体；同化丝	花絲；絲體；同化絲
filamentous actin (F-actin)	丝状肌动蛋白，F 肌动蛋白	纖維狀肌動蛋白，F 肌動蛋白
filamentous thallus	丝状地衣体	絲狀地衣體
filament sheath	轴丝鞘	軸絲鞘
file meristem (=rib meristem)	肋状分生组织	肋狀分生組織，肋狀分裂組織
filial generation	子代	子代，雜交後代
filicology (=pteridology)	蕨类植物学	蕨類[植物]學
filiform apparatus	丝状器	絲狀器
filling tissue (=complementary tissue)	补充组织	補充組織，填充組織
filtration sterilization	过滤除菌	過濾除菌，過濾滅菌
final epithet	最终加词	最後加詞，最後小名
fire climax	火烧[演替]极顶	火燒後演替頂極群落
first filial generation (F_1 generation)	子一代	第一子代
first gap phase (=G_1 phase)	G_1 期	G_1 期
first tooth (=apical tooth)	角齿	角齒
FISH (=fluorescence *in situ* hybridization)	荧光原位杂交	螢光原位雜交，原位螢光雜合[法]
fission (=schizogenesis)	分裂生殖，裂殖	分裂生殖，裂殖
fission plant	裂殖植物	裂殖植物
fitness	适合度	適合度，適應度
fitness-related trait	适合度相关性状	適合度相關性狀
fixed cell culture	固定细胞培养	固定細胞培養
flagelliform branch	鞭状枝	鞭狀枝
flagellum	鞭毛	鞭毛
flagellum apparatus	鞭毛器	鞭毛器
flanking sequence	旁侧序列，侧翼序列	旁側序列，側翼序列，毗鄰序列
flank meristem	侧面分生组织，周围分生组织	側面分生組織
flash column chromatography (FLC)	快速柱色谱法	快速柱層析法
flavane	黄烷	黄烷
flavane-3,4-diol	黄烷-3,4-二醇	黄烷-3,4-二醇
flavane-3-ol	黄烷-3-醇	黄烷-3-醇
flavanone	二氢黄酮	二氫黄酮，黄烷酮
flavanonol	二氢黄酮醇	二氫黄酮醇
flavone	黄酮	黄酮

英　文　名	大　陆　名	台　湾　名
flavonoid	黄酮类化合物	黄酮類化合物，類黄酮
flavonol	黄酮醇	黄酮醇
flavoprotein	黄素蛋白	黄素蛋白
flax seed oil (=linseed oil)	亚麻子油	亞麻子油
FLC (=flash column chromatography)	快速柱色谱法	快速柱層析法
flesh (=context)	菌肉	菌肉
fleshy fruit	肉[质]果	肉[質]果
fleshy leaf (=succulent leaf)	肉质叶	肉質葉，多肉葉
fleshy root (=succulent root)	肉质根	肉質根，多肉根
fleshy stem (=succulent stem)	肉质茎	肉質莖，多肉莖
fleshy taproot	肉质直根	肉質直根
flexuous hypha	曲折菌丝，性孢子受精丝	曲折菌絲，性孢子受精絲
flimmer	鞭茸，鞭毛丝	鞭茸
floating-leaved plant	浮叶植物	浮葉植物
floating plant	漂浮植物	漂浮植物，浮水植物，浮葉植物
floating root	浮根	浮根
floccus	丛卷毛	叢綿毛
flooding stress	涝胁迫，淹水胁迫	淹水逆境
flood injury	涝害	澇害
flora	植物区系，植物群；植物志	植物區系，植物相，植物群；植物誌
floral autonomous pathway	成花自主途径	開花自主途徑
floral axis	花轴	花軸
floral biology	成花生物学	花部生物學
floral competent state	成花感受态	開花感受態
floral composition	植物区系组成	植物區系組成，植物相組成
floral determined state	成花决定态	開花決定態
floral diagram (=flower diagram)	花图式	花圖式
floral disc	花盘	花盤
floral element (=floristic element)	植物区系成分	植物區系成分，植物區系要素
floral evocation	成花启动	開花啟動
floral formula (=flower formula)	花程式	花式
floral induction	成花诱导，开花诱导	開花誘導，催花
floral inhibitor (=antiflorigen)	成花抑制物（=抗成花素）	開花抑制物（=抗開花素）
floral initiation	花发端	花發端

英 文 名	大 陆 名	台 湾 名
floral leaf	花叶	花葉
floral meristem	花分生组织	花分生組織
floral meristem identity gene	花分生组织特征基因	花分生組織特徵基因
floral nectary	花[上]蜜腺	花蜜腺
floral organ	花器官	花器官
floral organ identity gene	花器官特征基因	花器官特徵基因
floral pathway integrator	开花途径整合因子	開花途徑整合因子
floral receptacle (=receptacle)	花托	花托
floral relation	植物区系亲缘	植物區系親緣
floral stimulus (=florigen)	成花刺激物（=成花素）	開花刺激物（=開花[激]素）
floral transition	成花转变	開花轉變
floral tube	花管	花管，花筒
floral whorl	花轮	花輪
floret (=floweret)	小花	小花
floridean starch	红藻淀粉	紅藻澱粉
florigen	成花素，开花激素	開花[激]素，開花荷爾蒙
florigen theory	成花素学说	開花[激]素學說
floristic composition (=floral composition)	植物区系组成	植物區系組成，植物相組成
floristic division	植物区系区划	植物區系區劃
floristic element	植物区系成分	植物區系成分，植物區系要素
floristic geography	植物区系地理学	植物區系地理學
floristics	植物区系学	植物區系學，植相學
florogenesis	植物区系发生	植物區系發生
florology (=floristics)	植物区系学	植物區系學，植相學
floss (=villus)	绒毛，柔毛，毡毛	絨毛
flower	花	花
flower bud	花芽	花芽
flower bud differentiation	花芽分化	花芽分化
flower cluster	花簇	花簇，花叢
flower diagram	花图式	花圖式
floweret	小花	小花
flower formula	花程式	花式
flower-inducing substance	成花诱导物	開花誘導物質，花器誘導物質
flower induction (=floral induction)	成花诱导，开花诱导	開花誘導，催花
flowering (=anthesis)	开花	開花
flowering glume	花颖	花穎

英文名	大陆名	台湾名
flowering hormone (=florigen)	成花素，开花激素	開花[激]素，開花荷爾蒙
flowering plant (=angiospermae)	有花植物（=被子植物）	開花植物，真花植物（=被子植物）
flower primordium	花原基	花原基
flower-spray ending	花枝末梢	花枝末梢
flower stalk	花柄	花梗
flow rate	流通率	流通率
fluctuating variation	彷徨变异	徬徨變異，參差變異，波動變異
fluitante (=floating plant)	漂浮植物	漂浮植物，浮水植物，浮葉植物
fluorecence phenomenon	荧光现象	螢光現象
fluorescence induction	荧光诱导	螢光誘導
fluorescence *in situ* hybridization (FISH)	荧光原位杂交	螢光原位雜交，原位螢光雜合[法]
fluorescence quantum yield	荧光量子产率	螢光量子產率
fluorescence quenching	荧光猝灭	螢光猝滅
fluorescence transient (=fluorescence induction)	荧光诱导	螢光誘導
flush end (=blunt end)	平端	鈍端
flux	通量	通量
foliaceous thallus (=foliose thallus)	叶状地衣体	葉狀地衣體
foliage branch	营养枝，叶枝	葉條，葉枝
foliage density (=leaf area density)	叶面积密度	葉面積密度
foliage dressing	叶面施肥	葉面施肥，葉面噴施
foliage height	叶面高度	[枝]葉層高度
foliage leaf	营养叶	營養葉
foliage pinna	营养羽片	營養羽片
foliage plant	观叶植物	觀葉植物
foliage shoot (=foliage branch)	营养枝，叶枝	葉條，葉枝
folial gap	叶隙	葉隙
folial trace	叶迹	葉跡
foliar absorption	叶面吸收	葉面吸收
foliar age index	叶龄指数	葉齡指數
foliar application (=foliage dressing)	叶面施肥	葉面施肥，葉面噴施
foliar bud (=leaf bud)	叶芽	葉芽

英 文 名	大 陆 名	台 湾 名
foliar diagnosis	叶诊断	葉診斷
foliar fertilization (=foliage dressing)	叶面施肥	葉面施肥，葉面噴施
foliar nutrition (=exoroot nutrition)	叶面营养（=根外营养）	葉面營養（=根外營養）
foliation (=vernation)	幼叶卷叠式	幼葉卷疊式
foliose lichen	叶状地衣	葉狀地衣
foliose thallus	叶状地衣体	葉狀地衣體
follicetum	聚合蓇葖果，蓇葖群	聚合蓇葖果，蓇葖群
follicle	蓇葖果	蓇葖果
food chain	食物链	食物鏈
food web	食物网	食物網
foot cell	足细胞，脚胞	足細胞，基細胞
foot layer	基层	基層
foraging behavior	觅食行为	覓食行為
forest	森林	森林，喬木林
forest stand (=stand)	林分	林分
form	变型	變型
formation	群系	群系
formation class	群系纲	群系綱
formation group	群系组	群系組
formation type	群系型	群系型
formative tissue	形成组织	形成組織
form-function relationship	形态-功能关系	形態-功能關係
form genus	形态属	形態屬
form species (=morphological species)	形态[学]种	形態種
forward primer	正向引物	正向引子
fosmid	F 黏粒	F 型黏接質體
fossil	化石	化石
fossil botany	化石植物学	化石植物學
fossil forest	化石森林	化石森林
fossil fungus	化石真菌	化石真菌
fossil plant	化石植物	化石植物
fossil plant biology (=paleobotany)	化石植物生物学（=古植物学）	化石植物生物學（=古植物學）
fossil species	化石种	化石種
fossil stem	化石茎	化石莖

英 文 名	大 陆 名	台 湾 名
fossil wood	化石木，木化石	化石木，木化石
founder effect	建立者效应，奠基者效应	創始者效應，奠基者效應，建立者效應
fractional distillation	分馏	分餾
fractional extraction	分步提取，分步萃取	分步萃取
fragility	脆弱性	脆弱性
fragmentation	断落，断裂	斷落，斷裂
fragmentation index	破碎化指数	破碎化指數
fragmentation spore (=arthrospore)	节[分生]孢子	節孢子
frameshift mutation	移码突变	框移突變
free auxin	自由生长素，游离[型]生长素	游離生長素
free cell formation	游离细胞形成	游離細胞形成
free-central placenta	特立中央胎座	特立中央胎座
free-central placentation	特立中央胎座式	特立中央胎座式，分離中央胎座式
free cross pollination	自由异花传粉	自由異花傳粉
free energy	自由能	自由能
free gibberellin	自由赤霉素，游离[型]赤霉素	游離激勃素
free-living nitrogen fixation (=asymbiotic nitrogen fixation)	自生固氮作用（=非共生固氮作用）	游離氮固定（=非共生固氮作用）
free nuclear stage	游离核时期	游離核時期
free nucleus	游离核	游離核
free pollination	自由传粉，自由授粉	自由傳粉，天然傳粉
free radical	自由基	自由基，游離基
free space	自由空间	自由空間，無阻空間
free water	自由水，游离水	游離水，自由水
freezing dehydration	冻结脱水	凍結脱水
freezing injury	冻害	凍害，凍傷
freezing resistance	抗冻性	抗凍性
freezing-sensitive plant	冻敏感植物	凍敏感植物
freezing stress	冻胁迫	冷凍逆境，凍害
freezing tolerance	耐冻性	耐凍性
frequency	频度	頻度
frequency center	频度中心	頻度中心
frequency-dependent selection	依频选择，频率依赖选择	頻率依存[型]天擇

英 文 名	大 陆 名	台 湾 名
freshwater algae	淡水藻类	淡水藻類
freshwater marsh	淡水沼泽	淡水沼澤
freshwater plant	淡水植物	淡水植物
fresh weight	鲜重	鮮重
friedelane triterpene	木栓烷型三萜	木栓烷型三萜
frond	[蕨]叶	蕨葉，棕櫚葉
front flagellum	前鞭毛	前鞭毛
front lamina	前翅	前翅
frost	霜冻	霜凍
frost injury	霜害	霜害
frost resistance	抗霜性	抗霜性，抗寒性
fructan	果聚糖	果聚糖
fructification (=fruiting body)	子实体	子實體
fructose	果糖	果糖
fruit	果实	果實
fruit after-ripening	果实后熟	果實後熟
fruit coat	果皮	果皮
fruiting body	子实体	子實體
fruiting habit (=bearing habit)	结果习性	結果習性
fruiting shoot (=bearing shoot)	结果枝	結果枝
fruit stalk (=carpopodium)	果柄	果柄
frustule	硅藻壳	矽藻殼
frutex (=shrub)	灌木	灌木
fruticose lichen	枝状地衣	枝狀地衣，莖狀地衣，灌木狀地衣
fruticose thallus	枝状地衣体	枝狀地衣體
fruticulus (=undershrub)	小灌木	小灌木
fucoxanthin	墨角藻黄素，岩藻黄素，岩藻黄质	墨角藻黃素，岩藻黃素，鹿角藻黃素
fultoportule (=strutted process)	支持突	支持突
fumarprotocetraric acid	富马原岛衣酸	富馬原島衣酸
functional genomics	功能基因组学	功能基因體學
functional patch	功能斑块	功能斑塊
functional type	功能型	功能型
fundamental respiration	基本呼吸	基本呼吸
fundamental system (=ground tissue system)	基本系统（=基本组织系统）	基本系統（=基本組織系統）

英 文 名	大 陆 名	台 湾 名
fundamental tissue (=parenchyma)	基本组织（=薄壁组织）	基本組織（=薄壁組織）
fundamental tissue system (=ground tissue system)	基本组织系统	基本組織系統
fungi imperfecti (=deuteromycetes)	半知菌类，不完全菌类	不完全菌類
fungus	真菌	真菌
fungus pit (=mycangium)	贮菌器	[甲蟲]貯菌器
funicle (=funiculus)	菌丝索，菌纤索，菌脐索	菌絲索
funicular cord (=funiculus)	菌丝索，菌纤索，菌脐索	菌絲索
funicular guidance	胚柄引导	胚柄引導
funicule (=funiculus)	珠柄	珠柄
funiculus	菌丝索，菌纤索，菌脐索；珠柄	菌絲索；珠柄
funnel-shaped corolla	漏斗状花冠	漏斗狀花冠，漏斗形花冠
furanocoumarin	呋喃香豆素	呋喃香豆素
furcate hair (=dendroid hair)	分叉毛（=树状毛）	分叉毛（=樹狀毛）
furofuran lignan	双四氢呋喃类木脂素	雙四氫呋喃類木脂體
furrow (=colpus)	沟	溝
fusainization	丝炭化[作用]	絲炭化[作用]
fusiform initial	纺锤状原始细胞	紡錘狀原始細胞
fusiform ray	纺锤射线	紡錘射線
fusion gene	融合基因	融合基因
fusion protein	融合蛋白	融合蛋白
fusogen	促融剂	促融[合]劑

G

英 文 名	大 陆 名	台 湾 名
GA (=gibberellin)	赤霉素	激勃素，吉貝素
G-actin (=globular actin)	球状肌动蛋白，G 肌动蛋白	球狀肌動蛋白，G 肌動蛋白
gain-of-function mutation	功能获得突变	功能獲得突變
Galanthus nivalis agglutinin (GNA)	雪花莲凝集素	雪花草凝集素
galea	盔瓣	盔瓣
gallotannin	没食子[酸]鞣质	没食子鞣質，單寧，丹寧
gametangial copulation	配子囊配合，配囊交配	配子囊接合，配囊交配
gametangium	配子囊	配子囊
gamete	配子	配子

英文名	大陆名	台湾名
gametic chromosome number	配子染色体数	配子染色體數
gametic incompatibility	配子不亲和性	配子不親和性
gametic meiosis	配子减数分裂	配子減數分裂
gametid	配子细胞	配子細胞
gametid cell (=gametid)	配子细胞	配子細胞
gametocyte	配子母细胞	配[子]母細胞
gametogenesis	配子发生，配子形成	配子發生，配子形成
gametogeny (=gametogenesis)	配子发生，配子形成	配子發生，配子形成
gametogony	配子生殖	配子生殖
gametophore	配子托	配子囊柄
gametophyte	配子体	配子體
gametophyte generation (=sexual generation)	配子体世代（=有性世代）	配子體世代（=有性世代）
gametophyte sterility	配子体不育	配子體不育
gametophytic apomixis	配子体无融合生殖	配子體無融合生殖
gametophytic self-incompatibility (GSI)	配子体自交不亲和性	配子體自交不親和性
gamma diversity	γ 多样性	γ 多樣性
gamma richness	γ 丰富度	γ 豐富度
gamma taxonomy	γ 分类学，丙级分类学	γ 分類學
gamopetal (=synpetal)	合瓣	合瓣
gamopetalous corolla (=synpetalous corolla)	合瓣花冠	合瓣花冠
gamopetalous flower (=synpetalous flower)	合瓣花	合瓣花
gamopetaly (=synpetaly)	合瓣性	合瓣性
gamosepal (=synsepal)	合萼	合萼片，萼片合生
gamosepalous calyx (=synsepal)	合萼	合萼片，萼片合生
ganglioneous hair	分节毛，节分枝毛	節分枝毛
ganoderic acid	灵芝酸	靈芝酸
garrigue	加里格群落	加里格灌叢
gas chromatography	气相色谱法	氣相層析法
gas vacuole	伪空胞	假空胞，假液胞
G-band (=Giemsa band)	G 带，吉姆萨带	G 帶，吉姆薩帶
gel	凝胶	凝膠
gelatinous fiber	胶质纤维	膠質纖維
gelatinous sheath	胶质鞘	膠質鞘

英 文 名	大 陆 名	台 湾 名
gel filtration chromatography (GFC)	凝胶过滤色谱法	凝膠過濾層析法
gemma	胞芽，孢芽；芽孢	孢芽，胞芽，無性芽；芽孢
gemma cup	胞芽杯，孢芽杯	芽孢杯，孢芽杯，無性芽杯
gene	基因	基因
gene editing	基因编辑	基因編輯
genealogy	谱系学，系谱学	譜系學，系譜學，系統學
gene bank (=gene library)	基因文库	基因庫
gene cloning	基因克隆	基因克隆，基因選殖，基因繁殖
gene cluster	基因簇	基因簇，基因群
gene conversion	基因转换	基因轉換
gene copy	基因拷贝	基因拷貝，基因複製
gene divergence	基因趋异	基因趨異，基因分歧
gene diversity	基因多样性	基因多樣性
gene diversity index	基因多样性指数	基因多樣性指數
gene drift	基因漂变	基因漂變，基因漂移
gene duplication	基因重复	基因重複
gene engineering	基因工程，遗传工程	基因工程，遺傳工程
gene expression	基因表达	基因表達，基因表現
gene expression hypothesis	基因表达学说	基因表達學說
gene family	基因家族	基因家族
gene flow	基因流	基因流[動]
gene-for-gene hypothesis	基因对基因假说	基因對基因假說
gene frequency	基因频率	基因頻率
gene fusion	基因融合	基因融合
gene gun	基因枪	基因槍
gene gun method	基因枪法	基因槍法
gene identity	基因一致性	基因一致性
gene inactivation	基因失活	基因失活
gene integration	基因整合，遗传整合	基因整合，遺傳整合
gene interaction	基因相互作用，基因互作	基因交互作用，基因相互作用
gene introgression	基因渐渗	基因漸滲
gene knockdown	基因敲减，基因敲落	基因敲減，基因敲落，基因減量
gene knockin	基因敲入	基因敲入，基因送入，基因植入
gene knockout	基因敲除，基因剔除	基因剔除，基因移除

英 文 名	大 陆 名	台 湾 名
gene library	基因文库	基因庫
gene localization	基因定位	基因定位，基因作圖
gene manipulation	基因操作	基因操作
gene map	基因图[谱]	基因圖[譜]
gene mapping (=gene localization)	基因定位	基因定位，基因作圖
gene methylation	基因甲基化	基因甲基化
gene modification	基因修饰	基因修飾，基因改良
gene mutation	基因突变	基因突變
gene pleiotropism (=gene pleiotropy)	基因多效性	基因多效性
gene pleiotropy	基因多效性	基因多效性
gene pool	基因库	基因池，基因庫，基因總匯
gene position effect	基因位置效应	基因位置效應
general combining ability	一般配合力	一般配合力
generalist species (=eurytopic species)	广幅种，广适种	廣幅種，廣域種，廣棲種
generalization	泛化	一般化
general veil (=universal veil)	外菌幕，周包膜	外菌幕
generation	世代	世代
generative cell	生殖细胞	生殖細胞
generative hypha	生殖菌丝	生殖菌絲
generative nucleus	生殖核	生殖核，胚核
gene rearrangement	基因重排	基因重排
gene recombination	基因重组	基因重組
gene redundancy	基因丰余，基因冗余	基因冗餘性，基因表現多型
gene regulation	基因调节	基因調節
gene reiteration (=gene duplication)	基因重复	基因重複
gene shuffling	基因混编	基因改組，基因混編
gene silencing	基因沉默	基因緘默化，基因靜默
gene site-specific integration	基因定点整合	基因定點整合
gene splicing	基因剪接	基因剪接
gene structure	基因结构	基因結構
gene substitution	基因置换	基因置換，基因替代
gene superfamily	基因超家族	基因超家族
genet	基株	基株
gene targeting	基因靶向，基因打靶	基因靶向[作用]，基因標的

英　文　名	大　陆　名	台　湾　名
gene theory	基因学说	基因學說
genetically modified organism (GMO)	遗传修饰生物体	基改生物，基因改造生物，遺傳修飾生物
genetic background	遗传背景	遺傳背景
genetic code	遗传密码	遺傳密碼
genetic colonization	遗传寄生	遺傳寄生
genetic complementation (=genetic rescue)	遗传互补（=遗传拯救）	遺傳互補（=遺傳拯救）
genetic diversity	遗传多样性	遺傳多樣性，基因多樣性
genetic diversity index	遗传多样性指数	遺傳多樣性指數
genetic drift	遗传漂变	遺傳漂變，基因漂變
genetic engineering (=gene engineering)	基因工程，遗传工程	基因工程，遺傳工程
genetic evaluation	遗传评估	遺傳評估
genetic extinction	遗传灭绝	遺傳滅絕
genetic fingerprint	遗传指纹，基因指纹	遺傳指紋，基因指紋
genetic fitness	遗传适合度	遺傳適合度
geneticin	遗传霉素	遺傳黴素
genetic individual	遗传学个体	遺傳學個體
genetic information	遗传信息	遺傳信息
genetic integration (=gene integration)	基因整合，遗传整合	基因整合，遺傳整合
genetic isolation	遗传隔离	遺傳隔離
genetic manipulation (=gene manipulation)	基因操作	基因操作
genetic map	遗传图[谱]	遺傳圖譜，基因圖譜
genetic marker	遗传标记，遗传标志	遺傳標記，遺傳標誌，遺傳標識物
genetic polymorphism	遗传多态性	遺傳多態性，遺傳多型性，基因多型性
genetic rescue	遗传拯救	遺傳拯救
genetic screening	遗传筛选	遺傳篩選
genetic species concept	遗传学种概念	遺傳種概念
genetic toolkit	遗传工具包	遺傳工具包
genetic value (=genotypic value)	遗传值（=基因型值）	遺傳值（=基因型值）
genetic variance	遗传方差	遺傳變方
genetic variation	遗传变异	遺傳變異
genet population	基株种群	基株族群

英 文 名	大 陆 名	台 湾 名
gene transfer	基因转移	基因轉移，基因傳遞
gene transfer by laser microbeam	激光微束基因转移法	雷射微束基因轉移
gene trapping	基因捕获，基因俘获	基因捕獲
gene tree	基因树	基因樹
genome	基因组；染色体组	基因體，基因組；染色體組
genome duplication	基因组重复	基因體重複
genome sequencing	基因组测序	基因體定序
genomic drift	基因组漂变	基因體漂變
genomic imprinting	基因组印记	基因體印記，基因體印痕
genomic library	基因组文库	基因體庫
genomics	基因组学	基因體學
genomic sequencing (=genome sequencing)	基因组测序	基因體定序
genotype	基因型	基因型
genotypic frequency	基因型频率	基因型頻率
genotypic value	基因型值	基因型值
genotypic variance (=genetic variance)	基因型方差（=遗传方差）	基因型變方（=遺傳變方）
genovariation	基因变异	基因變異，點突變，基因突變
gentianine	龙胆碱	龍膽鹼，龍膽寧
gentiopicroside	龙胆苦苷	龍膽苦苷
genus	属	屬
genus novum (=new genus)	新属	新屬
geobiocoenosis (=biogeocoenosis)	生物地理群落，生地群落	生物地理群落，生地群落
geobotanical mapping (=vegetation mapping)	地植物学制图（=植被制图）	地植物學製圖（=植被製圖）
geobotanical regionalization (=vegetation regionalization)	地植物学区划（=植被区划）	地植物學區劃（=植被區劃）
geobotany (=phytocoenology)	地植物学（=植物群落学）	地植物學（=植物群落學）
geocryptophyte	地下芽植物	地下芽植物，地中植物
geoecotype	地理生态型	地理生態型
geographical distribution	地理分布	地理分布
geographical information system (GIS)	地理信息系统	地理資訊系統
geographical isolation	地理隔离	地理隔離
geographical polymorphism	地理多态现象	地理多態現象，地理多型性
geographical race	地理宗	地理[種]族，地理小種，地理品系

英　文　名	大　陆　名	台　湾　名
geographical replacement (=geographical substitute)	地理替代	地理替代
geographical subspecies	地理亚种	地理亞種
geographical substitute	地理替代	地理替代
geographical variation	地理变异	地理性變異
geographical variety	地理变种	地理變種
geometric growth	几何[级数]增长	幾何級數增長
geophyte (=geocryptophyte)	地下芽植物	地下芽植物，地中植物
geophytia	土生群落	土生群落
geotaxis	趋地性	趨地性
geotropism (=gravitropism)	向重力性，向地性	向地性
germ cell (=generative cell)	生殖细胞	生殖細胞
germination	发芽；萌发	發芽，萌芽；萌發
germination inhibitor	萌发抑制物	發芽抑制物質
germination promotor	萌发促进物	發芽促進物質
germination rate	发芽率	發芽率，發芽速度，發芽勢
germination temperature	发芽温度	發芽溫度
germination test	发芽试验	發芽試驗
germ layer (=embryonic layer)	胚层	胚層
germ nucleus (=generative nucleus)	生殖核	生殖核，胚核
germplasm	种质	種質，種原
germ sporangium	芽孢子囊	芽孢子囊
GFC (=gel filtration chromatography)	凝胶过滤色谱法	凝膠過濾層析法
GFP (=green fluorescent protein)	绿色荧光蛋白	綠色螢光蛋白
GHG (=greenhouse gas)	温室气体	溫室氣體
gibberellin (GA)	赤霉素	激勃素，吉貝素
gibberellin biosynthesis	赤霉素生物合成	激勃素生物合成
gibberellin pathway	赤霉素途径	激勃素途徑
Giemsa band (G-band)	G 带，吉姆萨带	G 帶，吉姆薩帶
Gigantopteris flora	大羽羊齿植物区系，大羽羊齿植物群	大羽羊齒植物區系，大羽羊齒植物相，大羽羊齒植物群
gill (=lamella)	菌褶	菌褶
ginkgetin	银杏素	銀杏素，銀杏黄酮
ginkgolide A	银杏内酯 A	銀杏内酯 A
ginsengenin	人参皂苷配基	人參皂苷配基

英 文 名	大 陆 名	台 湾 名
ginsenoside	人参皂苷	人参皂苷
girdle (=girdle band)	壳环[带]，环带	殼環[帶]，環帶
girdle band	壳环[带]，环带	殼環[帶]，環帶
girdle view	壳环面观	殼環面觀
girdling	环割，环状剥皮	環割，環狀剝皮，環剝
GIS (=geographical information system)	地理信息系统	地理資訊系統
glacial flora	冰川植物区系	冰河植物區系，冰河植物相，冰河植物群
glacial relic flora	冰期孑遗植物区系	冰期孑遺植物區系，冰期孑遺植物相，冰期孑遺植物
gland	腺[体]	腺體
glandular hair	腺毛	腺毛
glandular scale	腺鳞	腺鱗
glandular tapetum (=secretory tapetum)	腺质绒毡层（=分泌绒毡层）	腺質絨氈層，腺質營養層（=分泌絨氈層）
gleba	产孢组织，产孢体	產孢組織
gleolichen	胶质地衣	膠質地衣
gleyization mire	潜育沼泽	潛育沼澤
gliding growth	滑过生长	滑動生長
Gln (=glutamine)	谷氨酰胺	麩醯胺，穀胺醯胺
global change	全球变化	全球變遷
global positioning system (GPS)	全球定位系统	全球定位系統
global warming	全球变暖	全球暖化，全球增温
globular actin (G-actin)	球状肌动蛋白，G 肌动蛋白	球狀肌動蛋白，G 肌動蛋白
globular embryo	球形胚	球形胚
globular stage	球形期	球形期
glochidium	钩毛	鉤毛
glomerule	团伞花序	團傘花序
glossopterid	舌羊齿型	舌羊齒型
glossopteris	舌羊齿类	舌羊齒類
Glossopteris flora	舌羊齿植物区系，舌羊齿植物群	舌羊齒植物區系，舌羊齒植物相，舌羊齒植物群
Glu (=glutamic acid)	谷氨酸	麩胺酸，穀胺酸
glucan	葡聚糖	葡聚糖，聚葡萄糖
glucanase	葡聚糖酶	葡聚糖酶
glucan-water dikinase	葡聚糖-水双激酶，葡聚糖水合二激酶	葡聚糖-水雙激酶

英 文 名	大 陆 名	台 湾 名
glucogenesis (=gluconeogenesis)	糖异生	糖異生作用，糖新生[作用]，葡萄糖生成作用
gluconeogenesis (GNG)	糖异生	糖異生作用，糖新生[作用]，葡萄糖生成作用
glucosan (=glucan)	葡聚糖	葡聚糖，聚葡萄糖
D-glucose	D-葡萄糖	D-葡萄糖
β-glucuronidase	β-葡糖醛酸糖苷酶，β-葡糖苷酸酶	β-葡萄糖醛酸酶
glume	颖片	穎，稃
glutamate decarboxylase	谷氨酸脱羧酶	麩胺酸脱羧酶，麩胺酸去羧酶
glutamate dehydrogenase	谷氨酸脱氢酶	麩胺酸脱氫酶，麩胺酸去氫酶
glutamate synthase (GOGAT)	谷氨酸合酶	麩胺酸合成酶
glutamic acid (Glu)	谷氨酸	麩胺酸，穀胺酸
glutaminase	谷氨酰胺酶	麩[醯]胺酸酶，穀胺醯胺酶
glutamine (Gln)	谷氨酰胺	麩醯胺，穀胺醯胺
glutathione	谷胱甘肽	麩胱甘肽，穀胱甘肽
glutathione peroxidase (GPX)	谷胱甘肽过氧化物酶	麩胱甘肽過氧化物酶，麩胱甘肽過氧化酵素
glutathione reductase	谷胱甘肽还原酶	麩胱甘肽還原酶，麩胱甘肽還原酵素
glycogen	糖原	糖原，肝糖
glycolate (=glycollic acid)	乙醇酸	乙醇酸
glycolate oxidase	乙醇酸氧化酶	乙醇酸氧化酶，乙醇酸氧化酵素
glycolipid	糖脂	糖脂
glycollic acid	乙醇酸	乙醇酸
glycollic acid oxidation pathway	乙醇酸氧化途径	乙醇酸氧化途徑
glycolysis	糖酵解	糖解[作用]，糖酵解，糖分解
glycolytic pathway	糖酵解途径	糖解途徑
glycophyte (=halophobe)	甜土植物（=嫌盐植物）	甜土植物，非嗜鹽植物（=嫌鹽植物）
glycoside	[糖]苷	[糖]苷，配糖體
glycosidic bond	糖苷键	糖苷鍵
glycyrrhizic acid	甘草酸	甘草酸
glycyrrhizin (=glycyrrhizic acid)	甘草甜素（=甘草酸）	甘草酸苷，甘草素（=甘草酸）

英 文 名	大 陆 名	台 湾 名
glyoxalic acid	乙醛酸	乙醛酸
glyoxylate cycle	乙醛酸循环	乙醛酸循環
glyoxylate shunt	乙醛酸支路	乙醛酸支路
glyoxylic acid cycle (=glyoxylate cycle)	乙醛酸循环	乙醛酸循環
glyoxysome	乙醛酸循环体	乙醛酸循環體
glyphosine	增甘膦	增甘膦
GMO (=genetically modified organism)	遗传修饰生物体	基改生物，基因改造生物，遺傳修飾生物
GNA (=Galanthus nivalis agglutinin)	雪花莲凝集素	雪花草凝集素
GNG (=gluconeogenesis)	糖异生	糖異生作用，糖新生[作用]，葡萄糖生成作用
GOGAT (=glutamate synthase)	谷氨酸合酶	麩胺酸合成酶
gold algae	金藻	金藻
Golgi apparatus (=Golgi body)	高尔基[复合]体	高基[氏]體，高爾基體
Golgi body	高尔基[复合]体	高基[氏]體，高爾基體
Golgi complex (=Golgi body)	高尔基[复合]体	高基[氏]體，高爾基體
Golgi lamella	高尔基片层	高基[氏]片層，高基薄層
cis-Golgi network (CGN)	顺面高尔基网	順式高基[氏]體網，高基[氏]體順面網
trans-Golgi network (TGN)	反面高尔基网	反式高基[氏]體網，高基[氏]體成熟面網
Gondwana flora	冈瓦纳植物区系，冈瓦纳植物群	岡瓦納植物區系，岡瓦納植物相，岡瓦納植物群
gonidium	生殖胞，藻胞，繁殖胞	藻胞
gonimoblast	产孢丝，造孢丝	產孢絲，造孢絲
gonioautoecious	[雄苞]芽生同株	[雄苞]芽生同株
goniotreme	角萌发孔	角萌發孔
gonium (=gonocyte)	性原细胞	性原細胞
gonocyte	性原细胞	性原細胞
gonophore (=androgynophore)	雌雄蕊柄	雌雄蕊柄
gonophyll	生殖叶	生殖葉
gonoplasm	精原质	精原質
gourd (=pepo)	瓠果	瓠果
G_1 phase	G_1期	G_1期
G_2 phase	G_2期	G_2期

英 文 名	大 陆 名	台 湾 名
G_1 phase checkpoint	G_1 检查点，G_1 检验点，G_1 关卡	G_1 查核點
G_2 phase checkpoint	G_2 检查点，G_2 检验点，G_2 关卡	G_2 查核點
GPP (=gross primary production)	总初级生产量，总第一性生产量	總初級生產量，總基礎生產量
G protein	G 蛋白	G 蛋白
GPS (=global positioning system)	全球定位系统	全球定位系統
GPX (=glutathione peroxidase)	谷胱甘肽过氧化物酶	麩胱甘肽過氧化物酶，麩胱甘肽過氧化酵素
gradual ecospecies	渐变生态种，渐进生态种	漸進生態種
gradualism	渐变论	漸變說，漸進論
gradualistic model	渐变模式	漸變模式
gradual speciation	渐变式物种形成，渐变成种	漸進式物種形成，漸進式種化
grafting	嫁接	嫁接
grand period of growth	生长大周期	生長大週期
grand phase of growth	大生长期	大生長期
granular component	颗粒组分	顆粒組分
granum	基粒	基粒
granum lamella	基粒片层	基粒片層
granum thylakoid	基粒类囊体	基粒類囊體
grassland climate	草原气候	草原氣候
grassland ecosystem	草原生态系统	草原生態系[統]
gravitational water	重力水	重力水
gravitaxis	趋重性	趨重性
gravitropic set-point angle (GSA)	向重力性定点角	向重力性定點角
gravitropism	向重力性，向地性	向地性
gravity potential	重力势	重力勢
grazing food chain (=predatory food chain)	草牧食物链，牧食食物链（=捕食食物链）	刮食食物鏈，啃食食物鏈（=捕食食物鏈）
green algae	绿藻	綠藻
green fluorescent protein (GFP)	绿色荧光蛋白	綠色螢光蛋白
green fluorescent protein gene	绿色荧光蛋白基因	綠色螢光蛋白基因
greenhouse effect	温室效应	溫室效應
greenhouse gas (GHG)	温室气体	溫室氣體
green plant (=chlorophyte)	绿色植物	綠色植物

英 文 名	大 陆 名	台 湾 名
gregarious	群生[的]	群生[的]
gross photosynthesis (=true photosynthesis)	总光合作用（=真正光合作用）	總光合作用（=真正光合作用）
gross photosynthesis rate (=true photosynthesis rate)	总光合速率（=真正光合速率）	總光合速率（=真正光合速率）
gross primary production (GPP)	总初级生产量，总第一性生产量	總初級生產量，總基礎生產量
gross production	总生产量	總生產量
gross secondary production	总次级生产量，总第二性生产量	總次級生產量
ground layer	地被层	地被層
ground meristem	基本分生组织	基本分生組織
ground state	基态	基態
ground system (=ground tissue system)	基本系统（=基本组织系统）	基本系統（=基本組織系統）
ground tissue (=parenchyma)	基本组织（=薄壁组织）	基本組織（=薄壁組織）
ground tissue system	基本组织系统	基本組織系統
group specificity	种群专一性	種群特性
growing point	生长点	生長點
growing stage (=growth period)	生长期	生長期，成長期
growing tip (=growth cone)	生长锥	生長錐，生長頂點
growth	生长	生長
growth cone	生长锥	生長錐，生長頂點
growth coordinate temperature	生长协调最适温度	生長協調最適溫度
growth correlation	生长相关性	生長相關性
growth curve	生长曲线	生長曲線，成長曲線
growth-determinate clonal plant	有限生长型克隆植物	有限生長型克隆植物
growth efficiency	生长效率	生長效率
growth form	生长型	生長型
growth-indeterminate clonal plant	无限生长型克隆植物	無限生長型克隆植物
growth layer (=growth ring)	生长层（=生长轮）	生長層（=生長輪）
growth movement	生长运动	生長運動
growth period	生长期	生長期，成長期
growth periodicity	生长周期性	生長週期性
growth promoter	生长促进物质	生長促進物質
growth rate	生长[速]率	生長率，成長率

英 文 名	大 陆 名	台 湾 名
growth regulator	生长调节剂	生長調節劑
growth respiration	生长呼吸	生長呼吸
growth retardant	生长延缓剂	生長抑制物質，生長阻礙劑
growth rhythm	生长节律	生長節律
growth ring	生长轮	生長輪，年輪
growth substance	生长物质	生長物質
growth trajectory	生长轨迹[曲线]	生長軌跡
growth velocity profile	生长速率曲线	生長速率曲線
GSA (=gravitropic set-point angle)	向重力性定点角	向重力性定點角
GSI (=gametophytic self-incompatibility)	配子体自交不亲和性	配子體自交不親和性
GTP (=guanosine triphosphate)	鸟苷三磷酸，鸟三磷	鳥苷三磷酸，鳥三磷，三磷酸鳥糞素核苷
GTPase (=guanosine triphosphatase)	鸟苷三磷酸酶，GTP 酶	鳥苷三磷酸酶，GTP 酶
guanidophosphate	胍基磷酸	鳥糞素磷酸鹽
guanine	鸟嘌呤	鳥嘌呤
guanosine triphosphatase (GTPase)	鸟苷三磷酸酶，GTP 酶	鳥苷三磷酸酶，GTP 酶
guanosine triphosphate (GTP)	鸟苷三磷酸，鸟三磷	鳥苷三磷酸，鳥三磷，三磷酸鳥糞素核苷
guard cell	保卫细胞	保衛細胞
guerilla	游击型	遊擊型
guerilla clonal plant	游击型克隆植物	遊擊型克隆植物
guerilla growth form	游击生长型	遊擊生長型
gullet (=cytopharynx)	胞咽	胞咽
gum canal	树胶道	樹膠道
gum duct (=gum canal)	树胶道	樹膠道
guttation	吐水	泌溢[現象]，泌液作用
gymnocarp	裸子实体，裸囊果	裸囊果
gymnospermae	裸子植物	裸子植物
gymnothecium	裸囊壳	裸囊殼
gynaecium (=gynoecium)	雌蕊群	雌蕊群，雌花器
gynobase	雌蕊基，雌蕊托	雌蕊基，子房托，雌器基部
gynodioecism	雌花两性花异株，雌全异株	雌花兩性花異株，雌全異株
gynoecium	雌蕊群	雌蕊群，雌花器
gynogenesis	孤雌生殖，单雌生殖，雌核发育	孤雌生殖，單雌生殖，雌核發育

英文名	大陆名	台湾名
gynomonoecism	雌花两性花同株，雌全同株	雌花兩性花同株，雌全同株
gynophore	雌柄；雌蕊柄	雌器柄；雌蕊柄，子房柄
gynospore (=megaspore)	大孢子	大孢子，雌孢子
gynostegium	合蕊冠	合蕊冠
gynostemium	合蕊柱	合蕊柱
gyrophoric acid	三苔色酸	三苔色酸

H

英文名	大陆名	台湾名
HA (=hydroxyapatite)	羟基磷灰石	羥基磷灰石
habitat modification	生境饰变	生境飾變，棲地飾變
habitat	生境	生境，棲[息]地，棲所
habitat diversity	生境多样性	生境多樣性，棲地多樣性
habitat fragmentation	生境破碎化，生境片段化	生境碎裂[化]，棲地碎裂[化]
habitat gradient	生境梯度	生境梯度，棲地梯度
habitat isolation	生境隔离	生境隔離，棲地隔離
habitat niche	生境生态位	生境生態[區]位，棲地生態[區]位，生態地位
habitat patch	生境斑块	生境嵌塊，棲地嵌塊，棲地區塊
habitat selection	生境选择	生境選擇，棲地選擇，棲所選擇
habitat suitability	生境适宜度	生境適宜度，棲地適宜度
habitat suitability index (HIS)	生境适宜度指数	生境適宜度指數，棲地適宜性指數
hair	毛	毛
hairy root	毛状根，发状根	毛狀根，鬚根
half-bordered pit-pair	半具缘纹孔对	半具緣紋孔對
half-inferior ovary	半下位子房	半下位子房
half-superior ovary	半上位子房	半上位子房
half-terpene (=hemiterpene)	半萜	半萜[烯]
half-tetrad	半四分体	半四分體，半四分子
halophilous plant (=halophyte)	盐生植物	鹽生植物，耐鹽植物
halophobe	嫌盐植物	嫌鹽植物
halophyte	盐生植物	鹽生植物，耐鹽植物
halophytic vegetation	盐生植被	鹽生植被

英文名	大陆名	台湾名
hamathecium	囊间组织，囊间丝	囊間組織，囊間絲
hand pollination (=artificial pollination)	人工授粉	人工授粉
hanging drop culture	悬滴培养	懸滴培養
haplobiont (=haplophyte)	单倍体植物	單倍植物體，單相世代植物，配子體
haplodiploidy	单倍二倍性	單倍兩倍性
haploid	单倍体	單倍體
haploid androgenesis	单倍体孤雄生殖	單倍體孤雄生殖
haploid apogamy	单倍体无配[子]生殖	單倍體無配[子]生殖
haploid gametophyte apomixis	单倍配子体无融合生殖	單倍配子體無融合生殖
haploid generation	单倍体世代	單倍體世代，單元世代
haploid incompatibility	单倍体不亲和性	單倍體不親和性
haploid parthenogenesis	单倍体孤雌生殖	單倍體孤雌生殖，單倍體單性生殖
haploid plant (=haplophyte)	单倍体植物	單倍植物體，單相世代植物，配子體
haploidy	单倍性	單倍性，單元性
haplolepideae	单齿层类	單齒層類
haplophyte	单倍体植物	單倍植物體，單相世代植物，配子體
haplostele (=monostele)	单体中柱	單[體]中柱
haplostemonous stamen	具单轮雄蕊	具單輪雄蕊
haplostichous cortex	单列式皮层	單列式皮層
haplotype	单体型，单倍型	單倍體型，單[倍]型
hapteron	菌索基，脐索基	菌索基
haptonema	定鞭毛，定鞭体，附着鞭毛	附著鞭毛
hardening (=hardiness)	锻炼	鍛煉
hardiness	锻炼	鍛煉
hardwood (=porous wood)	硬材（=有孔材）	硬材（=有孔材）
Hardy-Weinberg law	哈迪-温伯格定律	哈溫定律，哈地-溫伯格定律
harringtonine	三尖杉酯碱	粗榧鹼
Hartig net	哈氏网，胞间菌丝网	哈氏網
Hatch-Slack pathway (=C_4 pathway)	哈奇-斯莱克途径（=C_4途径）	海奇-史萊克途徑（=C_4途徑）
haustorial root (=parasitic root)	吸根（=寄生根）	吸根（=寄生根）
haustorium	吸器	吸器

英 文 名	大 陆 名	台 湾 名
H body	H 孢体	H 孢體
head (=capitulum)	头状花序	頭狀花序
head cell	头细胞	頭細胞
heart embryo (=heart-shape embryo)	心形胚	心形胚
heart-shape embryo	心形胚	心形胚
heart-shape stage	心形期	心形期
heartwood	心材	心材
heat avoidance	御热性	避熱性
heat injury	热害	熱害
heat killing temperature	热致死温度	熱致死溫度
heat resistance	抗热性	抗熱性，耐熱性
heat shock protein (HSP)	热激蛋白，热休克蛋白	熱休克蛋白
heat shock response (HSR)	热激应答，热激反应	熱休克回應
heat shock response element (HSE)	热激应答元件	熱休克回應元[件],熱休克反應元件
heat stress	高温胁迫	熱逆境，高溫逆境
heat tolerance	耐热性	耐熱性
heavy metal binding protein	重金属结合蛋白	重金屬結合蛋白
heavy metal stress	重金属胁迫	重金屬逆境
heavy metal toxicity	重金属毒害作用	重金屬毒害作用
helical phyllotaxy (=alternate phyllotaxy)	螺旋[状]叶序（=互生叶序）	螺旋狀葉序（=互生葉序）
helical thickening (=spiral thickening)	螺纹加厚	螺紋加厚
helicoid cyme	螺状聚伞花序	螺[旋]狀聚傘花序,卷傘花序
helicoid dichotomous branching	螺形二叉分枝，螺形二歧分枝	螺形二歧分枝式
helicospore	卷旋孢子	螺旋孢子
heliophile (=heliophilous plant)	喜阳植物，适阳植物	喜陽[光]植物，好日性植物，陽光植物
heliophilous plant	喜阳植物，适阳植物	喜陽[光]植物，好日性植物，陽光植物
heliophobe	嫌阳植物，避阳植物	嫌陽植物
heliophyte	阳生植物，阳地植物	陽生植物，陽地植物
heliotropism	向日性	向日性
helobial endosperm (=helobial type endosperm)	沼生目型胚乳	澤瀉目型胚乳
helobial type endosperm	沼生目型胚乳	澤瀉目型胚乳

英 文 名	大 陆 名	台 湾 名
helophyte	沼生植物	沼生植物，澤生植物
help plasmid	辅助质粒	輔助質體
help virus	辅助病毒	輔助病毒
hemianatropous ovule (=hemitropous ovule)	横生胚珠，半倒生胚珠	横生胚珠
hemicellulose	半纤维素	半纖維素
hemicryptophyte	地面芽植物	地面芽植物，半地下植物，半地中植物
hemicyclic flower	半轮生花	半輪生花
hemi-form	冬夏孢型	冬夏孢型
hemiparasite	兼性寄生物	半寄生植物
hemiparasitism	半寄生	半寄生
hemiterpene	半萜	半萜[烯]
hemitropous ovule	横生胚珠，半倒生胚珠	横生胚珠
hemopolymer	同聚物	同聚物
hendecaploid	十一倍体	十一倍體
hendecaploidy	十一倍性	十一倍體性
heptaploid	七倍体	七倍體
herb	草本[植物]	草本
herbaceous stem	草本茎	草本莖
herbaceous vegetation	草本植被	草本植被
herbarium (=herbarium sheet)	腊叶标本	臘葉標本
herbarium sheet	腊叶标本	臘葉標本
herbicide	除草剂	除草劑，殺草劑
herbicidin	除莠菌素，杀草菌素	除莠菌素，殺草菌素
herbimycin	除莠霉素，除草霉素	除莠黴素
herb layer	草本层	草本層
herbosa	草本群落	草本群落
herb zone	草本带	草本帶
heredity	遗传	遺傳
heritability	遗传率，遗传力	遺傳率，遺傳力
heritability in the broad sense (=broad heritability)	广义遗传率	廣義遺傳率
heritability in the narrow sense (=narrow heritability)	狭义遗传率	狹義遺傳率
hermaphroditic flower (=bisexual flower)	两性花	兩性花，雌雄兩全花
hesperidium	柑果	柑果
heteranthery	雄蕊异长	雄蕊異長現象

英文名	大陆名	台湾名
hetereu-form	转主全孢型	轉主全孢型
heterobasidium (=phragmobasidium)	异担子（=有隔担子）	異擔子（=有隔擔子）
heterobathmy	祖衍镶嵌[现象]，祖衍征共存	祖裔鑲嵌[現象]
heterobrachial chromosome	异臂染色体	不等臂染色體
heterocaryon (=heterokaryon)	异核体	異核體
heterocaryosis	异核现象	異核現象
heterocellular ray	异型[细胞]射线	異型[細胞]射線，異型木質線
heterochlamydeous flower (=dichlamydeous flower)	异被花（=双被花）	異被花（=兩被花）
heterochromatic region	异染色质区	異染色質區，異染色質帶
heterochromatic zone (=heterochromatic region)	异染色质区	異染色質區，異染色質帶
heterochromatin	异染色质	異染色質
heterochromatization	异染色质化	異染色質化
heterochromosome (=allosome)	异染色体	異染色體
heterochrony	异时性，异时发生，发育差时	異時性，異時發生
heterocyst	异形胞	異形胞
heteroduplex	异源双链	異源雙股
heteroecism	转主寄生	轉主寄生[現象]，轉株寄生，二寄主寄生
heterogamete (=anisogamete)	异形配子	異形配子
heterogamy (=anisogamy)	异配生殖	異配生殖，異配結合，異[型]配子接合
heterogeneity	异质性	異質性，不均一性
heterogeneity index	异质性指数	異質性指數
heterogeneous nuclear RNA (hnRNA)	核内不均一 RNA，不均一核 RNA，核内异质 RNA	異質核 RNA，異源核 RNA
heterogeneous tissue	异形组织	非同質組織
heterogenicity (=heterogeneity)	异质性	異質性，不均一性
heterogony	花蕊异长	花蕊異長
heterokaryon	异核体	異核體
heterologous gene	异源基因	異源基因
heterologous gene expression system	异源基因表达系统	異源基因表達系統
heterologous translational system	异源翻译系统	異源轉譯系統

英　文　名	大　陆　名	台　湾　名
heterology	异源性	異源性
heteromerous lichen	异层地衣	異層地衣
heteromorphic alternation of generations	异形世代交替	異形世代交替
heteromorphic bivalent	异形二价体	異形二價[染色]體
heteromorphic chromosome	异形染色体	異形染色體
heteromorphic flower (=heteromorphous flower)	异形花	異形花
heteromorphic leaf	异型叶，两型叶	異型葉，兩型葉
heteromorphic self-incompatibility	异型自交不亲和性	異型自交不親和性
heteromorphous flower	异形花	異形花
heterophylly	异形叶性	異形葉性
heterophyte (=heterotrophic plant)	异养植物	異營植物，寄生植物，異生植物
heteroplastid	异质体	異型色素體
heteroploid (=aneuploid)	异倍体（=非整倍体）	異倍體（=非整倍體）
heteroploidy	异倍性	異倍性
heteropolar	异极	異極
heterosis	杂种优势	雜種優勢，雜交優勢
heterosporangium	异形孢子囊	異[形]孢子囊
heterospore	异形孢子	異形孢子
heterosporophyte	异孢植物	異[形]孢子體
heterospory	孢子异型	孢子異型性，異形孢子現象
heterostyled flower	花柱异长花	異柱花
heterostylism	花柱异长性	花柱異長性
heterostyly	花柱异长	花柱異長
heterothallism	异宗配合	異體交配
heterotopy	异位性	異位性
heterotrichy	异丝性	異絲性
heterotrimeric G-protein	异三聚体 G 蛋白	異三聚體 G 蛋白，異三元體 G 蛋白
heterotristyly	三式花柱式	三式花柱式
heterotroph	异养生物	異營生物，異養生物，寄生生物
heterotrophic organism (=heterotroph)	异养生物	異營生物，異養生物，寄生生物
heterotrophic plant	异养植物	異營植物，寄生植物，異生植物

英 文 名	大 陆 名	台 湾 名
heterotrophy	异养	異營，異養，有機營養
heterotypic synonym	异模式异名	異模式異名
heteroxeny (=heteroecism)	转主寄生[现象]	轉主寄生[現象]，轉株寄生，二寄主寄生
heterozygosis	杂合现象	雜合現象，異型接合
heterozygosity	杂合性	雜合性，異型接合性
heterozygote	杂合子	雜合子，異[基因]型合子，雜接合體
heterozygote advantage	杂合子优势	雜合子優勢，異型合子優勢
heterozygote screening	杂合子筛查	雜合子篩選，雜合體篩選
heterozygote superiority (=heterozygote advantage)	杂合子优势	雜合子優勢，異型合子優勢
hexacytic type stoma	六细胞型气孔	六細胞型氣孔
hexaploid	六倍体	六倍體，六元體
hexaploidy	六倍性	六倍體性
hexose	己糖，六碳糖	己糖，六碳糖
hexose-6-phosphate dehydrogenase	己糖-6-磷酸脱氢酶	己糖-6-磷酸去氫酶，六碳糖-6-磷酸酯脫氫酶
hexose diphosphate	己糖二磷酸，二磷酸己糖	己糖二磷酸，二磷酸六碳糖
hexose monophosphate shunt (=pentose phosphate pathway)	己糖磷酸支路（=戊糖磷酸途径）	己糖單磷酸支路，六碳糖單磷酸酯分路（=五碳糖磷酸途徑）
hexose phosphate isomerase	己糖磷酸异构酶	己糖磷酸異構酶，六碳糖磷酸鹽互變酶
Hfr (=high frequency of recombination)	高频重组	高頻率重組
Hft (=high frequency of transduction)	高频转导	高頻率轉導
hibernal annual plant	越冬一年生植物	越冬性一年生植物
hierarchy	阶元系统	階層[系統]，層系[級]，位階
hierarchy theory	等级理论	階層理論，層級理論
high-energy phosphate bond (=energy-rich phosphate bond)	高能磷酸键	高能磷酸[酯]鍵
high-energy phosphate compound (=energy-rich phosphate compound)	高能磷酸化合物	高能磷酸化合物
higher plant	高等植物	高等植物
high frequency of recombination (Hfr)	高频重组	高頻率重組
high frequency of	高频转导	高頻率轉導

英　文　名	大　陆　名	台　湾　名
transduction (Hft)		
high-irradiance reaction (HIR)	高辐照度反应，高光照反应	高輻射量反應，高照度反應
high-irradiance response (=high-irradiance reaction)	高辐照度反应，高光照反应	高輻射量反應，高照度反應
highly repetitive DNA	高度重复 DNA	高度重複 DNA
highly repetitive sequence	高度重复序列	高度重複序列
high performance capillary electrophoresis chromatography	高效毛细管电泳色谱法	高效毛細管電泳層析法
high performance liquid chromatography (HPLC)	高效液相色谱法	高效液相層析法
high resolution mass spectrometry (HRMS)	高分辨质谱法	高解析質譜法
high-speed centrifugation	高速离心	高速離心
high-speed countercurrent chromatography (HSCCC)	高速逆流色谱法	高速逆流層析法
high temperature stress (=heat stress)	高温胁迫	熱逆境，高溫逆境
high-throughput genome (HTG)	高通量基因组	高通量基因體
high-throughput genome sequencing	高通量基因组测序	高通量基因體定序
high-throughput screening	高通量筛选	高通量篩選
high-throughput sequencing	高通量测序	高通量定序
Hill oxidant	希尔氧化剂	希爾氧化劑
Hill reaction	希尔反应	希爾反應
hilum	[种]脐	種臍
hinge cell	铰合细胞	鉸合細胞
hip	蔷薇果	薔薇果
HIR (=high-irradiance reaction)	高辐照度反应，高光照反应	高輻射量反應，高照度反應
HIS (=habitat suitability index)	生境适宜度指数	生境適宜度指數，棲地適宜性指數
His (=histidine)	组氨酸	組胺酸
histidine (His)	组氨酸	組胺酸
histidine tag	组氨酸标签	組胺酸標籤
histogen	组织原	組織原
histogen theory	组织原学说	組織原學說
histone	组蛋白	組[織]蛋白
histone methylation	组蛋白甲基化	組[織]蛋白甲基化

英文名	大陆名	台湾名
histone modification	组蛋白修饰	組[織]蛋白修飾
historical plant geography	历史植物地理学	歷史植物地理學
hitchhiking effect	搭车效应	搭便車效應
hnRNA (=heterogeneous nuclear RNA)	核内不均一 RNA，不均一核 RNA，核内异质 RNA	異質核 RNA，異源核 RNA
Hoagland's solution	霍格兰溶液	荷阿格蘭培養液
holantarctic disjunction	泛南极间断分布	泛南極間斷分布
holantarctic floral kingdom (=holantarctic kingdom)	泛南极植物区	泛南極植物區系界
holantarctic kingdom	泛南极植物区	泛南極植物區系界
holarctic disjunction	泛北极间断分布	泛北極間斷分布
holarctic floral kingdom (=holarctic kingdom)	泛北极植物区	泛北極植物區系界
holarctic kingdom	泛北极植物区	泛北極植物區系界
holarctic origin	泛北极起源	泛北極起源
holdfast	固着器	附著器，固著器
hollow style (=hollow type style)	中空花柱	中空花柱
hollow type style	中空花柱	中空花柱
holoarthric conidium	外生节孢子，全壁节孢子	外生節孢子
holobasidium	无隔担子，同担子	無隔擔子，同擔子
holoblastic conidiogenesis	外生芽殖产孢	外生芽殖產孢
holoblastic conidium	外生芽孢子	外生芽孢子
holocarpic reproduction	整体产果式生殖	整體產果式生殖
holoenzyme	全酶	全酶，完整酵素
holomorph	全型	全型
holoparasite	全寄生物	[完]全寄生物
holophyte (=autotrophic plant)	自养植物	自營植物
holoprotein	全蛋白质	全蛋白質
holotype	主模式，正模	正模式標本
homeobox (Hox)	同源[异形]框	同源框，同源區
homeohydric plant	恒水植物	恆水植物
homeologous chromosome	部分同源染色体	部分同源染色體，近同源染色體
homeostasis	稳态	[體內]恆定，穩態
homeotic gene	同源异形基因	同源[異形]基因
homeotic mutant	同源异形突变体	同源異形突變體
homeotic mutation	同源异形突变	同源異形突變

英文名	大陆名	台湾名
homeotype (=isotype)	等模式	同模式標本
homobasidium (=holobasidium)	无隔担子，同担子	無隔擔子，同擔子
homocellular ray	同型[细胞]射线	同型[細胞]射線，同型木質線
homochlamydeous flower (=monochlamydeous flower)	同被花（=单被花）	等被花（=單被花）
homoeomerous lichen	同层地衣	同層地衣
homogamete (=isogamete)	同形配子	同形配子
homogamy	雌雄[蕊]同熟；同配生殖	雌雄[蕊]同熟；同配生殖，同形配子接合，同形交配
homogeneon	同质种	同質種
homogony	花蕊同长	花蕊同長
homoisoflavone	高异黄酮	高異黃酮
homolog	同源物	同源物
homologous character	同源性状	同源性狀
homologous chromosome	同源染色体	同源染色體
homologous gene	同源基因	同源基因，相同基因
homologous organ	同源器官	同源器官
homologue (=homolog)	同源物	同源物
homology	同源性	同源性
homomorphic chromosome	同形染色体	同形染色體
homomorphic leaf	同型叶，一型叶	同型葉，一型葉
homomorphic self-incompatibility	同型自交不亲和性	同型自交不親和性
homonym	[异物]同名	[異物]同名
homoplastid	同质体	同型色素體
homoplasy	同塑性	同塑性
homoploid	同倍体	同倍體
homosporangium	同形孢子囊	同形孢子囊，同型孢子囊
homospore	同形孢子	同形孢子，同型孢子
homostyly	花柱同长	花柱同長，花柱等長
homothallism	同宗配合	同宗配合，同宗接合[現象]
homotype (=isotype)	等模式	同模式標本
homotypic synonym	同模式异名	同模式異名
homozygote	纯合子	純合子，同型合子，同基因合子
hood	兜状瓣	兜狀瓣
hook (=crozier)	产囊丝钩	產囊絲鉤

英 文 名	大 陆 名	台 湾 名
hopane triterpene	何帕烷型三萜	葎草烷型三萜
horizontal gene transfer	水平基因转移	基因水平轉移，水平基因傳遞
horizontal parallel vein	横出平行脉	横向平行脈
horizontal structure	水平结构	水平結構
horizontal vegetation zone	植被水平[地]带	水平植被帶
hormocyst	藻殖孢	藻殖孢
hormogonium	藻殖段，段殖体	藻殖段，段殖體，連珠體
hormone	激素	激素，荷爾蒙，賀爾蒙
hormone receptor	激素受体	激素受體，荷爾蒙受體
hormospore	连锁孢子	連珠孢子
horotelic evolution	中速进化	中速演化，中速進化
horotely (=horotelic evolution)	中速进化	中速演化，中速進化
host	寄主	寄主，宿主
host-parasite interaction	寄主-寄生物相互作用	寄主-寄生物交互作用，寄主-寄生物相互作用
host-parasite relationship	寄主-寄生物间关系	寄主-寄生物關係
host specificity	寄主专一性	寄主專一性，宿主專屬性
hot air sterilization (=dry heat sterilization)	干热灭菌	乾熱滅菌[法]
hot spring algae	温泉藻类	温泉藻類
hot start	热启动	熱起動
hourglass hypothesis	沙漏假说	滴漏假說
Hox (=homeobox)	同源[异形]框	同源框，同源區
HPLC (=high performance liquid chromatography)	高效液相色谱法	高效液相層析法
HRMS (=high resolution mass spectrometry)	高分辨质谱法	高解析質譜法
HSCCC (=high-speed countercurrent chromatography)	高速逆流色谱法	高速逆流層析法
HSE (=heat shock response element)	热激应答元件	熱休克回應元[件]，熱休克反應元件
HSP (=heat shock protein)	热激蛋白，热休克蛋白	熱休克蛋白
HSR (=heat shock response)	热激应答，热激反应	熱休克回應
HTG (=high-throughput genome)	高通量基因组	高通量基因體
hülle cell	壳细胞	殼細胞
humanistic botany	人文植物学	人文植物學
humification	腐殖化作用	腐植化作用

英　文　名	大　陆　名	台　湾　名
humus	腐殖质	腐植質
hyalospore	无色孢子	無色孢子
hybrid	杂种	雜種
hybridity (=crossability)	杂交性	雜交性，雜種性
hybridization (=cross)	杂交	雜交
hybridization probe	杂交探针	雜交探針
hybridization stringency	杂交严谨性，杂交严格性	雜交嚴格性
hybrid lignan	杂木脂素	雜木脂體
hybridoma (=hybrid tumor)	杂交瘤	雜交瘤
hybrid seed	杂种种子	雜種種子
hybrid seeding	杂种实生苗	雜種實生苗
hybrid species	杂交种	雜交種
hybrid sterility	杂种不育性	雜種不育性
hybrid swarm	杂种群	雜種群
hybrid tumor	杂交瘤	雜交瘤
hybrid variety	杂交品种	雜交品種，雜種品種
hybrid vigor (=heterosis)	杂种优势	雜種優勢，雜交優勢
hybrid weakness	杂种劣势	雜種劣勢，雜交劣勢
hydathodal cell	排水细胞	排水細胞
hydathode	排水器	排水器，水孔
hydrach succession (=hydroarch succession)	水生演替	水生演替，水生消長
hydration	水合作用	水合作用
hydraulic conductivity	水导率	水導率
hydraulic lift	水力提升	水力提升
hydraulic signal	水信号	水訊號
hydroarch sere (=hydrosere)	水生演替系列	水生演替系列，水生消長系列
hydroarch succession	水生演替	水生演替，水生消長
hydrobiontic algae (=aquatic algae)	水生藻类	水生藻類
hydrochore	水布植物，水播植物	水媒散播植物
hydrocryptophyte	水下芽植物	水下芽植物，地下半地中植物
hydrogenase	氢化酶	氫化酶，氫化酵素
hydrogen bond	氢键	氫鍵
hydrogen carrier	氢传递体，递氢体	氫傳遞體，氫載體
hydrogen peroxide	过氧化氢	過氧化氫
hydroids	导水细胞，传水细胞	輸水細胞

英文名	大陆名	台湾名
hydrolysable tannin	水解鞣质	水解鞣質，水解單寧
hydrolysis	水解作用	水解[作用]
hydrolyzable tannin (=hydrolysable tannin)	水解鞣质	水解鞣質，水解單寧
hydrophilous plant	水媒植物	水媒植物
hydrophilous pollination	水媒传粉	水媒傳粉，水媒授粉
hydrophily	水媒	水媒
hydrophyte (=aquatic plant)	水生植物	水生植物
hydrophytia	水生群落	水生群落
hydroponics (=solution culture)	溶液培养，水培	水耕培養，水耕栽培
hydrosere	水生演替系列	水生演替系列，水生消長系列
hydrosporae (=hydrochore)	水布植物，水播植物	水媒散播植物
hydrotropism	向水性	向水性，趨水性
hydroxyapatite (HA)	羟基磷灰石	羥基磷灰石
p-hydroxycinnamic acid	对羟基肉桂酸，对香豆酸	對羥桂皮酸，對香豆酸
hydroxyl radical	羟自由基	羥自由基，氫氧自由基
hygromycin	潮霉素	潮黴素
hygromycin B phosphotransferase	潮霉素 B 磷酸转移酶	潮黴素 B 磷酸轉移酶
hygrophyte	湿生植物	濕生植物
hygroscopic water	吸湿水，紧束水	吸濕水，吸附水
hymenial algae	子实层藻	子實層藻
hymenial veil (=annulus)	菌环	菌環
hymenium	子实层	子實層
hymenolichen	担子地衣	擔子地衣
hymenophore	子实层体	子實層體，子實層柄
hymenopode	子实层基	子實層基
hymenopodium (=hymenopode)	子实层基	子實層基
hyoscyamine	莨菪碱	莨菪鹼，莨菪素
hypanthium	被丝托，托杯；隐头花序	花托筒；隱頭花序
hypanthodium (=hypanthium)	隐头花序	隱頭花序
hypericin	金丝桃素	金絲桃素
hypermorphosis	过度生长	過度生長
hyperploid	超倍体	超倍體
hyperreiterated DNA (=highly repetitive DNA)	高度重复 DNA	高度重複 DNA
hypertonic solution	高渗溶液	高滲溶液

英 文 名	大 陆 名	台 湾 名
hypha	菌丝	菌絲
hyphal body	虫菌体	蟲菌體
hyphal cord	菌绳	菌繩
hyphal fragment	菌丝段	菌絲片段
hyphal knot	菌丝结	菌絲結
hyphal strand	菌丝束	菌絲束
hyphidium	层丝	層絲
hyphopodium	附着枝	附著枝
hypnosporangium (=resting sporangium)	休眠孢子囊	休眠孢子囊
hypnospore (=resting spore)	休眠孢子	休眠孢子
hypobasidium	下担子	下擔子
hypocingulum	下壳环	下殼環
hypocotyl	下胚轴	下胚軸，子葉下軸
hypocotyl-root axis	下胚轴-根轴	下胚軸-根軸
hypocrateriform corolla	托盘状花冠，低托杯状花冠	高碟形花冠，盆形花冠
hypodermis	皮下层	下皮層
hypodiploid	亚二倍体	亞二倍體
hypogeal cotyledon	留土子叶，地下子叶	不出土子葉，地下子葉
hypogeal germination	子叶留土萌发	子葉留土萌發，地下型萌發
hypogynous corolla	下位花冠	子房下生花冠
hypogynous flower	下位花	下位花
hypogynous stamen	下位着生雄蕊	下位着生雄蕊
hypogyny	下位式	下位式，子房上位
hyponasty	偏下性	偏下性
hyponasty growth	偏下性生长	偏下生長
hypophyllum	菌肉下层	菌肉下層
hypophysis	鳞盾；囊托；胚根原；蒴台，蒴托	鱗盾；囊托；胚根原；蒴台，蒴托
hypoploid	亚倍体	亞倍體，缺倍數體，低倍體
hypoploidy	亚倍性	亞倍性，缺倍數體性
hypostase	承珠盘	承珠盤
hypostatic gene	下位基因	下位基因
hypostomatic leaf	气孔下生叶	氣孔下生葉
hypothallus	地衣原体	地衣原體
hypotheca	下壳	下殼
hypothecium (=subhymenium)	囊层基（=子实下层）	囊層基（=下子實層）

英文名	大陆名	台湾名
hypotonic solution	低渗溶液	低滲溶液
hypovalve	下壳面	下殼面
hypoxia	低氧	低氧，缺氧
hysteresis	滞后[现象]	滯後[現象]
hysterostele	退行中柱	退行中柱
hysterothecium	缝裂囊壳	縫裂囊殼

I

英文名	大陆名	台湾名
IAA (=indole-3-acetic acid)	吲哚乙酸	吲哚乙酸
IAN pathway (=indole acetonitrile pathway)	吲哚乙腈途径	吲哚乙腈途徑
IAOx pathway (=indole-3-acetaldoxime pathway)	吲哚乙醛肟途径	吲哚乙醛肟途徑
IBA (=indole butyric acid)	吲哚丁酸	吲哚丁酸
I-band (=intercalary band)	I 带，中间带	I 帶，中間帶
ICAM (=intercellular adhesion molecule)	[细]胞间黏附分子	細胞間黏著分子，細胞間附著分子
ideal variety	理想品种	理想品種
identification	鉴定	鑒定
idioblast	异细胞	異形細胞
idiogram	核型模式图	染色體模式圖，染色體組型圖
idioplasm (=germplasm)	种质	種質，種原
idiosyncratic response hypothesis	特异反应假说	特異反應假說
IDP (=intermediate daylength plant)	中日性植物，中间日长植物	定日長植物，中間性植物
IEC (=ion exchange chromatography)	离子交换色谱法	離子交換層析法
IG region (=intergenic region)	基因间区	基因間區
illegitimate name	不合法名称	不合法名稱
imbibition	吸涨作用	吸漲作用，吸脹作用，膨潤現象
imbibition force	吸涨力	吸漲力
imbricate	覆瓦状	覆瓦狀
imbricate aestivation	覆瓦状花被卷叠式	覆瓦狀花被卷疊式
imbricate phyllotaxy	覆瓦状叶序	覆瓦狀葉序
imidazole alkaloid	咪唑[类]生物碱	咪唑類生物鹼

英 文 名	大 陆 名	台 湾 名
immunoblotting (=Western blotting)	免疫印迹法（=蛋白质印迹法）	免疫印漬術，免疫墨點法（=西方印漬術）
immunofluorescent labeling	免疫荧光标记	免疫螢光標記
imperfect flower (=incomplete flower)	不完全花	不完全花，單性花
imperfect fungi (=deuteromycetes)	半知菌类，不完全菌类	不完全菌類
imperfect leaf (=incomplete leaf)	不完全叶	不完全葉
imperfect pistil	不完全雌蕊	不完全雌蕊
imperfect stamen	不完全雄蕊	不完全雄蕊
imperfect state (=asexual state)	不完全阶段（=无性阶段）	不完全階段，不完全期（=無性階段）
imperforate tectum	无穿孔覆盖层	無穿孔覆蓋層，無穿孔頂蓋層
impermeability	不透性	不透性
impermeable layer	不透水层	不透水層
impermeable membrane	不透性膜	不透性膜
impermeable seed	不透水种子	不透水種子
importance value	重要值	重要值
imposed dormancy	强迫休眠	強制休眠
impregnation (=maceration)	浸渍	浸漬
impression	印痕化石	壓痕化石
improved variety	改良品种	改良品種
inaperturate (=atreme)	无萌发孔	無萌發孔
inbred-variety cross (=top cross)	顶交	頂交，自交系品種間交配
inbreeding	近交；自交	近交，近親繁殖；自交，自花授粉
inbreeding line	近交系	近交系，自交系
incidental species (=casual species)	偶见种，偶遇种	偶見種
incipient plasmolysis	初始质壁分离	初始質壁分離，開始質離
incipient wilting	初萎	初始凋萎，開始凋萎
included phloem	内函韧皮部	內涵韌皮部
included pit aperture	内函纹孔口	內涵紋孔口
included veinlet	内函小脉	內涵小脈
inclusion body	包含体	包涵體，包埋體，內涵體
inclusive fitness	广义适合度	總適合度，內含適合度
incompatibility	不亲和性	不親和性

英 文 名	大 陆 名	台 湾 名
incomplete diallel cross	不完全双列杂交	不完全雙對偶雜交
incomplete dominance	不完全显性	不完全顯性
incomplete flower	不完全花	不完全花，單性花
incomplete leaf	不完全叶	不完全葉
incubous	[苔类]蔽前式	蔽前式
incumbent cotyledon	背倚子叶	背倚子葉
indefinite corymb	无限伞房花序	無限傘房花序
indefinite inflorescence	无限花序	無限花序，不定花序
indehiscent fruit	闭果	閉果
indel mutation (=insertion-delete mutation)	插入缺失突变，得失位突变	插入缺失突變，得失位突變
indenture	凹痕	凹痕
independent assortment	自由组合，独立分配	自由組合，獨立分配，獨立分離
indeterminate growth	无限生长	無限生長
indeterminate inflorescence (=indefinite inflorescence)	无限花序	無限花序，不定花序
index of clumping	聚集指数	聚集指數
index of patchiness	斑块性指数	斑塊性指數
index of similarity (=similarity index)	相似性指数	相似性指數，相似度指數
index of species diversity (=species diversity index)	物种多样性指数	物種多樣性指數，[物]種歧異度指數
indicator plant	指示植物	指標植物
indicator species	指示种	指標種
indifferent species	随遇种	隨遇種，廣適種，未分化種
indigenous species (=native species)	本地种，乡土种，土著种	本地種，本土種，原生種
indirect division (=mitosis)	间接分裂（=有丝分裂）	間接分裂（=有絲分裂）
indirect reference	间接引用	間接引用
individual	个体	個體
indole-3-acetaldoxime pathway (IAOx pathway)	吲哚乙醛肟途径	吲哚乙醛肟途徑
indole-3-acetamide pathway	吲哚乙酰胺途径	吲哚乙醯胺途徑
indole-3-acetic acid (IAA)	吲哚乙酸	吲哚乙酸
indole acetonitrile pathway (IAN pathway)	吲哚乙腈途径	吲哚乙腈途徑
indole acetyl aspartic acid	吲哚乙酰天冬氨酸	吲哚乙醯天冬胺酸
indole acetyl glucose	吲哚乙酰葡萄糖	吲哚乙醯葡萄糖
indole acetyl inositol	吲哚乙酰肌醇	吲哚乙醯肌醇

英 文 名	大 陆 名	台 湾 名
indole alkaloid	吲哚类生物碱	吲哚類生物鹼
indole butyric acid (IBA)	吲哚丁酸	吲哚丁酸
indole pyruvate pathway	吲哚丙酮酸途径	吲哚丙酮酸途徑
indolylalkylamine alkaloid	吲哚基烷基胺类生物碱	吲哚基烷基胺類生物鹼
induced disease resistance	诱导抗病性	誘導抗病性
induced enzyme	诱导酶	誘導酶，誘導酵素，可誘導型酵素
induced mutation (=mutagenesis)	诱[发突]变	誘[發突]變
induced parthenocarpy (=stimulative parthenocarpy)	诱导单性结实（=刺激单性结实）	誘導單性結實，誘導單性結果（=刺激性單性結實）
induced transformation	诱导转化	誘導轉化，誘導性狀轉變
induced variation	诱发变异	誘發變異
inducible enzyme (=induced enzyme)	诱导酶	誘導酶，誘導酵素，可誘導型酵素
inducible expression	诱导型表达	誘導型表達
inducible promoter	诱导型启动子	誘導型啟動子
induction period	诱导期	誘導期
induction period of photosynthesis (=lag phase of photosynthesis)	光合诱导期（=光合滞后期）	光合誘導期（=光合滯後期）
induction phase (=induction period)	诱导期	誘導期
induction phase of photosynthesis	光合成诱导期	光合成誘導期
indumentum	毛被	毛被
indusium	菌裙，菌膜网；囊群盖	蕈裙；孢膜，苞膜，囊群膜
infection cushion	侵染垫	侵染墊
inferior glume (=outer glume)	外颖	外穎
inferior ovary	下位子房	下位子房
inflorescence	花序；生殖苞	花序；生殖苞
informal usage	非正式应用	非正式應用
information transfer	信息传递	訊息傳遞
in-frame mutation	整码突变	整碼突變
infranodal canal	节下痕	節下痕
infrapetiolar bud	叶柄下芽	葉柄下芽
infrared absorption spectrum	红外吸收光谱	紅外吸收光譜
infructescence	果序	果序
infundibular corolla (=funnel-shaped corolla)	漏斗状花冠	漏斗狀花冠，漏斗形花冠

英文名	大陆名	台湾名
ingroup	内[类]群	内群
inheritance (=heredity)	遗传	遺傳
inheritance of acquired character	获得性状遗传	獲得性狀遺傳，後天性狀遺傳
inhibiting effect	抑制效应	抑制效應
inhibiting gene (=suppressor gene)	抑制基因	抑制基因
inhibitor (=suppressor gene)	抑制基因	抑制基因
initial	原始细胞	原始細胞，始原細胞
initial areal	原始分布区	原始分布區
initial cell (=initial)	原始细胞	原始細胞，始原細胞
initial community (=pioneer community)	先锋群落	先鋒群落，先驅群落
initial parenchyma	轮始薄壁组织	輪始薄壁組織
initial region (=initial areal)	原始分布区	原始分布區
initial ring	发生环	發生環
initial species	原生种	原生種
initiation codon	起始密码子	起始密碼子
innate anther (=basifixed anther)	基着药，底着药	基著[花]藥，底著[花]藥
inner aperture	纹孔内口	紋孔內口
inner bark	内[树]皮	內[樹]皮
inner cephalodium (=internal cephalodium)	内生衣瘿	內生衣癭
inner glume	内颖	內穎
inner integument	内珠被	內珠被
inner nucellus	内珠心	內珠心
inner nuclear membrane	内核膜	內核膜
inner perianth	内花被	內花被
inner perichaetial bract	内雌苞叶	內雌苞葉
inner perigonial bract	内雄苞叶	內雄苞葉
inner phloem (=internal phloem)	内生韧皮部	內生韌皮部，內生篩管部
inner root-sheath	内根鞘	內[生]根鞘
inner spore sac	内孢囊	內孢囊
inner veil	内菌幕	內蓋膜
inoculation	接种	接種
inositol hexaphosphate (=phytic acid)	肌醇六磷酸（=植酸）	肌醇六磷酸，六磷酸肌醇（=植酸）
insect-catching leaf	捕虫叶	捕蟲葉

英 文 名	大 陆 名	台 湾 名
insectivorous plant	食虫植物，食肉植物	食蟲植物，捕蟲植物
insect pollination (=entomophilous pollination)	虫媒传粉，虫媒授粉	蟲媒傳粉，蟲媒授粉
insect resistance	抗虫性	抗蟲性
insertional mutagenesis	插入诱变	插入誘變
insertional translocation	插入易位	插入易位
insertion-delete mutation	插入缺失突变，得失位突变	插入缺失突變，得失位突變
insertion mutation	插入突变	插入突變
insertion sequence (IS)	插入序列	插入序列，嵌入序列
insertion site	插入位点	插入位點
in situ conservation	就地保护，就地保育	就地保育
in situ hybridization	原位杂交	原位雜交
in situ PCR	原位聚合酶链反应，原位 PCR	原位聚合酶連鎖反應，原位 PCR
in situ synthesis	原位合成	原位合成
instantaneous speciation	瞬时物种形成，瞬时成种	瞬時物種形成，瞬時種化
insula	网眼，网隙	網眼
insular species (=isolated species)	隔离种，岛屿种	隔離種，島嶼種，孤立種
intectate	无覆盖层	無覆蓋層
integral membrane protein (=integral protein)	整合蛋白质	膜主體蛋白
integral protein	整合蛋白质	膜主體蛋白
integrant expression	整合表达	整合表達
integrase	整合酶	整合酶
integrating vector	整合载体	整合載體
integument	珠被	珠被
integumentary embryo	珠被胚	珠被胚
integument tapetum	珠被绒毡层	珠被絨氈層，珠被營養層
interaction deviation	互作离差	交互偏差
interactive control	互作控制	互作控制
interascal pseudoparenchyma	囊间拟薄壁组织，囊间假薄壁组织	囊間假薄壁組織
intercalary band (I-band)	I 带，中间带	I 帶，中間帶
intercalary growth	居间生长	間生生長，節間生長，中間生長
intercalary meristem	居间分生组织	間生分生組織，節間分生組織
intercalated pinnule	间小羽片	間小羽片

英 文 名	大 陆 名	台 湾 名
intercellular adhesion molecule (ICAM)	[细]胞间黏附分子	細胞間黏著分子，細胞間附著分子
intercellular bridge	[细]胞间桥	[細]胞間橋
intercellular canal	胞间道	胞間道，細胞間通道
intercellular cavity	胞间腔	胞間腔，細胞間空腔
intercellular communication (=intercellular cross-talk)	[细]胞间通信	[細]胞間通訊
intercellular cross-talk	[细]胞间通信	[細]胞間通訊
intercellular layer	胞间层	[細]胞間層
intercellular passage (=intercellular canal)	胞间道	胞間道，細胞間通道
intercellular secretory tissue	胞间分泌组织	細胞間分泌組織
intercellular space	[细]胞间隙	[細]胞間隙
intercellular substance	[细]胞间质	[細]胞間質
intercellular transport	胞间运输	[細]胞間運輸
interclonal competition	克隆间竞争	克隆間競爭
intercontinental disjunction	洲际间断分布	洲際間斷分布
intercostal area (=vein islet)	脉间区	脈間區
interfascicular cambium	束间形成层	束間形成層
interfascicular conjugative tissue	束间结合组织	束間連接組織
interfascicular phloem	束间韧皮部	束間韌皮部，束間篩管部
interfascicular ray	束间射线	束間髓線
interfascicular region	束间区	束間區
interfascicular xylem	束间木质部	束間木質部
interference	干涉	干擾
interference competition	干扰竞争	干擾性競爭
intergeneric hybrid	属间杂种	屬間雜種
intergeneric hybridization	属间杂交	屬間雜交
intergenic DNA	基因间 DNA	基因間 DNA
intergenic recombination	基因间重组	基因間重組
intergenic region (IG region)	基因间区	基因間區
intergenic sequence	基因间序列	基因間序列
intergenic suppression	基因间抑制，基因间阻抑	基因間抑制，基因間阻抑
intergenic suppression mutation	基因间抑制突变	基因間抑制突變
intermediary cell	中间细胞	中間細胞
intermediary metabolism	中间代谢	中間代謝
intermediate daylength plant	中日性植物，中间日长植物	定日長植物，中間性植物

英 文 名	大 陆 名	台 湾 名
(IDP)		
intermediate filament	中间纤维，中间丝	中間型纖維，中間絲
intermembrane lumen (=intermembrane space)	膜间隙，膜间腔	膜間隙，膜間腔
intermembrane space	膜间隙，膜间腔	膜間隙，膜間腔
internal cephalodium	内生衣瘿	内生衣瘿
internal coincidence model	内源节律耦合模型	内源節律耦合模型
internal cortical layer	下皮层	下皮層
internal phloem	内生韧皮部	内生韌皮部，内生篩管部
internal secretory structure	内分泌结构	内分泌結構
internal seed coat (=endopleura)	内种皮	内種皮
internal valve	内壳面	内殼面
internodal growth	节间生长	節間生長
internode	节间	節間
interphase	间期	[分裂]間期
interspecies adaptation	种间适应	種間適應
interspecies competition (=interspecific competition)	种间竞争	種間競爭，異種間互害共存
interspecies selection	种间选择	種間選擇
interspecific competition	种间竞争	種間競爭，異種間互害共存
interspecific hybridization	种间杂交	種間雜交
interspecific incompatibility	种间不亲和性	種間不親和性
interspecific interaction	种间交互作用	種間交互作用
interspecific phytoallelopathy	植物种间化感作用	植物種間相剋作用
interspecific relationship	种间关系	種間關係
interstitial deletion	中间缺失	中間缺失
intervarietal crossing	品种间杂交	品種間雜交
intervarietal free crossing	品种间自由杂交	品種間自由雜交
intervarietal free cross-pollination	品种间自由异花传粉	品種間自由異花傳粉
intervarietal hybrid	品种间杂种	品種間雜種
intervarietal hybridization (=intervarietal crossing)	品种间杂交	品種間雜交
intervascular pitting	管间纹孔式	管間紋孔式
intervening sequence (IVS)	间插序列	間插序列，介入序列，插入序列
interxylary cork	木间木栓	木間木栓
interxylary phloem	木间韧皮部	木質部間韌皮部，木質部間

英 文 名	大 陆 名	台 湾 名
		篩管部
intine	内壁	内壁
intine-held protein	内壁蛋白	内壁蛋白
intracellular symbiosis (=endosymbiosis)	[胞]内共生	[胞]内共生，内共生現象，内共生[作用]
intraclonal competition	克隆内竞争	克隆内競爭
intraclonal division of labor	克隆内分工	克隆内分工
intraclonal physiological integration	克隆内生理整合	克隆内生理整合
intraclonal regulation	克隆内调节	克隆内調節
intraclonal resource sharing	克隆内资源共享	克隆内資源共享
intraclonal sharing of resources (=intraclonal resource sharing)	克隆内资源共享	克隆内資源共享
intraclonal translocation of matter	克隆内物质传输	克隆内物質傳輸
intrafloral nectary	花内蜜腺	花内蜜腺
intrafoliaceous stipule	叶腋内托叶	葉内側托葉
intragenic suppression	基因内抑制，基因内阻抑	基因内抑制，基因内阻抑
intragenic suppression mutation	基因内抑制突变	基因内抑制突變
intramolecular respiration	分子内呼吸	分子内呼吸
intraspecific competition	种内竞争	種内競爭
intraspecific crossing	种内杂交	種内雜交
intraspecific incompatibility	种内不亲和性	種内不親和性
intraspecific phytoallelopathy	植物种内化感作用	植物種内相剋作用
intraspecific relationship	种内关系	種内關係
intravarietal crossing	品种内杂交	品種内雜交
intraxylary phloem (=internal phloem)	内生韧皮部	内生韌皮部，内生篩管部
intrazonal vegetation	地带内植被	地帶内植被
intrinsic protein (=integral protein)	内在蛋白质（=整合蛋白质）	嵌入蛋白，膜内在蛋白（=整合蛋白質）
intrinsic speciation	内因性物种形成，内因成种	内因性物種形成，内因性種化
introduced patch	引入斑块	引入斑塊
introduced plant	引种植物	引進植物
introduced species	引入种	引入種，引進種
introduced variety	引入品种	引入品種
introgression	渐渗	漸滲

英　文　名	大　陆　名	台　湾　名
introgression hybridization (=introgressive hybridization)	渐渗杂交	漸滲雜交，趨中雜交
introgressive hybridization	渐渗杂交	漸滲雜交，趨中雜交
intron	内含子	内含子，插入序列
introrse anther	内向药	内向花藥
intrusive growth	侵入生长，插入生长	侵入生長
intussusception growth	内填生长	内填生長
inulin	菊糖，菊粉	菊糖，菊粉，土木香糖
invading species (=invasive species)	入侵种	入侵種
invasive alien species (=alien invasive species)	外来入侵种，外来侵入种	外來入侵種
invasive species	入侵种	入侵種
inverse PCR (=inverse polymerase chain reaction)	反向聚合酶链反应，反向PCR	反向聚合酶連鎖反應，反向PCR
inverse polymerase chain reaction (inverse PCR, iPCR)	反向聚合酶链反应，反向PCR	反向聚合酶連鎖反應，反向PCR
inverse transposition	逆向转座	逆向轉位
inversion	倒位；翻转[作用]	倒位；翻轉
invertase	转化酶	轉化酶，轉化[酵]素
inverted biomass pyramid	倒生物量金字塔	倒生物量金字塔
inverted repeat sequence	反向重复序列	反向重複序列
invertin (=invertase)	转化酶	轉化酶，轉化[酵]素
in vitro	体外，离体	體外，試管内
in vitro mutagenesis	体外诱变	體外誘變
in vivo	体内，在体	體内
involucel	小总苞	小總苞
involucre	[苔]苞膜，蒴苞；总苞	蒴苞；總苞
involucrellum	包顶组织	包頂組織
inxine	外壁内层	外壁内層
ion	离子	離子
ion antagonism	离子拮抗作用	離子拮抗作用
ion carrier (=ionophore)	离子载体	離子載體，離子運載物
ion channel	离子通道	離子通道
ion exchange	离子交换	離子交換
ion exchange chromatography (IEC)	离子交换色谱法	離子交換層析法
ionone	紫罗兰酮	紫羅[蘭]酮

英文名	大陆名	台湾名
ionophore	离子载体	離子載體，離子運載物
ion pump	离子泵	離子泵
ion synergism	离子协同作用	離子協同作用
iPCR (=inverse polymerase chain reaction)	反向聚合酶链反应，反向PCR	反向聚合酶連鎖反應，反向PCR
IPTG (=isopropylthio-β-D-galactoside)	异丙基硫代-β-D-半乳糖苷	異丙基硫代-β-D-半乳糖苷
iridoid	环烯醚萜	環烯醚萜
irradiance	辐照度	輻照度，輻射度
irregular choripetalous corolla	不整齐离瓣花冠	不整齊離瓣花冠
irregular corolla	不整齐花冠	不整齊花冠
irregular dominance	不规则显性	不規則顯性
irregular flower	不整齐花	不整齊花
irregularity	不整齐性	不整齊性
irreversible wilting (=permanent wilting)	永久萎蔫	永久凋萎，不恢復凋萎
irritability	感应性	應激性，感應性
IS (=insertion sequence)	插入序列	插入序列，嵌入序列
isidium	裂芽，珊瑚芽	裂芽
island disjunction	岛状间断分布	島狀間斷分布
island effect	岛屿效应	島嶼效應
island model	岛屿模型	島嶼模型，島式模型
isobilateral leaf	等面叶	等面葉
isocamphane derivative	异莰烷衍生物	異莰烷衍生物
isoelectric focusing electrophoresis	等电点聚焦电泳	等電聚焦電泳
isoenzyme	同工酶	同功酶，同功酵素
isoflavanone	二氢异黄酮	二氫異黃酮
isoflavone	异黄酮	異黃酮
isogamete	同形配子	同形配子
isogamous sexual reproduction	同形有性生殖	同形配子有性生殖
isogamy (=homogamy)	同配生殖	同配生殖，同形配子接合，同形交配
isogene (=homologous gene)	同源基因	同源基因，相同基因
isogenic strain	等基因系	同基因系
isolated species	隔离种，岛屿种	隔離種，島嶼種，孤立種
isolateral leaf (=isobilateral leaf)	等面叶	等面葉
isolating mechanism	隔离机制	隔離機制

英 文 名	大 陆 名	台 湾 名
isolation	隔离	隔離
isolichenan	异地衣多糖	異地衣多糖
isolichenin (=isolichenan)	异地衣多糖	異地衣多糖
isomorphic alternation of generations	同形世代交替	同形世代交替，等形世代交替
isonym	等名	等名
isoosmotic solution (=isotonic solution)	等渗溶液	等滲[透壓]溶液，等張溶液
isopentenyl adenine	异戊烯基腺嘌呤	異戊烯基腺嘌呤
isopolar	等极	等極
isopollen line	等[花]粉线	等花粉線
isoprene	异戊二烯	異戊二烯
isoprene rule	异戊二烯法则	異戊二烯法則
isopropylthio-β-D-galactoside (IPTG)	异丙基硫代-β-D-半乳糖苷	異丙基硫代-β-D-半乳糖苷
isopsoralen	白芷内酯，异补骨脂素	白芷內酯，異補骨脂素
isoquinoline	异喹啉	異喹啉
isoquinoline alkaloid	异喹啉[类]生物碱	異喹啉[類]生物鹼
isospore (=homospore)	同形孢子	同形孢子，同型孢子
isospory	孢子同型	孢子同型
isosteroidal alkaloid	异甾体类生物碱	異甾體類生物鹼
isosyntype	等合模式	同全模標本
isotonic coefficient	等渗系数	等滲[透壓]係數
isotonic contraction	等张收缩	等張[力性]收縮
isotonicity	等渗性，等张性	等滲透壓性，等張力性
isotonic pressure	等渗透压	等滲透壓
isotonic solution	等渗溶液	等滲[透壓]溶液，等張溶液
isotope	同位素	同位素
isotope labeling	同位素标记	同位素標記
isotope technique	同位素技术	同位素技術
isotopic labeling (=isotope labeling)	同位素标记	同位素標記
isotype	等模式	同模式標本
isthmus	中孔厚隔	中孔厚隔
IVS (=intervening sequence)	间插序列	間插序列，介入序列，插入序列

J

英文名	大陆名	台湾名
JA (=jasmonic acid)	茉莉酸	茉莉酸
jackknife	刀切法	折刀法
jarovization (=vernalization)	春化[作用]	春化[作用]，低温處理，春化處理
jasmonic acid (JA)	茉莉酸	茉莉酸
Jordanon (=Jordan's species)	乔丹种	約氏種，變種，小種
Jordan's species	乔丹种	約氏種，變種，小種
juvenile phase	幼年期	幼年期
juvenility	幼年性	幼年性

K

英文名	大陆名	台湾名
kairomone	利他素，益他素	利他素，益他素，開洛蒙
kanamycin	卡那霉素	卡那黴素
karyogamy	核配	核融合，核接合
karyogram	核型图	核型圖
karyoid (=nucleoid)	拟核，类核	擬核，類核，核狀體
karyokinesis	核分裂	核分裂
karyomixis (=nuclear fusion)	核融合	核融合
karyoplasm (=nucleoplasm)	核质	核質
karyoplasmic ratio (=nucleo-cytoplasmic ratio)	核质比	核質比
karyopyknosis	核固缩	核固縮，染色質濃縮
karyoskeleton (=nuclear matrix)	核骨架（=核基质）	核骨架（=核基質）
karyotype	核型，染色体组型	核型
katabolism (=catabolism)	分解代谢	分解代謝，異化代謝
kb (=kilobase)	千碱基	千鹼基
kbp (=kilobase pair)	千碱基对	千鹼基對
keel	脊；龙骨瓣	脊；龍骨瓣
keratin	角蛋白	角蛋白，角素
key species	关键种	關鍵種，基石種
keystone species (=key species)	关键种	關鍵種，基石種
kilobase (kb)	千碱基	千鹼基
kilobase pair (kbp)	千碱基对	千鹼基對

英　文　名	大　陆　名	台　湾　名
kinase	激酶	激酶
kinase-regulated protein	激酶调节蛋白	激酶調節蛋白
kinesin	驱动蛋白	驅動蛋白，傳動素，致動蛋白
kinetin (KT)	激动素	激動素，細胞裂殖素
kinetochore	动粒	動粒，著絲點
kinetochore microtubule	动粒微管	動粒微管，著絲點微管
kinetosome	动体	動體，[鞭毛]基體
kingdom	界	界
Knop solution	克诺普溶液	諾普培養液，諾蒲[氏]培養液
knorria	内模相	内模相
Kranz anatomy	克兰茨解剖	克蘭茨解剖，花環解剖
Kranz structure	克兰茨结构	克蘭茨構造，花環構造
Krebs cycle (=tricarboxylic acid cycle)	克雷布斯循环（=三羧酸循环）	克[瑞布]氏循環（=三羧酸循環）
krummholz	[温带]高山矮曲林	[温帶]高山矮曲林
KT (=kinetin)	激动素	激動素，細胞裂殖素

L

英　文　名	大　陆　名	台　湾　名
label	唇瓣	唇瓣
labellum (=label)	唇瓣	唇瓣
labiate corolla	唇形花冠	唇形花冠
labiate process	唇[形]突	唇[形]突
labium	唇形盘缘	唇形盤緣
lacinule	小细长裂片	小裂片
lactic acid fermentation	乳酸发酵	乳酸發酵
lacunar collenchyma	腔隙厚角组织	腔隙厚角組織
laesura (=tetrad scar)	四分体痕	四分體痕，四分子痕
lagging strand	后随链	延遲股
lag phase	停滞期	遲滯期
lag phase of photosynthesis	光合滞后期	光合滯後期
LAI (=leaf area index)	叶面积指数	葉面積指數
Lamarckism	拉马克学说，拉马克主义	拉馬克學說，拉馬克主義
lamella	菌褶；栉片	菌褶；[薄]片
lamellar collenchyma	片状厚角组织，板状厚角组织	片狀厚角組織，層狀厚角組織
lamin	核纤层蛋白	核片層蛋白

英 文 名	大 陆 名	台 湾 名
lamina	囊盘总层；叶片	囊盤總層；葉片
laminal placenta	层状胎座	全面胎座
laminal placentation	层状胎座式	全面胎座式，薄層胎座式
laminaribiose	昆布二糖，海带二糖	海帶二糖，昆布二糖
laminarin	昆布多糖，海带多糖，褐藻多糖	海帶多糖，昆布多糖
land bridge (=continental bridge)	陆桥	陸橋
landscape	景观	景觀，地景
landscape connectedness	景观连通性	景觀連通性，地景連通性
landscape connectivity	景观连接度	景觀連接度，景觀連通度，地景連接度
landscape diversity	景观多样性	景觀多樣性
landscape dynamics	景观动态	景觀動態，地景動態
landscape ecological process	景观生态过程	景觀生態過程
landscape ecology	景观生态学	景觀生態學，地景生態學
landscape element	景观要素	景觀要素
landscape function	景观功能	景觀功能
landscape heterogeneity	景观异质性	景觀異質性
landscape index	景观指数	景觀指數
landscape metrics (=landscape index)	景观指数	景觀指數
landscape pattern	景观格局	景觀格局
landscape planning	景观规划	景觀規劃
landscape structure	景观结构	景觀結構，地景結構
lanostane triterpene	羊毛脂烷型三萜	羊毛脂烷型三萜
lanosterol type	羊毛甾醇型，羊毛固醇型	羊毛甾醇型，羊毛固醇型
lappa	刺果	刺果
LAR (=local acquired resistance; leaf area ratio)	局部获得抗性；叶面积比	局部性抗病獲得，區域性抗病獲得，後天性局部抗性；葉面積比
lasso mechanism	捕虫环	捕蟲環
late embryogenesis abundant protein (LEA protein)	胚胎发生晚期丰富蛋白	胚胎發生晚期豐富蛋白
latent bud	潜伏芽	潛伏芽
lateral branch	侧枝	側枝
lateral bud (=axillary bud)	侧芽（=腋芽）	側芽（=腋芽）
lateral conjugation	侧面接合	側面接合
lateral gene transfer	侧向基因转移（=水平基因	基因側向轉移（=基因水平

英 文 名	大 陆 名	台 湾 名
(=horizontal gene transfer)	转移）	轉移）
lateral leaf	侧叶	側葉
lateral meristem	侧生分生组织	側生分生組織
lateral organ	侧生器官	側生器官
lateral ray	侧射枝	側射枝
lateral root	侧根	側根，支根
lateral vein	侧脉	側脈
later homonym	晚出同名	晚出同名
late wood	晚材	晚材
latex cell (=non-articulate laticifer)	乳汁细胞（=无节乳汁器）	乳汁細胞（=無節乳汁器）
latex duct (=laticiferous tube)	乳汁管	乳汁管
laticifer	乳汁器	乳汁器
laticiferous cell (=non-articulate laticifer)	乳汁细胞（=无节乳汁器）	乳汁細胞（=無節乳汁器）
laticiferous tube	乳汁管	乳汁管
latitudinal vegetation belt	纬度植被带	緯度植被帶
latitudinal zonality	纬度地带性	緯度地帶性
Laurasia flora	劳亚植物区系	勞亞植物區系，勞亞植物相，勞亞植物群
laurel forest (=evergreen broad-leaved forest)	常绿阔叶林，照叶林	常綠闊葉林
laurel forest zone	常绿阔叶林带	常綠闊葉林帶
law of genetic equilibrium (=Hardy-Weinberg law)	遗传平衡定律（=哈迪-温伯格定律）	遺傳平衡定律（=哈温定律）
law of independent assortment	自由组合定律，独立分配定律	自由組合律，獨立分配律，獨立組合律
law of limiting factor	限制因子律	限制因子律
law of linkage	连锁定律	連鎖定律
law of segregation	分离定律	分離律
law of small opening diffusion	小孔扩散律，小孔定律	小孔擴散律
LC (=liquid chromatography)	液相色谱法	液相層析法
LCR (=ligase chain reaction)	连接酶链[式]反应	連接酶連鎖反應，接合酶鏈反應
LDP (=long-day plant)	长日[照]植物	長日[照]植物
leaching	淋洗作用	淋溶作用
leader sequence (=leading sequence)	前导序列	前導序列
leading sequence	前导序列	前導序列

英文名	大陆名	台湾名
leading strand	前导链	先導股，前導股，領先股
leaf	叶	葉
leaf abscission	叶片脱落	葉片脫落
leaf apex	叶端，叶尖	葉端
leaf architectural analysis	叶结构分析	葉結構分析
leaf area density	叶面积密度	葉面積密度
leaf area index (LAI)	叶面积指数	葉面積指數
leaf area ratio (LAR)	叶面积比	葉面積比
leaf armor	叶胄	葉胄
leaf arrangement (=phyllotaxy)	叶序	葉序
leaf axil	叶腋	葉腋
leaf base	叶基	葉基
leaf bud	叶芽	葉芽
leaf buttress	叶原座	葉原座
leaf culture	叶培养	葉培養
leaf cushion	叶座	葉座
leaf disc transformation	叶盘转化法	葉盤轉化法
leaf economics spectrum	叶经济谱	葉經濟譜
leaf epinasty	叶偏上性	葉下垂生長
leaf gap (=folial gap)	叶隙	葉隙
leaflet	小叶	小葉
leaf margin	叶缘	葉緣
leaf mass ratio (LMR)	叶重比	葉重比
leaf mosaic	叶镶嵌	葉鑲嵌
leaf nodule	叶瘤	葉瘤
leaf photosynthetic capacity	叶片光合能力	葉片光合成能力
leaf physiognomy	叶相	葉相
leaf physiognomy analysis	叶相分析	葉相分析
leaf primordium	叶原基	葉原基
leaf ramet	叶性分株	葉性分株
leaf scar	叶痕	葉痕
leaf senescence	叶片衰老	葉片老化
leaf shape	叶形	葉形
leaf sheath	叶鞘	葉鞘
leaf-size class	叶级	葉級
leaf tendril	叶卷须	葉卷鬚

英　文　名	大　陆　名	台　湾　名
leaf thorn	叶刺	葉刺
leaf trace (=folial trace)	叶迹	葉跡
leaf trace gap	叶迹隙	葉跡隙
leaf weight ratio (=leaf mass ratio)	叶重比	葉重比
leafy gametophyte	茎叶体	莖葉體
leakage	渗漏	滲漏
leaky mutation	渗漏突变	滲漏突變
LEA protein (=late embryogenesis abundant protein)	胚胎发生晚期丰富蛋白	胚胎發生晚期豐富蛋白
lecanoric acid	茶渍酸	茶漬酸，紅粉苔酸
lecanorine type	茶渍型	茶漬型
lecideine type	网衣型	網衣型
lecotropal papilla	马蹄形疣	馬蹄形疣
lectin	凝集素	凝集素
lectotype	后选模式，选模[标本]	選模標本
leghemoglobin	豆血红蛋白	豆[科]血紅蛋白
leginsulin	豆胰岛素	豆胰島素
legitimate name	合法名称	合法名稱
legume	荚果	莢果
lemma	外稃	外稃
lenticel (=lenticelle)	皮孔	皮孔
lenticelle	皮孔	皮孔
lenticular transpiration	皮孔蒸腾	皮孔蒸散
leonurine	益母草碱	益母草鹼
lepto-form	无眠冬孢型	無眠冬孢型
leptoids	类韧皮细胞	類韌皮細胞，養分輸送組織
leptoma	薄壁区	薄壁區
leptome	无维韧皮部	無維韌皮部
leptosporangium	薄孢子囊	薄壁孢子囊
Leslie matrix (=Leslie model)	莱斯利矩阵（=莱斯利模型）	萊斯利矩陣（=萊斯利模型）
Leslie model	莱斯利模型	萊斯利模型
lethal gene	致死基因	致死基因
leucocyst	透明细胞	透明細胞
leucoplast	白色体	白色體，澱粉形成體
LFR (=low fluence response)	低辐照度反应，低强度反应	低光流量反應
LHC (=light-harvesting	捕光复合物，聚光[色素蛋白]	光能捕獲複合體，集光複合

英 文 名	大 陆 名	台 湾 名
complex)	复合体	體
LHCP (=light-harvesting chlorophyll-protein complex)	捕光叶绿素蛋白复合物	捕光葉綠素蛋白複合體
liana (=vine)	藤本植物	藤本植物
libriform fiber	韧型纤维	韌型纖維
lichen	地衣	地衣
lichenan	地衣多糖，地衣淀粉	地衣多糖，地衣膠
lichen flora	地衣区系；地衣志	地衣區系，地衣相，地衣群；地衣誌
lichen-forming fungus (=lichenized fungus)	地衣型真菌	地衣型真菌
lichen-gonidium	地衣藻胞	地衣藻胞
lichenicolous fungus	地衣外生真菌	地衣外生真菌
lichenin (=lichenan)	地衣多糖，地衣淀粉	地衣多糖，地衣膠
lichenism	地衣共生	地衣共生
lichenized fungus	地衣型真菌	地衣型真菌
lichenology	地衣学	地衣學
lichenometry	地衣测量法	地衣測量法
lichen tundra	地衣冻原	地衣凍原
lid (=operculum)	蒴盖	蒴蓋
life cycle (=life history)	生活周期（=生活史）	生活週期（=生活史）
life form	生活型	生活型，生命形式
life form spectrum	生活型谱	生活型譜
life history	生活史	生活史
life history strategy	生活史对策，生活史策略	生活史對策，生活史策略
life history trait	生活史性状，生活史特征	生活史性狀
life table	生命表	生命表
life zone	生命带	生命帶，生物[分布]帶
ligase	连接酶	連接酶
ligase chain reaction (LCR)	连接酶链[式]反应	連接酶連鎖反應，接合酶鏈反應
ligation	连接	連接
ligative hypha (=binding hypha)	联络菌丝	纏繞菌絲
light compensation point	光补偿点	光補償點
light-favored seed (=light seed)	需光种子，喜光[性]种子	需光種子，好光[性]種子
light-harvesting center	捕光中心，集光中心	光能捕獲中心
light-harvesting chlorophyll-	捕光叶绿素蛋白复合物	捕光葉綠素蛋白複合體

英　文　名	大　陆　名	台　湾　名
protein complex (LHCP)		
light-harvesting complex (LHC)	捕光复合物，聚光[色素蛋白]复合体	光能捕獲複合體，集光複合體
light-harvesting pigment	捕光色素，集光色素	捕光色素，集光色素
light-inhibited seed (=dark seed)	需暗种子，嫌光[性]种子	需暗種子，嫌光[性]種子，光抑制發芽種子
light intensity	光强度	光強度
light quality pathway	光质途径	光質途徑
light reaction	光反应	光反應
light requirement	需光量	需光量
light saturation	光饱和[现象]	光飽和
light saturation point	光饱和点	光飽和點
light seed	需光种子，喜光[性]种子	需光種子，好光[性]種子
light-sensitive seed (=light seed)	光敏感种子（=需光种子）	光敏感種子（=需光種子）
light signalling	光信号转导	光訊息傳導
lignan	木脂素，木脂体	木脂體，木脂素，樹脂腦
lignanolide	木脂内酯	木脂內酯
lignification	木质化	木質化
lignin	木[质]素	木[質]素，木質
ligulate corolla	舌状花冠	舌狀花冠
ligulate flower	舌状花	舌狀花
ligule	叶舌	葉舌
limb	萼檐；[花]冠檐	萼簷；冠簷，花冠緣
limiting factor	限制因子	限制因子
Lindeman’s efficiency	林德曼效率	林德曼效率
Lindeman’s law	林德曼定律	林德曼定律，百分之十定律
LINE (=long interspersed nuclear element)	长散在核元件	長散布核元件
lineage	谱系，系谱	譜系
linear areal (=belt areal)	线状分布区（=带状分布区）	線狀分布區（=帶狀分布區）
linear migration	直线迁移	直線遷徙
linear tetrad	直列四分体，线性四分子	單列四分體，線形四分子
line intercept method	样线截取法	截線[取樣]法，直線截取法
line transect method	样线法	樣線法
linkage	连锁	連鎖
linkage analysis	连锁分析	連鎖分析
linkage gene	连锁基因	連鎖基因

英 文 名	大 陆 名	台 湾 名
linkage group	连锁群	連鎖群
linkage map (=chromosome map)	连锁图（=染色体图）	連鎖圖[譜]（=染色體圖）
linkage mapping	连锁作图	連鎖定位
linkage value	连锁值	連鎖值
linked gene (=linkage gene)	连锁基因	連鎖基因
linker	接头	聯結子，連接體
Linnaean species (=morphological species)	林奈种（=形态学种）	林奈種（=形態學種）
Linnaean taxonomy (=classical taxonomy)	林奈分类学（=经典分类学）	林奈分類學（=古典分類學）
linopterid	网羊齿型	網羊齒型
linseed	亚麻子	亞麻仁，亞麻子
linseed oil	亚麻子油	亞麻子油
lipid	脂质	脂質，脂類
lipid monolayer	脂质单分子层，脂单层	脂單層，脂質單分子層
lipid bilayer	脂质双分子层，脂双层	脂雙層，脂質雙分子層
lipid body	脂质体	脂質體，油粒體
liquid chromatography (LC)	液相色谱法	液相層析法
lirella	线状子囊盘	狹長子囊盤，條狀子囊盤
lirellar type	线盘型	狹盤型，條盤型
list quadrat	记名样方	記名樣方
list quadrat method	记名样方法	記名樣方法
lithocarp	化石果	化石果
lithocyst	晶细胞	晶細胞
lithophyll	化石叶	化石葉
lithophyte	岩生植物，石生植物	石生植物，岩生植物，石隙植物
litter	凋落物，枯枝落叶	枯枝落葉，凋落物
liverwort	苔类[植物]	蘚類[植物]
llano	委内瑞拉草原，亚诺群落	利亞諾植被
LMR (=leaf mass ratio)	叶重比	葉重比
LO-analysis	明暗分析	明暗分析
lobe	裂片	裂片
local acquired resistance (LAR)	局部获得抗性	局部性抗病獲得，區域性抗病獲得，後天性局部抗性
local flora	地方植物志	地方植物誌
local population (=subpopulation)	地方种群，局域种群（=亚种群）	地方族群（=亞族群）

英文名	大陆名	台湾名
locule	子房室；子囊腔	子房室；子囊腔
loculus (=locule)	子囊腔	子囊腔
locus	基因座	基因座，基因點
lodicule	浆片	漿片
logistic growth	逻辑斯谛增长	邏輯斯諦成長，推理成長
loma	秘鲁草原，洛马群落	落馬植被
loment	节荚	節莢
London clay flora	伦敦黏土植物区系，伦敦黏土植物群	倫敦黏土層植物區系，倫敦黏土層植物相，倫敦黏土層植物群
long-branch attraction	长支吸引	長支吸引
long chain polymer	长链聚合物	長鏈聚合物
long-day plant (LDP)	长日[照]植物	長日[照]植物
long-distance transport	长距离运输	長距離運輸，長距離運移
long interspersed nuclear element (LINE)	长散在核元件	長散布核元件
longitudinal dehiscence	纵裂	[果實]縱裂
longitudinal section	纵切面	縱切面
longitudinal vegetation belt	经度植被带	經度植被帶
longitudinal zonality	经度地带性	經度地帶性
long-lived spacer	长命间隔子	長命間隔子
long-night plant (=short-day plant)	长夜植物（=短日[照]植物）	長夜植物（=短日[照]植物）
long shoot	长枝	長枝
long-short-day plant (LSDP)	长短日[照]植物	長短日[照]植物
long-term ecological research (LTER)	长期生态研究	長期生態研究
long terminal repeat (LTR)	长末端重复[序列]	長末端重複序列
loop cell (=dome cell)	圆顶细胞	圓頂細胞
LO-pattern	明暗图案	明暗圖案
lophiothecium	扁口囊壳	扁口囊殼
lorica	鞘壳，囊壳	[藻類]外被，鞘殼，囊殼
loss-of-function mutation	功能失去突变，功能丢失突变，功能丧失突变	功能喪失型突變
low-energy phosphate bond	低能磷酸键	低能磷酸[酯]鍵
lower plant	低等植物	低等植物
low fluence response (LFR)	低辐照度反应，低强度反应	低光流量反應
low temperature stress	低温胁迫	低溫逆境

英 文 名	大 陆 名	台 湾 名
LSDP (=long-short-day plant)	长短日[照]植物	長短日[照]植物
LTER (=long-term ecological research)	长期生态研究	長期生態研究
LTR (=long terminal repeat)	长末端重复[序列]	長末端重複序列
luc (=luciferase gene)	萤光素酶基因	螢光素酶基因
luciferase	萤光素酶	螢光素酶，螢光酵素
luciferase gene (*luc*)	萤光素酶基因	螢光素酶基因
lumen (=insula)	网眼，网隙	網眼
lupine triterpene	羽扇豆烷型三萜	羽扇豆烷型三萜
lutein	叶黄素	葉黄素
lycopene	番茄红素	番茄紅素
lysigenous secretory cavity	溶生分泌腔	破生分泌腔
lysigenous secretory tissue	溶生分泌组织	破生分泌組織
lysigenous space	溶生间隙	破生間隙
lysine decarboxylase	赖氨酸脱羧酶	離胺酸脱羧酶，離胺酸脱羧酵素
lysosome	溶酶体	溶酶體，溶[小]體

M

英 文 名	大 陆 名	台 湾 名
macchia (=maquis)	马基斯群落	馬基斯植被
maceration	浸渍	浸漬
macrandry	大雄	大雄
macroalgae	大型藻类	大型藻類
macroconidium	大[型]分生孢子	大[型]分生孢子
macrocyclic alkaloid	大环类生物碱	大環類生物鹼
macroelement	大量元素	大量元素，巨量元素
macroevolution	宏[观]进化，大进化	巨演化，大進化
macrolichen	大型地衣	大型地衣
macromolecule	大分子	大分子，巨分子
macronucleus (=meganucleus)	大核	大核
macronutrient	常量营养物	高量營養物，巨量養分
macrophyll	大型叶	大型葉，巨型葉，大[形]葉
macroporous adsorption resin	大孔吸附树脂	大孔吸附樹脂
macroporous adsorption resin chromatography	大孔吸附树脂色谱法	大孔吸附樹脂層析法

英　文　名	大　陆　名	台　湾　名
macrosclereid	大石细胞	大石細胞
macrosporangium (=megasporangium)	大孢子囊	大孢子囊，雌孢子囊
macrospore (=megaspore)	大孢子	大孢子，雌孢子
macrosporocarp	大孢子果	大孢子果
macrosporocarpium (=macrosporocarp)	大孢子果	大孢子果
macrosporocyte (=megasporocyte)	大孢子母细胞	大孢子母細胞
macrosporophyll (=megasporophyll)	大孢子叶	大孢子葉
macrozoospore	大游动孢子	大型游孢子，大型動孢子
MAE (=microwave-assisted extraction)	微波辅助提取，微波辅助萃取	微波輔助萃取
magniacritarch	大型疑源类	大型疑源類
magnolol	厚朴酚	厚朴酚
mainland-island model (=continent-island model)	大陆-岛屿模型	大陸-島嶼模型
main ray	主射枝	主射枝
main root (=taproot)	主根，直根	主根，直根，軸根
maintainer line	保持系	保持系
maintain respiration	维持呼吸	維持呼吸
major element (=macroelement)	大量元素	大量元素，巨量元素
major gene	主效基因	主[效]基因
major gene resistance	主效基因抗[病]性	主[效]基因抗病性
major intrinsic protein (MIP)	主要内在蛋白质	主要嵌入蛋白
majority-rule consensus tree	多数一致树，多数合意树	多數共同樹
malacophilous flower	蜗媒花	蝸牛媒介花
malacophilous plant	蜗媒植物	蝸牛媒植物
malacophily	蜗媒	蝸牛媒介
malate metabolism theory (=malate production theory)	苹果酸代谢学说（=苹果酸生成学说）	蘋果酸代謝學說（=蘋果酸生成學說）
malate production theory	苹果酸生成学说	蘋果酸生成學說
male and female sterility	雌雄不育	雌雄不育
male branch	雄枝	雄枝
male cell	雄细胞	雄細胞
male cone	雄球果	雄球果
male flower	雄花	雄花

英文名	大陆名	台湾名
male gamete	雄配子	雄配子
male gametophyte (=microgametophyte)	雄配子体，小配子体	雄配子體，小配子體
male germ unit (MGU)	雄性生殖单位	雄性生殖單位
male nucleus (=spermonucleus)	雄核（=精核）	雄核（=精核）
male parent	父本	父本
male parthenogenesis (=androgenesis)	孤雄生殖，单雄生殖，雄核发育	孤雄生殖，單雄生殖，雄核發育
male receptacle (=antheridiophore)	雄生殖托，雄[器]托	藏精器枝，精子器柄，雄器托
male sterility	雄性不育	雄性不育，雄不孕性，雄性不稔
male sterility line	雄性不育系	雄性不育系，雄性不孕系
malic acid	苹果酸	蘋果酸
maltase	麦芽糖酶	麥芽糖酶
Malthusian growth (=exponential growth)	马尔萨斯增长（=指数增长）	馬爾薩斯成長（=指數型[族群]成長）
mamilla	乳突，乳头状突起	乳突，乳頭突起
mammilla (=mamilla)	乳突，乳头状突起	乳突，乳頭突起
mangrove forest	红树林	紅樹林
manna lichen	甘露地衣，野粮地衣	甘露地衣，野糧地衣
mannitol	甘露[糖]醇	甘露醇
manocyst (=receptive papilla)	受精突	受精突
mantle	菌套；壳套	菌套；殼套
manubrium	盾柄细胞	盾柄細胞
map distance	图距	圖距
map unit	图距单位	圖距單位
maquis	马基斯群落	馬基斯植被
marginal initial	边缘原始细胞	邊緣原始細胞
marginal meristem	边缘分生组织	邊緣分生組織
marginal placenta	边缘胎座	邊緣胎座
marginal plancentation	边缘胎座式	邊緣胎座式
marginal ray tracheid	边缘射线管胞	邊緣髓射線管胞，邊緣芒髓管胞
marginal soralia	镶边粉芽堆	鑲邊粉芽堆
marginal veil	边缘菌幕	邊緣菌幕
marginal vein	边脉	邊脈
margo	塞缘	塞緣

英　文　名	大　陆　名	台　湾　名
mariopterid	畸羊齿型	畸羊齒型
marker gene	标记基因	標記基因
marsh	草沼，草本沼泽	草沼，草[本沼]澤
marsupium	蒴囊	蒴囊，懸垂藏卵器囊
mass extinction	集群灭绝，大灭绝	大滅絕
mass flow (=bulk flow)	集流	集流，質流，整體流動
mass spectrometry (MS)	质谱法	質譜法
mass transfer rate	质量运输速率	質量轉移率，質量傳遞率，質傳速率
massula	花粉小块	花粉小塊
mastigoneme (=flimmer)	鞭茸，鞭毛丝	鞭茸
material cycle (=matter cycle)	物质循环	物質循環
material flow (=matter flow)	物流	物流
maternal effect	母体效应	母體效應
maternal inheritance (=cytoplasmic inheritance)	母体遗传（=[细]胞质遗传）	母體遺傳（=[細]胞質遺傳）
matric potential	衬质势，基质势	基質勢
matrine	苦参碱	苦參鹼
matrix (=stroma)	基质	基質
matter cycle	物质循环	物質循環
matter flow	物流	物流
maturation division (=meiosis)	成熟分裂（=减数分裂）	成熟分裂（=減數分裂）
maturation region (=root-hair zone)	成熟区（=根毛区）	成熟區（=根毛區）
maturation zone (=root-hair zone)	成熟区（=根毛区）	成熟區（=根毛區）
mature community	成熟群落	成熟群落
mature tissue	成熟组织	成熟組織
maximum efficiency period of plant nutrition	植物营养最大效率期	植物營養最大效率期
maximum likelihood method	最大似然法	最大概似法，最大近似法
maximum parsimony	最大简约法	最大簡約法
maximum parsimony tree	最大简约树	最大簡約樹
mazaedium (=mazedium)	孢丝粉	孢絲粉
mazedium	孢丝粉	孢絲粉
meadow	草甸	草甸
meadow steppe	草甸草原	濕草原，草甸-乾草原植被區
mean residence time (MRT)	平均滞留时间	平均滯留時間

英文名	大陆名	台湾名
mechanical isolation	机械隔离	機械隔離
mechanical tissue	机械组织	機械組織
median line	中缝	中縫
median plug	中塞	中塞
medulla	髓层；髓部；髓	髓層；髓部；髓
medulla filament	髓丝	髓絲
medullary excipulum	髓囊盘被，盘下层，内囊盘被	髓囊盤被，內囊盤被，盤下層
medullary phloem bundle	髓韧皮束	髓韌皮束
medullary ray	髓射线	髓[射]線，髓芒，木質線
medullary reaction	髓层反应	髓層反應
medullary sheath (=perimedullary zone)	髓鞘（=环髓带）	髓鞘（=環髓帶）
medullated protostele	髓原生中心柱	有髓原生中柱
megagamete (=female gamete)	大配子（=雌配子）	大配子（=雌配子）
megagametophyte	雌配子体	雌配子體
meganucleus	大核	大核
megaphyll (=macrophyll)	大型叶	大型葉，巨型葉，大[形]葉
megascale	大尺度	大尺度
megasporangium	大孢子囊	大孢子囊，雌孢子囊
megaspore	大孢子	大孢子，雌孢子
megaspore haustorium	大孢子吸器	大孢子吸器
megaspore mother cell (=megasporocyte)	大孢子母细胞	大孢子母細胞
megasporocarp (=macrosporocarp)	大孢子果	大孢子果
megasporocyte	大孢子母细胞	大孢子母細胞
megasporogenesis	大孢子发生	大孢子發生
megasporophyll	大孢子叶	大孢子葉
megatherm	高温植物	高溫植物
meiosis	减数分裂	減數分裂
meiosporangium	减数分裂孢子囊	減數分裂孢子囊
meiospore	减数分裂孢子	減數孢子
meiotic restitution nucleus	减数分裂再组核	減數分裂再組核
meliacane triterpene	楝烷[类]三萜	楝烷類三萜
melissopalynology	蜂蜜孢粉学	蜂蜜孢粉學
melittopalynology (=melissopalynology)	蜂蜜孢粉学	蜂蜜孢粉學

英文名	大陆名	台湾名
melting point	熔点	熔點
melting temperature	解链温度	解鏈温度，熔解温度
membrane depolarization	膜去极化	膜去極化，膜除極化
membrane hyperpolarization	膜超极化	膜超極化
membrane permeability	膜通透性	膜通透性
membrane potential	膜电位	膜電位
membrane protein	膜蛋白[质]	膜蛋白
membrane separation	膜分离	膜分離
membrane-spanning protein (=transmembrane protein)	跨膜蛋白	跨膜蛋白
membrane trafficking (=membrane transport)	膜运输，膜转运	膜運輸
membrane transport	膜运输，膜转运	膜運輸
Mendel's law	孟德尔定律	孟德爾定律
mentha-camphor	薄荷脑	薄荷腦
menthol	薄荷醇	薄荷醇
mericarp	分果瓣	分果片，裂果片
merispore	断节孢子	斷節孢子
meristele	分体中柱	分裂中柱
meristem	分生组织	分生組織
meristem culture	分生组织培养	分生組織培養
meristemoid	拟分生组织	類分生組織
meristem region (=meristem zone)	分生组织区	分生組織區
meristem spore	分生梗孢子	分生梗孢子
meristem zone	分生组织区	分生組織區
meront	子黏变[形]体	子黏變[形]體
merosporangium	柱孢子囊	柱孢子囊，分節孢子囊
merospore	柱囊孢子	柱囊孢子
mesarch	中始式	中始式，中源型
mesarch sere (=mesosere)	中生演替系列	中生演替系列
mesinae	中轴型	中軸型
mesocarp	中果皮	中果皮
mesocolpium	沟间区	溝間區
mesocotyl	中胚轴	中胚軸
mesogamy	中部受精	中點受精
mesogenous stoma	中源型气孔	中源型氣孔
mesome	中干	中幹

英文名	大陆名	台湾名
mesonexine	外壁内中层	外壁内中層
mesoperigenous stoma	中周型气孔	中周型氣孔
mesophyll	叶肉	葉肉
mesophyll tissue	叶肉组织	葉肉組織
mesophyte	中生植物	中生植物
mesophytic era	中植代，裸子植物时代	中生植物代，裸子植物時代
mesoporium	孔间区	孔間區
mesoscale	中尺度	中尺度
mesosere	中生演替系列	中生演替系列
mesosperm	中种皮	中種皮
mesospore	变态冬孢子	中間孢子
mesosporium	[孢子]中壁	[孢子]中壁
mesotherm	中温植物	中溫植物
mesotrophic fen (=swamp)	中营养沼泽（=树沼）	中營養沼澤（=林澤）
messenger RNA (mRNA)	信使 RNA	信使 RNA，訊息 RNA，傳訊 RNA
Met (=methionine)	甲硫氨酸，蛋氨酸	甲硫胺酸
metabasidium	变态担子，后担子	變態擔子
metabolic control	代谢控制	代謝控制
metabolic pool	代谢库	代謝庫，代謝總匯
metabolic regulation	代谢调节	代謝調節
metabolic type	代谢类型	代謝型
metabolism	代谢	新陳代謝，代謝[作用]
metabolism botany	代谢植物学	代謝植物學
metabolite	代谢物	代謝物
metal activator	金属活化剂	金屬活化劑
metallothionein (MT)	金属硫蛋白	金屬硫蛋白
metaphase	中期	中期
metaphase arrest	中期停顿	中期停滯，中期受阻
metaphase chromosome	中期染色体	中期染色體
metaphloem	后生韧皮部	後生韌皮部，晚成篩管部，晚成韌皮部
metaphysis	中丝	中絲
metapopulation	集合种群，复合种群，异质种群	關聯族群，複合族群
metatracheal parenchyma (=banded parenchyma)	间位薄壁组织（=带状薄壁组织）	間位薄壁組織（=帶狀薄壁組織）
metaxenia	后生异粉性，果实直感	果實直感

英文名	大陆名	台湾名
metaxylem	后生木质部	後生木質部，晚成木質部
methionine (Met)	甲硫氨酸，蛋氨酸	甲硫胺酸
methionine cycle	甲硫氨酸循环	甲硫胺酸循環
methyl jasminate (MJ)	茉莉酸甲酯	甲基茉莉酸鹽
metoecism (=heteroecism)	转主寄生[现象]	轉主寄生[現象]，轉株寄生，二寄主寄生
metula	梗基	梗基，基底梗子
mevalonic acid	甲羟戊酸，甲瓦龙酸	甲羥戊酸，3-甲基-3,6-二羥基戊酸
MGU (=male germ unit)	雄性生殖单位	雄性生殖單位
MI (=mitotic index)	有丝分裂指数	有絲分裂指數，無性分裂指數
microbial food loop	微[生物]食物环	微[生物]食物環
microbial food web	微[生物]食物网	微[生物]食物網
microbiotic seed	短命种子	短命種子
microbody	微体	微[粒]體
microclimate	微气候	微氣候
microcoenosis	小群落	小群落
microcommunity (=microcoenosis)	小群落	小群落
microconidium	小[型]分生孢子	小型分生孢子
microcosm	微宇宙，小宇宙	微宇宙，微型生態池，實驗生態系統
microcystin	微囊藻毒素	微囊藻毒素
microecosystem (=microcosm)	微型生态系统（=微宇宙）	微生態系[統]（=微宇宙）
microelement	微量元素	微量元素，次要元素，痕量元素
microenvironment (=microhabitat)	小环境（=小生境）	微環境（=小生境）
microevolution	微[观]进化，小进化	微演化
microfibril	微纤丝，微原纤维	微纖絲
microfilament	微丝	微絲
micro-form	冬眠孢型	冬眠孢型
microgamete (=male gamete)	小配子（=雄配子）	小配子（=雄配子）
microgametocyte	小配子母细胞	小配子母細胞
microgametogenesis	小配子发生	小配子發生，小配子形成
microgametophyte	雄配子体，小配子体	雄配子體，小配子體
microhabitat	小生境	小生境，微棲地

英 文 名	大 陆 名	台 湾 名
microinjection	[显]微注射	顯微注射
microlichen (=crustose lichen)	微型地衣（=壳状地衣）	微型地衣（=殼狀地衣）
micromanipulation	显微操作	顯微操作
microorganism	微生物	微生物
microorganism decomposition	微生物分解	微生物分解
microphyll	小型叶	小型葉
micropinocytosis	微胞饮[作用]	微胞飲作用，微胞飲現象
micropylar chamber	珠孔室	珠孔室，珠子腔
micropylar end	珠孔端	珠孔端
micropylar haustorium	珠孔吸器	珠孔吸器
micropyle	珠孔	珠孔
microsatellite DNA	微卫星 DNA	微衛星 DNA，微從屬 DNA
microsatellite DNA polymorphism	微卫星 DNA 多态性	微衛星 DNA 多態性，微衛星 DNA 多型性
microsatellite marker	微卫星标记	微衛星標記
microscale	小尺度	小尺度
microscopic structure	显微结构	顯微結構
microspecies	小种	小種
microsporangium	小孢子囊	小孢子囊
microspore	小孢子	小孢子
microspore mother cell	小孢子母细胞	小孢子母細胞
microsporocyte (=microspore mother cell)	小孢子母细胞	小孢子母細胞
microsporogenesis	小孢子发生	小孢子發生，小孢子形成
microsporophyll	小孢子叶	小孢子葉
microstrobilus (=staminate strobilus)	小孢子叶球，雄球花	小孢子葉球，小孢子囊穗，雄球花
microtaxonomy	小分类学	微分類學
microtherm (=microthermal plant)	低温植物	低溫植物
microthermal plant	低温植物	低溫植物
microtubule	微管	微管
microtubule organizing center (MTOC)	微管组织中心	微管組織中心
microwave-assisted extraction (MAE)	微波辅助提取，微波辅助萃取	微波輔助萃取
midday depression of photosynthesis	光合午休[现象]	光合午休

英　文　名	大　陆　名	台　湾　名
middle layer	中层	[藥壁]中層
middle tooth	中齿	中齒
midrib	中脉；中肋	中脈；中肋
migrant plant	迁移植物	遷移植物
migration	迁移	遷移
migratory plant (=migrant plant)	迁移植物	遷移植物
migrule (=disseminule)	传播体	傳播體，播散體，散布繁殖體
mineral cycle	矿物质循环	礦物質循環
mineral element	矿质元素	礦質元素
mineralization	矿化作用	礦[物質]化作用
mineral nutrition	矿质营养	礦質營養，無機營養
minimum community area	群落最小面积	群落最小面積
minimum evolution method	最小进化法	最小演化法
minimum quadrat area	最小样方面积	最小樣方面積，最小樣區面積
minimum quadrat number	最小样方数	最少樣方數，最少樣區數
minimum viable population (MVP)	最小可生存种群，最小可存活种群	最小[可]存活族群
minor element (=microelement)	微量元素	微量元素，次要元素，痕量元素
minor gene	微效基因	微效基因
minor vein	小叶脉	小葉脈
MIP (=major intrinsic protein)	主要内在蛋白质	主要嵌入蛋白
mircopylar guidance	珠孔引导	珠孔引導
mire	沼泽	沼澤，[深]泥沼
misdivision haploid	错分单倍体	錯分單倍體
missense mutation	错义突变	錯義突變，誤義突變
mistranslation	错译	誤譯，轉譯錯誤，譯錯
mitochondrial cristae	线粒体嵴	粒線體嵴
mitochondrial damage	线粒体损伤	粒線體損傷
mitochondrial DNA (mtDNA)	线粒体 DNA	粒線體 DNA
mitochondrial gene	线粒体基因	粒線體基因
mitochondrial genome	线粒体基因组	粒線體基因體
mitochondrial heat shock protein (mtHsp, mtHSP)	线粒体热激蛋白	粒線體熱休克蛋白
mitochondrial inheritance	线粒体遗传	粒線體遺傳
mitochondrial inner membrane	线粒体内膜	粒線體內膜

英 文 名	大 陆 名	台 湾 名
mitochondrial matrix	线粒体基质	粒線體基質
mitochondrial membrane	线粒体膜	粒線體膜
mitochondrial membrane permeability (MMP)	线粒体膜通透性	粒線體膜通透性
mitochondrial outer membrane	线粒体外膜	粒線體外膜
mitochondrial permeability transition pore (MPTP)	线粒体[膜]通透性转换孔	粒線體通透性轉換孔
mitochondrial RNA (mtRNA)	线粒体 RNA	粒線體 RNA
mitochondrial RNA processing enzyme	线粒体 RNA 加工酶	粒線體 RNA 加工酶
mitochondrial sheath	线粒体鞘	粒線體鞘
mitochondriokinesis	线粒体分裂	粒線體分裂
mitochondrion	线粒体	粒線體
mitosis	有丝分裂	有絲分裂
mitosis promoting factor (MPF)	有丝分裂促进因子	有絲分裂促進因子
mitosporangium	有丝分裂孢子囊	有絲分裂孢子囊
mitospore	有丝分裂孢子	有絲分裂孢子
mitotic apparatus	有丝分裂器	有絲分裂器
mitotic crossover	有丝分裂交换	有絲分裂互換
mitotic cycle	有丝分裂周期	有絲分裂週期
mitotic factor	有丝分裂因子	有絲分裂因子
mitotic figure	[有丝]分裂象	有絲分裂像
mitotic index (MI)	有丝分裂指数	有絲分裂指數，無性分裂指數
mitotic intermediate type	有丝分裂中间型	有絲分裂中間型
mitotic nondisjunction	有丝分裂不分离	有絲分裂不分離
mitotic phase (M phase)	M 期，[有丝]分裂期	[胞核]分裂期，M 期
mitotic recombination (=mitotic crossover)	有丝分裂重组（=有丝分裂交换）	有絲分裂重組（=有絲分裂互換）
mitotic restitusion nucleus	有丝分裂再组核	有絲分裂再組核
mitotic spindle	有丝分裂纺锤体	有絲分裂紡錘體
mixed bud	混合芽	混合芽
mixed inflorescence	混合花序	混合花序
mixed pollination	混合授粉	混合授粉
mixoploid	混倍体	混倍體
mixoploidy	混倍性	混倍性
MJ (=methyl jasminate)	茉莉酸甲酯	甲基茉莉酸鹽
MMP (=mitochondrial	线粒体膜通透性	粒線體膜通透性

英文名	大陆名	台湾名
membrane permeability)		
Mn cluster	锰簇	錳簇
model organism	模式生物	模式生物
modern Darwinism (=synthetic theory of evolution)	现代达尔文主义（=综合进化论）	現代達爾文學說，現代達爾文主義（=綜合演化論）
modification of root	变态根	變態根
modification of stem	变态茎	變態莖
modular form	构件型	構件型
modular growth	构件生长	構件生長
modularity	构件性	構件性
modular plant	构件植物	構件植物體
modular population	构件种群	構件族群
module	构件	構件
mold	霉菌	黴菌
molecular adaptation	分子适应	分子適應
molecular botany	分子植物学	分子植物學
molecular chronometer (=molecular clock)	分子钟	分子[時]鐘
molecular clock	分子钟	分子[時]鐘
molecular distillation technology	分子蒸馏技术	分子蒸餾技術
molecular evolution	分子进化	分子演化，分子進化
molecular systematics	分子系统学	分子系統分類學
molecular taxonomy	分子分类学	分子分類學
molecule	分子	分子
monad	单分体；单花粉	單分體，單價染色體；單花粉
monadelphous stamen	单体雄蕊	單體雄蕊，合生雄蕊
monadoxanthin	蓝隐藻黄素	藍隱藻黃素
monangial sorus (=monangium)	单群囊	單生[孢子]囊堆，單生孢子囊群
monangium	单群囊	單生[孢子]囊堆，單生孢子囊群
monarch	单原型	單原型
monocarpellary ovary (=monocarpous ovary)	单心皮子房	單心皮子房
monocarpellary pistil (=monocarpous pistil)	单心皮雌蕊	單心皮雌蕊
monocarpic plant	一次结实植物，一稔植物	結實一次植物，單熟性植物

英 文 名	大 陆 名	台 湾 名
monocarpous ovary	单心皮子房	單心皮子房
monocarpous pistil	单心皮雌蕊	單心皮雌蕊
monocarpy	一次结实性	一生一次結實性
monocaryon	单核	單核
monocentric chromosome	单着丝粒染色体	單著絲粒染色體，單著絲點染色體，單中節染色體
monochasium	单歧聚伞花序	單歧聚傘花序
monochlamydeous flower	单被花	單被花
monochogamy (=homogamy)	雌雄[蕊]同熟	雌雄[蕊]同熟
monoclimax	单[元]顶极	單極[盛]相，單一[演替]巔峰群落，單極峰群落
monoclimax theory	单[元]顶极学说	單一極相說，單極峰理論
monoclinous flower (=bisexual flower)	两性花	兩性花，雌雄兩全花
monocolpate	单沟	單槽，單溝
monocolpate pollen	单沟花粉	單槽花粉，單溝花粉
monocot (=monocotyledon)	单子叶植物	單子葉植物
monocotyl (=monocotyledon)	单子叶植物	單子葉植物
monocotyledon	单子叶植物	單子葉植物
monocotyledonous	单子叶[的]	單子葉[的]
monocotylous (=monocotyledonous)	单子叶[的]	單子葉[的]
monocrotaline	野百合碱	野百合鹼
monocyclic stele	单环中柱	單環中柱
monodelphous stamen (=monadelphous stamen)	单体雄蕊	單體雄蕊，合生雄蕊
monodominant community	单优种群落	單優種群落
monoecious flower	雌雄同株花	雌雄同株花
monoecious plant	雌雄同株植物	雌雄同株植物
monoecism	雌雄同株	雌雄同株
monoecy (=monoecism)	雌雄同株	雌雄同株
monoepoxy lignan (=tetrahydrofuran lignan)	单环氧型木脂素（=四氢呋喃类木脂素）	單環氧型木脂體（=四氫呋喃類木脂體）
monogenesis (=monorheithry)	单元起源说，单元[发生]论	單源說，單一系統發生說
monogenic character	单基因性状	單基因性狀
monohaploid	单元单倍体	單元單倍體，孤雌單元體
monolepsis	单亲遗传	單親遺傳，單親傳遞
monolete	单裂缝	單裂縫
monomitic sporocarp	单系菌丝型孢子果，单体菌	單系菌絲孢子果

英 文 名	大 陆 名	台 湾 名
	丝型孢子果	
monooxygenase	单加氧酶	單[加]氧酶，單加氧酵素
monopericlinal chimera	单层周缘嵌合体	單層周緣嵌合體
monophyletic group	单系[类]群	單系群
monophyletic theory (=monorheithry)	单元起源说，单元[发生]论	單源說，單一系統發生說
monophyly	单系	單系
monopinnate leaf	一回羽状复叶	一回羽狀複葉
monoploid (=monohaploid)	一倍体（=单元单倍体）	單倍體，單元體，單套[個]體（=單元單倍體）
monoploid sporophyte	单倍孢子体	[染色體數]單倍孢子體
monoploidy (=haploidy)	单倍性	單倍性，單元性
monopodial branching	单轴分枝	單軸分枝
monopodial inflorescence (=indefinite inflorescence)	单轴花序（=无限花序）	單軸花序（=無限花序）
monoporate	单孔	單孔
monorheithry	单元起源说，单元[发生]论	單源說，單一系統發生說
monosaccharide	单糖	單糖
monosomic	单体	單[染色]體
monosporangium	单孢子囊	單孢子囊
monospore	单孢子	單孢子
monosporic embryo sac	单孢子胚囊	單孢子胚囊
monostele	单体中柱	單[體]中柱
monosymmetrical flower	单面对称花	單面對稱花
monoterpene	单萜	單萜[烯]
monothalmic fruit (=simple fruit)	单[花]果	單[花]果
monotopic origin	单境起源	單境起源
monotypic genus	单型属	單種屬，單模式屬
monoxeny (=autoecism)	单主寄生[现象]	單主寄生，單一寄生，同主寄生
monsoon forest (=monsoon rain forest)	季[风]雨林	季[風]雨林
monsoon rain forest	季[风]雨林	季[風]雨林
montane mossy forest	山地苔藓林	山地苔蘚林
morphactin	整形素	整形素
morphinane alkaloid	吗啡烷类生物碱	嗎啡烷類生物鹼
morphine	吗啡	嗎啡
morphogenesis	形态建成，形态发生	形態發生，形態演化，形態

英 文 名	大 陆 名	台 湾 名
		建成
morphogenus (=form genus)	形态属	形態屬
morphological isolation	形态隔离	形態隔離
morphological species	形态[学]种	形態種
morphological species concept	形态[学]种概念	形態種概念
morphology	形态学	形態學
morphology of vascular plant	维管植物形态学	維管植物形態學
morphospecies (=morphological species)	形态[学]种	形態種
morphotaxon	形态分类群	形態分類群
mosaic distribution	镶嵌分布	鑲嵌分布
mosaic dominance	镶嵌显性	鑲嵌顯性
mosaic endosperm	镶嵌胚乳	嵌合型胚乳
mosaic evolution	镶嵌进化	鑲嵌演化
mosaic vegetation	镶嵌植被	鑲嵌植被
moss	藓类[植物]	苔類，苔蘚
moss bog	藓类沼泽	苔泥沼
mostly male theory	主雄性理论，雄性主体理论	主雄性理論
mother parent (=female parent)	母本	母本
motor cell (=bulliform cell)	运动细胞（=泡状细胞）	運動細胞（=泡狀細胞）
motor protein	马达蛋白[质]	馬達蛋白，運動蛋白，動力型蛋白質
mould (=mold)	霉菌	黴菌
movement (=migration)	迁移	遷移
MPF (=mitosis promoting factor)	有丝分裂促进因子	有絲分裂促進因子
M phase (=mitotic phase)	M 期，[有丝]分裂期	[胞核]分裂期，M 期
MPTP (=mitochondrial permeability transition pore)	线粒体[膜]通透性转换孔	粒線體通透性轉換孔
mRNA (=messenger RNA)	信使 RNA	信使 RNA，訊息 RNA，傳訊 RNA
mRNA differential display	mRNA 差异显示，mRNA 差异展示	mRNA 差異性顯示，mRNA 差異性表現
MRT (=mean residence time)	平均滞留时间	平均滯留時間
MS (=mass spectrometry)	质谱法	質譜法
MT (=metallothionein)	金属硫蛋白	金屬硫蛋白
mtDNA (=mitochondrial DNA)	线粒体 DNA	粒線體 DNA

英 文 名	大 陆 名	台 湾 名
mtHsp (=mitochondrial heat shock protein)	线粒体热激蛋白	粒線體熱休克蛋白
mtHSP (=mitochondrial heat shock protein)	线粒体热激蛋白	粒線體熱休克蛋白
MTOC (=microtubule organizing center)	微管组织中心	微管組織中心
mtRNA (=mitochondrial RNA)	线粒体 RNA	粒線體 RNA
mucilage canal	黏液道	黏液道
mucilage cavity	黏液腔	黏液腔
mucilage cell	黏液细胞	黏液細胞
mugineic acid	麦根酸	麥根酸
multicellular algae	多细胞藻类	多細胞藻類
multicellular hair	多细胞毛	多細胞毛
multi-cloning site (MCS, =polycloning site)	多克隆位点	多重選殖位
multigene (=polygene)	多基因	多基因
multigene family	多基因家族	多基因家族
multigenic inheritance	多基因遗传	多基因遺傳
multigenic resistance	多基因抗[病]性	多基因抗病性
multilocular sporangium (=plurilocular sporangium)	多室孢子囊	多室孢子囊，複室孢子囊
multiple allele	复等位基因	複等位基因，複對偶基因
multiple cloning site (MCS, =polycloning site)	多克隆位点	多重選殖位
multiple epidermis	复表皮	複表皮
multiple fruit (=collective fruit)	复果，聚花果	聚花果，多花果，複果
multiple gene (=polygene)	多基因	多基因
multiple perforation	复穿孔	複穿孔
multiple polyembryony	复多胚[现象]	複多胚[現象]
multiple pore	复管孔	複管孔
multiple sequence alignment	多序列比对	多序列比對
multiplex PCR	多重聚合酶链反应，多重PCR	多重聚合酶連鎖反應，多重PCR
multiseriate hair	多列毛	多列毛
multiseriate ray	多列射线	多列射線，多列髓線
multi-seriatus	多列式	多列式
multistate character	多态性状	多態性狀，多態特徵
murus	网脊	網脊
mushroom	蕈菌，蘑菇	蕈菌，菇

英 文 名	大 陆 名	台 湾 名
mustard oil	芥子油	芥子油
mutagen (=mutagenic agent)	诱变剂	誘變劑
mutagenesis	诱[发突]变	誘[發突]變
mutagenic agent	诱变剂	誘變劑
mutant	突变体	突變體，突變型，突變株
mutation	突变	突變
mutation breeding	突变育种，诱变育种	突變育種
mutationism (=mutation theory)	突变论，突变[学]说	突變說
mutation rate	突变率	突變率
mutation theory	突变论，突变[学]说	突變說
mutualism	互利共生	互利共生
mutualistic symbiosis (=mutualism)	互利共生	互利共生
MVP (=minimum viable population)	最小可生存种群，最小可存活种群	最小[可]存活族群
mycangium	贮菌器	[甲蟲]貯菌器
mycelial cord (=rhizomorph)	菌索，根状体	菌索，根狀菌絲束
mycelium	菌丝体	菌絲體
myceloconidium (=stylospore)	菌丝分生孢子（=柄生孢子）	菌絲分生孢子（=柄生孢子）
mycobiont	地衣共生菌	地衣共生菌，地衣中菌成分
mycoclena (=mantle)	菌[根]鞘（=菌套）	菌根鞘（=菌套）
mycology	真菌学	真菌學
mycophycobioses	菌藻生物	菌藻生物
mycorrhiza	菌根	菌根
mycose (=trehalose)	海藻糖	海藻糖
mycoside	海藻糖苷	海藻糖苷
mycotrophy	菌根营养	菌根營養
myosin	肌球蛋白	肌球蛋白，肌凝蛋白
myristic acid	豆蔻酸	[肉]豆蔻酸，十四烷酸
myrmecochore	蚁布植物	蟻媒播遷植物
myrmecophily	蚁媒	蟻媒
myrmecophyte	喜蚁植物，适蚁植物	喜蟻植物，親蟻植物，蟻生植物
myxophycean starch	蓝藻淀粉	藍藻澱粉
myxosporangium	黏孢囊	黏孢囊
myxospore	黏孢子	黏孢子

英文名	大陆名	台湾名
myxoxanthin	蓝藻黄素，黏藻黄素	藍藻黄素
myxoxanthophyll	蓝藻叶黄素，黏藻叶黄素	藍藻葉黄素

N

英文名	大陆名	台湾名
NAA (=naphthalene acetic acid)	萘乙酸	萘乙酸，萘醋酸
nacreous wall	珠光壁	珠光壁
nacre wall (=nacreous wall)	珠光壁	珠光壁
naked bud	裸芽	裸芽
naked flower (=achlamydeous flower)	无被花，裸花	無花被花，裸花
name	名称	名稱
NAP (=nonarboreal pollen)	非木本植物花粉	非木本植物花粉
naphthalene acetic acid (NAA)	萘乙酸	萘乙酸，萘醋酸
naphthoquinone	萘醌	萘[酚]醌
NAR (=net assimilation rate)	净同化率	净同化率
naringenin	柚皮素	柚皮苷，柚苷配基
naringetol (=naringenin)	柚皮素	柚皮苷，柚苷配基
narrow girdle view	窄环面观	窄環面觀
narrow heritability	狭义遗传率	狹義遺傳率
narrow-host-range plasmid	窄谱质粒	窄譜質體
nassace	内顶突	内頂突
nasse (=nassace)	内顶突	内頂突
nastic movement	感性运动	感性運動，傾性運動
nasty	感性	感性，傾性
native species	本地种，乡土种，土著种	本地種，本土種，原生種
natural classification	自然分类	自然分類
naturalized plant	归化植物	歸化植物
naturalized species	归化种	歸化種
natural parthenocarpy	天然单性结实，自然单性结实	天然單性結實，天然單性結果
natural pollination	自然传粉	天然授粉
natural product	天然产物	天然產物
natural selection	自然选择	天擇，自然淘汰
natural succession	自然演替	天然演替，天然消長
natural thinning (=self-thinning)	自疏	自[然稀]疏，天然疏伐
natural vegetation	自然植被，天然植被	自然植被，天然植被

英 文 名	大 陆 名	台 湾 名
nature conservation (=conservation of nature)	自然保护，自然保育	自然保育
nature preserve (=nature reserve)	自然保护区	自然保護區，自然保留區，天然庇護區
nature reserve	自然保护区	自然保護區，自然保留區，天然庇護區
nature sanctuary (=nature reserve)	自然保护区	自然保護區，自然保留區，天然庇護區
N-band (=nucleolar constriction band)	N 带，核仁缢痕带	N 帶，核仁縊痕帶
NBP (=net biome productivity)	净生物群区生产力，净生物群系生产力	净生物群系生產力
NCED (=nine-*cis*-epoxycarotenoid dioxygenase)	9-顺式-环氧类胡萝卜素双加氧酶，9-顺式-环氧类胡萝卜素双氧合酶	9-顺式-環氧類胡蘿蔔素二加氧酶
ncRNA (=non-coding RNA)	非编码 RNA	非編碼 RNA
nearest living equivalent species (NLE species)	现存最近相似种，现存最近对应种	現存最近相似種，最近似現代對應種
nearest living relatives (NLRs)	现存最近亲缘类群，最近现存亲缘类群，最近似现代种	現存最近親緣類群，最近似現代種
nearest neighbor method	最近[毗]邻法，最近邻体法	最近[毗]鄰法
near threatened (NT)	近危	近危
neck canal	颈沟	頸溝
neck canal cell	颈沟细胞	頸溝細胞
neck cell	颈细胞	頸細胞
neck initial	颈原始细胞	頸原始細胞
neck region	颈区	頸區
necridium (=separation disc)	隔离盘	[隔]離盤
necrosis	坏死	壞死
nectar	花蜜	花蜜
nectar gland (=nectary)	蜜腺	蜜腺
nectary	蜜腺	蜜腺
NEE (=net ecosystem exchange)	生态系统净交换	生態系净交換
needle	针叶	針葉
needle leaf (=needle)	针叶	針葉
needle-leaved forest	针叶林	針葉[樹]林
needle wood (=nonporous wood)	针叶树材（=无孔材）	針葉樹材（=無孔材）
negative feedback	负反馈	負回饋，負反饋

英 文 名	大 陆 名	台 湾 名
negative gravitropism	负向重力性，负向地性	背地性，負向重力性
negative interference	负干涉	負干擾
negative selection	负选择	負選擇
neighbor effect	邻体效应	鄰體效應
neighborhood size	相邻种群大小	相鄰族群大小
neighbor-joining method	邻接法	鄰[近連]接法
nemathecium	生殖疣	生殖瘤，生殖器官初期隆起
nematocyst	刺丝囊	刺絲囊
nematode tumor	线虫瘤	線蟲瘤
neocytoplasm	新细胞质	新細胞質
neo-Darwinism (=synthetic theory of evolution)	新达尔文学说（=综合进化论）	新達爾文學說，新達爾文主義（=綜合演化論）
neodinoxanthin	新甲藻黄素	新甲藻黃素
neoendemic species	新特有种	新特有種
neoflavonoid	新黄酮类化合物	新黃酮類化合物
neofucoxanthin	新墨角藻黄素	新墨角藻黃素
neofunctionalization	新功能化	新功能化
neolignan	新木脂素，新木脂体	新木脂體
neomorphology	新形态学	新形態學
neomycin	新霉素	新黴素
neomycin phosphotransferase (NPT)	新霉素磷酸转移酶	新黴素磷酸轉移酶
neomycin phosphotransferase II gene (*npt*II)	新霉素磷酸转移酶 II 基因	新黴素磷酸轉移酶 II 基因
neomycin resistance gene	新霉素抗性基因	新黴素抗性基因
neoquassin	新苦木素	新苦木素，新苦木苷
neosexuality (=protosexuality)	新性生殖（=原性生殖）	新性生殖（=原性生殖）
neospecies (=new species)	新种	新種
neotropical floral kingdom (=neotropical kingdom)	新热带植物区	新熱帶植物區系界
neotropical kingdom	新热带植物区	新熱帶植物區系界
neotype	新模式	新模[式]標本
neoxanthin	新黄质，新黄素	新黃質，新黃素
9-*cis*-neoxanthin	9-顺式新黄质	9-順式新黃質，9-順式新黃素
NEP (=net ecosystem productivity)	净生态系统生产力	生態系淨生產力
nervation (=venation)	脉序	[葉]脈序，[葉]脈型
nerve (=vein)	叶脉	葉脈

英 文 名	大 陆 名	台 湾 名
nervure (=principal vein)	主脉	主脈
nested PCR	巢式聚合酶链反应，巢式PCR	巢式聚合酶連鎖反應，巢式PCR
nested primer	巢式引物	巢式引子
net assimilation rate (NAR)	净同化率	淨同化率
net biome productivity (NBP)	净生物群区生产力，净生物群系生产力	淨生物群系生產力
net ecosystem exchange (NEE)	生态系统净交换	生態系淨交換
net ecosystem productivity (NEP)	净生态系统生产力	生態系淨生產力
net-like thickening (=reticulate thickening)	网纹加厚	網紋加厚
net photosynthesis	净光合作用	淨光合作用
net photosynthesis rate (=apparent photosynthesis rate)	净光合速率（=表观光合速率）	淨光合速率（=表觀光合速率）
net primary production (NPP)	净初级生产量	淨初級生產量
net production	净生产量	淨生產量
net production efficiency	净生产效率	淨生產效率
net secondary production	净次级生产量	淨次級生產量
netted vein (=reticular vein)	网状脉	網狀[葉]脈
netted venation (=reticulate venation)	网状脉序	網狀[葉]脈序
neuropterid	脉羊齿型	脈羊齒型
neutral drift (=genetic drift)	中性漂变（=遗传漂变）	中性漂變（=遺傳漂變）
neutral evolution	中性进化	中性演化
neutral flower (=asexual flower)	中性花（=无性花）	中性花（=無性花）
neutralism	中性共生	中性共生，無利害共棲，獨立共存
neutral mutation (=synonymous mutation)	中性突变（=同义突变）	中性突變（=同義突變）
neutral mutation-random drift hypothesis (=neutral theory)	中性突变随机漂变假说（=中性学说）	中性突變隨機漂變假說（=中性理論）
neutral selection	中性选择	中性選擇
neutral spore (=monospore)	中性孢子（=单孢子）	中性孢子（=單孢子）
neutral theory	中性学说	中性理論
neutral theory of molecular evolution (=neutral theory)	分子进化中性学说（=中性学说）	分子演化中性理論（=中性理論）

英文名	大陆名	台湾名
new combination, combinatio nova	新组合	新組合
new family	新科	新科
new genus	新属	新屬
new name	新[订学]名	新名[稱]
new shoot	新枝	新枝
new species	新种	新種
new subspecies	新亚种	新亞種
new systematics	新系统学	新系統分類學
new taxon	新分类单位	新分類群
nexine (=inxine)	外壁内层	外壁內層
NFT (=nutrient film technique)	营养膜技术	營養膜技術
N-glycoside (=nitrogen glycoside)	氮苷	氮苷
NHP (=nonhistone protein)	非组蛋白	非組蛋白蛋白質
niche	生态位	生態[區]位，棲位，區位
niche breadth (=niche width)	生态位宽度	生態位寬度，棲位寬度，區位寬度
niche overlap	生态位重叠	生態位重疊，棲位重疊，區位重疊
niche separation	生态位分离	生態位分離
niche width	生态位宽度	生態位寬度，棲位寬度，區位寬度
nick translation	切口平移，切口移位	切口移位，鏈裂移位，切斷轉譯
nicotine	烟碱，尼古丁	菸鹼，尼古丁
night break	暗期间断，夜间断	夜間斷
nine-*cis*-epoxycarotenoid dioxygenase (NCED)	9-顺式-环氧类胡萝卜素双加氧酶，9-顺式-环氧类胡萝卜素双氧合酶	9-順式-環氧類胡蘿蔔素二加氧酶
NiR (=nitrite reductase)	亚硝酸[盐]还原酶	亞硝酸[鹽]還原酶，亞硝酸[鹽]還原酵素
nitrate assimilation	硝酸盐同化作用	硝酸鹽同化作用
nitrate-nitrite porter (NNP)	硝酸-亚硝酸转运体	硝酸-亞硝酸轉運體
nitrate plant	喜硝植物	喜硝植物，硝酸植物
nitrate reductase	硝酸[盐]还原酶	硝酸[鹽]還原酶，硝酸[鹽]還原酵素
nitrate reduction	硝酸盐还原作用	硝酸鹽還原作用
nitration (=nitrification)	硝化[作用]	硝化[作用]

英 文 名	大 陆 名	台 湾 名
nitric oxide	一氧化氮	一氧化氮，氧化亞氮
nitrification	硝化[作用]	硝化[作用]
nitrilase	腈水解酶	腈水解酶
nitrile hydratase	腈水合酶	腈水合酶
nitrite ammonification	亚硝酸氨化作用	亞硝酸[鹽]氨化作用
nitrite reductase (NiR)	亚硝酸[盐]还原酶	亞硝酸[鹽]還原酶，亞硝酸[鹽]還原酵素
nitrite reduction	亚硝酸盐还原作用	亞硝酸鹽還原作用
nitrogen	氮	氮[素]
nitrogenase	固氮酶	固氮酶，固氮酵素
nitrogen assimilation	氮同化	氮同化
nitrogen-based defense	氮基防御	氮基防禦
nitrogen cycle	氮循环	氮[素]循環
nitrogen fixation	固氮[作用]	固氮[作用]，氮[素]固定作用
nitrogen-fixing bacteria	固氮细菌	固氮[細]菌
nitrogen glycoside (N-glycoside)	氮苷	氮苷
NLE species (=nearest living equivalent species)	现存最近相似种，现存最近对应种	現存最近相似種，最近似現代對應種
NLRs (=nearest living relatives)	现存最近亲缘类群，最近现存亲缘类群，最近似现代种	現存最近親緣類群，最近似現代種
NLS (=nuclear localization signal)	核定位信号	核定位訊號
NMR (=nuclear magnetic resonance)	核磁共振	核磁共振
NMS (=nucleus male sterility)	核雄性不育	核雄性不育
NNP (=nitrate-nitrite porter)	硝酸-亚硝酸转运体	硝酸-亞硝酸轉運體
node	节	節
nodular end wall	节状端壁	節狀端壁
nodularin	节球藻毒素	節球藻毒素
nodulation	结瘤	結瘤
nodulation gene	结瘤基因	結瘤基因
nodule bacteria (=rhizobia)	根瘤菌	根瘤菌
nodule formation	根瘤形成	根瘤形成
nodulin	结瘤蛋白，结瘤素，根瘤素	結瘤蛋白，根瘤素
nodum (=node)	节	節
noembryophyte (=lower plant)	无胚植物（=低等植物）	無胚植物（=低等植物）
NOESY (=nuclear Overhauser effect	核欧沃豪斯效应谱	核歐沃豪斯效應譜

英　文　名	大　陆　名	台　湾　名
spectroscopy)		
nomenclatural synonym (=homotypic synonym)	命名法异名（=同模式异名）	命名法異名（=同模式異名）
nomenclatural type	命名模式	命名模式
nomenclature	命名	命名
nomenclature code	命名法规	命名法規
nomen conservandum (=conserved name)	保留名[称]	保留名[稱]
nomen novum (=new name)	新[订学]名	新名[稱]
nomen nudum	裸名	裸名，無效名
nomen rejiciendum (=rejected name)	废弃名[称]	廢棄名[稱]
nomotreme	规则萌发孔	規則萌發孔
non-additive genetic variance	非加性遗传方差	非加成性遺傳變方
non-allele	非等位基因	非等位基因，非對偶基因
non-aperturate (=atreme)	无萌发孔	無萌發孔
nonappressed region	非垛叠区，非堆叠区	非堆疊區
nonarboreal pollen (NAP)	非木本植物花粉	非木本植物花粉
non-articulate laticifer	无节乳汁器	無節乳汁器
nonclonal plant (=aclonal plant)	非克隆植物	非克隆植物
non-coding RNA (ncRNA)	非编码 RNA	非編碼 RNA
non-coding sequence	非编码序列	非編碼序列
non-coding strand (=template strand)	非编码链（=模板链）	非編碼股（=模板股）
noncyclic electron transport	非循环[式]电子传递，非环式电子传递	非循環[式]電子傳遞，非循環性電子傳遞
noncyclic photophosphorylation	非循环光合磷酸化，非环式光合磷酸化	非循環[式]光合磷酸化，非循環性光磷酸化作用
non-decarboxylated degradation	不脱羧降解	不脫羧降解
nondisjunction	不分离	不分離
nonendospermic seed (=exalbuminous seed)	无胚乳种子	無胚乳種子
non-essential element	非必需元素	非必需元素
nonglandular hair	非腺毛	非腺毛
non-halophyte (=halophobe)	非盐生植物（=嫌盐植物）	非鹽生植物（=嫌鹽植物）
nonhistone protein (NHP)	非组蛋白	非組蛋白蛋白質
nonhomologous chromosome	非同源染色体	非同源染色體
non-lichenized fungus	非地衣型真菌	非地衣型真菌
non-photochemical quenching	非光化学猝灭	非光化學猝滅

英文名	大陆名	台湾名
(NPQ)		
nonphotoinductive cycle	非光诱导周期	非光誘導週期
nonporous wood	无孔材	無孔材
non-recurrent parent	非轮回亲本，非回归亲本	非回歸親本
nonsense mutation	无义突变	無[意]義突變
non-sister chromatid	非姐妹染色单体	非姐妹染色分體，非姊妹染色分體
non-spore-bearing bacillus	无芽孢杆菌	無孢子桿菌
nonstoried cambium	非叠生形成层	非疊生形成層
nonsymmetrical flower (=asymmetrical flower)	不对称花	不對稱花
nonsynonymous mutation (=missense mutation)	非同义突变（=错义突变）	非同義突變（=錯義突變）
nonvascular plant	非维管植物，无维管束植物	無維管束植物
NOR (=nucleolus-organizing region)	核仁组织区	核仁組成區，核仁組成部
normal bud	定芽	定芽
normal extinction	常规灭绝	自然滅絕
normal salt solution	生理盐溶液	生理鹽溶液
Northern blotting	RNA 印迹法	北方印漬術，RNA 印跡法，北方墨點法
Northwestern blotting	RNA-蛋白质印迹法	北方-西方印漬術，RNA-蛋白質印漬術
nothogenus	杂交属	雜交屬
nothomorph	杂交型	雜交型
nothospecies (=hybrid species)	杂交种	雜交種
notorrhizal embryo	胚根背倚胚	胚根背倚胚
NPC (=nuclear pore complex)	核孔复合体	核孔複合體
NPC-classification	NPC 分类	NPC 分類
NPP (=net primary production)	净初级生产量	浄初級生產量
NPQ (=non-photochemical quenching)	非光化学猝灭	非光化學猝滅
NPT (=neomycin phosphotransferase)	新霉素磷酸转移酶	新黴素磷酸轉移酶
*npt*II (=neomycin phosphotransferase II gene)	新霉素磷酸转移酶 II 基因	新黴素磷酸轉移酶 II 基因
NT (=near threatened)	近危	近危
nucellar beak	珠心喙	珠心喙
nucellar cap (=epistase)	珠心冠（=珠心冠原）	珠心帽（=珠心冠原）

英　文　名	大　陆　名	台　湾　名
nucellar cell	珠心细胞	珠心細胞
nucellar embryo	珠心胚	珠心胚
nucellar seedling	珠心苗	珠心苗
nucellus	珠心	珠心
nuclear cap	核帽	核帽
nuclear division (=karyokinesis)	核分裂	核分裂
nuclear envelope	核被膜	核被膜，核[套]膜
nuclear extrusion	核穿壁	核突出
nuclear fusion	核融合	核融合
nuclear gene	核基因	核基因
nuclear genome	核基因组	核基因體
nuclear lamina	核纤层	核蛋白片層
nuclear localization	核定位	核定位
nuclear localization sequence	核定位序列	核定位序列
nuclear localization signal (NLS)	核定位信号	核定位訊號
nuclear magnetic resonance (NMR)	核磁共振	核磁共振
nuclear magnetic resonance spectroscopy	核磁共振波谱法	核磁共振波譜法
nuclear matrix	核基质	核基質
nuclear membrane (=nuclear envelope)	核膜（=核被膜）	核膜（=核被膜）
nuclear Overhauser effect spectroscopy (NOESY)	核欧沃豪斯效应谱	核歐沃豪斯效應譜
nuclear phenotype	核表型	核表[現]型
nuclear pore (=nuclear pore complex)	核孔（=核孔复合体）	核孔（=核孔複合體）
nuclear pore complex (NPC)	核孔复合体	核孔複合體
nuclear skeleton (=nuclear matrix)	核骨架（=核基质）	核骨架（=核基質）
nuclear type endosperm	核型胚乳	核型胚乳
nuclease	核酸酶	核酸酶
nucleic acid	核酸	核酸
nucleo-cytoplasmic hybrid cell	核质杂种细胞	核質雜種細胞
nucleo-cytoplasmic incompatibility	核质不亲和性	核質不親和性
nucleo-cytoplasmic interaction	核质互作，核质相互作用	核質相互作用
nucleo-cytoplasmic male	核质互作雄性不育	核質相互作用雄性不育

英 文 名	大 陆 名	台 湾 名
sterility		
nucleo-cytoplasmic ratio	核质比	核質比
nucleoid	拟核，类核	擬核，類核，核狀體
nucleolar constriction band (N-band)	N 带，核仁缢痕带	N 帶，核仁縊痕帶
nucleolin	核仁蛋白	核仁蛋白，核仁素
nucleolinus	核仁内粒	核仁內粒
nucleolonema	核仁线，核仁丝	核仁絲
nucleolus	核仁	核仁
nucleolus-organizing region (NOR)	核仁组织区	核仁組成區，核仁組成部
nucleoplasm	核质	核質
nucleoplasmic index	核质指数	核質指數
nucleoplasmic ratio (=nucleo-cytoplasmic ratio)	核质比	核質比
nucleoplasmin	核质蛋白	核質蛋白
nucleosome	核小体	核小體
nucleotide	核苷酸	核苷酸
nucleus	[细胞]核	[細胞]核
nucleus male sterility (NMS)	核雄性不育	核雄性不育
NUE (=nutrient use efficiency)	养分利用效率	養分利用效率
null hypothesis	零假说	虛擬假說，虛無假設
nullisomic	缺体	缺對，零染色體生物
nullisomic haploid	缺体单倍体	缺對單倍體
null mutation	无效突变	無效突變
number pyramid	数量金字塔，数量锥体	數量[金字]塔
numerical taxonomy	数值分类学	數值分類學
nut	坚果	堅果
nutcetum	聚合坚果	聚合堅果
nutlet	小坚果	小堅果
nutrient	养分	養分
nutrient assimilation	养分同化作用	養分同化作用
nutrient cycle	养分循环	養分循環
nutrient deficiency	养分缺乏	養分缺乏，營養缺乏
nutrient diversion hypothesis	营养[物质]转移假说，营养分流假说	營養分流假說
nutrient film technique (NFT)	营养膜技术	營養膜技術
nutrient flow	养分流	養分流，營養流

英　文　名	大　陆　名	台　湾　名
nutrient resorption	养分回收	養分回收
nutrient resorption efficiency	养分回收效率	養分回收效率
nutrient solution	营养液	營養液，培養液
nutrient use efficiency (NUE)	养分利用效率	養分利用效率
nutriocyte	营养胞	營養胞
nutritional deficiency disease	缺素病	缺素病
nutritional deficiency symptom	缺素症	缺素症
nutritional deficiency zone	缺素区	缺素區
nutritive root	营养根	營養根
nutritive symbiosis	营养共生	營養共生
nutritive tissue	营养组织	營養組織
nyctinastic movement	感夜运动	睡眠運動
nyctinasty	感夜性	向夜性，睡眠性

O

英　文　名	大　陆　名	台　湾　名
obdiplostemonous stamen	外轮对瓣雄蕊	交叉二輪雄蕊
obdiplostemony	外轮对瓣式	外輪對瓣式
obligate apomixis	专性无融合生殖	專性無融合生殖
obligate LDP (=obligate long-day plant)	绝对长日植物	絕對長日植物
obligate long-day plant (obligate LDP)	绝对长日植物	絕對長日植物
obligate SDP (=obligate short- day plant)	绝对短日植物	絕對短日植物
obligate short-day plant (obligate SDP)	绝对短日植物	絕對短日植物
oblique-patent	斜展[的]	斜展[的]
oblique zygomorphy	斜向[两侧]对称	斜向[兩側]對稱
obturator	珠孔塞	珠孔塞
ochrea (=stipular sheath)	托叶鞘	托葉鞘
ocrea (=stipular sheath)	托叶鞘	托葉鞘
octant	八分体	八分體
octoploid	八倍体	八倍體
octoploidy	八倍性	八倍性
ODA (=overlapping distribution analysis)	分布区叠加分析	分布區疊加分析
odd-pinnately compound leaf	奇数羽状复叶	奇數羽狀複葉

英文名	大陆名	台湾名
odontopterid	齿羊齿型	齒羊齒型
OEC (=oxygen-evolving complex)	放氧复合物，放氧复合体	氧釋放複合體
oecotone (=ecotone)	生态过渡带，群落交错区	群落交會區，生態交會區，生態過渡區
O-glycoside (=oxygen glycoside)	氧苷	氧苷
oidiospore	粉孢子	粉孢子，分裂子
oidium (=oidiospore)	粉孢子	粉孢子，分裂子
oil	油	油
oil body	油体	油粒體
Okazaki fragment	冈崎片段	岡崎片段
OLA (=oligonucleotide ligation assay)	寡核苷酸连接分析	寡[聚]核苷酸連接分析，寡[聚]苷酸連接測定法
old flower pollination	老花传粉	老花傳粉
oleanane triterpene	齐墩果烷型三萜	齊墩果烷型三萜
oleanolic acid	齐墩果酸	齊墩果酸
oleosome (=elaioplast)	造油体，油质体	造油體，儲油體
oligogene	寡基因	寡基因
oligogenic character	寡基因性状	寡基因性狀
oligogenic resistance	寡基因抗[病]性	寡基因抗病性
oligomer	寡聚体	寡聚體，寡聚物，低聚物
oligomeric lignan	寡聚木脂素	寡聚木脂體
oligonucleotide-directed mutagenesis	寡核苷酸定点诱变	寡[聚]核苷酸定向誘變
oligonucleotide ligation assay (OLA)	寡核苷酸连接分析	寡[聚]核苷酸連接分析，寡[聚]核苷酸連接測定法
oligonucleotide probe	寡核苷酸探针	寡[聚]核苷酸探針
oligopeptide	寡肽	寡肽
oligosaccharide	寡糖	寡糖，低聚糖
oligosaccharin	寡糖素	寡糖素
oligotrophic mire (=moss bog)	贫营养沼泽（=藓类沼泽）	貧營養沼澤（=苔泥沼）
oligotrophic plant	贫养植物，瘠土植物	貧養植物
ombrophilous plant	喜雨植物，适雨植物	喜雨植物，好雨植物，適雨植物
ombrophobe	嫌雨植物，避雨植物	嫌雨植物
ombrophyte (=ombrophilous plant)	喜雨植物，适雨植物	喜雨植物，好雨植物，適雨植物

英 文 名	大 陆 名	台 湾 名
oncogene	癌基因	致癌基因
ontogenesis (=ontogeny)	个体发育，个体发生	個體發生，個體發育
ontogeny	个体发育，个体发生	個體發生，個體發育
oogamy	卵式生殖	卵配生殖，卵配結合
oogomium	藏卵器，卵囊	卵囊
ooplasm	卵质	卵質
ooplasmic segregation	卵质分离	卵質分離
ooplast	卵质体	卵質體
oosperm (=fertilized egg)	受精卵	受精卵，合子
oosphere	卵球	卵球
oospore	卵孢子	卵孢子
open bundle (=open vascular bundle)	无限维管束，开放维管束	開放維管束
open pollination (=free pollination)	自由传粉，自由授粉	自由傳粉，天然傳粉
open reading frame (ORF)	可读框	開讀框，開放讀碼區
open tier	开放层	開放層
open type style (=hollow type style)	开放型花柱（=中空花柱）	開放型花柱（=中空花柱）
open vascular bundle	无限维管束，开放维管束	開放維管束
open venation	开放脉序	開放脈序
operational taxonomic unit (OUT)	运算分类单元	運算分類單元
operator	操纵基因	操縱基因，操作子
operator gene (=operator)	操纵基因	操縱基因，操作子
operculum	孔盖；囊盖；蒴盖	孔蓋；囊蓋；蒴蓋
operon	操纵子	操縱組，操縱子
opine	冠瘿碱	冠癭鹼，冠癭胺酸
opposite	对生	對生
opposite leaf	对生叶	對生葉
opposite phyllotaxy	对生叶序	對生葉序
opposite pitting	对列纹孔式	對列紋孔式
opsis-form	缺夏孢型	缺夏孢型
optical rotation (=rotation)	旋光度	旋光度
optical rotatory dispersion (ORD)	旋光色散，旋光光谱	旋光色散，旋光分散
optimum temperature	最适温度	最適溫度
ORD (=optical rotatory dispersion)	旋光色散，旋光光谱	旋光色散，旋光分散

英文名	大陆名	台湾名
order	目	目
ordering	排序	排序
ordinary companion cell	普通伴胞	普通伴細胞
ORF (=open reading frame)	可读框	開讀框，開放讀碼區
organ	器官	器官
organ culture	器官培养	器官培養
organelle	细胞器	[細]胞器
organelle genome	细胞器基因组	胞器基因體
organ genus	器官属	器官屬
organic acid	有机酸	有機酸
organic amine alkaloid	有机胺类生物碱	有機胺類生物鹼
organic evolution	生物进化	生物演化，生物進化，有機演化
organic nitrogen	有机氮	有機氮
organogenesis	器官发生	器官發生
organogeny (=organogenesis)	器官发生	器官發生
organ physiology	器官生理学	器官生理學
organ specificity	器官特异性	器官特殊性，器官專屬特性
original material	原始材料	原始材料
original species	原始种	原始種
original spelling	原始拼写	原始拼寫
origin center (=center of origin)	起源中心	起源中心
origin of species	物种起源	物種起源
ornamentation	纹饰	紋飾
ornithine decarboxylase	鸟氨酸脱羧酶	鳥胺酸脱羧酶，鳥胺酸脱羧基酵素
ornithophilous flower	鸟媒花	鳥媒花
ornithophilous plant	鸟媒植物	鳥媒植物
ornithophilous pollination	鸟媒传粉	鳥媒傳粉，鳥媒授粉
ornithophily	鸟媒	鳥媒
orobiome	山地生物群区，山地生物群系	山地生物區系
ortet	源株	源株，母無性繁殖系
orthodox taxonomy (=classical taxonomy)	正统分类学（=经典分类学）	正統分類學（=古典分類學）
orthogenesis	直生论，定向进化	直系發生，定向演化，直向演化
orthologous gene	种间同源基因，直系同源基	異種同源基因

英　文　名	大　陆　名	台　湾　名
	因	
orthoplocal embryo	子叶折叠胚	子葉折疊胚
orthoselection (=directional selection)	定向选择	定向天擇，定向選汰，直向選擇
orthostichy	直列线	直列線
orthotropous ovule	直生胚珠	直生胚珠
os	内孔	內孔
osmiophilic globule	嗜锇小球	親鋨小球
osmometer	渗透计	滲透計
osmoregulation	渗透调节	滲透調節
osmosis	渗透[作用]	滲透[作用]
osmotaxis	趋渗性	趨滲性，趨稠性
osmotic adjustment (=osmoregulation)	渗透调节	滲透調節
osmotic concentration	渗透浓度	滲透濃度
osmotic potential (=solute potential)	渗透势（=溶质势）	滲透勢（=溶質勢）
osmotic pressure	渗透压	滲透壓
osmotic regulation gene	渗透调节基因	滲透調節基因
osmotic stress	渗透胁迫	滲透逆境
osmotin	渗调蛋白	滲透蛋白
osteosclereid	骨状石细胞	骨狀石細胞
ostiole	孔口	孔口，小孔
ostiolum (=ostiole)	孔口	孔口，小孔
OUT (=operational taxonomic unit)	运算分类单元	運算分類單元
outcrossing	异交	異交
outer aperture	纹孔外口	紋孔外口
outer cortical layer (=external cortical layer)	上皮层	上皮層
outer glume	外颖	外穎
outer integument	外珠被	外珠被
outer nuclear membrane	外核膜	外核膜
outer perianth	外花被	外花被
outer perichaetial bract	外雌苞叶	外雌苞葉
outer perigonial bract	外雄苞叶	外雄苞葉
outer phloem (=external phloem)	外生韧皮部	外生韌皮部，外生篩管部
outer root sheath (=external root sheath)	外根鞘	外根鞘

英 文 名	大 陆 名	台 湾 名
outer spore sac	外孢囊	外孢囊
outgroup	外[类]群	外群
ovary	子房	子房
ovary culture	子房培养	子房培養
ovary wall	子房壁	子房壁
overall senescence	整体衰老	整體老化
overdominance hypothesis	超显性假说	超顯性假說
over-growth (=hypermorphosis)	过度生长	過度生長
overlap microtubule (=polar microtubule)	重叠微管（=极微管）	重疊微管（=極微管）
overlapping distribution analysis (ODA)	分布区叠加分析	分布區疊加分析
overtopping	越顶，耸出	越頂，聳出
ovoplasm (=ooplasm)	卵质	卵質
ovulate strobilus	大孢子叶球，雌球花	大孢子葉球，大孢子囊穗，雌球花
ovule	胚珠	胚珠
ovule culture	胚珠培养	胚珠培養
ovuliferous scale	珠鳞	珠鱗，雌花鱗，種鱗
oxidase (=oxidizing enzyme)	氧化酶	氧化酶
oxidation (=oxydation)	氧化作用	氧化[作用]
oxidation ferment (=oxidizing enzyme)	氧化酶	氧化酶
oxidation of water (=water-splitting reaction)	水氧化（=水光解反应）	水氧化（=水光解反應）
oxidation-reduction enzyme	氧化还原酶	還原氧化酶，氧化還原酵素
oxidation-reduction reaction	氧化还原反应	氧化還原反應
oxidative burst	活性氧爆发	活性氧爆發
oxidative phosphorylation	氧化磷酸化	氧化磷酸化
oxidative photosynthetic carbon cycle	光合碳氧化循环	光合成碳氧化循環
oxidative stress	氧化胁迫	氧化逆境，氧化應激，氧脅迫
oxidizing enzyme	氧化酶	氧化酶
oxindole alkaloid	羟吲哚类生物碱	羥吲哚類生物鹼
oxoisomerase (=hexose phosphate isomerase)	己糖磷酸异构酶	己糖磷酸異構酶，六碳糖磷酸鹽互變酶
oxydation	氧化作用	氧化[作用]
oxygenase	加氧酶，氧合酶	加氧酶，加氧酵素，氧合酶
oxygen assimilation	氧同化作用	氧同化作用

英 文 名	大 陆 名	台 湾 名
oxygen-evolving complex (OEC)	放氧复合物，放氧复合体	氧釋放複合體
oxygen glycoside (O-glycoside)	氧苷	氧苷
oxygenic photosynthesis	生氧光合作用，产氧光合作用	産氧[型]光合作用,生氧光合作用
oxylophyte	酸土植物	喜酸植物，適酸植物，酸[性]土植物
oxyneolignan	氧新木脂素	氧新木脂體
oxyphile (=oxylophyte)	酸土植物	喜酸植物，適酸植物，酸[性]土植物
oxyphobe	嫌酸植物	嫌酸植物，厭酸植物，避酸植物
oxysome	氧化小体	氧化小體
ozone	臭氧	臭氧

P

英 文 名	大 陆 名	台 湾 名
PA (=phaseic acid)	红花菜豆酸	紅花菜豆酸
PAA (=phenylacetic acid)	苯乙酸	苯乙酸
PAC (=P1 artificial chromosome)	P1 人工染色体	P1 人工染色體
pachynae	粗轴型	粗軸型
pad	叶枕	葉枕
paeonol	丹皮酚	牡丹酚
PAGE (=polyacrylamide gel electrophoresis)	聚丙烯酰胺凝胶电泳	聚丙烯醯胺凝膠電泳
page reference	页码引证	頁碼引證
palaeobotany (=paleobotany)	古植物学	古植物學
palaeoflora (=paleoflora)	古植物区系，古植物群	古植物區系，古植物相，古植物群
palaeophycology (=paleophycology)	古藻类学	古藻類學
palate	喉凸	喉凸
palea	内稃	内稃
paleoalgology (=paleophycology)	古藻类学	古藻類學
paleoareal	古分布区	古分布區
paleobotany	古植物学	古植物學
paleocarpology	古种子学，古果实学	古種子學，古果實學

英 文 名	大 陆 名	台 湾 名
paleocormophyte	古茎叶植物	古生莖葉植物
paleoflora	古植物区系，古植物群	古植物區系，古植物相，古植物群
paleophycology	古藻类学	古藻類學
paleophyte	古生代植物	古生代植物
paleophytic era	古植代	古植代
paleophytoecology	古植物生态学	古植物生態學
paleophytogeography	古植物地理学	古植物地理學
paleophytosynchorology	古植物群落分布学	古植物群落分布學
paleophytosynecology	古植物群落生态学	古植物群落生態學
paleotropical disjunction	古热带间断分布	古熱帶間斷分布
paleotropic floral kingdom (=paleotropic kingdom)	古热带植物区	古熱帶植物區系界
paleotropic kingdom	古热带植物区	古熱帶植物區系界
paleoxylotomy	古木材解剖学	古木材解剖學
palindrome	回文序列	迴文序列，迴折序列，旋轉對稱序列
palindromic sequence (=palindrome)	回文序列	迴文序列，迴折序列，旋轉對稱序列
palisade mesophyll	栅栏叶肉	柵狀葉肉
palisade parenchyma	栅栏薄壁组织	柵狀薄壁組織
palisade parenchymatous cell	栅栏薄壁组织细胞	柵狀薄壁組織細胞
palisade tissue	栅栏组织	柵狀組織
palmately compound leaf	掌状复叶	掌狀複葉
palmate nerve	掌状脉	掌狀葉脈
palmate venation	掌状脉序	掌狀脈序
palmella	不定群体，胶群体	膠群體
palynology	孢粉学	孢粉學
palynomorphology	孢粉形态学	孢粉形態學
pampas	阿根廷草原，潘帕斯群落	潘帕斯群落
pangenesis	泛生论	泛生論
panicle	圆锥花序，复总状花序	圓錐花序
panicled spike	散穗花序	散穗花序，發穗花序
panicled thyrsoid cyme (=thyrse)	聚伞圆锥花序，密伞圆锥花序	圓錐狀聚傘花序，密錐花序，密束花序
panoxadiol	人参二醇	人參二醇
panoxatriol	人参三醇	人參三醇
pantocolpate	散沟，周面沟	散溝

英 文 名	大 陆 名	台 湾 名
pantocolporate (=pericolporate)	散孔沟，周面孔沟	散孔溝
pantonematic type flagellum	双茸鞭型鞭毛	雙茸鞭型鞭毛
pantoporate	散孔，周面孔	散孔
pantotreme	具散萌发孔，周面萌发孔	具散萌發孔，周面萌發孔
pantropical distribution	泛热带分布	泛熱帶分布
pantropical plant	泛热带植物	泛熱帶植物
PAP (=pokeweed antiviral protein)	商陆抗病毒蛋白	商陸抗病毒蛋白
papaverine	罂粟碱	罌粟鹼
paper chromatography	纸色谱法	[濾]紙層析法
papilionaceous corolla	蝶形花冠	蝶形花冠
papilla (=mamilla)	乳突，乳头状突起	乳突，乳頭突起
papilla hair	乳突毛	乳突毛
papillose	具疣[的]	具疣[的]
pappus	冠毛	冠毛
PAR (=photosynthetically active radiation)	光合有效辐射	光合[成]有效照射
paracytic type stoma	平列型气孔，平轴式气孔	平列型氣孔，平軸式氣孔
paraflagellar body	副鞭[毛]体	副鞭[毛]體
parallel evolution	平行进化	平行演化
parallelism (=parallel evolution)	平行进化	平行演化
parallel vein	平行脉	平行脈
parallel venation	平行脉序	平行脈序
paralogous gene	种内同源基因，旁系同源基因	同種同源基因，種內同源基因
paralogous group	并系[类]群，偏系群	並系[類]群
paramo	帕拉莫群落	帕爾莫高原
paramylon (=paramylum)	裸藻淀粉，副淀粉	裸藻澱粉，裸藻糖，副澱粉
paramylum	裸藻淀粉，副淀粉	裸藻澱粉，裸藻糖，副澱粉
parapatric speciation	邻域物种形成，邻域成种	鄰域物種形成，鄰域種化
paraphyletic group (=paralogous group)	并系[类]群，偏系群	並系[類]群
paraphyllium	鳞毛	鱗毛
paraphysis	侧丝	側絲
paraphysogone	产侧丝体	產側絲體
paraphysogonium (=paraphysogone)	产侧丝体	產側絲體
paraphysoid	类侧丝	類側絲，偽側絲，擬副絲

英 文 名	大 陆 名	台 湾 名
paraquat	百草枯，甲基紫精	巴拉刈
parasexual cycle	准性生殖循环，准性世代	類有性生殖循環，擬[似有]性循環
parasexuality	准性生殖	類有性生殖，準有性生殖
parasexual reproduction (=parasexuality)	准性生殖	類有性生殖，準有性生殖
parasite	寄生物	寄生[生]物
parasite food chain	寄生食物链	寄生食物鏈
parasitic algae	寄生藻类	寄生藻類
parasitic plant	寄生植物	寄生植物，植物性寄生物，寄生菌
parasitic root	寄生根	寄生根
parasitism	寄生	寄生[現象]
parasporal crystal	伴孢晶体	伴孢晶體，側孢體
parasporangium	副孢子囊	副孢子囊
paraspore	副孢子	副孢子
parastichy	斜列线	斜列線
parasulus	甲板副沟	甲板副溝
parasymbiont	准性共生生物，准性共生体	類共生生物，准性共生體
parasymbiosis	类共生，准共生	類共生，獨立共存，準共生
parasyncolpate	副合沟	副合溝
parathecium	盘壁	盤壁，副子囊層
paratracheal parenchyma	傍管薄壁组织	傍管薄壁組織
paratype	副模式	副模[式]標本
parenchyma	薄壁组织	薄壁組織
parenchyma cell	薄壁细胞	薄壁細胞
parenchyma sheath	薄壁组织鞘	薄壁組織鞘
parenchymatous cell	等轴形细胞	薄壁細胞
parenchyma tracheid	薄壁管胞	薄壁管胞
parent	亲本，亲代	親本，親代
parenthesome	桶孔覆垫	桶孔覆墊
parichnos	通气道，通气痕	通氣道，通氣痕
parietal cell	周缘细胞	周緣細胞，側膜細胞
parietal cell layer	周缘细胞层	周緣細胞層
parietal layer (=parietal cell layer)	周缘层（=周缘细胞层）	周緣層（=周緣細胞層）
parietal placenta	侧膜胎座	側膜胎座
parietal placentation	侧膜胎座式	側膜胎座式

英 文 名	大 陆 名	台 湾 名
paroecious	[雌雄]有序同苞	[雌雄]有序同苞
paroicous (=paroecious)	[雌雄]有序同苞	[雌雄]有序同苞
parsimony	简约法	簡約法
parthenocarpy	单性结实	單性結實，單性結果
parthenospore	单性孢子	單性孢子
partial dominance (=incomplete dominance)	部分显性（=不完全显性）	部分顯性（=不完全顯性）
partial molar volume	偏摩尔体积	偏莫爾體積，部分莫爾體積
partial petiole	分叶柄	小葉柄
partial veil (=inner veil)	半包幕（=内菌幕）	半包膜，部分菌膜（=内蓋膜）
particle bombardment (=gene gun method)	粒子轰击法（=基因枪法）	粒子轟擊法，粒子撞擊法（=基因槍法）
P1 artificial chromosome (PAC)	P1 人工染色体	P1 人工染色體
partitioning	分配	分配
passage cell	通道细胞	通路細胞
passive absorption	被动吸收	被動吸收
passive chamaephyte	被动地上芽植物	被動地上芽植物
passive dispersal	被动散布，被动扩散	被動散布，被動播遷
passive transport	被动运输，被动转运	被動運輸，被動運移
Pasteur effect	巴斯德效应，巴氏效应	巴斯德效應，巴氏效應
pasture	牧场	牧場
PAT (=phosphinothricin acetyltransferase; polar auxin transport)	膦丝菌素乙酰转移酶；生长素极性运输	膦絲菌素乙醯轉移酶；生長素極性運輸，生長素極性運移
patch	斑块，镶嵌体	斑塊，區塊，嵌塊體
patch clamp technique	膜片钳技术	膜片箝術，膜片箝制記録法
patchiness	斑块性，镶嵌性	斑塊性，區塊性，嵌塊體性
pathogen	病原体	病原體
pathogenesis-related protein (PR protein)	病程相关蛋白	致病相關蛋白
pathogenic bacteria	病原菌	病原[細]菌
pathogenicity	致病性	致病性，病原性
pathophyte	致病植物	致病植物
pathotoxin	致病毒素	致病毒素
pattern analysis	格局分析	格局分析
pattern formation	模式建成，模式形成，图式形成	樣式形成
pauperization	杂交弱势	雜交減勢，雜種減勢

英　文　名	大　陆　名	台　湾　名
PC (=phycocyanin; plastocyanin)	藻蓝蛋白，藻青蛋白；质体蓝素	藻藍蛋白，藻藍素，藻青素；質體藍素，色素體藍素
PCD (=programmed cell death)	程序性细胞死亡，细胞编程性死亡	程序性細胞死亡，計畫性細胞死亡，程式性細胞死亡
PCMBS (=*p*-chloromercuribenzene sulfonate)	对氯[高]汞苯磺酸	對氯汞苯磺酸
PCR (=polymerase chain reaction)	聚合酶链反应	聚合酶連鎖反應，聚合酶鏈[鎖]反應
PE (=pectinesterase; phycoerythrin)	果胶酯酶；藻红蛋白	果膠酯酶；藻紅蛋白
pea-lectin (p-Lec)	豌豆凝集素	豌豆凝集素
pea-root test	豌豆根测验法	豌豆根測驗法
PEC (=phycoerythrocyanin)	藻红蓝蛋白	藻紅藍蛋白
pecopterid	栉羊齿型	櫛羊齒型
pectin	果胶	果膠
pectinase	果胶酶	果膠酶
pectinate hypha (=pectinate mycelium)	梳状菌丝	梳狀菌絲
pectinate mycelium	梳状菌丝	梳狀菌絲
pectinesterase (PE)	果胶酯酶	果膠酯酶
pectinose	阿拉伯糖，果胶糖	樹膠糖
pedestal (=pad)	叶枕	葉枕
pedicel	花梗；小柄	花梗；小梗，小柄
pedigree (=lineage)	谱系，系谱	譜系
pedobiome	土壤生物群区，土壤生物群系	土壤生物群系
peduncle	花序梗	花序梗，總花梗，總花柄
peel method	揭片法，撕片法	撕片法
peg rhizoid (=trabeculate rhizoid)	瘤壁假根	瘤壁假根
peimine	浙贝甲素	[浙]貝母鹼
peimisine	贝母辛	[浙]貝母辛鹼
pellicular veil	丝膜状菌幕	絲膜狀菌幕
pellis (=cutis)	膜皮	膜皮
peloria	反常整齐花，正常异形花	反常整齊花
peloton	卷枝[状]吸胞	卷枝狀吸胞
peltate hair	盾状毛	盾狀毛
peltate leaf	盾状叶	盾狀葉
pendent branch	弱枝	弱枝

英 文 名	大 陆 名	台 湾 名
penicillus	帚状枝，霉帚	帚狀枝
pentadelphous stamen	五体雄蕊	五體雄蕊
pentaploid	五倍体	五倍體，五元體
pentaploidy	五倍性	五倍性
pentosan	戊聚糖	戊聚糖
pentose	戊糖	戊糖，五碳糖
pentose nucleic acid	戊糖核酸	五碳糖核酸
pentose phosphate cycle	戊糖磷酸循环	五碳糖磷酸循環
pentose phosphate pathway (PPP)	戊糖磷酸途径	五碳糖磷酸途徑，磷酸五碳糖途徑
pentoxylon	五柱木类	五柱木類
PEP (=phosphoenolpyruvate)	磷酸烯醇丙酮酸	磷酸烯醇丙酮酸
PEPC (=phosphoenolpyruvate carboxylase)	磷酸烯醇丙酮酸羧化酶	磷酸烯醇丙酮酸羧化酶
pepo	瓠果	瓠果
peptide	肽	肽，胜
peptide alkaloid	肽类生物碱	肽類生物鹼
peptidoglycan	肽聚糖	肽聚糖
peraphyllum (=stipule)	托叶	托葉
percolation	渗滤，渗漉	滲濾，浸透，滲漉
perennating bud	多年生芽	多年生芽
perennial (=perennial plant)	多年生植物	多年生植物
perennial plant	多年生植物	多年生植物
perennial root	多年生根	多年生根
perfect flower (=complete flower)	完全花，具备花	完全花
perfect fungus	完全真菌	完全真菌
perfect state (=sexual state)	完全阶段（=有性阶段）	完全階段（=有性階段）
perfoliate leaf	贯穿叶	抱莖葉，貫生葉
perforate tectum	具穿孔覆盖层	具穿孔覆蓋層，具穿孔頂蓋層
perforation	穿孔	穿孔
perforation plate	穿孔板	穿孔板
perianth	花被；蒴萼	花被；蒴萼
perianth lobe (=tepal)	花被片	花被片
perianth segment (=tepal)	花被片	花被片
perianth tube	花被筒	花被筒
periblem	皮层原	皮層原
pericarp (=fruit coat)	果皮	果皮

英文名	大陆名	台湾名
perichaetial bract	雌苞叶	雌苞葉，雌器苞片
perichaetial leaf (=perichaetial bract)	雌苞叶	雌苞葉，雌器苞片
perichaetium	雌[器]苞	雌[器]苞，花葉周苞
periclinal chimera	周缘嵌合体	周緣嵌合體，周邊嵌合體，平周嵌合體
periclinal division	平周分裂	平周分裂
periclinal wall	平周壁	平周壁
pericolpate (=pantocolpate)	散沟，周面沟	散溝
pericolporate	散孔沟，周面孔沟	散孔溝
pericycle	中柱鞘	中柱鞘，周鞘
pericyclic fiber (=primary phloem fiber)	中柱鞘纤维（=初生韧皮纤维）	中柱鞘纖維，周鞘纖維（=初生韌皮纖維）
periderm	周皮	周皮，栓皮
peridiole	小包	小包，小皮子
peridiolum (=peridiole)	小包	小包，小皮子
peridium	包被	包被
perienchyma	周边组织	周邊組織
perigenous stoma	周源型气孔	周源型氣孔
perigonial bract	雄苞叶	雄苞葉，雄花葉
perigonial leaf (=perigonial bract)	雄苞叶	雄苞葉，雄花葉
perigynium (=perichaetium)	雌[器]苞	雌[器]苞，花葉周苞
perigynous corolla	周位花冠	周位花冠
perigynous flower	周位花	子房周位花
perigynous stamen	周位着生雄蕊	周位著生雄蕊
perigyny	周位式	子房周位
perimedullary phloem	环髓韧皮部	環髓韌皮部
perimedullary region (=perimedullary zone)	环髓带，环髓区	環髓帶，環髓區
perimedullary zone	环髓带，环髓区	環髓帶，環髓區
perimeristem	周边分生组织	周邊分生組織
perine (=perisporium)	[孢子]周壁	[孢子]周壁
perinuclear cisterna (=perinuclear space)	核周池（=核周隙）	核膜（=核膜間隙）
perinuclear space	核周隙	核膜間隙，核膜腔
peripatric speciation	边域物种形成，边域成种	邊域物種形成，邊域種化
peripheral membrane protein (=peripheral protein)	周边蛋白质	膜周邊蛋白

英　文　名	大　陆　名	台　湾　名
peripheral protein	周边蛋白质	膜周邊蛋白
peripheral siphon	围轴管	圍軸管
peripheral zone (=peripherial meristem zone)	周围区，周缘区（=周围分生组织区）	周圍區，周緣區（=周圍分生組織區）
peripherial meristem zone	周围分生组织区	周圍分生組織區
periphysis	缘丝，周丝	緣絲，毛狀小體
periphysoid	类缘丝，类周丝	類緣絲
periplasm	周质	周質
periplasmodial tapetum (=amoeboid tapetum)	周缘质团绒毡层（=变形绒毡层）	周緣質團絨氈層，周原質團營養層（=變形蟲型絨氈層）
periplasmodium	周缘质团	周緣質團，周原質團
periplast	周质体	周質體
periporate (=pantoporate)	散孔，周面孔	散孔
perisperm	外胚乳	外胚乳
perisporangium	环生孢子囊	環生孢子囊
perisporium	[孢子]周壁	[孢子]周壁
peristomal tooth (=peristome)	蒴齿	蒴齒[片]
peristomatal evaporation	孔缘蒸发	孔緣蒸發
peristome	蒴齿	蒴齒[片]
peristomium	蒴齿层	蒴齒層
perithecium	子囊壳	子囊殼
perivascular fiber	周维管纤维	周維管纖維，環管纖維
permanent quadrat	永久样方	永久[性]樣方
permanent soil seed bank	持久土壤种子库，永久土壤种子库	持久土壤種子庫，永久土壤種子庫
permanent tissue (=mature tissue)	永久组织（=成熟组织）	永久組織（=成熟組織）
permanent wilting	永久萎蔫	永久凋萎，不恢復凋萎
permanent wilting coefficient	永久萎蔫系数	永久凋蔫係數
permanent wilting point	永久萎蔫点，永久凋萎点	永久[性]凋萎點
permeability	[通]透性	[通]透性，透過性
permeability coefficient	透性系数	透性係數，透過係數
permeable membrane	透性膜	透性膜，可透膜
permineralization	矿化化石	礦化化石
permselective membrane (=selectively permeable membrane)	选择透性膜	選透[性]膜，選擇通透性膜
peroxidase (POD)	过氧化物酶	過氧化物酶

英 文 名	大 陆 名	台 湾 名
peroxisome	过氧化物酶体	過氧化物酶體
persistence	持久性	持久性
persistent	[原丝体]宿存	[原絲體]宿存
persistent sepal	宿存萼	宿存萼
persistent sheath	宿存鞘	宿存鞘
persistent soil seed bank (=permanent soil seed bank)	持久土壤种子库，永久土壤种子库	持久土壤種子庫，永久土壤種子庫
persistent synergid	宿存助细胞	宿存助細胞
personate corolla	假面状花冠	假面狀花冠
perturbation	扰动	擾動
pervalvar axis	壳环轴，贯壳轴	殼環軸
petal	花瓣	花瓣
petal bundle	花瓣维管束	花瓣維管束
petaloidy	花瓣化	花瓣化
petiole	叶柄	葉柄
petiolule	小叶柄	小葉柄
petrified wood	石化木	石化木
petrophytia	石生群落	石生群落
peudopapilionaceous corolla	假蝶形花冠	假蝶形花冠
PFGE (=pulse-field gel electrophoresis)	脉冲电场凝胶电泳	脈衝電場凝膠電泳
PFK (=phosphofructokinase)	磷酸果糖激酶	磷酸果糖激酶
PGF (=pollen growth factor)	花粉生长因子	花粉生長因子
P-glycoprotein	P 糖蛋白	P 糖蛋白
phaenerophyte	高位芽植物	高位芽植物
phaeospore	暗色孢子	暗色孢子
phage	噬菌体	噬菌體
phage cross	噬菌体杂交	噬菌體交配，噬菌體再組合
phage display	噬菌体显示，噬菌体展示	噬菌體顯示，噬菌體呈現
phagocytosis	吞噬[作用]	吞噬作用
phalanx	密集型；雄蕊束	密集型；雄蕊束
phalanx clonal plant	密集型克隆植物	密集型克隆植物
phalanx growth form	密集生长型	密集生長型
phanerogam (=seed plant)	显花植物（=种子植物）	顯花植物（=種子植物）
phanerophyte (=phaenerophyte)	高位芽植物	高位芽植物
phaneropore	显型气孔	顯型氣孔
pharmaceutical botany	药用植物学	藥用植物學

英 文 名	大 陆 名	台 湾 名
phaseic acid (PA)	红花菜豆酸	紅花菜豆酸
phasic development	阶段发育	階段發育
phellem (=cork)	木栓	木栓
phelloderm	栓内层	栓皮層，綠皮層
phellogen (=cork cambium)	木栓形成层	木栓形成層
phelloid cell	拟木栓细胞	擬木栓細胞，似木栓細胞
phenanthraquinone	菲醌	菲醌
phenetic classification	表型分类，表征分类	表型分類，表現分類
phenetic distance	表征距离	表徵距離
phenetics	表型系统学，表征分类学	表型分類學，表徵系統學
phenetic species	表型种	表型種
phenocline	表型渐变群	表[現]型定向漸變群
phenogram	表征图	表型圖，表現圖
phenological phenomenon	物候现象	物候現象
phenoloxidase	酚氧化酶	酚氧化酶，石炭酸氧化酵素
phenon (=phenetic species)	表型种	表型種
phenospectrum	物候谱	物候譜
phenotype	表型	表[現]型
phenotypic character	表型性状	表[現]型性狀
phenotypic plasticity	表型可塑性	表[現]型可塑性
phenotypic value	表型值	表[現]型值
phenotypic variance	表型方差	表[現]型變方
phenotypic variation	表型变异	表[現]型變異
phenylacetic acid (PAA)	苯乙酸	苯乙酸
phenylalkylamine alkaloid	苯基烷基胺类生物碱	苯基烷基胺類生物鹼
phenylpropanoid	苯丙素类化合物，苯丙烷类化合物	苯丙素類化合物，苯丙烷類化合物
phenylpropionic acid	苯丙酸	苯丙酸
pheophytin	褐藻素，脱镁叶绿素	褐藻素，脫鎂葉綠素
phialide	瓶梗	瓶梗
phialidic conidiogenesis	瓶梗式产孢	瓶梗式產孢
phialoconidium	瓶梗[分生]孢子	瓶梗孢子，瓶柄孢子
phialophore	瓶梗托	瓶梗托
phialospore (=phialoconidium)	瓶梗[分生]孢子	瓶梗孢子，瓶柄孢子
phloem	韧皮部	韌皮部
phloem fiber	韧皮纤维	韌皮[部]纖維

英 文 名	大 陆 名	台 湾 名
phloem initial	韧皮部原始细胞	韌皮部原始細胞
phloem island	韧皮部岛	韌皮部島
phloem loading	韧皮部装载	韌皮部裝載
phloem mother cell (=phloem initial)	韧皮部母细胞（=韧皮部原始细胞）	韌皮部母細胞（=韌皮部原始細胞）
phloem parenchyma	韧皮薄壁组织	韌皮[部]薄壁組織
phloem parenchyma cell	韧皮部薄壁细胞	韌皮部薄壁細胞
phloem parenchymatous cell (=phloem parenchyma cell)	韧皮部薄壁细胞	韌皮部薄壁細胞
phloem protein (P-protein)	韧皮蛋白，P 蛋白	韌皮蛋白，P 蛋白
phloem ray	韧皮射线	韌皮[部]射線，韌皮髓線
phloem unloading	韧皮部卸出	韌皮部卸載
phloeotracheide	韧皮管胞	韌皮[部]管胞，韌皮寄生管胞
phlorotannin	褐藻多酚	褐藻多酚
phorophyte	附载植物	附載植物
phosphatase	磷酸[酯]酶	磷酸[酯]酶，磷酸酵素
phosphate assimilation	磷酸盐同化作用	磷酸鹽同化作用
phosphate translocator	磷酸转运体	磷酸[鹽]轉運子，磷酸[鹽]轉位蛋白
phosphinothricin acetyltransferase (PAT)	膦丝菌素乙酰转移酶	膦絲菌素乙醯轉移酶
phosphinothricin acetyltransferase gene	膦丝菌素乙酰转移酶基因	膦絲菌素乙醯轉移酶基因
phosphoenolpyruvate (PEP, =phosphoenolpyruvic acid)	磷酸烯醇丙酮酸	磷酸烯醇丙酮酸
phosphoenolpyruvate carboxylase (PEPC)	磷酸烯醇丙酮酸羧化酶	磷酸烯醇丙酮酸羧化酶
phosphoenolpyruvic acid	磷酸烯醇丙酮酸	磷酸烯醇丙酮酸
phosphofructokinase (PFK)	磷酸果糖激酶	磷酸果糖激酶
phosphoglucan-water dikinase (PWD)	磷酸葡聚糖-水双激酶，磷酸葡聚糖水合二激酶	葡聚糖磷酸-水雙激酶
phosphokinase (=kinase)	磷酸激酶（=激酶）	磷酸激酶（=激酶）
phospholipase	磷脂酶	磷脂酶，磷脂酵素
phospholipid	磷脂	磷脂
phosphoprotein phosphatase	磷蛋白磷酸酶	磷蛋白質磷酸水解酶
phosphorescence phenomenon	磷光现象	磷光現象
phosphorus	磷	磷
phosphorus assimilation	磷同化	磷同化
phosphorylation	磷酸化[作用]	磷酸化[作用]

英　文　名	大　陆　名	台　湾　名
photautoxidation (=photoautoxidation)	光自动氧化	光自動氧化
photoactivation	光活化	光活化
photoactive reaction	光活化反应	光活化反應
photo-assimilation	光同化作用	光同化作用
photoautotroph	光[能]自养生物	光[能]自營生物，光營[養]生物
photoautoxidation	光自动氧化	光自動氧化
photobiont	共生光合生物，光合共生物	共生光合生物
photocatalysis	光催化[作用]	光催化[作用]
photocatalyst	光催化剂	光催化劑
photochemical crosslinking	光化学交联	光化學交聯
photochemical induction	光化学诱导	光化學誘導
photochemical quenching	光化学猝灭	光化學猝滅
photochemical reaction	光化学反应	光化學反應
photogenic tissue	发光组织	發光組織
photoheterotroph	光[能]异养生物	光[能]異營生物
photoinduction	光诱导	光誘導
photoinductive cycle	光诱导周期	光誘導週期
photoinhibition	光抑制	光抑制[作用]
photolysis	光解[作用]	光解，光[分]解作用
photomorphogenesis	光形态建成，光形态发生	光形態發生，光形態形成
photon	光子	光子
photon irradiance	光子辐照度	光子輻射度
photooxidation	光氧化	光氧化[作用]
photoperiod	光周期	光週期
photoperiodic induction	光周期诱导	光週期誘導
photoperiodism	光周期现象	光週期現象，光週期性
photoperiod pathway	光周期途径	光週期途徑
photophase (=photostage)	光照阶段	光照階段
photophosphorylation	光合磷酸化	光合[成]磷酸化作用，光磷酸化
photoprotection	光保护[作用]	光保護
photoreaction (=light reaction)	光反应	光反應
photoreactivation	光复活[作用]	光恢復，光再活[性]化
photoreceptor	光受体	光受體，光[感]受器
photorecovery (=photoreactivation)	光复活[作用]	光恢復，光再活[性]化
photoreduction	光还原	光還原

英 文 名	大 陆 名	台 湾 名
photorespiration	光呼吸	光呼吸[作用]
photorespirator nitrogen cycle	光呼吸氮循环	光呼吸氮素循環
photostage	光照阶段	光照階段
photosymbiodeme	同菌异藻体	同菌異藻體
photosynthate (=photosynthetic product)	光合产物	光合產物
photosynthesis	光合作用	光合作用
photosynthesis-light response curve	光合作用-光响应曲线	光合作用-光反應曲線
photosynthesis to respiration ratio	光合呼吸比	光合呼吸比
photosynthetically active radiation (PAR)	光合有效辐射	光合[成]有效照射
photosynthetic carbon assimilation (=dark reaction)	光合碳同化（=暗反应）	光合成碳同化（=暗反應）
photosynthetic carbon metabolism	光合碳代谢	光合成碳代謝
photosynthetic carboxylation	光合羧化反应	光合成羧化反應
photosynthetic chain	光合链	光合鏈
photosynthetic cycle (=Calvin cycle)	光合环（=卡尔文循环）	光合環（=卡爾文循環）
photosynthetic efficiency	光合效率	光合效率，光能利用率
photosynthetic electron transfer rate	光合电子传递速率	光合電子傳遞[速]率
photosynthetic electron transport	光合电子传递	光合[成]電子傳遞
photosynthetic electron transport chain	光合电子传递链	光合電子傳遞鏈
photosynthetic membrane	光合膜	光合膜
photosynthetic phosphorylation (=photophosphorylation)	光合磷酸化	光合[成]磷酸化作用，光磷酸化
photosynthetic pigment	光合色素	光合[成]色素
photosynthetic primary reaction	光合作用原初反应	光合作用原初反應
photosynthetic product	光合产物	光合產物
photosynthetic production rate	光合生成率	光合生成率
photosynthetic quantum yield	光合量子产率	光合量子產率
photosynthetic quotient	光合商	光合商
photosynthetic rate	光合速率	光合速率
photosynthetic reaction center	光合反应中心	光合作用中心

英 文 名	大 陆 名	台 湾 名
photosynthetic tissue	光合组织	光合組織
photosynthetic unit	光合单位	光合[成]單位
photosynthetic water use efficiency	光合水分利用效率	光合水利用效率
photosynthetic yield	光合产量	光合產量
photosystem (PS)	光系统	光系統
Photosystem I (PS I)	光系统 I	光系統 I，光合系統一
Photosystem II (PS II)	光系统 II	光系統 II，光合系統二
photosystem core complex	光系统核心复合物	光系統核心複合體
photosystem electron-transfer reaction	光系统电子传递反应	光系統電子傳遞反應
phototaxis	趋光性	趨光性
phototaxy (=phototaxis)	趋光性	趨光性
phototroph (=photoautotroph)	光[能]自养生物	光[能]自營生物，光營[養]生物
phototropin	向光素	向光素
phototropism	向光性	向光性
phragmobasidium	有隔担子	有隔擔子
phragmoplast	成膜体	成膜體，隔膜形成體
phragmosome	成膜粒	成膜粒
phragmospore	多隔孢子	多隔孢子，多室孢子
Phy (=phytochrome)	光敏[色]素	[植物]光敏素
phycobilin	藻胆素	藻膽素
phycobilin protein (=phycobiliprotein)	藻胆蛋白	藻膽[色素]蛋白
phycobiliprotein	藻胆蛋白	藻膽[色素]蛋白
phycobilisome	藻胆[蛋白]体	藻膽[蛋白]體
phycobiont	共生藻	共生藻
phycochrome	藻色素	藍色素
phycocolloid (=algin)	藻胶	[褐]藻膠
phycocyanin (PC)	藻蓝蛋白，藻青蛋白	藻藍蛋白，藻藍素，藻青素
phycocyanobilin	藻蓝[胆]素	藻藍素
phycoerythrin (PE)	藻红蛋白	藻紅蛋白
phycoerythrobilin	藻红[胆]素	藻紅素
phycoerythrocyanin (PEC)	藻红蓝蛋白	藻紅藍蛋白
phycology	藻类学	藻類學
phycomycetes	藻状菌	藻菌類
phycophage	噬藻体	噬藻體
phycophyte	藻类植物	藻類植物

英 文 名	大 陆 名	台 湾 名
phycoplast	藻膜体	藻膜體
phycotoxin	藻毒素	藻毒素
phycourobilin (PUB)	藻尿胆素	藻尿膽素
phycoviolobilin (PVB)	藻紫胆素	藻紫膽素
phycovirus	藻病毒	藻病毒
phycoxanthin	藻黄素	藻黃素
phygoblastema	变态粉芽	變態粉芽
phylembryogenesis	胚胎系统发育	胚胎系統發育，系統胚胎發育，胚發生
phyletic classification	系统分类	系統分類
phyletic evolution	种系进化，线系进化	線系演化，系統演化
phyletic gradualism	种系渐变论	親緣漸變說，親緣漸進論
phyllidium	裂叶体；拟叶体	裂葉體；擬葉體
phylliform (=leaf shape)	叶形	葉形
phylloclade (=cladode)	叶状枝	葉狀枝，假葉枝
phyllode	叶状柄	假葉，葉狀柄
phyllome	叶性器官	葉性器官
phyllosphere	叶圈	葉圈
phyllotaxis (=phyllotaxy)	叶序	葉序
phyllotaxy	叶序	葉序
phylogenesis	系统发育，种系发生，系统发生	系統發生，種系發生，親緣關係
phylogenetic analysis	系统发育分析，种系发生分析，进化分析	系統發生分析，種系發生分析
phylogenetic botany (=plant systematics)	系统植物学（=植物系统学）	系統植物學，植物系統學（=植物系統分類學）
phylogenetic classification	系统发育分类，种系发生分类	系統[發育]分類，種系發生分類
phylogenetics	系统发生学，种系发生学，谱系发生学	譜系學，親緣關係學
phylogenetic species concept	系统发育种概念	親緣種概念，種系發生種概念
phylogenetic tree	系统[发育]树，种系发生树，进化系统树	系統樹，親緣關係樹，種系發生樹
phylogeny (=phylogenesis)	系统发育，种系发生，系统发生	系統發生，種系發生，親緣關係
phylum (=division)	门	門
physical barrier	物理障碍	物理障礙，天然限制
physical individual	形态学个体	形態學個體

英文名	大陆名	台湾名
physical map	物理图[谱]	物理圖[譜]
physiognomy	外貌	外貌
physiological acidity	生理酸性	生理酸性
physiological alkalinity	生理碱性	生理鹼性
physiological balanced solution	生理平衡溶液	生理均衡溶液
physiological barrier	生理障碍	生理障礙
physiological dormancy	生理休眠，深休眠	生理休眠
physiological drought	生理干旱	生理乾旱
physiological individual	生理学个体	生理學個體
physiological integration	生理整合	生理整合
physiologically acid salt	生理酸性盐	生理酸性鹽
physiologically alkaline salt	生理碱性盐	生理鹼性鹽
physiologically neutral salt	生理中性盐	生理中性鹽
physiological plant ecology (=plant physioecology)	植物生理生态学	植物生理生態學
physiological speciation	生理物种形成	生理物種形成，生理物種分化，生理種化
physiological species	生理种	生理種
physiological strain	生理小种	生理小種
phytic acid	植酸	植酸
phytoalexin	植保素，植物保卫素	植物防禦素
phytochelatin	植物螯合素	植物螯合素
phytochemical ecology	植物化学生态学	植物化學生態學
phytochemistry	植物化学	植物化學
phytochorology	植物分布学	植物分布學
phytochrome (Phy)	光敏[色]素	[植物]光敏素
phytocide (=herbicide)	除草剂	除草劑，殺草劑
phytocoenology	植物群落学	植物群落學
phytocoenosis	植物群落	植物群落
phytocoenostics (=phytocoenology)	植物群落学	植物群落學
phytoecdysteroid	植物蜕皮甾体，植物蜕皮类固醇	植物蛻皮類固醇
phytoecology (=plant ecology)	植物生态学	植物生態學
phytoferritin	植物铁蛋白	植物鐵蛋白，鐵貯存蛋白質
phytogenic succession (=endogenetic succession)	植物性演替（=内因演替）	植物性演替，植物遞變（=内因演替）

英文名	大陆名	台湾名
phytogeography (=plant geography)	植物地理学	植物地理學
phytohormone (=plant hormone)	植物激素	植物激素，植物荷爾蒙
phytolemma	植物皮膜	植物皮膜
phytomass	植物量	植物量
phytomer	植物繁殖单位	植物繁殖單位
phytopaleontology (=paleobotany)	古植物学	古植物學
phytoparasite (=parasitic plant)	寄生植物	寄生植物，植物性寄生物，寄生菌
phytopathogen	植物病原体	植物病原體，植物病原菌
phytopathology (=plant pathology)	植物病理学	植物病理學
phytophysiology (=plant physiology)	植物生理学	植物生理學
phytoplankton	浮游植物	浮游植物
phytoremediation	植物修复	植物修復，植物復育
phytosiderophore	植物铁载体	植物鐵載體
phytosociology (=phytocoenology)	植物社会学（=植物群落学）	植物社會學（=植物群落學）
phytosphere	植物圈	植物圈
phytosterol	植物甾醇，植物固醇	植物固醇，植物脂醇類
phytosulfokine (PSK)	植物硫酸肽	植物硫酸肽
phytotomy (=plant anatomy)	植物解剖学	植物解剖學
phytotron	人工气候室	人工氣候室
phytotropin	向性抑制剂	向性抑制劑
piceoid pit	云杉型纹孔	雲杉型紋孔
picetum cladinosum	鹿石蕊云杉林	鹿石蕊雲杉林
picoalgae	超微藻，微微藻	超微藻，微微藻
pigment	色素	色素
pigment band (=pigment zone)	色素带	色素帶
pigment body (=chromatophore)	载色体，色素体	載色體，色素體
pigment cell	色素细胞	色素細胞
pigment granule	色素颗粒	色素粒
pigment layer	色素层	色素層
pigment tissue	色素组织	色素組織
pigment zone	色素带	色素帶

英 文 名	大 陆 名	台 湾 名
pileus	菌盖	菌蓋，菌傘，菌帽
pillar cell (=columnar cell)	柱状细胞	柱狀細胞
pilocarpine	毛果芸香碱	毛果芸香鹼，毛果芸香素
pinane derivative	蒎烷衍生物	蒎烷衍生物
pinetum cladinosum	鹿石蕊松林	鹿石蕊松林
pin-formed protein (PIN protein)	PIN 蛋白	PIN 蛋白
pinna	羽片	羽片，小葉片，羽瓣
pinna rachis	羽轴	羽軸
pinnate leaf	羽状复叶	羽狀複葉
pinnately compound leaf (=pinnate leaf)	羽状复叶	羽狀複葉
pinnate vein	羽状脉	羽狀脈
pinnate venation	羽状脉序	羽狀脈序
pinnule	小羽片	小羽片
pinocytosis	胞饮[作用]，吞饮[作用]	胞飲作用
pinoid pit	松木型纹孔	松木型紋孔
PIN protein (=pin-formed protein)	PIN 蛋白	PIN 蛋白
pioneer	先锋种	先鋒種，先驅種
pioneer community	先锋群落	先鋒群落，先驅群落
pioneer plant	先锋植物	先鋒植物，先驅植物，前驅植物
pioneer species (=pioneer)	先锋种	先鋒種，先驅種
pionnotes	黏分生孢子团，黏孢团	黏分生[孢]子團，黏孢團
PIP (=plasma membrane intrinsic protein)	质膜内在蛋白	質膜嵌入蛋白，細胞膜嵌入蛋白
piperidine alkaloid	哌啶[类]生物碱	哌啶[類]生物鹼
pistil	雌蕊	雌蕊，大蕊
pistillate flower	雌花	雌[蕊]花
pistillate inflorescence	雌花序	雌[性]花序
pistillode	退化雌蕊	退化雌蕊
pistillum (=pistil)	雌蕊	雌蕊，大蕊
pistils (=gynoecium)	雌蕊群	雌蕊群，雌花器
pit	纹孔	紋孔
pit aperture	纹孔口	紋孔口
pit border	纹孔缘	紋孔緣
pit canal	纹孔道	紋孔道

英文名	大陆名	台湾名
pit cavity	纹孔腔	紋孔腔
pit chamber	纹孔室	紋孔室
pitcher	瓶状叶	瓶狀葉
pit field	纹孔场	紋孔域，導孔區
pith	髓	髓
pith cast	髓模	髓模
pith fleck	髓斑	髓斑
pith meristem zone (=rib meristem zone)	髓分生组织区（=肋状分生组织区）	髓分生組織區（=肋狀分生組織區）
pith ray (=medullary ray)	髓射线	髓[射]線，髓芒，木質線
pit membrane	纹孔膜	紋孔膜
pit-pair	纹孔对	紋孔對
pit plug	纹孔塞	紋孔塞
pit plug cap	纹孔塞帽	紋孔塞帽
pitted vessel	孔纹导管	孔紋導管
pitting	纹孔式	紋孔式
placenta	胎座	胎座
placentation	胎座式	胎座式
placodium	壳口组织	殼口組織
plagioclimax (=disclimax)	偏途顶极，歧顶极，人为顶极[群落]	人為頂峰群聚，人為極峰群落，干擾性極峰相
plagiotropous phyllotaxis	斜向性叶序	斜生葉序
plakea	皿状体	皿狀體，盤狀體
planaperturate (=pleurotreme)	侧萌发孔，边萌发孔	側萌發孔，邊萌發孔
planation (=fasciation)	扁化	扁化，帶化
plankalgae (=planktonic algae)	浮游藻类	浮游藻類
planktonic algae	浮游藻类	浮游藻類
planospore (=zoospore)	游动孢子	[游]動孢子，泳動孢子
plant	植物	植物
plant aetiology	植物病原学	植物病原學
plant allelochemicals	植物化感物质	植物相剋物質
plant anatomy	植物解剖学	植物解剖學
plant autobiology	植物个体生物学	植物個體生物學
plant autoecology	植物个体生态学	植物個體生態學
plant behavior	植物行为	植物行為
plant biology	植物生物学	植物生物學
plant body	植物体	植物體

英　文　名	大　陆　名	台　湾　名
plant cell biology	植物细胞生物学	植物細胞生物學
plant cell bioreactor	植物细胞生物反应器	植物細胞生物反應器
plant cell engineering	植物细胞工程	植物細胞工程
plant cell morphology	植物细胞形态学	植物細胞形態學
plant cell physiology	植物细胞生理学	植物細胞生理學
plant chemosystematics	植物化学系统学	植物化學系統分類學
plant chemotaxonomy	植物化学分类学	植物化學分類學
plant chorology (=phytochorology)	植物分布学	植物分布學
plant chromosomology	植物染色体学	植物染色體學
plant climatology	植物气候学	植物氣候學
plant community (=phytocoenosis)	植物群落	植物群落
plant community classification (=vegetation classification)	植物群落分类（=植被分类）	植物群落分類（=植被分類）
plant community ecology (=plant synecology)	植物群落生态学	植物群落生態學
plant comparative anatomy	植物比较解剖学	植物比較解剖學
plant cytodynamics	植物细胞动力学	植物細胞動力學
plant cytogenetics	植物细胞遗传学	植物細胞遺傳學
plant cytology	植物细胞学	植物細胞學
plant cytotaxonomy	植物细胞分类学	植物細胞分類學
plant defensin	植物防御素	植物防禦素
plant development	植物发育	植物發育
plant developmental anatomy	植物发育解剖学	植物發育解剖學
plant developmental biology	植物发育生物学	植物發育生物學
plant developmental physiology	植物发育生理学	植物發育生理學
plant differentiation	植物分化	植物分化
plant disease	植物病害	植物病害
plant ecological anatomy	植物生态解剖学	植物生態解剖學
plant ecological geography (=ecological phytogeography)	植物生态地理学，生态植物地理学	植物生態地理學，生態植物地理學
plant ecological morphology	植物生态形态学	植物生態形態學
plant ecology	植物生态学	植物生態學
plant embryology	植物胚胎学	植物胚胎學
plant evolutionary biology	植物进化生物学	植物演化生物學
plant experimental	植物实验形态学	植物實驗形態學

英文名	大陆名	台湾名
morphology		
plant experimental taxonomy	植物实验分类学	植物實驗分類學
plant functional trait	植物功能性状	植物功能性狀
plant functional type	植物功能型	植物功能型
plant genecology	植物遗传生态学	植物遺傳生態學
plant genetic engineering	植物基因工程	植物基因工程
plant genetics	植物遗传学	植物遺傳學
plant genomics	植物基因组学	植物基因體學
plant geography	植物地理学	植物地理學
plant growth	植物生长	植物生長
plant growth inhibitor	植物生长抑制剂	植物生長抑制劑
plant growth regulator	植物生长调节剂	植物生長調節劑
plant growth retardant	植物生长延缓剂	植物生長延緩劑
plant growth substance	植物生长物质	植物生長物質
plant histology	植物组织学	植物組織學
plant history	植物历史学	植物歷史學
plant hormone	植物激素	植物激素，植物荷爾蒙
plantlet	小植物	小植物
plant life form	植物生活型	植物生活型
plant macromorphology	植物宏观形态学	植物宏觀形態學
plant metabolic physiology	植物代谢生理学	植物代謝生理學
plant micromolecular systematics	植物小分子系统学	植物小分子系統分類學
plant micromorphology	植物微观形态学	植物微觀形態學
plant molecular taxonomy	植物分子分类学	植物分子分類學
plant morphoanatomy	植物形态解剖学	植物形態解剖學
plant morphology	植物形态学	植物形態學
plant movement	植物运动	植物運動
plant numerical taxonomy	植物数值分类学	植物數值分類學
plant organography	植物器官学	植物器官學
plant pathological anatomy	植物病理解剖学	植物病理解剖學
plant pathology	植物病理学	植物病理學
plant phenogenetics	植物发育遗传学	植物發育遺傳學
plant phylembryogenesis	植物胚胎系统发育学	植物胚胎系統發育學
plant physioecology	植物生理生态学	植物生理生態學
plant physiological anatomy	植物生理解剖学	植物生理解剖學
plant physiological ecology (=plant physioecology)	植物生理生态学	植物生理生態學

英文名	大陆名	台湾名
plant physiology	植物生理学	植物生理學
plant pollution ecology	植物污染生态学	植物污染生態學
plant polypeptide hormone	植物多肽激素	植物多肽激素
plant population ecology	植物种群生态学	植物族群生態學
plant quantitive ecology	植物数量生态学	植物數量生態學
plant reproductive biology	植物生殖生物学	植物生殖生物學
plant reproductive ecology	植物生殖生态学	植物生殖生態學
plant resources (=resource botany)	植物资源学（=资源植物学）	植物資源學（=資源植物學）
plant serotaxonomy	植物血清分类学	植物血清分類學
plant sociology (=phytocoenology)	植物社会学（=植物群落学）	植物社會學（=植物群落學）
plant somatic cell genetics	植物体细胞遗传学	植物體細胞遺傳學
plant stress physiology	植物逆境生理学	植物逆境生理學
plant succession (=endogenetic succession)	植物性演替（=内因演替）	植物性演替，植物遞變（=内因演替）
plant symmorphology	植物群落形态学	植物群落形態學
plant synchorology (=plant syngeography)	植物群落分布学(=植物群落地理学)	植物群落分布學(=植物群落地理學)
plant syndynamics	植物群落动态学，植物群落发生学	植物群落動態學，植物群落發生學
plant synecology	植物群落生态学	植物群落生態學
plant syngeography	植物群落地理学	植物群落地理學
plant syntaxonomy	植物群落分类学	植物群落分類學
plant systematics	植物系统学	植物系統分類學
plant taxonomy	植物分类学	植物分類學
plant teratology	植物畸形学	植物畸形學
plant thremmatology	植物育种学	植物育種學
plant tissue analysis	植物组织分析	植物組織分析
plant tissue culture	植物组织培养	植物組織培養
plant toxicology	植物毒理学	植物毒理學
plant virology	植物病毒学	植物病毒學
plasmagene (=extrachromosomal gene)	[细]胞质基因（=染色体外基因）	[細]胞質基因（=染色體外基因）
plasmalemma (=cell membrane)	质膜（=细胞膜）	質膜（=細胞膜）
plasmalemmasome	质膜体	質膜體
plasma membrane (=cell membrane)	质膜（=细胞膜）	質膜（=細胞膜）

英 文 名	大 陆 名	台 湾 名
plasma membrane intrinsic protein (PIP)	质膜内在蛋白	質膜嵌入蛋白，細胞膜嵌入蛋白
plasmatoogosis	[原质]肿胞	[原質]腫胞
plasmid	质粒	質體
2μm plasmid	2μm 质粒	2μm 質體
plasmodesma	胞间连丝	胞間連絲，原生質絲，細胞間絲
plasmodieresis (=cytokinesis)	胞质分裂	胞質分裂，質裂
plasmodiocarp	联囊体	蟠曲子囊體，不定形複孢囊
plasmodium	原质团	原質團，原生質體，變形體
plasmogamospore (=aeciospore)	锈孢子，春孢子	銹孢子
plasmogamy	质配，胞质配合，胞质融合	質配，胞質配合，胞質接合
plasmolysis	质壁分离	質壁分離，質離[現象]
plasmolysis degree	质壁分离度	質離度
plasmolysis-permeability	质壁分离透过性	質離透過性
plasmolysis-time	质壁分离时间	質離時間
plasmon	[细]胞质基因组	染色體外遺傳基因，染色體外遺傳因子
plastic strain	塑性胁变	塑性應變
plastid	质体	質體，色素體
plastid DNA	质体 DNA	質體 DNA
plastid inheritance	质体遗传	質體遺傳
plastid mutation	质体突变	質體突變
plastidotype	质体基因型	質體基因型，色素體型，質體遺傳型
plastocyanin (PC)	质体蓝素	質體藍素，色素體藍素
plastogene	质体基因	質體基因，色素體基因
plastoglobulus (=osmiophilic globule)	质体小球（=嗜锇小球）	質球體（=親鋨小球）
plastoquinone (PQ)	质体醌	質體醌，色素體醌
plate meristem	板状分生组织	板狀分生組織
platyclade	扁化枝	扁化枝
platycodin	桔梗皂苷	桔梗皂苷
p-Lec (=pea-lectin)	豌豆凝集素	豌豆凝集素
plectenchyma	密丝组织	密絲組織
plectostele	编织中柱	編織中柱
pleiochasium	多歧聚伞花序	多歧聚傘花序

英 文 名	大 陆 名	台 湾 名
pleiopetalous flower (=double flower)	重瓣花	重瓣花
pleiotropic gene	多效基因	多效[性]基因
pleomorphism	多型现象，复型现象	多型性
pleomorphy (=pleomorphism)	多型现象，复型现象	多型性
plerome	中柱原	中柱原，原中心柱
plesiomorphic character (=plesiomorphy)	祖征，近祖性状	祖徵
plesiomorphy	祖征，近祖性状	祖徵
pleurocarp	侧蒴	側生蒴果
pleuronematic type flagellum (=tinsel type flagellum)	茸鞭型鞭毛	茸鞭型鞭毛
pleurorhizal embryo	胚根缘倚胚	胚根緣倚胚
pleurotreme	侧萌发孔，边萌发孔	側萌發孔，邊萌發孔
ploidy	倍性	倍數性
plot	样地	樣區
plotless method	无样地法	無樣區法
plotless sampling	无样地取样	無樣區取樣
plumule	胚芽	胚芽
plurilocular gametangium	多室配子囊	多室配子囊，複室配子囊
plurilocular sporangium	多室孢子囊	多室孢子囊，複室孢子囊
PM I (=pollen mitosis I)	花粉有丝分裂 I	花粉有絲分裂 I
PM II (=pollen mitosis II)	花粉有丝分裂 II	花粉有絲分裂 II
PMC (=pollen mother cell)	花粉母细胞	花粉母細胞
PMF (=proton motive force)	质子动力势	質子動力勢
pneumatocyst	气囊	氣囊
pneumatophore (=respiratory root)	呼吸根	呼吸根
pod (=legume)	荚果	莢果
POD (=peroxidase)	过氧化物酶	過氧化物酶
podophyllotoxin	鬼臼毒素	鬼臼毒素
poikilohydric plant	变水植物	變水植物
point-centered quarter method	点四分法	四分樣區法
point intercept method	样点截取法，样针调查法	樣點截取法
point mutation	点突变	點突變
Poisson distribution	泊松分布	卜瓦松[氏]分布
pokeweed antiviral protein (PAP)	商陆抗病毒蛋白	商陸抗病毒蛋白
polar auxin transport (PAT)	生长素极性运输	生長素極性運輸，生長素極

英 文 名	大 陆 名	台 湾 名
		性運移
polar axis	极轴	極軸
polar fiber (=polar microtubule)	极纤维（=极微管）	極纖維（=極微管）
polar growth	极性生长	極性生長
polaris (=glyphosine)	增甘膦	增甘膦
polarity	极性	極性
polar microtubule	极微管	極微管
polar nodule	极节	極節
polar nucleus	极核	極核
polar spore	极生孢子	極生孢子，端極孢子
polar subsidiary cell	极副卫细胞	極副衛細胞
polar translocation (=polar transport)	极性运输	極性運輸，極性運移
polar transport	极性运输	極性運輸，極性運移
polar view	极面观	極面觀
pole	极	極
polishing method	磨片法	磨片法
pollacanthic plant (=polycarpic plant)	多次结实植物	一年多次結果植物
pollen	花粉	花粉
pollen abortion	花粉败育	花粉退化
pollen analysis	花粉分析	花粉分析
pollen basket	花粉篮	花粉籃
pollen chamber	贮粉室	花粉室，花粉腔，貯粉室
pollen coat	花粉覆盖物	花粉覆蓋物
pollen culture	花粉培养	花粉培養
pollen diagram	孢粉图谱	花粉圖譜，花粉分布圖
pollen drift	花粉漂流	花粉漂流
pollen-embryo sac	花粉-胚囊	花粉胚囊
pollen flower	产粉花	產粉花，花粉花，雄花
pollen grain	花粉粒	花粉粒
pollen grain mitosis	花粉粒有丝分裂	花粉粒有絲分裂
pollen growth factor (PGF)	花粉生长因子	花粉生長因子
pollen hormone	花粉激素	花粉激素
pollenkitt	花粉鞘	花粉鞘
pollen mass (=pollinium)	花粉块	花粉塊
pollen mitosis I (PM I)	花粉有丝分裂 I	花粉有絲分裂 I

英 文 名	大 陆 名	台 湾 名
pollen mitosis II (PM II)	花粉有丝分裂II	花粉有絲分裂II
pollen mixture	混合花粉	混合花粉
pollen mother cell (PMC)	花粉母细胞	花粉母細胞
pollen parent	花粉亲本	花粉親體，雄親
pollen plate	花粉板	花粉板
pollen restoration	花粉复壮	花粉機能恢復
pollen sac	花粉囊	花粉囊，藥囊
pollen segregation	花粉分离	花粉分離
pollen spectrum	花粉谱	花粉譜
pollen sterility (=pollen abortion)	花粉不育性（=花粉败育）	花粉不育性，花粉不孕性，花粉不稔（=花粉退化）
pollen tetrad	花粉四分体	花粉四分體，花粉四分子
pollen tetrahedron	花粉四面体	花粉四面體
pollen tube	花粉管	花粉管
pollen tube cell	花粉管细胞	花粉管細胞
pollen tube competition	花粉管竞争	花粉管競爭
pollen tube guidance	花粉管引导	花粉管引導
pollen tube nucleus	花粉管核	花粉管核
pollen tube pathway method	花粉管通道法	花粉管通道法
pollen-wall protein (=wall-held protein)	[花粉]壁蛋白	[花粉]壁蛋白
pollinarium	花粉团	花粉團
pollination	传粉，授粉	傳粉[作用]，授粉[作用]
pollination drop	传粉滴	傳粉滴，授粉液
pollination ecology	传粉生态学	傳粉生態學
pollination medium	传粉媒介	傳粉媒介
pollination syndrome	传粉综合征	傳粉綜合症
pollinator	传粉者，授粉者	傳粉者，授粉者
pollinium	花粉块	花粉塊
polyacrylamide gel	聚丙烯酰胺凝胶	聚丙烯醯胺凝膠
polyacrylamide gel electrophoresis (PAGE)	聚丙烯酰胺凝胶电泳	聚丙烯醯胺凝膠電泳
polyad	多合花粉	多合花粉
polyadelphous stamen	多体雄蕊	多體雄蕊
polyamine	多胺	多胺
polyarch	多原型	多原型
polycarpellary ovary	多心皮子房	多心皮子房
polycarpellary pistil	多心皮雌蕊	多心皮雌蕊

英文名	大陆名	台湾名
polycarpic plant	多次结实植物	一年多次結果植物
polycentric chromosome	多着丝粒染色体	多著絲粒染色體，多著絲點染色體，多中節染色體
polyclimax	多[元]顶极	多[元]極相，多元[演替]巔峰群落
polyclimax theory	多[元]顶极学说，多[元]顶极理论	多極相說，多安定相說，多巔峰理論
polycloning site	多克隆位点	多重選殖位
polycolporate	多孔沟	多孔溝
polycotyledon	多子叶植物	多子葉植物
polycotyledonous	多子叶[的]	多子葉[的]
polycotylous (=polycotyledonous)	多子叶[的]	多子葉[的]
polycyclic stele	多环式中柱	多環中柱
polyderm	复周皮，复皮层	複周皮
polydominant community	多优种群落	多優種群落
polyembryony	多胚现象，多胚性	多胚現象，多胚性
polyene alcohol	多烯醇	多烯醇
polyene hydrocarbon	多烯烃	多烯烴
polyene hydrocarbon epoxide	多烯烃环氧化物	多烯烴環氧化物
polyene ketone	多烯酮	多烯酮
polyene pigment	多烯色素	多烯色素
polygalacerebroside	瓜子金脑苷脂	瓜子金腦苷脂
polygamous flower	杂性花	雜性花
polygamy	杂性	雜性
polygene	多基因	多基因
polygenesis (=polyrheithry)	多元起源说，多元[发生]论	多源說，多元發生說
polygenic character	多基因性状	多基因性狀
polygenic inheritance (=multigenic inheritance)	多基因遗传	多基因遺傳
polygenic resistance (=multigenic resistance)	多基因抗[病]性	多基因抗病性
polyhaploid	多元单倍体	多倍單倍體，多倍單元體
polyketide	聚酮化合物	聚酮化合物
polymerase	聚合酶	聚合酶
polymerase chain reaction (PCR)	聚合酶链反应	聚合酶連鎖反應，聚合酶鏈[鎖]反應
polymeric gene	等效异位基因	等效異位基因
polymerization	聚合作用	聚合作用

英文名	大陆名	台湾名
polymer-trapping model	聚合物陷阱模型	聚合物陷阱模型
polymery	多出式	多出式
polymorphic character (=multistate character)	多态性状	多態性狀，多態特徵
polymorphism	多态性，多态现象	多態性，多型性，多態現象
polypetalous flower (=choripetalous flower)	离瓣花	離瓣花，多瓣花
polyphenol	多酚	多酚
polyphosphate granule	多磷酸颗粒[体]	多磷酸顆粒[體]
polyphyletic group	复系[类]群，多系[类]群	多系群，多源群
polyphyletic theory (=polyrheithry)	多元起源说，多元[发生]论	多源說，多元發生說
polyphyly	复系，多系	多系
polyploid	多倍体	多倍體，多元體
polyploid agent	多倍体诱变剂	多倍體誘變劑，多倍體誘變物質
polyploid breeding	多倍体育种	多倍體育種
polyploid complex	多倍体复合体	多倍體複合群
polyploidization	多倍体化	[染色體]多倍體化
polyploid plant	多倍体植物	多倍體植物
polyploid series	多倍体系列	多倍體系列
polyploidy	多倍性	多倍性，倍數性
polyporate	多孔	多孔
polyrheithry	多元起源说，多元[发生]论	多源說，多元發生說
polyribosome	多核糖体	多核糖體，聚核糖體
polysaccharide	多糖	多糖
polysepalous calyx (=chorisepal)	离萼	離片萼，多片萼，離生花萼
polysome (=polyribosome)	多核糖体	多核糖體，聚核糖體
polysomic	多体	多[染色]體
polysporangium	多孢子囊	多孢子囊
polyspory	多孢子现象	多孢子現象
polystele	多体中柱	多中[心]柱，多條中心柱
polytelome	复顶枝	複頂枝
polytene stage	多线期	多線期
polyterpene	多萜	多萜，長萜
polytomy	多歧分支	多歧分支
polytopic origin	多境起源	多境起源
pome	梨果	梨果，仁果

英文名	大陆名	台湾名
pontoperculum	桥状孔盖	橋狀孔蓋
population	种群，居群	族群
population age composition (=population age structure)	种群年龄组成（=种群年龄结构）	族群年齡組成（=族群年齡結構）
population age structure	种群年龄结构	族群年齡結構
population analysis	种群分析	族群分析
population balance (=population equilibrium)	种群平衡	族群平衡
population biology	种群生物学	族群生物學
population count	种群统计	族群計數
population curve	种群曲线	族群曲線
population density	种群密度	族群密度
population depression	种群衰退	族群衰退，族群減退
population dynamics	种群动态	族群動態
population ecology	种群生态学	族群生態學
population equilibrium	种群平衡	族群平衡
population eruption (=population explosion)	种群爆发	族群爆發，族群暴增
population explosion	种群爆发	族群爆發，族群暴增
population extinction	种群灭绝	族群滅絕
population fluctuation	种群波动	族群波動，族群變動
population formation	种群形成	族群形成
population growth	种群增长	族群成長，族群增長
population growth curve	种群增长曲线	族群成長曲線
population growth rate	种群增长率	族群成長率
population index	种群指数	族群指數
population intensity	种群强度	族群強度
population interaction	种群间相互作用	族群交互作用
population pressure	种群压力	族群壓力
population regulation	种群调节	族群調節
population rejuvenation	种群复壮	族群復壯
population size	种群大小	族群大小
population structure	种群结构	族群結構
population system	种群系统	族群系統
population viability analysis (PVA)	种群生存力分析	族群生存力分析
P/O ratio	磷/氧比	磷/氧比
pore	管孔；孔	管孔；孔

英 文 名	大 陆 名	台 湾 名
pore chain	管孔链	管孔鏈
pore cluster	管孔团	管孔團
pore membrane	孔膜	孔膜
poricidal dehiscence	孔裂	孔裂
poroconidium (=tretoconidium)	孔出[分生]孢子	孔出[分生]孢子
porogamy	珠孔受精	珠孔受精
porometer	气孔计	氣孔計
pororate	具内孔的孔，具孔孔	具内孔的孔，具孔孔
porous vessel	单穿孔导管	單穿孔導管
porous wood	有孔材	有孔材
portulacerebroside A	马齿苋脑苷脂 A	馬齒莧腦苷脂 A
porus (=pore)	孔	孔
porus membrane (=pore membrane)	孔膜	孔膜
positional cloning	定位克隆	定位克隆，定位選殖
position effect	位置效应	位置效應
positive feedback	正反馈	正回饋
positive gravitropism	正向重力性	向地性
positive interference	正干涉	正干擾
positive selection	正选择	正選擇
possive water absorption	被动吸水	被動吸水
postclimax	超顶极，后顶极	超頂極，後頂極
posteriori probability	后验概率	後驗概率
post-harvest physiology	采后生理	采後生理
post-harvest treatment	采后处理	采後處理
postical lobe (=ventral lobe)	腹瓣	腹瓣
postmitotic syngamy	有丝分裂后配子配合	有絲分裂後配子配合
postmitotic type	有丝分裂后型	有絲分裂後型
post-sieve element transport	筛[管]分子后运输	篩[管]分子後運輸
postsynthetic phase (= G_2 phase)	合成后期（= G_2 期）	合成後期（= G_2 期）
post-transcriptional gene silencing (PTGS)	转录后基因沉默	轉録後基因緘默化
potassium	钾	鉀
potassium channel	钾通道	鉀通道
potassium ion uptake theory	钾离子吸收学说	鉀離子吸收學說
potential natural vegetation	潜在自然植被	潛在自然植被，潛在天然植被

英 文 名	大 陆 名	台 湾 名
potential ramet	潜在分株	潛在分株
potential vegetation	潜在植被	潛在植被
potential vegetation map	潜在植被图	潛在植被圖
potetometer	蒸腾计	蒸散計
potometer (=potetometer)	蒸腾计	蒸散計
PPDK (=pyruvate phosphate dikinase)	丙酮酸磷酸双激酶	丙酮酸磷酸雙激酶
PPP (=pentose phosphate pathway)	戊糖磷酸途径	五碳糖磷酸途徑，磷酸五碳糖途徑
P-protein (=phloem protein)	韧皮蛋白，P 蛋白	韌皮蛋白，P 蛋白
PQ (=plastoquinone)	质体醌	質體醌，色素體醌
prairie	北美草原，高草草原，普雷里群落	北美草原，大草原
prata (=herbosa)	草本群落	草本群落
preadaptation	前适应，预适应	前適應，預先適應，先期適應
prechilling	低温预冷	低溫預冷
preclimax	前顶极，预顶极，先锋顶极	前[演替]極相，前巔峰群落
predation	捕食	捕食
predation theory	捕食学说	捕食學說
predator	捕食者	捕食者
predatory food chain	捕食食物链	捕食食物鏈
predawn water potential	清晨水势	清晨水勢，凌晨水勢
preferential fertilization	倾向受精	偏向受精，選擇受精
preferential species	适宜种	適宜種
preferred codon	偏爱密码子	偏愛密碼子
prefloration (=aestivation)	花被卷叠式	花被卷疊式
pregnane alkaloid	孕甾烷[类]生物碱	孕甾烷[類]生物鹼
preheart-shape embryo	前心形胚	前心形胚
premitotic syngamy	有丝分裂前配子配合	有絲分裂前配子配合
premitotic type	有丝分裂前型	有絲分裂前型
preparathecium	前果壳	前果殼
prepollen	前花粉	原花粉
preprophase band	早前期带	早前期帶
preprophase inhibitor	先前期抑制因子	先前期抑制因子
presence	存在度	存在度
pressing	压榨	壓榨
pressure flow	压流	壓[力]流
pressure-flow hypothesis	压力流动假说	壓流說

英 文 名	大 陆 名	台 湾 名
pressure potential	压力势	壓力勢
presynthetic phase (=G_1 phase)	合成前期（=G_1 期）	合成前期（=G_1 期）
primary active transport	初始主动运输，初级主动运输	初級主動運輸
primary bare land	原生裸地	原生裸地
primary canal cell	初生颈沟细胞	初生溝細胞
primary cell wall	初生细胞壁	初生[細]胞壁
primary constriction	主缢痕，初[级]缢痕	主縊痕
primary cork cambium	初生木栓形成层	原生木栓形成層
primary electron acceptor	原初电子受体	初級電子[接]受體，初級電子接收者
primary electron donor	原初电子供体	初級電子供[應]體，初級電子供給者
primary embryo cell tier	初生胚细胞层	初生胚細胞層
primary endosperm	初生胚乳	初生胚乳，前胚乳
primary endosperm cell	初生胚乳细胞	初生胚乳細胞
primary endosperm nucleus	初生胚乳核	初生胚乳核
primary fundamental tissue	初生基本组织	初生基本組織，原生基本組織
primary glycoside	初级苷	初級苷
primary growth	初生生长	初級生長
primary hypha	初生菌丝	初生菌絲
primary leaf	初生叶	初生葉，第一本葉，首葉
primary lysosome	初级溶酶体	初級溶[酶]體
primary medullary ray (=medullary ray)	初生髓射线（=髓射线）	初生髓[射]線，原生芒髓（=髓[射]線）
primary meristem	初生分生组织	初生分生組織，原生分生組織
primary metabolism	初生代谢	初級代謝
primary metabolite	初生代谢物	初級代謝物
primary mycelium	初生菌丝体	初生菌絲體
primary neck cell	初生颈细胞	初生頸細胞
primary nucleus	初生核	初生核
primary oogonium	初级卵原细胞	初生卵原細胞，初級卵原細胞
primary ovogonium (=primary oogonium)	初级卵原细胞	初生卵原細胞，初級卵原細胞
primary permanent tissue	初生永久组织	初生永久組織，原生永久組織
primary phloem	初生韧皮部	初生韌皮部
primary phloem fiber	初生韧皮纤维	初生韌皮纖維
primary pit	初生纹孔	初生紋孔

英 文 名	大 陆 名	台 湾 名
primary pit field	初生纹孔场	初生紋孔域
primary plant body	初生植物体	初級植物體，原生植物體
primary plasmodesma	初生胞间连丝	初級胞間連絲
primary producer	初级生产者	初級生產者
primary production	初级生产量	初級生產量，基礎生產量
primary productivity	初级生产力	初級生產力，基礎生產力
primary reaction	原初反应	初級反應
primary rhizoid	初生假根	初生假根
primary root (=axial root)	初生根（=主根）	初生根，原始根（=主根）
primary sere	原生演替系列	原生演替系列
primary sporogenous cell (=sporogenous cell)	初生造孢细胞（=造孢细胞）	初生造孢細胞（=造孢細胞）
primary structure	初生结构	初生結構
primary succession	原生演替	原生演替，初級演替，初級消長
primary suspensor	初生胚柄	初生胚柄
primary thickening	初生加厚	初生加厚
primary tissue	初生组织	初生組織，原生組織
primary universal veil (=protoblem)	初生外菌幕（=原菌幕）	初生外菌幕（=原菌幕）
primary vascular bundle	初生维管束	初生維管束，原生維管束
primary vascular tissue	初生维管组织	初生維管組織，原生維管組織
primary vein (=principal vein)	主脉	主脈
primary wall cell (=parietal cell)	初生壁细胞（=周缘细胞）	初生壁細胞（=周緣細胞）
primary xylem	初生木质部	初生木質部
primase	引发酶	引發酶，導引酶
primer	引物	引子，引物
primexine	原外壁	原外壁
primitive character	原始性状	原始性狀
primordial asymmetrical flower	初生不对称花	原始不對稱花
primordial veil (=protoblem)	原菌幕	原菌幕
primordium	原基	原基
principal vein	主脉	主脈
principle of competitive exclusion (=competition exclusion principle)	竞争排斥原理，竞争排除原理	競爭排斥原理，競爭互斥原理，競爭排斥原則
priori probability	先验概率	先驗概率

英　文　名	大　陆　名	台　湾　名
priority	优先律，优先权	優先權
prisere (=primary sere)	原生演替系列	原生演替系列
prismatic crystal	棱晶[体]	稜柱形晶體
proangiosperm	前被子植物	前被子植物
proanthocyanidin	原花色素，原花青素	原花色素，原花青素
probaculum	原基粒棒	原基粒棒
probasidium	原担子，先担子	原擔子，前擔子
probe	探针	探針
procambium	原形成层	原始形成層，前形成層
procarp	果胞系；原子囊果	果胞系；原子囊果
procaryote (=prokaryote)	原核生物	原核生物
procumbent	匍匐[的]	匍匐[的]
procumbent ray cell	横卧射线细胞	橫臥射線細胞
procumbent stem (=stolon)	匍匐茎	匍匐莖，平伏莖，走莖
prodophytium (=pioneer community)	先锋群落	先鋒群落，先驅群落
producer	生产者	生產者
production	生产量	生產量
production efficiency (=growth efficiency)	生产效率（=生长效率）	生產效率（=生長效率）
productivity	生产力	生產力
productivity theory	生产力学说	生產力理論
proembryo	原胚	原胚，前胚
proembryonal cell	原胚细胞	原胚細胞
proembryonal tube	原胚管	原胚管
proembryo stage	原胚期	原胚期
proendospermous cell	原胚乳细胞	原胚乳細胞
proenzyme	酶原	酶原，酵素原
profile chart (=bisect)	剖面样条	剖面樣條
progametangium	原配子囊	原配子囊
programmed cell death (PCD)	程序性细胞死亡，细胞编程性死亡	程序性細胞死亡，計畫性細胞死亡，程式性細胞死亡
progressive evolution	渐进式进化	漸進式演化
progressive rule	递进法则，渐进律	漸進法則
progressive senescence	渐进衰老	漸進衰老
progressive succession	进展演替	進化演替，進展演替，前進演替
progymnosperm	前裸子植物	前裸子植物

英文名	大陆名	台湾名
projective coverage	投影盖度	投影蓋度
prokaryocyte (=prokaryotic cell)	原核细胞	原核細胞
prokaryote	原核生物	原核生物
prokaryotic algae	原核藻类	原核藻類
prokaryotic cell	原核细胞	原核細胞
proline	脯氨酸	脯胺酸
promeristem	原分生组织	原分生組織
prometaphase	前中期	前中期
prominence	显著度	顯著度
promoter	启动子	啟動子
promoter trapping	启动子捕获	啟動子捕獲
promycelium	先菌丝，原菌丝	先菌絲，前菌絲
pronucleus	原核，前核	原核，前核
propaerial root	支柱气根	支持氣根
propagation	繁殖	繁殖
propagulum	不定芽条；繁殖体，繁殖枝	不定芽條；繁殖體
proper exciple	果壳，固有盘壁	固有盤壁
properistome	前蒴齿	前蒴齒
proper margin	果壳缘部，固有盘缘	固有盤緣
prophage	原噬菌体	原噬菌體
prophage induction	原噬菌体诱导	原噬菌體誘導
prophage interference	原噬菌体干扰	原噬菌體干擾
prophase	前期	前期
prophyll	先出叶	先出葉，前出葉
proplastid	前质体，原质体	前質體，前色素體，原質體
prop root	支柱根	支持根，支柱根
prosapogenin	前皂苷配基	前皂苷配基
prosenchyma	疏丝组织，长轴组织	梭形組織，紡錘組織
prosenchymatous cell	长轴形细胞	梭形細胞
prosorus	原孢子堆	前孢子囊群
prosporangium	原孢子囊	前孢子囊
prosthetic group	辅基	輔[助]基
prosuspensor	原胚柄	原胚柄，前懸柄
prosuspensor cell	原胚柄细胞	原胚柄細胞
prosuspensor tier (=suspensor tier)	原胚柄层（=胚柄层）	原胚柄層（=胚柄層）
protandry	雄蕊先熟[现象]	雄蕊先熟，雄花先熟

英文名	大陆名	台湾名
protease (=proteolytic enzyme)	蛋白[水解]酶	蛋白[水解]酶，朊[水解]酶，蛋白[質]水解酵素
protected bud (=scaly bud)	被芽（=鳞芽）	被芽（=鱗芽）
protecting sheath	保护鞘	保護鞘
protective aerial root	保护性气根	保護性氣根
protective layer	保护层	保護層
protective tissue	保护组织	保護組織
protein	蛋白质	蛋白質
proteinaceous pellicle	蛋白质表膜	蛋白質表膜
protein body	蛋白体	蛋白體
protein chip	蛋白质芯片	蛋白質晶片
protein crystalloid	蛋白质拟晶体	蛋白質擬晶體，蛋白質似晶體
protein engineering	蛋白质工程	蛋白質工程
protein microarray (=protein chip)	蛋白质微阵列（=蛋白质芯片）	蛋白質微陣列（=蛋白質晶片）
proteinoplast (=proteoplast)	[造]蛋白体	[造]蛋白體
protein superfamily	蛋白质超家族	蛋白質超家族
protein synthesis	蛋白质合成	蛋白質合成
protein trafficking	蛋白质运输	蛋白質運輸，蛋白質運移
proteolytic enzyme	蛋白[水解]酶	蛋白[水解]酶，朊[水解]酶，蛋白[質]水解酵素
proteome	蛋白质组	蛋白[質]體，蛋白[質]組
proteomics	蛋白质组学	蛋白[質]體學
proteoplast	[造]蛋白体	[造]蛋白體
proterandry (=protandry)	雄蕊先熟[现象]	雄蕊先熟，雄花先熟
proterogynous flower (=protogynous flower)	雌蕊先熟花	雌蕊先熟花
proterogyny (=protogyny)	雌蕊先熟[现象]	雌蕊先熟，雌花先熟
prothallial cell	原叶细胞	原葉細胞
prothallus	原叶体	原葉體
prothecium	原囊壳	前子囊殼
protobasidium (=probasidium)	原担子，先担子	原擔子，前擔子
protoberberine alkaloid	原小檗碱类生物碱	原小檗鹼類生物鹼
protoblem	原菌幕	原菌幕
protocetraric acid	原岛衣酸	原島衣酸
protocorm	原球茎，原基体	蘭菌共生體

英 文 名	大 陆 名	台 湾 名
protoderm	原表皮层	原表皮層，原始表皮
protogynous flower	雌蕊先熟花	雌蕊先熟花
protogyny	雌蕊先熟[现象]	雌蕊先熟，雌花先熟
protologue	原白，原始资料	原始資料
proton	质子	質子
protonema	原丝体	原絲體
proton motive force (PMF)	质子动力势	質子動力勢
proton pump	质子泵	質子泵，質子幫浦，氫離子幫浦
protopanoxadiol	原人参二醇	原人參二醇
protopectin	原果胶	原果膠
protopectinase	原果胶酶	原果膠酶
protophloem	原生韧皮部	原生韌皮部，先成篩管部，先皮韌皮部
protoplasm	原生质	原生質
protoplasmic bridge	原生质桥	原生質橋
protoplasmic connection (=plasmodesma)	原生质连丝（=胞间连丝）	原生質連絡（=胞間連絲）
protoplasmic fiber	原生质丝	原生質絲
protoplasmic membrane	原生质膜	原生質膜
protoplasmic movement	原生质运动	原生質運動
protoplasmic reticulum	原生质网	原生質網
protoplasmic streaming	原生质流动	原生質流動
protoplast	原生质体	原生質體
protoplast culture	原生质体培养	原生質體培養
protoplast fusion	原生质体融合	原生質體融合
protosexuality	原性生殖	原性生殖
protospore	原孢子	原生孢子
protosporophore	原孢子梗	原孢子梗
protostele	原生中柱	原生中柱
protosterigma	原小梗	原小梗
protoxylem	原生木质部	原生木質部，先成木質部
protoxylem lacuna	原生木质部腔隙	原生木質部腔，先成木質部腔
protoxylem pole	原生木质部极	原生木質部極
protracheophyte	前维管植物	前維管植物
protruding end (=protruding terminus)	突出末端	突出末端
protruding terminus	突出末端	突出末端

英 文 名	大 陆 名	台 湾 名
pro-Ubisch body	原乌氏体，前乌氏体	原烏氏體，前烏氏體
provisional name	临时名称	臨時名稱
proximal centriole	近侧中心粒	近軸中心粒，近側中心區
proximal end	近[极]端	近中節末端
proximal face	近极面	近極面
proximal pole	近极	近極
proximal tooth (=apical tooth)	角齿	角齒
proximodistal axis	基-顶轴	基-頂軸
prozygosporangium	原接合孢子囊	原接合孢子囊
PR protein (=pathogenesis-related protein)	病程相关蛋白	致病相關蛋白
PS (=photosystem)	光系统	光系統
PS I (=photosystem I)	光系统 I	光系統 I，光合系統一
PS II (=photosystem II)	光系统 II	光系統 II，光合系統二
psammophyte	沙生植物	沙生植物，砂生植物
psammophytic vegetation	沙生植被	沙地植被
psammosere	沙生演替系列	沙地演替系列，海濱演替系列
pseudoallele	拟等位基因	擬等位基因，擬對偶基因
pseudoanthial theory	假花学说	假花學說
pseudoanthium theory (=pseudoanthial theory)	假花学说	假花學說
pseudobulb	假鳞茎	假鱗莖
pseudobulbil	假珠芽	假珠芽
pseudocolumella	假蒴轴	假蒴軸
pseudocortex	假皮层	假皮層
pseudocyclic electron transport	假循环[式]电子传递，假环式电子传递	假循環[式]電子傳遞，假迴圈式電子傳遞
pseudocyclic photophosphorylation	假循环光合磷酸化，假环式光合磷酸化	假循環[式]光合磷酸化，假循環性光磷酸化作用
pseudocyphella	假杯点	假杯點
pseudodominance	假显性，拟显性	假顯性，偽顯性
pseudodrupe	假核果	假核果
pseudoelater	假弹丝	假彈絲
pseudoephedrine	伪麻黄碱	假麻黃鹼，擬麻黃鹼
pseudoepithecium	假囊层被	假囊層被
pseudofilament	假丝体	假絲狀體
pseudoflagellum	拟鞭毛，伪鞭毛	擬鞭毛
pseudogamy (=false	假受精	假受精

英 文 名	大 陆 名	台 湾 名
fertilization)		
pseudogene	假基因，拟基因	偽基因，假基因
pseudohalophyte (=salt-excluding plant)	假盐生植物（=拒盐植物）	假鹽生植物，偽鹽生植物（=拒鹽植物）
pseudohydrophyte (=amphiphyte)	假水生植物（=两栖植物）	假水生植物，偽水生植物（=兩棲植物）
pseudoisidium	假裂芽	假裂芽
pseudolinkage	假连锁	假連鎖
pseudomixis	假融合	假融合，假受精生殖
pseudomonopodial branching	假单轴分枝	假單軸分枝
pseudomycelium	假菌丝体	假菌絲體
pseudomycorrhiza	假菌根	假菌根
pseudoparaphyllium	假鳞毛	假鱗毛
pseudoparaphysis	拟侧丝，假侧丝	假側絲，擬側絲，偽側絲
pseudoparenchyma	拟薄壁组织，假薄壁组织	假薄壁組織，擬薄壁組織
pseudoperianth	假蒴萼	假蒴萼
pseudoperithecium (=pseudothecium)	假[子]囊壳	假子囊殼
pseudopodium (=pseudoseta)	假蒴柄	假蒴柄
pseudopolyembryony (=multiple polyembryony)	假多胚[现象]（=复多胚[现象]）	假多胚[現象]，假多胚性（=複多胚[現象]）
pseudopolyploid	假多倍体	假多倍體
pseudopore	假孔	假孔
pseudoraphe	假壳缝	假殼縫
pseudosaccus	假[气]囊	擬囊
pseudoseptum	假隔膜	假隔膜
pseudoseta	假蒴柄	假蒴柄
pseudospore	假孢子	假孢子
pseudostele	假中柱	假中柱
pseudostroma	假子座	假子座
pseudothecium	假[子]囊壳	假子囊殼
PSK (=phytosulfokine)	植物硫酸肽	植物硫酸肽
psoralen	补骨脂内酯，补骨脂素	補骨脂內酯，補骨脂素
psychrophyte	高山寒土植物，高寒植物	寒地植物
pteridology	蕨类植物学	蕨類[植物]學
pteridophyte (=fern)	蕨类植物，羊齿植物	蕨類植物，羊齒植物
pteridosperms (=seed ferns)	种子蕨类	種子蕨類
PTGS (=post-transcriptional	转录后基因沉默	轉錄後基因緘默化

英 文 名	大 陆 名	台 湾 名
gene silencing)		
PUB (=phycourobilin)	藻尿胆素	藻尿膽素
puerarin	葛根素	葛根素
pull-down experiment	牵出试验	牽出試驗
pulp	果肉	果肉
pulse-field gel electrophoresis (PFGE)	脉冲电场凝胶电泳	脈衝電場凝膠電泳
pulvinus (=pad)	叶枕	葉枕
puna	普纳群落	普納群落，普納草原
punctuated equilibrium theory	间断平衡说，点断平衡说	斷續平衡說，中斷平衡演化說
punctuated evolution	间断进化	斷續演化
punctuational model	断续模式	斷續模式
punctuational speciation	间断物种形成，间断成种	間斷物種形成，間斷種化
purebred (=pure breed)	纯种	純種
pure breed	纯种	純種
pure line	纯系	純系
pure line breeding	纯系育种	純系育種
purifying selection (=negative selection)	净化选择（=负选择）	浄化選擇（=負選擇）
purine	嘌呤	嘌呤
purine alkaloid	嘌呤[类]生物碱	嘌呤類生物鹼
purity of variety	品种纯度	品種純度
puromycin	嘌呤霉素	嘌呤黴素
purse	小包袋	小包袋
pustulan	石耳素，石耳多糖	石耳葡聚糖
pusule	搏动泡	搏動泡，食胞
Put (=putrescine)	腐胺	腐胺，丁二胺
putrescine (Put)	腐胺	腐胺，丁二胺
PVA (=population viability analysis)	种群生存力分析	族群生存力分析
PVB (=phycoviolobilin)	藻紫胆素	藻紫膽素
PWD (=phosphoglucan-water dikinase)	磷酸葡聚糖-水双激酶，磷酸葡聚糖水合二激酶	葡聚糖磷酸-水雙激酶
pycnidiophore	分生孢子器梗	分生孢子器梗，粉孢子梗
pycnidiospore	器孢子	器孢子，粉孢子
pycnidium	分生孢子器	分生孢子器，粉孢子器
pycniospore	[锈菌]性孢子	性孢子，粉孢子

英 文 名	大 陆 名	台 湾 名
pycnium	[锈菌]性孢子器	性孢子器
pycnoascocarp	分孢器子囊果	分孢器子囊果
pycnothecium	拱盾状囊壳	拱盾狀囊殼
pycnothyrium	分生孢子盾	分生孢子盾
pyknosis (=karyopyknosis)	核固缩	核固縮，染色質濃縮
pyramid of biomass	生物量金字塔，生物量锥体	生物量[金字]塔
pyramid of energy (=energy pyramid)	能量金字塔，能量锥体	能量[金字]塔
pyramid of number (=number pyramid)	数量金字塔，数量锥体	數量[金字]塔
pyranocoumarin	吡喃香豆素	吡喃香豆素，哌喃香豆素
pyrene (=nutlet)	小坚果	小堅果
pyrenoid	蛋白核，淀粉核	澱粉核
pyrenolichen	核菌地衣	核菌地衣
pyrethroid	拟除虫菊酯	擬除蟲菊酯
pyridine	吡啶	吡啶
pyridine alkaloid	吡啶[类]生物碱	吡啶[類]生物鹼
pyrimidine	嘧啶	嘧啶
pyritized plant	黄铁矿化植物	黃鐵礦化植物
pyrophyte	耐火植物	耐火植物
pyrrhoxanthin	甲藻黄素	甲藻黃素
pyrrole	吡咯	吡咯
pyrrolidine alkaloid	吡咯烷[类]生物碱	吡咯啶生物鹼
pyrrolizidine alkaloid	吡咯里西啶[类]生物碱，吡咯嗪[类]生物碱	吡咯聯啶生物鹼，吡咯呻啶生物鹼
pyruvate	丙酮酸	丙酮酸
pyruvate dehydrogenase complex	丙酮酸脱氢酶复合物	丙酮酸脫氫酶複合體
pyruvate kinase	丙酮酸激酶	丙酮酸激酶
pyruvate phosphate dikinase (PPDK)	丙酮酸磷酸双激酶	丙酮酸磷酸雙激酶
pyruvate translocator	丙酮酸转运体	丙酮酸轉運子，丙酮酸轉位蛋白
pyruvic acid (=pyruvate)	丙酮酸	丙酮酸
pyxidium (=pyxis)	盖果	蓋果
pyxis	盖果	蓋果

Q

英 文 名	大 陆 名	台 湾 名
Q-band	Q 带	Q 帶
QC (=quiescent center)	静止中心，不活动中心	静止中心
Q-cycle (=quinone cycle)	醌循环	醌循環，醌迴圈
QTL (=quantitative trait locus)	数量性状基因座，数量性状位点	數量性狀基因座，數量性狀位點
quadrat	样方	樣方，樣區
quadrat method	样方法	樣方法
qualitative character	质量性状	質量性狀，質性特徵，定性特徵
qualitative trait (=qualitative character)	质量性状	質量性狀，質性特徵，定性特徵
quantitative character	数量性状	數量性狀，定量性狀，數量特徵
quantitative inheritance	数量遗传	數量遺傳，定量遺傳
quantitative LDP (=facultative long-day plant)	兼性长日植物	兼性長日植物
quantitative SDP (=facultative short-day plant)	兼性短日植物	兼性短日植物
quantitative trait (=quantitative character)	数量性状	數量性狀，定量性狀，數量特徵
quantitative trait locus (QTL)	数量性状基因座，数量性状位点	數量性狀基因座，數量性狀位點
quantum	量子	量子
quantum speciation (=saltational speciation)	量子式物种形成（=跳跃式物种形成）	量子式物種形成，量子式種化（=跳躍式物種形成）
quantum efficiency	量子效率	量子效率
quantum evolution	量子[式]进化	量子式演化
quantum requirement	量子需求量	量子需求量
quantum yield	量子产率，量子产额	量子產量，量子產額
quartet model	四聚体模型	四聚體模型
quassin	苦木素	苦木素
quenching	猝灭	猝滅
quercetin	槲皮素	槲皮素
quiescent center (QC)	静止中心，不活动中心	静止中心
quinazoline alkaloid	喹唑啉[类]生物碱	喹唑啉[類]生物鹼
quincuncial	双盖覆瓦状，重覆瓦状	雙蓋覆瓦狀
quinine	奎宁	奎寧

英文名	大陆名	台湾名
quinoline alkaloid	喹啉[类]生物碱	喹啉[類]生物鹼
quinolizidine alkaloid	喹喏里西啶[类]生物碱，喹啉联啶生物碱，喹嗪烷[类]生物碱	喹啉聯啶[類]生物鹼，喹吖啶生物鹼
quinone cycle (Q-cycle)	醌循环	醌循環，醌迴圈
quinonoid	醌类化合物	醌類化合物
quinoprotein	醌蛋白	醌蛋白
quisqualic acid	使君子氨酸	使君子酸

R

英文名	大陆名	台湾名
RA (=reproduction allocation)	生殖分配	生殖分配
race	宗	族
RACE (=rapid amplification of cDNA end)	cDNA 末端快速扩增法	cDNA 末端快速擴增法，cDNA 端點快速放大法
raceme	总状花序	總狀花序
racemule	小总状花序	小總狀花序
rachidial phase	茎叶期	莖葉期
rachilla	小穗轴	小穗軸
rachis	花序轴；叶轴	花序軸，穗軸；葉軸
radial division (=anticlinal division)	径向分裂（=垂周分裂）	徑向分裂（=垂周分裂）
radial migration	放射型迁移，辐射型迁移	輻射型遷移
radial pit	辐射纹孔	放射紋孔，徑向壁紋孔
radial section	径切面	徑切面
radial structure pattern	径向构造模式	徑向構造模式
radial system	径向系统，水平系统	徑向系統
radial wall	径向壁	徑向壁
radiate vein	射出脉，辐射脉	輻射脈
radical inflorescence	根生花序	根生花序
radical scavenger	自由基清除剂	自由基清除劑
radicite	化石根	化石根
radicle	胚根	胚根
radioautography (=autoradiography)	放射自显影[术]	放射自顯影術，自動放射顯影術
rain forest	雨林	雨林
rain-loving plant (=ombrophilous plant)	喜雨植物，适雨植物	喜雨植物，好雨植物，適雨

英文名	大陆名	台湾名
		植物
RAM (=root apical meristem)	根尖分生组织，根端分生组织	根尖分生組織，根端分生組織
ramellus (=branchlet)	小枝	小枝
ramentum	小鳞片	小鱗片
ramet	分株	分株，無性繁殖體
ramet population	分株种群	分株族群
ramet system	分株系统	分株系統
ramification	分枝式	分枝式
ramiform pit	分枝纹孔	分枝紋孔
ramoconidium	枝分生孢子	枝分生孢子
ramulus	副枝	副枝
random distribution	随机分布	隨機分布
random drift (=genetic drift)	随机漂变（=遗传漂变）	隨機漂變，逢機性漂變（=遺傳漂變）
randomly amplified polymorphic DNA (RAPD)	随机扩增多态性 DNA	隨機擴增多態性 DNA
random mutagenesis	随机诱变	隨機誘變
random pairs method	随机配对法	隨機成對法，逢機毗鄰法
random primer	随机引物	隨機引子，隨意引子
random primer labeling	随机引物标记	隨機引子標記
random sampling	随机抽样，随机取样	隨機取樣，逢機取樣
rank	等级	等級
RAPD (=randomly amplified polymorphic DNA)	随机扩增多态性 DNA	隨機擴增多態性 DNA
raphe	壳缝；种脊；珠脊	縫；種脊；珠脊
raphide	针晶体	針晶體
raphide idioblast (=raphidian idioblast)	针晶异细胞	針晶異細胞
raphidian cell	针晶细胞	針晶細胞
raphidian idioblast	针晶异细胞	針晶異細胞
rapid amplification of cDNA end (RACE)	cDNA 末端快速扩增法	cDNA 末端快速擴增法，cDNA 端點快速放大法
rare plant	稀有植物，珍稀植物	稀有植物
rare species	稀有种	稀有種，罕見種
rate of evolution	进化速率	演化速率
ratio of segregation	分离比[率]	分離比
ray	伞幅，伞形花序枝；射线；射枝	傘幅，傘形花序枝；射線；放射枝

英文名	大陆名	台湾名
ray floret (=floweret)	小花	小花
ray flower	边花	邊花
ray initial	射线原始细胞	射線原始細胞，射髓原始細胞，木質線原始細胞
ray initial cell (=ray initial)	射线原始细胞	射線原始細胞，射髓原始細胞，木質線原始細胞
ray parenchyma	射线薄壁组织	射線薄壁組織，射髓薄壁組織，木質線薄壁組織
ray sieve tube	射线筛管	射線篩管，放射狀篩管，木質線篩管
ray system (=radial system)	射线系统（=径向系统）	射線系統，木質線系統（=徑向系統）
ray tissue	射线组织	射線組織，木質線組織
ray tracheid	射线管胞	射線管胞，木質線管胞，放射狀管胞
R-band (=reverse band)	R 带，反带	R 帶，反帶
rDNA (=recombinant DNA)	重组 DNA	重組 DNA
reaction center	反应中心	反應中心
reaction center chlorophyll	反应中心叶绿素	反應中心葉綠素
reaction center pigment	反应中心色素	反應中心色素
reaction wood	应力木	反應木
reactive oxygen species (ROS)	活性氧[类]	活性氧族
real-time PCR (=real-time polymerase chain reaction)	实时聚合酶链反应，实时 PCR	即時聚合酶連鎖反應，即時 PCR
real-time polymerase chain reaction (real-time PCR, RT-PCR)	实时聚合酶链反应，实时 PCR	即時聚合酶連鎖反應，即時 PCR
real vegetation map	现状植被图，现实植被图	現存植被圖，現實植被圖
recapitulation law	重演律	重演律
receiver cell	接收细胞	接收細胞
receptacle	花托；生殖托；子层托	花托；生殖托；子實層托，孢托
receptacle of inflorescence (=clinanthium)	花序托（=总花托）	花序托（=總花托）
receptaculum (=receptacle)	子层托	子實層托，孢托
receptive body	受精体	受精體
receptive hypha	受精丝	受精絲
receptive papilla	受精突	受精突
recessed terminus	凹端	凹端

英 文 名	大 陆 名	台 湾 名
recessive (=recessiveness)	隐性	隱性
recessive allelic form	隐性等位基因型	隱性等位基因型，隱性對偶基因型
recessive character	隐性性状	隱性性狀
recessive epistasis	隐性上位	隱性上位
recessive gene	隐性基因	隱性基因
recessive lethal	隐性致死	隱性致死
recessive lethal gene	隐性致死基因	隱性致死基因
recessive mutation	隐性突变	隱性突變
recessiveness	隐性	隱性
recessive state	隐性状态	隱性狀態
recessive trait (=recessive character)	隐性性状	隱性性狀
reciprocal backcross	相互回交	相互回交
reciprocal patchiness of resources	资源交互斑块性	資源交互斑塊性
reciprocal translocation	相互易位	相互易位
recognition protein	识别蛋白	識別蛋白
recognition reaction	识别反应	識別反應
recognition sequence	识别序列	識別序列
recolonization	重定居，回迁	重新拓殖
recombinant DNA (rDNA)	重组 DNA	重組 DNA
recombinant DNA technique	重组 DNA 技术	重組 DNA 技術
recombinant protein	重组蛋白[质]	重組蛋白[質]
recombinant RNA	重组 RNA	重組 RNA
recombination	重组	重組
recombination frequency	重组[频]率	重組頻率
recombination value (=recombination frequency)	重组值（=重组[频]率）	重組值（=重組頻率）
recretohalophyte	泌盐植物	泌鹽植物
recrystallization	重结晶	重結晶
recurrent parent	轮回亲本	輪回親本，回交親本
red algae	红藻	紅藻
red drop	红降[现象]	紅降作用
redifferentiation	再分化	再分化
redoxase (=oxidation-reduction enzyme)	氧化还原酶	還原氧化酶，氧化還原酵素
red tide	赤潮	紅潮，赤潮
reduced organ	退化器官	退化器官

英 文 名	大 陆 名	台 湾 名
reduction division (=meiosis)	减数分裂	減數分裂
reductive pentose phosphate cycle (RPP cycle)	还原性戊糖磷酸循环	還原性五碳糖磷酸循環
redundant species	冗余种	冗餘種
reflux extraction	回流提取，回流萃取	回流萃取
refuge	庇护所	庇護所，避難所，保護區
refuge strategy	庇护所策略	庇護所策略
refugium (=refuge)	庇护所	庇護所，避難所，保護區
regenerated patch	更新斑块	更新斑塊
regeneration	再生	再生
region	区	區
regional diversity (=gamma diversity)	区域多样性（=γ 多样性）	區域多樣性（=γ 多樣性）
regional specificity	区域专一性	區域特殊性，區域專一性
regression species	退化种	退化種
regressive character (=degenerative character)	退化性状	退化性狀，退化特徵
regressive succession	退化演替	退化演替，退行性演替，退行性消長
regular distribution (=uniform distribution)	规则分布（=均匀分布）	規則分布（=均勻分布）
regular flower	整齐花	整齊花
regulatory gene	调节基因	調節基因
reindeer moss	驯鹿[石]蕊，[驯]鹿苔	馴鹿苔
reintroduction	再引入	再引進
reiterated gene	重复基因	重複基因
rejected name	废弃名[称]	廢棄名[稱]
rejection reaction	拒绝反应，排斥反应	排斥反應
relative accumulation rate	相对积累速率	相對積累速率
relative free space (RFS)	相对自由空间	相對自由空間
relative growth rate (RGR)	相对生长速率	相對生長率
relative humidity	相对湿度	相對濕度
relative turgidity	相对紧张度，相对挺胀度	相對膨脹度，水分飽和度
relic species	孑遗种，残遗种	孑遺種，古老種，殘存種
remnant patch	残余斑块	殘留斑塊，殘留區塊
renaturation	复性	複性
repeat (=duplication)	重复	重複，複製
repetitive sequence	重复序列	重複序列
replaced synonym	被替代异名	被替代異名

英　文　名	大　陆　名	台　湾　名
replacement name	替代名[称]	替代名[稱]
replica plating	复印接种，影印[平板]培养	平板複印[接種],印影平面培養法
replication	复制	複製
replication fork	复制叉	複製叉
replum	胎座框	胎座框
reporter gene	报告基因，报道基因	報導基因
repressor	阻遏物	阻遏物，抑制物，抑制蛋白
reproduction	生殖	生殖
reproduction allocation (RA)	生殖分配	生殖分配
reproduction cycle	生殖周期	生殖週期
reproductive hypha (=generative hypha)	生殖菌丝	生殖菌絲
reproductive isolation	生殖隔离	生殖隔離
reproductive nucleus (=generative nucleus)	生殖核	生殖核，胚核
reproductive organ	生殖器官	生殖器官
reserpine	利血平	蛇根鹼，利血平
reserve organ	贮藏器官	貯藏器官
reserve root (=storage root)	贮藏根	貯藏根
reserve tissue (=storage tissue)	贮藏组织	貯藏組織
reservoir	储蓄泡	積儲泡
residence time	滞留时间，停留时间	滯留時間，停留時間
residual meristem	剩余分生组织	殘餘分生組織
residue center	残遗中心	殘遺中心
resilience	恢复力	恢復力，回復力，彈性
resin	树脂	树脂
resin canal	树脂道	樹脂道
resin cavity	树脂腔	樹脂腔
resin cell	树脂细胞	樹脂細胞
resistance	抵抗力；抗性	抵抗力；抗性
resistance gene (R gene)	抗性基因，R 基因	抗性基因，R 基因
resistant variety	抗性品种	[抵]抗性品種
resonance energy transfer	共振能量转移	共振能量轉移
resource-acquiring organ	资源吸收器官	資源吸收器官
resource allocation	资源配置	資源配置
resource botany	资源植物学	資源植物學

英 文 名	大 陆 名	台 湾 名
resource limitation	资源限制	資源限制
resource patchiness	资源斑块性	資源斑塊性
respiration	呼吸[作用]	呼吸[作用]
respiration chamber	呼吸室	呼吸室
respiration efficiency (=respiratory ratio)	呼吸效率	呼吸效率
respiration enzyme	呼吸酶	呼吸酶，呼吸酵素
respiration oxygen saturation point	呼吸作用氧饱和点	呼吸作用氧飽和點
respiratory chain	呼吸链	呼吸鏈
respiratory climacteric	呼吸跃变	呼吸躍變，呼吸[高]峰
respiratory coefficient (=respiratory quotient)	呼吸系数（=呼吸商）	呼吸係數（=呼吸商）
respiratory intensity (=respiratory rate)	呼吸强度（=呼吸速率）	呼吸強度（=呼吸[速]率）
respiratory quotient (RQ)	呼吸商	呼吸商
respiratory rate	呼吸速率	呼吸[速]率
respiratory ratio	呼吸效率	呼吸效率
respiratory root	呼吸根	呼吸根
respirometer	呼吸计	呼吸計
response	响应	回應
response trait	响应性状	回應性狀
resting sporangium	休眠孢子囊	休眠孢子囊
resting spore	休眠孢子	休眠孢子
restitution nucleus	再组核，复组核	再組核，復組核
restoration ecology	恢复生态学，重建生态学	復育生態學
restorative vegetation	复原植被	復原植被
restorative vegetation map	复原植被图	復原植被圖
restorer	恢复系	恢復系
restoring gene	育性恢复基因	修復性基因
restriction endonuclease	限制性内切核酸酶	限制性[核酸]内切酶
restriction endonuclease site	限制性内切核酸酶位点	限制性[核酸]内切酶位點
restriction fragment	限制性[酶切]片段	限制性片段
restriction fragment length polymorphism (RFLP)	限制性[酶切]片段长度多态性	限制性片段長度多態性，限制性片段長度多型性
restriction site	限制[性酶切]位点	限制位[點]
resynthesis	再合成作用	再合成作用
retention index (RI)	保留指数	保留指數
reticular tissue	网状组织	網狀組織

英 文 名	大 陆 名	台 湾 名
reticular vein	网状脉	網狀[葉]脈
reticulate	网状纹饰	網狀紋飾
reticulated tracheid (=reticulate tracheid)	网状管胞	網紋管胞
reticulate evolution	网状进化	網狀演化
reticulate perforation	网状穿孔	網狀穿孔
reticulate speciation	网状物种形成	網狀物種形成，網狀種化
reticulate thickening	网纹加厚	網紋加厚
reticulate trachea (=reticulate vessel)	网纹导管	網紋導管
reticulate tracheid	网状管胞	網紋管胞
reticulate venation	网状脉序	網狀[葉]脈序
reticulate vessel	网纹导管	網紋導管
retinaculum	着粉腺，黏盘，着粉盘	著粉腺，黏質盤
retrogressive succession (=regressive succession)	退化演替	退化演替，退行性演替，退行性消長
retrotransposition	反转录转座	反轉録轉位[作用]，逆轉録轉位[作用]
retrotransposon	反转录转座子	反轉録轉位子，逆轉録轉位子
revernalization	再春化作用	再春化作用
reversal	逆转	逆轉
reverse band (R-band)	R 带，反带	R 帶，反帶
reverse primer	反向引物	逆向引子
reverse transcription	反转录，逆转录	反轉録，逆轉録
reverse transcription PCR (RT-PCR)	反转录聚合酶链反应，反转录 PCR	反轉録聚合酶連鎖反應，反轉録 PCR
RFLP (=restriction fragment length polymorphism)	限制性[酶切]片段长度多态性	限制性片段長度多態性，限制性片段長度多型性
RFS (=relative free space)	相对自由空间	相對自由空間
R gene (=resistance gene)	抗性基因，R 基因	抗性基因，R 基因
RGR (=relative growth rate)	相对生长速率	相對生長率
rhachilla (=rachilla)	小穗轴	小穗軸
rheophyte	流水植物	流水植物
rhexigenous space	破生间隙	破生間隙
rhipidium (=fan)	扇状聚伞花序	扇狀聚傘花序
rhizautoecious	[雄苞]基生同株	[雄苞]基生同株
rhizine (=rhizoid)	假根	假根
rhizobia	根瘤菌	根瘤菌

英 文 名	大 陆 名	台 湾 名
rhizocaline	成根素	成根素
rhizodermis (=epiblem)	根被皮	根被皮
rhizoid	假根	假根
rhizome	根[状]茎	根[狀]莖，地下莖
rhizome geophyte	根茎地下芽植物	根莖地下芽植物
rhizomorph	菌索，根状体	菌索，根狀菌絲束
rhizomycelium	根状菌丝体	根狀菌絲體
rhizophore	根托	根托，支柱根，根支體
rhizoplast	根丝体	根絲體
rhizosphere	根际，根圈	根圈，根際
rhizotaxis (=rhizotaxy)	根序	根序
rhizotaxy	根序	根序
rhizotron	根室	根室
rhodea type	须羊齿型	鬚羊齒型
rhodomorphin	红形素	紅形素
rhubarb tannin	大黄鞣质	大黃鞣質，大黃單寧
rhyniophytes	莱尼蕨类	萊尼蕨類
rhythm	节律	節律
rhytidome	落皮层	落皮層，外層樹皮
RI (=retention index)	保留指数	保留指數
rib meristem	肋状分生组织	肋狀分生組織，肋狀分裂組織
rib meristem zone	肋状分生组织区	肋狀分生組織區
ribonucleic acid (RNA)	核糖核酸	核糖核酸
ribose	核糖	核糖
ribosomal RNA (rRNA)	核糖体 RNA	核糖體核糖核酸，核糖體 RNA
ribosome	核糖体	核糖體
ribosome recognition site	核糖体识别位点	核糖體識別位點，核糖體辨識位置
ribozyme	核酶	核[糖]酶，核糖核酸酵素，RNA 酵素
ribulose	核酮糖	核酮糖
ribulose-1,5-bisphosphate (RuBP)	核酮糖-1,5-双磷酸	核酮糖-1,5-雙磷酸
ribulose-1,5-bisphosphate carboxylase (RuBP carboxylase)	核酮糖-1,5-双磷酸羧化酶	核酮糖-1,5-雙磷酸羧化酶
ribulose-1,5-bisphosphate carboxylase/oxygenase	核酮糖-1,5-双磷酸羧化酶/加氧酶	核酮糖雙磷酸羧化酶/加氧酶

英　文　名	大　陆　名	台　湾　名
(Rubisco)		
richness	丰富度	豐富度
ricin	蓖麻毒蛋白，蓖麻毒素	蓖麻毒蛋白，蓖麻毒素
rifampicin	利福平	利福平
rifamycin	利福霉素	利福黴素
rima	缝裂孔口	縫裂孔口
rimoportule (=labiate process)	唇[形]突	唇[形]突
ring (=annulus)	菌环	菌環
ring bark	环状树皮	環狀樹皮
ringed tracheid	环纹管胞	環紋管胞
ringed vessel	环纹导管	環紋導管
ring-porous wood	环孔材	環孔材
ripeness to flower state (=floral competent state)	花熟状态（=成花感受态）	花熟狀態（=開花感受態）
Ri plasmid (=root-inducing plasmid)	毛根诱导质粒，Ri 质粒	毛根誘導質體，Ri 質體
RMR (=root mass ratio)	根重比	根重比
RNA (=ribonucleic acid)	核糖核酸	核糖核酸
RNA editing	RNA 编辑	RNA 編輯
RNA footprinting	RNA 足迹法	RNA 足跡法
RNAi (=RNA interference)	RNA 干扰	RNA 干擾
RNA interference (RNAi)	RNA 干扰	RNA 干擾
RNA polymerase	RNA 聚合酶	RNA 聚合酶，核糖核酸聚合酶
RNA probe	RNA 探针	RNA 探針
RNA silencing	RNA 沉默	RNA 緘默化
RNA splicing	RNA 剪接	RNA 剪接
RNA transfection	RNA 转染	RNA 轉染
robustness	稳健性，鲁棒性	穩健性，穩固性
rock plant (=lithophyte)	岩生植物，石生植物	石生植物，岩生植物，石隙植物
root	根	根
root apex (=root tip)	根尖，根端	根尖，根端
root apical meristem (RAM)	根尖分生组织，根端分生组织	根尖分生組織，根端分生組織
root-area index	根面积指数	根面積指數
root cap	根冠	根冠，根帽
root crown	根颈	根頸

英 文 名	大 陆 名	台 湾 名
root-derived clonal plant	根源型克隆植物	根源型克隆植物
rooted tree	有根树	有根樹
root exudation	根溢泌，根分泌	根溢泌
root hair	根毛	根毛
root-hair region (=root-hair zone)	根毛区	根毛區，根毛帶
root-hair zone	根毛区	根毛區，根毛帶
root-inducing plasmid (Ri plasmid)	毛根诱导质粒，Ri 质粒	毛根誘導質體，Ri 質體
rooting	置根	置根
root leaf	根出叶	根出葉
rootlet (=rhizoplast)	小根（=根丝体）	小根（=根絲體）
root mass ratio (RMR)	根重比	根重比
root nodule	根瘤	根瘤
root pressure	根压	根壓
root pressure theory	根压说	根壓說
root sheath	根鞘	根鞘，根被
root/shoot ratio	根冠比	根-冠比，根-莖比
root spine	根刺	根刺
root split	根劈裂	根劈裂
root sprout	根蘖，根出条	根蘖，根出吸芽
root-stem transition region (=root-stem transition zone)	根茎过渡区	根莖過渡區
root-stem transition zone	根茎过渡区	根莖過渡區
root stock (=rhizome)	根[状]茎	根[狀]莖，地下莖
root sucker (=root sprout)	根蘖，根出条	根蘖，根出吸芽
root system	根系	根系
root thorn (=root spine)	根刺	根刺
root tip	根尖，根端	根尖，根端
root trace	根迹	根跡
root tuber	块根	塊根
root tubercle (=root nodule)	根瘤	根瘤
root tuber geophyte	块根地下芽植物	塊根地下芽植物
ROS (=reactive oxygen species)	活性氧[类]	活性氧族
roseform corolla	蔷薇形花冠	薔薇形花冠
rosette cell	莲座细胞	蓮座細胞，叢生細胞，玫瓣細胞
rosette embryo	莲座胚	蓮座胚，壓縮胚

英　文　名	大　陆　名	台　湾　名
rosette leaf	莲座叶	蓮座葉，叢生葉，簇葉
rosette phyllotaxy	莲座状叶序	蓮座狀葉序
rosette plant	莲座[状]植物	蓮座狀植物，叢葉植物
rosette sand crystal	莲座状砂晶	蓮座狀砂晶
rosette tier	莲座层	蓮座層
rostrum	喙	喙
rosulate phyllotaxy (=rosette phyllotaxy)	莲座状叶序	蓮座狀葉序
rotate corolla	轮状花冠	輪狀花冠
rotation	旋光度	旋光度
rotenoid	鱼藤酮类化合物	魚藤酮類化合物
rotenone	鱼藤酮	魚藤酮
rough endoplasmic reticulum	糙面内质网，粗面内质网	粗糙內質網
RPP cycle (=reductive pentose phosphate cycle)	还原性戊糖磷酸循环	還原性五碳糖磷酸循環
RQ (=respiratory quotient)	呼吸商	呼吸商
rRNA (=ribosomal RNA)	核糖体 RNA	核糖體核糖核酸，核糖體 RNA
RT-PCR (=real-time polymerase chain reaction; reverse transcription PCR)	实时聚合酶链反应，实时 PCR；反转录聚合酶链反应，反转录 PCR	即時聚合酶連鎖反應，即時 PCR；反轉錄聚合酶連鎖反應，反轉錄 PCR
Rubisco (=ribulose-1,5-bisphosphate carboxylase/oxygenase)	核酮糖-1,5-双磷酸羧化酶/加氧酶	核酮糖雙磷酸羧化酶/加氧酶
Rubisco activase	核酮糖-1,5-双磷酸羧化酶/加氧酶活化酶，Rubisco 活化酶	Rubisco 活化酶，Rubisco 活化酵素
RuBP (=ribulose-1,5-bisphosphate)	核酮糖-1,5-双磷酸	核酮糖-1,5-雙磷酸
RuBP carboxylase (=ribulose-1,5-bisphosphate carboxylase)	核酮糖-1,5-双磷酸羧化酶	核酮糖-1,5-雙磷酸羧化酶
ruderal plant	杂草植物	雜草植物，荒廢地植物
rugulate	皱[波]状纹饰	皺紋狀紋飾
ruminate endosperm	嚼烂状胚乳	嚼爛狀胚乳
rumposome	[孢]尾体	孢尾體
runner (=creeper)	匍匐枝，纤匐枝	匍匐枝，匍匐莖，走莖
rutin	芸香苷，芦丁	芸香苷
rutoside (=rutin)	芸香苷，芦丁	芸香苷

S

英 文 名	大 陆 名	台 湾 名
SA (=salicylic acid)	水杨酸	水楊酸，鄰羥基苯甲酸
sacculate cephalodium	囊状衣瘿	囊狀衣癭
saccus (=pneumatocyst)	气囊	氣囊
safe water content	安全含水量	安全含水量
SAG (=senescence-associated gene)	衰老相关基因	衰老相關基因
saikosaponin (=saikoside)	柴胡皂苷	柴胡皂苷
saikoside	柴胡皂苷	柴胡皂苷
salicin	水杨苷	水楊苷
salicylic acid (SA)	水杨酸	水楊酸，鄰羥基苯甲酸
saline algae	盐生藻类	鹽生藻類
saline-alkaline marsh	盐碱沼泽	鹽鹼沼澤
salinity stress (=salt stress)	盐胁迫	鹽分逆境，鹽緊迫，鹽逆壓
salinity tolerance (=salt tolerance)	耐盐性	耐鹽性
salt-accumulating plant	聚盐植物	聚鹽植物
saltational evolution (=quantum evolution)	跳跃式进化（=量子[式]进化）	跳躍式演化（=量子式演化）
saltational speciation (=sudden speciation)	跳跃式物种形成（=骤变式物种形成）	跳躍式物種形成，跳躍式種化（=驟變式物種形成）
saltationism	骤变说	驟變說
salt avoidance	御盐性	避鹽性
salt-diluting plant	稀盐植物	稀鹽植物
salt elimination	排盐	排鹽
salt-excluding plant	拒盐植物	拒鹽植物
salt exclusion	拒盐	拒鹽
salt-excreting plant (=recretohalophyte)	泌盐植物	泌鹽植物
salt excretion	泌盐	泌鹽，排鹽
salt gland	盐腺	鹽腺
salt injury	盐害	鹽害
salt resistance	抗盐性	抗鹽性
salt respiration	盐呼吸	鹽呼吸
salt secretion (=salt excretion)	泌盐	泌鹽，排鹽
salt stress	盐胁迫	鹽分逆境，鹽緊迫，鹽逆壓
salt tolerance	耐盐性	耐鹽性
salverform corolla	高脚碟状花冠	高腳碟狀花冠

英　文　名	大　陆　名	台　湾　名
salvianolic acid	丹参酚酸	丹參酚酸
samara	翅果	翅果，翼果
sample plot (=quadrat)	样方	樣方，樣區
sampling	抽样，取样	取樣，採樣
sampling point	样点	樣點
sanctioned name	认可名称	認可名稱
sand crystal	砂晶	砂晶
sand culture	砂基培养，砂培	砂基培養，砂培
α-santonin	α-山道年	α-山道年
sap flow	液流	液流
sap fruit (=succulent fruit)	多汁果	漿果，液果
sapogenin	皂苷配基	皂苷配基，皂苷元，皂苷素
saponin	皂苷	皂苷，皂素
sap pressure	液压	液壓
sapromyxite	藻煤	藻煤
saprophagous food chain	腐生食物链	腐生食物鏈
saprophyte	腐生植物	腐生植物
saprophytic plant (=saprophyte)	腐生植物	腐生植物
saprophytic root	腐生根	腐生根
sapwood	边材	邊材
SAR (=systemic acquired resistance)	系统获得抗性	系統性抗病獲得，後天性系統抗性
sarcocarp (=fleshy fruit; pulp)	果肉；肉[质]果	果肉；肉[質]果
satellite DNA	卫星 DNA，随体 DNA	衛星 DNA，隨體 DNA，從屬 DNA
savanna	[热带]稀树草原，萨瓦纳	稀樹草原，疏林草原
scalariform conjugation	梯形接合	梯形接合
scalariform-opposite pitting	梯状-对列纹孔式	階梯狀對生紋孔式
scalariform perforation	梯状穿孔	階梯狀穿孔
scalariform pitting	梯状纹孔式	階梯狀紋孔式
scalariform thickening	梯纹加厚	階梯紋加厚
scalariform vessel	梯纹导管	階梯紋導管
scale	尺度；鳞片	尺度；鱗片
scale bark	鳞状树皮	鱗片狀樹皮
scale leaf	鳞叶	鱗葉
scaling	尺度推绎，尺度转换	尺度分析
scaling down	尺度下推	尺度下推

英 文 名	大 陆 名	台 湾 名
scaling up	尺度上推	尺度上推
scaly bud	鳞芽	鱗芽
scaly hair (=peltate hair)	鳞状毛（=盾状毛）	鱗狀毛（=盾狀毛）
scanty parenchyma	稀疏薄壁组织	稀疏薄壁組織
scape	花葶	花葶
scar tissue	瘢痕组织	癒傷組織
schizandrin	五味子素	五味子素
schizocarp	分果	離果
schizogenesis	分裂生殖，裂殖	分裂生殖，裂殖
schizogenous secretory cavity	裂生分泌腔	裂生分泌腔
schizogenous space	裂生间隙	裂生間隙
schizolysigenous space	裂溶生间隙	裂溶生間隙
schizopetalous corolla (=choripetalous corolla)	离瓣花冠	離瓣花冠
schizophyte (=fission plant)	裂殖植物	裂殖植物
science of plant resources (=resource botany)	植物资源学（=资源植物学）	植物資源學（=資源植物學）
scilliroside	红海葱苷	海葱葡苷
sclereid	石细胞，硬化细胞	石細胞，厚壁細胞
sclerenchyma	厚壁组织	厚壁組織
sclerenchyma cell	厚壁细胞	厚壁細胞
sclerocarp	菌核果	菌核果
sclerophyllous forest	硬叶林，硬叶木本群落	硬葉林
sclerotic fiber	硬化纤维	硬化纖維
sclerotic tissue	硬化组织	硬化組織
sclerotium	菌核	菌核
scolecospore	线形孢子	線形孢子
scorpioid cyme (=cincinnus)	蝎尾状聚伞花序	蠍尾狀聚傘花序
scotospore (=phaeospore)	暗色孢子	暗色孢子
scrub	灌丛	灌叢
sculptural element	雕纹分子	雕紋分子
sculpture	雕纹	雕紋，雕飾
sculpturing element (=sculptural element)	雕纹分子	雕紋分子
scutellum	盾盖；盾片	盾蓋；盾片
SCXRD (=single crystal X-ray diffraction)	单晶 X 射线衍射法	單晶 X 射線繞射
scyphus	杯体	杯體，杯足

英　文　名	大　陆　名	台　湾　名
scytonemin	伪枝藻素	偽枝藻素
SDG (=senescence down-regulated gene)	衰老下调基因	衰老下調基因
SDP (=short-day plant)	短日[照]植物	短日[照]植物
seasonal aspect	季相	季[節]相
seasonal isolation	季节隔离	季節隔離
seasonal periodism	季节周期性	季節週期性
seasonal rain forest (=monsoon rain forest)	季[风]雨林	季[風]雨林
seasonal succession	季节演替	季節性演替，季節性消長
seasonal thermoperiodism	季节感温周期性	季節感溫週期性
SE-CC (=sieve element-companion cell complex)	筛[管]分子-伴胞复合体	篩[管]分子-伴細胞複合體
secondary active transport	次级主动运输	次級主動運輸
secondary bare land	次生裸地	次生裸地
secondary cell wall	次生细胞壁	次生細胞壁
secondary constriction	次缢痕，副缢痕	次縊痕，副縊痕
secondary cork cambium	次生木栓形成层	次生木栓形成層
secondary culture (=subculture)	继代培养，传代培养	繼代培養
secondary glycoside	次级苷	次級苷
secondary growth	次生生长	次生生長，次級生長
secondary hypha	次生菌丝	次生菌絲
secondary lysosome	次级溶酶体	次級溶[酶]體
secondary medullary ray (=vascular ray)	次生髓射线（=维管射线）	次生髓[射]線（=維管射線）
secondary meristem	次生分生组织	次生分生組織
secondary metabolism	次生代谢	次生代謝，次級代謝
secondary metabolite	次生代谢物	次生代謝物，次級代謝物，二次代謝物
secondary mycelium	次生菌丝体	次生菌絲體
secondary nucleus	次生核	次生核
secondary oogonium	次级卵原细胞	次生卵原細胞，次級卵原細胞
secondary ovogonium (=secondary oogonium)	次级卵原细胞	次生卵原細胞，次級卵原細胞
secondary parietal cell	次生周缘细胞	次生周緣細胞
secondary phloem	次生韧皮部	次生韌皮部
secondary phloem fiber	次生韧皮纤维	次生韌皮纖維

英 文 名	大 陆 名	台 湾 名
secondary plant body	次生植物体	次生植物體
secondary plasmodesma	次生胞间连丝	次級胞間連絲
secondary producer	次级生产者	次級生產者
secondary product (=secondary metabolite)	次生代谢物	次生代謝物，次級代謝物，二次代謝物
secondary production	次级生产量	次級生產量
secondary productivity	次级生产力	次級生產力
secondary rhizoid	次生假根	次生假根
secondary root (=lateral root)	次生根（=侧根）	次生根（=側根）
secondary sere	次生演替系列	次生演替系列，次生消長系列
secondary sporogenous cell	次生造孢细胞	次生造孢細胞
secondary stress injury	次生胁迫伤害	次生逆境傷害
secondary structure	次生结构	次生結構
secondary succession	次生演替	次生演替，次生消長
secondary suspensor	次生胚柄	次生胚柄
secondary thickening	次生加厚	次生加厚
secondary tissue	次生组织	次生組織
secondary vascular bundle	次生维管束	次生維管束
secondary vascular tissue	次生维管组织	次生維管組織
secondary vegetation	次生植被	次生植被
secondary xylem	次生木质部	次生木質部
second filial generation (F_2 generation)	子二代	第二子代
second gap phase (=G_2 phase)	G_2 期	G_2 期
second head cell	次级头细胞	次級頭細胞
second tooth (=middle tooth)	中齿	中齒
secretory canal	分泌道	分泌道
secretory cavity	分泌腔	分泌腔
secretory cell	分泌细胞	分泌細胞
secretory cell nodule	分泌细胞团	分泌細胞團
secretory hair	分泌毛	分泌毛
secretory structure	分泌结构	分泌結構
secretory tapetum	分泌绒毡层	分泌絨氈層，分泌營養層
secretory tissue	分泌组织	分泌組織
secretory vesicle	分泌小泡，分泌囊泡	分泌囊泡
section	组	組
seed	种子	種子

英　文　名	大　陆　名	台　湾　名
seed aging	种子衰老，种子老化	種子老化
seed bank	种子库	種子庫
seed coat	种皮	種皮
seed deterioration	种子劣变	種子劣變
seed dispersal	种子散布，种子扩散，种子传播	種子散布，種子播遷
seed dormancy	种子休眠	種子休眠
seed ferns	种子蕨类	種子蕨類
seed flow (=seed rain)	种子流（=种子雨）	種子流（=種子雨）
seed germination	种子萌发	種子發芽
seedling	幼苗	幼苗
seedling bank	幼苗库	幼苗庫
seed longevity	种子寿命	種子壽命
seed plant	种子植物	種子植物
seed pool (=seed bank)	种子库	種子庫
seed rain	种子雨	種子雨
seed viability (=seed vigor)	种子活力	種子活力
seed vigor	种子活力	種子活力
seed wing	种翅	種翅
segment	齿条；全裂片	齒條；全裂片
segmental duplication	片段重复	片段重複
segregation	分离	分離
segregation ratio (=ratio of segregation)	分离比[率]	分離比
seismonastic movement	感震运动	感震運動
seismonasty	感震性	感震性
SEL (=size exclusion limit)	分子大小排除限	分子大小排除極限
selection	选择	選擇
selection coefficient	选择系数	選擇係數，擇汰係數
selectionism	选择主义	選擇主義
selection limit	选择极限	選擇極限，選擇限制
selection pressure	选择压[力]	選擇壓力，擇汰壓力
selective absorption	选择吸收	選擇性吸收[作用]
selective medium	选择性培养基	選擇性培養基
selective permeability	选择[通]透性	選[擇通]透性
selective permeable membrane	选择透性膜	選透[性]膜，選擇通透性膜
selective placement of ramet	分株选择性放置	分株選擇性放置

英 文 名	大 陆 名	台 湾 名
selective species	偏宜种	選擇種
selenium	硒	硒
self-compatibility	自交亲和性	自交親和性
self-fertilization (=autogamy)	自花受精	自花受精
self-incompatibility	自交不亲和性	自交不親和性
self-infertility (=self-sterility)	自交不育性	自交不育性，自交不稔性
selfing	自交	自交，自花授粉
selfing line	自交系	自交系
self-pollination	自花传粉，自花授粉	自花傳粉，自花授粉
self-sterility	自花不稔性；自交不育性	自花不稔性；自交不育性，自交不稔性
self-thinning	自疏	自[然稀]疏，天然疏伐
–3/2 self-thinning rule	–3/2 自疏法则	–3/2 自疏法則
semicell	半细胞	半細胞
semi-dominance (=incomplete dominance)	半显性（=不完全显性）	半顯性（=不完全顯性）
semimixis	半融合	半融合
seminal root	种子根	種子根
seminatural vegetation	半自然植被	半自然植被，半天然植被，半野生植被
seminiferous scale	种鳞，果鳞	種鱗
semi-permeable membrane (=selectively permeable membrane)	半透膜（=选择透性膜）	半透[性]膜（=選透[性]膜）
semi-ring-porous wood	半环孔材	半環孔材
semispecies	半种	半種
semitectum	半覆盖层	半覆蓋層
senescence	衰老	衰老，老化
senescence-associated gene (SAG)	衰老相关基因	衰老相關基因
senescence down-regulated gene (SDG)	衰老下调基因	衰老下調基因
senescence up-regulated gene (SUG)	衰老上调基因	衰老上調基因
sennoside	番泻苷	番瀉苷
sense RNA	正义 RNA，有义 RNA	有義 RNA
sense strand	有义链	有義股
sensitive plant	敏感植物	敏感植物
sensitivity mutant	敏感突变体	敏感突變體

英 文 名	大 陆 名	台 湾 名
sepal	萼片	萼片
separation disc	隔离盘	[隔]離盤
septal pore cap (=parenthesome)	隔[膜]孔帽（=桶孔覆垫）	隔[膜]孔帽（=桶孔覆墊）
septal pore organelle	隔孔器	隔孔器
septal pore plug	隔孔塞	隔孔塞
septate fiber	分隔纤维	分隔纖維，隔膜纖維
septate fiber tracheid	分隔纤维管胞	分隔纖維管胞，隔膜纖維管胞
septate hypha	有隔菌丝	有隔菌絲
septate parenchyma cell	分隔薄壁组织细胞	分隔薄壁組織細胞，隔膜薄壁組織細胞
septate tracheid	分隔管胞	分隔管胞，隔膜管胞
septate wood fiber	分隔木纤维	分隔木纖維，隔膜木纖維
septum (=dissepiment)	隔膜	隔膜
septum filament	隔丝	隔絲
sequence-tagged site (STS)	序列标签位点，序列标记位点	序列標誌位點，序列標記位點
SER (=smooth endoplasmic reticulum)	光面内质网，滑面内质网	平滑內質網
sere	演替系列	演替系列，消長系列
serial homology	系列同源性	系列同源性
series	系	系
sesquilignan	倍半木脂素	倍半木脂體
sesquiterpene	倍半萜	倍半萜
sessile leaf	无柄叶	無柄葉
sesterterpene	二倍半萜	二倍半萜
seta	刚毛；蒴柄	剛毛；蒴柄
sex hormone	性激素	性激素
sex index	性指数	性指數
sexine	外壁外层	外壁外層
sex reversal	性反转，性逆转，性转换	性反轉，性逆轉，性別轉換
sexual cell	性细胞	性細胞
sexual cycle (=reproduction cycle)	性周期（=生殖周期）	性週期（=生殖週期）
sexual generation	有性世代	有性世代
sexual phase (=sexual state)	有性阶段	有性階段
sexual reproduction	有性生殖	有性生殖
sexual selection	性选择	性[別]選擇，性擇

英 文 名	大 陆 名	台 湾 名
sexual spore	有性孢子	有性孢子
sexual state	有性阶段	有性階段
SFE (=supercritical fluid extraction)	超临界流体提取，超临界流体萃取	超臨界流體萃取
S-glycoside (=thioglycoside)	硫苷	硫苷
shade-avoidance response	避阴反应	避蔭反應
shade density (=crown density)	郁闭度	鬱閉度，葉層密度，林冠密度
shade-enduring plant	耐阴植物	耐陰植物
shade leaf	阴生叶	陰生葉
shade plant (=skiophyte)	阴生植物，阴地植物	陰生植物，陰地植物
Shannon-Wiener's diversity index	香农-维纳多样性指数	夏儂-威納多樣性指數
Shanwang flora	山旺植物区系，山旺植物群	山旺植物區系，山旺植物相，山旺植物群
shell zone	壳状区	殼狀區
shield cell	盾细胞	盾細胞
shikonin	紫草素	紫草素
shoot apex (=stem apex)	茎端	莖頂，莖端
shoot apical meristem	茎端分生组织	莖頂分生組織
shoot-derived clonal plant	枝源型克隆植物	枝源型克隆植物
shoot ramet	枝性分株	枝性分株
shoot tip culture	茎尖培养	莖尖培養
short-day plant (SDP)	短日[照]植物	短日[照]植物
short-distance transport	短距离运输	短距離運輸
short interspersed nuclear element (SINE)	短散在核元件	短散布核元件
short-lived spacer	短命间隔子	短命間隔子
short-long-day plant (SLDP)	短长日植物	短長日植物
short-night plant (=long-day plant)	短夜植物（=长日[照]植物）	短夜植物（=長日[照]植物）
shotgun sequencing	鸟枪法测序	霰彈槍定序
shrub	灌木	灌木
shrub herbosa	灌草丛	灌草叢
shrubland (=scrub)	灌丛	灌叢
shrub-tussock (=shrub herbosa)	灌草丛	灌草叢
sibling species	同胞种，姐妹种，亲缘种	同胞種，姊妹種
side body complex	侧泡复合体	側泡複合體
siderophore	铁载体	載鐵體

英　文　名	大　陆　名	台　湾　名
sieve area	筛域	篩域
sieve cell	筛胞	篩胞
sieve element	筛[管]分子	篩[管]分子，篩管細胞
sieve element-companion cell complex (SE-CC)	筛[管]分子-伴胞复合体	篩[管]分子-伴細胞複合體
sieve plate	筛板	篩板
sieve pore	筛孔	篩孔
sieve tube	筛管	篩管
sieve tube element (=sieve element)	筛[管]分子	篩[管]分子，篩管細胞
sigmoid curve	S 形曲线	S 形曲線
signal peptide (=signal sequence)	信号肽（=信号序列）	訊息肽，訊號肽（=訊息序列）
signal sequence	信号序列	訊息序列，訊號序列
signal transduction	信号转导	訊息傳導，訊息傳遞
silencer	沉默子	緘默子
silent mutation (=synonymous mutation)	沉默突变（=同义突变）	緘默突變，默化突變（=同義突變）
silica cell	硅质细胞	矽質細胞
silicalemma	硅质囊膜	矽質囊膜
silicate body	硅酸体	矽酸體
silicicolous plant	嗜硅植物	嗜矽酸植物
silicified plant	硅化植物	矽化植物
silicified wood	硅化木	矽化木
silicle	短角果	短角果
silique	长角果	長角果
silybin	水飞蓟素	水飛薊素
similarity index	相似性指数	相似性指數，相似度指數
simple coumarin	简单香豆素	簡單香豆素
simple diffusion	简单扩散	簡單擴散
simple flower	单瓣花	單瓣花
simple fruit	单[花]果	單[花]果
simple hair	单毛	單毛
simple inflorescence	简单花序	簡單花序
simple leaf	单叶	單葉
simple lignan	简单木脂素	簡單木脂體
simple ovary	单子房	單子房
simple perforation	单穿孔	單穿孔

英文名	大陆名	台湾名
simple perianth	单花被	單花被
simple perianth flower (=monochlamydeous flower)	单被花	單被花
simple pistil	单雌蕊	單雌蕊
simple pit	单纹孔	單紋孔
simple polyembryony	简单多胚[现象]	簡單多胚[現象]
simple quinoline alkaloid	简单喹啉[类]生物碱	簡單喹啉[類]生物鹼
simple repeated sequence (SRS)	简单重复序列	簡單重複序列
simple sequence length polymorphism (SSLP)	简单序列长度多态性	簡單序列長度多態性，簡單序列長度多型性
simple sequence repeat polymorphism (SSRP)	简单重复序列多态性	簡單重複序列多態性，簡單重複序列多型性
simple sieve plate	单筛板	單篩板
simple tissue	简单组织	簡單組織
Simpson's diversity index	辛普森多样性指数	辛普森多樣性指數
sinapic acid	芥子酸	芥子酸
SINE (=short interspersed nuclear element)	短散在核元件	短散布核元件
single bud	单芽	單芽
single climax (=monoclimax)	单[元]顶极	單極[盛]相，單一[演替]巔峰群落，單極峰群落
single climax theory (=monoclimax theory)	单[元]顶极学说	單一極相說，單極峰理論
single crossover	单交换	單交換
single crystal X-ray diffraction (SCXRD)	单晶 X 射线衍射法	單晶 X 射線繞射
single exchange (=single crossover)	单交换	單交換
single nucleotide polymorphism (SNP)	单核苷酸多态性	單核苷酸多態性，單核苷酸多型性
single papilla	单疣	單疣
singlet oxygen	单线态氧	單線態氧
singlet state	单线态	單線態
sinigrin	黑芥子苷	黑芥子苷
sink	库，壑，汇	積儲，匯
sink activity	库活力	積儲活性
sink size	库容量	積儲大小
sink-source relationship	库源关系，汇源关系	積儲-源關係，匯源關係
sink strength	库强度	積儲產度

英　文　名	大　陆　名	台　湾　名
siphonogamy	粉管受精	粉管受精
siphonostele	管状中柱	管狀中柱
sisalagenin	剑麻皂苷元	劍麻皂苷元
sister chromatid	姐妹染色单体	姐妹染色分體，姊妹染色分體
sister group	姐妹群	姐妹群，姊妹群
sister species (=sibling species)	同胞种，姐妹种，亲缘种	同胞種，姊妹種
site-directed mutagenesis	定点诱变，位点专一诱变	定點誘變
site-specific mutagenesis (=site-directed mutagenesis)	定点诱变，位点专一诱变	定點誘變
size exclusion limit (SEL)	分子大小排除限	分子大小排除極限
skeletal hypha	骨架菌丝	骨架菌絲
skiophyte	阴生植物，阴地植物	陰生植物，陰地植物
skotomorphogenesis	暗形态建成	暗形態發生，暗形態建成
skototaxis	趋暗性	趨暗性
skototropism	向暗性	向暗性
SL (=strigolactone)	独脚金内酯	獨腳金内酯
SLA (=specific leaf area)	比叶面积	比葉面積
SLDP (=short-long-day plant)	短长日植物	短長日植物
sliding growth (=gliding growth)	滑过生长	滑動生長
slime	黏液	黏液
slime plug	黏液塞	黏液塞
small nuclear RNA (snRNA)	核内小 RNA	核内小 RNA
smilaxchinoside A	菝葜皂苷 A	菝葜皂苷 A
smooth	平滑[的]	平滑[的]
smooth endoplasmic reticulum (SER)	光面内质网，滑面内质网	平滑內質網
smooth rhizoid	平滑假根	平滑假根
SMR (=stem mass ratio)	茎重比	莖重比
SMT (=specific mass transfer)	比集运量（=质量运输速率）	比質量轉移量（=質量轉移率）
SMTR (=specific mass transfer rate)	比集转运速率（=质量运输速率）	比質量轉移率（=質量轉移率）
smut ball	[黑粉菌]孢子球	[黑粉菌]孢子球
smut spore	黑粉菌孢子	黑粉菌孢子
SNP (=single nucleotide polymorphism)	单核苷酸多态性	單核苷酸多態性，單核苷酸多型性
snRNA (=small nuclear RNA)	核内小 RNA	核内小 RNA
S1 nuclease	S1 核酸酶	S1 核酸酶

英文名	大陆名	台湾名
sociability	群集度	群集度，社群度
sociation	基群丛	基群叢
SOD (=superoxide dismutase)	超氧化物歧化酶	超氧化物歧化酶，超氧歧化酵素
softwood (=nonporous wood)	软材（=无孔材）	軟材（=無孔材）
soil	土壤	土壤
soil analysis	土壤分析	土壤分析
soil available moisture content (=available soil moisture)	土壤有效含水量	土壤有效水含量
soil drought	土壤干旱	土壤乾旱
soilless culture	无土栽培	無土栽培
soil moisture	土壤水分	土壤水分
soil-plant-atmosphere continuum (SPAC)	土壤-植物-大气连续体	土壤-植物-大氣連續體
soil seed bank	土壤种子库	土壤種子庫
soil water content	土壤含水量	土壤含水量
soil water parameter	土壤水分参数	土壤水分參數
soil water potential	土[壤]水势	土[壤]水勢
soil wilting coefficient	土壤萎蔫系数	土壤凋萎係數
solenoid	螺线管	螺線管
solenostele	疏隙管状中柱	疏隙雙韌管狀中柱，雙韌中柱
solid style (=solid type style)	实心花柱	實心花柱
solid type style	实心花柱	實心花柱
solitary flower	单生花	單生花
solitary pore	单管孔	單管孔
solute	溶质	溶質
solute potential	溶质势	溶質勢
solution culture	溶液培养，水培	水耕培養，水耕栽培
solvent extraction	溶剂提取，溶剂萃取	溶劑萃取
somaclonal variation	体细胞克隆变异，体细胞无性系变异	體細胞選殖變異，體細胞株變異
somatic cell	体细胞	體細胞
somatic embryo	体细胞胚	體細胞胚
somatic embryogenesis	体细胞胚胎发生	體細胞胚胎發生
somatic hybridization	体细胞杂交	體細胞雜交
somatic mutation	体细胞突变	體細胞突變
somatogamy	体细胞配合，体配	體細胞配合，體細胞接合

英 文 名	大 陆 名	台 湾 名
soralium	粉芽堆	粉芽堆，衣胞堆
D-sorbitol	D-山梨醇	D-山梨醇
soredium	粉芽	粉芽
sorocarp	孢团果	孢堆果
sorosis	葚果	椹果
sorus	孢子堆	孢子囊群，孢子囊堆
source	源	源
source patch	源斑块	源斑塊，源區塊
source population	源种群	源族群
source-sink unit	源库单位	源-積儲單位
Southern blotting	DNA 印迹法	南方印漬術，DNA 印漬術，瑟慎墨點法
Southwestern blotting	DNA-蛋白质印迹法	南方-西方印漬術，DNA-蛋白質印漬術
Soxhlet extraction	索氏提取，索氏萃取，索氏抽提	索氏萃取
soybean peptide	大豆肽	大豆肽
SPAC (=soil-plant-atmosphere continuum)	土壤-植物-大气连续体	土壤-植物-大氣連續體
spacer	间隔子	間隔子
spadix	佛焰花序；肉穗花序	佛焰苞花序；肉穗花序
spathe	佛焰苞	佛焰苞
spathilla	小佛焰苞	小佛焰苞
spatial heterogeneity	空间异质性	空間異質性
spatial heterogeneity theory	空间异质性学说	空間異質性學說
spatial isolation	空间隔离	空間隔離
spatial pattern	空间格局	空間格局
Spd (=spermidine)	亚精胺，精脒	亞精胺，精三胺
specialization	特化，专化	特化，專化
specialization for abundance	趋富特化	趨富特化
specialization for abundant resources (=specialization for abundance)	趋富特化	趨富特化
specialization for scarce resources (=specialization for scarcity)	趋贫特化	趨貧特化
specialization for scarcity	趋贫特化	趨貧特化
speciation	物种形成	物種形成，種化，成種作用

英文名	大陆名	台湾名
species	[物]种	[物]種
species aggregate	物种群	物種群
species-area curve	种-面积曲线	物種-面積曲線
species association	种间关联	種間關聯
species complex	种复合体	物種集團，複合種
species diversity (=diversity of species)	物种多样性	物種多樣性
species diversity index	物种多样性指数	物種多樣性指數，[物]種歧異度指數
species epithet (=specific epithet)	种加词	種加詞，種小名
species evenness	物种均匀度	物種[均]勻度
species evenness index	物种均匀度指数	物種均勻度指數
species extinction	物种灭绝	物種滅絕
species flow	物种流	物種流
species richness	物种丰富度	物種豐[富]度
species richness index	物种丰富度指数	物種豐富度指數
species saturation	物种饱和度	物種飽和度
specific combining ability	特殊配合力	特殊配合力
specific epithet	种加词	種加詞，種小名
specificity	特异性，专一性	特異性，專一性
specific leaf area (SLA)	比叶面积	比葉面積
specific leaf mass	比叶重	比葉重
specific mass transfer (SMT, =mass transfer rate)	比集运量（=质量运输速率）	比質量轉移量（=質量轉移率）
specific mass transfer rate (SMTR, =mass transfer rate)	比集转运速率（=质量运输速率）	比質量轉移率（=質量轉移率）
specific root length	比根长	比根長
specific rotation	比旋光[度]，旋光率	比旋光[度]，旋光率
spectinomycin	壮观霉素	觀黴素，奇黴素
speed botany	种子植物学	種子植物學
speed of evolution	进化速度	演化速度
sperm	精子	精子
spermagone (=spermagonium)	性孢子器	性孢子器，精子器
spermagonium	性孢子器	性孢子器，精子器
spermatangium	藏精器，精子囊	雄配子器，精[子]囊，精胞囊
spermatiophore	性孢子梗，精子梗，产精体	精子囊柄，精子托
spermatium	不动精子；性孢子，精孢子	不動精子（紅藻）；性孢子，

英 文 名	大 陆 名	台 湾 名
		精孢子
spermatophyte (=seed plant)	种子植物	種子植物
spermatozoid (=antherozoid)	游动精子	游動精子
sperm cell	精细胞	精細胞
sperm heteromorphism	精子二型性，精子异型性	精子二型性，精子異型性
spermidine (Spd)	亚精胺，精脒	亞精胺，精三胺
spermidium	精子座	精子座
spermine (Spm)	精胺	精胺
spermoderm (=seed coat)	种皮	種皮
spermo-nucleus	精核	精核
sphagnum bog (=moss bog)	藓类沼泽	苔泥沼
S phase (=synthesis phase)	S 期，合成期	合成期，S 期
sphenophytes	楔叶类	楔葉類
sphenopterid	楔羊齿型	楔羊齒型
spherosome	圆球体	圓球體，油粒體
spicule	梗尖	梗尖，小梗
spiculum (=spicule)	梗尖	梗尖，小梗
spike	穗状花序	穗狀花序
spikelet	小穗	小穗
spill-over effect	满溢效应	溢流效應
α-spinasterol	α-菠甾醇	α-菠菜甾醇，α-菠菜固醇
spindle	纺锤体	紡錘體
spindle fiber	纺锤丝	紡錘絲
spindle pole body	纺锤极体	紡錘極體
spine	刺	刺
spiral phyllotaxy (=alternate phyllotaxy)	螺旋[状]叶序（=互生叶序）	螺旋狀葉序（=互生葉序）
spiral thickening	螺纹加厚	螺紋加厚
spiral tracheid	螺纹管胞	螺紋管胞
spiral vessel	螺纹导管	螺紋導管
spiraperture	螺旋状萌发孔	螺旋形萌發孔
spirolobal embryo	子叶螺卷胚	子葉螺卷胚，子葉螺旋胚
spirostane	螺甾烷	螺甾烷
Spirotreme (=spiraperture)	螺旋状萌发孔	螺旋形萌發孔
spliceosome	剪接体	剪接體
splicing	剪接	剪接
Spm (=spermine)	精胺	精胺

英 文 名	大 陆 名	台 湾 名
spongy parenchyma (=spongy tissue)	海绵薄壁组织（=海绵组织）	海綿狀薄壁組織（=海綿組織）
spongy tissue	海绵组织	海綿組織
spontaneous generation (=abiogenesis)	自然发生说，无生源说	無生源說，自然發生說，自生論
spontaneous mutation	自发突变	天然突變，自發[性]突變，自然突變
sporangiocarp	孢囊果	孢囊果
sporangiole (=sporangiolum)	小型孢子囊	小型孢子囊
sporangiolum	小型孢子囊	小型孢子囊
sporangiophore	孢囊梗，孢囊柄	孢[子]囊梗，孢[子]囊柄
sporangiosorus	孢囊堆	孢子囊堆
sporangiospore	孢囊孢子	孢[子]囊孢子
sporangium	孢子囊	孢子囊
spore	孢子	孢子
spore and pollen	孢粉	孢粉
spore ball (=smut ball)	[黑粉菌]孢子球	[黑粉菌]孢子球
spore mother cell	孢子母细胞	孢子母細胞
spore plant	孢子植物	孢子植物
sporic meiosis	孢子减数分裂	孢子減數分裂
sporic reduction (=sporic meiosis)	孢子减数分裂	孢子減數分裂
sporidium	[黑粉菌]小孢子	[黑粉菌]小孢子
sporocarp (=fruiting body)	孢子果（=子实体）	孢子果（=子實體）
sporocladium	梳状孢梗，产孢枝	梳狀孢梗
sporoderm	孢[粉]壁	孢粉壁，孢子壁
sporodochium	分生孢子座	分生孢子座，分生孢子褥
sporogenesis	孢子发生	孢子發生，孢子形成
sporogenous cell	造孢细胞	造孢細胞，孢原細胞
sporogenous filament (=gonimoblast)	产孢丝，造孢丝	產孢絲，造孢絲
sporogenous thread (=gonimoblast)	产孢丝，造孢丝	產孢絲，造孢絲
sporogenous tissue	造孢组织	造孢組織，孢原組織
sporogony (=asexual reproduction)	孢子生殖（=无性生殖）	孢子生殖（=無性生殖）
sporophore	孢子梗	孢子柄
sporophyll	孢子叶	孢子葉
sporophyll spike (=strobilus)	孢子叶穗（=孢子叶球）	孢子葉穗（=孢子葉球）

英 文 名	大 陆 名	台 湾 名
sporophyte	孢子体	孢子體
sporophyte generation (=asexual generation)	孢子体世代（=无性世代）	孢子體世代（=無性世代）
sporophyte sterility	孢子体不育	孢子體不育
sporophytic apomixis	孢子体无融合生殖	孢子體無融合生殖
sporophytic self-incompatibility (SSI)	孢子体自交不亲和性	孢子體自交不親和性
sporoplasm	孢原质	孢原質，孢子原生質
sporo-pollen analysis	孢粉分析	孢粉分析
sporo-pollen complex	孢粉组合	孢粉複合體，孢粉複合物
sporopollenin	孢粉素	孢粉素，孢粉質
SPPase (=sucrose-phosphate phosphatase)	蔗糖磷酸磷酸[酯]酶	蔗糖磷酸磷酸[酯]酶
spreading divergent branch	强枝	強枝
spring tracheid	春生管胞	春[材]管胞，春生假導管
spring wood (=early wood)	春材（=早材）	春材（=早材）
35S promoter	35S 启动子	35S 啟動子
SPSase (=sucrose-phosphate synthase)	蔗糖磷酸合酶	蔗糖磷酸合[成]酶
spur	距	距
squamule (=ramentum)	小鳞片	小鱗片
squamulose thallus	鳞片状地衣体，鳞叶体	鱗片狀地衣體，鱗葉體
square ray cell	方形射线细胞	方形射線細胞
SRS (=simple repeated sequence)	简单重复序列	簡單重複序列
SSH (=suppressive subtraction hybridization)	阻抑消减杂交	抑制差減雜交，阻抑刪減雜交
SSI (=sporophytic self-incompatibility)	孢子体自交不亲和性	孢子體自交不親和性
SSLP (=simple sequence length polymorphism)	简单序列长度多态性	簡單序列長度多態性，簡單序列長度多型性
SSRP (=simple sequence repeat polymorphism)	简单重复序列多态性	簡單重複序列多態性，簡單重複序列多型性
stabilizing selection	稳定选择	穩定[型]天擇，穩定化選擇
stable population	稳定型种群，固定型种群	穩定族群
stable-type position effect	稳定型位置效应	穩定型位置效應
stage of succession	演替阶段	演替階段
stalk cell	柄细胞	柄細胞
stamen	雄蕊	雄蕊
stamen bundle	雄蕊维管束	雄蕊維管束

英 文 名	大 陆 名	台 湾 名
stamen hair	雄蕊毛	雄蕊毛
staminate flower (=male flower)	雄花	雄花
staminate strobilus	小孢子叶球，雄球花	小孢子葉球，小孢子囊穗，雄球花
staminode	退化雄蕊	退化雄蕊，不孕雄蕊，無藥雄蕊
staminodium (=staminode)	退化雄蕊	退化雄蕊，不孕雄蕊，無藥雄蕊
stand	林分	林分
standard	旗瓣	旗瓣
standing crop	现存量	[生物]現存量
standing stock (=standing crop)	现存量	[生物]現存量
standing yield (=standing crop)	现存量	[生物]現存量
stand structure	林分结构	林分結構，林分構造
starch	淀粉	澱粉
starch grain	淀粉粒	澱粉粒
starch granule (=starch grain)	淀粉粒	澱粉粒
starch layer	淀粉层	澱粉層
starch phosphorylase	淀粉磷酸化酶	澱粉磷酸化酶
starch sheath	淀粉鞘	澱粉鞘
starch storer	淀粉贮存植物	澱粉貯存植物
starch-sugar interconversion theory	淀粉-糖互变学说，淀粉与糖转化学说	澱粉-糖互變學說
starch synthase	淀粉合酶	澱粉合酶
start codon (=initiation codon)	起始密码子	起始密碼子
static life table	静态生命表	靜態生命表
stationary population (=stable population)	稳定型种群，固定型种群	穩定族群
statoblast (=dormant bud)	休眠芽	休眠芽，潛伏芽，休止芽
statocyte	平衡细胞	平衡細胞
statolith	平衡石	平衡石
status	位置	位置
staurospore	星形孢子，星状孢子	星狀孢子
steam distillation	水蒸气蒸馏	水蒸氣蒸餾
stelar theory	中柱学说	中柱學說
stele	中柱	中柱，中軸
steliogen	生柄原	生柄原

英 文 名	大 陆 名	台 湾 名
stellate cell	星状细胞	星狀細胞
stellate hair	星状毛	星狀毛
stellate papilla	星状疣	星狀疣
stem	茎	莖
stem apex	茎端	莖頂，莖端
stem cell	干细胞	幹細胞
stemflow	茎流，干流	幹流，樹幹徑流
stem group	干群	幹群
stem leaf	茎生叶	莖生葉
stemless plant	无茎植物	無莖植物
stem mass ratio (SMR)	茎重比	莖重比
stem spine (=stem thorn)	枝刺，茎刺	莖刺
stem split	茎劈裂	莖劈裂
stem succulent	肉茎植物	肉莖植物
stem tendril	茎卷须	莖卷鬚
stem thorn	枝刺，茎刺	莖刺
stem tuber (=tuber)	块茎	塊莖
stenochoric species	窄域种	狹域種
stenopalynous type	单孢粉类型	單孢粉類型
stenothermic plant	窄温植物	狹温性植物
stenotopic species	窄幅种	狹幅種
stephanocyst	冠囊体	冠囊體
stephanokont	轮生鞭毛	輪生鞭毛
steppe	草原	草原
stepping stone model	脚踏石模型	[島嶼]墊石模式，[島嶼]踏腳石模式
stereid	副细胞	小型厚壁細胞
sterigma	担孢子梗；小梗；叶座	擔子梗，擔子柄；小梗；葉座
sterile cell	不育细胞	不育細胞，不孕細胞
sterile flower	不孕[性]花	不孕花，不結實花
sterile frond (=foliage leaf)	不育叶（=营养叶）	不孕葉，裸葉（=營養葉）
sterile leaf (=foliage leaf)	不育叶（=营养叶）	不孕葉，裸葉（=營養葉）
sterile pinna	不育羽片	不孕羽片，裸羽片
sterile pinnule	不育小羽片	不孕小羽片，裸小羽片
sterile solution	无菌溶液	無菌溶液
sterility	不育性	不育性，不孕性，不稔性
sterility line (=male sterility	不育系（=雄性不育系）	不育系（=雄性不育系）

英 文 名	大 陆 名	台 湾 名
line)		
sterilization	灭菌	滅菌，殺菌
steroid	甾体，类固醇，甾族化合物	類固醇，甾類
steroid alkaloid	甾体[类]生物碱，甾类生物碱，类固醇生物碱	類固醇生物鹼，甾類生物鹼
steroid saponin	甾体皂苷	類固醇皂苷，甾類皂素，類固醇皂素
sterol	甾醇，固醇	固醇，硬脂醇
stevioside	甜菊苷，蛇菊苷	甜菊苷
stichidium	孢囊枝	孢囊枝
stichobasidium	纵锤担子	縱錘擔子，並列擔子
stichonematic type flagellum	单茸鞭型鞭毛	單茸鞭型鞭毛
sticky end (=cohesive end)	黏[性末]端	黏[性末]端
stictic acid	斑点酸	斑點酸
stigma	眼点；柱头	眼點；柱頭
stigma hair	柱头毛	柱頭毛
stigmasterol	豆甾醇，豆固醇	豆甾醇，豆固醇
stigmatic cell	柱头细胞	柱頭細胞
stigmatic papilla	柱头乳突	柱頭乳突
stigmatic surface	柱头面	柱頭面
stigmatic tissue	柱头组织	柱頭組織
stigmatoid tissue	类柱头组织	柱頭狀組織
stilt hypha	支撑菌丝	支撐菌絲
stimulative parthenocarpy	刺激单性结实	刺激性單性結實，刺激性單性結果
stinging hair	蜇毛，螫毛	刺毛，螫毛
stipe	菌柄	菌柄
stipel	小托叶	小托葉
stipular sheath	托叶鞘	托葉鞘
stipule	托叶	托葉
stipulule (=stipel)	小托叶	小托葉
stolon	匍匐茎；匍匐[菌]丝	匍匐莖，平伏莖，走莖；匍匐菌絲
stoloniferous plant (=creeper)	匍匐植物	匍匐植物，蔓生植物
stoma	气孔	氣孔
stomatal aperture	气孔开度	氣孔開口，孔口
stomatal apparatus	气孔器	氣孔器
stomatal complex (=stomatal	气孔复合体（=气孔器）	氣孔複合體（=氣孔器）

英 文 名	大 陆 名	台 湾 名
apparatus)		
stomatal conductance	气孔导度	氣孔導度
stomatal frequency	气孔频度	氣孔頻度
stomatal movement	气孔运动	氣孔運動
stomatal regulation	气孔调节	氣孔調節
stomatal resistance	气孔阻力	氣孔阻力
stomatal transpiration	气孔蒸腾	氣孔蒸散
stomatic chamber	气孔室	氣孔室
stone	核	核
stone cell (=sclereid)	石细胞，硬化细胞	石細胞，厚壁細胞
stonewort	轮藻	輪藻
stop codon (=termination codon)	终止密码子	終止密碼子
storage root	贮藏根	貯藏根
storage starch	贮藏淀粉	貯藏澱粉
storage starch grain	贮存淀粉粒	貯藏澱粉粒
storage tissue	贮藏组织	貯藏組織
storage tracheid	贮藏管胞	貯藏管胞，貯藏假導管
storied bud	叠生芽	並立芽，並列芽
storied cambium	叠生形成层	疊生形成層，階層狀形成層
storied cork	叠生木栓	疊生木栓，階層狀木栓
storied ray	叠生射线	疊生射線，階層狀木質線
story (=stratum)	层	層
strain	菌株；品系；胁变	菌株；品系；應變
strain repair	胁变修复	應變修復
strain reversibility	胁变可逆性	應變可逆性
strand tracheid	索状管胞	束狀管胞，隔膜管胞，索狀假導管
strange species (=rare species)	稀有种	稀有種，罕見種
strangler	绞杀植物，毁坏植物	絞殺植物，纏勒植物
stratification	层积处理；成层现象	層積埋藏法，種子層積沙藏；成層現象
stratified cambium (=storied cambium)	叠生形成层	疊生形成層，階層狀形成層
stratified phloem	叠生韧皮部	疊生韌皮部，疊生篩管部
stratified sampling	分层抽样，分层取样	分層取樣
stratum	层	層
stratum gonimon (=algal layer)	藻胞层	藻[胞]層，綠胞層

英 文 名	大 陆 名	台 湾 名
streptavidin	链霉抗生物素蛋白	鏈黴抗生物素蛋白，鏈黴親和素，鏈黴卵白素
stress	逆境，胁迫	逆境，環境壓力，緊迫
stress avoidance	御逆性	避逆性
stress escape	避逆性	避逆性
stress injury	逆境伤害，胁迫伤害	逆境傷害
stress physiology	逆境生理学	逆境生理學，應力生理學
stress protein	逆境蛋白，胁迫蛋白	逆境蛋白
stress resistance	抗逆性，胁迫抗性	抗逆性
stress tolerance	耐逆性	耐逆性
stress-tolerant plant	耐拥挤植物	耐逆境植物
strict consensus tree	严格一致树，严格合意树	嚴格共同樹
strigolactone (SL)	独脚金内酯	獨腳金內酯
strobile (=strobilus)	孢子叶球；球果	孢子葉球，孢子囊穗，球穗花序；球果，毬果
strobilus	孢子叶球；球果	孢子葉球，孢子囊穗，球穗花序；球果，毬果
stroma	基质；子座	基質；子座
stroma lamella	基质片层	基質片層
stroma thylakoid	基质类囊体，间质类囊体	基質類囊體
stromatolite	叠层石	疊層石
strophiole (=caruncle)	种阜	種阜
structural botany	结构植物学	結構植物學
structural domain	结构域	結構域
structural gene	结构基因	結構基因
structural genomics	结构基因组学	結構基因體學
structural patch	结构斑块	結構斑塊，結構區塊，結構嵌塊體
strutted process	支持突	支持突
strychnine	番木鳖碱，士的宁	番木鱉鹼
STS (=sequence-tagged site)	序列标签位点，序列标记位点	序列標誌位點，序列標記位點
stylar canal	花柱道	花柱溝
style	花柱	花柱
style canal (=stylar canal)	花柱道	花柱溝
styloid	柱状晶[体]	柱狀晶[體]
stylospore	柄[生]孢子	柄生孢子
stylus	副体	副體
subassociation	亚群丛	亞群叢

英　文　名	大　陆　名	台　湾　名
subclass	亚纲	亞綱
subclimax	亚顶极	亞頂極，亞極相，亞極峰
subculture	继代培养，传代培养	繼代培養
subdivision	亚门	亞門
suberification (=suberization)	栓化[作用]	木栓化
suberin	木栓质	木栓質
suberization	栓化[作用]	木栓化
subfamily	亚科	亞科
subfunctionalization	亚功能化	亞功能化
subgenus	亚属	亞屬
subhead cell (=second head cell)	次级头细胞	次級頭細胞
subhymenial layer (=subhymenium)	子实下层	下子實層
subhymenium	子实下层	下子實層
subicle (=subiculum)	菌丝层	菌絲層
subiculum	菌丝层	菌絲層
subkingdom	亚界	亞界
sublecanorine type	亚茶渍型	亞茶漬型
sublimation	升华	昇華
submerged plant	沉水植物	沉水植物
submicroscopic structure (=ultrastructure)	亚显微结构（=超微结构）	亞顯微結構，超顯微鏡構造（=超微結構）
suborder	亚目	亞目
subordinate species	从属种	從屬種，低階種
subpetiolar bud (=infrapetiolar bud)	叶柄下芽	葉柄下芽
subphylum (=subdivision)	亚门	亞門
subpopulation	亚种群	亞族群，次群族
subregion	亚区	亞區
subsection	亚组	亞組
subsere (=secondary sere)	次生演替系列	次生演替系列，次生消長系列
subseries	亚系	亞系
subshrub	半灌木，亚灌木	半灌木，亞灌木
subsidiary cell	副卫细胞	副衛細胞
subspecies	亚种	亞種
subsporangial swelling	孢囊下泡	孢[子]囊下泡，孢子囊柄膨大部

英文名	大陆名	台湾名
subsporangial vesicle (=subsporangial swelling)	孢囊下泡	孢[子]囊下泡，孢子囊柄膨大部
substitute species (=vicarious species)	替代种	替代種
substitution haploid	替代单倍体	替代單倍體，取代單倍體
substomatic chamber	[气]孔下室，气孔下腔	氣孔下室
substrate	底物	受質，基質
substrate-level phosphorylation	底物水平磷酸化	受質層次磷酸化[作用]，受質層次磷酸化反應
subtelocentric chromosome (=acrocentric chromosome)	近端着丝粒染色体	近端著絲點染色體，近端中節染色體
subtending leaf (=bracteal leaf)	苞叶	苞葉
subterraneous root	地下根	地下根
subterraneous stem	地下茎	地下莖
subtribe	亚族	亞族
subtropical evergreen forest	亚热带常绿阔叶林	亞熱帶常綠闊葉林
subtropical rain forest	亚热带雨林	亞熱帶雨林
subtropical zone	亚热带	亞熱帶
subvariety	亚变种	亞變種
succession	演替	演替，消長
successional pattern	演替格局	演替模式
successional speciation	连续式物种形成，继承式物种形成	連續物種形成，連續種化
successive species	演替种	演替種
succubous	[苔类]蔽后式	蔽後式
succulent (=succulent plant)	肉质植物	肉質植物，多肉植物
succulent fruit	多汁果	漿果，液果
succulent growth	徒长	徒長
succulent leaf	肉质叶	肉質葉，多肉葉
succulent plant	肉质植物	肉質植物，多肉植物
succulent root	肉质根	肉質根，多肉根
succulent shoot (=succulent sprout)	徒长枝	徒長枝
succulent sprout	徒长枝	徒長枝
succulent stem	肉质茎	肉質莖，多肉莖
sucker (=parasitic root)	吸根（=寄生根）	吸根（=寄生根）
sucrase (=invertase)	蔗糖酶（=转化酶）	蔗糖酶（=轉化酶）
sucrose	蔗糖	蔗糖

英　文　名	大　陆　名	台　湾　名
sucrose degradation	蔗糖降解	蔗糖分解
sucrose-phosphate phosphatase (SPPase)	蔗糖磷酸磷酸[酯]酶	蔗糖磷酸磷酸[酯]酶
sucrose-phosphate synthase (SPSase)	蔗糖磷酸合酶	蔗糖磷酸合[成]酶
sucrose-proton symporter	蔗糖-质子同向转运体	蔗糖-質子同向運輸蛋白，蔗糖-質子同向轉運子
sucrose storer	蔗糖贮存植物	蔗糖貯存植物
sucrose synthase	蔗糖合酶	蔗糖合[成]酶，蔗糖合成酵素
suction force	吸水力	吸水力
suction tension (=suction force)	吸水力	吸水力
sudden speciation	骤变式物种形成，爆发式物种形成	驟變式物種形成，爆發式物種形成，驟變式種化
suffrutex (=subshrub)	半灌木，亚灌木	半灌木，亞灌木
suffruticose chamaephyte	半灌木地上芽植物	半灌木地上芽植物
SUG (=senescence up-regulated gene)	衰老上调基因	衰老上調基因
sulculus	小槽	小槽
sulcus	槽	槽
sulfate assimilation	硫酸盐同化	硫酸鹽同化作用
sulfur	硫	硫
sulfur assimilation	硫同化	硫同化作用
summer annual (=aestival annual)	夏季一年生植物	夏季一年生植物，夏播一年生植物
summer green forest (=deciduous broad-leaved forest)	夏绿林（=落叶阔叶林）	夏綠[樹]林（=落葉闊葉林）
summer wood (=late wood)	夏材（=晚材）	夏材（=晚材）
sun leaf	阳生叶	[向]陽葉
sun plant (=heliophyte)	阳生植物，阳地植物	陽生植物，陽地植物
supercritical fluid	超临界流体	超臨界流體
supercritical fluid chromatography	超临界流体色谱法	超臨界流體層析法
supercritical fluid extraction (SFE)	超临界流体提取，超临界流体萃取	超臨界流體萃取
super-female	超雌性	超雌性
superficial placenta	全面胎座	全面胎座
superficial placentation	全面胎座式	全面胎座式
superfluous name	多余名称	多餘名稱
supergene	超基因	超基因

英　文　名	大　陆　名	台　湾　名
supergene family	超基因家族	超基因家族
superior ovary	上位子房	上位子房
superkingdom	超界	超界
super-male	超雄性	超雄性
superoxide dismutase (SOD)	超氧化物歧化酶	超氧化物歧化酶，超氧歧化酵素
superoxide radical	超氧自由基	超氧自由基
superweed	超级杂草	超級雜草
supplementary pollination	辅助授粉	輔助授粉，伴助授粉
supporting cell	支持细胞	支持細胞
supporting tissue (=mechanical tissue)	支持组织（=机械组织）	支持組織（=機械組織）
suppression PCR	阻抑聚合酶链反应，阻抑PCR	抑制聚合酶連鎖反應，抑制PCR，阻抑PCR
suppressive subtraction hybridization (SSH)	阻抑消减杂交	抑制差減雜交，阻抑刪減雜交
suppressor	抑制子	抑制子
suppressor gene	抑制基因	抑制基因
suppressor mutation	抑制[基因]突变	基因抑制突變，壓制性突變
surface meristem	表面分生组织	表面分生組織
surface tension	表面张力	表面張力
survival curve (=survivorship curve)	存活曲线	存活曲線，生存曲線
survivorship curve	存活曲线	存活曲線，生存曲線
susceptibility	敏感性	敏感性
suspended placenta (=apical placenta)	悬垂胎座（=顶生胎座）	懸垂胎座（=頂生胎座）
suspended placentation (=apical placentation)	悬垂胎座式（=顶生胎座式）	懸垂胎座式（=頂生胎座式）
suspension culture	悬浮培养	懸浮培養
suspensor	胚柄；配囊柄	胚柄；配囊柄
suspensor cell	胚柄细胞	胚柄細胞
suspensor embryo	胚柄胚	胚柄胚
suspensor haustorium	胚柄吸器	胚柄吸器
suspensor system	胚柄系统	胚柄系統
suspensor tier	胚柄层	胚柄層
suspensor tube	胚柄管	胚柄管
swamp	树沼，木本沼泽	林澤，沼澤
swarm spore (=zoospore)	游动孢子	[游]動孢子，泳動孢子

英文名	大陆名	台湾名
syconium	隐头花序；隐头果	隱頭花序；隱花果
sylva (=forest)	森林	森林，喬木林
symbiosis	共生	共生
symbiotic nitrogen fixation	共生固氮作用	共生固氮作用
symbiotic nitrogen fixer	共生固氮生物	共生固氮生物
symbiotic plant	共生植物	共生植物
symmetry	对称[性]	對稱[性]
sympatric speciation	同域物种形成，同地物种形成，同域成种	同域物種形成，同域種化，同域成種作用
sympatry	同域分布	同域分布
symplast	共质体	共質體
symplastic loading pathway	共质体装载途径	共質體裝載途徑
symplastic transport	共质体运输	共質體運輸，共質體運移
symplast pathway	共质体途径	共質體途徑
symplesiomorphic character (=symplesiomorphy)	共祖征，共近祖性状	共[同]祖徵，共祖性狀
symplesiomorphy	共祖征，共近祖性状	共[同]祖徵，共祖性狀
sympodial branching	合轴分枝	合軸分枝
sympodial inflorescence (=definite inflorescence)	合轴花序（=有限花序）	合軸花序（=有限花序）
sympodium	合轴	合軸
sympodula	合轴产孢细胞	合軸產孢細胞
sympodulospore	合轴孢子	合軸孢子
symport	同向运输，同向转运	同向運輸，同向運移
symporter	同向转运体，同向运输载体	同向運輸蛋白，同向運移蛋白，同向轉運子
symptom	症状	症狀
synanamorph	共无性型	共無性型
synandrium	聚药	聚藥
synangium	聚[合]囊，聚孢囊	聚[合]囊
synantherous stamen (=syngenesious stamen)	聚药雄蕊	聚藥雄蕊
synapomorphic character (=synapomorphy)	共衍征，共近裔性状	共[同]衍徵
synapomorphy	共衍征，共近裔性状	共[同]衍徵
synapsis	联会	聯會
synapsis stage	联会期	聯會期
synarthropic plant (=androphile)	伴人植物	伴人植物

英 文 名	大 陆 名	台 湾 名
syncarp	合心皮果	合生[心皮]果，複果，多花果
syncarpous gynoecium (=compound pistil)	合生雌蕊（=复雌蕊）	聚合雌蕊（=複雌蕊）
syncarpous ovary	合生子房	合生子房
syncarpous pistil (=compound pistil)	合生雌蕊（=复雌蕊）	聚合雌蕊（=複雌蕊）
synchronogamy	雌雄花同熟	雌雄花同熟
synchronous culture	同步培养	同步培養
syncolpate	合沟	合溝
syncytium	合胞体	合胞體
syndynamics	群落动态学	群落動態學
synergid (=synergid cell)	助细胞	助細胞
synergid cell	助细胞	助細胞
synergid embryo	助细胞胚	助細胞胚
synergid haustorium	助细胞吸器	助細胞吸器
syngamy	配子配合，融合生殖	同配生殖，配子生殖，接合生殖
syngenesious stamen	聚药雄蕊	聚藥雄蕊
synnema	孢梗束，束丝	孢梗束，束絲
synoecious	[雌雄]同株同苞	[雌雄]同株同苞，混生同苞
synoicous (=synoecious)	[雌雄]同株同苞	[雌雄]同株同苞，混生同苞
synomone	互利素，互益素	互利素，互益素，新洛蒙
synonym	[同物]异名	[同物]異名
synonymous mutation	同义突变	同義突變
synpetal	合瓣	合瓣
synpetal flower (=synpetalous flower)	合瓣花	合瓣花
synpetalous corolla	合瓣花冠	合瓣花冠
synpetalous flower	合瓣花	合瓣花
synpetaly	合瓣性	合瓣性
synphysiology	群落生理学	群落生理學
synsepal	合萼	合萼片，萼片合生
synsystematics	群落系统分类学	群落系統分類學
syntaxon	群落分类单位	群落分類單位
syntaxonomy	群落分类学	群落分類學
syntelome	复合顶枝	複合頂枝
synteny	同线性	同線性
synthesis phase (S phase)	S 期，合成期	合成期，S 期

英　文　名	大　陆　名	台　湾　名
synthetic taxonomy	综合分类学	綜合分類學
synthetic theory of evolution	综合进化论	綜合演化論
syntype	合模式，全模，共模	全模標本，等價模式標本
synusia	层片	層片，同型同境群落，分層群落
SYS (=systemin)	系统素	系統素
systematic and evolutionary botany	系统与进化植物学	系統與演化植物學
systematic botany (=plant systematics)	系统植物学（=植物系统学）	系統植物學，植物系統學（=植物系統分類學）
systematics	系统[分类]学	系統分類學
systematic sampling	系统抽样，系统取样	系統取樣
systemic acquired resistance (SAR)	系统获得抗性	系統性抗病獲得，後天性系統抗性
systemic response	系统性反应	系統性反應
systemin (SYS)	系统素	系統素

T

英　文　名	大　陆　名	台　湾　名
tachytelic evolution	快速进化	快速演化
tachytely (=tachytelic evolution)	快速进化	快速演化
taeniopterid	带羊齿型	帶羊齒型
taiga	泰加林，北方针叶林，寒温带针叶林	泰加林，西伯利亞針葉林，北寒針葉林
tailing	加尾	加尾
talus succession	岩屑堆演替	岩屑堆演替，岩屑堆層序
tandem array	串联排列	串聯排列，縱線排列
tandem duplication (=tandem repeat)	串联重复	串聯重複，縱排重複[序列]，連續重複
tandem repeat	串联重复	串聯重複，縱排重複[序列]，連續重複
tangential division (=periclinal division)	弦向分裂，切向分裂（=平周分裂）	弦切分裂，切線面分裂（=平周分裂）
tangential section	弦切面，切向切面	弦切面，切線斷面
tangential wall	弦向壁，切向壁	弦向壁，切線面壁

英文名	大陆名	台湾名
tannic acid	鞣酸	鞣酸，單寧酸，丹寧酸
tannin	鞣质，单宁	鞣質，單寧，丹寧
tannin cell	鞣质细胞，单宁细胞	鞣質細胞，單寧細胞
tanshinone	丹参醌	丹參醌
tapetal membrane	绒毡层膜	絨氈層膜，營養層膜
tapetal plasmodium	绒毡层原质团	絨氈層原質團，營養層原質團，營養層多核質體
tapetum	绒毡层	絨氈層，營養層
taproot	主根，直根	主根，直根，軸根
taproot system	主根系，直根系	主根系，直根系，軸根系
tartaric acid	酒石酸	酒石酸
tautonym	重名	重名，種屬同名
taxis	趋性	趨性
taxodioid pit	杉木型纹孔	杉木型紋孔
taxol	紫杉醇	紫杉醇
taxon	分类单位，分类单元，分类群	分類群，分類單位，分類單元
taxonomical synonym (=heterotypic synonym)	分类学异名（=异模式异名）	分類學異名（=異模式異名）
taxonomic category (=category)	分类阶元	分類階元，分類階層，分類層級
taxonomic character	分类性状	分類性狀，分類特徵
taxonomic revision	分类学修订	分類修訂
taxonomic species	分类种	分類種
taxonomy	分类学	分類學
T-band (=telomeric band)	T 带，末端带	T 帶
TCS (=trichosanthin)	天花粉蛋白	天花粉蛋白
T-DNA (=transfer DNA)	转移 DNA	轉移 DNA，轉送 DNA，轉運 DNA
TdT (=terminal deoxynucleotidyl transferase)	末端脱氧核苷酸转移酶	末端去氧核苷酸轉移酶
tea saponin	茶叶皂苷	茶葉皂苷
tectum	覆盖层	覆蓋層，頂蓋層
tegillum (=tectum)	覆盖层	覆蓋層，頂蓋層
teleblem (=universal veil)	外菌幕，周包膜	外菌幕
teleomorph	有性型	有性型
teleutosorus (=telium)	冬孢子堆	冬孢子堆，冬孢子層
teleutospore (=teliospore)	冬孢子	冬孢子

英 文 名	大 陆 名	台 湾 名
teliobasidium	冬担子	冬擔子
teliospore	冬孢子	冬孢子
telium	冬孢子堆	冬孢子堆，冬孢子層
telome	顶枝	頂枝
telomere	端粒	端粒
telomeric band (T-band)	T 带，末端带	T 帶
telome system	顶枝系统	頂枝系統
telome theory	顶枝学说	頂枝學說
telome trusses	顶枝束	頂枝束
telomophyte	顶枝植物	頂枝植物
telophase	末期	末期
temperate steppe	温带草原	溫帶草原
temperature coefficient	温度系数	溫度係數
template	模板	模板
template RNA	模板 RNA	模板 RNA，模板核糖核酸
template strand	模板链	模板股，模版股
temporal heterogeneity	时间异质性	時間異質性
temporal isolation	时间隔离	時間隔離
temporary wilting	暂时萎蔫，暂时凋萎	暫時凋萎
tenacle	缘毛环	緣毛環
tendril	卷须	卷鬚
tendril movement	卷须运动	卷鬚運動
tensile strength	抗张强度	抗張強度
tension	张力	張力
tension wood	应拉木，伸张木	抗張材，伸張材
tenuinucellate ovule	薄珠心胚珠	薄珠心胚珠
tenuity (=leptoma)	薄壁区	薄壁區
tepal	花被片	花被片
terminal bud	顶芽	頂芽
terminal deletion	末端缺失	末端缺失
terminal deoxynucleotidyl transferase (TdT, =terminal transferase)	末端脱氧核苷酸转移酶（=末端转移酶）	末端去氧核苷酸轉移酶（=末端轉移酶）
terminal electron acceptor	末端电子受体	末端電子受體，終端電子受體
terminal inflorescence	顶生花序	頂生花序
terminal oxidase	末端氧化酶	末端氧化酶
terminal oxidation	末端氧化作用	末端氧化作用，終端氧化作

英 文 名	大 陆 名	台 湾 名
		用
terminal parenchyma	轮末薄壁组织	外輪薄壁組織
terminal transferase	末端转移酶	末端轉移酶
termination codon	终止密码子	終止密碼子
terminator	终止子	終止子
ternately compound leaf	三出复叶	三出複葉
ternate-palmate leaf	掌状三出复叶	掌狀三出複葉
ternate-pinnate leaf	羽状三出复叶	羽狀三出複葉
ternate vein	三出脉	三出脈
ternate venation	三出脉序	三出脈序
terpene	萜	萜[烯]
terpenoid	萜类化合物	萜類化合物，類萜
terpenoid alkaloid	萜类生物碱	萜類生物鹼
terrestrial algae	陆生藻类	陸生藻類
terrestrial plant	陆生植物	陸生植物
terrestrial root	陆生根	陸生根
tertiary hypha	三生菌丝	三生菌絲
tertiary mycelium	三生菌丝体	三生菌絲體
testa (=seed coat)	种皮	種皮
test cross	测交	測交，試交
test-tube culture	试管培养	試管培養
test-tube grafting	试管嫁接	試管嫁接
test-tube plantlet	试管苗	試管苗
test-tube pollination	试管授粉	試管授粉
tetracytic type stoma	四细胞型气孔	四細胞型氣孔
tetrad	四分体；四合花粉	四分體，四分子；四合花粉
tetradelphous stamen	四体雄蕊	四體雄蕊
tetrad mark (=tetrad scar)	四分体痕	四分體痕，四分子痕
tetrad nucleus	四分体核	四分體核
tetrad scar	四分体痕	四分體痕，四分子痕
tetradynamous stamen	四强雄蕊	四強雄蕊
tetrahydrofuran lignan	四氢呋喃类木脂素，呋喃环木脂素	四氫呋喃類木脂體
tetrahydroisoquinoline alkaloid	四氢异喹啉[类]生物碱	四氫異喹啉[類]生物鹼
tetrahydropyranyl benzyladenine	四氢吡喃苄基腺嘌呤	四氫吡喃苄基腺嘌呤
tetrandrine	粉防己碱	粉防己鹼，漢防己鹼

英 文 名	大 陆 名	台 湾 名
tetraploid	四倍体	四倍體
tetraploidy	四倍性	四倍性
tetrapolarity	四极性	四極性
tetrarch	四原型	四原型
tetrasporangium	四分孢子囊	四分孢子囊
tetraspore	四分孢子	四分孢子
tetrasporic embryo sac	四孢子胚囊	四孢子胚囊
tetrasporophyte	四分孢子体	四分孢子體
tetraterpene	四萜	四萜
textura angularis	角胞组织	角胞組織
textura epidermoidea	表层组织	表層組織，表皮組織
textura globulosa	球胞组织，圆胞组织	球胞組織，圓胞組織
textura intricata	交错丝组织	交錯絲組織
textura oblita	厚壁丝组织	厚壁絲組織
textura porrecta	薄壁丝组织	薄壁絲組織
textura prismatica	矩胞组织	矩胞組織
TGN (=*trans*-Golgi network)	反面高尔基网	反式高基[氏]體網，高基[氏]體成熟面網
TGS (=transcriptional gene silencing)	转录基因沉默	轉録基因緘默化
thalamus (=receptacle)	花托	花托
thallic conidiogenesis	体裂产孢	體裂產孢
thalline exciple	果托，体质盘壁	葉狀體囊盤被
thalline reaction	地衣体反应	地衣體反應
thalloconidium	体裂分生孢子	葉狀體分生孢子
thallophyte	叶状体植物，原植体植物，藻菌植物	葉狀體植物，原葉體植物，菌藻植物
thallospore	体生孢子，无梗孢子	菌體孢子，菌絲孢子
thallotherophyte	叶状体一年生植物	葉狀體一年生植物
thallus	叶状体，原植体	葉狀體，原植體
thaumatin-like protein (TLP)	类甜蛋白	類甜蛋白
theca	孢蒴；壳[板]	孢蒴；殼
thecium	子囊层	子囊層
thelykaryon (=female nucleus)	雌核	雌核
theophylline	茶碱	茶鹼
theory of multifactorial control	多因子控制学说	多因子控制學說

英文名	大陆名	台湾名
theory of origin species	物种起源说	物種起源說
theory of special creation (=creationism)	特创论，神创论	特創論
thermogenic respiration (=cyanide-resistant respiration)	生热呼吸（=抗氰呼吸）	生熱呼吸（=抗氰呼吸）
thermonasty	感温性	感温性
thermoperiodicity of growth	生长温周期现象	生長温週期現象
thermoperiodism	温周期现象，温周期性	[感]温週期性
therophyte (=annual plant)	一年生植物	一年生植物
thigmomorphogenesis	接触形态建成，触发形态发生	向觸性形態發生
thigmonasty	感触性	感觸性
thigmotropism	向触性	向觸性
thin layer chromatography	薄层色谱法	薄層層析法
thioglycoside	硫苷	硫苷
thionin	含硫蛋白	含硫蛋白
tholus (=nassace)	内顶突	内頂突
thorn	[棘]刺	棘刺，枝刺
thorn forest	多刺疏林	多刺旱生林，熱帶刺林
thorn woodland (=thorn forest)	多刺疏林	多刺旱生林，熱帶刺林
threatened plant	受威胁植物	受脅植物，瀕危植物
threatened species	受威胁种，受胁[物]种	受脅[物]種
three cardinal point of growth temperature	生长温度三基点	生長温度三基點
thylakoid	类囊体	類囊體，層狀體
thylakoid lumen	类囊体腔	類囊體腔
thyriothecium	盾状囊壳	盾狀囊殼
thyrse	聚伞圆锥花序，密伞圆锥花序	圓錐狀聚傘花序，密錐花序，密束花序
TIBA (=2,3,5-triiodobenzoic acid)	2,3,5-三碘苯甲酸	2,3,5-三碘苯甲酸
tichus	壁层	壁層
tiller	分蘖	分蘖
tillering capacity	分蘖力	分蘖力
tillering node	分蘖节	分蘖節
tillering stage	分蘖期	分蘖期
tallow (=tiller)	分蘖	分蘖

英　文　名	大　陆　名	台　湾　名
time-of-flight mass spectrometer (TOF-MS)	飞行时间质谱仪	飛行時間質譜儀
tinophysis (=paraphysoid)	类侧丝，拟侧丝	類側絲，偽側絲，擬副絲
tinsel type flagellum	茸鞭型鞭毛	茸鞭型鞭毛
TIP (=tonoplast intrinsic protein)	液泡膜内在蛋白	液泡膜嵌入蛋白，液胞膜嵌入蛋白
tip growth (=apical growth)	顶端生长	頂端生長
Ti plasmid (=tumor-inducing plasmid)	致瘤质粒，肿瘤诱导质粒，Ti 质粒	腫瘤誘生[型]質體，Ti 質體
TIR1 (=transport inhibitor response protein 1)	运输抑制剂响应蛋白 1，转运抑制响应蛋白 1	[生長素]運輸抑制劑回應蛋白 1
tirucallane triterpene	甘遂烷型三萜	甘遂烷型三萜
tissue	组织	組織
tissue culture	组织培养	組織培養
tissue respiration	组织呼吸	組織呼吸
tissue-specific promoter	组织特异型启动子，组织特异性启动子	組織專一性啟動子
tissue system	组织系统	組織系統
TLP (=thaumatin-like protein)	类甜蛋白	類甜蛋白
TMV (=tobacco mosaic virus)	烟草花叶病毒	煙草鑲嵌病毒，煙草嵌紋病毒
TN (=total nitrogen)	总氮	總氮
Tn (=transposon)	转座子	轉位子
tobacco mosaic virus (TMV)	烟草花叶病毒	煙草鑲嵌病毒，煙草嵌紋病毒
TOC (=total organic carbon)	总有机碳	總有機碳[含量]
TOCSY (=total correlation spectroscopy)	总相关谱	總相關譜
TOD (=total oxygen demand)	总需氧量	總需氧量
TOF-MS (=time-of-flight mass spectrometer)	飞行时间质谱仪	飛行時間質譜儀
tolerance	耐性	耐[受]性
TOM (=total organic matter)	总有机物	總有機物
tonoplast (=vacuole membrane)	液泡膜，液泡形成体	液泡膜，液胞膜
tonoplast intrinsic protein (TIP)	液泡膜内在蛋白	液泡膜嵌入蛋白，液胞膜嵌入蛋白
toosendanin	川楝素	川楝素
top cross	顶交	頂交，自交系品種間交配
top-down control	下行控制	下行[式]控制

英 文 名	大 陆 名	台 湾 名
top-down effect	下行效应	下行效應，向下效應
topocline	地理渐变群	地理漸變群，地形漸變群
topo-edaphic climax	地形-土壤顶极	地形土壤極相
topological structure	拓扑结构	拓撲結構
topotype	原产地模式，地模	原產地模式標本，同地區模式標本
top-root ratio	茎根比	莖根比，頂根比
torpedo embryo (=torpedo-shape embryo)	鱼雷形胚	魚雷形胚
torpedo-shape embryo	鱼雷形胚	魚雷形胚
torpedo-shape stage	鱼雷形期	魚雷形期
torpedo stage (=torpedo-shape stage)	鱼雷形期	魚雷形期
torus (=pit plug)	纹孔塞	紋孔塞
total correlation spectroscopy (TOCSY)	总相关谱	總相關譜
total nitrogen (TN)	总氮	總氮
total organic carbon (TOC)	总有机碳	總有機碳[含量]
total organic matter (TOM)	总有机物	總有機物
total oxygen demand (TOD)	总需氧量	總需氧量
total phosphorus (TP)	总磷	總磷
totipotency	全能性	全能性
totipotent cell	全能性细胞	全能性細胞
totipotent stem cell (TSC)	全能干细胞	全能幹細胞
toxicity of single salt	单盐毒害作用	單鹽毒害作用
TP (=total phosphorus)	总磷	總磷
TPT (=triose phosphate translocator)	丙糖磷酸转运体	三碳糖磷酸[鹽]轉運子，磷酸三碳糖轉位蛋白
trabecula	[腹菌]产孢组织基板；[伞菌]菌褶原	[腹菌]產孢組織基板；菌褶原
trabeculae	径列条，横条	徑列條
trabeculate rhizoid	瘤壁假根	瘤壁假根
trace element (=microelement)	微量元素	微量元素，次要元素，痕量元素
trace gap	迹隙	跡隙
tracheary element	管状分子	管狀分子，管狀細胞，導管細胞
tracheid	管胞	管胞，假導管
tracheid-form sieve tube	管胞状筛管	管胞狀篩管，假導管狀篩管

英 文 名	大 陆 名	台 湾 名
tracheophyte (=vascular plant)	维管植物	維管[束]植物
trait (=character)	性状	性狀，特性，特徵
trama	菌髓	菌髓
tramal plate	髓板	髓板
transapical axis	壳面短轴，壳面横轴	殼面短軸，殼面横軸
transapical plane	短轴面	短軸面
transcription	转录	轉錄
transcriptional activation	转录激活	轉錄活化
transcriptional gene silencing (TGS)	转录基因沉默	轉錄基因緘默化
transcription factor	转录因子	轉錄因子
transcription initiation site	转录起始位点	轉錄起始位點
transcription regulation	转录调节	轉錄調節
transduction	转导	轉導
transfection	转染	轉染
transfer cell	传递细胞，转移细胞	傳遞細胞，轉運細胞，轉移細胞
transfer DNA (T-DNA)	转移 DNA	轉移 DNA，轉送 DNA，轉運 DNA
transfer RNA (tRNA)	转移 RNA	轉移 RNA，轉送 RNA，轉運 RNA
transformant	转化体	轉化體，轉形株，轉化株
transformation	转化	轉化，轉形[作用]
transformation efficiency	转化率	轉化率，轉形效率
transfusion tissue	转输组织	轉輸組織
transfusion tracheid	转输管胞	轉輸管胞，轉輸假導管
transgene	转基因	轉[殖]基因
transgene silencing	转基因沉默	轉基因緘默化
transgenic breeding	转基因育种	轉基因育種
transgenic plant	转基因植物	轉基因植物，基因轉殖植物
transgenic technology	转基因技术	轉基因技術，基因轉殖
transgressive inheritance	超亲遗传	超親遺傳
transient expression	瞬时表达，短暂表达	瞬時表達，暫時表現，暫態表達
transient soil seed bank	短暂土壤种子库，瞬时土壤种子库	暫時土壤種子庫，暫態土壤種子庫
transition zone	过渡区	過渡區
translater	载粉器	載粉器

英文名	大陆名	台湾名
translation	翻译	轉譯
translational control	翻译控制	轉譯控制
translocation	易位；运输	易位；運輸，運移
transmembrane electrical potential gradient	跨膜电势梯度	跨膜電勢梯度
transmembrane electrochemical potential gradient	跨膜电化学势梯度	跨膜電化學勢梯度
transmembrane pathway	跨膜途径	跨膜途徑
transmembrane potential	跨膜电势	跨膜電勢
transmembrane protein	跨膜蛋白	跨膜蛋白
transmembrane transport	跨膜运输，穿膜运输	跨膜運輸
transmitting tissue	引导组织	引導組織
transmitting tract	花粉管通道	花粉管通道
transphosphorylation	转磷酸化，转磷酸作用	轉磷酸化[作用]，磷酸轉移作用，轉磷酸作用
transpiration	蒸腾	蒸散[作用]
transpiration coefficient	蒸腾系数	蒸散係數
transpiration-cohesion-tension theory	蒸腾-内聚力-张力学说	蒸散凝聚張力說
transpiration current (=transpiration stream)	蒸腾流	蒸散流
transpiration efficiency	蒸腾效率	蒸散效率
transpiration intensity (=transpiration rate)	蒸腾强度（=蒸腾速率）	蒸散強度（=蒸散率）
transpiration pore	蒸腾孔	蒸散孔
transpiration pull (=transpiration pulling force)	蒸腾拉力	蒸散拉力
transpiration pulling force	蒸腾拉力	蒸散拉力
transpiration pull theory	蒸腾拉力说	蒸散拉力說
transpiration rate	蒸腾速率	蒸散率
transpiration ratio	蒸腾比[率]	蒸散比
transpiration stream	蒸腾流	蒸散流
transport	运输	運輸，運移
transporter	转运体，转运蛋白	運輸蛋白，運移蛋白
transport inhibitor response protein 1 (TIR1)	运输抑制剂响应蛋白 1，转运抑制响应蛋白 1	[生長素]運輸抑制劑回應蛋白 1
transport vesicle	运输小泡，转运囊泡	運輸囊泡
transposase	转座酶	轉位酶
transposition	转座	轉位

英 文 名	大 陆 名	台 湾 名
transposon (Tn)	转座子	轉位子
transposon tagging	转座子标签法，转座子标记法	轉位子標記法
transversal keel	横脊	横脊
transversal lamella	横隔	横隔
transverse dehiscence	横裂	横裂
transverse division	横向分裂	横[分]裂
transverse parallel venation	横出平行脉序	横出平行脈序
transverse section (=cross section)	横切面	横切面，横斷面
transverse zygomorphy	上下[两侧]对称	上下[兩側]對稱
trap plant	诱杀性植物	誘殺性植物
traumatic resin duct	创伤树脂道	創傷樹脂道
traumatic ring	创伤轮	創傷輪
traumatin (=wound hormone)	愈伤激素	癒傷激素，創傷激素
traumatonasty	感伤性	感傷性，傷感性
traumatotaxis	趋伤性	趨傷性
traumatotropism	向伤性	向傷性
tree	乔木	喬木
tree crown	树冠	樹冠
tree length	树长	樹長
trehalose	海藻糖	海藻糖
trema (=aperture)	萌发孔	萌發孔
tremoid (=aperturoid)	拟萌发孔	擬萌發孔
tretic conidium (=tretoconidium)	孔出[分生]孢子	孔出[分生]孢子
tretoconidium	孔出[分生]孢子	孔出[分生]孢子
triad	三分体；三合花粉	三分體；三合花粉
triadelphous stamen	三体雄蕊	三體雄蕊
triarch	三原型	三原型
tribe	族	族
tricarboxylic acid cycle	三羧酸循环	三羧酸循環
trichasium	三歧聚伞花序	三歧聚傘花序
trichoblast	生毛细胞	生毛細胞，毛原細胞
trichocyst (=nematocyst)	刺丝胞（=刺丝囊）	刺絲胞（=刺絲囊）
trichogyne (=receptive hypha)	受精丝	受精絲
tricholoma	缘毛	緣毛
trichome	毛状体；藻丝体	毛狀體；藻絲體

英 文 名	大 陆 名	台 湾 名
trichosanthin (TCS)	天花粉蛋白	天花粉蛋白
trichosclereid	毛状石细胞	毛狀石細胞
trichospore	毛孢子	毛孢子
trichotomocolpate	三歧槽，三叉沟	三叉溝
trichotomosulcate (=trichotomocolpate)	三歧槽，三叉沟	三叉溝
tricolpate	三沟	三溝
tricolporate	三孔沟	三孔溝
tricyclic stele	三环中柱	三環中柱
2,3,5-triiodobenzoic acid (TIBA)	2,3,5-三碘苯甲酸	2,3,5-三碘苯甲酸
trilete	三裂缝	三裂縫
trimerophytes (=trimerophytophytes)	三枝蕨类	三枝蕨類
trimerophytophytes	三枝蕨类	三枝蕨類
trimitic	三系菌丝[的]	三系菌絲[的]
trimitic sporocarp	三系菌丝型孢子果，三体菌丝型孢子果	三系菌絲孢子果
triose	丙糖	丙糖，三碳糖
triose phosphate	丙糖磷酸	丙糖磷酸，磷酸三碳糖
triose phosphate dehydrogenase	丙糖磷酸脱氢酶	丙糖磷酸去氫酶，三碳糖磷酸脫氫酶，磷酸三碳糖脫氫酶
triose phosphate isomerase	丙糖磷酸异构酶	丙糖磷酸異構酶，三碳糖磷酸互變酶
triose phosphate translocator (TPT)	丙糖磷酸转运体	三碳糖磷酸[鹽]轉運子，磷酸三碳糖轉位蛋白
triphosadenine (=adenosine triphosphate)	腺苷三磷酸，腺三磷	腺苷三磷酸，三磷酸腺苷，腺三磷
tripinnate leaf	三回羽状复叶	三回羽狀複葉
triple fusion	三核并合	三核併合，三核融合
triple response	三重反应	三重反應
triplet state	三线态	三線態
triploid	三倍体	三倍體
triploidy	三倍性	三倍性
triplostichous cortex	三列式皮层	三列式皮層
triporate	三孔	三孔
triptergone	雷公藤酮	雷公藤酮
triptolide	雷公藤甲素	雷公藤甲素

英 文 名	大 陆 名	台 湾 名
triseriate	三列式	三列式
trisomic	三体	三體
tristichus (=triseriate)	三列式	三列式
triterpene	三萜	三萜
triterpene sapogenin	三萜皂苷配基	三萜皂苷配基
triterpenoid	三萜类化合物	三萜類化合物
triterpenoid saponin	三萜皂苷	三萜皂苷
tRNA (=transfer RNA)	转移 RNA	轉移 RNA，轉送 RNA，轉運 RNA
tropane alkaloid	托烷类生物碱	托烷類生物鹼
trophic chain (=food chain)	营养链（=食物链）	營養鏈（=食物鏈）
trophic level	营养级	營養階層，食物階層，食性層次
trophic transfer	营养转运	營養轉移
trophic web (=food web)	营养网（=食物网）	營養網（=食物網）
trophocyst	营养囊	營養囊
trophogone	无效雄器	無效雄器
trophogonium (=trophogone)	无效雄器	無效雄器
trophophyll (=foliage leaf)	营养叶	營養葉
trophosporophyll	营养孢子叶	營養孢子葉
trophyll (=foliage leaf)	营养叶	營養葉
tropic acid	莨菪酸	莨菪酸，托品酸
tropical dry broadleaf forest (=monsoon rain forest)	热带干燥阔叶林（=季[风]雨林）	熱帶乾燥闊葉林（=季[風]雨林）
tropical plant	热带植物	熱帶植物
tropical rain forest	热带雨林，常雨乔木群落	熱帶[降]雨林
tropic growth movement	向性生长运动	向性生長運動
tropic movement	向性运动	向性運動
tropine alkaloid	莨菪烷[类]生物碱，托品烷[类]生物碱	莨菪烷[類]生物鹼，托品烷[類]生物鹼
tropism	向性	向性
true fruit	真果	真果
true photosynthesis	真正光合作用	真正光合作用
true photosynthesis rate	真正光合速率	真正光合速率
true polyembryony (=simple polyembryony)	真多胚[现象]（=简单多胚[现象]）	真多胚[現象]（=簡單多胚[現象]）
true steppe	真草原	真草原
trumpet hypha	喇叭丝	喇叭狀菌絲

英 文 名	大 陆 名	台 湾 名
trunciflory (=cauliflory)	茎花现象	莖花現象
trunk	[树]干	樹幹
tryphine	含油层	含油層
tryptamine pathway	色胺途径	色胺途徑
tryptophan-dependent pathway	色氨酸依赖途径	色胺酸依賴途徑
TSC (=totipotent stem cell)	全能干细胞	全能幹細胞
T-shaped hair	丁字毛	丁字毛
T-shaped tetrad	T 形四分体	T 形四分體，T 形四分子
tubatoxin (=rotenone)	毒鱼藤（=鱼藤酮）	毒魚藤（=魚藤酮）
tube(=tubule)	菌管	菌管
tube cell	管细胞	管細胞
tube nucleus (=pollen tube nucleus)	管核（=花粉管核）	管核（=花粉管核）
tuber	不定胞芽，块状胞芽；块茎	塊狀胞芽；塊莖
tubercle	小块茎	小塊莖
tuber geophyte	块茎地下芽植物	塊莖地下芽植物
tubocurarine	筒箭毒碱	筒箭毒鹼
tubular corolla	管状花冠，筒状花冠	管狀花冠，筒狀花冠
tubular flower	管状花	管狀花
tubule	菌管	菌管
tubulin	微管蛋白	微管蛋白
tufted branch	丛生枝	簇生枝
tufted hair	簇生毛	簇生毛
tumor-inducing plasmid (Ti plasmid)	致瘤质粒，肿瘤诱导质粒，Ti 质粒	腫瘤誘生[型]質體，Ti 質體
tundra	冻原，苔原	凍原，苔原，寒原
tunica	[小包]薄膜；原套	包膜；原套，莖端外部生長層
tunica-corpus theory	原套原体学说	原套原體說，外套内體說，層體說
turbinate cell	陀螺状胞	陀螺狀細胞
Turgayan flora	图尔盖植物区系	圖爾蓋植物區系，圖爾蓋植物相，圖爾蓋植物群
turgescence	膨胀	膨脹，緊漲現象
turgid (=turgescence)	膨胀	膨脹，緊漲現象
turgidity	紧张度，膨胀度	膨脹度，硬脹度，緊漲度
turgor (=turgor pressure)	膨压	膨壓

英 文 名	大 陆 名	台 湾 名
turgor movement	膨压运动，紧张性运动	膨壓運動，緊漲性運動
turgor pressure	膨压	膨壓
turnover	周转	周轉，回轉
turnover rate	周转率	周轉率
turnover time	周转期，周转时间	周轉時間，回轉時
tussock	草丛	草叢
T-vector	T 载体	T 載體
twiner (=twining plant)	缠绕植物	纏繞植物
twining movement	缠绕运动	纏繞運動
twining plant	缠绕植物	纏繞植物
twining stem	缠绕茎	纏繞莖
two-armed hair (=T-shaped hair)	丁字毛	丁字毛
two-dimensional gel electrophoresis	双向凝胶电泳	二維凝膠電泳
two-dimensional nuclear magnetic resonance spectrum (2D NMR spectrum)	二维核磁共振谱	二維核磁共振波譜
tylose (=tylosis)	侵填体	填充體，侵填體，阻塞胞
tylosis	侵填体	填充體，侵填體，阻塞胞
tylosoid	拟侵填体	擬填充體
type species	模式种	模式種
type specimen	模式标本	模式標本
typological species concept	模式种概念	模式種概念

U

英 文 名	大 陆 名	台 湾 名
ubiquinone	泛醌	泛醌
ubiquitin	泛素	泛蛋白，泛素，遍在蛋白
Ubisch body	乌氏体	烏氏體
UCP (=uncoupling protein)	解偶联蛋白	解偶聯蛋白
UHPE (=ultrahigh pressure extraction)	超高压提取，超高压萃取	超高壓萃取
ulcus	极单孔	遠極單孔
ultrahigh pressure extraction (UHPE)	超高压提取，超高压萃取	超高壓萃取
ultrasonic extraction	超声[波]提取，超声[波]萃取	超聲[波]萃取，超音波萃取
ultrastructure	超微结构	超微結構

英 文 名	大 陆 名	台 湾 名
ultraviolet absorption spectrum	紫外吸收光谱	紫外吸收光譜
ultraviolet B receptor (UVB receptor)	紫外光 B 受体，紫外线 B 受体	紫外線 B 受體
ultraviolet irradiation crosslinking	紫外照射交联	紫外照射交聯，紫外光照射交叉聯結反應
ultraviolet radiation	紫外辐射	紫外[線]輻射
ultraviolet ray (UVR)	紫外线	紫外線
umbel	伞形花序	傘形花序
umbellule	小伞形花序	小傘形花序
umbilicus	周壁孔	周壁孔
umbo	脐	臍
unavailable water	无效水	無效水
uncoupler (=uncoupling agent)	解偶联剂	解偶聯劑
uncoupling	解偶联	解偶聯
uncoupling agent	解偶联剂	解偶聯劑
uncoupling protein (UCP)	解偶联蛋白	解偶聯蛋白
underground root (=subterraneous root)	地下根	地下根
underground stem (=subterraneous stem)	地下茎	地下莖
underleaf	腹叶	腹葉
undershrub	小灌木	小灌木
understorey	林下层	林下層
unequal crossover	不等交换	不等互換
unequal division	不等分裂	不等分裂，不平均分裂
unequal exchange (=unequal crossover)	不等交换	不等互換
unicellular algae	单细胞藻类	單細胞藻類
unicellular hair	单细胞毛	單細胞毛
unifacial leaf	单面叶	單面葉
unifacial petiole	单面叶柄	單面葉柄
unifoliate compound leaf	单身复叶	單身複葉
uniform distribution	均匀分布	均勻分布
unilacunar node	单叶隙节	單葉隙節
unilocular anther	单室花药	單室花藥
unilocular gametangium	单室配子囊	單室配子囊
unilocular sporangium	单室孢子囊	單室孢子囊
uniport	单向转运，单向运输	單向運輸，單向運移

英 文 名	大 陆 名	台 湾 名
uniporter	单向转运体，单向运输载体	單向運輸蛋白
uniseriate hair	单列毛	單列毛
uniseriate ray	单列射线	單列射線
unisexual flower	单性花	單性花
unisexuality	单性	單性
unisexual reproduction	单性生殖	單性生殖
united cup fruit	单生杯果	單生杯果
united free fruit	单生离果	單生離果
unit membrane	单位膜	單位膜
universal primer	通用引物	通用引子
universal veil	外菌幕，周包膜	外菌幕
unrooted tree	无根树	無根樹
unusual plant (=rare plant)	稀有植物，珍稀植物	稀有植物
upright ray cell	直立射线细胞	直立射線細胞，直立木質線細胞，直立射髓細胞
urceolate corolla	坛状花冠	壺形花冠，壺狀花冠，罈狀花冠
urediniospore	夏孢子	夏孢子
uredinium	夏孢子堆	夏孢子堆
urediospore (=urediniospore)	夏孢子	夏孢子
uredosorus (=uredinium)	夏孢子堆	夏孢子堆
uredospore (=urediniospore)	夏孢子	夏孢子
urn	蒴壶	蒴壺
ursane triterpene	乌苏烷型三萜	烏蘇烷型三萜
ursolic acid	乌苏酸，熊果酸	熊果酸
usnic acid	松萝酸	松蘿酸，地衣酸
ustilospore (=smut spore)	黑粉菌孢子	黑粉菌孢子
ustospore (=smut spore)	黑粉菌孢子	黑粉菌孢子
utilization efficiency of light	光能利用率	光能利用率
utricle	胞果	胞果
UVB receptor (=ultraviolet B receptor)	紫外光 B 受体，紫外线 B 受体	紫外線 B 受體
UVR (=ultraviolet ray)	紫外线	紫外線

V

英 文 名	大 陆 名	台 湾 名
vacuolar membrane (=vacuole	液泡膜，液泡形成体	液泡膜，液胞膜

英 文 名	大 陆 名	台 湾 名
membrane)		
vacuole	液泡	液泡，液胞
vacuole membrane	液泡膜，液泡形成体	液泡膜，液胞膜
vacuum transfer	真空转移	真空轉移
vagility	传播力，散布力	散布力，擴散性
validly published name	合格发表的名称	合法發表的名稱
valid publication	合格发表	合法發表，有效發表
valval plane	盖壳面	蓋殼面
valvate	镊合状	鑷合狀
valvate aestivation	镊合状花被卷叠式	鑷合狀花被卷疊式
valve	瓣；壳面，瓣面	瓣；殼面，瓣面
valve axis	壳面轴	殼面軸
valve jacket (=mantle)	壳套	殼套
valve view	壳面观	殼面觀
valvular dehiscence	瓣裂	瓣裂，瓣狀裂開
variation	变异	變異
variation center	变异中心	變異中心
variegated type position effect	花斑型位置效应	花斑型位置效應
variety	变种；品种	變種；品種
variety degeneration	品种退化	品種退化
vascular anatomy	维管解剖学	維管解剖學
vascular botany	维管植物学	維管植物學
vascular bundle	维管束	維管束
vascular bundle scar	维管束痕	維管束痕
vascular bundle sheath	维管束鞘	維管束鞘
vascular bundle system	维管束系统	維管束系[統]
vascular cambium	维管形成层	維管束形成層
vascular cylinder (=stele)	维管柱（=中柱）	維管[束中]柱（=中柱）
vascular plant	维管植物	維管[束]植物
vascular ray	维管射线	維管射線
vascular tissue	维管组织	維管[束]組織
vascular tissue system	维管组织系统	維管組織系統
vascular tracheid	维管管胞	維管管胞，維管假導管
vasicentric parenchyma	环管薄壁组织	圍管薄壁組織
vasicentric tracheid	环管管胞	圍管管胞，圍管假導管，管周假導管
VDE (=violaxanthin	紫黄质脱环氧[化]酶	堇菜黃質去環氧酶

英文名	大陆名	台湾名
de-epoxidase)		
vector (=carrier)	载体	載體
vegetation	植被	植被，植物群落
vegetation belt	植被带	植被帶
vegetation classification	植被分类	植被分類
vegetation continuum	植被连续体	植被連續體
vegetation ecology	植被生态学	植被生態學，群落生態學
vegetation form (=vegetation type)	植被型	植被型
vegetation geography	植被地理学	植被地理學
vegetation map	植被图，植物群落分布图	植被圖
vegetation mapping	植被制图	植被製圖
vegetation mosaic	植被镶嵌	植被鑲嵌
vegetation pattern	植被格局	植被格局
vegetation period (=growth period)	生长期	生長期，成長期
vegetation region	植被区	植被區
vegetation regionalization	植被区划	植被區劃
vegetation regionalization map	植被区划图	植被區劃圖
vegetation subtype	植被亚型	植被亞型
vegetation type	植被型	植被型
vegetation zonality	植被地带性	植被地帶性
vegetation zone (=vegetation belt)	植被带	植被帶
vegetative cell	营养细胞	營養細胞
vegetative form (=life form)	生活型	生活型，生命形式
vegetative growth	营养生长	營養生長
vegetative hybridization (=asexual hybridization)	无性杂交	無性雜交，營養體雜交
vegetative hypha	营养菌丝	營養菌絲
vegetative multiplication (=vegetative propagation)	营养繁殖，无性繁殖	營養繁殖，無性繁殖
vegetative nucleus	营养核	營養核
vegetative organ	营养器官	營養器官
vegetative progeny	无性后代	無性後代
vegetative propagation	营养繁殖，无性繁殖	營養繁殖，無性繁殖
vegetative reproduction (=vegetative propagation)	营养繁殖，无性繁殖	營養繁殖，無性繁殖
vegetative spore (=asexual spore)	无性孢子	無性孢子
vegetative storage protein (VSP)	营养贮存蛋白质，营养贮藏蛋白质	營養性貯存蛋白

英文名	大陆名	台湾名
vegetative tissue (=nutritive tissue)	营养组织	營養組織
veil	菌幕	菌幕
vein	叶脉	葉脈
vein end	脉端，脉梢	脈梢
vein eyelet	小脉眼	小脈眼
vein islet	脉间区	脈間區
veinlet	细脉，小脉	小脈
vein rib	脉脊	脈脊
velamen	根被	根被
veld	费尔德群落	南非稀樹草原，韋爾德草原，疏林草原
veldt (=veld)	费尔德群落	南非稀樹草原，韋爾德草原，疏林草原
velum (=veil)	菌幕	菌幕
venation	脉序	[葉]脈序，[葉]脈型
venter	[颈卵器]腹部	[藏卵器]腹部
venter canal cell (=ventral canal cell)	腹沟细胞	腹溝細胞
ventilating pit	通气孔	通氣孔
ventilating tissue	通气组织	通氣組織
ventral canal	腹沟	腹溝
ventral canal cell	腹沟细胞	腹溝細胞
ventral canal nucleus	腹沟核	腹溝核
ventral lobe	腹瓣	腹瓣
ventral root of sac	气囊腹基，气囊远极基	氣囊腹基，氣囊遠極基
ventral scale	腹鳞片	腹鱗片
ventral suture	腹缝线	腹縫線
vermiculite	蛭石	蛭石
vernalin	春化素	春化素
vernalization	春化[作用]	春化[作用]，低溫處理，春化處理
vernalization pathway	春化途径	春化途徑
vernalization phase	春化期	春化期，春化相
vernation	幼叶卷叠式	幼葉卷疊式
verruca	疣	疣
versatile anther	丁字药	丁字藥
vertical life table (=static life table)	垂直生命表（=静态生命表）	垂直生命表（=靜態生命表）

英 文 名	大 陆 名	台 湾 名
vertical parallel vein	直出平行脉	直出平行脈
vertical structure	垂直结构	垂直結構
vertical vegetation belt (=altitudinal vegetation belt)	垂直植被带	垂直植被帶
vertical vegetation zone	植被垂直[地]带	垂直植被帶
verticillaster	轮状聚伞花序	輪[狀聚]傘花序
verticillate flower (=cyclic flower)	轮生花	輪生花
verticillate leaf	轮生叶	輪生葉
verticillate phyllotaxis (=cyclic phyllotaxis)	轮生叶序	輪生葉序
verticillation	轮生	輪生
very low fluence response (VLFR)	极低辐照度反应，极低强度反应	極低光流量反應
vesicle	小泡，囊泡	囊泡，小泡
vesicular scale (=bulliform scale)	泡状鳞片	泡狀鱗片
vessel	导管	導管
vessel element	导管分子，导管节	導管分子，導管細胞，導管節
vesselform sieve tube	导管状筛管	導管狀篩管
vesselform tracheid	导管状管胞	導管狀管胞
vessel member (=vessel element)	导管分子，导管节	導管分子，導管細胞，導管節
vestibule	孔室	孔室
vestibulum (=vestibule)	孔室	孔室
vestured pit	附物纹孔	被覆紋孔
vexil (=standard)	旗瓣	旗瓣
viability	生存力	生存力
vicariance	隔离分化，地理分隔；替代现象，替代分布	隔離分化，隔離演化，地理分隔；替代現象，分替
vicariance speciation (=dichopatric speciation)	隔离分化物种形成，隔离分化成种（=歧域物种形成）	隔離分化物種形成，隔離分化種化（=歧域物種形成）
vicarious species	替代种	替代種
vigor	活力	活力
villus	绒毛，柔毛，毡毛	絨毛
vimentin	波形蛋白	波形蛋白，微絲蛋白
vinblastine	长春[花]碱	長春[花]鹼
vincristine	长春[花]新碱	長春[花]新鹼
vine	藤本植物	藤本植物

英 文 名	大 陆 名	台 湾 名
violaxanthin	紫黄质	堇菜黄質
violaxanthin de-epoxidase (VDE)	紫黄质脱环氧[化]酶	堇菜黄質去環氧酶
virginal vegetation	原生植被，原始植被	原生植被
virulence	毒力，致病力	毒力，致病力
virus tumor	病毒瘤	病毒瘤
viscid disc (=retinaculum)	着粉腺，黏盘，着粉盘	著粉腺，黏質盤
vital force (=vitality)	[生]活力	生活力
vitality	[生]活力	生活力
vitrification	玻璃化	玻璃化
vitta	假肋；油道	假肋；油道，油溝
vivipary	胎萌	胎萌
vivipary mutant	胎萌突变体	胎萌突變體
VLFR (=very low fluence response)	极低辐照度反应，极低强度反应	極低光流量反應
volatile oil	挥发油	揮發油
volunteer plant	自播植物，自布植物	自播植物，自動散布種
volva	菌托	菌托
voucher specimen	凭证标本	憑證標本，存證標本
VSP (=vegetative storage protein)	营养贮存蛋白质，营养贮藏蛋白质	營養性貯存蛋白
VU (=vulnerable)	渐危，易危	漸危，易危
vulnerability (=fragility)	脆弱性	脆弱性
vulnerable (VU)	渐危，易危	漸危，易危
vulnerable plant	渐危植物	漸危植物，易危植物
vulnerable species	渐危种	漸危種，易危種

W

英 文 名	大 陆 名	台 湾 名
Wallace's line	华莱士线	華萊士線
wall extensibility	胞壁伸展性	胞壁延展性
wall-held protein	[花粉]壁蛋白	[花粉]壁蛋白
wall pressure	胞壁压	胞壁壓
Warburg effect	瓦尔堡效应	瓦布爾格效應，Warburg 效應
Warburg respirometer	瓦尔堡呼吸计，瓦氏呼吸计	瓦布爾格呼吸計，瓦博呼吸計
warty layer	[具]瘤层	[具]瘤層
water bloom (=bloom)	水华	水華

英　文　名	大　陆　名	台　湾　名
water channel	水通道	水通道
water content	含水量	含水量
water deficit	水分亏缺	水分虧缺，水分缺乏，缺水
water deficit stress	缺水逆境	缺水逆境
water-logging stress (=flooding stress)	涝胁迫，淹水胁迫	淹水逆境
water metabolism	水[分]代谢	水分代謝
water oxidizing clock	水氧化钟	水氧化鐘
water pollination (=hydrophilous pollination)	水媒传粉	水媒傳粉，水媒授粉
water pore	水孔	水孔
water potential	水势	水勢
water potential gradient	水势梯度	水勢梯度
water requirement (=transpiration coefficient)	需水量（=蒸腾系数）	需水量（=蒸散係數）
water root	水生根	水生根
water sac	水囊	水囊
water saturation deficit (WSD)	水分饱和亏缺	水分飽和虧缺，飽和水分差
water shoot (=succulent sprout)	徒长枝	徒長枝
water shortage	水分短缺	水分短缺
water-splitting reaction	水光解反应	水光解反應
water-storage tissue (=water-storing tissue)	贮水组织	貯水組織
water-storing tissue	贮水组织	貯水組織
water stress (=drought stress)	水分胁迫（=干旱胁迫）	水分逆境，缺水逆境，水緊迫（=乾旱逆境）
water stress protein	水分胁迫蛋白	水分逆境蛋白
water transport rate	水分运输速率	水分運輸速率
water use efficiency (WUE)	水分利用效率	水分利用效率
water vesicle	贮水泡	貯水泡，儲水[囊]泡
wax	蜡[质]	蠟
webbing	蹼化，并合	蹼化
weed	杂草	雜草
weighting	加权	加權，權重
weighting factor	加权因子，权重因子	加權因子
Western blotting	蛋白质印迹法	西方印漬術
wet injury	湿害	濕害

英 文 名	大 陆 名	台 湾 名
wetland	湿地	溼地
wet stigma	湿柱头	溼柱頭
WGA (=wheat germ agglutinin)	麦胚凝集素	麥胚凝集素
wheat germ agglutinin (WGA)	麦胚凝集素	麥胚凝集素
whiplash type flagellum	尾鞭型鞭毛	尾鞭型鞭毛，端茸型鞭毛
whorled leaf (=verticillate leaf)	轮生叶	輪生葉
whorled phyllotaxy (=cyclic phyllotaxis)	轮生叶序	輪生葉序
wide cross (=distant hybridization)	远缘杂交	遠[緣雜]交
wide hybrid (=distant hybrid)	远缘杂种	遠緣雜種
wild species	野生种	野生種
wild type	野生型	野生型
wild variety	野生变种	野生變種
wilt disease	萎蔫病	凋萎病
wilting	萎蔫，凋萎	凋萎
wilting agent	萎蔫剂	凋萎劑
wilting coefficient	萎蔫系数，凋萎系数	凋萎係數
wilting point	萎蔫点	凋萎點
window-like pit	窗格状纹孔	窗形紋孔
wind pollination (=anemophilous pollination)	风媒传粉	風媒傳粉，風媒授粉
wing	翼瓣	翼瓣
winter annual	冬性一年生植物	冬性一年生植物，秋植一年生植物
winter bud	冬芽	冬芽
winterness plant	冬性植物	冬性植物，冬播植物
within-habitat diversity (=alpha diversity)	生境内多样性（=α 多样性）	生境內多樣性，棲所內多樣性（=α 多樣性）
wood	木材	木材
wood anatomy	木材解剖学	木材解剖學
wood fiber (=libriform fiber)	木纤维（=韧型纤维）	木纖維（=韌型纖維）
woodland	疏林	疏林
wood parenchyma	木薄壁组织	木質部薄壁組織
wood ray (=xylem ray)	木射线	木質[部射]線，木質部芒髓
woody plant	木本植物	木本植物
woody root	木质根	木質根
woody stem	木质茎	木質莖，木本莖

英 文 名	大 陆 名	台 湾 名
world floristic division	世界植物区系分区	世界植物區系分區
Woronin body	沃鲁宁体	伏魯寧體
Woronin hypha	沃鲁宁菌丝	伏魯寧菌絲
wound cambium	创伤形成层	創傷形成層
wound cork	创伤木栓	創傷木栓
wound hormone	愈伤激素	癒傷激素，創傷激素
wound periderm	创伤周皮	創傷周皮
wound respiration	创伤呼吸	創傷呼吸，傷害呼吸
WSD (=water saturation deficit)	水分饱和亏缺	水分飽和虧缺，飽和水分差
WUE (=water use efficiency)	水分利用效率	水分利用效率

X

英 文 名	大 陆 名	台 湾 名
xanthone	呫酮	呫酮，黄嘌呤酮，氧蒽酮
xanthophylls (=lutein)	叶黄素	葉黄素
xanthophyll cycle	叶黄素循环	葉黄素循環
xanthoxal	黄质醛	黄質醛
xenia	异粉性，种子直感，直感现象	花粉直感
xenogamy	异株受精	異株受精，異株異花受粉，異花傳粉
xerarch succession	旱生演替	旱生演替，旱生消長
xeric succession (=xerarch succession)	旱生演替	旱生演替，旱生消長
xerophyte	旱生植物	旱生植物，旱地植物，乾生植物
xerosere	旱生演替系列	旱生演替系列
XET (=xyloglucan endotransglycosylase)	木葡聚糖内糖基转移酶	木葡聚糖内糖基轉移酶
xylem	木质部	木質部
xylem bundle	木质部束	木質部束
xylem duct	木质部导管	木質[部導]管
xylem fiber	木质部纤维	木質部纖維
xylem initial	木质部原始细胞	木質部原始細胞
xylem island	木质部岛	木質部[小]島，木質部小塊
xylem mother cell (=xylem initial)	木质部母细胞（=木质部原始细胞）	木質部母細胞（=木質部原始細胞）
xylem parenchyma (=wood parenchyma)	木薄壁组织	木質部薄壁組織

英文名	大陆名	台湾名
xylem ray	木射线	木質[部射]線，木質部芒髓
xylem ray cell	木射线细胞	木質[部射]線細胞，木質部放射髓細胞
xylem sap	木质部汁液	木質[部樹]液
xylitol	木糖醇	木糖醇
xylocarp	硬木质果	硬木質果
xylodium (=xylocarp)	硬木质果	硬木質果
xyloglucan	木葡聚糖	木葡聚糖
xyloglucan endotransglycosylase (XET)	木葡聚糖内糖基转移酶	木葡聚糖內糖基轉移酶
xylophyte (=woody plant)	木本植物	木本植物
xylotomy (=wood anatomy)	木材解剖学	木材解剖學

Y

英文名	大陆名	台湾名
YAC (=yeast artificial chromosome)	酵母人工染色体	酵母人工染色體，人造酵母菌染色體
Yang cycle	杨氏循环	楊氏循環
yarovization (=vernalization)	春化[作用]	春化[作用]，低温處理，春化處理
yeast	酵母菌	酵母菌
yeast artificial chromosome (YAC)	酵母人工染色体	酵母人工染色體，人造酵母菌染色體
yeast episomal plasmid (YEp)	酵母附加体质粒	酵母附加型質體
yeast one-hybridization system	酵母单杂交系统	酵母單雜交系統，酵母單雜合蛋白系統
yeast two-hybridization system	酵母双杂交系统	酵母雙雜交系統，酵母雙雜合蛋白系統
yellow algae	黄藻	黃藻
YEp (=yeast episomal plasmid)	酵母附加体质粒	酵母附加型質體
yohimbine alkaloid	育亨宾类生物碱	育亨賓類生物鹼

Z

英文名	大陆名	台湾名
zearalenone	玉米赤霉烯酮	玉米赤黴烯酮
zeathanxin epoxidase (ZEP)	玉米黄质环氧[化]酶	玉米黃素環氧酶
zeatin	玉米素	玉米素

英 文 名	大 陆 名	台 湾 名
zeatin riboside	玉米素核苷	玉米素核苷
zeaxanthin	玉米黄质，玉米黄素	玉米黃素，玉米黃質
zeocin	吉欧霉素	吉歐黴素
zeorine type	双缘型	雙緣型
ZEP (=zeathanxin epoxidase)	玉米黄质环氧[化]酶	玉米黃素環氧酶
zero-point mutant	零点突变体	零點突變體
zinc	锌	鋅
zonal vegetation	地带性植被，显域植被	帶狀植被
zonaperture (=zonotreme)	环状萌发孔，带状萌发孔	環狀萌發孔
zonasulculus	环[小]槽	環偏極溝，環偏極槽
zonobiome	地带生物群区，地带生物群系	地帶生物群系
zonocolpate	环沟	環狀溝
zonoporate	环状孔	環狀孔
zonotreme	环状萌发孔，带状萌发孔	環狀萌發孔
zoosperm (=antherozoid)	游动精子	游動精子
zoosporangium	游动孢子囊	[游]動孢子囊，游走孢子囊
zoospore	游动孢子	[游]動孢子，泳動孢子
zosterophyllophytes	工蕨类	工蕨類
zosterophytes (=zosterophyllophytes)	工蕨类	工蕨類
Z-scheme (=noncyclic electron transport)	Z 方案（=非循环[式]电子传递）	Z 圖形，Z 圖解，Z 圖式（=非循環[式]電子傳遞）
zygamgium	接合配子囊	接合配子囊
zygomorphic corolla	两侧对称花冠	兩側對稱花冠
zygomorphic flower	两侧对称花，左右对称花	兩側對稱花，左右對稱花
zygomorphy	两侧对称，左右对称	兩側對稱，左右對稱
zygomycete	接合菌	接合菌
zygophore	接合[孢]子梗，接合枝	接合菌囊柄
zygosis (=conjugation)	接合[作用]	接合[作用]，接合[生殖]
zygosporangium	接合孢子囊	接合孢子囊
zygospore	接合孢子	接合孢子
zygosporocarp	接合孢子果	接合孢子果
zygosporophore (=suspensor)	接合孢子柄（=配囊柄）	接合孢子柄（=配囊柄）
zygote	合子	合子，受精卵
zygotic embryo	合子胚	合子胚
zygotic meiosis	合子减数分裂	合子減數分裂
zymogen (=proenzyme)	酶原	酶原，酵素原